Σ BEST シグマベスト

理解しやすい
生物＋
生物基礎

浅島　誠
武田洋幸　共編

JN063846

文英堂

はじめに

「生物基礎」・「生物」の学習を通して，生物学的な自然観を身につけよう。

● 皆さんは，さまざまなメディアなどで，ヒトゲノム解析やゲノム編集，遺伝子治療，iPS細胞や，再生医療，免疫，生物多様性といった言葉を耳にしたことがあると思います。そうです。今日ほど「生物学」が重要視され，クローズアップされた時代はありません。近年，生物学は，生命の根源に迫る謎をつぎつぎに解き明かし，生命現象のしくみを分子レベルで説明できるようになってきました。と同時に，多様な生物が地球の環境の中でどんな戦略をとって生きているかも解き明かしてきました。

● 私たちは，生物学がこのようにめざましく進歩した時代にうまれたことを嬉しく思います。なぜなら，いままでわからなかった生命現象のしくみの多くが解き明かされ始めたことによって，病気の予防や治療の方法も格段に進みましたし，一方では，生物とそれが生きる環境との関わりのしくみが明らかにされることによって，人類がこのかけがえのない地球の環境の中でどのように生きていき，共存していかなければならないかがわかってきたからです。

● いうまでもなく，生物の世界は多様化していますし，生命現象も複雑です。入試問題も細部にわたっていますし，皆さんの中には，「生物」というと，沢山の知識をただ暗記するだけと考える人も多いと思います。しかし，原理もわからず，ひたすら「覚えよう」とするのはおろかです。どうぞくれぐれも「覚えよう」とだけしないでください。本書がぼろぼろになるまで繰り返し利用して，生命現象をよく「理解する」ようにしてください。きっと，いのちの仕組みの素晴らしさと面白さがわかるはずです。

● この本は，長年，高校生物の教育に情熱を傾けてこられた，石橋篤先生，市石博先生，岩本伸一先生，小林設郎先生，田中俊二先生，廣瀬敬子先生，渡邉充司先生，渡辺伸一先生のご努力によりできあがったものです。きっと，強力に皆さんのお役に立つと確信しています。

編　者　しるす

本書の特長

1 日常学習のための参考書として最適

　本書は，教科書の学習内容を7編，17チャプター，48セクションに分け，さらにいくつかの小項目に分けてあるので，どの教科書にも合わせて使うことができます。

　その上，皆さんのつまずきやすいところは丁寧にわかりやすく，くわしく解説してあります。本書を予習・復習に利用することで，教科書の内容がよくわかり，授業を理解するのに大いに役立つでしょう。

2 学習内容の要点がハッキリわかる編集

　皆さんが参考書に最も求めることは，「自分の知りたいことがすぐ調べられること」「どこがポイントなのかがすぐわかること」ではないでしょうか。

　本書ではこの点を重視して，小見出しを多用することでどこに何が書いてあるのかが一目でわかるようにし，また，学習内容の要点を太文字・色文字やPOINTではっきり示すなど，いろいろな工夫をこらしてあります。

3 豊富で見やすい図・写真

　本書では，数多くの図や写真を載せています。図や写真は見やすくわかりやすく楽しく学習できるように，デザインや色づかいを工夫しています。

　また，できるだけ説明内容まで入れた図解にしたり，図や写真の見かたを示したりしているので，複雑な「生物基礎」と「生物」の内容を，誰でも理解することができます。

4 テスト対策もバッチリOK!

　本書では，テストに出そうな重要な実験やその操作・考察については「重要実験」を設け，わかりやすく解説してあります。また，計算の必要な項目には「例題」を入れ，理解しやすいように丁寧に解説しました。

　またチャプターの最後に「重要用語」，「特集」を設けました。重要なことがらを説明できる力を身につけることで実戦的な力を養えます。

本書の活用法

1 学習内容を整理し，確実に理解するために

 ⚐重要 学習内容のなかで，必ず身につけなければならない重要なポイントや項目を示しました。ここは絶対に理解しておきましょう。

補足 注意 視点 本書をより深く理解できるよう，補足的な事項や注意しなければならない事項，注目すべき点をとりあげました。

このSECTIONの まとめ 各セクションの終わりに，そこでの学習内容を簡潔にまとめました。学習が終わったら，ここで知識を整理し，重要事項を覚えておくとよいでしょう。また，□のチェック欄も利用しましょう。

2 教養を深め，試験に強い知識を固めるために

➕発展ゼミ 教科書にのっていない事項にも重要なものが多く，知っておくと大学入試などで有利になることがあります。そのような事項を中心にとりあげました。少し難しいかもしれませんが読んでみてください。

🔬重要実験 テストに出やすい重要実験について，その操作や結果，そして考え方を，わかりやすく丁寧に示しました。

参考 \ COLUMN / 直接問われることは少ないものの，理解の助けになるような内容です。勉強の途中での気分転換の材料としても使ってください。

例題 計算問題は，「例題」でトレーニングしましょう。すぐに答を見ずに，まず自力で解いてみるのがよいでしょう。

重要用語 各チャプターの終わりには，理解に必要な重要用語をまとめました。用語の意味を書けるくらい押さえましょう。

特集 現在研究が進んでいる，私たちの生活に身近で重要なことがらについて解説しました。幅広い知識を身につけましょう。

もくじ CONTENTS

第2編 ヒトのからだの調節 〔生物基礎〕

CHAPTER 1 恒常性と神経系

CHAPTER 2 内分泌系による調節

CHAPTER 3 生体防御と体液の恒常性

第3編 生物の多様性と生態系

第4編 生物の進化

第5編 生命現象と物質

CHAPTER 1 細胞と物質

CHAPTER 2 代謝

第6編 遺伝情報の発現と発生

CHAPTER 1 遺伝情報とその発現

予備学習

顕微鏡の使い方

1 | 顕微鏡の扱い方

1 透過型光学顕微鏡の取り扱い

①運搬するときは片手でアームを持ち，片手で鏡台を支えて体に密着させて運ぶ。

②観察する際には直射日光の当たらない水平な場所に置く。

③最初に接眼レンズをはめて，その後に対物レンズをはめる。外す場合は逆の順序で外す。逆にすると，対物レンズの内部にごみが入るおそれがある。

④レボルバーを回し最低倍率の対物レンズをプレパラートの上に移動させる。

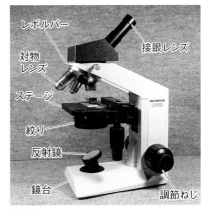

図1 透過型光学顕微鏡と各部の名称

（レボルバー，接眼レンズ，対物レンズ，ステージ，絞り，反射鏡，鏡台，調節ねじ）

2 観察の手順

❶明るさの調節　反射鏡または内蔵のLEDライトで光を取り入れ，視野をなるべく明るくしておく。反射鏡は低倍率では平面鏡，高倍率では凹面鏡を使う。

注意 反射鏡を使う場合，目を痛めるので直射日光を取り入れないこと。

❷プレパラートを載せる　プレパラート（→ 3 ）をステージに載せて固定する。プレパラートは，観察対象を対物レンズの真下にくるように移動させておく。

❸ピントを合わせる　まず①横から見ながら，対物レンズとプレパラートを近づけておく。そして②接眼レンズを覗きながら，対物レンズとプレパラートが離れる方向に調節ねじを回してピントを合わせる。

注意 ②で対物レンズとプレパラートが近づく方向に動かすと，接触して破損する場合がある。

❹倍率を上げる　見たい部分を視野の中央に移動させ，ピントを正確に合わせる。次に，横から見ながらレボルバーを回し，対物レンズを倍率の高いものに変える。

補足 顕微鏡は低倍率でピントが合えばその位置で高倍率でもピントがほぼ合うようにできているため，ピントの合っている状態で長い対物レンズに変えても接触することはない。

3 プレパラートのつくり方

❶プレパラート　プレパラートは，試料をスライドガラスに載せてカバーガラスで覆い，顕微鏡で観察しやすくしたもの。

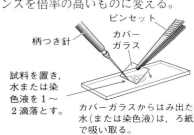

試料を置き，水または染色液を1～2滴落とす。

カバーガラスからはみ出た水（または染色液）は，ろ紙で吸い取る。

図2 プレパラートのつくり方

❷つくり方　光が透過しやすい小試料または薄い切片にした試料をスライドガラス上に載せ，水などをたらし，気泡が入らないようにカバーガラスをかける。
❸固定　組織や細胞を観察する場合には構造が分解されないよう酸やアルコールを用いた固定液で代謝を止めておく。

2 ｜ 観察上の留意点

1 絞りの活用

　絞りはステージの下から光が入る穴の大きさを変えることで視野の明るさを調節する。**絞りを閉じると視野は暗くなるが，ピントの合う範囲が広く（焦点深度が深く）なり輪郭が鮮明になる。**絞りを開くと明るくなるが焦点深度が浅くなる。

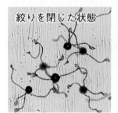
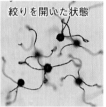

図3　絞りの開閉と像の違い（スギナの胞子）

2 視野内の像と実際の位置・動き

　プレパラートおよびプレパラート上の観察対象物の動きと視野内の像の動きは180°異なり，**上下左右が逆になる。**

補足　光学実体顕微鏡ではプレパラートの動きと視野内の動きは同じ向きになる。また，透過型光学顕微鏡には鏡筒内にプリズムや反射鏡を用いて左右のみが反転するようにしたものもある。

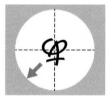

図4　観察対象の向きおよびプレパラートの動き（左）と視野中の像およびその動き（右）

3 染色

　生物の組織や細胞は透明なものが多いため，目的とする観察対象がよく染まる染色液を選び染色して観察する。

補足　核酸や核酸がおもな成分である染色体はさまざまな染色液によく染まる（⇨ p.58）。

表1　おもな観察対象と試薬の例

観察対象	染色液	色
核	酢酸オルセイン	赤
	酢酸カーミン	赤
ミトコンドリア	ヤヌスグリーン	青緑
	TTC	赤
植物の細胞壁	サフラニン	赤

4 倍率と分解能

❶光学顕微鏡の倍率　観察倍率は接眼レンズと対物レンズの倍率の積で示される。

観察倍率＝接眼レンズの倍率×対物レンズの倍率

❷分解能　顕微鏡が観察物をどれだけ詳細に描写できるかという能力は**2点が別々の点として観察される最短距離**によって表され，この長さを**分解能**という。

5 スケッチの仕方

① 多くの観察対象を観察して，全体を代表できるもの，構造のわかりやすい対象を選ぶ。

② 対象物は大きく，詳細な構造まで正確に描く。鮮明な線と点で表現し，陰影や濃淡は点の密度で表現する。

注意 着色やぬりつぶし，線の重ね描きはしない。

③ 大きさがわかるようにスケールを入れる（ミクロメーターの利用➚ p.14）

④ 必要に応じて観察倍率，染色の有無，染色液の種類，観察対象の動きなどを文で付記する。

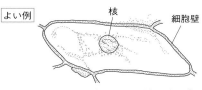

よい例　　　核　　　細胞壁

輪郭は細かい線を重ねず
1本の線ではっきり描く。

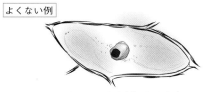

よくない例

ぬりつぶしやぼかしはしない。

図5 良いスケッチとよくないスケッチの例

3 顕微鏡の種類と特徴

❶ 光学顕微鏡　レンズによる光(可視光)の屈折を利用して観察対象を拡大する。分解能は約$0.2\,\mu m$ (200 nm)。

① **透過型光学顕微鏡**　下から光を当て，観察対象物を透過してくる光による像を拡大して見る。光が通りやすい小さい物体や薄く加工した試料を観察する。

② **実体顕微鏡**　上から光を当てて観察する。

③ **位相差顕微鏡**　屈折率や厚さの違いを明暗にして観察できる。

❷ 電子顕微鏡　電子顕微鏡は光のかわりに電子線を用いて試料を観察する装置で，分解能は約 0.2 nm で光学顕微鏡より細かい構造を観察することができる。[1]透過型と走査型の2つのタイプがあり，いずれも得られる像は明暗のみで色はない。

① **透過型電子顕微鏡**　切片にした観察対象に電子線を当て，透過した電子を蛍光板，フィルム，またはCCDカメラで受けて画像を得る。

② **走査型電子顕微鏡**　位置をずらしながら試料表面に電子線を当て，反射した電子(または二次電子)を検出してコンピュータで処理し，画像にする。表面の微細構造を観察でき，立体的な像が得られるのが特徴。

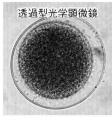

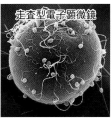

透過型光学顕微鏡　　実体顕微鏡　　位相差顕微鏡　　走査型電子顕微鏡

図6 顕微鏡の種類による見え方の違い(ウニの卵)

★1 光学顕微鏡と電子顕微鏡の分解能の違いは電子線のほうが光より波長を短くできることによる。

🧪 重要実験 ミクロメーターの使い方

ミクロメーターとは

　顕微鏡で観察されるような小さな物の大きさは，ふつうの物差しでは測れない。そこで，顕微鏡用の物差しとして開発された次の2つのミクロメーターを使って測定する。

❶ 接眼ミクロメーター　接眼レンズの中に入れて使う円形のミクロメーターで，等間隔に目盛りを刻んである。像と同時に見るために，線は細く短く記されている。また，目盛り数を数えやすくするために，10，20，…の数字が付されている。

目盛り…等間隔

接眼ミクロメーター

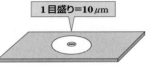

1目盛り=10μm

対物ミクロメーター

図7 接眼ミクロメーターと対物ミクロメーター

視点 接眼ミクロメーターは，接眼レンズの中に目盛りのついている面を下にしてセットする。

❷ 対物ミクロメーター　ステージ上に置く。スライドガラスの中央に1mmを正確に100等分した明確な長い線が引いてあり，最小の1目盛りの長さは正確に10μmとなっている。また目盛りを探しやすくするために目盛りの周囲には円形の線（ガイドライン）が記されている。

測定の原理

❶ 測定しようとする物を直接対物ミクロメーターにのせて測定することはできない。直接のせて測定しようとしても，対象物と目盛りに同時にピントを合わせることができず，測定不可能である。➡実際の測定には，接眼ミクロメーターを使う。

❷ 観察倍率を変えると，接眼ミクロメーターの目盛りの間隔は変化しないが，試料が見える大きさが変わる。そのため，観察する各倍率について，あらかじめ，接眼ミクロメーターの1目盛りが対物ミクロメーターの何目盛りに相当するか，測定しておく。

操作

❶ 接眼ミクロメーターと対物ミクロメーターの両者の目盛りが平行になるように，接眼レンズをまわす。

❷ 接眼ミクロメーターの目盛りと対物ミクロメーターの目盛りが完全に一致している所を2か所さがし，その間の長さから接眼ミクロメーター1目盛りに相当する長さ(L)を求める（図8の場合，$\dfrac{7 \times 10}{10} = 7\,\mu\mathrm{m}$）。

$$L = \frac{対物ミクロメーターの目盛り数 \times 10}{接眼ミクロメーターの目盛り数}\,〔\mu\mathrm{m}〕$$

❸ 対物ミクロメーターをはずしてプレパラートに置き換え，測定したい物体が接眼ミクロメーターの何目盛りに相当するかを数え，❷で求めた数値をかけて物体の実際の長さを求める（図9の場合，$7 \times 6 = 42\,\mu\mathrm{m}$）。

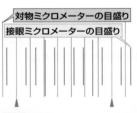

対物ミクロメーターの目盛り
接眼ミクロメーターの目盛り

図8 接眼ミクロメーターの目盛りの見方

7μm　アメーバ

接眼ミクロメーターの目盛り

図9 顕微鏡下での実長

第 1 編

生物の特徴

1 » 生物の共通性

1 生命の単位—細胞

1 | 生物の多様性と共通性

1 多種多様な生物

❶膨大な種類の生物　私たちの身のまわりにはいろいろな種類の生物が存在している。それらは私たちヒトを含む動物のほか，植物，カビやキノコの仲間(菌類)や単細胞の細菌といった大きさや形，構造の大きく異なるものからなり，それぞれが膨大な数の種類に分かれている。[1]

❷生物の多様性と共通性・階層性　ヒトが属する脊椎動物は地球上の生物の一部である動物に含まれるが，脊椎動物もさらにいろいろな違いによって分けることができる(⇨図1)。

　このように生物はその多様性によって非常にさまざまな種類に分けられる。反対に，近縁のものを同じグループとし，共通性に注目してまとめていくこともできる。そのグループ分けはいくつもの段階であり，**階層性が見られる。**

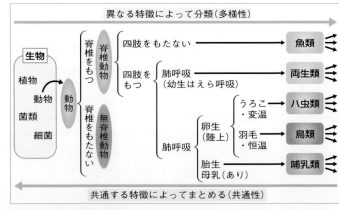

図1　生物の多様性と共通性

視点　動物は脊椎動物と無脊椎動物に分けられるが，さらに共通性のあるものをまとめた複数のグループに何段階も細分することができる。

★1 現在，地球上には約190万種類の生物が確認されている。発見されていない種も含めると数千万種の生物が存在するともいわれている。

❸進化と生物の多様性・共通性　長い年月の間に生物の特徴が変化することを，進化という。このような生物の多様性と共通性は，生物が共通の祖先から長い時間をかけて進化し，地球上のいろいろな環境に適応して有利に子孫を残せる特徴をもつさまざまな種類に分かれていったためと考えられる。

補足　現在知られている生物は，すべて約40億年前に地球に誕生した最初の生命体を共通の起源として進化してきたと考えられている。

❹系統と系統樹　共通点が多い生物グループどうしは共通の祖先から分かれた時期が比較的新しく，特徴が大きく異なる生物グループどうしほど古い時代に分かれたものと考えられる。進化の道すじを系統といい，枝分かれのようすを示したものを系統樹という（⟳図2）。

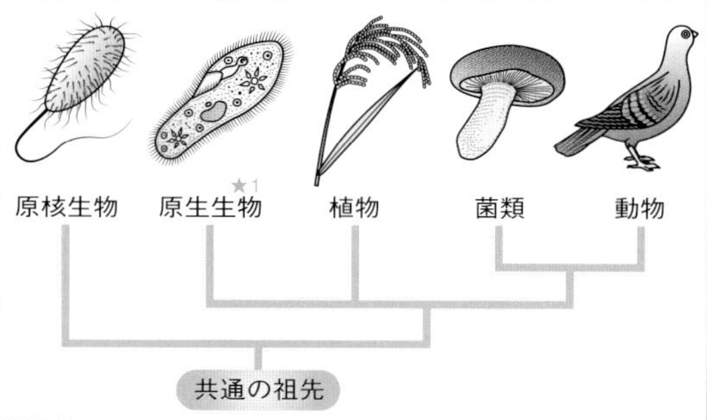

原核生物　原生生物★1　植物　菌類　動物

共通の祖先

図2　生物の系統樹

② 生物に共通して見られる特徴

　現在知られているすべての生物は次のような共通の特徴をもつ。これは共通の祖先から進化してきたと考えられる理由でもある。

❶細胞から成り立つ　細胞は細胞膜という膜によって外界と隔てられている。細胞の内部で秩序立てて生命活動が営まれているので，細胞は生物の構造と機能の基本的な単位になっている（⟳p.18）。

❷代謝：化学反応を行い，エネルギーを利用する　有機物を分解する反応を通してエネルギーを取り出して生命活動に利用している。すべての生物はエネルギーをいったんATP（アデノシン三リン酸）

参考　ウイルスは生物ではない

●インフルエンザや新型コロナウイルス感染症など多くの感染症の病原体として知られるウイルスは，生物がもつ基本的な特徴をもたないため，生物と非生物の中間にあたる存在とされる。

ウイルスの特徴

①タンパク質と遺伝物質からなる粒子であり，細胞ではない。

②ATPを合成するなどの代謝を行わない。移動のための運動などもしない。

タンパク質の殻

DNAまたはRNA

図3　ウイルスの基本構造

③DNAまたはRNAを遺伝物質としてもつ。

④自己複製の機能をもたず，細胞に侵入することではじめて細胞がもつ物質やしくみを用いて増殖することができる。

という物質に蓄えてから生命活動に使っている（⟳p.26）。

★1 原生生物は，植物・動物・菌類以外の真核生物で，単細胞生物や多細胞でもからだの構造が単純な生物の総称。ミドリムシ，ゾウリムシ，光合成を行う藻類など。

❸自己複製　自分と同じ特徴を子孫に伝える遺伝のシステムをもち，自己の形質を忠実に再現して複製する。すべての生物はDNA（デオキシリボ核酸）という物質を遺伝情報の担い手（遺伝物質）として細胞の中にもっている（⇨p.48）。

❹体内環境の維持　細胞は温度や物質の組成などの状態が一定の範囲内にある環境でなければ生きることができない。多細胞生物は外部環境が変化しても細胞を取り囲む体液の状態（内部環境）を調節することで生命活動を維持している（⇨p.84）。

[生物の共通点]
①細胞（膜構造）からなる　　　　②ATPを使い代謝を行う
③DNAをもち自己複製を行う　　④体内環境を保つ

2│細胞の多様性と共通性

1 細胞の多様性

　細胞は生物体を構成する単位であるが，形や大きさはさまざまで，たくさんの細胞からなる多細胞生物の個体には役割に応じて独特の形や機能をもったさまざまな細胞が見られる。また，1つの細胞からなる単細胞生物にも多くの種類がある。

2 細胞の種類　①重要

❶細胞の種類　細胞は，つくりの違いなどから次の2つに分けられる。

真核細胞…核膜に包まれた状態の核をもつ細胞
原核細胞…核膜に包まれた状態の核をもたない細胞

　中学校までに観察してきた植物細胞や動物細胞は，どちらも核膜に包まれた核をもつ真核細胞である。一方，大腸菌など，細菌は核の見られない原核細胞からなる。

❷真核細胞の特徴　真核細胞は，以下のような膜で包まれた構造を内部にもつ。

核…二重の膜（核膜）に包まれた構造で一般的には1個の細胞に1個存在する[1]。内部にはDNAを含む染色体が存在する。

ミトコンドリア…二重の膜に包まれていて内部に呼吸を行う酵素がある。

葉緑体…二重の膜に包まれた構造。内部に光を吸収するための色素と光合成を行うための酵素が存在している（植物細胞のみ）。

補足　葉緑体は色素体の一種で，光合成を行う。色素体には，葉緑体のほかにニンジンの根などに含まれる有色体，表皮や貯蔵組織に見られる白色体がある。白色体のうち最もよく見られるのは，デンプンを貯蔵するアミロプラストで，ジャガイモなどでよく発達している。

★1 哺乳類の赤血球（⇨p.86）のように核が消失して存在しない細胞や，横紋筋の筋繊維（⇨p.74）のように複数の細胞が融合してできた多核の細胞も存在する。

❸**植物細胞と動物細胞の共通点と相違点**

①**共通点** 植物細胞も動物細胞も一重の細胞膜に囲まれ，その内部に二重膜で囲まれた核やミトコンドリアをもつ。

②**相違点** 植物細胞は動物細胞にない葉緑体(**色素体の1つ**)と細胞壁をもつ。

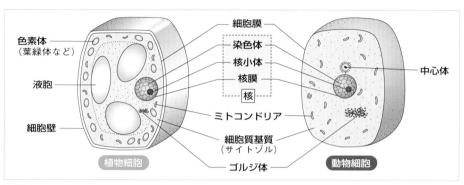

図4 光学顕微鏡で見た動物細胞と植物細胞

❹**原核細胞の特徴** 細菌などの原核細胞には次のような特徴がある。

①細胞内には核膜に包まれた核はなく，**遺伝子(DNA)は細胞質中に存在している。**

②細胞の大きさは小さく，**ミトコンドリア・葉緑体・ゴルジ体**などがない。

③細胞は細胞膜で包まれており，この点は真核細胞と共通している。

3 原核生物

❶**原核生物** 原核細胞からなる細菌などの生物を原核生物という。[1]

　細菌は**バクテリア**ともよばれる。ヒトの腸内細菌の1つである大腸菌やヨーグルトに含まれる乳酸菌，納豆をつくるときに使う納豆菌，感染症を引き起こす赤痢菌，コレラ菌，シアノバクテリアなどがある。シア

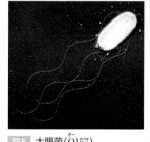

図5 大腸菌(O157)

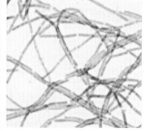

図6 納豆菌

ノバクテリア(**ラン藻類**)は二酸化炭素を取り入れて光合成を行い，酸素を発生する細菌である。[2]ユレモ，ネンジュモ，スイゼンジノリ[3]などが知られている。

---

[1] 原核生物には細菌とは別にアーキア(**古細菌**ともいう)というグループがあり，高温の環境や塩分濃度の非常に高い環境にすむものが知られている。

[2] 細菌にはシアノバクテリアのほかにも光合成を行うものが存在するが，植物がもつものとは異なる光合成色素をもち，酸素を発生しない。

[3] スイゼンジノリは，九州の一部に見られる緑色〜茶褐色のシアノバクテリアの一種で食用になる。

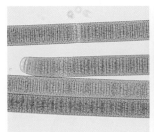
図7　ユレモ

図8　イシクラゲ(ネンジュモの一種)

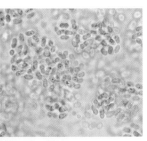
図9　スイゼンジノリ

❷原核生物のつくり　原核生物のほとんどは単細胞生物であるが，一部のシアノバクテリアはつながって糸状体をつくる。最も簡単なつくりの原核生物は，肺炎の一因ともなるマイコプラズマという$0.3\,\mu m$程度の細菌だと考え[*1]られている。

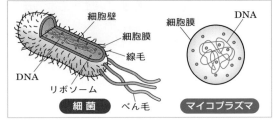
図10　原核生物とそのからだのつくりの例

視点　マイコプラズマは，細胞壁をもたないので不定形。

❸真核生物と原核生物の比較　真核生物と原核生物を比較すると，次のような違いがある。

①真核生物は核膜で包まれた核をもつ細胞よりなるが，原核生物は，膜で包まれた核は見られず遺伝子DNAがむき出しで存在している細胞よりなる。

②真核生物の細胞は原核生物の細胞の数十倍〜数百倍の大きさをもつ。

③真核生物の細胞は，核のほかに葉緑体，ミトコンドリアなどをもつが，これらは大昔に細胞内に入り込んだ原核生物に由来し(⇨p.24)，二重の膜で囲まれている。

POINT!

原核生物…核をもたない原核細胞からなる。細菌など

真核生物…核をもつ真核細胞からなる。動物，植物など

4　細胞の大きさと形

❶細胞の大きさ　大腸菌や乳酸菌などの原核生物は$2〜5\,\mu m$，真核生物の細胞は，ふつう$10〜50\,\mu m$の大きさで，ともに光学顕微鏡で観察することができる。

❷細胞の形　細胞の基本的な形は球形や立方体であるが，非常に細長いものや紡錘形，板状，アメーバのような不定形など，さまざまなものがある。

★1　$1\,\mu m$ (マイクロメートル) は$10^{-6}\,m$ ＝ 1000分の1 mm，1 nm (ナノメートル) は$10^{-9}\,m$ ＝ 100万分の1 mm。

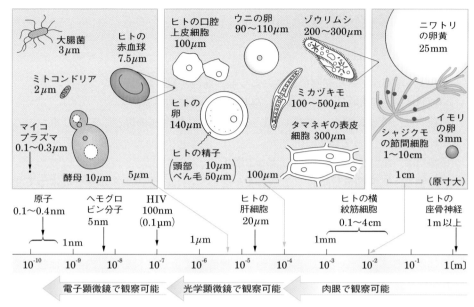

図11 いろいろな細胞や構造の形と大きさ

視点 細菌の多くは，光学顕微鏡でやっと見える大きさで，真核細胞のミトコンドリア程度の大きさしかなく，内部構造は電子顕微鏡でしか観察できない。

⊣ **COLUMN** ⊢

「ヒトのからだの細胞数を算出する」

　ヒトのからだの始まりは1つの受精卵である。受精卵が分裂をくり返して数を増やしながら，情報を伝える神経の細胞や，消化や吸収にかかわる胃や腸の上皮細胞，赤血球や白血球など多様な役割に応じた細胞へと変化していく。**役割ごとの細胞の種類は200種類以上となる。**では，ヒトのからだを構成する全細胞の数はどのくらいだろうか。これまでに論文などで発表されたヒトのからだの細胞数は，10^{12}（1兆）個から10^{16}（1京）個までさまざまであったが，2013年に多くのデータと丹念な計算に基づいて従来より厳密な推定値が提示された。それは，1809年から2012年1月までのさまざまな論文や本に発表された情報から，脂肪組織，関節軟骨，胆管系，血液，骨，骨髄，心臓，腎臓，肝臓，肺・気管支，神経系，すい臓，骨格筋，皮膚，小腸，胃，副腎，胸腺，血管系などさまざまな種類の細胞数に関するデータと細胞の写真を集め，それぞれの細胞の体積を計算し，各器官の細胞数を推定するというものであった。このような方法によって，体重70 kgの大人のヒト1人の細胞数はおよそ37兆2000億個と算出されたのである。

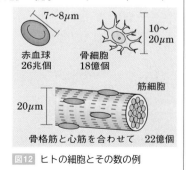

図12 ヒトの細胞とその数の例

3 | 細胞の構造と生命活動

1 細胞の共通性

　多様性に富んでいる細胞にも次のような共通性が見られる。

①細胞は，細胞膜によって包まれ，**外界と仕切られている。**

②細胞は，**遺伝物質としてのDNA**と，**タンパク質合成の場としてのリボソーム**（⇨p.63）をもっている。

③細胞は，細胞分裂（⇨p.54）によって増える。

④細胞は，**有機物を分解してエネルギーを取り出し，そのエネルギーによって生命活動を行う。**

2 真核細胞の構造 ①重要

❶**細胞の基本的なつくり**　真核細胞は，細胞膜によって包まれ，内部には核とそれを取り囲む細胞質とがある。細胞膜も細胞質に含まれる。

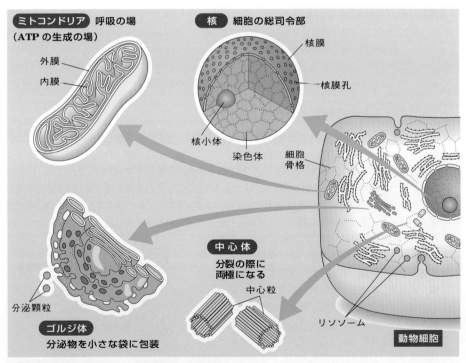

ミトコンドリア 呼吸の場（**ATP**の生成の場）
外膜
内膜

核 細胞の総司令部
核膜
核膜孔
核小体
染色体
細胞骨格

分泌顆粒
ゴルジ体 分泌物を小さな袋に包装

中心体 分裂の際に両極になる
中心粒

リソソーム
動物細胞

図13 動物細胞と植物細胞の一般的な構造と働き（模式図）

視点 電子顕微鏡を使うと，光学顕微鏡では見ることのできないリボソームや，核・ミトコンドリア・

❷**細胞小器官と細胞質基質**　細胞には，核・ミトコンドリア・葉緑体など，膜に取り囲まれた構造体があり，これらを細胞小器官（オルガネラ）という。そして，細胞小器官どうしの間は，細胞質基質（サイトゾル）という液状成分によって満たされている。

❸**細胞の構造と生命現象**　生きた真核細胞では，ミトコンドリアがエネルギー生産を行い，植物細胞では葉緑体が光合成を行うなど，細胞小器官がいろいろな役割を分業しながら，全体として調和のとれた生命活動を営んでいる。この調和を保つのに，**核**が細胞の総司令部ともいえる重要な働きをしている。

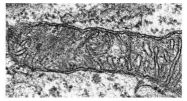

図14　ミトコンドリア（上；イモリの腸の細胞）と葉緑体（下；トマトの葉の細胞）透過型電子顕微鏡写真

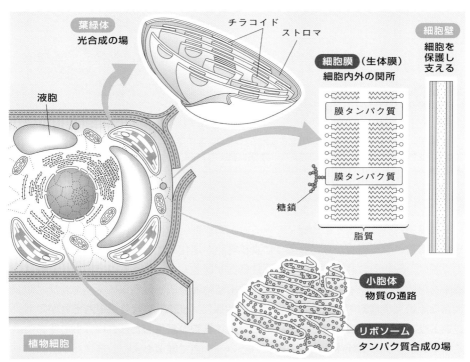

葉緑体などの微細構造を観察することができる。

3 原核細胞の構造 ①重要

❶核をもたない構造　原核生物の細胞のDNAは真核細胞のDNAと異なり，**核膜に囲まれておらず細胞質中に裸の状態で存在する。**

❷細胞壁　細菌やシアノバクテリアは細胞壁をもつが，その成分は植物細胞の細胞壁とは異なる。

|補足| 多くの細菌は細胞壁の表面に粘着性の物質(莢膜)や毛のような付属物(線毛)をもち，これらは他の細胞や物体への付着や免疫細胞に対する抵抗にかかわる。

❸膜構造　原核生物は膜構造からなる細胞小器官をもたない。また，シアノバクテリアのように光合成色素を含む膜構造(チラコイド)をもつものもある。

|補足| 原核細胞は真核細胞の細胞小器官がもつ，生命活動に必要な物質の多くを細胞膜上にもっている。

表1 原核細胞と真核細胞の構造の違い

細胞 構成要素	原核細胞		真核細胞	
	細菌	シアノ バクテリア	動物	植物
DNA	○	○	○	○
細胞膜	○	○	○	○
細胞壁	○	○	×	○
核膜	×	×	○	○
ミトコンドリア	×	×	○	○
葉緑体	×	×	×	○
光合成色素	△	○	×	○
リボソーム	○	○	○	○

|視点| 細菌には光合成色素をもつもの(光合成細菌)もある。マイコプラズマを除く細菌はすべて細胞壁をもつ。酵母は細菌ではなく，真核生物。

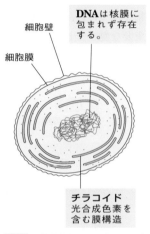

DNAは核膜に包まれず存在する。

細胞壁

細胞膜

チラコイド
光合成色素を含む膜構造

図15 原核生物(シアノバクテリア)のからだの構造

4 真核細胞の誕生と進化

　原核細胞と真核細胞とを比較してみると，真核細胞のほうがはるかに複雑である。単純な構造の原核細胞からどのように真核細胞が進化してきたのだろうか。現在有力な説は，細胞内の共生によって，真核細胞が誕生したというものである。これは，酸素を用いて呼吸することができる好気性細菌や光合成を行うシアノバクテリアが大きな原始真核細胞中に取り込まれて**共生関係**(⇨p.230)になり，それぞれがミトコンドリアと葉緑体になって現在のような真核細胞が誕生した，というものである。ミトコンドリアと葉緑体は次のようにいろいろな点で細菌およびシアノバクテリア

★1 本来，酸素は生物にとってからだを構成する物質を酸化させる有害な物質であった。この酸素を用いて有機物を分解しエネルギーを得ること(呼吸)ができるものを**好気性**，酸素を用いずに有機物を分解して生きるものを**嫌気性**という。

に似ていて，この説を支持している。

① **大きさ**　ミトコンドリアは細菌と，葉緑体はシアノバクテリアとほぼ一致する。

② **遺伝子**　ミトコンドリアも葉緑体も核とは異なる独自のDNAをもつ。

③ **増え方**　両者とも真核細胞の中で独自に分裂して増える。

④ **リボソーム**　両者とも内部に原核細胞型のリボソームをもつ。

⑤ 現在の生物において細胞内共生の例が見られる。

　例　マメ科植物の根の細胞内の根粒菌，ミドリゾウリムシ内の緑藻類

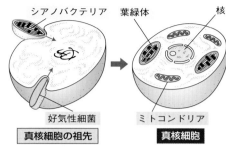

図16　細胞内共生

視点　好気性細菌だけが共生したものが動物細胞になった。

[細胞内共生]

　　好気性細菌⇨ミトコンドリア　シアノバクテリア⇨葉緑体

このSECTIONの**まとめ**　生命の単位―細胞

□ 生物の多様性と共通性 ⇨p.16	・生物は①**細胞**からなる　②**ATP**を使い代謝を行う　③**DNA**をもち自己複製を行う　④**体内環境を保つ**
□ 細胞の多様性と共通性 ⇨p.18	真核生物…**真核細胞(核をもつ)**。動物，植物，菌類 原核生物…**原核細胞**。細菌
□ 細胞の構造と生命活動 ⇨p.22	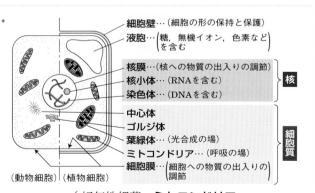

・**細胞内共生**　好気性細菌→**ミトコンドリア**
シアノバクテリア→**葉緑体**

生物とエネルギー

1 | 代謝とATP

1 代謝と生物のエネルギー ！重要

❶代謝　生きている細胞内では，常に物質の分解と合成が起こっている。細胞内でのさまざまな物質の化学反応全体を代謝という。これらの反応においては，反応が速やかに進むよう，酵素というタンパク質が働いている（⤷ p.32）。

❷光合成・呼吸とエネルギー　すべての生物は，生命活動を行うためにエネルギーを必要とする。植物が行う光合成は，光エネルギーを化学エネルギーに変換して有機物に蓄える反応である。これに対して呼吸は，酸素を用いて有機物を分解して生命活動に利用できる化学エネルギーを取り出す反応である。

図17 エネルギーと生物

❸同化と異化　光合成のようにエネルギーを用いて単純な物質から複雑な有機物を合成する過程を同化という。呼吸のように複雑な物質を分解してエネルギーの放出を伴う過程を異化という。

❹エネルギーの変換とATP　呼吸は有機物を分解してエネルギーを取り出す反応であり，光合成は光エネルギーを利用して有機物を合成する反応であるが，どちらの反応も光エネルギーや化学エネルギーを生命活動に直接利用することはできず，ATP（アデノシン三リン酸）という物質を介する必要がある。

2 ATPの構造とエネルギー

❶エネルギーの通貨ATP　ATPは，次の特徴から，「**エネルギーの通貨**」に例えられる。

① 単細胞生物の細菌から多細胞生物のヒトまで，すべての生物体にATPは含まれており，エネルギーを蓄える働きをしている。

② ATPが放出するエネルギーは，物質の合成，発光や発電，運動など細胞が行ういろいろな生命活動に共通して使うことができる。

❷ATPの構造　ATPはアデニン（塩基の1種⤷ p.41, 49）とリボース（糖⤷ p.41, 63）が結合したアデノシンという物質に，リン酸が3個結合したリン酸化合物である。

❸ADP ATPからリン酸が1個離れた
もの(アデノシンにリン酸が2個結合し
た化合物)をADP(アデノシン二リン酸)
といい，ATPとADPは酵素の働きで比
較的容易に相互変換する。

❹ATPとエネルギー ATPの分子の端
の2個のリン酸の間には，多量の結合エ
ネルギーが含まれている。これを，高エ
ネルギーリン酸結合といい，ATPから
リン酸1個がはずれてADPになるとき
にはエネルギーが放出される。逆に，

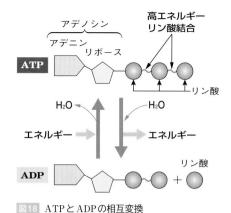

図18 ATPとADPの相互変換

ADPとリン酸からATPがつくられる際にはエネルギーを加える必要がある。

エネルギーを取り出す
ATP(アデノシン三リン酸)⇄ADP(アデノシン二リン酸)＋リン酸
エネルギーを蓄える

➕発展ゼミ ATPの化学構造

● ATPは，Adenosine triphosphate の略称で，日本名をアデノシン三リン酸とよぶ。ATPは，
アデニンという塩基，リボースという五炭糖，3個のリン酸の3つの成分からできている。
アデニンとリボースの化合物をアデノシンというが，ATPはアデノシンにリン酸が3個結合
したものである。

● アデノシンにリン酸が1個結合したものをAMP(MはMono＝1つの略)といい，リン酸が[*1]
2個結合したものをADP(DはDi＝2つの略)という。ちなみに，Tri＝3つの意味。

● ATPとADP，AMPでは，もっているリン酸の数が違っており，蓄えているエネルギー量
が異なる。

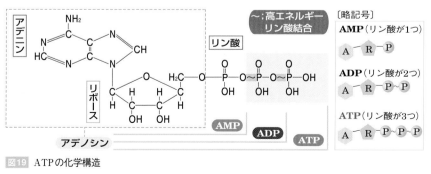

図19 ATPの化学構造

★1 AMPはRNAを構成するヌクレオチドの1つでもある(⇨p.41)。

3 代謝とエネルギー

❶代謝とATP　代謝には，エネルギーの取り入れや変換，取り出しが伴う。このときになかだちとなるのがATPである。光合成のような同化では，光エネルギーを用いていったんATPを合成しそのエネルギーを用いて無機物から有機物を合成する。[*1] 呼吸のような異化では有機物を分解してその化学エネルギーを利用してATPを合成し，さまざまな生命活動に利用している。

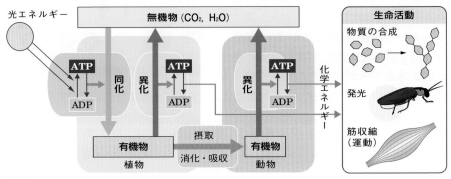

図20　同化・異化とエネルギー

❷独立栄養生物と従属栄養生物　植物やシアノバクテリアは，光合成を行って二酸化炭素や水などの無機物からグルコースなどの有機物を合成し，これを呼吸によって生命活動に利用している。これらの生物のように無機物のみ取り込むことで生命活動を営むことのできる生物を独立栄養生物という。これに対して，動物のように有機物を他の生物に依存している生物を従属栄養生物という。従属栄養生物が摂取する有機物は，もとをたどればすべて植物などが光合成で生産した有機物である。

 独立栄養生物…**無機物から有機物を合成**して生命活動に利用。
従属栄養生物…他の生物が合成した有機物を取り込んで利用。

┌ COLUMN ┐

「メタボ＝肥満」ではない

　肥満を気にする中高年の人たちが口にする「メタボ」という言葉。メタボリックシンドローム(内臓脂肪症候群)の略であるが，「メタボリック」とはもともと「代謝(metabolism)の」という形容詞。内臓脂肪が過剰にたまると動脈硬化性のいろいろな疾患を併発しやすいため，これに高血糖，高血圧，脂質異常のどれか1つ以上が加わった状態がメタボリックシンドロームとされている。「メタボ」から抜け出すには，代謝改善を行って内臓脂肪を減らすこと，つまり「メタボリズム」(代謝)をよくすることが必要。

★1 動物も体外から取り込んだアミノ酸などの有機物からタンパク質や核酸などの複雑な有機物をエネルギーを用いて合成する同化を行っている。

2 | 光合成と呼吸

1 光合成 ① 重要

❶**葉緑体のつくりと色素**　植物や藻類など真核生物の光合成の場である葉緑体は右の**図21**のようなつくりをしている。二重膜で囲まれていて，この膜の内部の空間を**ストロマ**といい，扁平な袋状の構造を**チラコイド**という。**チラコイドの膜にはクロロフィル**などの光合成色素が埋め込まれている。光合成に必要な光エネルギーは，これらの光合成色素によって吸収される。

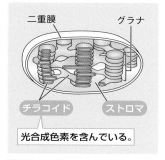

図21 葉緑体のつくり

視点 グラナは，チラコイドが積み重なったもの。

補足 原核生物のシアノバクテリアは細胞膜あるいはこれが内側に陥入したチラコイドに光合成のための酵素と光合成色素をもっていて，これが葉緑体の役割をしている。

❷**光合成のしくみ**　緑色植物の葉緑体では，まず光合成色素が太陽の光エネルギーを吸収して，酵素の働きでATPを合成する。そしてこのATPの化学エネルギーを利用して，二酸化炭素（CO_2）から有機物を合成する（⤵ **図22**）。

❸**光合成の産物**

光合成で合成された有機物は，ふつう一時的に葉緑体内にデンプンとして蓄えられ，やがて糖などに分解され，維管束中の師管を通って体内の各部位に運搬される。

植物が合成する有機物は，生態系の中ではすべての生物の栄養源となる。

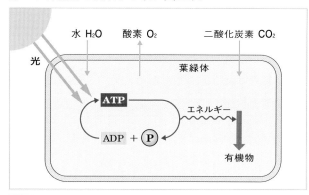

図22 光合成のしくみ

[光合成]

葉緑体の中で，光合成色素と酵素の働きで行われる。

光エネルギーでATPを合成し，ATPを使って有機物を合成。

$$CO_2 + H_2O + 光エネルギー \longrightarrow 有機物 + O_2$$

2 呼吸 ！重要

❶**呼吸を行う場所**　有機物を分解して取り出したエネルギーでATPを合成する異化は，すべての生物が行う生命活動である。真核細胞の**ミトコンドリア**には呼吸を行う**酵素**が存在し，おもな呼吸の場となっている。

補足 細胞内にミトコンドリアをもたない原核生物の多くは呼吸のかわりに酸素を用いない**発酵**を行う。

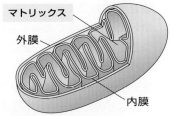

❷**ミトコンドリアの構造**　ミトコンドリアは右のように外膜・内膜という二重膜に包まれた構造をしていて，内膜は内側でひだ状の構造をつくっている。内膜より内側の液体部分を**マトリックス**という。

図23 ミトコンドリアの構造

❸**呼吸のしくみ**　呼吸では図24のように有機物を，**酸素(O_2)を用いて水と二酸化炭素に分解**する。この反応はおもにミトコンドリアで行われ[★1]，有機物が分解されるときに放出されるエネルギーで多量のATPが生産される。

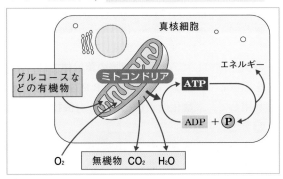

図24 呼吸のしくみ

❹**呼吸の化学反応**　呼吸と燃焼はいずれも酸素と反応して有機物が二酸化炭素と水に分解されエネルギーが発生する反応であるが，燃焼は反応が急激に進み発生するエネルギーのほとんどが熱として放出されるのに対し，呼吸はたくさんの酵素による化学反応が段階的に起こる**穏やかな過程**で，生じたエネルギーの比較的多くがATPの合成に使われる。

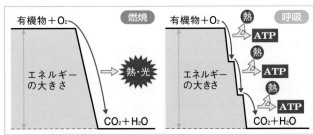

図25 燃焼と呼吸の比較

呼吸…おもにミトコンドリアで，酵素の働きで行われる。

有機物 + O_2 ⟶ CO_2 + H_2O + 化学エネルギー

★1 ミトコンドリアでの反応の前に，細胞質基質で有機物を単純な化合物に分解する反応が行われている。このとき，酸素は用いられず，比較的少量のATPが合成されている(⟳ p.31 発展ゼミ)。

⊕発展ゼミ　光合成のしくみ

●光合成の反応は，次の4つの反応系からなることがわかっている。

反応1（光化学反応）　葉緑体が吸収した光エネルギーにより，葉緑体内のチラコイド膜にある光合成色素のクロロフィルが活性化する反応。酵素は関係しない。

反応2（水の分解）　活性化したクロロフィルにより，チラコイドの内部にある水が分解され，酸素と水素イオンH^+と電子が放出される。

反応3（ATPの生成）　電子がチラコイド膜の電子伝達系を移動する際に生じるエネルギーを利用してチラコイド膜にある**ATP合成酵素**がADPとリン酸からATPを合成する。

反応4（CO_2固定反応）　水素イオンH^+とATPのエネルギーにより，気孔より取り入れたCO_2から有機物を合成する反応。ストロマで起こる。反応3・4には酵素が関係している。

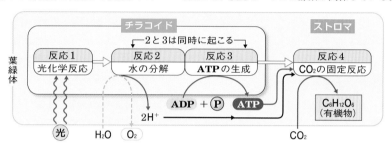

図26　光合成の4つの反応系

呼吸のしくみ

●酸素を用いてグルコースなどを分解する呼吸は，解糖系，クエン酸回路，電子伝達系という3つの反応系から成り立っている。

①**解糖系**　1分子のグルコースが2分子のピルビン酸という物質に分解され，2分子のATPが生産される。**細胞質基質**で行われ酸素を必要としない。

②**クエン酸回路**　解糖系でできたピルビン酸がミトコンドリアに入り，マトリックス内で酵素による回路反応によって，二酸化炭素CO_2に分解され，グルコース1分子あたり2分子のATPを生産する。

③**電子伝達系**　解糖系とクエン酸回路ではエネルギーを仲介する物質と水素イオンH^+が生じる。この仲介する物質を酸化して生じた電子e^-をミトコンドリアの内膜にあるタンパク質複合体が受け渡しして，**最大34ATP**を生産する。電子と水素イオンは最終的には酸素と結びついて水(H_2O)になる。

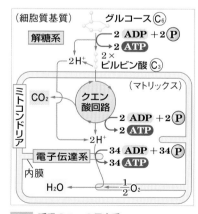

図27　呼吸の3つの反応系

3 | 代謝を支える酵素

1 触媒としての酵素 ①重要

❶酵素の働き　生命活動における化学反応は酵素によって進められている。

　例えば，試験管内でデンプンを分解してグルコースを得るためには，塩酸を加え，100℃で何時間も加熱しなければならない。ところが，塩酸のかわりにだ液を加えると，中性でほぼ常温（約37℃）といった条件のもとでも，デンプンは速やかに分解されて糖になる。これは，だ液に含まれているアミラーゼという消化酵素の働きによるものである。

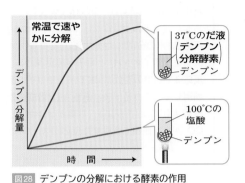

図28　デンプンの分解における酵素の作用

視点　同じ時間でのデンプン分解量を比べると，だ液を加えたほうがはるかに多い。

❷触媒　自身は変化せずに化学反応を促進する物質を触媒という。酵素は生物体内で働く触媒で，消化のほか光合成や呼吸の反応も酵素によって進められている。**反応の前と後とで酵素自体は変化せず，くり返し何度も働くことができるため，微量で大量の基質を生成物にする反応を促進することができる。**

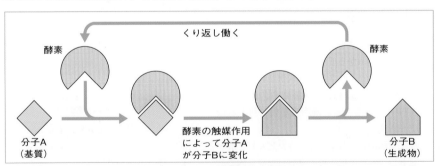

図29　酵素の働き方

視点　酵素は分子Aを分子Bにつくりかえる反応を行ったのち，再び次の分子Aと結合することができる。

POINT!

　酵素は，生体内の代謝を促進する触媒であり，常温で，しかも微量で働く。

補足　触媒には，酵素のほかに，無機物からなる無機触媒がある。無機触媒の例として酸化マンガン（Ⅳ）（MnO_2）や白金（Pt），酸化チタン（Ⅳ）（TiO_2）がある。

2 酵素とその性質

❶**酵素の本体**　酵素の本体はタンパク質で，さまざまな種類がある。

補足 酵素にはタンパク質だけでできているものもあるが，低分子の有機物と結合して活性部位（⊃p.34）を形成しているものもある。

❷**基質と基質特異性**　酵素が作用する物質を，その酵素の**基質**という。基質は酵素分子と結合し，反応の結果，**生成物**となって酵素から離れる。このとき**酵素には特定の物質のみが基質として結合することができる**。酵素が特定の基質にしか働かないという性質を，酵素の**基質特異性**という。体内では多数の化学反応が起こっているため多くの種類の酵素が存在し，ヒトでは約5000種類あるといわれている。

➕発展ゼミ　**酵素の性質①　触媒の作用**

●物質に外部からエネルギーを加えると不安定になって化学変化を起こしやすくなる。化学変化を起こしやすい状態になるために必要なエネルギーを**活性化エネルギー**という。
　触媒は，化学反応に必要な活性化エネルギーを低下させることで，その化学反応を起こりやすくし，その反応速度を速くする（促進する）働きをもつ。

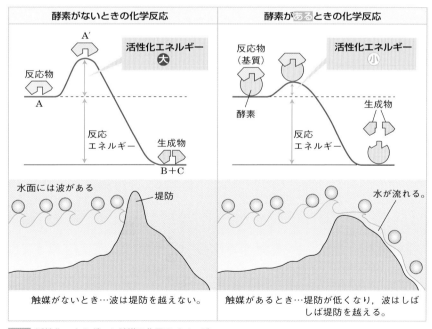

図30 活性化エネルギーと触媒の作用のイメージ

視点 触媒としての酵素の働きは堤防の高さを低くすることに例えられる。堤防が低くなると波が堤防を越えやすくなるように，活性化エネルギーが低下すると反応が起こりやすくなる。

⊕発展ゼミ　酵素の性質②　基質特異性と活性部位

●酵素が化学反応を進めるためには，まず，酵素が基質と結合しなければならない。酵素が基質と結合する場所は決まっていて，この部分を活性部位という。酵素分子は，その活性部位の立体構造に適合した基質とのみ結合し，酵素―基質複合体をつくって反応を促進する。酵素の基質特異性は，無機触媒には見られない性質で，酵素の活性部位に適合した立体構造をもつ基質だけが酵素の作用を受けることによって生じる。

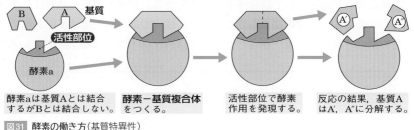

酵素aは基質Aとは結合するがBとは結合しない。

酵素―基質複合体をつくる。

活性部位で酵素作用を発現する。

反応の結果，基質AはA′，A″に分解する。

図31　酵素の働き方(基質特異性)

⊕発展ゼミ　酵素の性質③　酵素と最適温度

●酵素の本体であるタンパク質は，熱による影響を受けやすい。卵の白身を加熱すると不透明になって固まる。これは，加熱することによりタンパク質の立体構造を安定化していた結合が切れ，温度を下げても立体構造の変化はもとに戻らないからである。タンパク質の**立体構造が変化することをタンパク質の変性**という(図32)。

●温度が高くなると分子同士のぶつかり合いが増加する。そのため，無機触媒による反応は，ふつう温度が高くなるほど反応速度が増加する。一方，酵素はその本体がタンパク質でできているため，温度の影響の受け方が異なる(図33)。

①多くの酵素は35～40℃くらいで，最も化学反応を促進する。このときの温度を最適温度という。最適温度は酵素の種類によって異なる。

②酵素は最適温度を超えると働きが低下し，多くの酵素は70～80℃以上になるとタンパク質が完全に変性(熱変性)して酵素作用を失う。これを失活という。酵素は，**いったん失活すると，常温に戻してもその働きが復活することはない。**

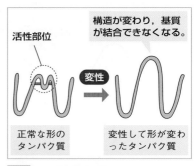

構造が変わり，基質が結合できなくなる。

活性部位

正常な形のタンパク質

変性して形が変わったタンパク質

図32　タンパク質の変性

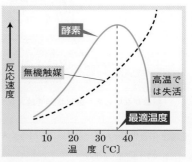

図33　酵素の反応速度と温度の関係

第1編　生物の特徴

⊕発展ゼミ　酵素の性質④　酵素と最適pH（ピーエイチ）

●酸性かアルカリ性かの度合いをpH（水素イオン濃度）というが，酵素の活性は，反応する液のpHの影響を受けやすい。

活性が最も高いときのpH値（最適pH）は酵素の種類によって異なる。消化液中の消化酵素を例にあげると，次のとおりである。

①ペプシン（胃液中）[★1]…pH2付近（強酸性）で最もよく働く。

②だ液アミラーゼ（だ液中）…pH7付近（中性～弱酸性）で最もよく働く。

③トリプシン（すい液中）[★2]…pH8付近（弱アルカリ性）で最もよく働く。

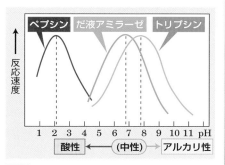

図34　酵素活性とpHとの関係の例

4│酵素の働く場所

1　酵素の存在する場所

生物体内では，多くの化学反応が起きているが，それらはすべて酵素の触媒作用のもとに進行している。酵素は，すべて細胞内でつくられるが，働く場所は酵素によって異なる。細胞質基質などの内部や膜上などの細胞内で働く酵素と細胞外に分泌されて働く酵素とに分けることができる。

❶細胞内で働く酵素

細胞内で働く酵素は，図35のように細胞小器官などの特定の場所に一定の秩序で配置されており，光合成や呼吸のようないくつもの化学反応が連続して起こるしくみを効率よく進めている。

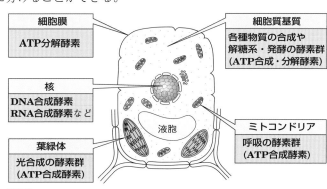

図35　細胞とおもな酵素群の存在のしかた

★1　胃液は塩酸を含んでいるため，そのpHはおよそ2である。胃液の中で働くペプシンの最適pHは，胃液のpHと一致している。

★2　十二指腸で分泌されるすい液のpHはおよそ8の弱アルカリ性である。すい液中で働くトリプシンの最適pHはすい液のpHと一致している。

①細胞質基質や細胞小器官の内部で働く酵素　呼吸では，細胞質基質とミトコンドリア内のマトリックス（⇨p.30）に有機物の分解などに関する酵素が存在している。光合成では，葉緑体内のストロマ（⇨p.29）に二酸化炭素の取り込み（有機物と結合させる）に関する酵素が存在する。

②膜上で働く酵素　細胞膜や細胞小器官の膜は脂質（リン脂質）でできており，この膜に酵素が埋め込まれた状態で働く。光合成でATPを合成したりH_2Oを分解

したりする反応の酵素群は，葉緑体のチラコイド膜上に並んでいる。また，呼吸で，大量のATPを合成しO_2からH_2Oを生成する酵素群はミトコンドリアの内膜上に並んでいて，連続する化学反応を効率よく進められるようになっている。

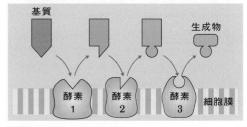

図36　細胞膜上の酵素の働き

❷細胞外で働く酵素　細胞でつくられて，細胞の外に分泌されて働く酵素。例えば，だ腺（だ液腺），胃，すい臓から出る消化酵素[★1]などがこれにあたる。

2 酵素の分類とおもな酵素

　生物の体内で行われる代謝は，酵素の働きによって速やかに行われている。そのため，酵素には非常に多くの種類がある。それらがかかわる化学反応の種類に注目すると，酸化還元酵素・加水分解酵素などに分類することができる。

❶酸化還元酵素　酸化・還元の反応が関係する代謝に働く酵素を酸化還元酵素という。呼吸は酸素を用いる酸化反応であり，呼吸の際に働く酵素は酸化還元酵素に含まれる。このほか，実験（⇨p.38）で扱うカタラーゼも，過酸化水素（H_2O_2）を水と酸素とに分解する反応を触媒する酸化還元酵素の1つである。

表2　酸化還元酵素の例

脱水素酵素 （デヒドロゲナーゼ）	基質中の水素（2H）をとって，他の物質（水素受容体という）に与える。 $AH_2 + X \longrightarrow A + XH_2$
酸化酵素 **（オキシダーゼ）**	脱水素酵素のうちO_2が水素受容体のもの。呼吸では有機物からとった水素を最終的に酸素（O_2）に結合させる。 $AH_2 + \dfrac{1}{2}O_2 \longrightarrow A + H_2O$　　**例**　ルシフェラーゼ
還元酵素 **（レダクターゼ）**	他の物質からとった水素（2H）で基質Aを還元する酵素 $A + XH_2 \longrightarrow AH_2 + X$
カタラーゼ	過酸化水素（H_2O_2）$\longrightarrow \dfrac{1}{2}O_2 + H_2O$

★1　腸の消化酵素は腸の分泌液ではなく小腸の内表面の細胞膜に埋め込まれた状態で存在し，そこで栄養分を分解するため，分解生成物は腸内細菌に奪われる前に大部分が吸収される。

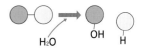

❷加水分解酵素　栄養分を分解する消化は，水分子を付加させることで分解する反応が多い。水分子を付加して分解する反応を加水分解といい，この反応を触媒する酵素を加水分解酵素という。消化酵素であるアミラーゼやマルターゼは炭水化物を加水分解する酵素で，ペプシンやトリプシンなどはタンパク質を加水分解する酵素である。

図37　加水分解

補足　このほか，ある部分を切り離して他の物質につける**転移酵素**としてDNAやRNAを合成するDNAポリメラーゼ(⤴ p.52)やRNAポリメラーゼなどがある。

表3　加水分解酵素の例

炭水化物加水分解酵素	アミラーゼ	デンプン(多糖類) ⟶ デキストリン + マルトース
	マルターゼ	マルトース(二糖類) ⟶ グルコース + グルコース
	スクラーゼ	スクロース(二糖類) ⟶ グルコース + フルクトース
	ラクターゼ	ラクトース(二糖類) ⟶ グルコース + ガラクトース
	セルラーゼ	細胞壁に含まれるセルロースを分解。
	ペクチナーゼ	細胞壁どうしを接着するペクチンを分解。
タンパク質加水分解酵素	ペプシン	タンパク質 ⟶ ポリペプチド
	トリプシン	タンパク質 ⟶ ポリペプチド
	ペプチダーゼ	ポリペプチド ⟶ アミノ酸
	トロンビン	フィブリノーゲン ⟶ フィブリン(⤴ p.90)
ATPアーゼ[1]		ATP ⟶ ADP + リン酸

補足　ポリペプチドは，複数のアミノ酸が鎖状に結合した多様な分子(⤴ p.66)。

このSECTIONの **まとめ**　生物とエネルギー

☐ **代謝とATP**　⤴ p.26	・細胞内でのさまざまな物質の化学反応全体を**代謝**という。 ・ATPはあらゆる生命活動について「**エネルギーの通貨**」として働く。
☐ **光合成と呼吸**　⤴ p.29	・光合成…葉緑体で光エネルギーを吸収しATPを合成。この化学エネルギーで**二酸化炭素**から**有機物を合成**。 ・呼吸…細胞質基質とミトコンドリアで有機物を**水**と**二酸化炭素**まで分解し，生じるエネルギーで**ATPを合成**。
☐ **代謝を支える酵素**　⤴ p.32	・酵素の本体は**タンパク質**(熱に弱い)である。 ・酵素は触媒で，**常温**で，**微量**で働く。
☐ **酵素の働く場所**　⤴ p.35	・細胞外…消化酵素など，細胞内(基質内)…各種物質の合成に関する酵素など，(膜上)…ATP合成酵素など。

★1　ATPアーゼには多くの種類がありADP + リン酸 ⟶ ATPの反応に働くもの(ATP合成酵素)もある(⤴ p.31)。

🔬 重要実験 カタラーゼの働き

操作

❶ Ａ 〜 Ｇ の 7 本の試験管を用意し，下の図のように，それぞれに過酸化水素水(H_2O_2)や塩酸(HCl)を入れ，Ｂ 〜 Ｇ については，さらに，肝臓片，煮沸した肝臓片，酸化マンガン(Ⅳ)(MnO_2)，煮沸した MnO_2 を加えて，泡(気体)の発生のようすを調べる。

❷ 気体が発生した試験管の上のほう(泡をつぶした空間)に火のついた線香を入れる。

結果

❶ 気体の発生のようすは，下の図のようであった。

❷ 火のついた線香は，炎を上げて激しく燃えた。(Ｂ，Ｅ，Ｆ，Ｇ)

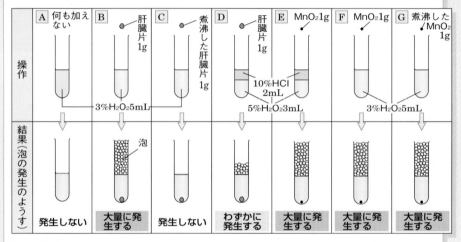

考察

❶ 試験管 Ａ には肝臓片も MnO_2 も加えていない。これはなぜか。➡試験管 Ｂ，Ｅ，Ｆ，Ｇ の結果が，肝臓片や MnO_2 を加えたことによるものだということを特定するため。このように，調べたい特定の条件以外をすべて同じにして行う実験を対照実験という。

❷ 試験管 Ａ，Ｂ，Ｆ の結果から何が言えるか。➡Ａ では気体が発生せず，Ｂ，Ｆ では発生したことより，肝臓片には H_2O_2 を分解する酵素カタラーゼが含まれていること，また，MnO_2 には，カタラーゼと同様，H_2O_2 の分解を触媒する働きがあることがわかる。

❸ 試験管 Ｂ と Ｃ，Ｆ と Ｇ の結果から何が言えるか。➡Ｃ では気体が発生せず，Ｇ では気体が発生したことから，酵素は熱によって働きを失うこと，MnO_2 は熱によって働きを失わないことがわかる。

❹ 試験管 Ｂ と Ｄ，Ｅ と Ｆ の結果から何が言えるか。➡Ｄ では気体が少ししか発生せず，Ｅ では気体が大量に発生したことから，酵素の働きはpHの影響を受けること，MnO_2 の働きはpHの影響を受けないことがわかる。

❺ 結果❷から発生した気体は何と考えられるか。➡酸素(O_2)　$2H_2O_2 \longrightarrow 2H_2O + O_2$

参考 化学の基礎知識

● **元素**　物質を構成する基本的な成分を元素といい，元素記号で表す。元素はその元素に特有な**原子**という粒子からなる。

　これまでに100種類以上の元素が確認されているが，生物体はおもに，**酸素(O)・炭素(C)・水素(H)・窒素(N)** の4種類の元素から構成される。

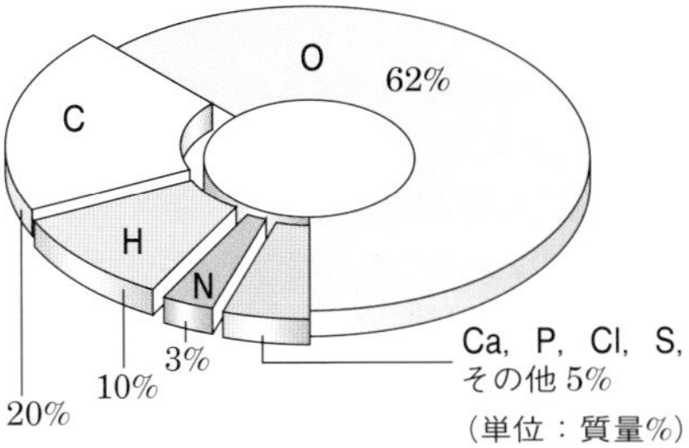

● **質量数**　元素の相対的な質量を示す数値で，右のように元素記号の左上に示される。　例　H = 1，C = 12，N = 14，O = 16

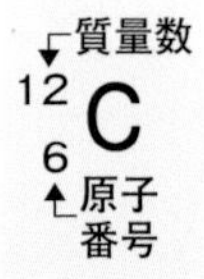

図38　細胞を構成する元素の割合の一例
O 62%
C 20%
H 10%
N 3%
Ca, P, Cl, S, その他 5%
（単位：質量%）

$$^{12}_{6}C$$
質量数　原子番号

● **同位体**　同じ種類の元素で質量数が異なるものを**同位体**といい，化学的性質がほとんど同じである。同位体のうち，^{12}Cの同位体の^{14}Cのように，放射線を出して分解するものを**放射性同位体**という。

● **分子と分子量**　その物質固有の化学的性質をもつ最小の粒子を**分子**という。分子を構成している原子の種類と数は，分子の種類によって決まっていて，分子式で表す。

　1分子を構成する原子の原子量の総和を**分子量**といい，分子量が大きいほど重い。
　例　グルコース（ブドウ糖）の分子量
　　$C_6H_{12}O_6 = 12 \times 6 + 1 \times 12 + 16 \times 6 = 180$

● **イオン**　原子や原子の集団が，電子(e^-)を放出するか，電子を受け取るかして，電気を帯びた状態になったものを**イオン**という。

①**陽イオン**…電子を放出し，電気的に＋になったもの。　例　水素イオンH^+
②**陰イオン**…電子を受け取り，電気的に－になったもの。　例　水酸化物イオンOH^-

● **pH（水素イオン指数）**　水溶液の酸性やアルカリ性（塩基性）の強弱を表す。

　pHは，ふつう0～14の範囲で示され，pH7が中性，pHが7より小さくなるほど強い酸性，pHが7より大きくなるほど強いアルカリ性であることを示す。

　pH 0 ←──（酸性）── pH 7 ──（アルカリ性）──→ pH 14

● **化学式**　分子または化合物を表すために用いられる式で，次のものがある。

①**分子式**…化合物を構成する元素の種類と数を表す式。

②**示性式**…分子中に含まれる「基」を明示した式。基とは，化学反応時に，分解せずに1つの分子から他の分子に移動することができる原子集団で，アミノ基($-NH_2$)，カルボキシ基($-COOH$)，ヒドロキシ基($-OH$)などがある。

分子式	示性式	構造式
C_2H_6O	C_2H_5OH	H H | | H－C－C－O－H | | H H

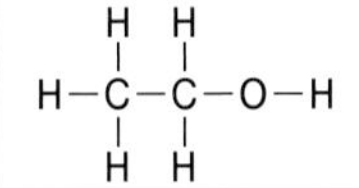

図39　エタノールの分子式，示性式，構造式

③**構造式**…分子を構成する各原子が，互いにどのように結合しているかを示した式。

⊕発展ゼミ　生体物質の構造と働き

●生物の細胞をつくっている物質を生体物質といい，生体物質の構成は多くの生物の細胞で似通ったものになっている。動物細胞を例に，生体物質の種類とその量的関係を示すと，

　　水＞タンパク質＞脂質＞炭水化物
　　＞核酸＞無機物

となる。

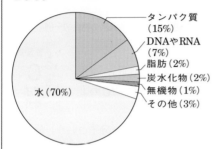

図40　原核細胞(大腸菌)の生体物質の組成

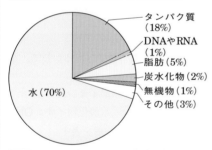

図41　真核細胞(哺乳類)の生体物質の組成

●水──生命活動を支える溶媒　水は，細胞中に最も多く含まれており，次のような性質がある。

①いろいろな物質を溶かす。➡細胞内の多くの物質は水に溶けており，それらが互いに反応して，代謝(生体内で行われる化学反応)が進められている。代謝にかかわる酵素も水に溶けて働く。

②比熱が大きい(＝1)。➡水は比熱が大きいので，あたたまりにくく，さめにくい。そのため，生物体内の温度が急変しにくく，

内部環境が安定する。

●タンパク質──生物体をつくり，生命活動を支える物質

①タンパク質の構造　タンパク質を構成する単位はアミノ酸である。アミノ酸はアミノ基($-NH_2$)とカルボキシ基($-COOH$)をもっており，以下の一般式で表される。

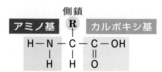

図42　アミノ酸の基本構造

　タンパク質は，数個～数千個のアミノ酸が鎖状に結合してできている(⇨p.62~67)。
　タンパク質全体としては，ペプチド結合(⇨p.66)によってアミノ酸が多数つながった長い鎖状のポリペプチドが複雑におりたたまれた立体構造をとる。ポリペプチドが立体構造をとって，生体内で機能をもつようになったものがタンパク質である。

②タンパク質をつくるアミノ酸の種類は20種類であるが，結合するアミノ酸の種類・数・配列順序によって異なったタンパク質となるため，理論上無限に近い種類のタンパク質ができることとなり，それが生物の構造と機能の多様性を支えている。

③タンパク質の種類　生物体をつくるタンパク質の種類は非常に多い。その働きに注目すると，次の2種類に分けることができる。

　a. 細胞や組織の構造をつくる構造タンパク質　例　細胞骨格やコラーゲン

　b. 生体のさまざまな機能にかかわる機能タンパク質
　　例　酵素，受容体，ホルモン

④タンパク質の特徴　タンパク質は複雑な立体構造をもつため，次のような特徴がある。

a. 熱に弱く，高温では立体構造が変化して性質が変わる。これを熱変性という。

b. 極端な酸性やアルカリ性のもとでは立体構造が変化して変性する。

c. アルコールやアセトンによって変性して，沈殿する。

● 核酸——遺伝情報の担い手

① 核酸の種類　核酸には，DNA（デオキシリボ核酸）とRNA（リボ核酸）の2種類がある。DNAは，おもに核の中の染色体にあり，遺伝子の本体として働く。RNAは核小体や細胞質にあり，DNAの遺伝情報をもとにして，タンパク質を合成するのに関与したりしている。

② 核酸の構造　核酸の構成単位はヌクレオチド（リン酸＋糖＋塩基）で，図43のような構造をしている。

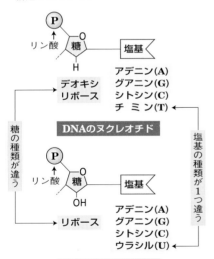

図43　ヌクレオチドの構造

塩基の違いによって，DNAとRNAにはそれぞれ4種類ずつのヌクレオチドがある。これら4種類のヌクレオチドが糖とリン酸の間で多数結合したものが核酸である。

● 炭水化物——生命活動のエネルギー源

① 炭水化物の種類　炭水化物の構成単位は単糖類で，それが2個結合したものを二糖類，多数結合したものを多糖類という。

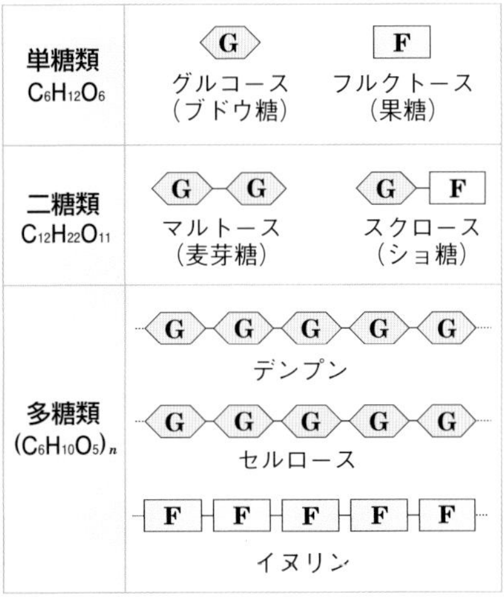

単糖類 $C_6H_{12}O_6$	グルコース（ブドウ糖） G	フルクトース（果糖） F
二糖類 $C_{12}H_{22}O_{11}$	マルトース（麦芽糖） G-G	スクロース（ショ糖） G-F
多糖類 $(C_6H_{10}O_5)_n$	デンプン G-G-G-G-G セルロース G-G-G-G イヌリン F-F-F-F-F	

図44　炭水化物の構造（模式図）

② 単糖類　それ以上小さく分割できない単純な糖を単糖という。単糖であるグルコース（ブドウ糖）は細胞内で素早くエネルギーに変換される。グルコースとフルクトース（果糖）は，分子式は同じだが異なる構造をもつ分子で，水溶液の中ではほとんどの分子が環状の構造となる。

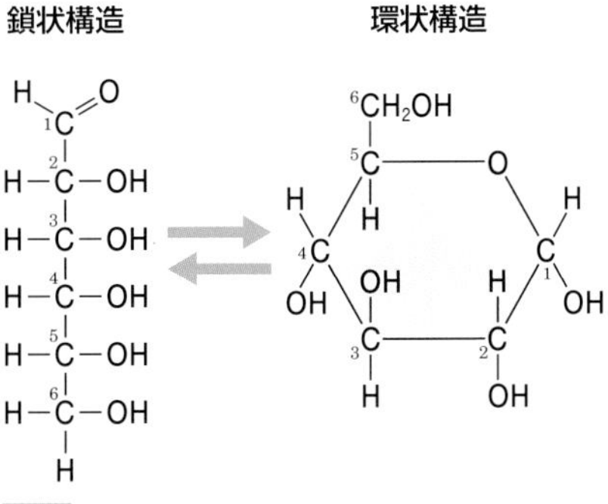

図45　グルコースの環状構造

③**二糖類と多糖類**　二糖類は，体内で単糖類に分解されてから，生命活動に利用される。

多糖類は貯蔵物質として合成されるほか，植物の細胞壁の成分などとしても利用されている。

多糖類 {
セルロース……植物の細胞壁の主成分
デンプン………植物細胞の貯蔵物質
イヌリン………キクイモなどの貯蔵物質
グリコーゲン…動物細胞の貯蔵物質
}

④**炭水化物の働き**　炭水化物は，生命活動のエネルギー源や植物の細胞壁をつくるだけではなく，タンパク質と結合して**糖タンパク質**となる。糖タンパク質は細胞膜に存在し，血液型の決定にかかわったり，細胞どうしの接着に働いたりしている。

● **脂質**──**生体膜の主成分とエネルギー源**

脂質の構成単位は脂肪酸とグリセリンで，それらをどのようにもつかで脂肪・リン脂質などに分けられる。

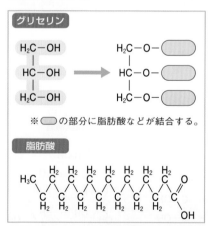

※ ⬭の部分に脂肪酸などが結合する。

図46 **グリセリンと脂肪酸の構造**

視点 ここでは，単純な脂肪酸の例としてパルミチン酸の構造を示している。

①**脂肪**　グリセリンに3分子の脂肪酸が結合したものを脂肪という。

脂肪は同じ重量のグルコースのおよそ6倍のエネルギーを取り出すことができるので，細胞内に貯蔵されるエネルギー源となる。

グリセリンに脂肪酸が1分子だけ結合したものをモノグリセリドという。食物中の脂肪が体内で分解された際には，モノグリセリドと脂肪酸になって吸収される。

②**リン脂質**　グリセリンに脂肪酸と，リン酸を介してコリンなどの塩基が結合したもの。水をはじく部分と水になじみやすい部分をもち，細胞膜などの生体膜の主成分となる。

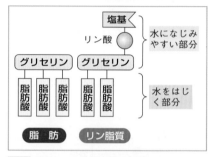

図47 **脂肪とリン脂質の構造**（模式図）

● **無機塩類**──**生命活動の潤滑油**

細胞内に含まれる量は少ないが，Na，K，Ca，Mg，Fe，S，Cl，P などが塩類として水に溶けてイオンとして存在したり，生体物質の構成成分となったりしている。

Na は pH や浸透圧の調節に重要な役割をもつ。K は Na とともに神経の興奮など細胞膜上の電位発生にかかわる。Fe はカタラーゼや赤血球中のヘモグロビンなどに含まれており，Mg は植物のクロロフィルに含まれている。Ca と P は骨や歯の成分となり，さらに Ca は血液凝固や筋肉の収縮にかかわる。また，P は核酸やリン脂質，ATP などの成分として生命活動の根幹にかかわっている。このほか，酵素のなかには，反応の際に無機イオンを必要とするものがある。

重要用語

SECTION 1 生命の単位—細胞

□ **細胞** さいぼう ⏎p.17
　生物の構造と機能の基本的な最小の単位。すべての生物は細胞から成り立っている。

□ **進化** しんか ⏎p.17
　長い年月の間に祖先と子孫で生物のからだの特徴が変化すること。

□ **系統** けいとう ⏎p.17
　生物が進化した道すじ。

□ **系統樹** けいとうじゅ ⏎p.17
　生物が進化した道すじの枝分かれしたようすを樹木の形で表現した図。

□ **DNA** ディーエヌエー ⏎p.18
　デオキシリボ核酸。すべての生物に含まれる遺伝子の本体で二重らせん構造をもつ。

□ **原核細胞** げんかくさいぼう ⏎p.18
　核膜に包まれた状態の核をもたない細胞。

□ **真核細胞** しんかくさいぼう ⏎p.18
　核膜に包まれた状態の核をもつ細胞。

□ **原核生物** げんかくせいぶつ ⏎p.19
　原核細胞からなる生物。細菌など。

□ **細菌** さいきん ⏎p.19
　原核細胞からなる生物でバクテリアともいう。大腸菌，乳酸菌，納豆菌など。

□ **真核生物** しんかくせいぶつ ⏎p.20
　真核細胞からなる生物。

□ **核** かく ⏎p.19
　核膜で囲まれ内部にDNAを含む細胞内の構造。真核細胞に存在する。

□ **細胞壁** さいぼうへき ⏎p.19
　細菌や植物の細胞の細胞膜の外側に存在する構造。

□ **細胞膜** さいぼうまく ⏎p.22
　細胞を外界と隔てる膜。リン脂質からなる。

□ **細胞質** さいぼうしつ ⏎p.22
　真核細胞の内部で核を取り囲んでいる部分。細胞小器官と細胞質基質・細胞膜が含まれる。

□ **細胞質基質** さいぼうしつきしつ ⏎p.23
　細胞質のうち，細胞小器官を取り囲む液状の成分。

□ **細胞小器官** さいぼうしょうきかん ⏎p.23
　真核細胞の内部に存在する膜に取り囲まれた明確な構造体。ミトコンドリアや葉緑体が含まれる。

□ **細胞内共生** さいぼうないきょうせい ⏎p.24
　細胞の中に別の生物が密接な結びつきをもって生活すること。原核細胞の内部に好気性細菌やシアノバクテリアが共生してミトコンドリアと葉緑体となり，真核細胞が誕生したと考えられている。

SECTION 2 生物とエネルギー

□ **代謝** たいしゃ ⏎p.26
　生物の体内で行われる化学反応。同化と異化がある。

□ **同化** どうか ⏎p.26
　生物の体内で簡単な物質を材料としてより複雑な有機物を合成する過程。

□ **異化** いか ⏎p.26
　生物の体内で複雑な物質を分解してエネルギーを取り出す過程。

□ **ATP** エーティーピー ⏎p.26
　アデノシン三リン酸。すべての生物に含まれていて，エネルギーを蓄える働きをもつ物質。細胞が行う生命活動に利用されるエネルギーはすべていったんATPを介するため「エネルギーの通貨」とよばれる。

□ **ADP** エーディーピー ⏎p.27
　アデノシン二リン酸。ATPからリン酸が1個とれたもの。ADPとリン酸にエネルギーを加えて結合させるとATPを合成することができる。

□**高エネルギーリン酸結合** こう──さんけつごう ☞p.27　ATPにおける3個のリン酸の結合のうち，2か所のリン酸どうしの結合のこと。ATPからリン酸が離れてADPとなるときに，この結合が1か所切れてエネルギーが放出される。

□**独立栄養生物** どくりつえいようせいぶつ☞p.28　無機物を取り込み，有機物を合成して生命活動を営むことができる生物。

□**従属栄養生物** じゅうぞくえいようせいぶつ☞p.28　動物などのように，有機物を他の生物に依存している生物。

□**光合成** こうごうせい ☞p.26, 29　植物や藻類などが行う，光エネルギーを用いて有機物を合成する反応。

□**葉緑体** ようりょくたい ☞p.18, 29　植物や藻類の光合成を行う場となる細胞小器官。光合成に働く色素をもつ。

□**ストロマ** ☞p.29　葉緑体の内部の空間の部分。光合成にかかわる多くの酵素が含まれる。

□**チラコイド** ☞p.29　葉緑体内部の扁平な袋状の構造。光エネルギーを吸収する光合成色素が含まれる。

□**呼吸** こきゅう ☞p.26, 30　グルコースなどの有機物を酸素を用いて水と二酸化炭素に分解し，ATPを合成する反応。

□**ミトコンドリア** ☞p.18, 30　真核生物の呼吸を行う場となる細胞小器官。二重膜からなり，呼吸に働く酵素をもつ。

□**マトリックス** ☞p.30　ミトコンドリアの内部で，内膜に囲まれた液体部分。呼吸に関するさまざまな酵素が含まれる。

□**酵素** こうそ ☞p.26, 32　生物の体内で触媒として働く物質。タンパク質を主成分とする。生物の体内で起こる多数の化学反応を速やかに進める。

□**触媒** しょくばい ☞p.32　自身は変化せずに，化学反応を促進する物質。

□**基質** きしつ ☞p.33　酵素が作用する物質。反応の際に酵素といったん結合して生成物に変化する。

□**基質特異性** きしつとくいせい ☞p.33　酵素が特定の基質にしか働かないという性質。

□**活性部位** かっせいぶい ☞p.34　酵素が基質と結合する部分で，活性部位の立体構造と適合した物質のみが基質として酵素と結合することができる。

□**変性** へんせい ☞p.34　加熱などによってタンパク質の立体構造が変化すること。

□**失活** しっかつ ☞p.34　酵素のタンパク質の立体構造が加熱などによって変化し，酵素としての働きを失うこと。

特集

ミトコンドリア

ミトコンドリアの本当の形

① 教科書などでは，ミトコンドリアは下の図のように外膜の内側に入り組んだ内膜をもつ球形や長球形に描かれることが多い。

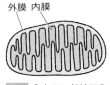

外膜 内膜

② しかし，実際には長く伸びた状態のミトコンドリアが融合して，網の目のように細胞内に広がっ

図48 ミトコンドリアの模式図

ていることが知られている。そして融合と分散をくり返し，触手を伸ばすように動きながら，細胞内全体にATPを供給している。

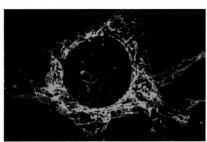

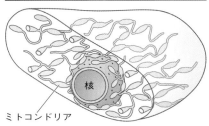

核

ミトコンドリア

図49 生きた細胞中で網目状に広がるミトコンドリア（上。蛍光色素で染めて撮影）と核のまわりのミトコンドリアの模式図（下）

③ ミトコンドリアのミト mito- は「糸」，コンドリア -chondrion（chondria は複数形）は「粒子」を意味する。糸と粒子というこの名前は，実像を的確に反映した名前なのである。

ミトコンドリアは好気性細菌なのか

① p.24 ～ 25で説明されたように，ミトコンドリアは，かつて独立して生活していた好気性細菌が大型の細胞内に共生して現在の真核細胞の細胞小器官となったものと考えられている。その証拠の1つとして，ミトコンドリアの内部には，核のDNAとは異なる独自のDNAが存在している。

② では，ミトコンドリアを1つ細胞から取り出して，個体として生活させることはできるか，というとそれは不可能である。それは，ミトコンドリアが呼吸を行うために必要であると考えられるDNAの多くの部分を核内のDNAに依存しているからである。もともと由来の異なる宿主のDNAとミトコンドリアのDNAが，協力体制をしいて，現在は1細胞の中に納まっているのである。

すべてのミトコンドリアは母親由来

① 動物や植物では，細胞の核内のDNAは有性生殖によって母親と父親から半分ずつ受け継いだものである。しかし，ミトコンドリアは細胞質に存在するため，母親由来である卵の中に存在していたものを受け継いでいる。

② 精子の中にもミトコンドリアは存在している。この精子のミトコンドリアも受精の際に卵内に侵入するが，卵内で速やかに分解され除かれてしまう。

③ 子どもの細胞のミトコンドリアはすべて母親に由来し，その母親のミトコンドリアはさらにそのまた母親に由来する。細い1本の長い糸のように，ミトコンドリアははるか昔の祖先となる女性から連綿とつながって現在の人類1人1人の細胞の中に息づいている。

生命の起源と宇宙

生物の共通点と起源

①すべての生物は，ここまで学習してきたように，**細胞からできていて**，**代謝を行い**，**自己複製を行う**という共通点をもっている。そして地球上のすべての生物の細胞は，タンパク質・脂質・炭水化物などの有機物でできていて大量の水を含み，酵素やATPを用いて代謝を行い，設計図としてDNAをもっている。
②これらの共通点は，地球上のすべての生物が共通の単細胞生物から進化したためと考えられている。地球上の最古の生物は，化石に残された証拠から40億年前には誕生していたことがわかっているが，最初の生物が誕生した当時の地球で，生物の材料となる物質がどのようにできてどのように存在していたのかが大きな研究テーマとなっていた。

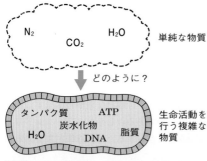

N_2 CO_2 H_2O 単純な物質

どのように？

タンパク質 ATP 炭水化物 H_2O DNA 脂質 生命活動を行う複雑な物質

図50 生命の起源の謎―材料となる物質の起源

③そして，その謎を解明するための鍵を得る学問が宇宙生物学(アストロバイオロジー)で，現在NASA (アメリカ航空宇宙局)の宇宙探査の主要テーマともなっている。範囲は広く，**地球を含めた宇宙における生命の起源と進化，そして未来についての研究全般が対象となる。**日本でも生命の起源に関する課題に取り組むための研究所として2012年に地球生命研究所(ELSI)が設立されている。

アミノ酸の起源と極限環境

①原始の地球に存在していた単純な物質から有機物がつくられる過程を**化学進化**という。特に生物を構成する特徴的な物質として，さまざまな生命活動に働くタンパク質を構成する**アミノ酸の起源**についていくつかの説が唱えられている。
②アミノ酸はおもに炭素C，水素H，酸素O，窒素Nからなるが原始の大気は水蒸気H_2Oと二酸化炭素CO_2を主成分とし，窒素N_2も含まれていて現在よりも高温高圧であったと考えられている。このような大気の中で放電する実験で，さまざまな種類のアミノ酸やギ酸，酢酸などの有機酸が合成されている。
③また，1977年に深海底で発見された，300℃以上の熱水を噴出する**熱水噴出孔**が注目を集めている。熱水噴出孔付近の海水には水素H_2，メタンCH_3，硫化水素H_2Sや多種類の金属イオンが含まれていることから，高温高圧条件下でアミノ酸などの有機物を生成する場となっていた可能性が指摘されている。
④これらの化学進化の場はいずれも地球上ではごく限られた生物しか生きられない**極限環境**といえるが，惑星環境としては一般的といえる。そのため，生命の起源を探る上で宇宙探査は重要な証拠を見つけ出す手段となる。

地球外に存在する有機物

①生物を構成する多くの種類の有機物が地球外にも存在することがわかっている。
②**宇宙空間** 電波望遠鏡の開発が進んだことで，宇宙空間にエタノールや，酢酸，ホルムアルデヒドなどの有機物が存在することが明らかになった。

③**小惑星**　JAXA（宇宙航空研究開発機構）の探査機「はやぶさ2」が2019年に火星と木星の間に存在する小惑星の1つリュウグウに着陸して採取した5.4gの砂や石から，生物に欠かせない23種類のアミノ酸が検出された。

④**彗星**　彗星はおもに氷や塵からなり，太陽系の外縁部（海王星の外側）から細長い軌道で周回する天体である。太陽に近づいたときに尾が生じるが，この尾の成分からきわめて複雑な有機物が見つかっている。

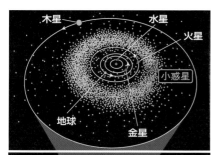

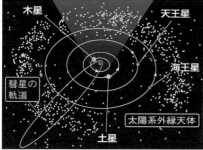

図51　太陽系の天体

宇宙の有機物生成と地球生命

①宇宙空間には，塵や分子の密度が高く超低温の暗黒星雲とよばれる部分がある。超低温のため塵の表面には水や一酸化炭素COなどが凍りついて付着しており，ここに紫外線などが降り注ぐことで有機物が生成する。

②約46億年前に暗黒星雲が縮まって原始太陽系ができたとき，原始の地球は微惑星や隕石が衝突して集まることで誕生した。そのと

き暗黒星雲で生成した有機物も運び込まれたと考えることができる。

③地球に落ちてきた隕石の中からもアミノ酸が見つかっている。このことから，原始地球で化学進化の結果生成した有機物だけでなく地球が誕生した際に宇宙空間からもたらされた有機物も生命誕生のための材料として考えることもできる。

地球外生命の可能性

①さらに，NASAが打ち上げた惑星探査機のデータから，有機物を含み，生命体を生み出す可能性のある環境が確認された。

②太陽から約7億7830万km離れた木星の衛星の1つエウロパでは，厚くおおわれた氷の下に生命活動に不可欠な液体の水が存在している。エウロパの起源が彗星と共通するものであれば有機物も多く含まれている可能性がある。

③太陽系で最大級の土星の衛星のタイタンは厚いもやで包まれているため表面のようすは謎となっていたが，1.5気圧という濃い大気は窒素を主成分とし，メタンや，窒素とメタンをもとにして生成されたさまざまな有機物を含むことがわかった。これは生命誕生のための材料の供給源となりうると考えられる。

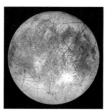

図52　エウロパ　　**図53　タイタン**

④また，水ではなくメタンが雲や雨をつくるタイタンの環境には，地球上の生物とは異なる物質を用いた生物が存在する可能性もある。宇宙探査による研究は，生命とは何かという問いかけに対する，より詳しい答えへの手がかりをもたらしてくれる。

CHAPTER

2 » 遺伝子とその働き

SECTION 1 遺伝情報とDNA

1 | 遺伝子の本体DNA

1 遺伝子とDNA

❶遺伝子　生物の共通点の1つに「自己複製を行うこと」がある（⇨p.18）。自己複製とは，自己の形質を忠実に再現して複製し，自分と同じ特徴を子孫に伝えるということである。子孫に自分と同じ特徴が現れることを遺伝といい，遺伝において伝えられる形質の情報を遺伝情報，遺伝情報を担うものを遺伝子という。

❷遺伝子と核酸(DNA)　すべての生物は遺伝情報を伝える遺伝子の本体として，細胞の中にDNA（デオキシリボ核酸）という物質をもっている。真核生物では，おもにDNAは核の中におさめられている。DNAとともに遺伝情報の発現にかかわるRNAとDNAを合わせて核酸という。

参考 核酸の発見

●核酸をはじめて発見したのは，スイスの生化学者ミーシャー(1844～1895)である。彼は，1869年，病院で得られるヒトの膿（白血球の死骸）を材料として，核と細胞質に含まれるタンパク質について研究しているとき，核にリン酸を多量に含み，タンパク質とは明らかに異なる物質があることを発見した。彼はこの物質をヌクレインと名づけて1871年に発表した。これがDNAの発見である。
●ヌクレインは酵母，腎臓，肝臓，精子にも見つかった。その後，このヌクレインの主成分であるDNAが遺伝子の本体だということがさまざまな実験によって明らかにされていった。

2 DNAの特徴

すべての生物においてDNAは以下のような特徴をもつ。

① 体細胞に含まれる細胞1個あたりのDNA量は，生物の種が同じならば，**どの組織・器官でもほぼ一定**で，生殖細胞ではその半分である。

② DNAの大部分は核内の**染色体**に含まれている。

③ 安定な物質で環境変化の影響を受けにくい。

表4 ニワトリの各種細胞の1核あたりのDNA量

細胞の種類	含量（×10^{-12} g）
赤血球	2.58
肝臓	2.65
心臓	2.54
すい臓	2.70
精子	1.26

遺伝子…親から子へ伝えられる遺伝情報を担うもの。核酸の一種であるDNAが遺伝子の本体。

3 DNAの構造

❶ **ヌクレオチド** DNAの基本構成単位は，p.41でも説明したように，塩基・糖（デオキシリボース）・リン酸が結合したヌクレオチドである。DNAの塩基には，アデニン（A），チミン（T），グアニン（G），シトシン（C）の4種類がある。

図54 ヌクレオチドの構造

❷ **二重らせん構造** DNAは，ヌクレオチドが鎖状につながった2本のヌクレオチド鎖が，さらに塩基どうしで結合した二重らせん構造をしている（⇨図55）。このモデルは，1953年，アメリカのワトソンとイギリスのクリックによって示された。

❸ **塩基の相補性** いろいろな生物のDNAについて化学的に分析してみると，どの生物のDNAからも4種類の塩基が得られ，しかも，AとTの量が等しく，GとCの量が等しい。[1]これは，AとT，GとCがそれぞれ，DNAの二重らせん構造内で対をつくっているためである。特定の塩基どうしが結合して対をつくりやすいという性質を塩基の相補性という。

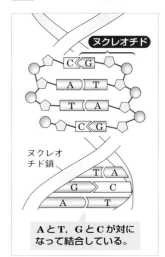

図55 DNAの構造（模式図）

★1 DNAの構造について繊維状タンパク質などに見られるような三重らせんであるとする説もあったが，1949年アメリカの**シャルガフ**らによって発見されたこの事実は，DNA分子が二重らせん構造であることを裏付けるひとつの証拠となった。

④塩基の相補性　塩基どうし
は**水素結合**[★1]という結合で結びつ
いている。塩基間での水素結合
のしかたは，AとT，GとCの
組み合わせで決まっているため，
2本鎖の一方の塩基配列が決ま

表5　DNA中の塩基の数の割合〔%〕

生物名	A	T	C	G
ヒト(肝臓)	30.3	30.3	19.9	19.5
ウシ(肝臓)	28.8	29.0	21.1	21.0
ニワトリ(赤血球)	28.8	29.2	21.5	20.5
サケ(精子)	29.7	29.1	20.4	20.8

れば，相手のヌクレオチド鎖の塩基も必然的に決まる。このような関係を**塩基の相
補性**とよぶ。

POINT!

[DNAの塩基の相補性]
AとT，GとCがそれぞれ対をつくって結合。

4 DNAの塩基配列と遺伝子

①DNAの遺伝情報　DNAの遺伝子としての働きは**4種類の塩基A・T・C・Gの
配列順序で決まる**。塩基の配列順序が違うと遺伝情報が異なる。1つの遺伝子は，
多くの場合，数百個以上の塩基配列からなる。

②2本鎖と遺伝情報　通常，DNA分
子を構成する2本鎖のうち，**一方の鎖
(鋳型鎖)の塩基配列が遺伝子の情報と
して機能する**。もう一方の鎖は，これ
が遺伝情報をもつ鎖と相補的な塩基対
をつくることで，DNA分子が二重ら
せんの安定した構造を保つのに役立っ
ている。また，細胞分裂の前にまった
く同一のDNAがもう一組複製される
(⤷ p.52)。2本の鎖が相補的な塩基
対をつくっていることは，複製の際に
塩基配列を正確にコピーするうえで重
要な意味をもっている。

⊣ COLUMN ⊢

ヒトの細胞のDNAの長さ

　ヒトのからだは成人で約37兆個の細胞か
らなるといわれている(⤷p.21)が，すべて
の細胞がDNAの遺伝情報を利用して生きて
いる。
　ヒトの体細胞の核1個に含まれるDNAは
約60億塩基対からなり，DNAの長さは10塩
基対(らせんの1回転分)で3.4 nm[★2]になるこ
とから，ヒトの細胞核1個に含まれるDNA
を1本につないでのばすと約2 mになる。わ
ずか直径10 μm程度の細胞の中にヒトの身長
を超えるほどのDNAが入っているのである。

★1 **水素結合**は，分子間や分子の内部において，電気的に弱い陽性(＋)の電荷をもった水素原子が，近く
　の陰性(−)の電荷をもった部分との間で引き合う静電気的な結合。DNAの二重らせんは，この水素結
　合があることで非常に安定したつくりになっている。
★2 1 nm (ナノメートル)は10^{-9} m (10億分の1 m)。

2 | 細胞内でのDNAのようす

1 DNAの存在様式

DNAの存在様式について，原核細胞と真核細胞には次のような違いが見られる。

表6　原核細胞と真核細胞でのDNAの存在様式の違い

観点	原核細胞	真核細胞
DNAと核膜	核膜をもたないためDNAは細胞質基質の中にむき出しで存在。	DNAは核膜に包まれて存在。
DNAの量と形状	DNA量は少なく，環状の構造。	DNA量は多く，糸状の構造。
ヒストン(タンパク質)との関係	ヒストンはない。	ヒストンとDNAとでヌクレオソーム(⯈図56)を形成する。

2 染色体とDNA

原核細胞のDNAはひとつながりの環状で，細胞質基質中にむき出しで存在している。一方，真核細胞のDNAはヒストンとよばれる球状のタンパク質に巻きついてビーズ状のヌクレオソームとなり，これがたくさん連なった糸状のクロマチン繊維が折りたたまれて染色体を形成する。**細胞分裂時には，染色体はコイル状に凝縮され顕微鏡で観察できるようになる。**

補足　ヒストンに巻きついた状態では，DNAの複製(⯈p.52)やタンパク質の合成(⯈p.64)は行えない。これらのことを行うときは，凝縮した構造がゆるめられる(ユスリカの幼虫のだ腺の巨大染色体ではその部分は「パフ」とよばれる)。

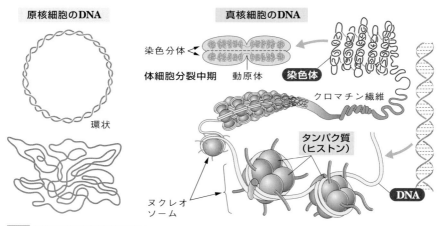

原核細胞のDNA　　　　真核細胞のDNA

染色分体
体細胞分裂中期　　動原体　　染色体
クロマチン繊維
タンパク質(ヒストン)
環状
ヌクレオソーム
DNA

図56　原核細胞と真核細胞のDNA

★1 真核細胞のミトコンドリアと葉緑体は，核内のものとは違う独自のDNAをもっている(細胞内共生 ⯈p.25)。これらのDNAは，一般に環状の2本鎖のDNAである。

3 │ DNAの複製

1 体細胞分裂とDNAの複製

❶DNAの複製　体細胞は分裂によって数を増やしている。細胞分裂の前にまった
く同じもう一組のDNAが複製され，分裂後の細胞でも分裂前と同じ塩基配列の
DNAが分配される。

❷二重らせん構造と半保存的複製　1953年，ワトソンとクリックは，DNAの二重
らせんモデル(⊃p.49)を発表し，さらに，自分たちが考えたこのDNAの分子構造
を使って，DNA複製のしくみを説明した。それが次の半保存的複製である。

2 DNAの複製のしかた

①DNAの相対する2本のヌクレオチド鎖の間の相補的な塩基対の**水素結合が切れ，
　二重らせんがほどけて2本の1本鎖DNA (鋳型鎖)ができる**[★1]。

②相手のいなくなった鋳型鎖の塩基に，**相補性が成り立つ塩基をもつヌクレオチ
　ドが次々に水素結合していく**。このとき，A−T，G−C以外の対はできない。
　なお，複製に使われる各ヌクレオチドはあらかじめ合成され，核内にある。

③鋳型鎖に水素結合した**ヌクレオチドどうしが，糖とリン酸で結合し新しいヌク
　レオチド鎖となる**[★2]。

④新しいヌクレオチド鎖は自動的に鋳型となったもとのDNAのヌクレオチド鎖と
　二重らせんをつくる。

　新しくできたDNAの二重らせんの半分の1本はもとのDNAのヌクレオチド鎖
である。そこでこのような複製のしかたを半保存的複製といい，この複製によって
塩基配列のまったく同じDNAを2分子に複製することとなる。実際のDNAの合
成が半保存的複製であることは，メセルソンとスタールの実験によって証明された。

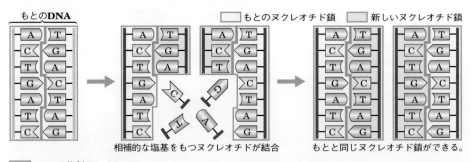

図57 DNAの複製のしくみ

[★1] 相補的な塩基対の水素結合を切断する酵素をDNAヘリカーゼという。
[★2] ヌクレオチドを次々と結合させる酵素をDNAポリメラーゼという。

⊕発展ゼミ　半保存的複製の証明

●DNAの複製には保存的複製や分散的複製（⊃図58）などの説が考えられたが，半保存的複製の仮説は，次のメセルソンとスタールの実験によって証明された。

●メセルソンとスタールの実験

①^{15}Nを含む窒素化合物（$^{15}NH_4Cl$）だけを窒素源とする培地で，何代も培養した大腸菌（親）は，^{15}Nだけを含むDNAをもつ。

②親の大腸菌を^{14}Nを含む培地で培養する。この際，すべての菌が同時に分裂するように調整する。

(a) 1回目…^{15}Nと^{14}Nを半分ずつ含む，中間の重さのDNAだけが得られた。

(b) 2回目…中間の重さのDNAと，^{14}Nだけを含む軽いDNAが1：1の比で得られた。

(c) 3回目…軽いDNAと中間の重さのDNAの比が3：1の比で得られた。

➡ 1回目の複製において親の^{15}Nを含むヌクレオチド鎖が鋳型となり，培地の^{14}Nを使って，もう一方のヌクレオチド鎖がつくられた。

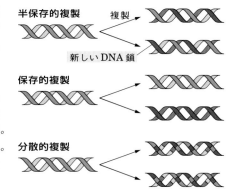

半保存的複製　複製　新しいDNA鎖
保存的複製
分散的複製

図58　DNA合成のしくみとして考えられた説

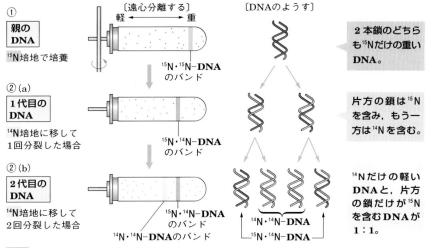

① 親のDNA　^{15}N培地で培養　〔遠心分離する〕軽←→重　$^{15}N\cdot^{15}N$-DNAのバンド　〔DNAのようす〕　2本鎖のどちらも^{15}Nだけの重いDNA。

②(a) 1代目のDNA　^{14}N培地に移して1回分裂した場合　$^{15}N\cdot^{14}N$-DNAのバンド　片方の鎖は^{15}Nを含み，もう一方は^{14}Nを含む。

②(b) 2代目のDNA　^{14}N培地に移して2回分裂した場合　$^{15}N\cdot^{14}N$-DNAのバンド　$^{14}N\cdot^{14}N$-DNAのバンド　$^{14}N\cdot^{14}N$-DNA　$^{15}N\cdot^{14}N$-DNA　^{14}Nだけの軽いDNAと，片方の鎖だけが^{15}Nを含むDNAが1：1。

図59　メセルソンとスタールの実験（1958年）

視点　②(a)から，培地の^{14}NだけでもとのDNAとは別に新しいDNAをつくる保存的複製ではないことがわかる。さらに，②(b)や②(c)以降の結果から前の代のDNAがバラバラになって培地のヌクレオチドと混ざり合う分散的複製ではなく，新しいDNAの中に前の代の2本鎖DNAの1本鎖が保たれている（半保存）ことがわかる。

★1 窒素には，^{14}Nとその同位体である^{15}Nがあり，^{14}Nより^{15}Nのほうが重いことで区別できる。

4 | 細胞分裂と遺伝情報の分配

1 遺伝情報の分配

❶遺伝子の継承　新個体または新しい細胞ができる際に，遺伝子DNAの量や遺伝情報は，次のように伝えられる。

①遺伝情報全体が正確に親から子へ受け継がれる。(両親から1ゲノムずつ☞ p.68)

②体細胞分裂の前後でその量は変化せず，常に一定である。

③減数分裂後の細胞ではその量は半減し，受精によってもとに戻る。

❷体細胞分裂と遺伝情報　細胞分裂後の細胞がきちんと生命活動を行うためには，分裂前の細胞と同じ遺伝情報をもたねばならない。細胞の生命活動に必要な遺伝情報は，染色体に含まれる遺伝子がもつ。そこで，**体細胞分裂が行われる前に染色体中の遺伝子DNAは正確に複製されて2倍量となり，分裂期に等しく分配される。**

2 細胞分裂　①重要

❶細胞分裂の種類　細胞は分裂によって増えていく。細胞分裂のしかたにはいくつかの種類がある。

①**体細胞分裂**　生殖細胞以外の，生物体を構成している細胞(これを**体細胞**という)が行う細胞分裂で，単細胞生物が増殖するときの分裂や，多細胞生物が成長するときの分裂がこれにあたる。体細胞分裂では，**分裂の前後で1核中の染色体数は変わらず**，1個の**母細胞**(細胞分裂をするもとの細胞)から遺伝的にまったく同じ2個の**娘細胞**(細胞分裂によってできた細胞)ができる。

②**減数分裂**　多細胞生物の生殖器官で卵・精子・花粉・胞子などの**生殖細胞**がつくられるときに行われる細胞分裂。減数分裂によってできた生殖細胞の核の染色体数は，母細胞の核の染色体数の半分になる。

> 体細胞分裂…体細胞が行う分裂。分裂前後で染色体数は不変。
> 減数分裂…生殖細胞をつくる分裂。分裂後の染色体数は半減。

補足 真核細胞の分裂では，多数の染色体を配分するために**紡錘糸**という構造ができる。これを**有糸分裂**という。これに対し，原核細胞の分裂では，紡錘糸ができず，細胞質が直接くびれて分裂する。

❷体細胞分裂の起こる場所　体細胞分裂はからだのどこででも起こっているわけではなく，また，動物と植物とで起こる場所が次のように異なる。

①**植物**　茎や根の先端付近にある**分裂組織**や，根や茎の**形成層**など(☞ p.76)。

②**動物**　発生途中の胚や骨髄・上皮組織など。

🧪重要実験　体細胞分裂の観察

操作

❶ タマネギの根の先端を5mmほど切り取り，45%酢酸溶液に入れて固定する。

❷ 固定した根端部を60℃の2%塩酸中に2〜3分間入れて，細胞どうしをばらばらに分離させやすくする(解離)。

❸ 材料をスライドガラスにとり，酢酸カーミン液または酢酸オルセイン液，または酢酸バイオレットで染色し，カバーガラスをかけて，ろ紙をあて親指で軽く押しつぶし，プレパラートをつくる。

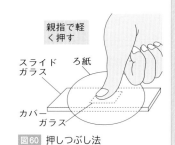

図60　押しつぶし法

❹ 光学顕微鏡で，分裂像ができるだけ多く見られる部分を観察し，1視野中の各分裂期の細胞の数と間期の細胞の数を数え，それぞれの割合〔%〕を求める。

結果

○ 観察の結果，1視野中の各分裂期の細胞と間期の細胞の割合は，右のようであった。

前期	17.0 %
中期	1.6 %
後期	0.6 %
終期	0.9 %
間期	79.9 %

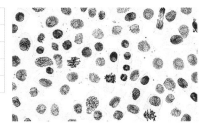

図61　タマネギの分裂像(約160倍)

考察

❶ 操作❸の染色液で染まったのは，細胞のどの部分か。

　➡核と染色体。染色体は，色素で染色しないとはっきりと見えない。

❷ 操作❸のように，押しつぶしてプレパラートをつくるのはなぜか。また，その組織はどうなるか。

　➡押しつぶすことで解離した細胞が1層になり，細胞1個1個のようすが観察しやすくなる。しかしその一方で，細胞がばらばらになって組織の構造が破壊されるため，組織の状態を観察することはできない。

❸ 観察の結果から，どのようなことが言えるか。

　➡視野における細胞数の比率は，各時期の所要時間の比率を示していると考えられる。これより，間期に要する時間が非常に長く，分裂期に要する時間は短いことがわかる。また，分裂期の中でも，各期に要する時間は異なっており，前期では長く，他の3期では短いことがわかる。

3 体細胞分裂とその過程 ⚠️重要

❶体細胞分裂の順序   体細胞分裂は連続した不可逆な変化で，分裂に先立つ間期に準備（DNAの合成など）を行い，分裂期（M期）に染色体や細胞質が2分される。

❷間期   細胞分裂をくり返すとき，分裂が終わってから次の分裂が始まるまでの期間を**間期**という。間期は細胞分裂の準備の時期で，**核内で染色体（DNA＋タンパク質）の複製が行われる**ほか，細胞内で分裂に必要な物質が合成される。

❸体細胞分裂の過程   分裂期（M期）の過程は，**前期・中期・後期・終期**の4つの時期に分けられる。そのようすは以下のとおりである。

①**前期**   核の中にある糸状の染色体が，**太くて短い棒状の染色体**になる。染色体は間期に複製されており，前期にはそれぞれの染色体は複製されて2本になったものがくっついた状態である。前期の終わりには，**核膜が見えなくなる。**

②**中期**   染色体が赤道面（細胞の中央面）に並ぶ。

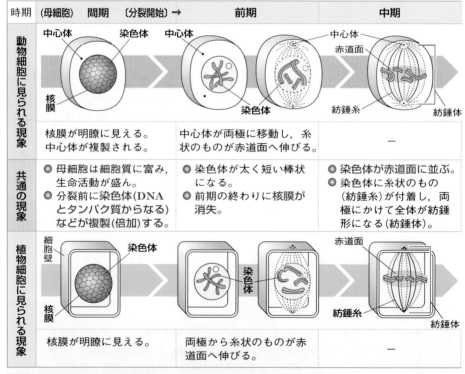

時期	（母細胞） 間期 〔分裂開始〕→	前期	中期
動物細胞に見られる現象	核膜が明瞭に見える。中心体が複製される。	中心体が両極に移動し，糸状のものが赤道面へ伸びる。	—
共通の現象	● 母細胞は細胞質に富み，生命活動が盛ん。 ● 分裂前に染色体（DNAとタンパク質からなる）などが複製（倍加）する。	● 染色体が太く短い棒状になる。 ● 前期の終わりに核膜が消失。	● 染色体が赤道面に並ぶ。 ● 染色体に糸状のもの（紡錘糸）が付着し，両極にかけて全体が紡錘形になる（紡錘体）。
植物細胞に見られる現象	核膜が明瞭に見える。	両極から糸状のものが赤道面へ伸びる。	—

図62 体細胞分裂のようす（模式図）

★1 通常の活動をしている細胞は，**間期**の細胞である。
★2 糸状の染色体のことを**染色糸**ともいう。細胞分裂時に現れる太い棒状の染色体は光学顕微鏡で見えるが，染色糸は光学顕微鏡では見えない。

③**後期**　染色体が縦の割れ目から2つに分かれて，両極から伸びた糸状のもの(紡錘糸という)に引かれて**両極へ移動**する。

④**終期**　前期とは逆に，**染色体はほどけるようにして細い糸状になる**。終期の終わりに**核膜が現れて**，2つの新しい核(娘細胞の核)ができる。

❹**細胞質の分裂**　細胞質の分裂は多くの場合終期の途中で始まるが，そのようすは動物細胞と植物細胞で次のように異なる。

①**動物細胞**…赤道面上の細胞表面の細胞膜にくびれが生じ，細胞質が2分される。

②**植物細胞**…赤道面上に**細胞板**というしきりができて細胞質が2分される。

体細胞分裂…間期と分裂期(前期＋中期＋後期＋終期)

- 前期に太く短い染色体が現れる。
- 染色体は中期に赤道面に並び，後期に両極へ移動する。

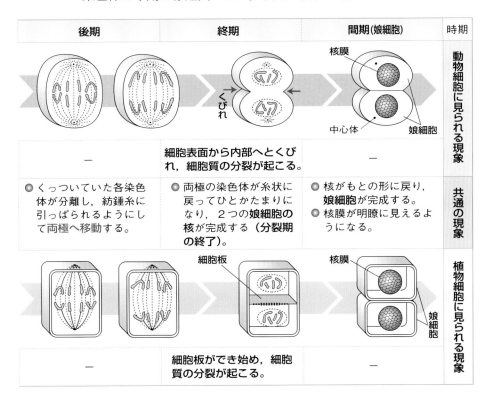

後期	終期	間期(娘細胞)	時期
		核膜 中心体　娘細胞	動物細胞に見られる現象
―	細胞表面から内部へとくびれ，細胞質の分裂が起こる。	―	
● くっついていた各染色体が分離し，紡錘糸に引っぱられるようにして両極へ移動する。	● 両極の染色体が糸状に戻ってひとかたまりになり，2つの娘細胞の核が完成する（分裂期の終了）。	● 核がもとの形に戻り，娘細胞が完成する。 ● 核膜が明瞭に見えるようになる。	共通の現象
	細胞板	核膜 娘細胞	植物細胞に見られる現象
―	細胞板ができ始め，細胞質の分裂が起こる。	―	

★1 細胞板は，母細胞の細胞壁と融合し，細胞壁になる。

5 ┃ 染色体

1 染色体の構造と働き

❶**染色体**　染色体は，細胞分裂のときに凝縮してはっきりと観察することができる。いろいろな染色液によく染まることからその名がついている。

❷**染色体の構造**　染色体の構造はp.51のようにDNAがヒストンに巻きついて糸状の染色体ができ，さらにねじれてらせん状になり凝縮したものである。

表7	染色体を染めるおもな染色液	
試薬名		**色**
酢酸カーミン		赤
酢酸オルセイン		赤
酢酸メチルバイオレット		青紫
酢酸ダーリア		青紫
メチレンブルー		青
メチルグリーン		緑青

視点 メチレンブルーは液胞も染める。

❸**動原体**　染色体には，紡錘糸がくっつくくびれた部分があり，そこを動原体という。動原体の位置は染色体の中央とは限らず，染色体によって異なる。

❹**染色体の働き**　染色体には遺伝情報を担うDNAが含まれているので，染色体は細胞分裂によって**遺伝情報を娘細胞に運ぶ働き**をしている。

2 染色体の複製と分配

　染色体の複製は，間期に次のようにして行われ，体細胞分裂の過程を経て，まったく同じ染色体が娘細胞に分配される。

①遺伝情報を担うDNAは，間期にまったく同じ2倍のDNAとなる（DNAの複製）。

②この2倍のDNAのそれぞれが新しく合成されたヒストンタンパク質に巻きついて，2本の糸状の染色体になる。

③間期の終わりから分裂期の前期にかけてそれぞれの染色体が凝縮し，2本の染色体からなる太い棒状の染色体になる。

④こうして複製された2本の

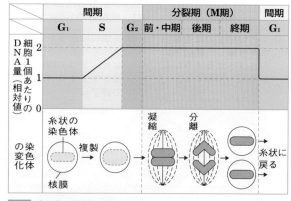

図63 **染色体の複製と分配**

視点 間期のG_1はDNA合成準備期，SはDNA合成期，G_2期は分裂準備期である（⤴p.60）。S期におけるDNAの合成は，各染色体のいろいろな部位でばらばらに起こる。

染色体が分かれて各娘細胞に分配される。したがって，**2個の娘細胞はまったく同じ遺伝情報を受け継ぐ**ことになる。

3 染色体の構成 ①重要

❶核型 体細胞の1つの核に含まれる**染色体の数と形・大きさ**などは，生物の種類によって決まっており，常に一定である。これらの染色体の特徴を，**核型**という。

❷相同染色体 体細胞の1つの核の中には，大きさと形がまったく同じ染色体が2本ずつ対になって入っている。この1対の染色体を相同染色体という。相同染色体の一方は父方から，他方は母方から受精によって受け継いだものである。

❸性染色体 性によって形，数や機能が異なる染色体を性染色体という(性染色体以外の染色体で男女ともに共通してもつ染色体を常染色体という)。ヒトの場合，性染色体として**男性はX染色体とY染色体を1本ずつもち，女性はX染色体を2本もつ。**性染色体は異なる形をしていても，相同染色体としてふるまう。

❹核相 1つの細胞の核の中に相同染色体が何組入っているかを**核相**という。核相は，相同染色体の組の数をnとし，体細胞のように相同染色体が2本ずつ対をつくっている場合，複相$(2n)$という。一方，卵や精子などの生殖細胞は相同染色体が1本ずつしか存在しない。このような場合，単相(n)という。

表8 体細胞の染色体数$(2n)$

植物	染色体数	動物	染色体数
ムラサキツユクサ	12	ハリガネムシ	4
エンドウ	14	キイロショウジョウバエ	8
タマネギ	16	ネコ	38
トウモロコシ	20	ヒト	46
イネ	24	イヌ	78
アサガオ	30	オホーツクホンヤドカリ	254
スギナ	216		

常染色体
(性染色体以外の染色体で，男女共通)

性染色体
(性によって形が異なる染色体)

図64 ヒトの染色体の核型分析

視点 ヒトの体細胞の染色体は23対の相同染色体からなり，$2n = 46$本である。性染色体であるX染色体とY染色体は異なる形をしているが，相同染色体として行動する。

❺体細胞分裂と染色体数の変化 細胞の染色体数およびDNA量は，間期の途中(S期という。⤵p.60)で2倍になり，分裂によって半減してもとの本数・もとの量に戻る。したがって，細胞が何回分裂しても，**分裂によって生じた細胞の核相およびDNA量は変化せず，常に一定に保たれている。**

6 | 細胞周期

1 細胞周期

❶**細胞周期とは**　細胞分裂でできた細胞が次の分裂を経て新しい娘細胞になるまでの周期を細胞周期という。分裂中の細胞は，細胞周期の各時期を経て体細胞分裂をくり返している。

❷**細胞周期の各時期と要する時間**　細胞周期を大きく分けると間期と分裂期（M期）の2つに分けられる。間期はさらに，図65のように，G_1期（DNA合成準備），S期（DNA合成期），G_2期（分裂準備期）の3つに分けられる。真核細胞では，細胞周期に占める分裂期の時間は短く，間期の時期が長い（⇨p.55考察）。

補足　分裂期の長さと比較すると間期の時期が長いため，間期の細胞（明確な染色体が観察できない細胞）が多く観察される。分裂期の細胞では太く凝縮した染色体が観察される。

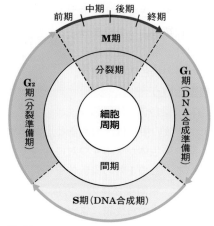

図65　細胞周期と細胞分化

表9　タマネギの細胞周期の各時期に要する時間〔時間〕

分裂期	間期		
M期	G_1期	S期	G_2期
2.0	5.0	7.0	5.0

2 細胞周期の過程

　細胞周期の間期では，染色体は細い糸状になって核内に広がっているため，顕微鏡で明確に観察することはできない。間期のG_1期（DNA合成準備）では，DNAの複製に必要な物質の準備が行われる。S期（DNA合成期）ではDNAの合成が行われ，DNAが完全に2倍に複製される（**半保存的複製**⇨p.52）。その後，G_2期（分裂準備期）には分裂の準備が行われて，G_2期の終わりから分裂期の前期にかけて染色体は凝縮されて次第に太くなり，顕微鏡で観察できるようになる。

POINT!

細胞周期

…細胞分裂してできた細胞が次の分裂で新たな細胞になるまでの周期。

このSECTIONの まとめ 遺伝情報とDNA

□ 遺伝子の本体 DNA ↷ p.48	・生物の遺伝子は**核酸**の一種DNAで，核の染色体に含まれている。 ・DNA分子は**二重らせん構造**をしている。 ・遺伝情報はDNAに含まれる4種類(A・T・G・C)からなる**塩基配列**として大部分が核内に保存されている。
□ 細胞内での DNAのようす ↷ p.51	・**原核細胞**ではDNAは少量で環状の構造。 ・**真核細胞**ではDNAは**ヒストン**に巻きつき，糸状の染色体として核膜に包まれた核の中に存在。
□ DNAの複製 ↷ p.52	・DNAの複製のしかた…**半保存的複製**。
□ 細胞分裂と遺伝 情報の分配 ↷ p.54	・分裂期(M期)に先立つ間期にDNAの複製などを行う。 ・分裂期…前期→中期→後期→終期。 ・分裂期には，各染色体が2つに分かれ両極に移動する。
□ 染色体 ↷ p.58	・大きさと形が同じ染色体を**相同染色体**という。
□ 細胞周期 ↷ p.60	・細胞周期…細胞分裂してできた細胞が次の分裂で新たな細胞になるまでの周期。

SECTION 2 遺伝情報の発現

1 | 遺伝情報とタンパク質の合成

1 遺伝子と形質とタンパク質

❶遺伝子と形質とタンパク質 　酵素の主成分であるタンパク質は，あらゆる代謝をつかさどる。タンパク質はまた，物質の輸送や免疫などで重要な役割を果たし，からだを構成する成分として生物の形質(形態や機能)を支配している。ヒトでは10万種類以上あるといわれるこれらタンパク質は，すべてDNAの遺伝情報に基づいて合成される。**遺伝子はタンパク質を合成するための情報をもつDNAの塩基配列**で，遺伝子をもとにタンパク質が合成されることを遺伝子の発現という。

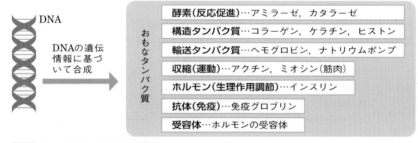

図66　タンパク質のさまざまな働き

❷タンパク質のつくり 　生物の体内で働くタンパク質は多様であるが，その材料となっているアミノ酸は20種類である。タンパク質は，多数のアミノ酸がペプチド結合(⇨p.66)によって鎖状に結合したもので，**結合するアミノ酸の種類や数とその配列順序(アミノ酸配列)によってタンパク質の種類が決まる。**

❸アミノ酸配列の決定と遺伝情報 　特定のタンパク質を合成するためには，そのアミノ酸配列が決められなければならない。このアミノ酸配列を決定する指令が遺伝情報であり，DNAの塩基配列がそれにあたる。

　塩基は3つを1組として1つのアミノ酸の遺伝情報(または読み取り開始・終了)を指定する。1つのアミノ酸を指定する連続する3つの塩基の組をトリプレット(3つ組暗号)という。

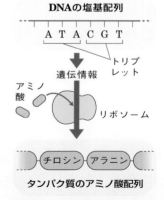

図67　DNAの遺伝情報とタンパク質

❹遺伝情報の核外への持ち出し　タンパク質の合成は，DNAを核外に持ち出すことなく，細胞質のリボソームで行われる。そこで，DNAがもつ遺伝情報を核から細胞質へ持ち出したり，遺伝情報に指定されたアミノ酸をリボソームへ運搬したりする仲介役の役目を果たすのがRNAである。

❺RNA　RNAはDNAと同様に核酸の1種である。RNAの構造も基本的にはDNAと同様に，**塩基＋糖＋リン酸からなるヌクレオチドを構成単位とする**（⟳ p.41）。RNAにはmRNA（伝令RNA）・tRNA（転移RNA，運搬RNA）・rRNA（リボソームRNA）の3種類があり，それぞれ異なる役割をもっている。

　DNAのヌクレオチドとは次の3点で異なっている。

①**RNAの塩基**　4種類のうちアデニン（A），グアニン（G），シトシン（C）はDNAと共通。DNAのチミン（T）のかわりにウラシル（U）をもつ。

②**RNAの糖**　DNAのデオキシリボースのかわりにリボースをもつ。

③DNAが二重らせん構造で存在するのに対し，RNAは通常1本鎖である。

2 遺伝情報の転写と翻訳

　DNAの遺伝情報によってアミノ酸の配列が指定され，次のように転写と翻訳とよばれる過程を経てタンパク質が合成される。遺伝子による形質発現は合成されたタンパク質をもとに起こる。

❶遺伝情報の転写　核の中で遺伝子が活性化している部分の2本鎖DNAの一方（鋳型鎖またはアンチセンス鎖）と相補的な塩基をもつRNAの一種mRNA（伝令RNA）がつくられる。このことを遺伝情報の転写という。

DNA	A	T	G	C
	↓	↓	↓	↓
mRNA	U	A	C	G

❷遺伝情報の翻訳　mRNAは核膜孔を通って細胞質へと出て行き，リボソームとくっつく。そして，mRNAの3つ組暗号と相補性をもつtRNA（転移RNA）が対応するアミノ酸を運んでくる。mRNAに転写された遺伝情報にしたがってアミノ酸を配列させることを遺伝情報の翻訳という。アミノ酸はmRNAの情報にしたがって結合してポリペプチドとなり，タンパク質が合成される。

❸セントラルドグマ　遺伝情報は遺伝子DNAからmRNAを経てタンパク質へと，順に一方向に流れる。この規則をセントラルドグマという。

［遺伝情報の発現］

　　　　　　　　　　転写　　　　　翻訳
　　DNA（遺伝子）　⟶　mRNA　⟶　タンパク質

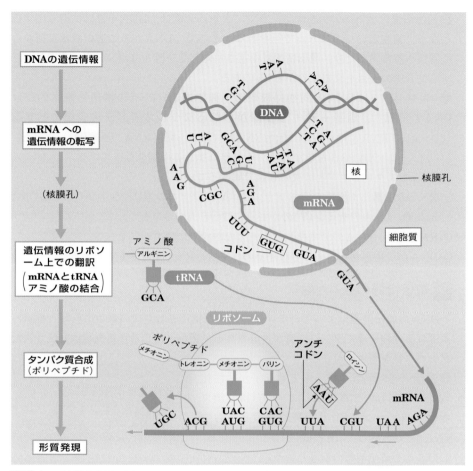

図68 タンパク質合成のしくみ

視点 mRNAのコドンに対して，コドンを認識するtRNAの塩基3つの配列をアンチコドンという。

❹選択的な遺伝子発現　細胞が生きていくのに必要な呼吸などに関する遺伝子はどの細胞にも共通して発現しているが，必要な時期に必要な場所でだけ発現する遺伝子もある。これを**選択的遺伝子発現**といい，この違いによってからだの各部分の細胞がその役割に応じた形や働きをもつように分化（⇨ p.70）することができる。

❺遺伝暗号表　トリプレット（3つ組暗号）がどのアミノ酸を指定しているか示したものを遺伝暗号表という。**表10**はmRNAのトリプレット（これをコドンという）で示したもので，複数のコドンが1つのアミノ酸を指定することもある。また，翻訳を開始させるコドン（**開始コドン**）や終止させるコドン（**終止コドン**）も存在する。

補足　A，G，C，Uの4文字から，重複を許した3文字で1種類のアミノ酸を指定するとすれば，$4^3 = 64$種類の暗号がつくられることになり，20種類のアミノ酸を指定するのに十分対応できる。

表10　遺伝暗号表〔mRNAの3個の塩基の組み合わせ（コドン）と対応するアミノ酸〕

第1字＼第2字	U（ウラシル）	C（シトシン）	A（アデニン）	G（グアニン）	第3字
U（ウラシル）	フェニルアラニン フェニルアラニン ロイシン ロイシン	セリン セリン セリン セリン	チロシン チロシン （終止） （終止）	システイン システイン （終止） トリプトファン	U C A G
C（シトシン）	ロイシン ロイシン ロイシン ロイシン	プロリン プロリン プロリン プロリン	ヒスチジン ヒスチジン グルタミン グルタミン	アルギニン アルギニン アルギニン アルギニン	U C A G
A（アデニン）	イソロイシン イソロイシン イソロイシン メチオニン(開始)	トレオニン トレオニン トレオニン トレオニン	アスパラギン アスパラギン リシン リシン	セリン セリン アルギニン アルギニン	U C A G
G（グアニン）	バリン バリン バリン バリン	アラニン アラニン アラニン アラニン	アスパラギン酸 アスパラギン酸 グルタミン酸 グルタミン酸	グリシン グリシン グリシン グリシン	U C A G

〔読み方〕　例えば，mRNAの塩基配列（コドン）が，U（第1字）・C（第2字）・A（第3字）の場合➡（U・C・A）は，セリンを決定することを示す。これに対応するDNA鋳型鎖の暗号は（A・G・T）という塩基配列（トリプレット）ということになる。なお，表中（終止）とあるのは，対応するアミノ酸がなく，そこに達すると，ポリペプチドの合成が終わることを示すコドンである。また，（開始）は，メチオニンを指令するとともに，mRNAの先端にあるときは，ここから合成が開始されることを指令する。

⊕発展ゼミ　タンパク質のゆくえ

●リボソームによってつくられたタンパク質は，小胞体といううすい袋状の細胞小器官へ送られる。そして小胞体から分かれた小胞に取り込まれたり，小胞の膜と結びついたりして，ゴルジ体に送られる。タンパク質はゴルジ体で加工されてから小胞（ゴルジ小胞）としてゴルジ体から分離し，細胞外へ分泌されるものは細胞膜まで運ばれる。

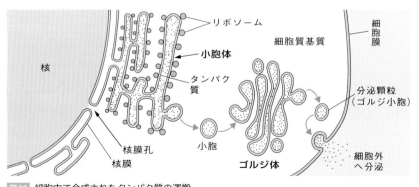

図69　細胞内で合成されたタンパク質の運搬

⊕発展ゼミ　タンパク質の構造と働き

　タンパク質は生物のからだをつくる物質のうち，動物では水に次いで多く含まれ，生物の構造をつくり，酵素の主成分になるなど生命活動を支える物質である。

●**アミノ酸の構造**　タンパク質を構成する単位はアミノ酸である（⤻p.40）。通常，アミノ酸はアミノ基（−NH₂）とカルボキシ基（−COOH）をもち，図70のような構造をとる。タンパク質をつくるアミノ酸は，表11のように20種類である。

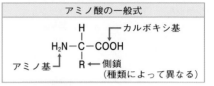

アミノ酸の一般式

図70　アミノ酸の構造

表11　アミノ酸の種類と略記号（太字はヒトの必須アミノ酸）

アミノ酸の種類	略記号	アミノ酸の種類	略記号	アミノ酸の種類	略記号
アラニン	Ala	グリシン	Gly	プロリン	Pro
アルギニン	Arg	ヒスチジン	His	（イミノ酸の一種）	
アスパラギン	Asn	イソロイシン	Ile	セリン	Ser
アスパラギン酸	Asp	ロイシン	Leu	トレオニン	Thr
システイン	Cys	リシン(リジン)	Lys	トリプトファン	Trp
グルタミン	Gln	メチオニン	Met	チロシン	Tyr
グルタミン酸	Glu	フェニルアラニン	Phe	バリン	Val

視点　必須アミノ酸とは，体内で合成できないため食物から摂取する必要のあるアミノ酸。

●**アミノ酸どうしの結合**　アミノ酸どうしはペプチド結合によってつながる。ペプチド結合は，一方のアミノ酸のカルボキシ基と他方のアミノ酸のアミノ基から水がとれる結合である。

　多数のアミノ酸がペプチド結合によって鎖状に結合したものがポリペプチドで，ポリペプチドが立体構造をとって機能をもつようになったものがタンパク質である。

●**タンパク質の一次構造**　結合するアミノ酸の種類・数・アミノ酸の配列順序によって異なったタンパク質となる。タンパク質のアミノ酸配列を一次構造という。

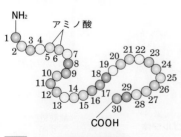

図72　タンパク質の一次構造

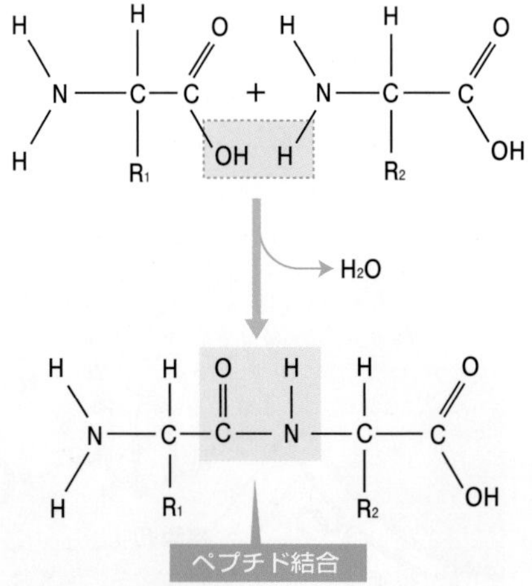

図71　ペプチド結合

第
1
編

生
物
の
特
徴

●タンパク質の立体構造　タンパク質全体としては，複雑に折りたたまれた立体構造をとる。ポリペプチドはところどころでらせん状やジグザグ状の二次構造を形成し，さらに折りたたまれたり立体的に配置されたりすることで，いろいろな立体構造である三次構造をとる（⇨図73）。

| 二次構造 | ペプチド結合どうしが水素結合してできる特徴的な構造 |

| 三次構造 | 1本のポリペプチド全体の立体構造 |

αヘリックス（らせん構造）　　　**βシート**（ジグザグ構造）

水素結合

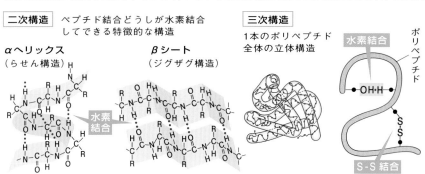

ポリペプチド

水素結合

S‐S結合

図73 タンパク質の二次構造と三次構造

視点　水素結合は分子中の −OH と −H との間での結合。S−S結合は硫黄を含むシステインどうしの結合。

　三次構造をとったポリペプチドが複数組み合わさったものを四次構造という。

●タンパク質の種類　アミノ酸の種類は20種類であるが，アミノ酸配列が異なると異なったタンパク質となる。多くのタンパク質は100個〜400個のアミノ酸がつながったポリペプチドで，その種類はヒトの体内だけで10万種類以上になる。

●タンパク質の働き　タンパク質は生物の構造と機能の多様性を支えている。生物の構造をつくるタンパク質として，細胞や組織・器官に機械的な強度をもたせるケラチンやコラーゲンが知られている。

　生物のさまざまな機能の実現に関するタンパク質として，酵素やペプチドホルモン（⇨p.107），酸素を運搬するヘモグロビン（⇨p.86），免疫に関係する免疫グロブリン（⇨p.128）など多くの種類が存在している。

●タンパク質の特徴　タンパク質の機能は複雑な立体構造によって実現している。そのため，次のような特徴がある。

ヘム

サブユニット（ポリペプチド）

図74 ヘモグロビンの四次構造

視点　4つのポリペプチド（サブユニット）が組み合わさってヘモグロビンができている。

表12 構造タンパク質と機能タンパク質の例

構造タンパク質	ケラチン コラーゲン
機能タンパク質	酵素（アミラーゼなど），ペプチドホルモン，ヘモグロビン，免疫グロブリン

①熱に弱く，高温では立体構造が変化して性質が変わる。これを熱変性という。
②極端な酸性やアルカリ性のもとでは立体構造が変化して変性する。
③アルコールやアセトンによって変性して，沈殿する。

2 | DNAと遺伝子とゲノム

1 ゲノムとは ①重要

❶ゲノムとは　ある生物種で，その生物の生存に必要な１組の遺伝情報（DNAの塩基配列）の総体をゲノム[★1]という。ゲノムに含まれる塩基対の数はゲノムサイズとよばれ，生物の種類によって大きく異なる。

❷染色体とゲノム　真核生物の細胞ではDNAの大部分は核の中の染色体にある。染色体の数はヒトの場合46本あるが，大きさと形がまったく同じ染色体（相同染色体）が２本ずつ存在する。この相同染色体の片方ずつ，すなわちヒトの場合23本の染色体１セット分のDNAの塩基配列がゲノムである。

❸DNAと遺伝子とゲノム　ヒトの体細胞には約60億塩基対のDNAがあるが，これはゲノム２セット分に相当するので，ヒトのゲノムサイズは約30億塩基対

表13 おもな生物のゲノムサイズ	
生物	塩基対数
大腸菌	5.1×10^6
パン酵母	1.2×10^7
イネ	3.9×10^8
メダカ	7.3×10^8
イヌ	2.3×10^9
ヒト	3.0×10^9
パンコムギ	1.5×10^{10}

視点　大腸菌など原核細胞のゲノムは細胞のDNA（1分子）全体。

となる。ヒトの遺伝子の数は約２万といわれており，１本の染色体DNAには多くの遺伝子が含まれている。また，真核生物では染色体DNAの塩基配列のなかで遺伝子の領域はごく一部で大半は遺伝子ではない塩基配列で占められているが，ゲノムは遺伝子と遺伝子ではない塩基配列を含めたDNA全体を指す。

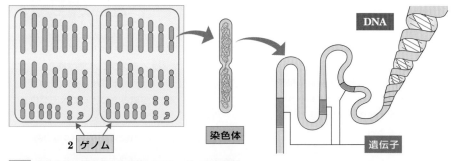

図75 真核生物の遺伝子・染色体・DNA・ゲノムの関係

ゲノム…生物の生存に必要な１組の遺伝情報（DNAの塩基配列）
- 真核細胞の体細胞の核がもつDNAは２セットのゲノム
- 遺伝子ではない領域も含めたDNA全体がゲノム

★1 ゲノム（genome）は遺伝子（gene）と染色体（chromosome）からつくられた造語である。接尾辞(-ome)には「全体」「塊」という意味もある。

2 ゲノム解読

❶**ヒトゲノムプロジェクト**　1つの生物種のDNAの塩基配列をすべて明らかにする試みをゲノムプロジェクト(ゲノム計画)といい，1990年代から世界の研究機関で盛んに行われるようになった。実験で広く用いられている大腸菌のDNA全配列は1997年に決定され，1990年に始まっていたヒトゲノムプロジェクト(ヒトゲノム計画)も，分析装置や技術の進歩とアメリカ，日本，イギリス，フランスなどの国際協力によって2003年4月には約99％の塩基配列が決定し[1]，2022年に完了した。

❷**ゲノムの塩基配列の解明によってわかること**　ヒトのほかにも原核生物約40万種，真核生物4万種以上の塩基配列が解明された。ゲノムの塩基配列の解明によって，動物と植物の間で遺伝子の数があまり変わらないこと，ヒトの遺伝子の数は大腸菌の6倍程度でしかないこと，DNAには遺伝子以外の領域が多くあることなどがわかった。これらの知見は，次のようにさまざまな分野へ応用される。

①**医学研究への応用**　DNAの情報をヒトのゲノム・データベースに蓄積していくことで，遺伝子の配列や働き，染色体上の位置など膨大な情報を共有できるようになってきた。これは，これからの医学の研究に大きく貢献すると思われる。

②**DNA型鑑定**　DNAには縦列反復配列とよばれる同じ塩基配列のくり返しがあり，このくり返し回数が個人によって異なることから**犯罪捜査**や親子などの**血縁関係の調査**に利用される[2]。

③**農業や畜産への応用**　DNA型鑑定は，農作物や食肉の偽装を見破る**品種鑑定**にも用いられている。このほかDNAの塩基配列から得られた遺伝子の情報により，寒さや乾燥，病気に強い作物や肉質のよい家畜の**品種改良**に応用されている。

❸**ゲノムの情報によってこれから期待されること**　塩基配列解明の次の段階として，塩基配列の遺伝情報としての役割やしくみを明らかにする研究が進められている。ヒトについては一塩基多型(SNP)の研究がさかんである。

補足 ゲノムの中の1塩基対の変異をSNPという(single nucleotide polymorphismの略。スニップと読む)。SNPはヒトのゲノムの中に平均して1000塩基対に1つ，数百万個存在する。

①**遺伝性疾患の解明**　特定の疾患によって発現する遺伝子や，逆に発現が制御されたりする遺伝子が見つかれば，その遺伝子やその遺伝子からつくられる産物を標的にして，診断や治療の方法・予防法を見い出せるようになると期待される。

②**オーダーメイド医療**　患者DNAから遺伝病発症の可能性を診断できるほか，ある治療薬の有効性や副作用，適切な投与量などが事前にわかり，**個人個人に最も適した医療を施す**オーダーメイド医療が可能になると考えられている。

[1] この巨大な国際チームによるヒトゲノムプロジェクトは，独自に塩基配列を解読しその成果を特許登録しようとした民間企業との競争となり，予定より2年早く塩基配列がほぼすべて解読されることとなった。

[2] DNA型鑑定では，ヒトゲノムのくり返し配列の回数の特徴のみを比較する。現在の技術では同じ型の別人が現れる確率は5.6×10^{18}人に1人程度といわれ，さらに年々精度が向上している。

③生物の進化や系統の解明　生物間でのDNA配列比較分析によって，進化の流れのなかで，いつ細胞小器官が出現したか，どの時点で胚発生から各種器官への発達，免疫系がいつ出現したか，などを分子レベルで関連付けできるようになる。また，統計的なSNPの比較による人類の進化，人種間の差異，人類の集団の歴史を通じた移動ルートなどの研究も進められている。

❹ゲノム情報の扱いにおいて注意すべきこと　個人個人で異なるゲノムの情報は究極の個人情報であり，病気のかかりやすさや寿命などにもかかわるものである。この情報が社会生活において，個人の差別につながらないように注意を払わなければならない。また，技術的にはゲノムを編集し親が望む形質をもつ赤ちゃん(デザイナーベビー)を産むことも可能である。社会における生命倫理の観点から，負の面にも目を向けて，ゲノムの情報の取り扱いに留意していかなければならない。

> ゲノムプロジェクト…ある生物種のゲノムの全塩基配列を解明する試み。⇨医学の研究のほか，DNA型鑑定や農業・畜産に貢献。

③ | 細胞の分化

1 細胞の分化

❶細胞の分化とは　多細胞生物のからだは，心臓・神経・筋肉・血球など，さまざまな細胞からなる。これらはもともと1個の受精卵が，体細胞分裂をくり返して数を増やし，特定の形や働きをもつ細胞に変化したものである。同じ起源の細胞が特定の形や働きをもつ細胞に変化することを細胞の分化(細胞分化)という。

❷遺伝子の発現と細胞の分化　ヒトのゲノムには約2万個の遺伝子が含まれているが，体細胞分裂ではDNAが正確に複製されて分配されるため，ヒトの体細胞にはすべて同じ遺伝子が存在する。例えば，眼の水晶体に含まれるクリスタリンというタンパク質の遺伝子は，ヒトのすべての体細胞に存在するが，水晶体の細胞だけで発現する。このように，多数の遺伝子のうち，その細胞や組織で必要な遺伝子だけが発現することで，細胞の分化が進み，各細胞の形や働きが変わるのである。

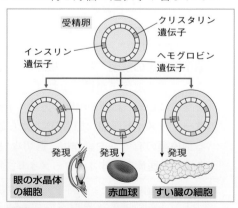

図76 分化した細胞での遺伝子の発現

2 細胞の分化の要因

体細胞分裂ではすべての細胞が同じ遺伝子を受け継いでいるにもかかわらず，異なるさまざまな働きをもつ細胞に分化が起こるのは，2つの要因が考えられる。

❶細胞内の要因　発生の時期に応じて，その細胞内で特定の遺伝子が働き，特定のタンパク質が合成されることによって，各細胞に特有の性質が現れる。

❷細胞外の要因　胚の発生が進んでいく過程などにおいて，細胞どうしが互いに影響を及ぼし合ったり，ホルモンや成長因子などの影響を受けたり，同種の細胞どうしが接着したりして，特定の遺伝子が発現し，特定の組織や器官が構築される。

3 動物と植物の分化の違い

❶動物の細胞の分化　動物では，個体ができ上がるまでにほとんどの細胞が分化を終える。しかし，骨髄や上皮細胞の下部などには未分化な幹細胞とよばれる細胞が存在し，体細胞分裂と分化を行う能力をもつ。これにより骨髄で血球がつくられたり，皮膚で新しい細胞がつくられ古い細胞が脱落したりする。

❷植物の細胞の分化　植物では，常に未分化な細胞の集まりが存在する。未分化な細胞の集まりは茎頂や根端，形成層にあり，これを分裂組織とよぶ。分裂組織の細胞は盛んに体細胞分裂をくり返し，植物を成長させる。

4 だ腺染色体と遺伝子の発現

❶パフとは何か　キイロショウジョウバエやユスリカの幼虫のだ腺染色体[★1]（だ液を出す細胞に見られる染色体）を顕微鏡で観察すると，DNAが高密度に分布した横じまが見られる（図77）。さらによく観察すると，染色体のところどころに**横じまがふくれて広がった部分**があるのがわかる。この部分をパフという。

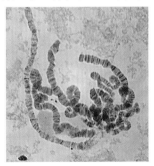

図77　キイロショウジョウバエの幼虫のだ腺染色体

❷パフで起こっていること　パフの部分では，凝縮したDNAがほどけて転写が起こり，盛んにmRNAが合成されている。

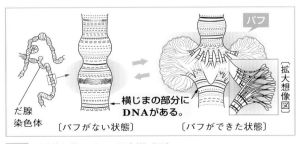

だ腺
染色体　〔パフがない状態〕

パフ

横じまの部分に
DNAがある。

〔拡大想像図〕

〔パフができた状態〕

図78　だ腺染色体のパフの形成（模式図）

★1　だ腺染色体は相同染色体どうしがくっつきDNA複製をくり返してできた巨大染色体で，ふつうの染色体の約100～150倍もの大きさにもなり間期でも観察できる。だ腺以外にも消化管・神経細胞に見られる。

4│生物のからだのつくり

1 単細胞生物

❶単細胞生物のからだ　単細胞生物は，からだが 1 つの細胞でできている生物で，原核生物(⟳p.19)のほとんどは単細胞生物である。

　真核細胞の単細胞生物には原生動物やミドリムシなどがあるが，これらの細胞内の構造は複雑で，細胞小器官(⟳p.23)が多細胞生物の器官に相当する働きをするように分化している。

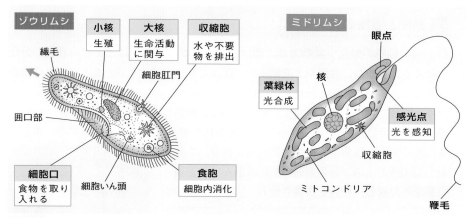

図79　ゾウリムシ(左)とミドリムシ(ユーグレナ：右)の細胞小器官とその働き

補足　ゾウリムシは体表の繊毛で，ミドリムシは鞭毛を使って水中で移動する。このほか同じく単細胞生物であるアメーバは，細胞の形を変えて仮足を伸ばしながら，細胞質が仮足の伸びる方向に流れるように動くアメーバ運動で移動する。

2 多細胞生物の個体のつくり

❶多細胞生物のからだと細胞　多細胞生物は，同一の細胞の集合体ではなく，形や働きの異なる分化した細胞が集まった生命共同体である。多細胞生物に見られるさまざまな細胞は，からだの中で集まって組織や器官を形成している。

❷組織と器官　発達した多細胞生物では，同じような形や働きをもつ細胞が集まって特定の働きをもつような組織を形成し，いくつかの異なる組織が集まって一定の働きをするような器官をつくっている。組織や器官が集まって個体のからだができている。

[多細胞生物のからだをつくる階層構造]

　細胞 が集まって ⟶ 組織 ⟶ 器官 ⟶ 個体 ができる

3 動物の器官と器官系

　多細胞生物では，**複数の組織が集まって一定の形と働きをもった器官が形成される**。さらに，動物では働きの関連した器官がまとまって器官系を形成する（⤷p.75）。

補足　多細胞生物でも，海綿動物などには器官の分化が見られない。

4 植物の組織と器官

❶植物の組織　植物では生活様式の違いに伴って，動物とは違った組織や器官の分化が見られる。動物では，組織は4種類（⤷p.74）で，その組み合わせによって複雑な器官や器官系が形成されるが，**植物の組織は未分化の分裂組織と分化した永久組織に大別される**。永久組織はさらにまとまった働きをもつ組織系をつくる。

①分裂組織　細胞分裂を続ける未分化の細胞集団で，茎や根の先端付近(頂端)や形成層に存在している。

②永久組織　分裂組織でつくられた細胞が成長・分化してできる組織。永久組織はさらに**表皮組織・柔組織・機械組織・通道組織**の4種類に分けられる（⤷p.76）。

❷植物の組織系　植物の永久組織は，関連あるものどうしが組み合わさって組織系を構成する。組織系は**表皮系・基本組織系・維管束系**に大別される（⤷p.76）。

❸植物の器官　植物のなかで器官の分化が見られるのはシダ植物と種子植物だけで，コケ植物では器官の分化は見られない。植物の器官は栄養器官(根・茎・葉)と生殖器官(シダ植物の造精器・造卵器，種子植物の花)に大別される。

このSECTIONのまとめ　遺伝情報の発現

□ 遺伝情報とタンパク質の合成 ⤷p.62	・遺伝子の情報は**DNAの塩基配列**→**mRNAの塩基配列**→**アミノ酸配列**と読みかえられ，必要な**タンパク質を合成**することで発現する。
□ DNAと遺伝子とゲノム ⤷p.68	・**ゲノム**は**生物の生存に必要な1組の遺伝情報**(遺伝子領域以外も含めた染色体DNA全体の塩基配列)で，真核生物の体細胞には2つのゲノムが含まれている。
□ 細胞の分化 ⤷p.70	・同じ起源の細胞が構造と働きの異なる細胞になることを**細胞の分化**という。
□ 生物のからだのつくり ⤷p.72	・**細胞**→**組織**→**組織系**(植物)→**器官**→**器官系**(動物)→**個体** ・植物の器官…**栄養器官**(根・茎・葉)と**生殖器官**

動物の組織

●**上皮組織**　体表面や体腔・消化管などの内表面を覆う組織。細胞どうしは密着して1層または多層の層構造をつくる。

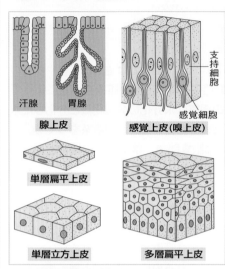

機能上の分類	働き・特徴など
保護上皮	……内部の保護。例皮膚の表皮
吸収上皮	……水分・養分の吸収。例消化管の内表面，腎臓の細尿管
感覚上皮	……感覚細胞を含み，刺激を受け入れる。例網膜・嗅上皮
腺　上　皮	……分泌細胞(腺細胞)を含み，液を分泌。例外分泌腺(汗腺，胃腺)・内分泌腺(脳下垂体)
(形態上)扁平上皮・立方上皮・柱状上皮など。(細胞の並び方から)単層上皮・多層上皮に分類。	

図80　上皮組織の模式図と働き・特徴

●**筋組織**　収縮性に富む筋細胞(筋繊維)からなり，からだや内臓の運動に関与する。

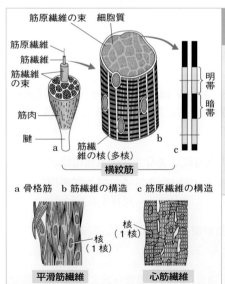

機能上の分類	働き・特徴など
横紋筋	……明暗の横じまのある横紋筋繊維からなる。収縮速度は大きいが持続性に欠ける。例骨格筋(随意筋)・心筋(不随意筋)
平滑筋	……紡錘形。1核で，明暗の横じまのない平滑筋繊維からなる。収縮速度は遅いが持続性がある。不随意筋。例心臓を除く内臓器官，動脈血管壁

視点　心筋は，他の横紋筋とは違って不随意筋であり，収縮速度が大きく持続性がある。構造的には筋繊維が枝分かれしている。

図81　筋組織の模式図と働き・特徴

● **神経組織**　多くの突起をもったニューロン(神経細胞)からなり，脳や脊髄などの中枢神経系と全身に分布する末梢神経系を構成する。

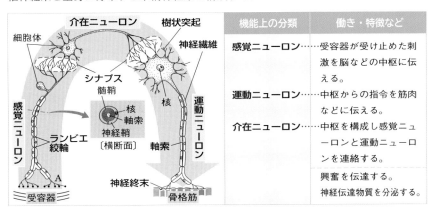

機能上の分類	働き・特徴など
感覚ニューロン………	受容器が受け止めた刺激を脳などの中枢に伝える。
運動ニューロン………	中枢からの指令を筋肉などに伝える。
介在ニューロン………	中枢を構成し感覚ニューロンと運動ニューロンを連絡する。
	興奮を伝達する。神経伝達物質を分泌する。

図82　神経組織の模式図と働き・特徴

● **結合組織**　組織と組織の間を満たし，組織の結合や支持に働く。

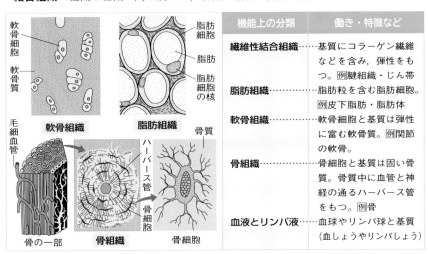

機能上の分類	働き・特徴など
繊維性結合組織……	基質にコラーゲン繊維などを含み，弾性をもつ。例腱組織・じん帯
脂肪組織…………	脂肪粒を含む脂肪細胞。例皮下脂肪・脂肪体
軟骨組織…………	軟骨細胞と基質は弾性に富む軟骨質。例関節の軟骨。
骨組織……………	骨細胞と基質は固い骨質。骨質中に血管と神経の通るハーバース管をもつ。例骨
血液とリンパ液……	血球やリンパ球と基質(血しょうやリンパしょう)

図83　結合組織の模式図と働き・特徴　基本となる細胞とその間を埋める細胞間物質からなる。

● 多細胞の動物では，働きの関連した器官がまとまって器官系を形成する。

表14　器官系の例

消化系	（食物の消化と，栄養分の吸収を行う）　口・食道・胃・小腸・大腸・肝臓・すい臓
呼吸系	（ガス交換を行う）　肺・気管・えら
循環系	（体液循環による栄養分や老廃物の循環）　心臓・血管・リンパ管
排出系	（老廃物と余分な水の排出）　腎臓・輸尿管・ぼうこう・尿道

植物の組織と器官

●**植物の組織**　植物の組織は未分化の**分裂組織**と分化した**永久組織**に大別される。分裂組織には茎や根の先端付近の細胞塊（茎と根の**頂端分裂組織**）や茎や根の中に輪状に並んだ細胞列からなる**形成層**が含まれる。また，永久組織はさらに，表皮組織・柔組織・機械組織および師部と木部からなる通道組織に分けられる。

表15 植物の組織の分類

分裂組織	頂端分裂組織（茎頂分裂組織・根端分裂組織）・形成層		細胞分裂を行う未分化の細胞からなる。限られた部分に存在する。
永久組織	表皮組織		表面を覆う細胞層。
	柔組織	同化組織　葉の柵状組織と海綿状組織	光合成を行う。
		貯蔵組織　根・茎の髄など	栄養分の貯蔵をする。
	機械組織		厚い細胞壁をもち，植物体を強固にする。
	通道組織	師管・道管・仮道管	管状細胞が縦に連なり水分や養分を運ぶ。

●**組織系**　組織は関連あるものどうしで組織系をつくる。

表16 植物の組織系の分類

組織系（機能上の分類）		構造上の分類
表皮系	表皮組織（毛・気孔・水孔など）	表皮
基本組織系	根・茎の皮層（柔組織・機械組織）	皮層
	葉の柵状組織と海綿状組織（柔組織）	
	根・茎の髄（柔組織・機械組織）	
維管束系	師部　師管（通道組織）・師部繊維（機械組織）・師部柔組織	中心柱
	木部　道管（通道組織）・仮道管（通道組織）・木部繊維（機械組織）・木部柔組織	

●組織は，構造の上から，表皮・皮層・中心柱に分類することもできる。

●**植物の器官**　器官の分化が見られるのはシダ植物と種子植物だけで，植物の器官は栄養器官と生殖器官に分けられる。栄養器官には根・茎・葉が含まれ，生殖器官には種子植物では葉から分化する花が含まれる。

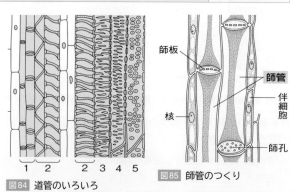

図84 道管のいろいろ

視点 1：環紋道管，2：らせん紋道管，3：階紋道管，4：網紋道管，5：孔紋道管

図85 師管のつくり

（師板，師管，伴細胞，核，師孔）

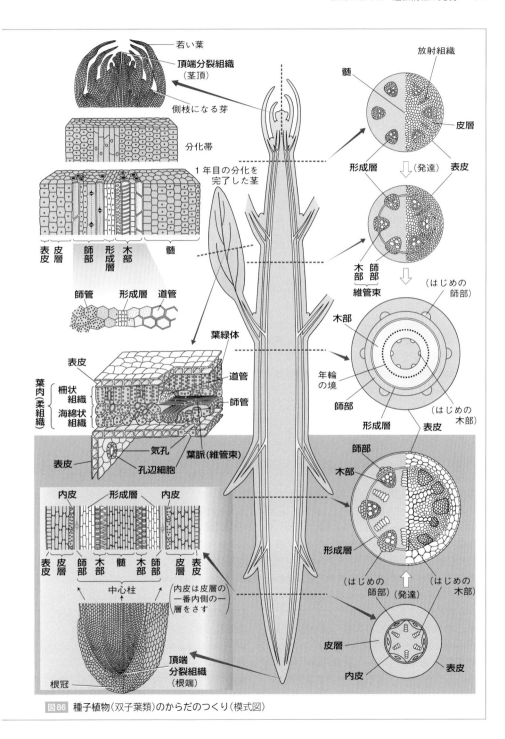

図86 種子植物(双子葉類)のからだのつくり(模式図)

重要用語

SECTION 1　遺伝情報とDNA

□ **遺伝子** いでんし ☞p.48, 62
遺伝の際に伝えられる形質の情報を担うもの。1つの遺伝子は1つのタンパク質（ポリペプチド）のアミノ酸配列を示すDNAの塩基配列。

□ **核酸** かくさん ☞p.48
おもに核内に存在するDNAとRNAのこと。

□ **DNA** ディーエヌエー ☞p.48
核酸の一種で遺伝子の本体。

□ **ヌクレオチド** ☞p.49, 63
核酸の構成単位。塩基・糖（デオキシリボースまたはリボース）・リン酸が結合したもの。

□ **二重らせん構造** にじゅうらせんこうぞう ☞p.49
DNAのヌクレオチドが鎖状につながった2本のヌクレオチド鎖が，塩基どうしで結合してつくるらせん状の構造。

□ **塩基の相補性** えんきのそうほせい ☞p.49
DNAの塩基のA，T，G，Cの4種類のうち，AとT，GとCがそれぞれ対となって結合しやすいという性質。

□ **ヒストン** ☞p.51
真核細胞のDNAが巻きつきヌクレオソームを形成するタンパク質。

□ **半保存的複製** はんほぞんてきふくせい ☞p.52
細胞内におけるDNAの複製のしかた。二重らせんがほどけて1本ずつのヌクレオチド鎖となり，それぞれを鋳型として新たなヌクレオチド鎖が合成される。その結果，もとのヌクレオチド鎖と新しくつないだヌクレオチド鎖とで構成された二重らせん構造をもつDNAが2組できる。

□ **体細胞分裂** たいさいぼうぶんれつ ☞p.54
体細胞の細胞分裂。単細胞生物が個体を増やすときや多細胞生物が成長するときなどに行う。分裂の前後で染色体の数は変わらない。

□ **減数分裂** げんすうぶんれつ ☞p.54
卵，精子，花粉，胞子などの生殖細胞がつくられるときに行われる細胞分裂。分裂後の細胞は分裂前と比べ染色体数が半減している。

□ **間期** かんき ☞p.56
細胞分裂の前にDNAの合成などの分裂の準備を行う時期。

□ **分裂期** ぶんれつき ☞p.56
分裂が行われる時期。M期ともいう。前期・中期・後期・終期の4つの時期に分けられる。

□ **細胞板** さいぼうばん ☞p.57
植物細胞の体細胞分裂の終期に現れて細胞質を2分する構造。その後周囲の細胞壁と融合して細胞壁になる。

□ **染色体** せんしょくたい ☞p.58
核内に存在し，DNAとヒストンなどのタンパク質からなる。細胞分裂時に凝縮してはっきりと観察できる。

□ **核型** かくがた ☞p.59
体細胞に含まれる染色体の数と形・大きさなどの特徴。

□ **相同染色体** そうどうせんしょくたい ☞p.59
1つの核の中に見られる大きさと形がまったく同じ2本の染色体。一方は父親から，他方は母親から受け継いでいる。

□ **性染色体** せいせんしょくたい ☞p.59
性によって形，数や機能が異なる染色体。ヒトは女性がX染色体を2本，男性がX染色体とY染色体を1本ずつもつ。

□ **常染色体** じょうせんしょくたい ☞p.59
性染色体以外の男女ともに共通して見られる染色体。

□ **核相** かくそう ☞p.59
1つの細胞の核の中にある相同染色体の組の数。体細胞のように2本ずつ入っている場合を複相，卵や精子のように，1本ずつしか存在しない場合を単相という。

□ **細胞周期** さいぼうしゅうき ☞p.60
細胞分裂でできた細胞が次の分裂を経て新しい娘細胞になるまでの周期。

②遺伝情報の発現

□ **遺伝子の発現** いでんしのはつげん ⌂p.62
遺伝子をもとにタンパク質が合成されること。

□ **トリプレット** ⌂p.62
1つのアミノ酸を指定する3つの塩基の組。

□ **リボソーム** ⌂p.63
タンパク質の合成に働く細胞小器官。

□ **RNA** アールエヌエー ⌂p.63
核酸の一種。DNAの塩基配列を写し取ってつくられたもので相補的な塩基配列をもつ。mRNA，tRNAなどの種類がある。

□ **mRNA** エムアールエヌエー ⌂p.63
伝令RNAともいう。DNAを鋳型として合成された，相補的な塩基配列をもつRNA。

□ **転写** てんしゃ ⌂p.63
遺伝情報をもつDNAと相補的な塩基対をもつmRNAをつくること。

□ **tRNA** ティーアールエヌエー ⌂p.63
転移RNA，運搬RNAともいう。mRNAと相補的な3塩基の配列をもち，対応するアミノ酸をリボソームまで運ぶRNA。

□ **翻訳** ほんやく ⌂p.63
mRNAの情報にしたがってtRNAが運んできたアミノ酸を結合させて，DNAの遺伝情報が指定するタンパク質を合成すること。

□ **セントラルドグマ** ⌂p.63
遺伝情報はDNAからRNAを経てタンパク質へと一方向に流れるという生物共通のしくみ。

□ **選択的遺伝子発現** せんたくてきいでんしはつげん ⌂p.64　必要な時期に必要な場所で遺伝子が発現すること。

□ **遺伝暗号表** いでんあんごうひょう ⌂p.64
mRNAのトリプレットがどのアミノ酸を指定しているか示した表。

□ **コドン** ⌂p.64
mRNAのトリプレットのこと。

□ **ゲノム** ⌂p.68
ある生物が生存するために必要な1組の遺伝情報のことで，DNAの塩基配列で示される。

□ **ゲノムサイズ** ⌂p.68
ゲノムの大きさ。含まれる塩基対の数で表す。

□ **一塩基多型** いちえんきたけい ⌂p.69
SNPともいう。ゲノムの塩基配列の個体差のうち1塩基だけ違いが見られるもの。

□ **オーダーメイド医療** —いりょう ⌂p.69
患者のDNAから得られる情報をもとに個人個人に最も適した医療を施すこと。

□ **細胞の分化** さいぼうのぶんか ⌂p.70
同じ起源をもつ細胞が特定の形や働きをもつ細胞に変化すること。

□ **幹細胞** かんさいぼう ⌂p.71
動物の体内に未分化な状態で残されている，体細胞分裂と分化の能力をもつ細胞。

□ **分裂組織** ぶんれつそしき ⌂p.71
植物の茎頂と根端，形成層に存在する未分化な細胞の集まり。

□ **パフ** ⌂p.71
ハエやカの仲間の幼虫のだ腺染色体に見られる，ふくれて広がった部分。転写が起こり，盛んにmRNAが合成されている。

□ **単細胞生物** たんさいぼうせいぶつ ⌂p.72
からだが1つの細胞でできている生物。

□ **多細胞生物** たさいぼうせいぶつ ⌂p.72
からだが形や働きの異なる多数の細胞でできている生物。

□ **組織** そしき ⌂p.72
多細胞生物に見られる，同じような形や働きをもつ細胞の集まり。

□ **器官** きかん ⌂p.72
いくつかの異なる組織が集まったもので，一定の働きをもつ。

□ **永久組織** えいきゅうそしき ⌂p.73
植物の分裂組織でつくられた細胞が成長・分化してできる組織。

□ **栄養器官** えいようきかん ⌂p.73
植物の生殖器官以外の器官。シダ植物と種子植物では根，茎，葉のこと。

□ **生殖器官** せいしょくきかん ⌂p.73
有性生殖を行うための器官。シダ植物の造精器，造卵器や，種子植物の花。

ゲノム編集技術

新しい品種改良の技術「ゲノム編集」

①近年，同じ量のえさを与えても体重は通常のマダイの1.2倍，可食部は1.5倍になる「肉厚マダイ」，成長が速く約1年という従来の半分程度の期間で出荷できるトラフグ，血圧上昇を抑える栄養素を多く含むトマトといった，有益な形質をもつ動植物が作出されている。

②これらはシャルパンティエとダウドナによって開発され，2020年にノーベル賞を受賞した**クリスパー・キャス9**とよばれる**ゲノム編集**の技術によって誕生したものである。

図87 エマニュエル・シャルパンティエ（左）とジェニファー・ダウドナ（右）

ゲノム編集の技術

①クリスパー・キャス9によるマダイのゲノム編集は次のように行われる。まずマダイの受精卵に，**キャス9**という酵素と，**ガイドRNA**というRNAを注入する。

②ガイドRNAは，20個の塩基からなる塩基配列をもち，この塩基配列と相補的な特定のDNAの部分と結合する。この箇所でキャス9がDNAを切断する。

③細胞には，DNAが壊れると自動的に修復するしくみがあるが，酵素であるキャス9はくり返し働くため，標的となったDNAの塩基配列はやがて一部が失われた状態でつながり，遺伝子としての働きを失う。

④4種類の塩基20個からなるガイドRNAの塩基配列は$4^{20} \fallingdotseq 1.1$兆通りの組み合わせがあるため，それが一致する目的の配列をゲノムの膨大な塩基の配列の中で1か所だけ特定して切断することができる。

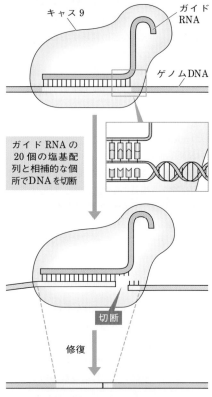

DNAは自動的に修復されるが配列の一部が欠けると遺伝子は働かなくなる

図88 ゲノム編集のしくみ

⑤クリスパー・キャス9は，細菌がウイルスに感染されたときに侵入したウイルスの核酸を切断する**クリスパー**とよばれる働きを応用して開発された。

これまでの遺伝子操作技術との違い

① クリスパー・キャス9が開発される以前は，**遺伝子組換え技術**を用いた品種改良が行われ，除草剤に抵抗性のあるダイズなどがつくられてきた。遺伝子組換えで用いる酵素は数個分の塩基配列で切断個所を特定するため，遺伝子改変の精度は必ずしも高くはなかった。これに対してクリスパー・キャス9は，ガイドRNAをつくってキャス9とともに受精卵に注入すれば数時間後には目的の遺伝子を改変することができる。

② また，遺伝子組換えは，DNAを切断してその生物がもっていなかった遺伝子を新たに組み込む技術であるため，毒性やアレルゲンなどの安全性が試験で証明されても現在の科学で想定できない事態を心配する人のために，食品に使用された場合には成分表示で示すことが義務づけられている。

③ これに対し，ゲノム編集によって特定の遺伝子を切断して働きを制御する品種改良は，**自然に起こる突然変異と同じ現象**であるため安全性は高いと考えられている。

④ 肉厚のマダイは，筋肉の成長を抑えるタンパク質ミオスタチンをつくる遺伝子の発現を阻害することによって筋肉量が増加したもので，同様の変異が自然界の突然変異として起こることも知られている。例えば肉量の多いベルジアンブルーというウシの品種は，ミオスタチン遺伝子のうち，11個の塩基が欠失したものである。

図89 **ゲノム編集で作出された肉厚マダイ**（左）

医療への応用

① ゲノム編集技術は，**医療現場でも応用**されている。患者から取り出した免疫細胞の遺伝子を改変してがんを攻撃できる免疫細胞として体内に戻す，という方法は，効果が高く拒絶反応も起こらないという利点がある。

② 筋ジストロフィーは骨格筋の構造を支えるタンパク質が合成されなくなる病気であるが，ゲノム編集で合成を阻害する配列を取り除いた患者のiPS細胞[*1]を培養し導入することで症状を改善する研究も進められている。

遺伝子を操作する技術と倫理

① ゲノム編集で用いられるRNAやはさみとして働く酵素は，時間がたてば分解され，遺伝子を外部から導入しないことから安全性は高いと考えられている。それでも，食品へ応用される場合にはアレルゲン（⊃ p.133）や毒性についての丁寧な分析が必要である。

② ゲノム編集技術によって作出された遺伝子改変個体は，他の個体と区別がつかない。ゲノム編集された養殖魚や農作物は生態系への配慮が不可欠である。また，消費者の安心のために，正確な情報の発信も重要である。

③ ゲノム編集はヒトの受精卵の内部のDNAに改変を加えることも可能な技術であるが，出生前の人間の形質を親などが望むように操作する「デザイナーベビー」は，人間の選別として現在世界的に研究が禁止されている。

④ 先天的病気の治療を目的とするとしても，その改変によって弊害が起こることを予見し防ぐことができない。能力や容姿を改善する目的での体細胞へのゲノム編集の応用も経済力による格差や差別につながらないかという問題をはらんでおり，技術の研究・実用化のためにはこれらを防ぐしくみが必要である。

★1 iPS細胞（人工多能性幹細胞）は動物の分化した細胞に複数の遺伝子を導入することで再びさまざまな細胞に分化する能力をもつようになった細胞で，2006年山中伸弥らがマウスで初めて作製に成功。

ヒトとチンパンジーのゲノムの共通性

① **地球上で最もヒトに近い生物・チンパンジー**　化石などの研究から，ヒトとチンパンジーは進化の過程でおよそ700万年前に共通の先祖から分かれたと考えられている。生物の進化は約40億年の歴史をもつことを考えれば，ヒトとチンパンジーは遺伝的にごく近縁だと考えられ，チンパンジーは知的にもきわめて優れている。

図90　チンパンジー

② **ヒトとチンパンジーのゲノムの違い**

　ヒトゲノム計画（⤴p.69）の完成が近づいてきた2002年，日本の理化学研究所から，ヒトとチンパンジーのゲノムの違いは1.23％しかないことが明らかになったと発表された。

　比較方法としてはまず，チンパンジーの血液や組織から採取したDNAを，機械（シーケンサー）で読み取りやすい長さに断片化して，チンパンジーゲノムの全領域を網羅したDNA断片を約64000ほど作成した。ゲノムの全領域を含むDNAの集団をライブラリとよぶ。このライブラリからヒトのゲノムと一致性が高く有意な相同性をもつものを，ヒトのゲノ

ムの上に配置して詳しく塩基配列を比較した結果，一致の度合いは98.77％となった。実際にタンパク質をつくる遺伝子の共通性も高いと考えられる。

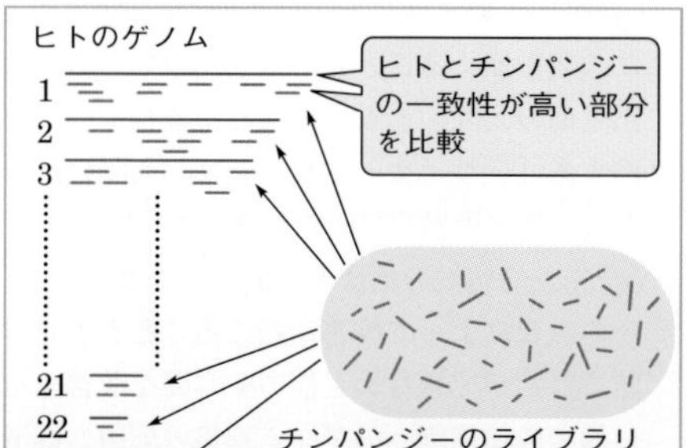

③ **「98.77％」は全塩基配列の比較ではない**　前述の調査方法はヒトとチンパンジーで塩基配列の似ている部分どうしを比較したもので，比較の対象とならなかった遺伝子があることもわかっている。その後，研究はさらに進められて，ヒトの21番染色体上のゲノムとこれに相当するチンパンジーの22番染色体[★1]とを比較した結果が発表された。ヒトまたはチンパンジーの一方にしかないDNA断片があったり，塩基配列の向きが逆となっている部分が存在したりという違いがおよそ6800か所あることが明らかになった。このようなDNAの挿入や欠落まで含めると，ヒトとチンパンジーの塩基配列の違いは5.3％になる。

④ **塩基配列の違いと生物としての違い**

　ゲノムに挿入されたり，欠落したりしているこれらの部分に，ヒトとチンパンジーの「遺伝子がいつ・どの程度発現するかを制御する多数の配列」の違いがあると考えられる。ゲノムに存在する遺伝子は互いにかかわりながら，複雑なネットワークをつくって発現する。ヒトとチンパンジーのゲノムの一致性は高く，遺伝子に共通点は多いものの，それらをどのように用いているかに大きな違いがあるのだと考えられる。

　このように近縁の生物どうしのゲノムを比較することで共通の祖先から進化する際に重要であった遺伝情報を知ることができたり，形質の違いや病気のかかりやすさなどとの比較によって遺伝子の働きを知り新たな治療法の開発などにも役立つことが期待されている。

ヒトのゲノム

ヒトとチンパンジーの一致性が高い部分を比較

1
2
3

21
22
X

チンパンジーのライブラリ
（ゲノム全領域を含むDNA断片）

図91　ヒトとチンパンジーのゲノムの比較

★1 ヒトの染色体数が46本（23対）であるのに対しチンパンジーは48本（24対）である。これはヒトの2番染色体に相当する染色体がチンパンジーでは2本に分かれているため。

第2編

ヒトのからだの調節

· · · · · · ·

1 » 恒常性と神経系

1 体液と体内環境

1 体内環境と恒常性

1 体外環境と体内環境

❶**体外環境(外部環境)** 北風の吹く寒い日,風が当たる鼻は冷たくなるが,頭の中まで冷えることはない。このように私たちは大きく変化する環境の中で生活していても体内の状態はほぼ一定に保たれている。このように私たち動物を取り巻く環境を**体外環境(外部環境)**といい,温度のほかに光や酸素濃度・二酸化炭素濃度などがある。

❷**体内環境(内部環境)** 私たちヒトを含め,多細胞動物の場合,体内の細胞を取り囲む環境を体内環境(**内部環境**)という。

細胞は,体外環境の影響を直接受けることは少なく,自らを取り巻く体液によって変動の小さい安定した環境(体内環境)中に

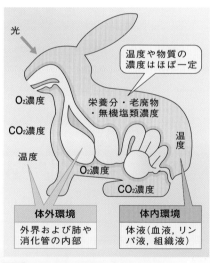

図1 体外環境と体内環境

生きている。体液はからだ全体を循環し,組織・器官の働きと密接な関係にある。

補足 単細胞生物では,体外環境の要因すべてが直接細胞内に影響を及ぼす。

❸**恒常性** 構造が複雑な多細胞動物ほど,**体外環境が変化しても体内環境を一定に保とうとするしくみがある。**これを恒常性(ホメオスタシス)という。これには,体液,肝臓や腎臓などの臓器,自律神経系や内分泌系(⤵ p.99, 106)などが協調して働く。

⊢ COLUMN ⊣

恒常性の研究の歴史

●**恒常性の発見**　体内環境の恒常性の重要性にはじめて気がついたのは，フランスのベルナール[★1]（1813〜1878年）である。彼は，血液の組成が食物の種類によって変化せず，常に一定であることを発見した。そしてこれは，細胞が安定して活動し，生物が最も自由に生きるための条件であると考えた（1859年）。

図2　ベルナール

図3　キャノン

●**恒常性のしくみの説明**　その後，アメリカの生理学者キャノン（1871〜1945年）はベルナールの考え方を一歩進め，「体内環境の状態は固定的に一定に保たれているのではなく，変化しながら相対的に安定するように保たれている」とした。そして，そのような状態を恒常性（ホメオスタシス）[★2]とよんだ（1932年）。彼はまた，恒常性が維持されるのは，自律神経系と内分泌系の協調作用によると説明した。

2｜体内環境をつくる体液

1 脊椎動物の体液

　脊椎動物の体液は，血管を流れる**血液**・リンパ管（⇨p.93）を流れる**リンパ液**・細胞を取り囲む**組織液**の3つの液体成分である。

❶**血液**　有形成分である血球と液体成分である血しょうからなる（⇨p.86）。

❷**組織液とリンパ液**　血液中の血しょうが毛細血管から組織中へしみ出したものが組織液である。組織液は，細胞に酸素や栄養分をわたし，二酸化炭素や老廃物を受け取ったあと，大部分は毛細血管内に戻って血しょうとなる。また，組織液の一部は毛細リンパ管内に入ってリンパ液となる。

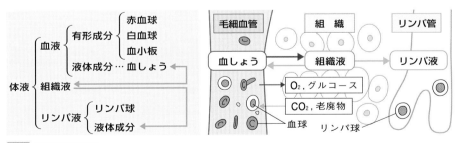

図4　脊椎動物の体液

★1 ベルナールは，パリ大学の実験医学の教授で，生理学の創始者と言われる。「実験医学序説」（1865年）を著し，医学研究における実験の重要性を説いた。

★2 homeostasis：同一の状態（homeo）＋継続（stasis）を意味する古代ギリシャ語からの造語。

2 血液の組成と働き ①重要

　血液は，私たちの体重の約8％の重さを占めている。その組成と働きをまとめると，下の表1のようになる。この表からわかるように，血液のおもな働きは，①物質やガスの運搬，②生体防御（免疫機能），③血液凝固，④恒常性の維持（体温・血糖濃度・pHなどの調節）である。

表1 ヒトの血液成分とそのおもな働き

	種類	形状	大きさ〔直径 μm〕	数〔個／mm³〕	おもな特徴と働き
有形成分（細胞成分）〔45％〕	赤血球	無核	7〜8	約500万（男）約450万（女）	ヘモグロビンを含んでおり，酸素を運搬する（⇨p.88）
	白血球	有核	7〜25	4000〜8500	免疫に関係している。一部はアメーバ運動をして，異物（細菌など）を捕食（食作用；細胞内消化）する。また，血中の白血球の約30％はリンパ球である。
	血小板	無核不定形	1〜4	10万〜40万	血液凝固因子を含んでおり，出血時の血液凝固に働く。

		性状	おもな働き
無形成分（液体成分）〔55％〕	血しょう	●やや黄味をおびた中性の液体で，次のような成分を含んでいる。　水　　　　約90％　タンパク質　7〜8％　脂質　　　　1％　グルコース　約0.1％　無機塩類　　約1％　＊タンパク質は，アルブミン・フィブリノーゲン・免疫グロブリンなど。　＊糖の大部分はグルコース（ブドウ糖；血糖）。	●血液の細胞成分の運搬…赤血球などの細胞成分を血管内で移動させる。●栄養分の運搬…小腸で吸収した栄養分を全身の組織に運ぶ。●ホルモンの運搬…分泌されたホルモン（⇨p.106）を運ぶ。●老廃物の運搬…細胞の呼吸の結果生じた二酸化炭素や，組織で生じた老廃物などを溶かして，肺や腎臓に運ぶ。●内部環境の恒常性の維持…一定濃度の無機塩類により，体内のpHや浸透圧（⇨p.142）を一定に保つ。また，水は比熱が大きく，暖まりにくくさめにくいことから，多量の水は体温の急変を防いでいる。●血液凝固…血液凝固に関係する血液凝固因子やフィブリノーゲンを含んでいる（⇨p.90）。●免疫…免疫に働く免疫グロブリン（抗体）を含む。

補足　1. 有形成分である赤血球・白血球・血小板は，骨髄でつくられる。なお，血小板は，骨髄中の巨核球（巨核細胞）の破片である（そのため，無核で形が一定ではない）。
2. 脊椎動物のうち，赤血球が無核なのは哺乳類だけで，他の脊椎動物の赤血球には核がある。

★1 血しょうからフィブリノーゲンを除いたものが血清である。したがって，血液＝血球＋フィブリノーゲン＋血清。採血した血液を放置しておくと，血餅と血清（上澄み）に分離する（⇨p.90）。

3 白血球

❶白血球の特徴　白血球はいろいろな種類があるが，**いずれも骨髄でつくられる。**ヒトでは，白血球は血液細胞の質量全体の１％弱しか占めていないが，赤血球よりも大きく，また，赤血球とは違って核をもつ。

補足 ヒトを含む哺乳類の赤血球は，成熟する過程で核を失い，無核の細胞となる。

❷白血球の働き　**白血球は，病原体や毒素からからだを守る免疫の役割を担っている**（⤷ p.124）。免疫の役割を果たすためには，白血球が毛細血管の外に出て組織液やリンパ液中に移動できることが重要である。

❸いろいろな白血球　白血球には，細胞内に多くの顆粒（殺菌作用のある成分を含む）が見られるものと，顆粒が見られないものがある。

① **顆粒をもつ白血球**　顆粒をもつ白血球（**顆粒球**）は，染色に対する性質の違いで**好中球，好酸球，好塩基球**に分けられる。なかでも好中球は数が多く，体内に侵入した細菌などを細胞内に異物を直接取り込んで分解する食作用によって排除する。好酸球は呼吸器や腸管に分布し，寄生虫の処理にかかわっている。好塩基球はダニなどへの免疫を高めることが知られている。

② **顆粒をもたない食細胞**　食作用によって異物を排除する働きをもつ細胞を食細胞という。血管内に存在する**単球**が血管外に出て分化すると食細胞であるマクロファージになる。また，樹木の枝のような突起を周囲に伸ばす樹状細胞は，食作用によって取り込んだ異物の情報を，異物に対する攻撃部隊であるリンパ球に提示する（抗原提示 ⤷ p.128）。

③ **リンパ球**　リンパ管やリンパ節に存在する白血球をリンパ球という。リンパ球には，NK 細胞，T 細胞（ヘルパー T 細胞やキラー T 細胞など），B 細胞などがある。B 細胞は形質細胞に分化すると抗体というタンパク質をつくり，これによって異物を排除する。NK 細胞，キラー T 細胞は，病原体に感染した細胞を直接攻撃することで，病原体の増殖を抑える。[1]

顆粒球

好中球

好酸球

好塩基球

顆粒球をもたない食細胞
単球　マクロファージ　樹状細胞

リンパ球
B 細胞　　T 細胞　　NK 細胞

図5 いろいろな白血球

POINT!
白血球…好中球・好酸球・好塩基球，マクロファージ・樹状細胞・リンパ球（NK 細胞・T 細胞・B 細胞）などがある。

★1 NK 細胞やキラー T 細胞は，感染した細胞やがん細胞に対して，化学物質を放出して細胞死を誘発させる。

第2編 ヒトのからだの調節

4 赤血球とヘモグロビン

❶赤血球　赤血球は，哺乳類では無核の非常に小さな細胞であり，骨髄でつくられる。赤血球の主要な働きは酸素O_2の運搬である。そのほか，二酸化炭素CO_2の運搬にも関係（⊃p.89）し，血管に傷ができたときに血ぺいをつくって出血を防ぐことにも関係（⊃p.90）している。

補足　赤血球の寿命は約120日であり，古くなった赤血球は肝臓やひ臓で破壊され，ビリルビンという黄色の物質となって，便とともに体外に排出される。便の色は，ビリルビンが混じった色である。

❷ヘモグロビンの働き　ヘモグロビン（Hbと略す）は，脊椎動物の赤血球に含まれる赤色のタンパク質であり，赤血球の乾燥質量の約94 %を占めている。**ヘモグロビンは，酸素濃度の高いところでO_2と結合し，酸素濃度の低いところでO_2を離す性質**がある。このため，肺では酸素と結合して酸素ヘモグロビン（HbO_2）となり，全身の組織では酸素と解離してヘモグロビン（Hb）になる。赤血球の酸素運搬能力は，この性質によるものである。ヒトの体内の赤血球に含まれているヘモグロビンは約900 gで，1日あたり約600 Lの酸素を全身の組織に運んでいる。

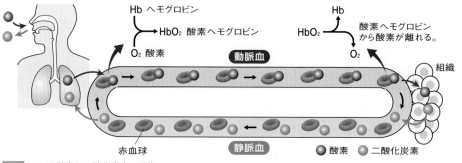

Hb ヘモグロビン
→HbO₂ 酸素ヘモグロビン
O₂ 酸素

Hb
HbO₂
酸素ヘモグロビンから酸素が離れる。
O₂

動脈血

静脈血

組織

赤血球

●酸素　●二酸化炭素

図6　ヒトの酸素と二酸化炭素の運搬

❸酸素解離曲線　血液中のヘモグロビンは，O_2濃度が高くなるほど酸素ヘモグロビンの割合も大きくなる。O_2濃度と酸素ヘモグロビンの割合をグラフで表したものが酸素解離曲線で，図7のようにS字形の曲線になる。

①**CO_2濃度と酸素解離曲線**　ヘモグロビンはCO_2濃度が高くなる（pHが低くなる）と酸素を離しやすくなる。そのためCO_2濃度が低い場合（肺に相当）は図7のa，高い場合（組織に相当）は図7のbのような曲線になる。

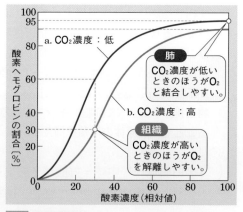

a. CO₂濃度：低

肺
CO₂濃度が低いときのほうがO₂と結合しやすい。

b. CO₂濃度：高

組織
CO₂濃度が高いときのほうがO₂を解離しやすい。

酸素ヘモグロビンの割合〔%〕

酸素濃度（相対値）

図7　酸素解離曲線

視点　CO₂濃度が高いとグラフは右下にずれる。

② **組織で放出される酸素量**　肺と組織での酸素へ
モグロビンの割合の差が，組織でヘモグロビン
が離すO_2の量に相当する。肺では図7の曲線a
のO_2濃度100（相対値）での値を読んで酸素へ
モグロビンの割合はおよそ95％とわかる。そして組織では曲線bのO_2濃度30（相
対値）での値を読むと酸素ヘモグロビンの割合は30％程度で，肺と組織の差
$95 - 30 = 65$％のヘモグロビンが酸素を離したことがわかる。

表2　肺と組織でのO_2濃度とCO_2濃度

	O_2濃度	CO_2濃度
肺	100（相対値）	低い
組織	30（相対値）	高い

補足　酸素ヘモグロビンのうちの酸素を離した割合を求めるときには，$\dfrac{95 - 30}{95} \fallingdotseq 0.68$と計算し，約
68％と求められる。

➕発展ゼミ　**ヘモグロビンの構造と性質の関係**

●ヘモグロビンは，鉄(Fe)を中心に含む円盤状構造のヘ
ムという色素とグロビンというポリペプチド（⇨p.67）
が結合したサブユニットが4個，図8のように並んでで
きている。サブユニットはそれぞれ1分子の酸素と結合
する。

●酸素がヘモグロビンにまったく結合していないときに，
最初の酸素1分子がサブユニットに結合すると，他のサ
ブユニットに立体構造の変化が起こり，他のサブユニッ
トの酸素に対する結合力が高まる。

　一方，ヘモグロビンに4分子の酸素が結合していると
きには，1つのサブユニットが酸素を解離すると，他の
サブユニットに立体構造の変化が起こり，他のサブユニ
ットの酸素に対する結合力が弱まる。

　この結果，酸素解離曲線は図7のようなS字形曲線に
なる。

図8　ヘモグロビンの立体構造

視点　ヘムの鉄原子1個が酸素分
子1個と結合するので，ヘモグロ
ビン1分子あたり，4分子の酸素
と結合することができる。

---

❹**赤血球の二酸化炭素運搬への関与**　全身の各組織の体細胞で生じた二酸化炭素は，
赤血球に含まれる酵素によって炭酸水素イオン（HCO_3^-）になり，血しょうに溶ける。
血しょうに溶けて肺まで運ばれた二酸化炭素は，赤血球に含まれる酵素によって二
酸化炭素に変わり，肺胞中の空気を経て体外へと排出される。

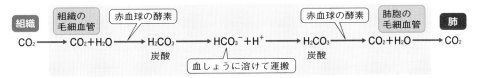

図9　二酸化炭素の運搬

5 血液凝固

❶**血液凝固**　小さな傷は，ほうっておいても自然に血液が固まり出血が止まる。このとき見られる一連の過程を血液凝固という。血液凝固は，体液の減少や病原体の侵入を防ぎ，体内環境を一定に保つ働きの１つである。

❷**止血のしくみ**　血管が傷つくと，まずその部分に**血小板が集まり，かたまりをつくる。**次に，フィブリンとよばれる**タンパク質の繊維ができて赤血球などの血球にからみつき，血ぺいとなって傷をふさぐ**（⮫図10）。

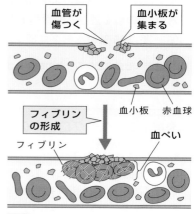

図10　止血のしくみ

❸**血液凝固のしくみ**　血液凝固は，図11のように血小板から放出される凝固因子と血しょう中に含まれている凝固因子が働いて血中のフィブリノーゲンが水に溶けないフィブリンに変わることで起こる。

　血液の凝固は採血した血液を静置しておいても起こり，このとき血液は赤褐色の血ぺいとうす黄色の液体である血清とに分離する。

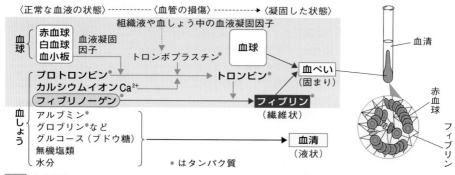

図11　血液凝固のしくみ

① 血管が損傷すると，血小板から血液凝固因子が，傷ついた組織の組織液から**トロンボプラスチン**が血しょう中に現れる。

② トロンボプラスチンは，血小板の凝固因子や，血しょう中に含まれる他の血液凝固因子と**カルシウムイオン**の働きで，血しょう中の**プロトロンビンをトロンビン**に変える。

③ トロンビンは，血しょう中に溶けている**フィブリノーゲン**に作用して，水に溶けないフィブリンに変える。

④傷口に生じた繊維状のフィブリンに多数の赤血球や白血球がからみついて血ぺいができることで, 血液凝固が起こる。

❹線溶 血管に血ぺいが詰まると, 血流が妨げられる。これを防ぐため, フィブリン分解酵素(プラスミン)によって血ぺいを溶かす線溶(フィブリン溶解)というしくみが存在する。

 POINT! 血液凝固…血小板や血ぺいの働きによって傷口がふさがれる一連の過程。

第2編 ヒトのからだの調節

3 循環系とそのつくり

1 循環系とその種類

❶循環系 単細胞の生物は体表で直接外界との物質のやりとりができるが, 多細胞動物では, 内部の細胞は多くの細胞に囲まれているためそれができない。そこで, からだじゅうのどの細胞にも酸素や栄養分が行きわたり, 老廃物の回収が行われるように発達した器官系が循環系である。**循環系は, 酸素や栄養分・代謝産物などを運搬し, 内部環境を常に一定に保っている。**循環系は, 循環する体液の種類から血管系とリンパ系の2つに分けられる。

❷血管系 血液を循環させる器官系で, からだの細部での循環のしかたから**開放血管系**と**閉鎖血管系**がある(⤴p.93)。両生類より高等な脊椎動物の血管系には, 循環する器官の違いから, 心臓を出た血液が肺を巡り心臓へと戻る**肺循環**と, 心臓を出た血液が全身を巡り心臓へと戻る**体循環**とがある。肺循環では肺胞との間でガス(酸素・二酸化炭素)の交換が行われ, 体循環では組織細胞との間で物質(栄養分・老廃物)やガスの交換が行われる。

❸リンパ系 リンパ液を循環させる器官系で, 脊椎動物に見られる。組織液が毛細リンパ管に流れ込み, リンパ管を経て, 胸管から再び静脈に入る(⤴p.94)。

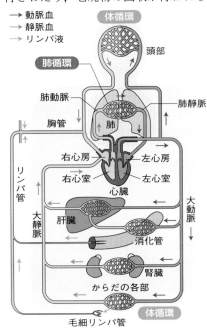

図12 ヒトの循環系(閉鎖血管系)

2 心臓のつくりと働き

❶**心臓とそのつくり**　体液を循環させているのは，血液を送り出すポンプの働きをしている心臓である。

　ヒトの心臓は，**図13**（正面から見た図）のようなつくりをしており，成人で平均65回／分拍動し，血液を全身に送り出し循環させている。体重70 kgのヒトの安静時の心拍出量（心臓の拍動により心臓から送り出される血液の量）は平均5.8 L／分である。

❷**心臓の拍動**　心臓は**心筋**（横紋筋の一種 ⤷p.74）でできており，その拍動は筋肉の収縮によって起こる（⤷図14）。**心筋外部からの刺激なしで自動的に収縮をくり返す性質（心臓の自動性）が**ある。それは，右心房の上部にあるペースメーカー（洞房結節）の周期的な興奮によって引き起こされている。

　さらにこの洞房結節は，**自律神経系**（⤷p.99）と**ホルモン**（⤷p.106）によってたえず調整を受けている。

> 補足　4つの弁のうち，まず僧房弁と三尖弁が，次に大動脈弁と肺動脈弁が同時に開閉し，4つの弁が同時に開くことはない。

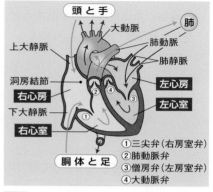

図13 ヒトの心臓のつくり

① 三尖弁（右房室弁）
② 肺動脈弁
③ 僧帽弁（左房室弁）
④ 大動脈弁

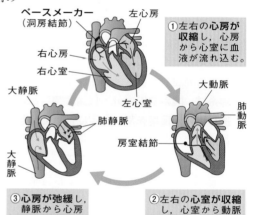

① 左右の**心房**が収縮し，心房から心室に血液が流れ込む。

② 左右の**心室**が収縮し，心室から動脈に血液が送り出される。

③ **心房**が弛緩し，静脈から心房へ血液が流れ込む。

図14 ヒトの心臓の収縮

3 血管系

❶**血管の種類**　血液が通る通路が血管で，動脈，静脈，毛細血管の3種類に分けられる。いずれも，いちばん内側は内皮とよばれる細胞層で覆われている。

①**動脈**　筋層と繊維性の結合組織からなる壁が非常に発達しており，その厚さは静脈よりも厚く，高い血圧に耐えられるようになっている（⤷図15）。

> 補足　太い動脈には，血管壁内部にも毛細血管があり，動脈の細胞との間で物質のやりとりを行っている。

②**静脈**　血管をつくる壁は動脈と似た結合組織（⤷p.75）でできているが，その厚さは動脈より薄い。静脈のところどころには，**弁**（静脈弁）があり，血液の逆流を防いでいる。平滑筋（⤷p.74）の伸縮に伴う圧迫で血流を生じる働きもある。

③**毛細血管**　動脈と静脈をつなぐ血管で，その壁は非常に薄く，1層の内皮細胞層でできている。血液中の血しょうの一部は，おもに毛細血管の内皮細胞のすきまからにじみ出て組織液となる。毛細血管は閉鎖血管系にしかない。

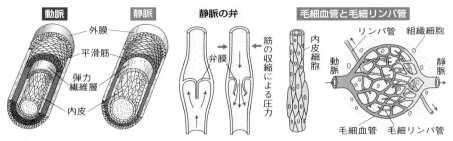

図15　ヒトの血管のつくり

❷**血管系の種類**　動物の血管系には，**開放血管系**と**閉鎖血管系**とがある。

①**開放血管系**　毛細血管がなく，血液は動脈の末端から組織へ流れ出て，細胞間を流れたのち，直接，または静脈やえらを経て，心臓へと戻る。　例　節足動物（昆虫やエビなど），貝の仲間

②**閉鎖血管系**　動脈と静脈が毛細血管でつながっている血管系（⤴ p.91図12）。閉鎖血管系は大形の動物でもからだの内部まではりめぐらされた毛細血管で全身くまなく血液を送ることができ，動脈と静脈と心臓が閉じてつながっていることで，効率のよい血液循環が可能である。　例　脊椎動物，ミミズ，イカ

4 リンパ系

❶**リンパ系**　リンパ系では，リンパ管，リンパ節，骨髄，胸腺，ひ臓などがつながり，リンパ液が循環している。リンパ液は血しょうや組織液とほぼ同じ成分であり，うすい黄色をしている。リンパ系は，組織液の循環，免疫，脂肪の吸収に関与している。

❷**リンパ管**（⤴ 図16の緑線部分）

①**リンパ管のつくり**　リンパ管は毛細血管とからみ合うように全身に分布している。末端のリンパ管の先端は開口している。リンパ管には静脈と同じように弁があり，筋肉の運動やリンパ管の収縮運動により**リンパ管内のリンパ液は一方向に流れる。**

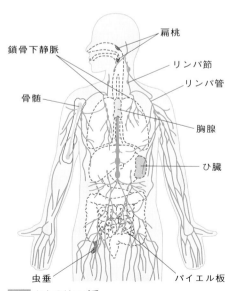

図16　ヒトのリンパ系

②**リンパ管の役割**　リンパ管には，毛細血管に回収されなかった組織液が吸収されリンパ液となる。リンパ管はその後合流して太いリンパ管につながり，最終的には胸管などを経由して，鎖骨下静脈で血液と合流する。

❸リンパ節

①**リンパ節のつくり**　リンパ管が複数集合する部位がリンパ節である。リンパ節には血管が入り込み，内部は免疫機能をもつ白血球で満たされている。

②**リンパ節の役割**　リンパ節の内部にはマクロファージ，樹状細胞，リンパ球が見られる。リンパ節ではこれらの免疫細胞の増殖や活性化が行われ，組織から運ばれた病原体，がん細胞，損傷した細胞が処理される（免疫 ⤵ p.124）。

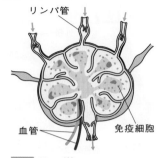

図17　リンパ節

　鼻腔奥や口腔内奥にある**扁桃**，小腸の**パイエル板**，小腸と大腸の間の盲腸から伸びる**虫垂**もリンパ節の一種が分布するリンパ系の器官であり，免疫に関係している。[1]

補足 リンパ節で免疫反応が活発化したり，がん細胞などがリンパ節に詰まると，リンパ節が腫れる。リンパ節が詰まると組織液が滞留することで浮腫（むくみ）が生じる。医師が診断するときに耳の下，あごの下などを指で触診するのは，このリンパ節の腫れの有無を確認するためである。

❹リンパ系に関するその他の器官

①**胸腺**　骨髄で生じたT細胞が集まり，自己と非自己を識別する能力（免疫寛容 ⤵ p.127）を得るための器官。

②**ひ臓**　マクロファージ，ヘルパーT細胞，形質細胞が集まり，形質細胞により抗体を生産したり，マクロファージにより古くなった赤血球を破壊する器官。

このSECTIONの **まとめ**　体液と体内環境

□ 体内環境と恒常性 ⤵ p.84	・恒常性…体外環境の変化に対して，体内環境（体液）を一定に保とうとするしくみ。
□ 体内環境をつくる体液 ⤵ p.85	・**体液**…血液，組織液，リンパ液 ・**血液**…赤血球，白血球，血小板，血しょうからなる。
□ 循環系とそのつくり ⤵ p.91	・循環系…酸素や栄養分，代謝産物などを運搬する。 ・ペースメーカーが定期的に**興奮**することで，**心臓が自動的に収縮をくり返す**ことができる。

★1 消化管の粘膜は体外環境と接しているため多くの免疫細胞が分布している。扁桃やパイエル板などは粘膜表面から侵入する病原体などに対して働く。

SECTION 2　神経系による調節

1 | ヒトの神経系

1 中枢神経系と末梢神経系

　神経系は神経組織（⇨p.75）によって構成されている器官系で，構造的に次の2つに分類される。

❶中枢神経系　脳および**脊髄**からなり，情報を判断・処理することで生命機能の中心として働く。

❷末梢神経系　**感覚や骨格筋の運動を支配する体性神経**と**内臓や分泌腺を支配する自律神経**に分けられる。体性神経は，情報を感覚器官（**受容器**）から中枢神経に伝える**感覚神経**と，中枢神経から筋肉などの効果器に伝える**運動神経**に分けられる。自律神経は交感神経と

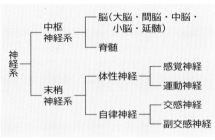

図18　神経系の分類

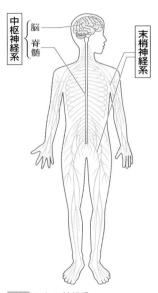

図19　ヒトの神経系

副交感神経に分けられ，脳からの情報を内臓などに伝える。

2 神経細胞による興奮の伝導と伝達

❶神経細胞（ニューロン）　神経系は神経細胞（ニューロンともよばれる）でできている。ニューロンは核をもつ**細胞体**とそこから長く伸びる**軸索**からなり，情報は電気的な信号の形で軸索を伝わり，軸索の末端から次の細胞へ伝えられる。

❷興奮の伝導　ニューロンの細胞膜に電位変化が生じている状態を興奮という。興奮は細胞膜のごく狭い1点に生じ，この電位変化が軸索を伝わっていくことを興奮の**伝導**という（⇨p.494）。

❸興奮の伝達　ニューロンが他のニューロンや筋肉などの効果器と接続する部分をシナプスという。興奮していたニューロンは軸索の末端から**神経伝達物質**を分泌し，物質を受け取った細胞は興奮する。この伝達物質によって情報が伝えられる現象を興奮の**伝達**という（⇨p.495）。

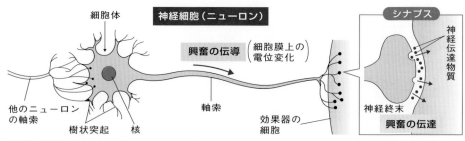

図20 神経細胞（ニューロン）のつくりとシナプス

POINT!

情報は神経細胞（ニューロン）を**電気的な信号**の形で伝わり（伝導），
細胞間を**伝達物質**によって伝えられる（伝達）。

2 | 中枢神経系とその働き

1 情報の流れと中枢

❶**感覚器官（受容器）から中枢神経系**　動物では，眼や耳などの**感覚器官（受容器）**が光や音などの情報（刺激）を受け取り，興奮が生じる。**感覚器官の興奮は感覚神経を通じて脳に伝えられ，脳が伝えられた情報を処理することで，視覚や聴覚などの感覚が生じる。**

❷**中枢神経系から効果器**　脳はからだの各部から送られてきた情報をもとに，筋肉や分泌腺（⤷p.106）などの**効果器**に命令を送る。筋肉などの運動器官に対しては運動神経を通じて命令を送るほか，自律神経を通じて心臓や消化器などの器官の働きを調節したりもする。

補足 脳だけでなく，意識を伴わない一部の行動（反射）などの命令は脊髄からも出される。

❸**中枢**　末梢神経から送られてきた情報を処理して感覚を生じたり，記憶や判断を行ったりからだの各部への命令を出したりする部位を中枢という。これらの情報の処理はそれぞれ中枢神経系の異なる決まった部位で行われ，それぞれ感覚中枢，運動中枢などとよばれる。

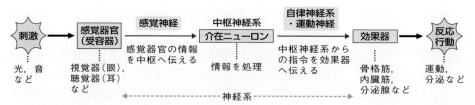

図21 末梢神経と中枢神経との間の情報の流れ

2 ヒトの中枢神経系

　ヒトの中枢神経系は，脳と脊髄からなる。ヒトの脳は，大きく大脳，小脳，脳幹の3つに分けることができる。さらに脳幹は，間脳，中脳，橋，延髄からなる。

　図22は，ヒトの脳の各部の名称をまとめたものである。

補足　小脳は随意運動の調節や反射的にからだの平衡を保つ。脳梁は，大脳の右側と左側（右脳と左脳）を連絡し，情報を交換して処理する。

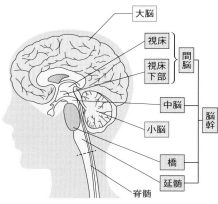

図22 ヒトの脳の各部の名称

3 ヒトの大脳の構造と働き

❶大脳のつくり　大脳は，多くのニューロンが複雑に接続してできており，中央部より左右の大脳半球（右脳と左脳）に分けることができる。大脳の内部は，次の2つの部分からできている。

①大脳皮質★1　複雑に入りくんだ大

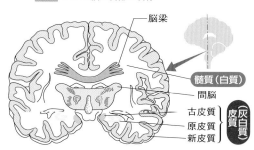

図23 大脳の内部構造（左右方向の垂直断面）

脳の表面から2〜5mmの厚さの部分は，灰色に見える。この部分が大脳皮質で，ニューロンの細胞体が集まっている部分である。その色から，灰白質ともいう。

②髄質　大脳皮質の内側の部分で，神経繊維が束になって走っている。白っぽく見えることから，白質ともいう。

❷大脳の働き　大脳には，感覚・随意運動・言語・記憶・感情・判断などの中枢があるが，これらはすべて大脳皮質の特定の位置に分布している（⤴図24）。

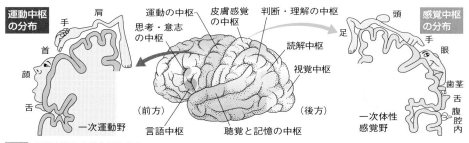

図24 大脳皮質上の各中枢の分布

★1 大脳皮質はその働きから，さらに新皮質と辺縁皮質に分けられる。ヒトでは大脳皮質の90%を新皮質が占める。新皮質は位置により前頭葉，頭頂葉，側頭葉，後頭葉とに分けられる。また，大脳皮質の下側に位置する辺縁皮質には，大脳辺縁系や大脳基底核とよばれる部位がある。

4 脳幹

①ヒトの脳幹の構造と働き　脳幹は，生存上欠かせない多種類の生命維持機能を担当している。また，大脳皮質で処理した情報を脊髄に伝達して，からだ全体の反応につなげている。

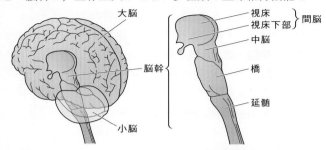

図25　大脳や小脳と脳幹の位置関係(左)と脳幹の各部の構造(右)

① **間脳**　視床や視床下部よりなる。視床下部は**自律神経系および内分泌系の中枢**であり，体温，血糖濃度，血圧，体液濃度，血液中のチロキシンなどの情報を感覚神経から，または血液から直接感知して，調節をする。

② **中脳**　姿勢の保持，眼球運動や瞳孔の大きさを調節する。

③ **橋**　感覚や運動の情報伝達経路として働く。

④ **延髄**　呼吸運動，心臓の拍動を調節する。

②脳死と植物状態　脳死は，脳幹を含めたすべての脳の機能が不可逆的に停止した状態で，人工呼吸器などの生命維持装置を用いなければやがて心臓も停止して死を迎えることになる。これに対して植物状態は，大脳の機能が停止して意識がなくなる一方で脳幹は機能しており，自力での呼吸が可能で，心臓の拍動も維持されている状態をいう。

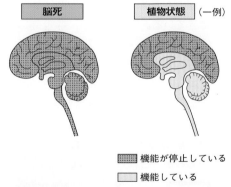

| 脳死 | 植物状態 | (一例) |

▨▨▨ 機能が停止している
▢▢▢ 機能している

図26　脳死と植物状態の違い

┤ COLUMN ├

一般的な死の判定と脳死の違い

●回復する可能性のある植物状態に対して，脳死は多くの国で人の死とされており，日本では脳死での臓器提供を前提とした場合に限り，脳死は人の死として扱われる。

●通常の医学的な死の判定は①自発的呼吸の停止，②心拍の停止，③瞳孔の固定と散大(直径4mm以上で変化しない)，の3つの状態が認められることが基準である。しかし，脳死の判定は次の5項目すべてを満たし，かつ，6時間後にも同じ症状を示すことが必要となる。脳死判定の5項目：①深いこん睡(痛みに反応しない)，②瞳孔の固定と散大，③脳幹反射の消失(せきやまばたきが起こるような刺激に反応しない)，④平たんな脳波，⑤自発的呼吸の停止

第2編 ヒトのからだの調節

3 | 自律神経系

1 自律神経系

　自律神経系は末梢神経の1つで，その末端
はおもに内臓に分布しており，内臓の働きを
無意識のうちに自律的に調節している。自律
神経系の働きは，間脳の視床下部によって調
節されている。自律神経系には，交感神経と
副交感神経の2種類があり，多くの器官では
その両方が分布している。

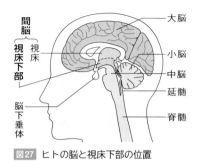

図27 ヒトの脳と視床下部の位置

　　自律神経系は，大脳の影響を受けない間脳(視床下部)の支配下にあ
　　る末梢神経系で，意思とは無関係に自律的に働く。

2 自律神経の働き合い

❶拮抗作用　交感神経と副交感神経は，ふつう同一器官に分布しており，互いに[★1]
ほぼ正反対の働きを行い，各器官の活動状態と休息状態を速やかに切り替えている。
このような互いを打ち消し合うような正反対の働きを拮抗作用という。

❷自律神経の拮抗作用の例　例えば，運動前と直後，休憩後の脈拍数(心臓の拍動
数)を測定し比較してみると，運動中は交感神経が活発化するので，運動直後の脈
拍数は運動前より50％程度増加する。しかし，運動後に5〜10分程度安静にして
脈を計測すると，副交感神経の活発化により，脈拍数は安静時の数値に戻る。

補足 激しく運動した直後に急に静止すると，副交感神経が急激に活発化し，血圧や脈拍数が低下し過
ぎて気持ち悪くなることがある。そのため，激しい運動の後は軽い歩行などでクールダウンするとよい。

❸自律神経の働きの特徴　交感神経と副交感神経のおもな働きをまとめると，表3
のようになる。交感神経は，敵と戦ったり緊張したりするとき(興奮状態)に優位と
なり，副交感神経は，交感神経の反応をやわらげ休息するとき(安静状態)に優位と
なる。

表3 自律神経の働き

作用＼種類	瞳孔	心臓拍動	血圧	気管支	消化作用	尿量	皮膚の血管	立毛筋
交感神経	拡大	促進	上昇	拡張	抑制	抑制	収縮	収縮
副交感神経	縮小	抑制	下降	収縮	促進	促進	(分布せず)	(分布せず)

★1 皮膚の血管や汗腺，立毛筋には交感神経のみが接続されている。

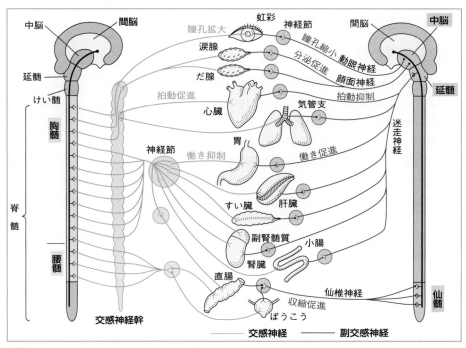

図28 自律神経とその働き（模式図）

交感神経と副交感神経は，**同一器官で拮抗的に作用**することが多い。
（心臓の拍動の場合，交感神経は促進し，副交感神経は抑制する。）

3 交感神経と副交感神経のつくり

❶**節前ニューロンと節後ニューロン**　中枢から出た自律神経（**節前ニューロン**）は，いったん**神経節**とよばれる部分に入り，ここで，次の神経（**節後ニューロン**）の細胞体とシナプスで接続する。このように，自律神経は節前・節後の2本のニューロン（神経細胞）を経て内臓などの器官につながる。

❷**交感神経**

① **交感神経の出発点と接続**　交感神経は脊髄（胸髄・腰髄）から出ており，脊髄を出た節前ニューロンは，脊髄のすぐ近くの両側にある**交感神経節**（交感神経節は交感神経幹として縦に鎖状につながっている）に入る（🔲図28）。そして，多くの節前ニューロンはここで節後ニューロンと接続する。一部の神経は，ここで接続せず，腹腔や腸間膜にある交感神経節で節後ニューロンと接続するものもある。

補足 副腎髄質につながる交感神経は，（シナプスを経ないので）節前ニューロンである。

② **神経伝達物質**　交感神経が興奮すると，節前ニューロンの末端からはアセチルコリンが，節後ニューロンの末端からはノルアドレナリンが分泌される。[*1]（例外；汗腺支配の交感神経の節後ニューロンからは，アセチルコリンが分泌される）

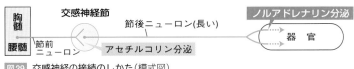

図29　交感神経の接続のしかた（模式図）

❸ **副交感神経**

① **副交感神経の出発点と種類**　副交感神経には，中脳から出る**動眼神経**，延髄から出る**迷走神経**，**顔面神経**，脊髄の下の端の仙髄から出る**仙椎神経**がある。

② **副交感神経の接続**　中枢を出た副交感神経の節前ニューロンは，各器官の近くまたは中にある神経節へ伸び，そこで次の短い節後ニューロンと接続する。

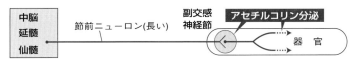

図30　副交感神経の接続のしかた（模式図）

③ **神経伝達物質**　副交感神経が興奮すると，節前ニューロンの末端からも節後ニューロンの末端からもアセチルコリンが分泌される。

このSECTIONの**まとめ**　神経系による調節

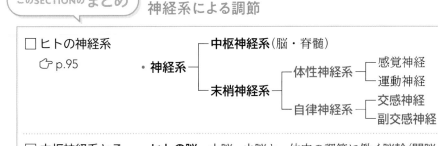

□ ヒトの神経系 ⇨p.95	・神経系 ─ **中枢神経系**（脳・脊髄）／**末梢神経系** ─ 体性神経系 ─ 感覚神経／運動神経 ─ 自律神経系 ─ 交感神経／副交感神経
□ 中枢神経系とその働き ⇨p.96	・**ヒトの脳**…大脳，小脳と，体内の調節に働く脳幹（間脳・橋・中脳・延髄）からなる。
□ 自律神経系 ⇨p.99	・自律神経系…間脳視床下部を中枢に，**交感神経と副交感神経**が拮抗的に器官の働きを調節する。 ・交感神経…**活動状態・興奮状態**のときに働く。 ・副交感神経…**休息状態**のときに働く。

★1 ノルアドレナリンは副腎髄質からも分泌される（⇨p.109）。

重要用語

SECTION 1 体液と体内環境

□ **体内環境(内部環境)** たいないかんきょう(ないぶかんきょう) ☞p.84　組織液など体液の状態。体内の細胞を取り巻く環境。

□ **恒常性** こうじょうせい ☞p.84
生物体内の状態が一定の範囲に保たれている状態。ホメオスタシスともいう。

□ **体液** たいえき ☞p.85
動物体内の細胞の外側の液体。血液，組織液，リンパ液をいう。

□ **血しょう** けっしょう ☞p.85
血液の液体成分で，水が90％を占め，タンパク質，無機塩類，グルコースなどを溶かしている。物質の運搬などに関与する。

□ **組織液** そしきえき ☞p.85
全身の組織で細胞のまわりを満たしている液体。血液中の血しょうが毛細血管から組織中にしみ出したもので，細胞は酸素や二酸化炭素，栄養分や老廃物などを組織液を介して出し入れする。

□ **赤血球** せっけっきゅう ☞p.86, 88
呼吸色素のヘモグロビンを含み，呼吸器(肺)から組織に酸素を運ぶ血球。

□ **白血球** はっけっきゅう ☞p.86, 87
血液中の呼吸色素をもたない有核細胞。好中球，樹状細胞，マクロファージ(単球)，リンパ球などがあり，免疫に関与する。

□ **血小板** けっしょうばん ☞p.86, 90
血液中の有形成分の1つ。ヒトの場合，無核で不定形。出血時に，血液凝固因子を放出することで血液凝固を起こす。

□ **ヘモグロビン** ☞p.88
脊椎動物の赤血球内にある呼吸色素。ヘム(鉄を含む色素)とグロビン(ポリペプチド)が結合したタンパク質で，酸素を運搬する。

□ **リンパ球** —きゅう ☞p.87
血液中やリンパ管，リンパ節などに存在し免疫に働く白血球。骨髄の幹細胞から分化し，B細胞，T細胞，NK細胞といった種類がある。

□ **酸素解離曲線** さんそかいりきょくせん ☞p.88
ヘモグロビンが酸素と結合する割合と酸素濃度(または割合)との関係を表した曲線。一般にS字形曲線となる。

□ **血液凝固** けつえきぎょうこ ☞p.90
血管外に出た血液や血管内壁の損傷により血液が固まること。血しょう中のフィブリノーゲンが繊維状のフィブリンに変化し，血球を絡めてかたまり(血ぺい)となる反応。止血時に起こる。

□ **血管系** けっかんけい ☞p.91
心臓と血管からなり，血液を循環させる器官系。動物の種類により開放血管系と閉鎖血管系がある。

□ **ペースメーカー** ☞p.92
哺乳類や鳥類の右心房入口にある部位で，洞房結節ともいう。外部からの刺激がなくても周期的に興奮し，心臓拍動の自発的リズムをつくる。

SECTION 2 神経系による調節

□ **神経系** しんけいけい ☞p.95
複数の神経細胞から構成されるネットワーク(相互作用により一定の働きを行う神経細胞の集合体)。中枢神経系と末梢神経系に分けられる。

□ **中枢神経系** ちゅうすうしんけいけい ☞p.95
脳と脊髄からなる神経系。感覚中枢や運動中枢などさまざまな中枢が分布している。

□ **中枢** ちゅうすう ☞p.95
体内や体外からの情報を処理し，感覚を生じたり，判断やからだの各部への命令などを行う部位。

□ **末梢神経系** まっしょうしんけいけい ⊃p.95
中枢神経系から出て，全身に伸びる神経系。

□ **脊髄** せきずい ⊃p.95, 97
背骨に沿って位置する中枢神経系の器官。脊髄反射の中枢。

□ **感覚神経** かんかくしんけい ⊃p.95, 96
受容器からの情報を中枢神経系に伝える神経。

□ **運動神経** うんどうしんけい ⊃p.95, 96
中枢神経系からの情報を効果器に伝える神経。

□ **神経細胞** しんけいさいぼう ⊃p.95
神経系を構成する細胞。ニューロンともよばれる。核のある細胞体から長い軸索が伸びている。情報は軸索を電気的な信号（興奮）として伝わり，次の細胞へは神経伝達物質によって伝えられる。

□ **軸索** じくさく ⊃p.95
神経細胞の細胞体から出る長い突起。情報を離れた部位に伝える。

□ **シナプス** ⊃p.95
神経細胞の軸索の末端と，他の細胞の接続部分。狭い隙間があり，神経伝達物質で情報を伝達する。

□ **受容器** じゅようき ⊃p.96
動物が外界や体内からの刺激を受け取る器官や細胞。眼，耳，皮膚，筋紡錘など。

□ **効果器** こうかき ⊃p.96
動物が外界や体内に直接反応を起こす器官や細胞。筋肉，鞭毛や繊毛をもつ細胞，分泌腺，発光器など。

□ **大脳** だいのう ⊃p.97
情報を処理する中枢神経系の器官。運動，感覚，記憶，思考などの活動を行う。

□ **小脳** しょうのう ⊃p.97
ヒトでは後頭部に位置する脳で，運動を調節し，からだの平衡を保つ。

□ **間脳** かんのう ⊃p.97, 98
視床と視床下部から構成される脳の一部で，自律神経の中枢である。

□ **脳幹** のうかん ⊃p.98
間脳，中脳，橋，延髄からなる。おもに生命維持に関与する脳。

□ **植物状態** しょくぶつじょうたい ⊃p.98
大脳の機能が停止して意識，感覚，運動調節が失われているが，脳幹の機能によって自発的な呼吸や心臓の拍動が維持された状態。

□ **脳死** のうし ⊃p.98
大脳，小脳，脳幹のすべての機能が不可逆的に消失した状態（脳幹のみの機能喪失を脳死とする国もある）。

□ **視床下部** ししょうかぶ ⊃p.97, 99
体温や血糖濃度，ホルモン濃度などの変化を感知し，自律神経を通じてからだの各部の働きを調節する間脳の部位。自律神経系および内分泌系の中枢。

□ **自律神経系** じりつしんけいけい ⊃p.95, 99
おもに内臓や分泌腺を調節する末梢神経系。意識とは関係なく働く。

□ **交感神経** こうかんしんけい ⊃p.95, 99, 100
興奮状態のときに働く自律神経。中枢は間脳視床下部で脊髄から各器官に伸びている。

□ **副交感神経** ふくこうかんしんけい ⊃p.95, 99, 101
休息時や摂食時に働く自律神経。中枢は間脳視床下部で中脳や延髄，仙髄（脊髄の末端に近い部分）から各器官に伸びている。

□ **拮抗作用** きっこうさよう ⊃p.99
互いに打ち消し合うような反対の働き。からだの器官の多くは，交感神経と副交感神経の両方から，その器官の活動を促進または抑制する拮抗的な支配を受けている。

□ **神経伝達物質** しんけいでんたつぶっしつ ⊃p.95, 101
神経細胞の軸索末端から分泌される化学物質。情報を他の細胞に伝える。

□ **アセチルコリン** ⊃p.101
神経伝達物質の1つで，副交感神経や体性神経（運動神経，感覚神経）の終末，交感神経の節前ニューロンの終末などから分泌される。

□ **ノルアドレナリン** ⊃p.101
神経伝達物質の1つで，交感神経の節後ニューロンの終末から分泌される。

記憶と脳の働き

記憶とは

①**記憶**とは，過去の体験，物や出来事を覚えてそれを保持し，必要なときに再現する(思い出す)ことができる働きをいう。

②体験に伴う視覚や聴覚などさまざまな感覚にかかわるニューロンはそれぞれ大脳の特定の部位に分布している(⤳p.97)。記憶が形成される際にはその体験に関連した異なる部位のニューロンどうしが結びつけられる。この結びつけられたニューロンどうしが再び同時に興奮することで過去の体験が再現される，つまり思い出される。これを**想起**という。

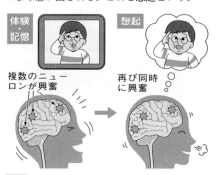

図31 記憶と想起

記憶の種類 ①短期記憶と長期記憶

①記憶は，その保持する時間から，**短期記憶**と**長期記憶**に分けられる。

②また，記憶の内容や目的の違いにより，短期記憶は**作業記憶**，長期記憶は**エピソード記憶**，**意味記憶**，**手続き記憶**，**潜在記憶**といった種類に分類される。

③**短期記憶**は，数秒から数分間保持される記憶で，教えられた電話番号をメモするときなどに一瞬覚えておくような記憶をいう。

④短期記憶は，**作業記憶**(ワーキングメモリ)というしくみで，**前頭葉**の中央実行系という部位と感覚の種類に応じた記憶のメモ帳となる部位との間で情報をループし続ける間維持される。

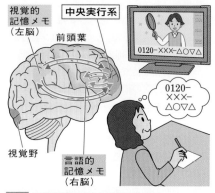

図32 短期記憶にかかわる脳のしくみ

⑤**長期記憶**は数年～数十年後にも思い出すことのできる記憶で，子どもの頃の思い出の記憶などはこれにあたる。人の名前と顔，自宅のどこに何があるかなど数か月～数年維持される記憶を**中期記憶**とよぶ。短期記憶が中期記憶や長期記憶になるためには，経験を記憶に変換する**海馬**が重要な役割をもつ。

記憶の種類 ②陳述記憶

①記憶のうちエピソード記憶と意味記憶は内容を言葉で表現できることから，まとめて**陳述記憶**とよばれる。

②**エピソード記憶**は，思い出など，自分が経験した一連の出来事で，記憶内容には映像，音声やにおいなども含まれる。例えば，自転車で転んだときの記憶は，そのときのからだの動きの感覚や恐怖感，ケガを手当てしてくれた医者の顔などが記憶に残る。出来事は**海**

馬で記憶に変換され，視覚的な体験を思い出す際には視覚をつかさどる領域が，人の声を思い出す際には聴覚の領域が活性化される。

③エピソード記憶は現実と混同しないよう**前頭葉**によってコントロールされる。初めての場所や体験を過去に経験したように感じる現象を**デジャヴ（既視感）**というが，これは，疲れなどによって前頭葉の働きが損なわれ，過去と現在の経験を混同するためと考えられている。

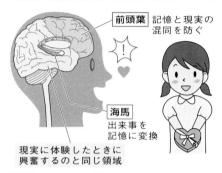

前頭葉 記憶と現実の混同を防ぐ

海馬 出来事を記憶に変換

現実に体験したときに興奮するのと同じ領域

図33 エピソード記憶にかかわる脳のしくみ

④**意味記憶**は個人的な体験から単純な情報として切り分けられた記憶で，いわゆる「知識」とよばれるもの。フランスの首都がパリであること，レモンが黄色くて酸っぱい少し長い球形の果物であることなど。意味記憶は側頭葉に保存され，前頭葉によって活性化され引き出される。大きな事件やニュースなど，自分のこととして感情を伴って経験したような出来事も長い時間が経った後には意味記憶へと整理されたりもする。

前頭葉 記憶を引き出す

$\pi = 3.141592\ 6535...$

側頭葉 記憶が保存される

図34 意味記憶にかかわる脳のしくみ

記憶の種類　③非陳述記憶

①言葉で表現できない，いわゆる「体で覚える」「習慣で覚える」ような記憶を**非陳述記憶**といい，**手続き記憶**と**潜在記憶**がある。非陳述記憶に関与するのは，大脳の内側のほうにある**大脳基底核**や**小脳**であるといわれている。

②**手続き記憶**は身体の運動にかかわる記憶で，自転車の乗り方，ピアノの演奏などがあげられる。くり返し練習を重ねることによって成立したこれらの記憶は実際に行動で見せることはできるが，バランスのとり方や指の運びを言葉では説明できず，意識して行おうとすると逆に動きがぎこちなくなってしまう。手続き記憶では小脳がからだの各部分をどう連動させるかタイミングと協調を担う。

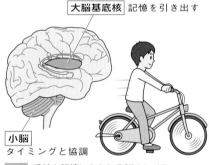

大脳基底核 記憶を引き出す

小脳 タイミングと協調

図35 手続き記憶にかかわる脳のしくみ

③**潜在記憶**は，先に取り入れた情報が無意識に記憶され，後の行動に影響を及ぼすように働く記憶で，好意や嫌悪感，危険察知の"呼び水"となるような記憶をいう。

④脳の各部位の働きは，脳を部分的に損傷した患者の機能を調べた医学的知見によって古くから研究されてきた。現在ではfMRI（機能的磁気共鳴画像法）やfNIRS（光脳機能イメージング装置）など，脳の活性化する部位を血流量の変化などを計測してリアルタイムで調べる装置が発達してより詳しい研究が進められるようになっている。

CHAPTER

2 》内分泌系による調節

SECTION

1 ホルモンとその働き

1 | ホルモンと内分泌系

1 ホルモン

❶内分泌系とホルモン　動物のホルモンは，自律神経系（⤴ p.99）と協同して，個体のいろいろな生理作用を調節することで，恒常性の維持に働いている。このようなホルモンによる調節のしくみ全般を内分泌系という。

自律神経系は，用件を一方的にすばやく伝えることから電子メール機能に，内分泌系は，若干時間はかかるが周期的な情報や細かな情報を送ることができることから郵便に例えることができる。

ホルモンという用語は，イギリスのベイリスとスターリングによって1905年に提唱され，次のように定義された。「動物体内の特定の分泌腺（内分泌腺）でつくられ，血液中に分泌されて遠く離れた体内の他の器官（標的器官とよぶ）に運ばれ，そこで，微量で特殊な影響を及ぼす物質」

❷内分泌腺と外分泌腺　ホルモンを分泌する内分泌腺は，消化液や汗などを分泌する外分泌腺と異なり排出管がなく，分泌物は腺細胞を取り巻く血管内に分泌され，血流によって体内の諸器官に運ばれる。これに対して，汗や消化液などを分泌する外分泌腺には排出管があり，分泌物は排出管を通って一定の場所へ分泌される。

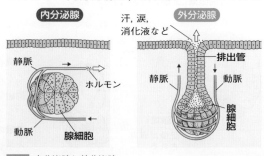

図36 内分泌腺と外分泌腺

第2編　ヒトのからだの調節

⊕発展ゼミ　ホルモンの発見

●1902年，ベイリスとスターリングは，十二指腸から血液中に分泌され，すい臓に働くホルモンを発見し，セクレチンと名付けた。

●食物とともに胃酸が十二指腸に送られると，刺激を受けて十二指腸はセクレチンを血液中に分泌する。セクレチンがすい臓に達すると，すい液の分泌が促進される。

●すい臓につながる神経を切断してもすい液が分泌されることから，血液中を流れるセクレチンによってすい液が分泌されることがわかった。

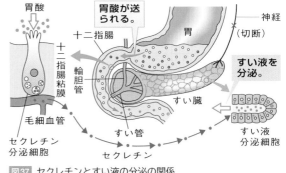

図37　セクレチンとすい液の分泌の関係

❸標的器官と標的細胞　内分泌腺から血液中に放出されたホルモンは，それぞれ決まった器官や組織の細胞に受け取られて作用する。このように，作用が及ぼされる器官を標的器官といい，標的器官内にあって特定のホルモンを受容する細胞を標的細胞という。

❹ホルモンの受容体　ホルモンが標的細胞にだけ作用するのは，標的細胞が特定のホルモンを受け取る受容体をもっているからである(受容体により，受け取るホルモンは決まっている)。

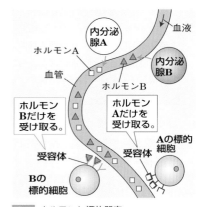

図38　ホルモンと標的器官

あるホルモンに対してその受容体をもたない細胞は，ホルモンを受け取ることができず，したがって，その作用を受けない。

❺標的器官とホルモンの作用　ホルモンの作用は，標的となる器官や細胞ごとに決まっている。例えばアドレナリンは心臓の拍動数を増やしたり収縮を強くするが，筋肉の血管に対しては拡張，皮膚の血管は収縮と逆の作用を示す。

2 ホルモンの種類と働き

❶ホルモンの種類　ホルモンは，化学成分によって次の3つに大別される。

① **ペプチドホルモン**　アミノ酸がペプチド結合したホルモン。水溶性。

　㊿　脳下垂体・すい臓・副甲状腺・神経分泌細胞などでつくられるホルモン

② **アミノ酸誘導体型ホルモン**　アミノ酸から酵素作用によって合成される小分子のホルモン。　例　アドレナリン，チロキシン
③ **ステロイドホルモン**　脂質の一種のステロイドからなるホルモン。脂溶性。
　例　糖質コルチコイド，鉱質コルチコイド，エストロゲン，アンドロゲン

⊕発展ゼミ　ホルモンの作用のしくみ

●ホルモンは，水に対する溶けやすさの違いから，水溶性ホルモンと脂溶性ホルモンに分けられる。水溶性ホルモンには，インスリンなどの**ペプチドホルモン**，アドレナリンなどの**アミノ酸誘導体型ホルモン**があり，脂溶性ホルモンには，**糖質コルチコイド**などの**ステロイドホルモン**がある。
●水溶性ホルモンと脂溶性ホルモンは，その性質の違いから，細胞に対する作用のしくみに大きな違いがある。水溶性ホルモンは，細胞膜を通過できず，標的細胞の細胞膜上にある**ホルモン受容体**に結合する。受容体は，細胞内の酵素を活性化して，標的細胞内に情報が伝えられる。これに対し，脂溶性ホルモンは，細胞膜を通過しやすく，細胞質や核内にあるホルモン受容体に直接結合する。脂溶性ホルモンの受容体は，核内の遺伝子の発現を調節する因子として働いている。

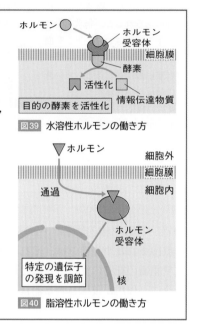

図39　水溶性ホルモンの働き方

図40　脂溶性ホルモンの働き方

---

❷**ホルモンの働き**　ホルモンの働きをまとめると，次のようになる（個々のホルモンの働きについては，表4のとおり）。
① **成長・発生の促進**　体内のタンパク質合成を高め，成長・分化・変態を促進する。
　例　成長ホルモン（脳下垂体前葉），チロキシン（甲状腺）
② **性周期・出産の調節**　二次性徴を発現させたり，子宮の収縮を調節したりする。
　例　生殖腺のホルモン（アンドロゲン，エストロゲン，プロゲステロンなど）
③ **代謝の調節**　肝臓や骨格筋でのグリコーゲンの糖化や糖のグリコーゲン化（⊃p.114〜117）を促す。　例　アドレナリン，グルカゴン，インスリン
④ **他のホルモン分泌の調節**　例　脳下垂体前葉の各刺激ホルモン
⑤ **血圧・体温の調節**　内臓諸器官や動脈の壁をつくる平滑筋の収縮や弛緩を支配することで，血圧や体温を調節する。　例　アドレナリン，バソプレシン

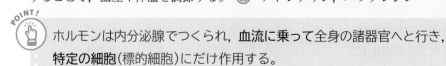

POINT!　ホルモンは内分泌腺でつくられ，**血流に乗って全身の諸器官へと行き，特定の細胞（標的細胞）にだけ作用する。**

表4 ヒトを中心とした脊椎動物のおもな内分泌腺とホルモン（＋は過剰時，－は不足時の影響）

※系欄：⊗＝ペプチドホルモン，⊗＝ステロイドホルモン　＊視床下部でつくられる神経ホルモン

●血糖濃度上昇に働くホルモン　■血糖濃度下降に働くホルモン　●体温上昇に働くホルモン

内分泌腺			ホルモン	系	おもな働き	分泌異常
視床下部			ホルモン放出因子	⊗	脳下垂体前葉ホルモンの分泌を促進	
			脳下垂体後葉ホルモン*	⊗	脳下垂体後葉に運ばれて後葉ホルモンになる	
脳下垂体	前葉		成長ホルモン●	⊗	細胞の代謝を高め，成長を促進。血糖濃度上昇	(+)巨人症 (+)末端肥大症 (-)小人症
			甲状腺刺激ホルモン	⊗	チロキシンの分泌を促進	
			副腎皮質刺激ホルモン	⊗	糖質コルチコイドの分泌を促進	
			生殖腺刺激ホルモン		精巣・卵巣の成熟を促進	
			｛ろ胞刺激ホルモン	⊗	…エストロゲンの分泌を促進	
			黄体形成ホルモン	⊗	…排卵を促進。黄体の形成を促進	
			プロラクチン（黄体刺激ホルモン）	⊗	プロゲステロンの分泌と乳腺の乳汁分泌を促進	
	中葉		黒色素胞刺激ホルモン	⊗	（魚類など）黒色素胞中の黒色素顆粒の拡散を促進	
	後葉		バソプレシン*（血圧上昇ホルモン）	⊗	集合管での水分再吸収を促進し尿量を減らす 毛細血管を収縮させ，血圧を上昇させる	{(-)尿崩症 (-)尿量増加
			オキシトシン*	⊗	子宮の収縮を促進。乳汁を射出させる	
甲状腺			チロキシン●		代謝（特に異化作用；呼吸）を促進 甲状腺刺激ホルモンの分泌を抑制 両生類では変態，鳥類では換毛を促進	(+)バセドウ病 (-)クレチン症 (-)粘液水腫
			カルシトニン	⊗	骨にカルシウムを蓄積させて血液中のカルシウム濃度を低下	
副甲状腺			パラトルモン	⊗	骨からカルシウムを放出させて血液中のカルシウム濃度を上昇させ，リン酸濃度を下降させる	(-)筋けいれん (+)骨折
すい臓 [ランゲルハンス島]	B細胞		インスリン■	⊗	血糖濃度の低下を促進（血糖の異化を促し，血糖からのグリコーゲン合成を促進）	(-)インスリン依存性糖尿病
	A細胞		グルカゴン●	⊗	血糖濃度の上昇を促進（グリコーゲン→グルコース）	
副腎	髄質		アドレナリン●● ノルアドレナリン	⊗	血糖濃度の上昇を促進（肝臓中のグリコーゲン分解を促進する），交感神経と同じ働き	(+)アドレナリン依存性糖尿病
	皮質	コルチコイド	鉱質コルチコイド	⊗	無機イオン量の調節（細尿管におけるナトリウムの再吸収促進やカリウムの排出促進など）細胞内の水分量や透過性を調節。炎症促進	(+)アルドステロン症 (-)アジソン病
			糖質コルチコイド●●	⊗	血糖濃度の上昇を促進（タンパク質・脂肪からのグルコース生成（糖新生）を促す）副腎皮質刺激ホルモンの分泌を抑制。炎症抑制	(+)クッシング病 (-)アジソン病
生殖腺	精巣		アンドロゲン（雄性ホルモン）	⊗	雄の性活動の発現を促進。雄の二次性徴の発現を促進。生殖腺刺激ホルモンの分泌を抑制	(-)精巣萎縮 (-)性徴消失
	卵巣	雌性ホルモン ろ胞	エストロゲン（ろ胞ホルモン）	⊗	雌の性活動の発現を促進。雌の二次性徴の発現を促進。生殖腺刺激ホルモンの分泌を抑制	(-)卵巣萎縮 (-)性徴消失
		黄体	プロゲステロン（黄体ホルモン）	⊗	排卵を抑制し，妊娠を継続させる 乳腺の発育促進	(-)性周期異常 (-)流産

補足 このほか，松果体から**メラトニン**（黒色素顆粒の凝集・光周性），十二指腸からは**セクレチン**（すい液消化酵素や胆汁分泌の促進）が，胃からは**ガストリン**（胃の塩酸の分泌促進）が，それぞれ分泌される。

❸ヒトのおもな内分泌腺とホルモン　ヒトの内分泌腺には，下の**図41**に示したようなものがあり，p.109の**表4**のようなホルモンを分泌している。

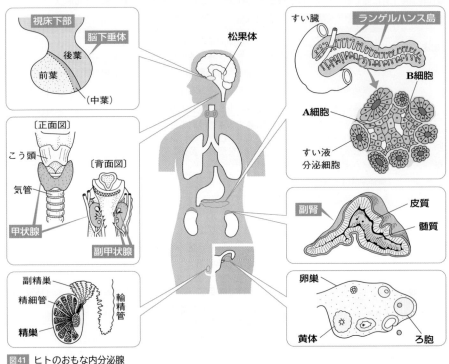

図41　ヒトのおもな内分泌腺

2 │ 間脳の視床下部と脳下垂体

1 視床下部とその働き

　視床下部は**間脳（視床と視床下部よりなる）**の腹側部分で，次のような働きをする。
①内臓諸器官の働きを調節する**自律神経系の中枢**である（⤷p.99）。
②視床下部の神経分泌細胞が合成するホルモンには，脳下垂体前葉ホルモンの放出を促進・抑制するもの（⤷**図42**のⓐ；甲状腺刺激ホルモン放出因子など）と，脳下垂体後葉に運ばれて**後葉ホルモン**になるもの（⤷**図42**のⓑ）がある。

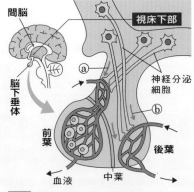

図42　間脳の視床下部と脳下垂体

3 脳下垂体 ⚠️重要

❶脳下垂体の構造　脳下垂体（下垂体）は視床下部にぶら下がった位置にある小さな内分泌腺で，**前葉・中葉・後葉の3つの部分**からできている。

❷脳下垂体前葉の働き　脳下垂体前葉は，**成長ホルモンのように各器官に直接作用するホルモン**のほか，**各種刺激ホルモンのように他の内分泌腺に作用することで間接的に諸器官に働くホルモン**を生産・分泌するのが特徴である（⤵図43）。

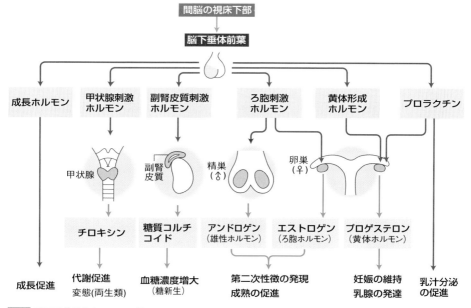

図43　脳下垂体前葉ホルモンの働き

❸脳下垂体後葉の働き　脳下垂体後葉からはバソプレシン（血圧上昇ホルモン，抗利尿ホルモン）とオキシトシン（子宮筋収縮ホルモン）が放出される（⤵p.109 表4）が，これらのホルモンは脳下垂体後葉でつくられたものではなく，視床下部の神経分泌細胞がつくった神経ホルモンを脳下垂体後葉で貯蔵したものである。

[補足] 脳下垂体の中葉はヒトでは発達していない。魚類・両生類・ハ虫類では，脳下垂体の中葉から分泌された黒色素胞刺激ホルモンが黒色素胞にある黒色素（メラニン）顆粒を拡散させ，体色を暗くする。

POINT!　脳下垂体前葉…成長ホルモンのほか，他の内分泌腺に作用して間接的に諸器官に働く各種刺激ホルモンを生産・分泌する。
脳下垂体後葉…視床下部の神経分泌細胞がつくったバソプレシンなどの神経ホルモンを貯蔵・分泌する。

第2編　ヒトのからだの調節

3 | ホルモンの相互作用

1 甲状腺から分泌されるホルモン

❶甲状腺 甲状腺は，p.110の**図41**のように，のどの気管を取り囲むように存在する重さ約20 gの器官で，1層の上皮細胞がつくる**分泌上皮**に囲まれた**ろ胞**(卵巣に生じるろ胞とは別)が多数集まってできている。

❷甲状腺から分泌されるホルモン

ろ胞上皮では**チロキシン**や**カルシトニン**というホルモン(⇨p.109)がつくられる。

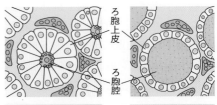

活 動 上 昇 時 ⇄ 活 動 低 下 時

図44 甲状腺のろ胞上皮の変化のようす

視点 ろ胞上皮でつくられたホルモンは，ろ胞腔内にためておき，甲状腺刺激ホルモンを受容すると周囲の血管に放出される。

2 フィードバックによるホルモン分泌の調節

❶脳下垂体と甲状腺の働き合い 甲状腺でのチロキシンの分泌は，次のようなしくみで調節されている。

①間脳の視床下部の毛細血管内のチロキシン濃度が低下すると，視床下部の神経分泌細胞が興奮し，**甲状腺刺激ホルモン放出ホルモン**が分泌され，脳下垂体前葉を刺激する。また，チロキシン濃度の情報は，脳下垂体前葉にも直接届けられる。

②脳下垂体前葉から，**甲状腺刺激ホルモン**が分泌される。

③甲状腺刺激ホルモンの働きによって，甲状腺のろ胞腔にたまっていたチロキシンが血液中に分泌される。

④血液中のチロキシン濃度が高まると，それが刺激となって，視床下部からの甲状腺刺激ホルモン放出ホルモンの分泌や，脳下垂体前葉からの甲状腺刺激ホルモンの分泌が抑制される。これによって，チロキシン濃度が適当な範囲に保たれる。

❷フィードバック 上記の①〜④のように，調節されるものが，前の段階にさかのぼって調節するものに作用するしくみをフィードバックという。調節されるものの増加が調節するものを抑制する(逆の変化を促す)場合は負のフィードバック，促進する場合は正のフィードバックという。

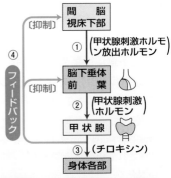

図45 脳下垂体と甲状腺との相互作用

POINT!

ホルモン分泌作用は，ホルモンの血中濃度が，調節する側の脳下垂体前葉などに作用するフィードバックによって調節されている。

❸**性周期に関するホルモンの調節**　女性の性周期は，脳下垂体前葉から分泌される**ろ胞刺激ホルモン**（卵巣でのろ胞の発達を促す）・**黄体形成ホルモン**（排卵促進，ろ胞の壁から黄体をつくる）と，それらの作用で分泌される**エストロゲン**（ろ胞ホルモン：子宮壁の発達促進），**プロゲステロン**（黄体ホルモン：排卵抑制，妊娠維持）のフィードバックによって調節されている。

❹**水分量・塩類濃度の調節**　塩分をとり過ぎて体液の浸透圧（⏵p.142）が上がると，脳下垂体後葉からバソプレシンが放出され，集合管での水分再吸収（⏵p.141）が促進される。逆に体液の浸透圧が下がると，副腎皮質より鉱質コルチコイドが分泌され，細尿管の Na^+ の再吸収が促進される。

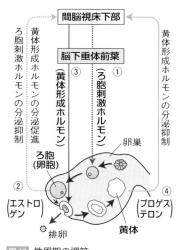

図46　性周期の調節

視点　受精卵が子宮壁に着床すると，黄体がさらに子宮壁の発達を促す。着床が起こらないと黄体は退化し子宮粘膜が脱落する（月経）。

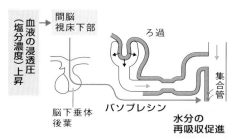
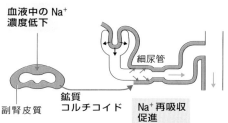

図47　ホルモンと腎臓による浸透圧の調節

このSECTIONの**まとめ**　**ホルモンとその働き**

□ ホルモンと内分泌系　⏵p.106	・おもに**内分泌腺**でつくられ，血液で運ばれる。 ・特定の細胞（**標的細胞**）にだけ作用する。
□ 間脳の視床下部と脳下垂体　⏵p.110	・**視床下部は自律神経系の中枢**であり，脳下垂体の前葉と後葉はそれぞれ**内分泌系の調節において重要な働きをしている。**
□ ホルモンの相互作用　⏵p.112	・ホルモンの分泌は**フィードバック**によって調節されている。

第2編　ヒトのからだの調節

2 自律神経系とホルモンの協調

1 血糖濃度の調節

　これまで，内分泌系による調節と自律神経系による調節について，それぞれ別々に見てきたが，血糖濃度の調節のような実際の個体の生理作用では，これらが協同して働き，個体の恒常性が保たれることが多い。そして，これまでも説明してきたように，内分泌系と自律神経系の調節作用の中枢となるのが間脳の視床下部であり，視床下部の支配のもとに私たちの内部環境は維持されている。

1 血糖濃度とその変化

❶血糖と血糖濃度　血液中のグルコース(ブドウ糖)のことを血糖という。ヒトの血糖濃度は，食後などに一時的に変化するが，やがて血液100 mLあたり約100 mg(約0.1 %)になるように調節されている。

補足　血しょう中のグルコースを最も多く利用するのは脳である。血糖濃度が60 mg/100 mL以下になると，脳の機能が低下し，痙攣したり意識を失ったりすることがある。逆に，血糖濃度が160 mg/100 mLを超えると，腎臓の細尿管でのグルコースの再吸収(➾p.141)の限度を超え，糖尿となる。

❷血糖が増減する直接のしくみ　ヒトを含む多くの動物では，生命活動のエネルギー源としてグルコースを利用している。食物中のデンプンは，消化管中で消化され，多数のグルコースに分解される。グルコースは小腸で吸収され，肝門脈を経て肝臓に入る。肝臓では，多数のグルコースが結合してグリコーゲンとなり，貯蔵養分として蓄積される。グリコーゲンは必要なときに分解され，再びグルコースとなり，血液によってからだの各細胞に運ばれ，エネルギー源として消費されたり，細胞を形づくる物質の材料として使われる。

　ヒトの血糖濃度は，食後などに一時的に変化するが，やがて正常な値(約100 mg/100 mL)に戻るように調節されている。

2 血糖濃度の調節　⚠重要

❶高血糖のときの調節のしくみ　私たちが食べた炭水化物は消化されてグルコースとなり，小腸の柔毛で毛細血管に吸収される。そのため，食後は血糖濃度が一時的に上昇するが，やがて血糖濃度は正常な値に戻る。高血糖になると次のようなしくみでインスリンというホルモンが働き(➾図48, 50)，血糖濃度を低下させる。

① 血糖濃度が上昇すると，**間脳の視床下部**がこれを感知する。

② すると，視床下部が興奮し，その興奮が副交感神経の一種である**迷走神経**を介して，すい臓のランゲルハンス島（ ⤴ 図49）の B 細胞に伝えられる。

③ また，これとは独立に，高血糖の血液がすい臓の B 細胞を直接刺激する。

④ B 細胞から血液中に，インスリン[★1]が分泌される。

⑤ インスリンは，肝臓や筋肉による血糖の取り込みとグリコーゲン合成を促進する一方，組織でのグルコースの消費（呼吸）を促進して，血糖濃度を低下させる。

❷ **低血糖のときの調節のしくみ**　逆に，血糖濃度が低下し過ぎると，次のようにして血糖濃度を上昇させる。

① 血糖濃度が低下すると，**間脳の視床下部**がこれを感知する。

② すると，視床下部が興奮し，その興奮が交感神経を介して**副腎髄質**に伝えられる。

③ 副腎髄質から血液中に，アドレナリンが分泌される。

④ また，これとは独立に，血中の低血糖がすい臓のランゲルハンス島の A 細胞を直接刺激したり，交感神経の興奮が同じくランゲルハンス島の A 細胞に伝えられたりすると，A 細胞からグルカゴンが血液中に分泌される。

⑤ アドレナリンやグルカゴンの働きで，肝臓や筋肉中にたくわえられていた**グリコーゲン**が分解されて**グルコース**に戻り，その結果，血糖濃度が上昇する。

⑥ さらに脳下垂体前葉より**副腎皮質刺激ホルモン**が分泌され，次いで**副腎皮質**からは糖質コルチコイドが血液中に分泌される。このホルモンは，**筋肉などのタンパク質を分解してグルコースを生成する働き**（糖新生）がある。

補足 このほかにも脳下垂体前葉から分泌される**成長ホルモン**なども働いて血糖濃度が上昇する。

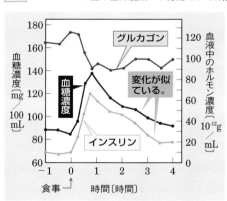

図48 糖を多く含む食事の前後の血糖濃度とホルモン（インスリン・グルカゴン）濃度の変化

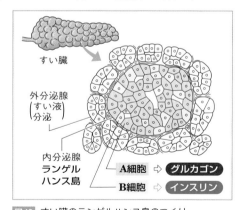

図49 すい臓のランゲルハンス島のつくり

視点 ランゲルハンス島はすい臓の中に島状に点在する細胞の集まり。

★1 インスリンは，イギリスのサンガーらによって51個のアミノ酸からなるタンパク質であることが解明された（1953年 ⤴ p.123）。

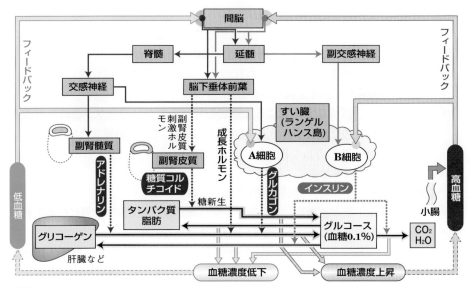

図50 ヒトの血糖濃度調節に関する内分泌系と自律神経系によるフィードバック

視点 血糖濃度が上昇し過ぎると血糖濃度を低下させるようなフィードバックが働き，血糖濃度が低下し過ぎると血糖濃度を上昇させるようなフィードバックが働く。

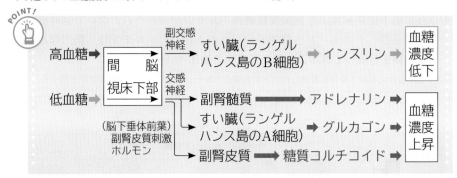

3 糖尿病

❶糖尿病とは　本来，腎臓では，血液中の尿素やグルコースなどがろ過された後，グルコースなどの必要な成分は血液中に再吸収される（⟳ p.141）。しかし，糖尿病では，血糖濃度が高すぎて腎臓の再吸収能力を超えてしまうため，グルコースが尿中に含まれた状態で排出されてしまう。

❷糖尿病とインスリン　糖尿病には，インスリンの分泌が減少するⅠ型（日本では全患者の３％以下）と，インスリンに対する反応性が低下するⅡ型が知られており，Ⅱ型は生活習慣病とされる。Ⅰ型はインスリン依存型ともよばれ，インスリンの注射で血糖濃度の上昇を抑えることができる。Ⅱ型の場合は，食事療法が治療に役立つ。

第2編　ヒトのからだの調節

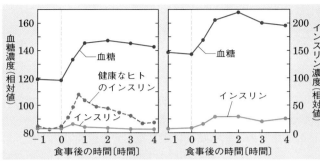

図51　Ⅰ型（左）とⅡ型（右）の糖尿病患者の食事後のインスリン濃度と血糖濃度変化

視点　Ⅰ型糖尿病ではインスリンがほとんど分泌されないため，食事後に時間がたっても血糖濃度がなかなか低下しない。
　Ⅱ型糖尿病ではインスリンの標的細胞に何らかの異常が生じていることが多く，血糖濃度が常に高い状態となる。

❸糖尿病の症状　低血糖は意識障害など命にかかわる異常を伴うが，高血糖の場合自覚症状がほとんどなく糖尿病となっても多尿によるのどの渇きや手足のしびれ程度で軽視されがちである。しかし，この状態が長期間続くと血管が傷ついて，網膜が傷害を受けて失明する，腎臓の機能が障害を受ける，手足など各部が壊死★1する，動脈硬化によって心筋梗塞や脳梗塞が引き起こされるなどの，さまざまな合併症を引き起こす。

⊣ COLUMN ⊢

藤原道長と糖尿病

　藤原道長（966～1028）は，平安時代の政治家で，『源氏物語』の主人公である光源氏のモデルの１人ともされている。道長は，娘３人を相次いで宮中に送り込んで３代の天皇の外祖父となり政権を手中におさめた。その権力の絶頂期に祝宴の場で詠んだとされる「この世をばわが世とぞ思ふ望月の欠けたることのなしと思へば」（訳：この世は自分（道長）のためにあるようなものだ，望月（満月）のように何も足りないものはない）という和歌でも有名である。

　同時に彼は，記録の残るうちで**日本最古の糖尿病患者**としてもその名が知られている。同時代の藤原実資の日記『小右記』には，道長の病状について「のどが渇いて水を多量に飲む。背中に腫れ物ができた。目が見えなくなった」と記されている。のどの渇きと水を多量に飲む＝糖尿病による水分排出の増加，背中に腫れ物＝糖尿病に起因する免疫機能低下，目が見えなくなった＝高血糖による網膜血管の損傷と視力低下・失明…と，あらゆる糖尿病合併症を一身に集めたような有様だったことがうかがえる。

　道長が糖尿病になった原因として，遺伝的体質，運動不足，塩分の多い食事，政治抗争によるストレスなどが指摘されている。連日の宴会など華やかに見える生活や頂点を極めた地位も，彼の心身の健康にとっては過酷なものだったのかも知れない。

図52　藤原道長とインスリンの結晶が描かれた国際糖尿病会議記念切手（1994年）

★1 壊死とは，血液が供給されなくなるなどの理由でからだの一部の組織が死ぬこと。

2 │ 体温の調節

1 体温を調節するしくみ

❶**熱の発生と放熱**　動物の体内では，肝臓での代謝や筋肉での運動などによって，常に熱が発生している。しかし，これとは逆に，発生した熱の約8割が体表から放熱され，また約1割が肺からの呼気で放熱されている。

❷**体温調節**　われわれヒトをはじめとする哺乳類や鳥類などの恒温動物では，常にほぼ一定の体温を保っている。これは，**間脳の視床下部を中枢とする自律神経系と内分泌系による体温調節作用が働いている**からである。

❸**刺激の受け取り**　外界の寒暑の刺激は，皮膚にある**温点・冷点**という感覚点[★1]で受け取られ，感覚神経を介して大脳の感覚中枢へ伝えられ，そこから**視床下部の体温調節中枢**へと伝えられる。

2 寒いときの調節のしくみ

　寒いときには，次のようにして放熱量を減少させ，発熱量を増加させることで，体温の低下を防ぐ（⇨図54）。

① 低温の刺激を受け取ると視床下部が興奮し，その興奮が交感神経を介して皮膚に伝えられる。すると，**皮膚の血管が収縮し，また，立毛筋が収縮して，体表からの放熱量が減少する。**

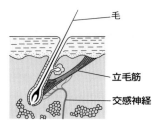

図53　体毛と立毛筋

補足　皮膚の血管が収縮すると，皮膚を流れる血液量が少なくなる。また，立毛筋が収縮すると毛と毛の間に空気が蓄えられ断熱の働きをするため，皮膚からの放熱量が減少する。

② 同様に，視床下部からの指令が交感神経を介して副腎髄質に伝えられる。すると，副腎髄質からアドレナリンが分泌されて，その結果，**血糖濃度が上昇して**（⇨p.115）代謝が盛んになり，発熱量が増加する。

③ また，視床下部の興奮は脳下垂体前葉にも伝えられ，そこから**副腎皮質刺激ホルモンや甲状腺刺激ホルモン，成長ホルモン**などが分泌される。刺激ホルモンによって副腎皮質からは糖質コルチコイドが，甲状腺からは**チロキシン**が分泌され，肝臓や骨格筋，褐色脂肪組織[★2]での代謝が促進されて発熱量が増加する。

④ 汗腺を支配する交感神経は，寒いときには働かない。

★1 皮膚には，温点・冷点・圧点・痛点とよばれる4種類の感覚点があり，それぞれ，温かさ・冷たさ・圧力・痛みの刺激をとらえている。

★2 褐色脂肪組織は首や心臓などに分布する組織で皮下脂肪などを蓄える白色脂肪細胞と異なり脂肪を分解して熱を発生する働きをもつ。

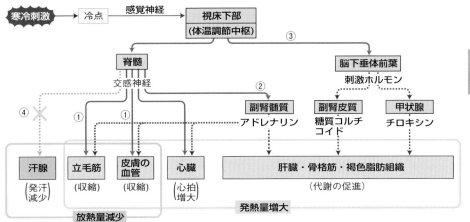

図54 寒いときの体温調節のしくみ(ヒトの場合)

③ 暑いときの調節のしくみ

　暑いときには,発熱量を減少させたり,放熱量を増加させることで,体温の上昇を防ぐ。この場合の調節の中枢も視床下部で,視床下部からの指令により汗腺を支配する交感神経が働いて発汗は盛んになり,皮膚の血管や立毛筋を支配する交感神経は働かないため皮膚の血管は拡張し,立毛筋はゆるんで,放熱量は増加する。

このSECTIONのまとめ　自律神経系とホルモンの協調

□ 血糖濃度の調節 ⤷p.114	・血糖濃度調節の最高位の中枢…**間脳の視床下部** ・[高血糖のとき]**視床下部➡副交感神経➡すい臓**(ランゲルハンス島の**B細胞**)**➡インスリン➡血糖濃度低下** ・[低血糖のとき]**視床下部➡交感神経や脳下垂体前葉 ➡すい臓**(ランゲルハンス島の**A細胞**),**副腎**(髄質,皮質) **➡グルカゴン,アドレナリン,糖質コルチコイド ➡血糖濃度上昇**
□ 体温の調節 ⤷p.118	・体温調節の最高位の中枢…**間脳の視床下部** ・[寒いとき]**視床下部➡交感神経➡皮膚の血管・立毛筋収縮 ➡放熱量減少** 　さらに,**視床下部➡交感神経や脳下垂体前葉 ➡副腎**(髄質,皮質),**甲状腺➡アドレナリン,糖質コルチコイド,チロキシン➡代謝の促進➡発熱量増加**

重要用語

SECTION 1 ホルモンとその働き

□ **内分泌系** ないぶんぴけい ☞p.106
体内の情報伝達に働く器官系の1つ。ホルモンによって全身の器官に情報を伝達し、体内環境を維持する。

□ **ホルモン** ☞p.106
内分泌腺で合成され、他の器官の働きを調節する物質。

□ **内分泌腺** ないぶんぴせん ☞p.106
ホルモンを合成し、分泌する器官。外分泌腺と異なり、排出管がなく、合成されたホルモンは血液中に放出される。

□ **外分泌腺** がいぶんぴせん ☞p.106
汗や消化液などの分泌液を排出管を通して体表や消化管内へ分泌する器官。

□ **標的器官** ひょうてききかん ☞p.107
ホルモンが作用する器官。

□ **標的細胞** ひょうてきさいぼう ☞p.107
標的器官に存在する、特定のホルモンを受け取る細胞。

□ **受容体** じゅようたい ☞p.107, 108
標的細胞にあり、特定のホルモンと結合して特定の反応を引き起こすもの。

□ **成長ホルモン** せいちょう— ☞p.108, 109
脳下垂体前葉から分泌されるホルモン。からだの成長、タンパク質の合成、血糖濃度の上昇などを促進する。

□ **甲状腺刺激ホルモン** こうじょうせんしげき—
☞p.109, 111　脳下垂体前葉から分泌されるホルモン。甲状腺に働きチロキシンの合成、分泌を促進する。

□ **副腎皮質刺激ホルモン** ふくじんひしつしげき—
☞p.109, 111　脳下垂体前葉から分泌されるホルモン。副腎皮質に働き糖質コルチコイドの合成、分泌を促進する。

□ **パラトルモン** ☞p.109
副甲状腺から分泌されるホルモン。血中カルシウム濃度を上昇させる。

□ **鉱質コルチコイド** こうしつ— ☞p.109
副腎皮質から分泌されるホルモン。体液中のナトリウムイオンやカリウムイオンの濃度の調節に働く。

□ **視床下部** ししょうかぶ ☞p.110 (p.97, 99)
間脳に位置し、内分泌系や自律神経系の調節を行う中枢。体温調節やストレス応答、摂食行動や睡眠の覚醒など多様な生理機能を協調して管理している。ホルモンを分泌する特殊な神経細胞(神経分泌細胞)があり、脳下垂体後葉では、視床下部から後葉内の毛細血管まで、神経分泌細胞の先端が伸びており、後葉内の毛細血管に直接ホルモンが分泌される。

□ **脳下垂体** のうかすいたい ☞p.111
内分泌腺の1つ。ヒトでは前葉と後葉からなる。前葉は成長ホルモンや他の内分泌腺を刺激するホルモンを分泌し、後葉はオキシトシンやバソプレシンを分泌する。

□ **甲状腺** こうじょうせん ☞p.112
のどの前面にある内分泌腺。チロキシンを分泌する。

□ **チロキシン** ☞p.112
甲状腺から分泌されるホルモン。細胞や組織での代謝の促進に働く。

□ **副甲状腺** ふくこうじょうせん ☞p.109, 110
甲状腺の表面(からだの背中側)に存在する内分泌腺。パラトルモンを分泌する。

□ **フィードバック** ☞p.112
反応系の最終生産物が、調節のしくみの初期段階に戻って調節するしくみ。

□ **負のフィードバック** ふの— ☞p.112
最終生産物の増加が抑制的に働き、最終生産物が減少するしくみ。逆に、最終生産物が増加するとさらに生成が促進される場合を正のフィードバックという。

□ **バソプレシン** ☞p.113
脳下垂体後葉から分泌されるホルモン。腎臓からの水の排出を抑制する。

SECTION ② 自律神経系とホルモンの協調

□ **グルコース** ☞p.114

糖類（単糖）の一種。生物にとって呼吸基質となり，エネルギー源として最も重要かつ基本的な物質。ブドウ糖ともよばれる。

□ **肝臓** かんぞう ☞p.114 (p.138)

右の腹部に位置し，グリコーゲンの合成・貯蔵，解毒作用，胆汁の生成などの働きをもつ臓器。

□ **グリコーゲン** ☞p.114

多数のグルコースが結合した物質。肝臓，筋肉中に貯蔵養分として蓄えられている。

□ **血糖** けっとう ☞p.114

血液中のグルコースを血糖といい，その濃度を血糖濃度という。ヒトの血糖濃度は約0.1 %である。

□ **すい臓** すいぞう ☞p.115

消化液であるすい液を分泌する外分泌腺であり，同時に血糖濃度を調節するホルモンを分泌する内分泌腺でもある臓器。

□ **ランゲルハンス島** ―とう ☞p.115

すい臓内にある内分泌細胞の集まり。すい臓の大部分を占める外分泌細胞の中に小さな塊として島のように点在しており，それぞれ異なるホルモンを分泌するA細胞とB細胞がある。

□ **インスリン** ☞p.115

ランゲルハンス島のB細胞から分泌される，血糖濃度を低下させる作用をもつホルモン。

□ **グルカゴン** ☞p.115

ランゲルハンス島のA細胞から分泌される，血糖濃度を上昇させる作用をもつホルモン。

□ **アドレナリン** ☞p.115

副腎髄質から分泌される，血糖濃度を上昇させる作用をもつホルモン。

□ **副腎** ふくじん ☞p.115 (p.109, 110)

腎臓の上側にある内分泌腺。周辺部の副腎皮質と，中心部の副腎髄質からなる。

□ **糖質コルチコイド** とうしつ― ☞p.115

副腎皮質から分泌されるホルモン。タンパク質からグルコースを産生する糖新生を促進する。

□ **糖尿病** とうにょうびょう ☞p.116

血糖濃度が高い状態が慢性的に続くことにより尿中にグルコースが排出される病気。長期間続くと，血管がもろくなり，腎臓や網膜の血管障害などの合併症が引き起こされ，腎不全や失明などの重篤な症状につながることが多い。

インスリンの研究の歴史

ランゲルハンス島の発見と未知の物質

① 1869年，ドイツの科学者ランゲルハンスは，ベルリン大学在学中に，「すい臓の顕微鏡的解剖」という論文を発表した。彼はその論文中で，「すい臓には外分泌腺中に島状に分布する直径0.12〜0.24mmの独立した細胞の塊がある。そこは周囲より豊富に神経が集まっている。その働きはわからない。リンパ節かもしれない。」と記した。後の1893年，フランスの組織学者ラグッセが，この細胞塊を血糖調節にかかわる細胞と推察し，発見者の名前を取り「ランゲルハンス島」と命名した。

② 1889年に，ドイツのミンコフスキーとメーリングは，すい臓を摘出すると糖尿病が発症することを確認した。

図55 ミンコフスキー

彼らは，すい臓の酵素が脂肪の消化に必要かどうかを調べるために，イヌのすい臓を手術により摘出した。すると，そのイヌは著しく排尿をするようになった。そこで彼らは，糖尿病の症状を疑い，尿中の糖濃度を測定したところ，重篤な糖尿病が発症していることを発見した。この「偶然」の発見が，すい臓と糖尿病の関係の解明につながったのである。

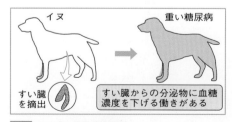

図56 すい臓と糖尿病の関係

③ 1909年にベルギーのメイヤー，1916年にイギリスのシェーファーが，ランゲルハンス島から内分泌される未知のホルモンが糖尿病の原因になるとの推論を発表し，ラテン語の「島」を表すインスーラ(insula)に由来してインスリン(insuline)と命名した。

インスリンの抽出と特定

① 1920年，カナダの整形外科医だったバンティングは，医学雑誌で「すい管(すい臓から小腸にすい液を分泌する管)が詰まると消化液が出なくなる」ことを知り，実験動物のすい管をしばって，すい臓の消化液を分泌する細胞を退化させてしまえば，残りの細胞から血糖濃度を下げる物質が取り出せると考えた。1921年，バンティングはトロント大学の生理学教授で糖尿病の権威であったマクラウドに，この実験許可を申し入れた。交渉の末，マクラウドの夏休みの8週間だけ研究室を使うことが許可され，実験用のイヌ数匹を与えられ，19歳の医学生ベストを助手として紹介された。

図57 バンティング(右)とベスト(左)

図58 バンティングとベストの実験の概要

② 8週間の期限が経っても実験は成功しなかったが，さらに1週間ねばって研究を続け

たバンティングとベストは，ついに糖尿病の
イヌの血糖濃度を下げる効果のある抽出液を
得た。その後，2匹のイヌでも血糖濃度降下
作用を確認し，彼らはその抽出物を英語の「島
(island)」に由来してアイレチン(isletin)と名
付けた。2人の研究成果を認めたマクラウドは，
研究チームを編成し，マクラウドの指揮の下で，
研究体制が整えられた。

③ 1922年1月11日，トロント総合大学に入
院していた14歳のⅠ型糖尿病患者レオナル
ド・トンプソン少年の両方の尻にウシのすい
臓から得られた抽出液が注射されたが，血糖
濃度は少ししか下がらず，注射部位が腫れ上
がったため，投与は中断された。そこで，ア
ルバート大学の生化学者コリップが招かれ，
抽出物の精製と臨床応用が試みられた。コリ
ップがつくった抽出液を再度注射したところ，
血糖濃度は520 mg/dLから120 mg/dLまで低
下し，尿中の糖はほとんど消失した。これが
インスリン抽出液を糖尿病患者に臨床応用し
た初成功例となった。その後，さらに他の患
者に投与が行われ，良好な結果が得られた。

④ マクラウドは1922年にアメリカ内科学会
で糖尿病患者の治療に有効なすい臓抽出物を
バンティングとベストが名付けたアイレチン
ではなく，インスリンと命名して発表した。
メイヤーらが提案していた「インスリン」と
は異なり，英文の綴りでは語尾のeが除かれ
ていた(insuline→insulin)。

⑤ 1923年のノーベル生理学・医学賞は，イ
ンスリン発見の功績により，バンティングと
マクラウドに与えられた。インスリンの発見
が1921年だった事を考えると，いかにこの発
見が注目されていたかがわかる。しかし，マ
クラウドとの共同受賞と聞いたバンティング
は激怒し，「マクラウドよりもベストが受賞
にふさわしい」として賞金の半分をベストに
分け与えた。その2週間後，マクラウドも反
論するかのように，賞金の半分をコリップに
渡した。カナダ初のノーベル賞の2人であっ
たが，終生和解することはなかったという。

インスリンの構造決定と合成

① インスリンの発見後も，インスリンはノー
ベル賞の歴史にたびたび登場した。イギリス
のサンガーは，インスリンのアミノ酸配列を
決定し，タンパク質が決まったアミノ酸配列
からなる構造をもつことを解明した功績で
1958年のノーベル化学賞を受賞した。インス
リン分子の立体構造は，1964年にノーベル化
学賞を受賞したイギリスの女性X線結晶学者
ホジキンにより解明され，インスリンは構造
が確定した最初のタンパク質となった。

② インスリンのア
ミノ酸配列が明らか
になると，人工的に
インスリンを合成す
る研究が盛んに行わ
れた。アメリカのメ
リフィールドは1963
年に発表したペプチ
ド合成法でインスリ
ンをはじめとする生

図59 メリフィールド

体内で働く数々の物質を世界ではじめて合成
し，1984年にノーベル化学賞を受賞した。

③ 家畜由来のインスリンは抽出量が少なく，
大量生産が難しかった。また，精製が十分で
なくアレルギーを起こしたり，効き過ぎて低
血糖になるなどの副作用が見られた。その後，
ヒトインスリンの遺伝子配列がわかり(1980年)，
それを大腸菌に組み込んで，ヒトインスリン
を生産させることが可能となった(1982年)。

④ 日本では1981年，患者自身によるインス
リンの自己注射が認められるとともに保険の
適用が実現し，治療法の改善や医療費の軽減
など，患者の負担軽減が進んだ。90年代以降
は超速効型など効き目の速さや持続の異なる
多様な製剤が製品化された。近年は1日の血
糖濃度の変動を持続的に測定する機器も開発
され，きめ細かな血糖管理ができるようにな
っている。

第2編 ヒトのからだの調節

CHAPTER 3 » 生体防御と体液の恒常性

SECTION 1 生体防御

1 | 自然免疫と適応免疫（獲得免疫）

1 自然免疫と適応免疫（獲得免疫）

❶**生体防御** 微生物や異物の侵入を食い止めたり，体内に侵入した微生物の増殖を抑え，異物を排除したりして自分自身を守ろうとするしくみを生体防御という。生体防御のうち，さまざまな防御をすり抜けて体内に侵入した**病原体などの異物を，自分以外の物質（非自己）として認識し除去するしくみを免疫という。ウイルスに感染した細胞やがん細胞，移植された他人の細胞**なども非自己として認識され除去される。

❷**防御のしくみ** 生体防御のしくみには**物理的・化学的防御，自然免疫，適応免疫（獲得免疫）**がある。物理的・化学的防御を自然免疫に含める場合もある。

①**物理的防御** 皮膚や粘膜によって，体内への異物の侵入を食い止める。皮膚は，**表皮と真皮**からなり，表面は死細胞からなる**角質層**が病原体などの侵入を防ぐ。粘膜は，鼻や口，消化管，気管支などの内壁を占め，その**表面が粘液**に覆われている。

表5 生体防御のしくみ

物理的・化学的防御	（物理的防御）皮膚，粘膜
	（化学的防御）粘液，リゾチーム
自然免疫	食細胞による食作用，炎症，NK 細胞による感染細胞などの排除
適応免疫（獲得免疫）	体液性免疫，細胞性免疫

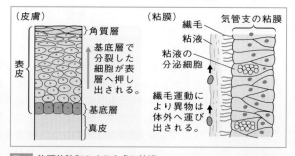

図60 物理的防御をする皮膚と粘膜

②**化学的防御**　涙・だ液・気管支の粘液中に多く含まれる**酵素であるリゾチーム**は，微生物の細胞壁を溶かし，活動できなくする。また，皮膚にある**皮脂腺**や**汗腺**などからの分泌物は，皮膚の表面を弱酸性(pH4.5～6.5)に保っており，多くの病原体の繁殖を抑制する。

③**自然免疫**　自然免疫には，**食細胞による食作用**(⤴ p.87)，**炎症**，**NK細胞(ナチュラルキラー細胞)による感染細胞などの排除**がある。

④**適応免疫(獲得免疫)**　特定の物質を認識した免疫細胞が特異的に病原体などを排除する免疫。特にリンパ球とよばれる白血球が，血管内やリンパ管内で微生物を処理する。その方法は，抗体とよばれる"飛び道具"を放出して細菌などの異物を処理するもの(体液性免疫⤴ p.128)や，直接細胞を攻撃して破壊するやり方(細胞性免疫⤴ p.130)などがある。

POINT!

生体防御 ｜ 物理的・化学的防御…皮膚，粘膜，粘液，リゾチームなど
　　　　　｜ 自然免疫…**食作用**，**炎症**，**NK細胞の働き**
　　　　　｜ 適応免疫(獲得免疫)…**体液性免疫・細胞性免疫**

2 自然免疫

❶**食作用**　白血球の一種である好中球や，樹状細胞，マクロファージなどの細胞は，病原体などの異物を取り込んで分解し排除する。この働きを食作用といい，食作用を行う白血球を食細胞とよぶ。

❷**炎症**　病原体などの異物を取り込んだ**マクロファージ**は，**サイトカイン**とよばれる情報伝達物質を放出する[1]。これによって毛細血管の血管壁が拡張して透過性が高まり，白血球が血管から組織内へ出てきやすくなって**異物の排除が促進**される。血流量が増えて血しょうが多く組織内へしみ出すと，痛みや高熱を伴う腫れ，すなわち炎症が生じる。

❸**NK細胞の働き**　NK細胞(ナチュラルキラー細胞)は，ウイルスに感染した細胞を見つけ次第，感染細胞の細胞膜に穴を開け破壊する物質を分泌し，**感染細胞を直接攻撃**する。NK細胞は，がん細胞や移植された他人の細胞も排除する。

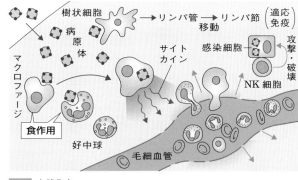

図61 自然免疫

★1 サイトカインの1つインターロイキンは脳の血管に働いてプロスタグランジンという物質の分泌を促し，プロスタグランジンが視床下部に働くことで全身の体温上昇を促す。

2 適応免疫（獲得免疫）

1 リンパ系の器官とリンパ球

❶免疫に関係する器官（リンパ系器官）

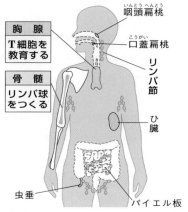

①**リンパ節**　リンパ管の途中にあり，**リンパ液を濾して異物を除去する働きをもつ**（⇨ p.94）。マクロファージやリンパ球が特に多く存在し[1]，食作用や抗体の産生（⇨ p.128）など，免疫にかかわる作用や反応が行われる。

補足 このほか，のどの奥や鼻の奥の扁桃，腸管の組織であるパイエル板，盲腸の虫垂も同様の働きをもつ。

②**骨髄**　リンパ球は，他の血球と同様に骨髄でつくられる。ただし，分化が完了するのは，血流にのって他の器官で成熟したり，侵入した微生物や異物の情報を受けて活性化してからである。

③**胸腺**　**T細胞の分化と成熟の場**で，正常なT細胞だけを選択的に増殖させる。

④**ひ臓**　リンパ管の途中ではなく，血管系の途中にある。ひ臓中のマクロファージやリンパ球によって血流中の感染源を防御する。また，古い赤血球を破壊する。

図62 免疫において重要な器官など

❷適応免疫に関係するリンパ球

①**T細胞**　骨髄でつくられた未熟なリンパ球が**胸腺で分化・成熟**し血流や末梢組織に移行するため，胸腺（thymus）のtをとってT細胞とよばれる。ヘルパーT細胞，キラーT細胞などの種類がある。

②**B細胞**　骨髄（bone marrow）でつくられ，胸腺を通過せず[2]，直接ひ臓やリンパ節に行く。T細胞によって活性化されると，**形質細胞（抗体産生細胞）に分化する**。

⌐ COLUMN ⌐

胸腺は思春期が働きのピーク

　胸腺は心臓の少し上に位置する20～30 gの臓器で，この大きさは10代前半でピークを迎えると，その後は萎縮し脂肪に置き換わるといわれている。**胸腺はT細胞に抗原の情報を教育する学校に例えられる**。この学校は，抗原が自己か非自己かの見分け方をT細胞に教える。つまり人生において思春期までの時期にはさまざまな抗原と出会い，胸腺という学校で厳しく教育されたT細胞たちが全身をめぐり免疫機能を担う。しかし，この時期を過ぎると，その役割は新たに生じた**免疫記憶細胞**に徐々に委ねられていくのである。

★1 マクロファージは全身のいたる所に存在するが，リンパ系器官（リンパ節，胸腺，ひ臓など）に特に多い。
★2 B細胞の名称は，もとは鳥類がもつファブリキウス嚢（bursa of Fabricius）という器官で成熟することからつけられた。

❸**リンパ球の特異性と多様性**　適応免疫で働くB細胞およびT細胞は，1つのリンパ球につき1種類の異物しか認識できない(**リンパ球の特異性**)。個々のリンパ球が認識する異物は1種類だが，認識する異物の異なる多種類のリンパ球が存在するので，体内にあるリンパ球全体としてはさまざまな異物に対応することができる(**リンパ球の多様性**)。

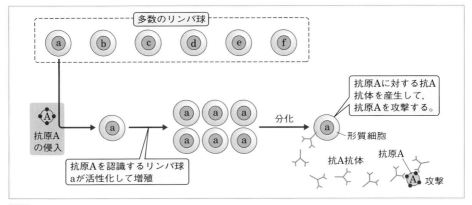

図63 リンパ球の特異性と多様性(例としてB細胞を示している)

視点 体内には非常に多様なリンパ球が存在し，どのような抗原に対してもそれを認識するリンパ球が存在する。

❹**免疫寛容**　T細胞やB細胞がつくられる過程では，自分自身の成分(**自己**)を異物として認識するものもつくられ，このような細胞が働くと自分自身も攻撃されてしまう。そのため，T細胞やB細胞が成熟する過程で，免疫寛容とよばれる，**自己を認識する細胞を選別(負の選択)し，死滅させたり，働きを抑えたりして，自分自身に免疫が働かない状態**がつくられる。胸腺は，自己を認識する細胞が選別される場であり，細胞の選別にはMHC分子(⇨p.132)が関係している。

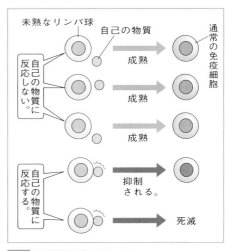

図64 免疫寛容が起こるしくみ

POINT!

免疫寛容…自分自身に免疫が働かないこと。自分自身の成分に反応するリンパ球が成熟する過程で排除・抑制される。

2 抗原抗体反応と体液性免疫 ①重要

①抗原と抗体

①抗原　免疫をつかさどる免疫系によって異物として認識される物質が**抗原**で，タンパク質・多糖類など，分子量1000以上の比較的大きな分子が抗原となる。

②抗体　体内に入ってきた抗原に対して免疫系でつくられるタンパク質(免疫グロブリン)で，抗原と特異的に結合し，抗原による害を抑える。

❷**抗原抗体反応**　体内に抗原が侵入すると，やがて抗体がつくられ，抗原と結合してその感染性や毒性を抑える。これを抗原抗体反応という。

❸**体液性免疫**　抗原抗体反応によって抗原を無害化し排除する生体防御のしくみを体液性免疫という。抗体生産(産生)のしくみは以下のとおりである。

①抗原が侵入すると，組織中やリンパ節などに存在するマクロファージや樹状細胞(⊂ᵋp.87)が異物として認識し，細胞内に取り込んで分解する(**食作用**)。

②樹状細胞は分解した抗原の断片を細胞の表面に出し，抗原の情報をヘルパーT細胞に伝える(抗原提示)。また，B細胞はT細胞と異なり，樹状細胞の抗原提示なしに抗原の特定の成分を直接認識する。

③抗原提示を受けた**ヘルパーT細胞は活性化**し，B細胞から同じ型の抗原を抗原提示されると**活性因子(サイトカインとよばれる)**を出して，**B細胞を活性化**させる。

④活性化されたB細胞は分裂して増え，**形質細胞(抗体産生細胞)に分化**する。活性化した一部のB細胞は，**記憶細胞(記憶B細胞)**として長期にわたり体内に残る。

⑤分化した形質細胞は，その抗原に対応した**抗体を産生し，体液中に分泌**する。

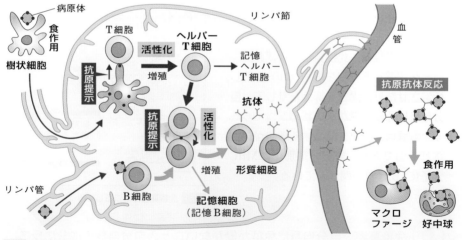

図65 体液性免疫

⑥抗原抗体反応によって抗体と結合した抗原は，マクロファージや好中球の食作用などによって除去される。

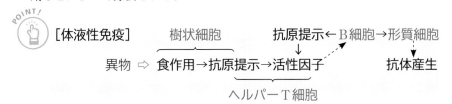

POINT!

[体液性免疫]

樹状細胞

抗原提示←B細胞→形質細胞

異物 ⇨ 食作用→抗原提示→活性因子 　　　　　　抗体産生

ヘルパーT細胞

➕発展ゼミ 抗体の構造と多様性

●抗体は，免疫グロブリンというY字型をしたタンパク質であり，H鎖とL鎖というポリペプチド(アミノ酸が多数つながったもの)が2本ずつ，計4本のポリペプチドからできている(H鎖はHeavy，L鎖はLightに由来し，長いほうがH鎖である)。抗体が抗原と結合する部分を可変部といい，他の部分を定常部という。**可変部の形は抗体をつくるB細胞ごとに異なっていて，可変部の形に合った特定の抗原と特異的に結合する。**

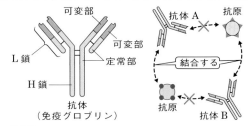

図66 抗体の構造と特異性

●抗体は特定の抗原としか結合しない。そしてタンパク質をつくるための遺伝子はヒトの場合全部で約2万しかないのに，どのようにして膨大な種類の異物に対応する抗体をつくることができるのだろうか。可変部の構造を決める遺伝子の領域は，H鎖が3つ，L鎖が2つの領域に分かれていて，それぞれの領域には，塩基配列の異なる遺伝子の断片がいくつか並んでいる。それらの断片を選んでつなぎ合わせること(**遺伝子の再編成**)により多様な遺伝子の組み合わせができ，多様な抗体がつくられる。その種類は，

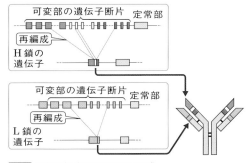

図67 多様な抗体と遺伝子の再編成

視点 B細胞が成熟する前に，DNAのそれぞれの領域から1つずつ遺伝子の断片が選ばれてつなぎ合わされる(それ以外の領域は除かれる)。

H鎖 5520種×L鎖 295種 ≒ 1,600,000種類にも及び，さらに多様性を生む別の機構もあるため，事実上ほとんどの抗原と結合できる抗体を産生することが可能となる。

●日本の利根川進(とねがわ)は，遺伝子・分子レベルでこのしくみを明らかにし，「多様な抗体を生成する遺伝的原理の解明」により，1987年に日本初のノーベル生理学・医学賞を受賞した。

❹**免疫記憶**　同じ抗原が再び侵入した場合，大量の抗体が速やかにつくられる。これは，その抗原に対する抗体の情報が記憶細胞にすでにあり，再侵入した抗原と出会うと，速やかに増殖して抗体を産生するためである。

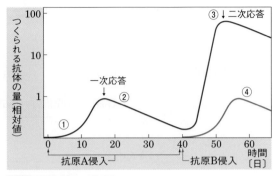

図68　免疫記憶と二次応答

①抗原Aが体内に侵入すると，先に述べた❸のような過程によって抗原Aに対する抗体(抗A抗体)がつくられる(**一次応答**)。

②抗原Aが体内から除去されると抗A抗体の量も減少するが，抗原刺激を受けたB細胞の一部は記憶細胞として体内に残る(**免疫記憶**)。

③再び抗原Aが体内に侵入すると，**抗原Aに対する記憶細胞から形質細胞が速やかに分化・増殖し，抗A抗体が①のときよりも短時間で大量につくられる**(**二次応答**)。

④②の後に抗原Aとは異なる抗原(抗原B)が侵入した場合は，これに対する生体防御の反応は新たな一次応答であり，抗B抗体がつくられる速さ・量は①と同等となる(⤷**図68**の青い曲線)。

③ 細胞性免疫

❶**細胞性免疫**　T細胞やマクロファージなどが標的細胞を直接攻撃する免疫を細胞性免疫といい，抗体が主役となる体液性免疫と対比される。他人の臓器を移植したときに起こる**拒絶反応**は，その例である。

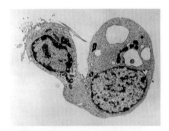

図69　がん細胞(右)を攻撃するキラーT細胞(左)

①樹状細胞が，標的細胞(異物)の情報を**ヘルパーT細胞とキラーT細胞に抗原提示**する。この後ヘルパーT細胞は活性化し，キラーT細胞を活性化する。ヘルパーT細胞とキラーT細胞は増殖し，一部は**記憶細胞**として体内に残る。

②増殖したキラーT細胞は，表面に非自己物質をもつ**標的細胞**(ウイルスに感染された細胞や他個体からの移植細胞，がん細胞など)を**直接攻撃**し，**破壊**する。

③死滅した細胞はヘルパーT細胞に活性化されたマクロファージの食作用で処理される。

補足　キラーT細胞による攻撃は，NK細胞(ナチュラルキラー細胞)と同様に，標的細胞の細胞膜に穴を開ける物質を分泌し，さらに細胞を破壊する酵素を注入して標的細胞を破壊する。

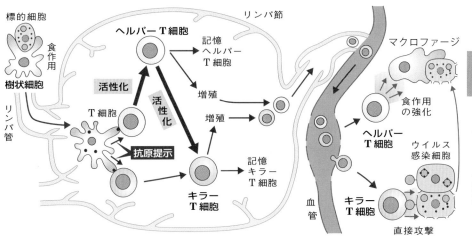

図70 細胞性免疫

第2編　ヒトのからだの調節

⊣ **COLUMN** /

ツベルクリンとBCGワクチン

　結核は非常に感染力が強く重症化すると肺や神経系，消化器系や骨などに影響が及ぶ感染症である。20世紀前半の日本では死因の1位を占めて「国民病」「亡国病」とよばれ，2020年現在でも世界で年間150万人が死亡している。

●**ツベルクリン**　細胞性免疫による反応の例として，移植拒絶反応のほかにツベルクリン反応がある。ツベルクリン反応は，結核菌の培養液から得たタンパク質成分を皮内注射して，結核菌に対する細胞性免疫の有無を判定するものである。ツベルクリンタンパク質が注射されると，結核菌に感染したことのある人の体内に残っていた記憶ヘルパーT細胞が認識し，そのT細胞が注射された場所にマクロファージを集め，活性化して炎症を起こさせるため赤く腫れる。

●**BCGワクチン**　ツベルクリンで炎症が起こらない場合(陰性)は結核菌に対する免疫記憶をもっていないということなので，無毒化した生きた結核菌(BCGワクチン)を接種して結核菌に対する適応免疫をつける必要がある(⤷p.135)。

---

❷**細胞性免疫の特徴と体液性免疫の違い**

細胞性免疫	体液性免疫
①キラーT細胞そのものが標的細胞を攻撃する。 ②標的細胞(異物)は，T細胞が出す物質で攻撃され，破壊される。	①形質細胞によって抗体がつくられる。 ②抗体は血液中にあり，全身で抗原抗体反応が起こる。 ③抗原の種類に応じて異なる抗体がつくられ，抗原と特異的に結合して抗原の感染性や毒性を抑える。

❸**拒絶反応**　他人の臓器や組織片を移植すると，移植片はやがて変質して脱落してしまう。これを拒絶反応といい，おもに細胞性免疫によって起こる現象である。そのしくみは次のとおり。

① 細胞表面には，自分と他人を識別する標識であるMHC分子★1があり，マクロファージ，樹状細胞，ヘルパーT細胞，キラーT細胞は，この標識を区別できる。

② 自己と異なった標識をもった細胞が移植されると，マクロファージや樹状細胞が異物と認識し，おもに細胞性免疫のしくみによってキラーT細胞が増殖，移植片のまわりに集まり，移植細胞を攻撃して死滅させてしまう。

③ 一度拒絶反応を示した個体に，同じ型の標識をもった細胞を再び移植すると，移植片は最初の移植時よりも早く脱落してしまう。これは，初回の移植によりつくられた記憶細胞によって，二次応答が起こるためである。

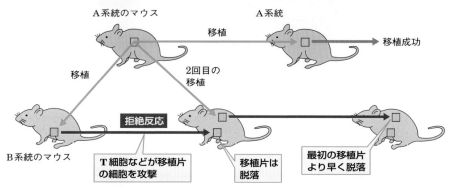

図71　異系統間移植の拒絶反応

❹ MHC分子と抗原提示　MHC分子★1（主要組織適合遺伝子複合体 Major Histocompatibility Complex がつくる分子）は細胞の表面に存在するタンパク質で，樹状細胞やB細胞は異物を抗原提示する際にこの物質と結合させて提示する。個体ごとに分子構造が少しずつ異なるため，細胞表面上のMHC分子自体の違いによって，自己の細胞と非自己の細胞を区別することができる。

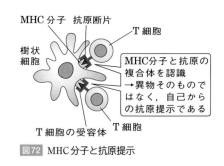

図72　MHC分子と抗原提示

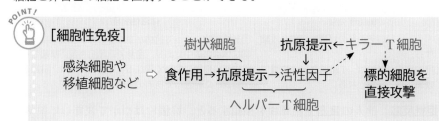

[細胞性免疫]

感染細胞や移植細胞など ⇨ 食作用→抗原提示→活性因子

樹状細胞

ヘルパーT細胞

抗原提示←キラーT細胞
　↓
標的細胞を直接攻撃

★1 MHC抗原（主要組織適合抗原）ともよばれる。

3 | 免疫と病気

1 有害な免疫反応

❶ **アレルギー**　免疫反応が過敏に起こり，じんましんや粘膜の炎症(くしゃみや鼻水,涙，かゆみ)などの生体に不利益な症状が生じることを**アレルギー**という。また，花粉やほこり，動物のタンパク質など**アレルギー**の原因となる物質を**アレルゲン**という。

　アレルギーは，免疫の記憶をもった(IgEという抗体を細胞表面に結合した)マスト細胞(肥満細胞)[★1]が，**抗原(アレルゲン)の侵入によって刺激され，ヒスタミンなどの化学物質を放出することで起こる。**ヒスタミンには，血管壁を拡張させる働きや気管支や気管を収縮させる働きがあり，これによってアレルギー症状が出る。

補足　アレルゲンには，気管に吸い込んだほこり，花粉，カビ，ダニ，動物の毛や，摂取したサバ・サンマなどの魚介類，たけのこ，大豆，そば，小麦粉，卵，牛乳や，注射されたワクチン，抗生物質(細菌などの生育を阻害する微生物由来の物質。ペニシリンなど)などがある。

❷ **アナフィラキシー**　アナフィラキシーはアレルゲンの侵入によって，即時的に生じる激しい全身性のアレルギー反応である。これは皮膚や粘膜の炎症を伴い，急激な血圧低下から呼吸困難，意識障害など命にかかわるショック症状(アナフィラキシーショック)に至ることがある。

❸ **花粉症**　花粉症は花粉成分をアレルゲン(抗原)とするアレルギーの一種である。花粉の侵入により，マスト細胞の表面にIgEという抗体が結合する。再び侵入した花粉の成分がIgEに結合すると，マスト細胞が刺激され，細胞内からヒスタミンが放出されてアレルギー症状を引き起こす。

　そこで花粉症に対しては，さまざまな薬が用いられているが，大きく2つに分けることができる。1つは**抗アレルギー薬**で，マスト細胞表面の抗体への抗原の結合を妨げるものである。もう1つは，放出されたヒスタミンが鼻などの粘膜の受容体に結合しないようにする**抗ヒスタミン薬**である。

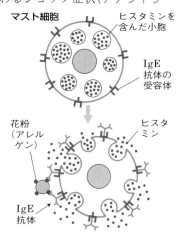

図73　花粉症のしくみ

POINT!

アレルギー…**過敏な免疫反応によって生体に不利益な症状が出ること。**
アレルゲン…**アレルギーの原因となる物質(抗原)。**

★1 マスト細胞は骨髄の造血幹細胞に由来する細胞で，全身の各組織で成熟すると考えられている。

❹**自己免疫疾患**　何らかの原因で，**免疫系が自分自身のからだを攻撃することで起こる病気**を自己免疫疾患という。自己免疫疾患は，特定の臓器に病変を起こす臓器特定的自己免疫疾患と，体内のさまざまな組織に炎症が広がる全身性自己免疫疾患がある（⏎**表6**）。

　臓器特定的自己免疫疾患の1つであるⅠ型糖尿病（⏎p.116）は，すい臓のランゲルハンス島のB細胞が，抗体やキラーT細胞によって破壊され，インスリンの分泌が欠乏する。全身性自己免疫疾患の1つである**関節リウマチ**は，**関節の細胞や組織**が抗原として認識され，関節の炎症，変形が起きる。

表6　自己免疫疾患の例

臓器特異的自己免疫疾患（病変の起こる臓器）	全身性自己免疫疾患（病変する組織）
Ⅰ型糖尿病（ランゲルハンス島） バセドウ病（甲状腺） 橋本病（甲状腺）	関節リウマチ（関節の細胞・組織）

視点 バセドウ病…体内でつくられた抗体によって甲状腺刺激ホルモン受容体が刺激され続けられ，チロキシンが過剰に産生・分泌されることで起こる。動悸，体重減少，指の震え，暑がり，多汗などの症状や，疲れやすい，筋力低下，精神的なイライラや落ち着きのなさが生じることもある。
橋本病…甲状腺を免疫細胞が攻撃する。甲状腺機能が低下することにより，悪寒，便秘，体重増加，からだのむくみ，関節痛などの症状が現れる。

2 免疫不全

❶**エイズ**　エイズ（後天性免疫不全症候群，AIDS[★1]）は，ヒト免疫不全ウイルス（HIV[★2]）が免疫細胞に感染し，免疫細胞を破壊して起こす疾患である。HIVは，おもに適応免疫の中心であるヘルパーT細胞に感染して増殖し，破壊してしまう。ヘルパーT細胞は，B細胞やキラーT細胞の活性化にかかわるため，エイズを発症すると体液性免疫や細胞性免疫の機能が低下し，適応免疫全体の機能が低下する。

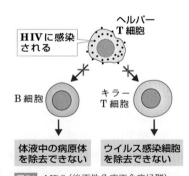

図74　AIDS（後天性免疫不全症候群）

補足 HIVは，感染者の血液や精液，膣分泌液などに多く含まれ，性的接触，注射器の使い回し，輸血や出産時などの母子間の経路などで感染する。普通の接触や空気を通しての感染はしない。エイズの完全な治療法はまだ確立されていないが，現在では，HIVの増殖を抑える薬剤が開発され，発症を大幅に遅らせることが可能になった。

★1 AIDSは，acquired immunodeficiency syndrome の略称。
★2 HIVは，human immunodeficiency virus の略称。

❷**日和見感染**　エイズが発症したときや，抗がん剤や免疫抑制剤の使用時，臓器移植や放射線治療時などに，免疫の機能が極端に低下すると，健康時には感染しないような病原体にも感染するようになり，発熱，肺炎などのさまざまな症状が現れる。このような感染を**日和見感染**という。例えば，皮膚に常在し，通常は病原性の低いカビの一種であるカンジダ菌は，免疫の働きが低下すると，内臓に入り込んでその機能を低下させることがある。

∟ COLUMN ⌐

症候群

　症候群とは「同時に起こる一連の症状」という意味である。エイズ（後天性免疫不全症候群）はその原因がHIVと突き止められるまで，原因不明の免疫不全によってカンジダ症や特殊な肺炎などの日和見感染や腫瘍が発生する病気として発見され，そのさまざまな症状の総称として名付けられた病名である。いわゆるかぜ（風邪）も，正式には**かぜ症候群**といい，のどの炎症，せきやくしゃみ，鼻水，発熱などの一連の症状をまとめて1つの病気としてよんでいる。

---

③ 免疫と医療

❶**ワクチン**　病原体を不活性化または弱毒化した製剤を**ワクチン**といい，これを体内に入れること（**予防接種**）で免疫記憶をもたせ，病気を予防する方法を**ワクチン療法**という。インフルエンザ，日本脳炎，狂犬病，A型肝炎，B型肝炎，ポリオ，麻疹(はしか)，風疹などさまざまな感染症の予防接種として活用されている。

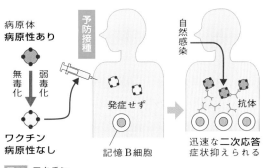

図75 ワクチン

❷**血清療法**　動物に抗原を注射して体内に抗体をつくらせ，この抗体を多く含んだ血清を治療に用いることを**血清療法**という。血清療法はヘビ毒や，細菌が出す毒素によって症状が発生する**ジフテリア**，**破傷風**などの治療に用いられる。近年では動物の体内でつくらせるのではなく1種類の抗体を産生する形質細胞を培養し，純粋な抗体(**モノクローナル抗体**)だけを投与する治療法が開発されている。

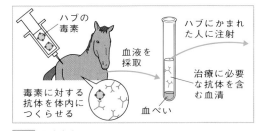

図76 血清療法

🔵 発展ゼミ　新型コロナウイルス感染症（COVID-19）とmRNAワクチン

●**コロナウイルス**は一般的なかぜなどの原因となるウイルスであるが，変異により肺炎などの重い症状を引き起こすことがあり，SARS（2002年），MERS（2012年）などの世界的な感染拡大を引き起こしてきた。

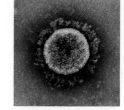

●2019年に発見・報告されたコロナウイルス（SARSコロナウイルス2型，SARS-CoV-2）が原因となる「**新型コロナウイルス感染症（coronavirus disease 19＝COVID-19）**」は全世界に広まり，4年間で約8億人が感染し700万人以上の死亡者を出してなお終息に至らないパンデミック（国や大陸を越えて世界中に伝染病が広がること）を引き起こした。

図77 **新型コロナウイルス**（SARS-CoV-2）

視点 コロナウイルスの名はまわりに突起をつけた球形の形状を王冠（corona）に見立ててつけられた。

●そうした中で，新型コロナウイルス感染症の発症と重症化を防ぐ手段として広く使用されたワクチンの1つが**mRNAワクチン**である。これは，ウイルスがもつmRNAという遺伝情報そのものを接種し，私たちの体内でウイルスの構成タンパクの一部とそれに対する抗体をつくり出すという，全く新しいタイプのワクチンである。

●ウイルスの表面には，ヒトの細胞に感染する際に細胞膜上の受容体に結合する**スパイクタンパク質**というタンパク質が存在している。ウイルスがもつ遺伝情報からこのスパイクタンパク質をつくるmRNAを取り出し，ヒトの体内に入れても壊れないような処理をしてヒトに注射すると，ヒトの体内でウイルスのスパイクタンパク質がつくられ，そのスパイクタンパク質に対する**抗体（中和抗体）**が産生され，細胞へのウイルスの侵入を阻止する。ウイルスやウイルスのゲノムそのものを注射するのではないので，感染の危険性はない。

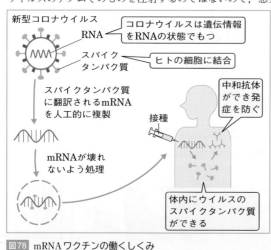

図78 mRNAワクチンの働くしくみ

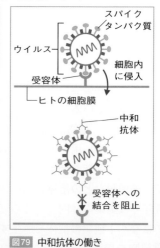

図79 中和抗体の働き

★1 SARSは，severe acute respiratory syndrome（重症急性呼吸器症候群）の略称。
★2 MERSは，Middle East respiratory syndrome（中東呼吸器症候群）の略称。

❸**免疫療法**　免疫の機能を利用して病気を治療することを免疫療法という。がんは，遺伝子に異常をもち無秩序に増殖するようになった細胞（がん細胞）が体内に広がっていく病気である。がん細胞は免疫の対象であるが，一部のがん細胞は，T細胞の表面に存在し，その働きを抑制するタンパク質PD-1に結合する物質PD-L1をもち，免疫反応から逃れていることがわかってきた。

そこで，PD-1に結合することでがん細胞のPD-L1との結合を阻害し，T細胞によるがん細胞への攻撃を回復させる，抗PD-1抗体とよばれる**がん免疫治療薬（免疫チェックポイント阻害剤）**が開発された。PD-1による免疫調整のしくみおよび抗PD-1抗体によるがんの免疫療法は**本庶佑**によって確立され，この功績によって本庶は2018年にノーベル生理学・医学賞を受賞した。

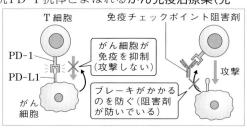

図80　がんが免疫を回避するしくみと免疫療法

このSECTIONの**まとめ**　**生体防御**

□ 自然免疫と適応免疫 ➩p.124	・**自然免疫**…生得的にもっている防御のしくみ。**食作用**など。 ・**適応免疫**…特定の異物を攻撃。**体液性免疫，細胞性免疫**
□ 適応免疫（獲得免疫）➩p.126	・**体液性免疫**…リンパ球（**形質細胞**）が抗体を放出，抗原と結合（**抗原抗体反応**）して除去する。 ・**細胞性免疫**…細胞を直接攻撃，破壊する。
□ 免疫と病気 ➩p.133	・**アレルギー**…**免疫反応が過敏**に起こり，じんましんや粘膜の炎症などの症状が生じる。 ・**エイズ**…HIVがヘルパーT細胞に感染して増殖・破壊することで免疫不全となり，日和見感染を発症。 ・**自己免疫疾患**…**免疫系が自分自身のからだを攻撃**することで起こる病気。**I型糖尿病，関節リウマチ**など。
□ 免疫と医療 ➩p.135	・**ワクチン**…不活化した病原体や毒素を注射し，あらかじめ**免疫記憶**をもたせる。インフルエンザ，日本脳炎，ポリオ，麻疹，風疹など。 ・**血清療法**…動物に抗原を注射してその体内にできた**抗体**を投与する。ヘビ毒，ジフテリア，破傷風など。 ・**免疫療法**…免疫のしくみを利用した治療法。

SECTION 2 体液の恒常性

1 | 肝臓のつくりと働き

1 肝臓のつくり

　肝臓は，一般に肝とよばれ，日本では古くから重要な存在とされてきた。「肝心」（または「肝腎」）という言葉もあるように，人体にとって生命維持に直結する重要な器官である。

❶**肝臓のつくり**　肝臓は赤褐色をしており，重さは成人で1200～1400 gで，人体最大の器官である。肝臓は，肝細胞が約50万個集まった**肝小葉**という構造単位からなる。肝小葉は，直径1～2 mmの多面体で，典型的なものでは，横断面は六角形となる。

> 補足 肝臓の大部分は横隔膜の右下にあり，左右の肋骨の腹側の中央付近で，腹の上から手でさわることができる。

❷**肝臓での血液の流れ**

　肝臓には，心臓からきた酸素に富む血液が**肝動脈**より，また，小腸で吸収された養分を多く含む血液が**肝門脈**[*1]より入る。これらの血液は，肝小葉に並んだ肝細胞の列の間を流れ，中心静脈から肝静脈を経て心臓に行き，全身に送られる。

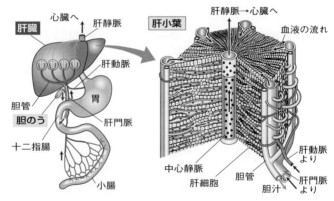

図81 ヒトの肝臓のつくりと血液の流れ

> 視点 肝細胞でつくられた胆汁は，血液の流れと逆に流れ，胆管を通って胆のう，十二指腸へと送られる。

2 肝臓の働き

❶**グリコーゲンの合成と貯蔵**　小腸で消化・吸収されたグルコースは，肝門脈から肝臓に運ばれ，肝細胞でグリコーゲンにつくり変えられて貯蔵される。グリコーゲンは血糖濃度が低下すると，グルコースに分解されて，血液中に送り出される。また，肝臓ではアミノ酸や脂質の代謝も行われる。

★1 門脈は，静脈のうちある器官（毛細血管網）から別の器官（毛細血管網）へ血液が流れる血管のこと。

❷**尿素の合成** タンパク質がアミノ酸を経て分解されると，有毒なアンモニア(NH_3）が生じる。軟骨魚類，両生類，哺乳類は，体内で生じたアンモニアを，次のような回路反応で**肝臓で毒性のほとんどない尿素につくり変えて，腎臓から排出**する。

➕発展ゼミ　アンモニアを尿素に変えるオルニチン回路

●おもに肝細胞内でアミノ酸が分解されて生じたアンモニアNH_3と二酸化炭素CO_2は，ATPと各種の酵素の働きによって，**オルニチンと結合し，シトルリンになる**（⤷図82①）。

●シトルリンは，さらに1 ATPを消費してアスパラギン酸と反応し，アミノ基（$-NH_2$）の転移を受けて**アルギニンになる**（⤷図82②）。

●アルギニンは，アルギナーゼという酵素の働きによって分解し，**オルニチンと尿素$CO(NH_2)_2$になる**。オルニチンは，再び①の反応に使われる（⤷図82③）。

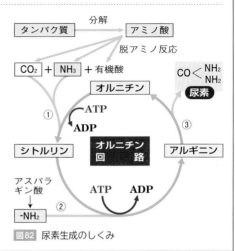

図82 尿素生成のしくみ

---

❸**その他の働き**

①**解毒作用**（げどく）　体外から取り込まれた有害物質であるアルコールや薬物は，肝細胞で無毒な物質に変えられ，尿中や胆汁中に排出される。

②**血液成分の調節**　血液中のアルブミン，フィブリノーゲン（⤷p.90）などを合成する。また，**古くなった赤血球を破壊する**。

③**胆汁の合成**　胆汁をつくって，胆管より十二指腸へ分泌する。1日につくられる胆汁の量は，成人で約1500 mLである。胆汁には消化酵素は含まれておらず，脂肪を水となじみやすい細かな粒にして（これを**乳化**という）消化を助ける。

補足 胆汁中にあるビリルビンという黄色い色素は，肝臓やひ臓などで古い赤血球が破壊された後のヘモグロビンに由来する（⤷p.88）。ビリルビンが血液中に増加すると，黄疸（おうだん）になる。

④**発熱**　代謝に伴って熱が発生し，体温の保持に使われる。肝臓での発熱量は，からだ全体での発熱量の約20 %にもなる。

[肝臓の働き]

①**養分の代謝と貯蔵**　②**尿素の合成**

③**解毒作用**　　　　　④**血しょうタンパク質の合成と古い赤血球の破壊**

⑤**胆汁の合成**　　　　⑥**発熱による体温の保持**

2 | 老廃物の排出

1 老廃物の排出

　養分からエネルギーを取り出すときの呼吸や，生体内のさまざまな代謝の結果，いろいろな不要物が生じる。これらを**老廃物**という。老廃物のなかには有害な物質があり，これらは早急に体外に排出しないと内部環境が悪化し，恒常性が保たれず生命の維持が困難になる。

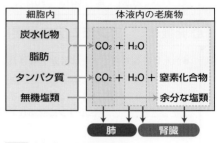

図83　老廃物の排出の2経路

　ヒトの場合，二酸化炭素（CO_2）は肺から排出し，アンモニアのような有害な窒素化合物は，肝臓で無害な尿素につくり変えて腎臓から排出している。

2 腎臓のつくりと働き

❶**腎臓のつくり**　ヒトの腎臓は，腹腔の背側に1対あり，それぞれの腎臓からは1本の輸尿管がぼうこうと連絡している。ヒトの腎臓は図84のようなつくりをしている。腎臓の皮質には腎小体があり，これは糸球体（毛細血管が集まって小球状になったもの）とそれを包むボーマンのうよりなる。腎小体は細尿管（腎細管）につながっている。腎小体と細尿管は，腎臓の構造上・機能上の単位なので，あわせて腎単位（ネフロン）とよばれ，1つの腎臓中に約100万個ある。

❷**腎臓の働き―尿の生成**

① 腎動脈から流れてきた血液は，腎小体中の**糸球体**に流れ込む。

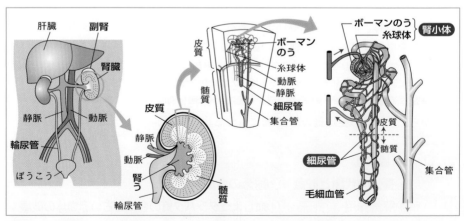

図84　ヒトの腎臓のつくり（模式図）

★1 腹腔は哺乳類の体内の空間で，横隔膜より下の部分。

②血しょう中のタンパク質を除く成分が，糸球体から**ボーマンのう中にろ過**される。このろ液を原尿といい，ヒトでは1日に約170Lの原尿がつくられる。

③原尿中のすべてのグルコースと，約95％の水と必要な無機塩類が，**細尿管を流れる間に毛細血管へと再吸収**される。さらに約4％の水が集合管で再吸収される。

④細尿管や集合管で毛細血管に再吸収されなかった成分が**腎う**に集まって**尿**となる。尿量は，ヒトでは1日に約1.5Lである。

⑤塩類や水の再吸収は鉱質コルチコイドやバソプレシンなどの**ホルモン**によって調節され，体液の浸透圧維持に働く。

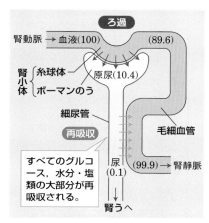

図85 尿生成のしくみ（模式図）——（ ）内の数字は，糸球体に入ってくる血液を100としたときのそれぞれの割合を示す。

表7 ヒトの血液（血しょう）と尿の成分

成分	血しょう〔％〕	原尿〔％〕	尿〔％〕	濃縮率
タンパク質	7～9	0	0	—
グルコース	0.1	0.1	0	0
尿素	0.03	0.03	2	67
尿酸	0.004	0.004	0.05	12.5
クレアチニン	0.001	0.001	0.075	75
アンモニア	0.001	0.001	0.04	40
ナトリウム	0.32	0.32	0.35	1.1
塩素	0.37	0.37	0.6	1.6
カリウム	0.02	0.02	0.15	7.5

POINT!

血しょう成分のろ過⇨原尿の生成（170L／日）
原尿からの再吸収⇨尿の生成（1.5L／日）＝原尿の約1％

例題 腎臓での再吸収量の計算

　イヌリン（キクイモの塊茎に含まれる多糖類）は，すべてボーマンのうへろ過され，細尿管ではまったく再吸収されない。イヌリンを人工的に血しょうに加え，原尿から尿への濃縮率を調べたところ120倍であった。いま，1時間に100mLの尿が排出されたとすると，その間に再吸収された液体の量は何mLか。

着眼 イヌリンの濃縮率と尿量から，生成された原尿量をまず求める。原尿量と尿量の差が再吸収量である。

解説 再吸収されない物質の濃縮率は，原尿がどれだけ濃縮されて尿が生成されたのかを示している。したがって，
　　　原尿量＝尿量×イヌリンの濃縮率＝100mL×120倍＝12000mL
　　　再吸収量＝原尿量－尿量＝12000mL－100mL＝11900mL　**答** 11900mL

⊕ 発展ゼミ 体液の浸透圧（濃度の調節）

1 浸透圧

● **拡散と浸透** スクロース（ショ糖）溶液と水とを，まったく何も通さない膜で仕切っておく。その仕切りを取ると，スクロース分子および水分子がそれぞれゆっくり移動して，全体が均一になる（⊂▷図86）。このような現象を**拡散**という。

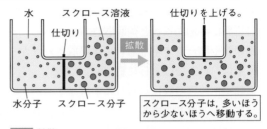

図86 拡散

> スクロース分子は，多いほうから少ないほうへ移動する。

次に，溶媒も溶質も自由に通す膜を**全透膜**という。**図87**のように，スクロース溶液と水とを全透膜で仕切っておくと，スクロース分子と水分子は膜を自由に通って拡散し，やがて，膜がないときと同じように全体が均一な濃度になる。

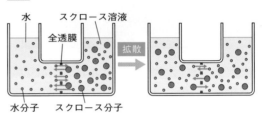

図87 全透膜で仕切ったときの物質の移動

全透膜に対して，**溶媒としての水や一部の溶質は通すが，他の溶質を通さない膜を半透膜**という。全透膜や半透膜を通って溶媒や溶質の粒子が移動する現象は，**浸透**とよばれる。**生物の細胞膜は，半透膜に近い性質を示す。**[★1]

図88のように，スクロース分子を通さない半透膜で仕切ると，水がスクロース溶液のほうへ浸透し，溶液側の液面が上昇する。このとき，水がスクロース溶液側へと浸透していくときに生じる力を，スクロース溶液の**浸透圧**という。

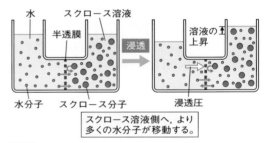

図88 半透膜を介した浸透

> スクロース溶液側へ，より多くの水分子が移動する。

● **高張と低張** 半透膜を介して浸透が起こるとき，濃度が高く水が入ってくる側を**高張（液）**，水が出ていく側を**低張（液）**であるという。また，両方の水溶液の浸透圧が等しく，見た目上，水の出入りのない状態を**等張（液）**という。

2 海産無脊椎動物の浸透圧

海産無脊椎動物の多くは，体液の浸透圧を一定に保つ能力をもっていないが，なかには調節能力をもつものもいる（⊂▷図89）。

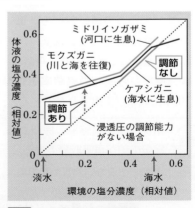

図89 カニの体液と外液の関係

★1 細胞膜は完全な半透膜ではなく，特定の物質を出し入れすることもできる。

●**外洋域に生息する無脊椎動物**　浸透圧を調節するしくみが未発達なため，体液は外液と等張になる。塩分濃度が低い水域では生きられない。　例　ケアシガニ

●**河口域(汽水域)に生息する無脊椎動物**　浸透圧調節のしくみが備わっているため，川の流量の増減によって外液の浸透圧がある程度変動しても，調節が可能。　例　ガザミ(ワタリガニ)

●**川と海を往復する無脊椎動物**　浸透圧調節のしくみがよく発達している。　例　モクズガニ(川で生活し海で産卵)

③ 硬骨魚類の浸透圧調節

　同じ硬骨魚類でも，海産と淡水産とでは浸透圧調整のしくみが次のように異なる。

●**海産硬骨魚類の浸透圧調節**　海産硬骨魚類の体液の浸透圧は，外液(海水)より低張なため，体内の水が海水へと出ていく。そこで，多量の海水を飲んで腸から水を吸収し，余分な塩類をえらから積極的に排出したり，尿の排出による水の喪失を少量に抑えて，体液の浸透圧が上がらないようにしている。

●**淡水産硬骨魚類の浸透圧調節**　淡水産硬骨魚類の体液の浸透圧は，外液(淡水)より高張なため，水が体内に浸透してくる。そこで，腎臓での塩分の再吸収を盛んにして水分の多い体液より低張な尿を多く排出したり，えらから積極的に塩類を吸収して，体液の浸透圧が下がらないようにしている。

●**海水と淡水を行き来する魚類**　サケ(成魚は海で生活するが，産卵のため川を遡り，稚魚は川で育つ)やウナギ(成魚は川で生活するが，産卵は深海で行う)のように海と川を行き来する魚は，塩類調節の働きを切り替えて両方の環境に対応することができる。

④ 陸上動物の浸透圧調節

●**塩類腺**　海産のハ虫類(ウミガメやウミヘビなど)や鳥類(カモメやアホウドリなど)には塩類腺という外分泌腺(♦p.106)があり，海水よりも濃度の高いNaCl溶液を体外に排出し，浸透圧を保っている。

●**腎臓での調節**　ヒトなどの高等な動物では，バソプレシンや鉱質コルチコイドといったホルモンが腎臓に作用して浸透圧が調節される(♦p.109, 113)。

海産硬骨魚類…体液のほうが低張なため，多量の水が出ていきやすい環境。

水・えら・水・海水・腎臓・腸・塩類・塩類排出・水分吸収・等張尿(少量)

淡水産硬骨魚類…体液のほうが高張なため，多量の水が入ってくる環境。

水・えら・腎臓・腸・塩類再吸収・塩類吸収・塩類吸収・低張尿(多量)

図90　硬骨魚類の浸透圧調節

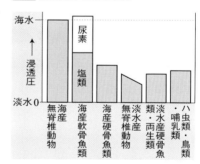

海水・尿素・塩類・浸透圧・淡水0・無脊椎動物・海産軟骨魚類・海産硬骨魚類・無脊椎動物・淡水産硬骨魚類・淡水・両生類・水産硬骨魚・ハ虫類・哺乳類・鳥類

図91　いろいろな動物の体液の浸透圧

視点　サメやエイなどの海産軟骨魚類は，尿素を体内に蓄積することで，体液を海水とほぼ等張に保っている。そのため，えらから塩類を排出したり，尿量を減らす必要はない。それでも浸入した塩類は直腸から排出する。

⊕発展ゼミ アンモニアの排出のしかた

●アミノ酸の分解で生じるアンモニアは有害なので，早急に体外に排出しなければならない。アンモニアの排出のしかたには次の3つがあり，動物によって決まっている。

①**アンモニアのままで排出**…多くの**水生無脊椎動物**，多くの**硬骨魚類**，**両生類の幼生**。➡排出に使える水が豊富で体内にため込む必要がないため，毒性の高い**アンモニアNH_3**のままで排出できる。

②**尿素に変えて排出**…**軟骨魚類**，**両生類の成体**，**哺乳類**。➡肝臓で，アンモニアを毒性のほとんどない**尿素$CO(NH_2)_2$**に変える（⊂♢p.139）。軟骨魚類は尿素を体内にため，体液の浸透圧の調節を行う（⊂♢p.143）。

③**尿酸に変えて排出**…**昆虫類**，**ハ虫類**，**鳥類**。➡アンモニアを毒性の低い尿酸につくり変えてから排出する。鳥の(糞)尿中の白いものが尿酸である。尿酸は水に溶けない。また，ヒトでも，核酸(塩基の部分がいわゆるプリン体とよばれる)の分解物は尿酸として排出される。もし，尿酸が体内にたまると，痛風という病気になる。

表8 アンモニアの排出のしかた

	水中生活		陸上生活
生活形態	毒性高く，水に溶ける。	毒性ほとんどなく，水に溶ける。	毒性低く，水に溶けない。
排出形態	アンモニア	尿素	尿酸
動物	無脊椎動物，硬骨魚類，両生類の幼生	軟骨魚類，両生類の成体，哺乳類	昆虫類，ハ虫類，鳥類

このSECTIONの まとめ 体液の恒常性

☐ 肝臓のつくりと働き ⊂♢p.138	・**アンモニアを尿素に変える。** ・養分の代謝と貯蔵，**解毒作用**，古くなった**赤血球の破壊**，**胆汁の合成**，発熱による体温保持など。
☐ 老廃物の排出 ⊂♢p.140	・**腎臓**で，**ろ過**と**再吸収**により，血しょう中の老廃物・水分・塩類などから尿をつくる。

重要用語

SECTION 1 生体防御

□ **免疫** めんえき ☞p.124
病原体などの異物が体内に侵入するのを防いだり，体内に侵入した異物を排除するしくみ。

□ **物理的防御** ぶつりてきぼうぎょ ☞p.124
皮膚や粘膜などにより異物の侵入を防ぐしくみ。

□ **化学的防御** かがくてきぼうぎょ ☞p.124
皮膚や粘膜から分泌される物質に含まれる酵素などにより異物の侵入を防ぐしくみ。

□ **自然免疫** しぜんめんえき ☞p.124, 125
食細胞による食作用や炎症，NK細胞の攻撃などによって病原体などの異物を排除するしくみ。物理的・化学的防御を含める場合もある。

□ **適応免疫(獲得免疫)** てきおうめんえき(かくとくめんえき) ☞p.124, 126　特定の物質を認識したリンパ球などが特異的に異物を排除するしくみ。細胞性免疫と体液性免疫からなる。

□ **角質層** かくしつそう ☞p.124
表皮の最外層で，角質化した死細胞からなり，内部を保護している。表面ははげ落ちてふけやあかとなりウイルスなどの侵入から表皮を保護するほか，水分のむだな蒸散を防ぐ。

□ **粘膜** ねんまく ☞p.124
消化器や呼吸器，泌尿器，生殖器などの内側の表面にある膜。粘膜からは粘性の高い液体(粘液)が分泌され，微生物などの外敵の侵入を防いでいる。

□ **好中球** こうちゅうきゅう ☞p.87, 125
白血球の一種。食作用をもち自然免疫に働く。白血球全体の約60％を占める。

□ **マクロファージ** ☞p.125
白血球の一種で，単球から分化する。食作用をもつ。

□ **樹状細胞** じゅじょうさいぼう ☞p.125, 128
白血球の一種で，単球などから分化する。食作用によって取り込んだ抗原の情報を，他の免疫系の細胞に伝える，抗原提示を行う細胞として働く。

□ **食作用** しょくさよう ☞p.125
細胞内に病原体などのさまざまな異物を取り込んで分解し，排除する働き。

□ **食細胞** しょくさいぼう ☞p.125
好中球やマクロファージ，樹状細胞など，食作用を行う白血球の総称。

□ **炎症** えんしょう ☞p.125
自然免疫の反応により，局所が赤く腫れ，熱や痛みを伴うこと。マクロファージの働きにより毛細血管の血管壁がゆるみ，血液中の好中球，NK細胞などが血管外に移動しやすくなった結果生じる。

□ **NK細胞(ナチュラルキラー細胞)** エヌケーさいぼう ☞p.125　リンパ球の一種。病原体に感染した細胞やがん細胞を攻撃し排除する。

□ **T細胞** ティーさいぼう ☞p.126
リンパ球の一種。骨髄でつくられた後，胸腺(thymus)で分化・成熟するので，この名がある。

□ **B細胞** ビーさいぼう ☞p.126
リンパ球の一種。哺乳類では骨髄(bone marrow)でつくられ成熟する。ヘルパーT細胞によって活性化され，形質細胞(抗体産生細胞)に分化する。

□ **免疫寛容** めんえきかんよう ☞p.127
多様なリンパ球がつくられる過程で，自分自身の細胞や成分を認識するリンパ球を排除した結果，自分自身を免疫が攻撃しないようになった状態。

□ **抗原** こうげん ☞p.128
病原体などの異物で，適応免疫(獲得免疫)で排除の対象となるもの。

□ **抗体** こうたい ☞p.128
抗原に対抗する物質で，免疫グロブリンというタンパク質。特定の抗原に特異的に反応し，抗原を無毒化する(抗原抗体反応)。

□ **体液性免疫** たいえきせいめんえき ⌨ p.128
適応免疫（獲得免疫）の１つで，B細胞が中心となって起こる，抗体による免疫反応。

□ **抗原提示** こうげんていじ ⌨ p.128
樹状細胞などが抗原を認識し，取り込んだ抗原の断片を細胞表面に提示する働き。

□ **ヘルパーT細胞** —ティーさいぼう ⌨ p.128, 130
リンパ球の一種。B細胞やマクロファージを活性化する。

□ **形質細胞（抗体産生細胞）** けいしつさいぼう（こうたいさんせいさいぼう）⌨ p.128　活性化したB細胞から分化した細胞で，抗体をつくって，体液中に放出する。

□ **免疫記憶** めんえききおく ⌨ p.128, 130
抗原の侵入によって活性化したT細胞やB細胞の一部が体内に残り（記憶細胞という），同じ抗原が再び体内に侵入した際，記憶細胞がすぐに活性化，増殖し，適応免疫（獲得免疫）が迅速に働くしくみ。

□ **一次応答** いちじおうとう ⌨ p.130
はじめて侵入した抗原に対する免疫反応。

□ **二次応答** にじおうとう ⌨ p.130
同じ抗原の２回目以降の侵入に対する免疫反応。一次応答に比べて，すばやく，かつ強力な免疫反応である。

□ **細胞性免疫** さいぼうせいめんえき ⌨ p.130
適応免疫（獲得免疫）の１つで，T細胞が中心となって起こる，食作用の増強や感染細胞への攻撃などの免疫反応。

□ **キラーT細胞** —ティーさいぼう ⌨ p.130
リンパ球の一種。細胞性免疫において，病原体に感染した細胞を直接攻撃する。

□ **拒絶反応** きょぜつはんのう ⌨ p.131
臓器移植の際，おもにキラーT細胞によって移植組織が攻撃される反応。

□ **MHC分子** エムエイチシーぶんし ⌨ p.132
主要組織適合遺伝子複合体がつくる分子。細胞表面にある，自己の細胞であることを示すタンパク質の「標識」で，ヒトの場合，ヒト白血球抗原（HLA）ともいう。抗原提示の際，T細胞はMHC分子を認識し，自己のもので

ないMHCをもつ細胞を攻撃する。

□ **アレルギー** ⌨ p.133
異物に対し免疫が過剰に働き，からだに不都合な症状が現れること。

□ **アレルゲン** ⌨ p.133
アレルギーを引き起こす抗原となる物質。

□ **アナフィラキシーショック** ⌨ p.133
急性のアレルギーによる，血圧低下，意識不明，心拍減少など，生命にかかわる重篤な一連の症状。

□ **自己免疫疾患** じこめんえきしっかん ⌨ p.134
リンパ球が自己の正常な細胞や物質を抗原として認識し攻撃してしまうことによって起こる病気。I型糖尿病，関節リウマチなどがある。

□ **エイズ（AIDS）** ⌨ p.134
後天性免疫不全症候群の略称。HIVによる感染症。ヒトのヘルパーT細胞に感染し破壊するため，適応免疫（獲得免疫）の働きが極端に低下し，日和見感染などの症状を起こす。

□ **ヒト免疫不全ウイルス（HIV）** —めんえきふぜん—（エイチアイブイ）⌨ p.134　ヒトのヘルパーT細胞に感染するウイルスの一種。エイズの原因となる。

□ **日和見感染** ひよりみかんせん ⌨ p.135
免疫の働きが低下した結果，健康な人では発症しないような病原性の低い病原体に感染し発病してしまうこと。

□ **ワクチン** ⌨ p.135
特定の病原体による病気を予防するために，抗原として接種する物質。無毒化した病原体や毒素などが用いられる。

□ **予防接種** よぼうせっしゅ ⌨ p.135
ワクチンの接種により，人工的に免疫記憶を獲得させ，感染時に発症を防ぐ，もしくは発症しても軽くて済むようにすること。

□ **血清療法** けっせいりょうほう ⌨ p.135
あらかじめ他の動物に病原体や毒素を接種して抗体をつくらせ，その抗体を含む血清を患者に投与して治療する方法。

血液型と免疫反応

輸血の試みと血液型の発見

① 古来より血液は動物の生命に欠かせないことが知られており，出血などの治療に健康な人や動物の血液を用いることが考えられてきた。しかし輸血は20世紀に入るまで血液提供者の血管から出た血液をそのまま輸血するという，極めて原始的な方法で，血液凝固を防ぐ方法や消毒法も未開発で，輸血の成功はまさに運まかせであった。

② 輸血を，科学に基づく安全な治療法に変えたのが，1900年，オーストリアのラントシュタイナーが発見したABO式血液型★1である。他人どうしの血液を混ぜると赤血球が集まって塊状になることがあり，この反応は凝集とよばれる。これは，赤血球表面にある抗原(凝集原)と，血しょう中に存在する抗体(凝集素)とが，抗原抗体反応を起こすからである。

表9 血液型ごとの凝集原と凝集素

血液型	A型	B型	AB型	O型
凝集原(赤血球)	A	B	AとB	なし
凝集素(血しょう)	β	α	なし	αとβ

ABO式血液型

① ABO式血液型はA型，B型，O型，AB型の4つに分けられる。赤血球の表面には，A型では凝集原A，B型では凝集原B，AB型ではAとB両方の凝集原があるが，O型ではどちらの凝集原もない。一方，血しょうには，A型では凝集原Bと反応する凝集素β，B型では凝集原Aと反応する凝集素α，O型では凝集素αと凝集原βの両方があるが，AB型ではどちらの凝集素も存在しない。

② このような凝集原と凝集素の組み合わせから，例えばA型の患者にB型の赤血球を輸血すると，A型の患者がもつ凝集素βが輸血された赤血球の凝集原Bと抗原抗体反応を起こして，重い副作用が起こる。したがって，輸血は同じ血液型どうしで行うことが大原則となる。

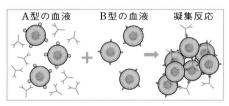

図92 A型の患者にB型の血液を輸血したときの反応

③ ABO式血液型の凝集原の正体は，赤血球表面の微小な糖鎖(小さな糖の分子がつながったもの)である。この糖鎖は6つの糖からなる基本構造(O型の糖鎖)をもち，A型とB型では，それぞれ別の糖が1つ付加されている。

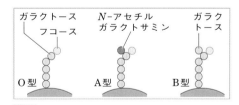

図93 凝集原(赤血球表面の糖鎖)の違い

④ この糖鎖は赤血球以外にも種々の細胞で発現しており，何らかの機能を果たしていると推測されている。例えば，2004年，胃潰瘍の原因となるピロリ菌は，胃の粘膜細胞に存在する，血液型と同じ糖鎖を認識し，結合タンパク質を変化させていたことがわかった。ピロリ菌は，表面からタンパク質の「手」を伸ばしてこの糖鎖と結合し，感染するのである。

★1 1930年，ラントシュタイナーは血清学および免疫化学への貢献により，ノーベル生理学・医学賞を受賞している。

特集

樹状細胞と2人の科学者

樹状細胞の発見と研究

① 1973年，カナダの免疫学者・細胞生物学者スタインマンは，マクロファージとは異なる大型の細胞を発見し，**樹状細胞**（dendritic cell）と命名した。彼によって明らかになった樹状細胞の強力な抗原提示能力や，免疫細胞の働きを活性化させて病原体と闘わせるしくみが，がん医療におけるワクチン治療を含め，さまざまな病気において，免疫の力を利用した新しい治療法の創出につながっている。

図94 スタインマン

図95 樹状細胞

② この樹状細胞の発見の功績により，2011年10月3日，スタインマンにノーベル生理学・医学賞が授与されることが発表されたが，その直後，スタインマン本人はすでに亡くなっていたことがわかった。2007年にすい臓がんと診断された彼は，研究途上にあった**樹状細胞ワクチン**を自分自身に投与して闘病生活を続けていた。当初，余命1年程度とみられていたところ4年間もちこたえ，ノーベル賞発表の3日前に息を引き取った。規定では死者には授与しないことになっていたが，ノーベル財団と選考委員会は，当初の発表通りスタインマンにノーベル賞を授与すると決定した。

③ 樹状細胞ワクチンは，インフルエンザワクチンのような予防接種としてのワクチンではなく，すでにがんを発症してしまった患者

に使用される。まず，患者の血液から採取された単球を培養して樹状細胞がつくられる。次に，手術で取り出したがん組織や人工的につくられたがんの抗原を与えることで，樹状細胞が活性化される。この細胞を再び患者に投与することで，体内に存在する攻撃役のT細胞にがん細胞を確実に攻撃させるのである。樹状細胞ワクチン療法は，次世代の治療法として注目されている。

「ランゲルハンス細胞」の発見

① スタインマンの発見に先立つおよそ100年前の1868年，ドイツの科学者ランゲルハンス[★1]は，「ヒトの皮膚の神経について」と題した論文を発表し，ヒトの表皮から神経細胞に似た枝分かれのある細胞を発見，自己の名前を冠して「ランゲルハンス細胞」と命名した。その外観から，ランゲルハンスはこの細胞を神経細胞と考えたが，ランゲルハンス細胞の正体が免疫細胞とわかったのは1970年代に入ってのことで，スタインマンがマウスのひ臓で同じ細胞を再発見し，突

図96 ランゲルハンス

起のある腕をもつ外観から改めて「**樹状細胞**」と命名した。

② 樹状細胞は，表皮の上層に存在し，表皮全体の細胞数の2〜5％を占め，異物の侵入を察知している。樹状細胞は，皮膚の免疫に大きくかかわっていることがわかってきており，アトピー性皮膚炎などの皮膚疾患に対する新規治療法の開発など，今後の研究が期待されている。

★1 ランゲルハンスは「ランゲルハンス細胞」の発見の翌年にすい臓のランゲルハンス島を発見している（⊃p.122）。

第3編

生物の多様性と生態系

· · · · · · · ·

≫ 植生と遷移

1 植生

1 | 環境と植物の多様性

1 環境と生物の働き合い

❶**生物を取り巻く環境**　生物を取り巻く環境のうち，**生物に何らかの影響を与える要因を環境要因**という。また，環境は非生物的環境と生物的環境の2つに大別される。

①**非生物的環境**　生物以外の要素からなる環境で，温度・光・大気(O_2, CO_2など)・栄養塩類・土壌・水など。

②**生物的環境**　同じ種の生物や異種の生物(「食べる・食べられる」の関係にある生物，競争相手)など，その個体に影響を与える生物全般。

環境	非生物的環境	温度(平均気温，冬と夏の気温差など)，光(照度や日照時間など)，大気(O_2, CO_2, 風など)，水(降水量，雨季・乾季，湿度，降雪量など)
	生物的環境	捕食(食べる)・被食(食べられる)の関係，生息場所をめぐる競い合い，寄生，共生など

❷**作用**　非生物的環境から生物への働きかけを作用という。

⑳　光の強さが植物の光合成量に影響を与える。

❸**環境形成作用**　生物の働きで非生物的環境を変えることを環境形成作用という。

⑳　植物の光合成によって大気中の O_2 が増加する。

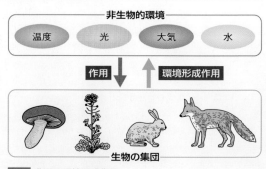

図1　作用と環境形成作用

❹**生態系**　非生物的環境とそこに生活する生物の集団(＝バイオーム🔖p.164)は互いに影響を与え合い，1つのまとまりをもったシステムを形成している。これを生態系という(🔖p.176)。

補足　生態系の中では，食べる・食べられるの関係や，食物・生活空間をめぐっての競争など，生物どうしも複雑に関係し合っている。このような生物どうしの働き合いを**相互作用**という。

第
3
編

生物の多様性と生態系

2 植物の生活形

❶**適応**　生物の形態や性質が，ある環境の中でよりよく生活や生殖できるようになっていることを適応という。

❷**植物の生活形**　植物の，環境に適応した生活様式や形態を生活形という。生活形としては落葉樹や常緑樹，広葉樹や針葉樹などいろいろな分け方があり，高木や低木，草本も生活形による分類である。生活形の例として次のようなものもある。

① **つる植物**　他の植物に巻きついて伸びる植物。ヤブガラシ，ヤマフジ，クズなど。

② **多肉植物**　茎や葉が厚くなった植物。アロエ，サボテン，トウダイグサなど。

③ **着生植物**　他の樹木などに付着して生活している植物。ノキシノブ，オオタニワタリなど。

補足　種類が違っても，生活形が同じだと，姿形も似てくることがある。例えば，アメリカ大陸の乾燥地帯のサボテン科の植物と，アフリカ大陸の乾燥地帯のトウダイグサ科の植物は，よく似た姿をしている。

❸**ラウンケルの生活形**　ラウンケル(デンマーク)は冬季や乾季の休眠芽の位置などで次のように生活形を分類した。

① **地上植物**　休眠芽の高さが地上30 cm以上。高木などが含まれる。

② **地表植物**　休眠芽の高さが地上30 cm以下。ハイマツやシロツメクサなど。

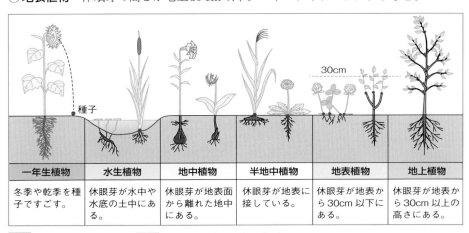

一年生植物	水生植物	地中植物	半地中植物	地表植物	地上植物
冬季や乾季を種子ですごす。	休眠芽が水中や水底の土中にある。	休眠芽が地表面から離れた地中にある。	休眠芽が地表に接している。	休眠芽が地表から30cm以下にある。	休眠芽が地表から30cm以上の高さにある。

図2 ラウンケルの生活形　　視点　図中の赤い部分に休眠芽ができる。

③**半地中植物**　休眠芽が地表に接している。タンポポやススキ，ナズナなど。
④**地中植物**　球根や地下茎など地中に休眠芽があるもの。カタクリやヤマユリなど。
⑤**水生植物**　休眠芽が水中にあるもの。ガマやヨシなど。
⑥**一年生植物**　種子で休眠する植物。

補足　熱帯多雨林（⤵p.165）ではほとんどの植物が地上植物で，熱帯から高緯度に行くほど地上植物は減少していく。ツンドラ（⤵p.167）では，地上植物はほとんど見られず地中植物が多い。また，砂漠では一年生草本が多い。このように，その地域に生育する植物の生活形は，環境と密接に関係している。

適応…生物の形態や性質が，ある環境の中でよりよく生活・生殖できるようになること。植物は環境に適応した多様な**生活形**をもつ。

参考　水辺の植生と生活形

● 沈水植物…植物体全体が水中にあり，水底に根をはっている植物。オオカナダモ，クロモ，エビモなどのほか，シャジクモなどの藻類も含まれる。
● 浮水植物…根が水底に固着せず，浮遊している植物。ホテイアオイ，ウキクサなど。
● 浮葉植物…水面に葉を浮かべ，根は水底にはる植物。ハス，ヒシ，ヒツジグサ，ジュンサイなど。
● 抽水植物…水底に根をはり，茎や葉が水面上に立ち上がる植物。ヨシ，ガマ，マコモなど。
● 湿性植物…湿地などの乾燥することが少ない場所で生育する植物。セリ，ハナショウブ，イグサなど。
● 湿地林…水辺で生育する耐水性の高い樹木で構成される森林。ハンノキ，ヤナギ類，オニグルミなど。

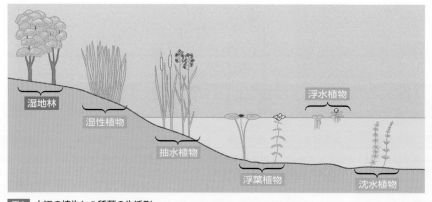

図3　水辺の植生と５種類の生活形

2 | 植生の構造

1 植生

❶**植生**　ある地域で生育している植物全体をまとめて植生とよび，どのような植生が成立しているのかは，その地域の環境の影響を強く受ける。また，植生は，そこで生活している動物にも大きく影響するので，バイオーム（⟳ p.164）の成り立ちに強く関係している。

❷**優占種**　ある植生を構成する植物のなかで，背が高く被度や頻度[★1][★2]が最も大きい植物，つまり**個体数が多く最大の生活空間を占有する植物**を優占種という。優占種は植生を特徴づける植物で，これにより例えば，ブナが優占している森林は「ブナ林」，アカマツが優占している森林は「アカマツ林」とよばれる。

❸**相観**　植生の外観上の特徴を相観という。相観は，一般に，**その植生の優占種によって決まる**。陸上の植生の相観は森林，草原，荒原に分類される。

①**森林**　高木が密に生育している植生で，ふつう高木だけではなく低木や草本も生育している。降水量が比較的多く，気温が極端に低くはない地域に成立する。

②**草原**　一年生草本や多年生草本が優占している植生で，降水量がやや少ない地域（サバンナ，ステップ）や，牧草地など人により管理されている地域などに成立する。

③**荒原**　植生が少なく，裸地が露出している状態を荒原とよぶ。荒原には砂漠[★3]やツンドラ（⟳ p.167）があり，ほかにも高山帯や，河原のように定期的に洪水などの攪乱(かくらん)を受ける場所でも成立する。

❹**バイオームの分類**　同じような環境条件の地域には，種は違っても同じような

図4　高山帯の荒原

相観をもつ植生が見られ，そこで生活する動物の集団も似たものになる。そこで，環境とそこに生活する生物の集団を植生の相観をもとに森林，草原，荒原，水生生物群集などに大別し，さらに森林を熱帯多雨林，照葉樹林，夏緑樹林，針葉樹林などのバイオーム（生物群系）に分類している（⟳ バイオームについてはp.164）。

POINT!

植生…**ある地域で生育している植物の集まり全体。**

優占種…**ある植生の中で，背が高く被度や頻度が最も大きい植物。**

★1 ある植物が葉によって地表面を覆っている面積の割合を**被度**という。
★2 その場所を方形に区画し，ある植物種の見られる区画の割合を**頻度**という。
★3 養分を含む土壌や植物の根，種子などがない土地を**裸地**という。

2 植生の階層構造

❶森林の階層構造　よく発達した森林では，はっきりとした階層構造が見られる。日本にある多くの森林の階層構造は，上から高木層，亜高木層，低木層，草本層，地表層に分かれている。

補足　熱帯多雨林では高木層の上に大高木層や巨大高木層があり，7～8層の階層構造になるが，高緯度地方の針葉樹林では2層しかない場合もある。日本でも，スギ林などの人工林では階層構造が単純である。

図5　森林の内部のようす

❷林冠と林床（りんしょう）　森林の最も上部で，直射日光の当たる部分を林冠とよぶ。上空から森林を見たときに見える部分が林冠である。また，森林内部の地面に近い部分を林床という。林床はコケ植物や草本類で覆われていることが多い。

❸階層構造と光の量　日光の大部分は，高木層の葉によって吸収されてしまうため，亜高木層，低木層，草本層と地表に近づくにつれて光は弱くなる。このため，**林冠を構成する植物は陽生植物**（⊂▷p.157）であるが，**草本層の植物は陰生植物**（⊂▷p.157）である。階層構造があることにより，さまざまな植物種が生育し，階層ごとに多くの生活空間が重なって存在している。このため，階層構造が発達した森林には多種の生物が生活することができる。

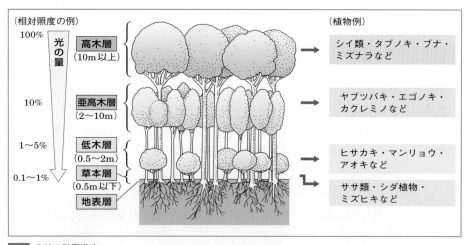

(相対照度の例)		(植物例)
100%	光の量 高木層（10m以上）	シイ類・タブノキ・ブナ・ミズナラなど
10%	亜高木層（2～10m）	ヤブツバキ・エゴノキ・カクレミノなど
1～5%	低木層（0.5～2m）	ヒサカキ・マンリョウ・アオキなど
0.1～1%	草本層（0.5m以下） 地表層	ササ類・シダ植物・ミズヒキなど

図6　森林の階層構造

視点　下の層になるほど，届く光量は少なくなる。届く光の強さが森林内部の構造を決めている。

POINT!　森林の階層構造…高木層・亜高木層・低木層・草本層・地表層からなる。

❹**土壌**　森林の土壌は，図7のように岩石が風化した層の上に，落葉層に堆積した動植物の遺骸や枯死体，排出物が分解されてできた**腐植**に富む**腐植土層**がある。

多くの植物は土壌が発達していないと生育できないため，土壌は植生を支えるために重要である。

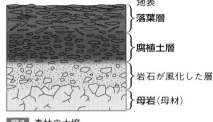

地表
落葉層
腐植土層
岩石が風化した層
母岩(母材)

図7　森林の土壌

参考　**団粒構造**

●腐植土層では，土砂の粒子が腐植によってまとめられた粒状の構造になり，これを**団粒構造**(⇨図8)という。団粒構造をとる土壌は，団粒の間に通気性があり，団粒内部に保水力があるため，植物の根がよく成長し，多くの土壌生物も生活しやすい。また，栄養塩類も多く含まれている。

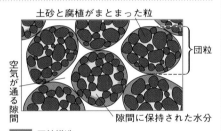

土砂と腐植がまとまった粒
団粒
空気が通る隙間
隙間に保持された水分

図8　団粒構造

このSECTIONの**まとめ**　**植生**

□ 環境と植物の多様性 ⇨p.150	・**作用**…非生物的環境➡生物への働き。 ・**環境形成作用**…生物➡非生物的環境への働き。 ・**植物の生活形**…高木，低木，草本，つる植物のような形態や，一年生草本のような，植物の生活のしかた。
□ 植生の構造 ⇨p.153	・**相観**…植生の外観。森林・草原・荒原がある。 ・**優占種**…丈が高く，被度や頻度が最も大きい植物種。優占種により相観が決まる。 ・**森林の階層構造**…高木層・亜高木層・低木層・草本層・地表層からなる。

植生の遷移

1 | 光の強さと光合成速度

1 光合成の環境要因

　植物の生育には**光，水，二酸化炭素**が必要で，**温度**も影響する。特に光は光合成のエネルギー源となるので，光の強さは植物の生育に大きく影響する。日なたを好む植物と日陰でも生育できる植物には，光の強さと光合成速度の関係に違いがある。

2 光の強さと光合成速度

❶**光の強さとCO_2吸収速度**　光の強さと植物のCO_2吸収速度（または排出速度）の関係は，図9のようになる。

① 暗黒下（光の強さ0）では，植物は呼吸のみを行うため，CO_2を排出する。このときのCO_2排出速度（単位時間あたりの排出量）を呼吸速度という。

② 光が当たると，植物は光合成によりCO_2を吸収する。このため，ある光の強さで見かけ上CO_2の吸収も排出もなくなる。この光の強さを光補

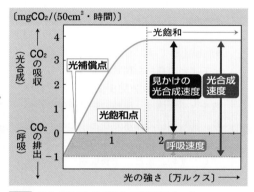

図9　光合成速度と光の強さの関係（温度一定で，CO_2量が十分なとき）

償点という。**光補償点では呼吸と光合成で出入りするCO_2速度がつり合う。**

③ CO_2吸収速度は，光が強くなると増加するが，ある光の強さを超えると増加しなくなる。この状態を光飽和とよび，光飽和に達する光の強さを光飽和点とよぶ。

❷**見かけの光合成速度と光合成速度**　ある光の強さにおいて，植物が吸収しているCO_2吸収速度を見かけの光合成速度という。植物は常に呼吸もしているので，実際に植物が行っている光合成速度は**見かけの光合成速度に呼吸速度を加えたもの**になる（呼吸速度は，光の強さにかかわらず一定であると仮定している[2]）。

POINT!

　光合成速度 ＝ 見かけの光合成速度 ＋ 呼吸速度

　光補償点…**光合成速度と呼吸速度が等しくなる明るさ。**

★1 CO_2吸収速度とは，単位時間（1時間など）あたりの二酸化炭素吸収量(mg)を表している。
★2 実際には，光が強くなるにつれて，呼吸速度は小さくなることが知られている。

❸**光補償点と植物の生活**　光補償点以下の明るさのときは，呼吸速度が光合成速度を上回っている。この明るさでは，植物は光合成で生産する有機物量より，呼吸で消費する有機物量のほうが多いので，生育することができない。**光補償点は植物が生育できるかどうかを決める明るさ**である。

3 陽生植物と陰生植物

　光が強い場所で生育する（日なたを好む）植物を陽生植物，日陰でも生育できる植物を陰生植物とよぶ。陽生植物と陰生植物では光補償点や光飽和点が異なっている。

❶**陽生植物**　陽生植物は**光補償点も光飽和点も高い**特徴をもつ。強い光のもとでは光合成速度が大きいため成長が速く，日なたの環境でよく生育をする。一方，光補償点が高いため，日陰では生育できない。

❷**陰生植物**　陰生植物は**光補償点も光飽和点も低い**特徴をもつ。光補償点が低いの

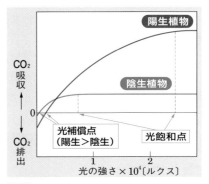

図10　陽生植物と陰生植物の光補償点と光飽和点の違い

で，弱い光のもとでも呼吸速度より光合成速度が上回り，生育することができるが，成長は遅い。また，植物種によっては，強い光で生育が阻害される。

表1　陽生植物と陰生植物の特徴

	呼吸速度	光補償点	光飽和点	強光下での光合成速度	植物例
陽生植物	大きい	高い	高い	大きい	イタドリ，ススキ，マツ，ハンノキ，多くの農作物
陰生植物	小さい	低い	低い	小さい	アオキ，ドクダミ，カタバミ，シダ植物，コケ植物など

❸**陽葉と陰葉**　同じ植物個体でも，ひなたの葉を陽葉とよび，日陰の葉を陰葉とよぶ。陰葉は陽葉に比べ，葉が薄くて面積が大きく，光補償点も低いので弱い光を効率よく利用できる。

❹**陽樹と陰樹**　樹木は，芽生えから幼木のときの耐陰性の違いで陽樹と陰樹に分けられる。陽樹は，**芽生えのときに強い光のもとで生育し，成長が速いが，耐陰性が低く，弱い光の条件では生育できない。**陰樹は，**芽生えのときに耐陰性が強く，弱い光でも生育できる。**陰樹でも成長して林冠を形成するようになると，光の当たっている葉は陽葉となる。陽樹と陰樹の違いは，植生の遷移（⇨ p.158）において，陽樹林から陰樹林への進行の大きな要因となる。

2 | 植生の遷移

1 遷移（植生遷移）

❶**遷移**　ある場所に存在する植生は，長い期間をかけて少しずつ別の植生に変化していく。この移り変わりを遷移（植生遷移）という。遷移によって土壌や植生内部の光環境や湿度などの環境が変化（環境形成作用 ⤷ p.150）し，環境の変化によって，そこで生育できる生物種が変化していく。

❷**遷移の種類**

① 一次遷移　土壌や生物を含まない状態から起こる遷移。乾性遷移と湿性遷移がある。

　　{ 乾性遷移　火山の噴火や，大規模な山崩れによってできた**裸地から始まる遷移**。
　　{ 湿性遷移　せき止め湖やカルデラ湖などの**湖沼から始まる遷移**（ ⤷ p.161）。

② 二次遷移　森林の伐採や山火事によって植生が破壊された場所で始まる。**土壌がすでにあり，その中に植物の種子や土壌生物が存在している状態**から始まる。

2 一次遷移

❶**一次遷移（乾性遷移）の進み方**　遷移のしかたは，環境によっていろいろな変化があるが，日本の暖温帯では次のように進むことが多い。

①**裸地・荒原**　溶岩流などでできた裸地は，土壌がなく，乾燥や直射日光による高温など，植物の生育には厳しい環境である。そのなかでも，スナゴケなどのコケ植物やキゴケなどの地衣類[*1]が岩石の表面に付着したり，草本植物などが岩の隙間などにわずかにたまった砂粒で生育したりして，最初に侵入する。

　　岩石が風化してできた砂の上に**草本類が侵入**してくる。植物が岩の割れ目に

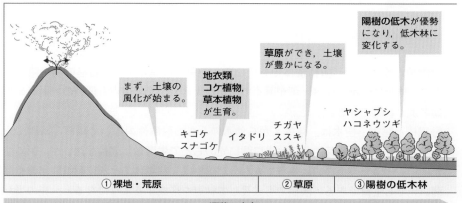

図11　一次遷移の進み方（本州の中部地方の例）

根を伸ばして，さらに岩石の風化を進め，また植物の枯死体が腐植となり**土壌が形成され始める**。裸地の上に島状(パッチ状)に植生が散在する荒原になる。

②**草原**　土壌が形成され始めると，地下茎などに栄養分をためて生育するススキやチガヤ，イタドリなどの多年生草本が生育し始める。多くの植物が生育するようになると，昆虫や小動物が集まり，動物によって持ち込まれる種子により，より多くの植物が侵入し，地表全体が植物に覆われるようになる。土壌が発達してくると，低木や陽樹の若木が生育するようになる。

> 補足　火山灰など，植物が根を伸ばせる状態から遷移が始まると，裸地からそのままヤシャブシなどの低木が侵入する場合もあり，草原を経ずに低木林へ進むこともある。

③**低木林**　土壌が十分に発達すると，低木や陽樹の幼木からなる低木林になる。ヤシャブシやハコネウツギなどの低木は高木になる種より成長が早いため，このような植物種による低木林になる。

④**陽樹林**　土壌の形成が進むと，明るい環境で成長が速いアカマツなどの陽樹が先に成長して林冠を形成する。陽樹林が発達すると，林床が暗くなるため，低木層や草本層の植物は陰生植物に置き換わる。また陽樹の芽生えも暗くなった林床では生育できなくなり，少ない光量でも生育できるスダジイやアラカシなどの**陰樹の幼木が成長**するようになる。

⑤**混交林**　陰樹が成長して大きくなると，陽樹と陰樹が混ざった森林になり，これを混交林とよぶ。混交林の林床では陽樹は生育できず，若い木は陰樹のみとなりやがて陰樹林に変化していく。

⑥**陰樹林**　陽樹の成木が枯死してしまうと完全な陰樹林になる。陰樹林の林床では陰樹の幼木が生育するため，森林は大きく変化しなくなる。このような安定した状態を極相(クライマックス)とよび，極相に達した森林を極相林という。

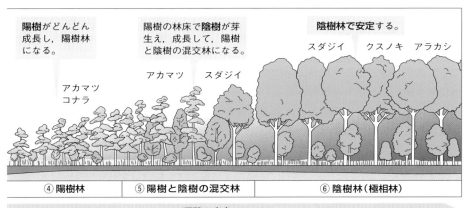

★1　地衣類は，菌類と藻類やシアノバクテリアの共生体で，岩や樹皮に着生して生育する(⊂ p.244)。

❷**先駆種と極相種**　遷移の初期に侵入してくる植物種を先駆種(パイオニア種)とよび，極相となったときに見られる種を極相種という。先駆種と極相種は次のような特徴がある。

表2　先駆種と極相種の特徴 ★1

	種子の大きさ	種子の散布方法	特徴	植物種
先駆種	小さい	風散布，動物散布	乾燥に強く，根に共生菌がいて栄養が少ない土壌でも生育できる。	イタドリ，ススキ，ヤシャブシ
極相種	大きい	動物散布，重力散布	芽生えのときの耐陰性が強い。乾燥に弱く，成長が遅い種が多い。	スダジイ，ブナ，モミ

〔一次遷移の進み方〕

裸地⇨荒原⇨草原⇨低木林⇨陽樹林⇨混交林⇨陰樹林
　　　　　　　　　　　　　　　　　　　　　　　（極相林）

遷移の要因　──── 土壌の形成 ────→　──── 陽樹から陰樹への交代 ────→

3 ギャップ更新

　台風や落雷などによって樹木が倒れたり折れたりすると，林冠に隙間(ギャップ)ができ，林床に日光が当たるようになる。このギャップが大きい場合，陽樹が生育できるように

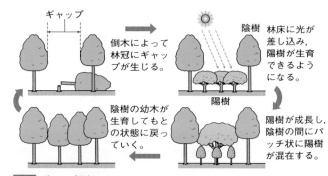

図12　ギャップ更新

なり，陰樹が優占する極相林に陽樹が混生する。やがて，この陽樹が枯死すると陰樹に置き換わり，樹木が更新される(ギャップ更新)。ギャップ更新の途中では，極相林の中にパッチ状に陽樹などの他の樹種が混在することになり，種の多様性が高く保たれることにつながっている。

極相林が成立した後でも，ギャップが生じることで多様性が保たれる。

★1 種子の散布には次のような方法がある。**風散布**：冠毛や羽をもつ種子で風によって運ばれる。**重力散布**：ドングリのように親木の下に落下して散布する。**動物散布**：果実の中の種子を動物に食べさせて運んでもらい，糞として排泄されて散布する。または動物の毛などに付着して運ばれる。

4 二次遷移

　山火事や大規模な伐採の跡地や，放棄された耕作地などから始まる遷移を二次遷移という。一次遷移とは異なり，**はじめから土壌があり，土中に植物の種子や地下茎が残っているため，遷移が速く進行する。**二次遷移によって成立した森林を二次林とよび，本州中部ではクヌギやコナラなどの陽樹が優占することが多い。二次林も長い年月を経ると極相林に遷移していく。

 二次遷移は，**一次遷移より速く進行する。**←土壌や植物の種子などがすでにあるため。

5 湿性遷移

❶**湖の成立と土砂や生物の遺骸の堆積**　溶岩流による河川のせき止めなどによって新たに成立した湖は，やがて土砂の流入や生物の遺骸の堆積により浅くなっていく。

❷**水生植物の遷移**　水生植物は，水深が深いときは沈水植物（⇨p.152）が生育するが，湖が浅くなるとともに浮葉植物（⇨p.152）や抽水植物（⇨p.152）が生育するようになり，浮葉植物が水面を覆うようになると，沈水植物は減少していく。

❸**湿原**　さらに**湖が土砂や腐植の堆積により埋められていくと，湖であった場所は湿原に変化する。**湿原には浅い沼が点在し，沼には浮葉植物や抽水植物が生育する。沼の周囲には湿性植物（⇨p.152）が生育するようになる。

❹**草原から極相へ**　湿原は腐植や土砂の堆積によって埋められ，やがて**草原に変化する。**その後は**乾性遷移と同様に，低木林から陽樹林，混交林，陰樹林と遷移し，極相に達する。**

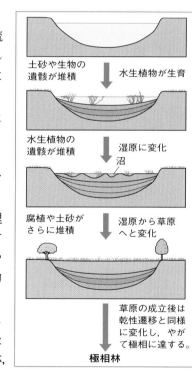

図13　湿性遷移

 湿性遷移：湖→湿原→草原…草原成立後は乾性遷移と同じ。

★1 湿原は渡り鳥の中継地となるほか，自然浄化作用によって水質を改善したり，大雨のときに貯水して河川の水量を調節するなど，環境保全に大きな役割を果たしている。

⊕発展ゼミ　伊豆大島での遷移の例

●伊豆大島は，太平洋に浮かぶ火山島で，面積91 km²，周囲52 kmの島である。島のほぼ中央に活火山の三原山があり，過去何度も噴火をくり返し，溶岩，スコリア(岩滓ともよばれる多孔質の岩石)，および火山灰を火口の近くに噴出している。そのため，火口から遠ざかる(溶岩が最後に地表を覆った噴火の時代が古い)につれて遷移が進行しており，**現在の植生のようすから，遷移の時間的変化のようすを追うことができる。**

●図14は，伊豆大島の植生をまとめて図示したものである。この図をもとに，伊豆大島での一次遷移の各段階を追うと，次のA～Fのようになる。

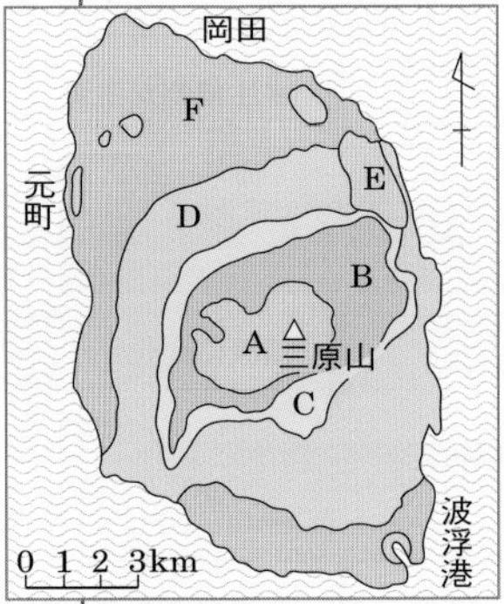

図14 伊豆大島の植生図
(1958～1960年調査)

[A] 現在も活動を続けている火口の近くで，**裸地**またはコケ植物や地衣類だけの**荒原**。

[B] 1950年の溶岩による溶岩原で**荒原段階**。一部には**ススキの草原**も見られる。

[C] 1778年の溶岩による溶岩原で，土壌の形成が進み，**低木林**の段階にある。

[D] オオシマザクラなどの陽生落葉高木と，ツバキなどの陽生常緑高木からなる**陽樹林段階**。一部に，ヒサカキなどの陰樹林のある**混交林**も見られる。

[E] タブノキなどの**陰樹林(極相林)**。

[F] 人工的に植林した場所。

●三原山では1986年にも全島民が島外避難する規模の噴火が起こり，その後の調査で，実際の一次遷移初期のようすが以下のように報告されている。

　噴火4か月後には，溶岩上に地衣類が見られ，8か月後には，スコリア上にハチジョウイタドリとススキが発芽後すぐに枯れた。

　噴火から3年半後の1990年5月に，溶岩上にハチジョウイタドリが見られ，この後，枯れることなく定着。毎年株は大きくなり，多数の種子を散布。その後，地衣類やコケ植物は溶岩上の2～15％を占める状態が続き，イタドリもほぼ同じ被度まで広がる。イタドリの群集はさまざまなサイズのパッチ状となり，次にハチジョウススキが，さらに次々と他の植物も定着し，被度・草丈・種類数ともに増大した。

表3　伊豆大島の植生と環境

地点	B	C	D	E
溶岩噴出年代(西暦)	1950	1778	684	B.C.2000
土壌の厚さ〔cm〕	0.1	0.8	40	37
土壌有機物〔%〕	1.1	6.4	20	31
地表の照度〔%〕	90	23	2.7	1.8
植物の種の数	3	21	42	33
群落の高さ〔m〕	0.6	2.8	9.2	12.5
各地点のおもな植物	シマタヌキラン オオシマイタドリ ススキ	オオバヤシャブシ ハコネウツギ	オオシマザクラ ヤブツバキ ヒサカキ	スダジイ タブノキ

─┤ COLUMN ├─

遷移の実験場：西之島

　西之島は小笠原諸島の父島の西北西約130 kmにある火山島で，2013年以降，活発に噴火をくり返して，新たな陸地が形成されている。特に2020年1月以降，溶岩流の噴出が続き，島の面積が拡大した。2023年現在も火山活動が継続している。

　1973年の噴火後，2008年に植生調査が行われ，6種の植物が侵入していることが確認された。その後の噴火でこれらの植生は失われたと考えられているが，新

図15　西之島

たに遷移が始まっており，調査が継続されている。環境省は人為的な生物の散布を防ぐため，「西之島の保全のための上陸ルール」を定め，自然な状態での遷移を観察し始めている。噴火がおさまれば，今後，数百年をかけて西之島も極相林をもつようになると考えられ，その経過は，天然の実験場として注目されている。

参考 退行遷移

●森林が成立していた植生でも，環境の変化や人為的な影響で，森林→草原→荒原→裸地と逆方向へ遷移が進む場合もある。このような遷移を**退行遷移**とよぶ。
●熱帯多雨林などでは，焼畑農業が行われる。焼畑農業では，森林を燃やし，その灰を肥料として耕作が行われる（⇨p.194）。やがて土壌が流失して土地がやせると，ウシの放牧が行われる。さらにウシが食べられる草がなくなると，ヤギが放牧される。ヤギは植物の根まで食べるため，植生がすべて失われて砂漠化する場合がある。
●日本の森林でも，増えすぎたシカ（ニホンジカ）に樹皮が食害され，樹木が枯れ，下草も食べられるため，森林が失われる被害が生じている（⇨p.213）。

このSECTIONの **まとめ** 　植生の遷移

☐ 光の強さと光合成速度 ⇨ p.156	・光補償点…光合成速度＝呼吸速度となる光の強さ。 ・陽生植物…光補償点が高い。陰生植物…光補償点が低い。
☐ 植生の遷移 ⇨ p.158	・**遷移**…植生の長い期間にわたる移り変わり。 ・一次遷移の進み方…裸地→荒原→草原→陽樹の低木林→陽樹林→混交林→陰樹林（極相林） ・ギャップ更新…極相林での樹種更新。倒木でできたギャップで，パッチ状に陽樹などが生育する。 ・二次遷移…山火事の跡地などから進行する遷移。土壌や土中の種子，土壌生物などが存在する状態から始まる。

SECTION ③ バイオームとその分布

1 | 気候とバイオーム

1 バイオーム ① 重要

❶バイオーム　ある地域に生育する植生(植物全体)と，そこで生活している動物をまとめたものをバイオーム[1](生物群系)という。同じような気候条件では同じような相観をもつ植生が成立し，そこで生活する動物も同じような構成となる。そこで，陸上のバイオームは相観(⤴ p.153)をもとに分類される。

❷気候とバイオーム　植物は移動できないので，その分布は環境要因(特に気温と降水量)に支配される。そして，気候が似ていれば，次のように，よく似た相観のバイオームができる。

① **年平均気温が−5℃以下の地域** では，植物がほとんど生育できないため，降水量にかかわらず，ツンドラ(寒冷荒原)となる。

② **年降水量が極端に少ない地域** (200 mm〜500 mm以下[2])では，植物が生育しにくいため，砂漠(乾燥荒原)となる。

③ **年降水量が少ない地域** (500 mm〜1000 mm以下[2])では，樹木が生育できないため，草原となる。草原は温帯・亜寒帯のステップと熱帯・亜熱帯のサバンナに分類される。

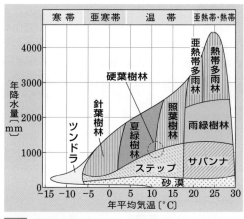

図16 世界の気候とバイオームの分布

④ **年降水量が多い地域** (500 mm〜1000 mm以上[2])では，森林が成立する。どのような森林になるかは，年平均気温で決まり，亜寒帯では針葉樹林，冷温帯では夏緑樹林，暖温帯では照葉樹林となり，降水量が少なく乾季と雨季が交代する熱帯・亜熱帯では雨緑樹林が，一年中降水量が多い熱帯では熱帯多雨林になる。亜熱帯地域では亜熱帯多雨林になる。

★1 バイオームは，bio：「生物」と-ome：「塊」を合わせてつくられた造語である。似た用語として，ゲノム＝gene：「遺伝子」＋-omeがある。

★2 気温が高くなると，蒸発量が多くなるため，森林または草原が成立するための降水量は多くなる。

2 気温や降水量とバイオームの関係

❶**気温とバイオームの関係**　降水量が十分にある地域では，年平均気温が高くなるにつれ，植物種が増え，高さも高くなり，階層構造も多層化していく（⤷図17ⓐ）。

❷**降水量とバイオームの関係**　気温が高い地域においては，年降水量の増加に伴い，荒原から草原，森林へと変化していく（⤷図17ⓑ）。それに伴い，植物種が増えるとともに，高木が密になり，階層構造も多層化する。

ⓐ 気温とバイオームの関係（降水量が十分にある地域）

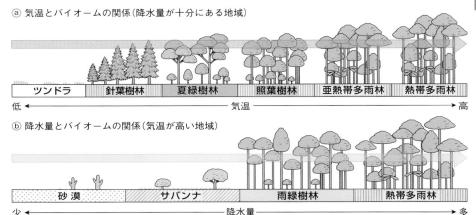

| ツンドラ | 針葉樹林 | 夏緑樹林 | 照葉樹林 | 亜熱帯多雨林 | 熱帯多雨林 |

低 ◀——————————————— 気温 ———————————————▶ 高

ⓑ 降水量とバイオームの関係（気温が高い地域）

| 砂漠 | サバンナ | 雨緑樹林 | 熱帯多雨林 |

少 ◀——————————————— 降水量 ———————————————▶ 多

図17 気温・降水量とバイオームの関係

3 バイオームの特徴

　離れた地域でも，同じ気候で成立するバイオームは同じような特徴をもつ。

❶**熱帯多雨林**　年平均気温約23℃以上，年降水量約2500 mm以上の**高温多湿の地域に発達**する常緑広葉樹の森林。70 mにもなる巨大な**マメ科**やフタバガキ科の樹木が生育し，そのため5〜7層の階層構造をもつ。生育する樹種が多く，つる植物・着生植物も多く見られ，動物の種類も非常に多い。海岸近くでは，ヒルギ類などの

マングローブ林[*1]が見られる。高温によって微生物の活動が活発なため，落葉や遺骸の分解が速い。このため腐植を含む土の層が薄く，根が地中深く成長できない。大きな幹を支えるために，板状の根（板根）をもつ樹木もある。

図18 熱帯多雨林（マレーシア）

図19 マングローブ林

★1 海水が混じる河口や干潟などに生育する樹木でできた森林。気根とよばれる地上に出ている根が発達し，その根の間が多様な生物の生活の場になる。生物多様性（⤷p.184）に富む重要な生態系である。

❷**亜熱帯多雨林**　年平均気温約18℃以上，年降水量約2500 mm以上の**亜熱帯地域**に分布する常緑広葉樹の森林。巨大高木層がない。アコウ，ヘゴ[★1]，タコノキなどが生育する。海岸近くに**ヒルギ類**などの**マングローブ林**が分布。

図20　チーク

❸**雨緑樹林**　雨季と乾季がある熱帯・亜熱帯の樹林で，雨季に葉をつけ，乾季に落葉する**落葉広葉樹**の森林。南アジアや東南アジアに多く分布する。**チーク**[★2]，コクタン[★3]，タケなどが生育。

❹**照葉樹林**　年平均気温約13〜20℃，年降水量約1000 mm以上の温帯のうち気温が比較的高い**暖温帯**に分布している。葉は，表皮上に**クチクラ層**[★4]が発達しており，硬くて表面に光沢がある。常緑広葉樹が優占するが，落葉広葉樹や針葉樹が混在する森林が多い。**スダジイ，アラカシ，タブノキ，クスノキ**などが代表例。林内には昆虫や小動物が多く生息する。

図21　クスノキ

━ COLUMN ━

照葉樹林文化

　アジアの照葉樹林は，東は日本中部から西はヒマラヤまで連なっており，そこに住む人々の文化は驚くほどよく似ている。例えば，これらの地域では，米や豆が主食で餅を食べ，中国の雲南地方では豆腐や納豆まで食べる。そこで，これらの地域の文化をまとめて照葉樹林文化ということがある。

図22　照葉樹林（日本・京都府）

❺**硬葉樹林**　**冬の降水量が多く，夏に乾燥する地域**で見られる，常緑の樹林。夏季の乾燥に適応し，**小さく硬い葉**をもつ。地中海沿岸では**オリーブ**，ゲッケイジュ，コルクガシ，オーストラリアでは**ユーカリ**，北米西海岸ではカシ類などが見られる。

図23　コルクガシの樹皮

❻**夏緑樹林**　年平均気温約3〜12℃の**冷温帯**に広く分布する**落葉広葉樹**の森林。**ブナ，ミズナラ，カエデ類**などが代表例。夏に高木の葉がしげり，**秋には紅葉や黄葉が見られ，冬には落葉する**。カタクリなど春の林床が明るい時期だけに生育して開花する植物が見られる。

図24　ブナ

図25　夏緑樹林（日本・青森県）

★1 ヘゴは，高さ5〜7mほどになる木生シダ（樹木のようになるシダ植物のグループ）の一種。
★2 チークは高級木材として知られ，豪華客船の内装材としても使われている。成長が遅く希少木材である。
★3 コクタンは黒檀，エボニーとも表記される希少木材で，現在では輸出が制限されている。
★4 クチクラ層は表皮細胞が分泌したロウなどからなる植物の表面を覆う膜で，水分の蒸散を防ぐ。

❼針葉樹林　亜寒帯に分布している森林。常緑の針葉樹が優占する森林で，構成樹種や階層(➩p.154)が少なく，2〜3層しかない。ツガ，モミ，コメツガ，シラビソなど。落葉針葉樹のカラマツなども見られる。

❽サバンナ　比較的降水量が少なく(年降水量約1000 mm以下)，数か月にわたる乾季がある熱帯・亜熱帯に広がる草原。イネ科の草本を主とし，ところどころにアカシアなどの亜高木や低木が混じって存在する。大形の野生動物が生息する。

❾ステップ　年降水量が少ない温帯・亜寒帯に成立する草原で，大陸の内陸部に広がる。イネ科の草本が多く，木本は少ない。穴を掘って生活する動物が多く見られる。

❿砂漠　年降水量が約200 mm以下の極端に乾燥した地域に成立する荒原。乾燥に適応した多肉植物や深く根を張る植物，種子で乾燥に耐え，降雨後に成長して花を咲かせる一年生草本が分布する。夜行性の動物が多い。

⓫ツンドラ　北極圏の寒帯に分布する。低温のため微生物が不活発なので，土壌の栄養塩類が少ない。地下には永久凍土がある。コケ植物や地衣類や草本がまばらに生育し，ところどころにキョクチヤナギなどの低木が見られる。動物では，トナカイなどの大形の動物が分布するが，両生類やハ虫類はほとんど分布しない。

図26　針葉樹林(カナダ)

図27　サバンナ(ケニア)

図28　ステップ(モンゴル)

図29　ツンドラ(アメリカ・アラスカ)

第3編　生物の多様性と生態系

POINT!

熱帯多雨林・亜熱帯多雨林　｝常緑樹林
照葉樹林・硬葉樹林・針葉樹林　｝　　｝森林
雨緑樹林・夏緑樹林…………………落葉樹林

サバンナ・ステップ………………………草原
砂漠・ツンドラ………………………………荒原

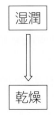
湿潤
↓
乾燥

4 世界のバイオームの分布

　図30は世界におけるバイオームの分布(水平分布)を示している。各地の気候(年平均気温と降水量)によってバイオームが成立しているが，その境界は明確ではなく，連続して変化していることが多い。

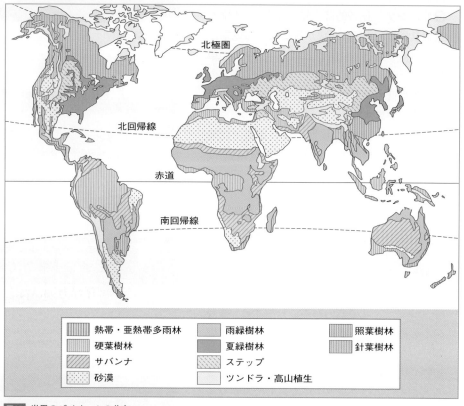

熱帯・亜熱帯多雨林	雨緑樹林	照葉樹林
硬葉樹林	夏緑樹林	針葉樹林
サバンナ	ステップ	
砂漠	ツンドラ・高山植生	

図30 世界のバイオームの分布

　世界のバイオームの分布は，おおまかには次のようになっている。

①熱帯多雨林は中南米・アフリカ・東南アジアの赤道付近に分布している。

②アフリカの熱帯では熱帯多雨林の周囲に雨緑樹林，その周囲にサバンナ，さらにその外側には砂漠が分布している。

③照葉樹林のおもな分布は，東アジア・南米の南部などにある。

④夏緑樹林は北米東海岸・ヨーロッパ北部・東アジアに広く分布する。

⑤硬葉樹林は地中海沿岸・オーストラリア南部・北米西海岸などに分布する。

⑥針葉樹林は北米からユーラシア大陸の高緯度地域に広く分布する。

2 | 日本のバイオーム

1 日本のバイオームの水平分布と垂直分布

　日本は降水量が多いため，高山などを除いては全土で森林が成立する。森林のバイオームは年平均気温によって種類が変わるので，南から北へ緯度によってバイオームが変化する。緯度の違いに伴うバイオームの分布を水平分布という。

　また，同じ緯度でも標高によって年平均気温が変化する。地上では，**標高が1000 m上昇するごとに気温が5〜6℃低下**し，それにつれて，バイオームも変化する。この標高に応じたバイオームの分布を垂直分布とよぶ。**垂直分布の境界となる標高は，高緯度になるほど低くなる。**また，同じ山でも南側より北側のほうが低くなる。

2 日本のバイオームの水平分布

❶亜熱帯多雨林　屋久島・種子島から琉球諸島の**亜熱帯**地域に発達。スダジイ，タブノキなどの常緑広葉樹が優占するが，**ガジュマル，アコウ，ヘゴ**などの亜熱帯樹種が混在する。河口では**ヒルギ類**などのマングローブ林がある。

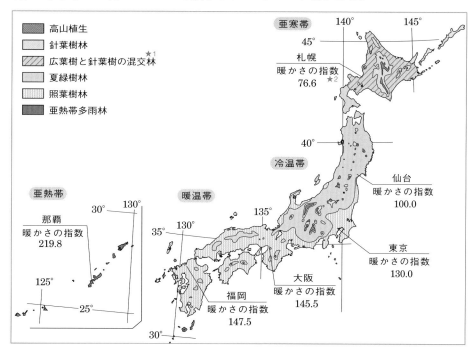

図31 日本のバイオームの水平分布

★1 北海道では夏緑樹林から針葉樹林へゆるやかに連続しているため，広葉樹と針葉樹の混交林が広がる。
★2 ここでの暖かさの指数(⌘ p.171)は，1991〜2020年の月平均気温より求めたもの。

❷照葉樹林　九州・四国のほぼ全域，関東・新潟県の平野部以南の**暖温帯**に発達。シイ類，カシ類，タブノキなどの**常緑広葉樹**が優占する。

❸夏緑樹林　本州中部から北海道西南部の平地の**冷温帯**に発達。ブナ，ミズナラ，カエデ類などの**落葉広葉樹**が優占する。

❹針葉樹林　北海道東部の**亜寒帯**や本州中部の亜高山帯（標高約1700〜2500 mの地域）に分布する。耐寒性の強い**常緑針葉樹**が優占する。北海道ではエゾマツ，トドマツなどが代表樹種。本州中部ではコメツガ，シラビソなどが代表樹種。

図32　スダジイの実（ドングリ）

図33　ブナ林

図34　トドマツ

3 日本のバイオームの垂直分布

本州中部の山岳地帯では，標高が低いほうから**丘陵帯・山地帯・亜高山帯・高山帯**の4つに分けられる。この区分はバイオームで分けられ，**丘陵帯には照葉樹林，山地帯には夏緑樹林，亜高山帯には針葉樹林が分布**する。

表4　本州中部のバイオームの垂直分布

区分	特徴・植物例
高山帯〔2500 m以上〕	高山草原（お花畑）や低木が育つ。コマクサ・コケモモ・ハイマツなど。
亜高山帯〔1700〜2500 m〕	落葉広葉樹が混在する**針葉樹林**になる。コメツガ・シラビソなど。
山地帯〔700〜1700 m〕	落葉広葉樹からなる**夏緑樹林**になる。ブナ・ミズナラ・カエデ類など。
丘陵帯（低地帯）〔700 m以下〕	常緑広葉樹からなる**照葉樹林**になる。スダジイ・アラカシ・タブノキ・クスノキなど。

高山帯では，高木が生育できず森林が形成されないので，高山帯と亜高山帯を分ける境界（亜高山帯の上限）を森林限界とよぶ。高山帯のバイオーム（**高山植生**）は，高山植物の草原（**お花畑**）や，低木のハイマツやコケモモが見られる。

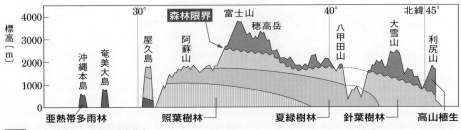
図35　日本のバイオームの垂直分布

暖かさの指数

● 気温の変化が植生の分布に与える影響を説明する1つの指標として，吉良竜夫が体系化した(1945年)**暖かさの指数**が知られている。暖かさの指数は，植物が生育できる温度は5℃以上だと考えられていることから，1年間のうちで，月平均気温が5℃以上の月について，月平均気温から5を引いた値を積算して求める。[★1]

表5　札幌市の暖かさの指数(1991〜2020年の平均気温をもとに算出　気象庁HPより)

月	1	2	3	4	5	6	7	8	9	10	11	12	暖かさの指数
平均気温	-3.2	-2.7	1.1	7.3	13.0	17.0	21.1	22.3	18.6	12.1	5.2	-0.9	
5℃引いた値	[★1]	—	—	2.3	8.0	12.0	16.1	17.3	13.6	7.1	0.2	—	76.6

表6　バイオームと暖かさの指数

バイオーム	暖かさの指数	気候帯
熱帯多雨林	240以上	熱帯
亜熱帯多雨林	180〜240	亜熱帯
照葉樹林	85〜180	暖温帯
夏緑樹林	45〜85	冷温帯
針葉樹林	15〜45	亜寒帯
ツンドラ	15以下	寒帯

表7　国内各都市の暖かさの指数

(1991〜2020年の平均気温より)

都市名	暖かさの指数	都市名	暖かさの指数
札幌	76.6	大阪	145.5
盛岡	86.6	福岡	147.5
仙台	100.0	鹿児島	165.4
東京	130.0	那覇	219.8
名古屋	134.7	富士山頂	1.7

　表5は札幌市の暖かさの指数(76.6)を求めた例で，表6から夏緑樹林に相当する。

　また，表7は日本各地の暖かさの指数を求めたものである。盛岡は夏緑樹林と照葉樹林の境界に位置し，仙台から鹿児島までは照葉樹林に相当する暖かさの指数であることがわかる。また，那覇は亜熱帯多雨林，一方，富士山頂はツンドラに相当している。

このSECTIONの まとめ　バイオームとその分布

□ 気候とバイオーム p.164	・**バイオーム(生物群系)**…おもに**気温**と**降水量**で決まる。 森林〈熱帯多雨林・亜熱帯多雨林・雨緑樹林・照葉樹林・硬葉樹林・夏緑樹林・針葉樹林 草原…サバンナ・ステップ　　荒原…砂漠・ツンドラ
□ 日本のバイオーム p.169	・**水平分布**…南から順に，亜熱帯多雨林・照葉樹林・夏緑樹林・針葉樹林が発達。 ・**垂直分布**…低いほうから，照葉樹林・夏緑樹林・針葉樹林の順で分布。森林限界の上は高山植生。

★1 月平均気温が5℃を下回る月の値は0とし，表5の例では1〜3月と12月は計算に入れない。

重要用語

SECTION 1 植生

□ **環境要因** かんきょうよういん ☞p.150
環境のうち，生物に何らかの影響を与える要因。

□ **非生物的環境** ひせいぶつてきかんきょう ☞p.150
環境のうち，生物以外の要因。温度，光，大気(空気)，栄養塩類，土壌，水など。

□ **生物的環境** せいぶつてきかんきょう ☞p.150
環境のうち，同種の生物や異種の生物。

□ **作用** さよう ☞p.150
生物が非生物的環境から受ける働き。

□ **環境形成作用** かんきょうけいせいさよう ☞p.150
生物によって非生物的環境が変化する働き。

□ **適応** てきおう ☞p.151
生物の形態や性質が，ある環境の中でよりよく生活や繁殖できるようになること。

□ **(植物の)生活形** せいかつけい ☞p.151
環境に適応した植物の形態や生活様式。

□ **植生** しょくせい ☞p.153
ある場所に生育している植物の集まり全体。

□ **優占種** ゆうせんしゅ ☞p.153
植生を構成する植物のうち，個体数が多く最大の生活空間を占有する種。

□ **相観** そうかん ☞p.153
植生の外観。荒原，草原，森林などの種類に大きく分けられる。

□ **(森林の)階層構造** かいそうこうぞう ☞p.154
発達した森林に見られる構造。高木層，亜高木層，低木層，草本層，地表層に分類される。

□ **林冠** りんかん ☞p.154
森林の最上部の，直射日光が当たる部分。

□ **林床** りんしょう ☞p.154
森林内部の地表に近い部分。

□ **土壌** どじょう ☞p.155
森林の土壌は，地表から，落葉層，腐植土層，岩石が風化した層，母岩で構成されている。

SECTION 2 植生の遷移

□ **光補償点** ひかりほしょうてん ☞p.156
呼吸速度と光合成速度が等しくなっているときの光の強さ。この光の強さでは，植物は見かけ上CO_2を吸収も排出もしていない。

□ **光飽和** ひかりほうわ ☞p.156
光を強くしていったときに，CO_2の吸収速度が増加しなくなった状態。光飽和に達したときの光の強さを光飽和点という。

□ **光合成速度** こうごうせいそくど ☞p.156
植物が光合成で吸収している，単位時間あたりのCO_2量。光合成速度＝見かけの光合成速度＋呼吸速度。

□ **陽生植物** ようせいしょくぶつ ☞p.157
強い光のもとでよく生育する植物。光飽和点が高く，光合成速度が大きいが，光補償点も高いため，弱い光のもとでは生育できない。

□ **陰生植物** いんせいしょくぶつ ☞p.157
光の弱い場所でも生育できる植物。呼吸速度が小さく，光補償点が低い。

□ **陽樹** ようじゅ ☞p.157
幼木のときに強い光の下でないと生育できない樹木。強い光の下では成長が速い。

□ **陰樹** いんじゅ ☞p.157
幼木のときに耐陰性が高く，弱い光でも生育できる樹木。

□ **遷移(植生遷移)** せんい(しょくせいせんい) ☞p.158
時間とともに植生が移り変わっていくこと。

□ **一次遷移** いちじせんい ☞p.158
裸地などの土壌や生物がない状態から始まる遷移。裸地→荒原→草原→低木林→陽樹林→混交林→陰樹林(極相)の順に進行する。

□ **二次遷移** にじせんい ☞p.158, 161
森林伐採や山火事のあとから始まる遷移で，土壌や土中の種子などがある状態から始まるため，進行が速い。

□ **乾性遷移** かんせいせんい ☞p.158
溶岩流の跡地や大規模な崖崩れなど，植生がまったくない裸地から始まる遷移。

□ **湿性遷移** しっせいせんい ⟿p.158, 161
　せき止め湖などの湖沼から始まる遷移。堆積物で水深が浅くなった後，湿原→草原と進行し，その後は乾性遷移と同様に進行する。

□ **極相** きょくそう ⟿p.159
　植生の遷移がそれ以上進まない安定した植生の状態。

□ **先駆種（パイオニア種）** せんくしゅ（―しゅ）⟿p.160　遷移の初期に侵入する種。種子が小さく，風で散布される種が多く，土壌に栄養分が少なくても生育する。

□ **極相種** きょくそうしゅ ⟿p.160
　極相における優占種。陰樹であることが多い。

□ **ギャップ** ⟿p.160
　倒木などによって林冠にできた隙間。

③ バイオームとその分布

□ **バイオーム** ⟿p.164
　生物群系ともいう。ある場所にある植生と生活している動物など，すべての生物のまとまり。

□ **熱帯多雨林** ねったいたうりん ⟿p.165
　年間を通して降水量が多い熱帯に分布するバイオーム。高木は非常に高く，植物種が多い。

□ **亜熱帯多雨林** あねったいたうりん ⟿p.166
　降水量が多い亜熱帯に分布するバイオーム。ヘゴやマングローブ林などが見られる。

□ **雨緑樹林** うりょくじゅりん ⟿p.166
　雨季と乾季がはっきりとした熱帯・亜熱帯に分布するバイオーム。乾季に落葉する樹木が多い。

□ **照葉樹林** しょうようじゅりん ⟿p.166
　降水量が多い暖温帯に分布するバイオーム。照葉樹は葉にクチクラ層が発達し光沢をもつ。

□ **硬葉樹林** こうようじゅりん ⟿p.166
　降水量がやや少なく，夏季に乾燥する温帯に分布するバイオーム。乾燥に適応した小さくて硬い葉をもつ樹種が優占する。

□ **夏緑樹林** かりょくじゅりん ⟿p.166
　冷温帯に分布するバイオーム。冬季に落葉する樹木が優占する。

□ **針葉樹林** しんようじゅりん ⟿p.167
　亜寒帯に分布するバイオーム。針葉樹が優占する。構成樹種が少なく，階層構造が単純。

□ **サバンナ** ⟿p.167
　降水量が少ない熱帯・亜熱帯に分布するバイオーム。イネ科植物を中心とした草原で樹木が散在。

□ **ステップ** ⟿p.167
　降水量が少ない温帯から亜寒帯に分布するバイオーム。イネ科草本中心の草原で，高木はほとんど見られない。

□ **砂漠** さばく ⟿p.167
　降水量が極端に少ない乾燥地域に分布する荒原。多肉植物など乾燥に適応した植物が生育。

□ **ツンドラ** ⟿p.167
　年平均気温が－5℃以下の地域に見られる荒原。コケ植物や地衣類，草本が中心。

□ **水平分布** すいへいぶんぷ ⟿p.169
　緯度の違いに伴うバイオームの分布。日本では南から，亜熱帯多雨林→照葉樹林→夏緑樹林→針葉樹林が分布する。

□ **垂直分布** すいちょくぶんぷ ⟿p.169, 170
　標高の違いに応じたバイオームの分布。日本の本州中部では，標高が高くなるにつれ，丘陵帯→山地帯→亜高山帯→高山帯と変化する。

□ **丘陵帯** きゅうりょうたい ⟿p.170
　本州中部では標高500～700m以下に分布する，照葉樹林で占められる地帯。

□ **山地帯** さんちたい ⟿p.170
　本州中部では丘陵帯の上の標高1500～1700m以下で見られる，夏緑樹林で占められる地帯。

□ **亜高山帯** あこうざんたい ⟿p.170
　本州中部では山地帯の上の標高約2500m以下で見られる，針葉樹林で占められる地帯。

□ **高山帯** こうざんたい ⟿p.170
　本州中部では2500m以上で見られ，高木が生育せず，低木やお花畑が見られる。

□ **森林限界** しんりんげんかい ⟿p.170
　森林が成立できない標高の下限。亜高山帯と高山帯を区分する。

地球に広がる生物圏

①地球の構造としての生物圏 地球の構造は，外側から**大気圏**，**水圏**(海洋・湖沼など)，**岩石圏**と層状に覆われている。これらの層の中で，生物が生活している部分を**生物圏**とよぶ。さらに人間が活動している部分を，人間圏とする場合もある。

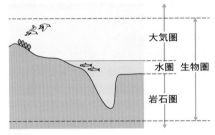

大気圏

水圏　生物圏

岩石圏

図36　生物圏の範囲

②生物圏の広がり 生物圏は，水平分布では赤道から極地まですべてが含まれる。砂漠や高山，極地の氷雪地域など，動物や植物が生育できない場所もあるが，微生物はそのような地域においても存在している。

垂直方向では，高さ8000 m以上のヒマラヤ山脈を越えて渡りをするインドガンが観察され，また11300 mの上空で飛行機と衝突したハゲワシの例(1973年

図37　インドガン

西アフリカのコートジボワール上空)も報告されている。微生物については，気球を使った採集で，成層圏(高さ10 km〜50 km)で細菌が採集されている。

一方，海において，最も深い場所で見つかった魚類は，マリアナ海溝の水深8178 mで見つかったマリアナスネイルフィッシュである。さらに水深10900 mでヨコエビの仲間が採集されている。世界最深部の水深が10984 mなので，ほとんど世界最深部まで動物が分布している。

図38　マリアナスネイルフィッシュ

③地下の生物圏 地中にも多量の生物が分布していることがわかってきた。日本の海洋研究開発機構(JAMSTEC)は，地球深部探査船「ちきゅう」での調査で，青森県下北半島沖80 kmの地点にある石炭層において，水深1180 mからさらに地下2466 mまで掘削し，採集したサンプルから微生物やDNAが発見され，生物圏はこの深さまで広がっていることがわかった(2014年)。さらに，地球の深部には無数の生

図39　「ちきゅう」により確認された地下の微生物の蛍光顕微鏡写真

©JAMSTEC

命体が存在し，その生物量(バイオマス⤷p.238)は全人類の245〜385倍に相当する，と報告されている(2018年)。

地下生物圏は，光がなく，栄養分も少なく，熱や圧力にさらされている環境で，そこに適応している生物は，地上とは異なった代謝のしくみなどをもっている。石油を分解する細菌や，無機物からメタンCH_4を生成するような細菌が発見されている。

★1地下の構造としては，岩石圏(リソスフェア)のさらに下側に岩流圏(アセノスフェア：軟らかい岩石でできている部分)がある。

※画像提供：JAMSTEC/NHK/Marianas Trench Marine National Monument U.S.Fish and Wildlife Service

④**深海の熱水噴出孔周辺の生物群** 太陽光の届かない深海において，地熱で熱せられた水が噴出している場所を，**熱水噴出孔**という。熱水噴出孔の周辺には，たくさんの生物が生活している場所が見つかっている。そこでは，噴出する熱水に含まれる有毒の硫化水素 H_2S を酸化したエネルギーで有機物を合成する細菌（化学合成細菌とよばれる）がいて，化学合成細菌を生産者として成立している食物連鎖によって生態系が構成されている。

図40 **熱水噴出孔** ©JAMSTEC

化学合成細菌を体内に共生させているチューブワーム（ハオリムシ）やシロウリガイ，さらにそれを食べるエビやカニなど，多くの生物種が存在し，生物の密度は，周辺の深海底に比べ10000～100000倍にも達する。

図41 **チューブワーム**

陸上や浅海の生態系の食物連鎖は，植物が光エネルギーを用いて生産された有機物から始まっているので，われわれが生命活動に用いているエネルギーは，もとは太陽光のエネルギーである。しかし，深海の熱水噴出孔の

まわりに成立している生態系は，地球内部から出てくる無機物をエネルギー源としており，陸上などの生態系とはエネルギー的にほぼ別の生態系～別の世界ともいえる。そこには陸上生態系では見られないような独自の進化をしている生物も見られ，そこにある遺伝子資源にも注目が集まっている。

⑤**氷の中の生物** 南極海は冬季には広く海氷に覆われ，その面積は約2000万 m^2，海洋面積の約6％にもなる。海氷の下や氷の隙間には，**アイスアルジー**とよばれる藻類が生育している。アイスアルジーは，ケイ藻類が中心で，氷の中や下側を茶色に染める。アイスアルジーは春に日光が当たるようになると盛んに生育し，氷が溶けると，海水中に放出されたり，沈降していく。オキアミや動物プランクトンがこれを食べて爆発的に増え，さらに魚類やクジラがオキアミなどを食べて生活している。アイスアルジーは，南極海の大形動物であるクジラやペンギンなどの生活を支えている。

北海道の北側のオホーツク海も冬季には海氷で覆われる。ここでもアイスアルジーが重要な生産者であり，この海域の豊かな漁業資源を支えている。

地球温暖化の影響で，海氷の減少が報告されている。海氷ができないと，アイスアルジーは生育できない。高緯度で海氷が見られる海域の，地球温暖化による生物生産への影響も懸念されている。

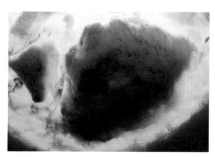

図42 **アイスアルジー**

第**3**編 生物の多様性と生態系

2 » 生態系と生物の多様性

SECTION 1 生態系と多様性

1 | 生態系

1 生態系と食物連鎖

❶**生態系** ある場所に生息するすべての生物と，それを取り巻く環境を合わせて生態系という。生態系の大きさは対象ごとに設定することができ，小さな池や１つの水槽を１つの生態系とみなすこともできるし，地球全体を１つの生態系とみなすこともできる。

❷**生態系の構造** 生態系の中で，生物は非生物的環境の影響を受け（**作用** ⊂⟩ p.150），また生物の活動によって環境は変化し（**環境形成作用** ⊂⟩ p.150），さらには生物どうしが関係し合って複雑なシステムを形成している。

❸**生態系内での生物** 生態系の中で生活する生物は大きく生産者と消費者に分けることができる。

① **生産者** 光合成などによって無機物から有機物をつくり出す生物が生産者である。生産者としては植物や藻類，シアノバクテリアなどの細菌が含まれる。

② **消費者** 他の生物を食べて生活する生物を消費者とよぶ。生産者を食べる生物を一次消費者，一次消費者を食べる生物を二次消費者とよび，さらに二次消費者を食べる生物を三次消費者とよぶ。動物のうち，一次消費者は植物食性動物[★1]，二次消費者以降の動物は動物食性動物[★1]である。消費者のうち，**生物の遺骸や排出物の有機物を取り入れ，無機物にする菌類，細菌などの生物**を分解者とよぶ場合もある。

[★1] 一次消費者は一般には草食動物とよばれる。しかし，一次消費者が食べるのは草だけではなく，樹木の葉や果実，蜜や花粉など，植物が生産した有機物をさまざまな形で取り入れるので，**植物食性動物（植食性動物）**という。同様に一般に肉食動物とよばれる動物は**動物食性動物（肉食性動物）**という。

生産者から始まる，一次消費者，二次消費者などの各段階のことを栄養段階という。

❹**食物連鎖と食物網**　生物の間に見られる，**捕食**（食べる）・**被食**（食べられる）の関係がつながっていくことを食物連鎖とよぶ。

ふつう生態系内では，**図43**のように多くの生物が複雑に捕食・被食の関係をもち，網目状のつながりになっているため，食物網とよばれる。

食物網の中で，二次消費者以上の栄養段階は複雑になるので，高次消費者とまとめられることもある。

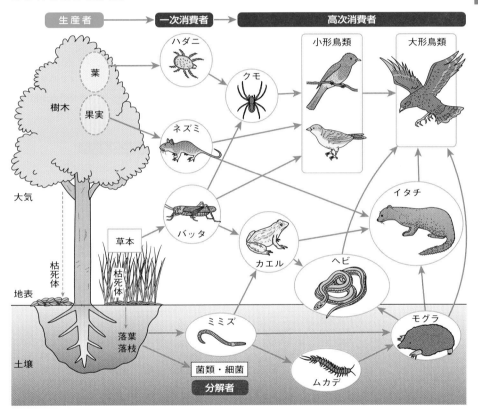

図43 森林の生態系に見られる食物網の例

視点　小形鳥類の栄養段階は，草本→バッタ→小形鳥類と見れば二次消費者であるが，草本→バッタ→クモ→小形鳥類と見れば三次消費者であるため，食物網の中では**高次消費者**とよぶのが適切である。

❺**腐食連鎖**　地面に落ちた葉や枝（落葉・落枝）や動物の遺骸・排出物などは分解者によって無機物にまで分解される。ここでも，落葉→ミミズ→モグラのような食物連鎖が見られる。このように，枯死体や動物の遺骸・排出物などから始まる食物連鎖を腐食連鎖とよぶ。腐食連鎖によって有機物は分解されていき，**最終的には無機物にまで分解される**が，一部は土中に埋蔵される。

2 生態ピラミッド

栄養段階ごとに，個体数や生物量などを積み重ねたものを生態ピラミッドという。生態ピラミッドには次のような種類がある。

❶個体数ピラミッド　下から生産者・一次消費者・二次消費者の個体数を積み重ねたものを，個体数ピラミッドという。**一般に捕食者のほうが被食者よりも個体数が少ないが，捕食者が被食者に寄生している場合は逆転する場合もある。**

補足　逆転の例：1本の木の葉を食べるガの幼虫の個体数や，ガの幼虫に寄生するコマユバチなど。

❷生物量ピラミッド　その**生態系内に存在する生物の量**，つまり，そこで生育する生物の総重量(生物量)を積み重ねたものを，生物量ピラミッドという。生物量は，水分量を除いた乾燥重量で表す場合もある。生物量ピラミッドも栄養段階が高いものほど小さくなる。

しかし，生物量ピラミッドが逆転する場合もある。植物プランクトン(⤷p.179)のように，生産者の増殖速度が速く，一次消費者が生産者の増えた分だけを食べて維持される場合，生産者よりも一次消費者の生体量が多くなる。

❸生産力ピラミッド(生産速度ピラミッド)　それぞれの栄養段階の生物が**単位時間あたりに生産する有機物量**(光合成量や体内に取り込んだ有機物量)を積み重ねたものを，生産力ピラミッド，または**生産速度ピラミッド**とよぶ。生産力ピラミッドはエネルギーの流れに注目したピラミッドである。**生産力ピラミッドは，安定して維持されている生態系では逆転することはない。**

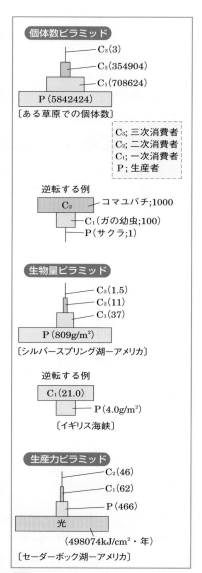

個体数ピラミッド
C₃(3)
C₂(354904)
C₁(708624)
P(5842424)
〔ある草原での個体数〕

C₃；三次消費者
C₂；二次消費者
C₁；一次消費者
P；生産者

逆転する例
C₂　コマユバチ；1000
C₁(ガの幼虫；100)
P(サクラ；1)

生物量ピラミッド
C₃(1.5)
C₂(11)
C₁(37)
P(809g/m²)
〔シルバースプリング湖―アメリカ〕

逆転する例
C₁(21.0)
P(4.0g/m²)
〔イギリス海峡〕

生産力ピラミッド
C₂(46)
C₁(62)
P(466)
光
(498074kJ/cm²・年)
〔セーダーボック湖―アメリカ〕

図44　生態ピラミッド

POINT!

生態ピラミッド…個体数や生物量を**栄養段階ごとに**積み重ねたもの。ふつう，栄養段階が上がると小さくなるピラミッド形になるが，個体数・生物量のピラミッドでは逆転することもある。

3 さまざまな生態系

　さまざまな生態系が相互につながっていることにより，生物多様性（⤷p.184）は維持される。生態系はその大きさや環境によってさまざまな特徴をもつ。

❶陸上生態系　陸上の生態系は，ふつう１日の気温差が大きく，降水量の影響も大きく受ける。降水量によって，森林・草原・荒原など相観が変化するほか，雨季や乾季，降雪量によっても影響を受ける。

❷水界の生態系　水界は海洋や湖沼，河川など規模の大きさが異なるさまざまな生態系がある。生産者は植物や藻類のほかにも，植物プランクトン[1]などの微生物も大きな役割を果たしている。

　水中では水深が深くなるにつれて照度（明るさ）が低下するので，生産者の光合成量と呼吸量がつり合う深度を補償深度とよぶ。**水面から補償深度までを生産層，補償深度より深い部分を分解層とよぶ。**

補足　水が濁っていると光は深いところまで届きにくくなるため，補償深度は水の濁り具合（透明度，濁度）にも左右される。

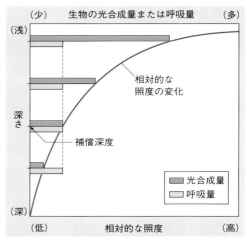

図45　水深と光合成量・呼吸量の関係

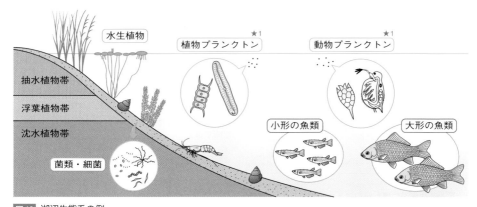

図46　湖沼生態系の例

★1 水中を浮遊する生物を総称して**プランクトン**という。プランクトンのうち，光合成をするものを**植物プランクトン**といい，光合成をしないものを**動物プランクトン**という。水界の生態系において，植物プランクトンは生産者であり動物プランクトンは一次消費者である。

2 | 生態系のバランス

1 生態系のバランスと変動

❶**攪乱とは**　生態系の状態をかき乱す要因を攪乱(攪乱)とよぶ。攪乱には，気温の変化や日照量の変化，洪水や台風，土砂崩れなど，頻度や大きさにさまざまなものがある。また，自然現象に由来する**自然攪乱**だけでなく，森林伐採や過放牧のような**人為的攪乱**も生態系に影響を与える。

❷**生態系のバランス**　自然の生態系は，大小さまざまな攪乱によって変動している。生態系を構成するさまざまな生物は食物網でつながっており(⇨p.177)，大きな攪乱でなければ，各生物の個体数，生体量などが変動しながらも，**生態系全体としては構成種や個体数が一定の変動幅の中で維持される。**この状態を生態系のバランスが保たれているという。

❸**生態系の復元力**　森林は洪水や山火事，土砂崩れなどで破壊されても，年月とともに回復する。また，ある動物が急に増加しても，その捕食者も増加することで個体数の増加は抑制される。このように，生態系は攪乱に対して復元力(レジリエンス)をもち，一時的に変化しても，多くの場合はもとの状態に回復する(⇨図47)。しかし，火山噴火による溶岩の流入や，熱帯林の大規模な伐採後に土壌が流出したときなど，攪乱が大きい場合にはバランスは崩れ，生態系はもとの状態には戻らなくなる。この場合，生態系は以前とは異なった生態系に移行していく。

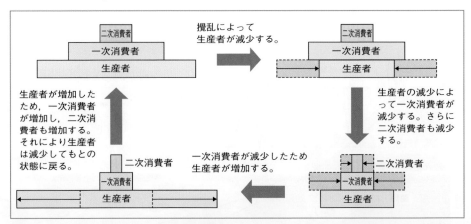

図47　生態系に攪乱が起こったときの個体数の復元

生態系は攪乱に対して復元力をもつ。しかし，大きすぎる攪乱に対してはもとに戻らないこともある。

2 キーストーン種

　ある生態系において，**生態系内の上位の捕食者が，その生態系の種多様性の維持に大きな影響を及ぼしている場合，その生物をキーストーン種とよぶ。** キーストーン種は，個体数が少なくても，いなくなった場合に大きな影響が生じる。

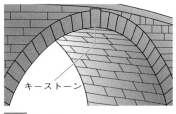

図48　キーストーン

補足 アーチ型建築の上部中央の石で，要石ともよばれる。この石を外すと，石組み全体が成立しなくなる。

❶ ペインの実験　ペインは図49のような食物網が見られる北太平洋の海岸の岩場で，ヒトデだけを除去し続ける実験を行った。すると，1年後にはイガイが岩場の大部分を占め，藻類は減少し，ヒザラガイなどはほとんど見られなくなってしまった。**ヒトデがいなくなることにより，種多様性**（⇨ p.185）**が大幅に低下した。この生態系におけるヒトデのような生物をキーストーン種と名づけた。**

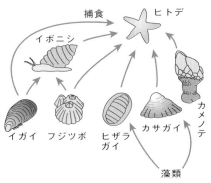

図49　海岸の岩場の食物網

図50　イガイ（手前の二枚貝）とフジツボ

補足 イガイは足糸で岩やフジツボに付着して密生し，ヒトデがいない環境では岩の表面の生活空間をめぐる競争で優位にある。

❷ 北太平洋での観察例　北太平洋の沿岸にはジャイアントケルプ（以下「ケルプ」）という大形のコンブが生育し，このケルプを食べるウニ，ウニを食べるラッコがいる（⇨ 図51）。

　19世紀末，毛皮目的のためにラッコが乱獲され，絶滅寸前まで減少した。すると，ラッコがいなくなったためにウニが大発生し，ケルプを食べつくしてしまった。ケルプは，エビやカニなどの甲殻類や魚などのすみかや産卵場所になっていたため，これらの生物も激減し，この地域の漁業生産量も著しく減った。この生態系の例では，**ラッコがキーストーン種である。**

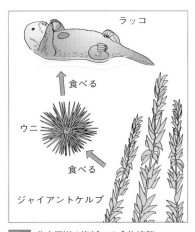

図51　北太平洋の海域での食物連鎖

第3編　生物の多様性と生態系

❸間接効果　p.181のラッコの例において，ラッコとケルプは直接には捕食・被食の関係にはない。しかし，ラッコの減少によってケルプの生物量も減少している。このように，ある生物の存在が**直接には捕食・被食の関係をもたない生物の生存に影響を与えること**を，間接効果とよぶ。

➕発展ゼミ　中規模攪乱説

●生態系において攪乱の影響が大きい場合は，生物の個体数は減少し，攪乱に弱い種が排除されるため，そこで生存できる生物の種類数が減少する。一方，攪乱の影響が小さい場合は，競争に強い種が優占し，弱い種が排除されるため，やはり種類数が減少する。したがって**中規模の攪乱が一定の頻度で起こる状態で種多様性が最も高くなる**と考えられ，これを中規模攪乱説（中規模攪乱仮説）という。

●**図52**はグレートバリアリーフ（オーストラリア）のヘロン島で調査された，いろいろな場所における，生きているサンゴで覆われている面積の割合とサンゴの種類数を示したグラフである。この横軸は熱帯低気圧などによる攪乱の大きさを反映しており，攪乱が大きいほど生きているサンゴで覆われる割合は小さくなる。**図52**において，生きているサンゴで覆われる割合が中程度（約20〜30％）のとき，サンゴの種類数が多くなっている。

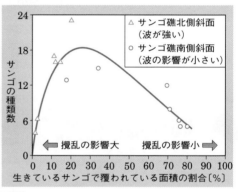

図52　生きているサンゴが覆う割合とサンゴの種類数

参考　生態系エンジニア

●北米に住むビーバーは川岸や川の中につくった巣の入口を常に水中に保つため，木の枝などで河川をせき止める巨大なダムをつくる。ビーバーがつくったダム湖にはたくさんの水草が生育するため，多くの生物種が生活できるようになったり，渡り鳥が飛来したりするようになる。

●このように，**生息環境を改変することによって多くの生物種に影響を与える生物を生態系エンジニア**とよぶ。

図53　ビーバーがつくったダム

3 自然浄化

❶自然浄化とは　自然の河川や湖・海に有機物や栄養塩類が流入しても，拡散や希釈，水中の微生物の働きなどによって，水質はもとの状態に回復する。この働きを自然浄化という。ただし，多量の汚水が流入し，自然浄化の能力を超えると，溶存酸素量[★1]が極端に減少してしまい，多くの生物は生息できなくなり，水質は回復しなくなる。

❷河川における水質浄化　河川に有機物を含む汚水が流入したとき，図54のように，下流に向かって自然浄化が進行して水質はもとの状態に戻っていく。

① 河川に汚水が流入すると，有機物の増加によりBOD[★2]が増加する。そして**有機物を分解する好気性細菌[★3]が増加する。**

　補足　波や水流などによって酸素を取り入れやすい環境では，好気性細菌が活発になるので，自然浄化能力も高くなる。

② **好気性細菌が酸素を消費するため，酸素量が低下する。**また有機物が分解されてできる**アンモニウムイオン（NH₄⁺）が増加する。**好気性細菌を食物とする原生動物やイトミミズも増加する。

③ アンモニウムイオンを硝酸イオン（NO₃⁻）に変える細菌（硝化菌 ☞p.235）の働きで，硝酸イオン

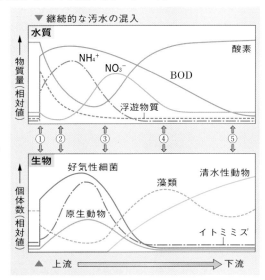

▼ 継続的な汚水の混入

水質

物質量（相対値）→

NH₄⁺　NO₃⁻　酸素　BOD　浮遊物質

生物

個体数（相対値）→

好気性細菌　原生動物　藻類　清水性動物　イトミミズ

▲ 上流　　　　　　　下流 ⟶

図54 河川における水質浄化

が増加する。**硝酸イオンを栄養塩類として吸収する藻類が増加する。**有機物が分解されると，BODが低下し，**好気性細菌も減少する。**

④ 藻類の増加によって，**酸素量が増加し，清水性動物[★4]が生息できる水質に戻っていく。**

⑤ 水質や生物の状態が，汚水流入前の状態に戻る。

★1 溶存酸素は，水中に溶解している酸素のこと。
★2 BOD（生物学的酸素要求量または生化学的酸素要求量の略）は，水に含まれる有機物を分解するために微生物が消費する酸素量。BODの値が大きいほど，有機物で水が汚れているといえる。
★3 好気性細菌は，酸素を使って呼吸し，有機物を分解する細菌。好気性細菌に対して，酸素がない環境で生息し，酸素が存在する環境で生育できない細菌を嫌気性細菌という。
★4 清水性動物は，きれいな水にすむ生物。水が汚れると生存できず，数が減ったり死滅したりするため，水質調査における指標生物とされることもある。

干潟の水質浄化

●潮間帯に砂泥が堆積して形成された湿地である干潟は，**潮が引くと空気にさらされ，酸素が供給されるため非常に高い浄化能力をもつ。**干潟に打ち寄せる川や海の水は多くの栄養塩類やデトリタス(動植物の遺骸や排出物に由来する細かな有機物)を含んでいる。栄養塩類は植物プランクトンに取り込まれ，デトリタスは細菌のほかカニやゴカイ，貝類などの底生動物に取り込まれる。そして，これら動物は魚類や鳥類に捕食され，生態系の外に運び出される。こうした水質浄化の役割のほか，漁業生産や渡り鳥のえさ場などとしても干潟は重要な存在である。

●しかし，干潟は干拓で埋め立てられやすく，日本では約4割の干潟が失われた。干潟の保全の必要性は重要視されており，国際的にも干潟や湿地の保全に関する「ラムサール条約」が結ばれている(⊃p.204)。日本でも谷津干潟(千葉県)，藤前干潟(愛知県)，肥前鹿島干潟(佐賀県)などが登録されている。

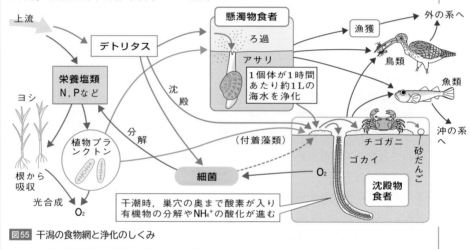

図55 干潟の食物網と浄化のしくみ

③｜生物多様性

① 生物多様性

❶生物多様性とは何か　生物多様性とは**あらゆる生物種の多さと，それらによって成り立っている生態系の豊かさやバランスが保たれている状態をいう。**さらに，生物が過去から多様な環境の中でさまざまな関係をもち，進化してきた歴史も含む幅広い概念である。この生物多様性には種多様性をはじめとして，生態的多様性，遺伝的多様性の3つの階層で考えることができ，これらは相互に関連し合っている。

❷種多様性　生態系内に多くの生物種がいて，特定の種に偏ることなく，それぞれの種がある程度均等に生息していることを種多様性とよぶ。

❸生態系多様性　草原や森林，湖沼，河川などさまざまな環境があり，環境ごとにさまざまな生態系が成立していて，さらに，いろいろな生態系がつながっていることを生態系多様性とよぶ。

❹遺伝的多様性　同種の生物でも，各個体は異なる形質をもち，もっている遺伝子も異なる。同種内において，遺伝子に多様性があることを遺伝的多様性という。

POINT!

生物多様性…種多様性・生態系多様性・遺伝的多様性の３つの階層がある。

第
3
編

生物の多様性と生態系

2 生物多様性と生態系のバランス

❶種多様性と生態系のバランス　食物網において，種多様性が低いと，捕食できる生物が限定される。何らかの要因で捕食できる生物が減少すると，それを食べる生物は生存できず，生態系が維持できなくなる。しかし，捕食できる生物種が多数あれば，ある生物が減少しても他の生物を食べることによって個体数を維持できる。このように，**種多様性があることによって生態系のバランスが保たれやすくなる。**

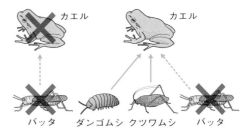

図56　種多様性と生態系のバランス

補足　左（種多様性が低いとき）：カエルが捕食するバッタがいなくなると，カエルも生存できなくなる。右（種多様性が高いとき）：バッタがいなくなっても，カエルは生存できる。

❷生態系多様性と生態系のバランス　生物の中には複数の環境を利用する生物がいる。例えば，カエルは水中で卵を産み，幼生はそこで育つ。成体になると，種によって草原や森林，水辺などで生活する。このような生物にとっては湖沼・河川と草原・森林の複数の生態系が維持され，その間がつながっていて，行き来できることが必要になる。**ある生態系の種多様性が維持されるためには，周辺の生態系の多様性が必要**になる。

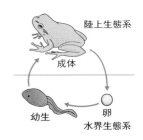

図57　カエルが関係する生態系

❸遺伝的多様性と生態系のバランス　遺伝的多様性の高さにより，病気に対する抵抗力や環境の変化に対する適応力が異なる。**遺伝的多様性が高い集団は，環境の変化が起こっても全滅をまぬがれて維持されやすい。**

⊕発展ゼミ　多様度指数

● その地域に生息する生物の種数が同じであっても，個体数のほとんどが1種類の生物で占められ，他の種の個体数がごく少数の場合は，種多様性が高いとはいえない。そこで，多様性を示す指標として，**多様度指数**が考案されている。

● 多様度指数の一例として，シンプソンの多様度指数についてみてみよう。

地域Aと地域Bはともに5種の生物が，合計10個体ずつ生息しているとする（⊂⊃図58）。地域Aはすべての種（種1～種5）が2個体ずつ生息し，地域Bは種1が6個体，他の種は1個体ずつ生息しているとする。

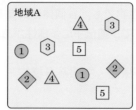
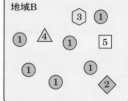

図58 地域Aと地域Bに生息する個体

補足　地域Aでは種1や他の種がすべて2個体ずつ生息している。地域Bでは種1が6個体，他の種はすべて1個体ずつ生息している。

まず，それぞれの地域で，種ごとに生息する**個体数**の，**全種の総個体数に対する割合を優占度**として求める。

地域Aにおける種1の優占度P_1は，

$$P_1 = \frac{2}{2+2+2+2+2} = 0.2$$

地域Bにおける種1の優占度は，

$$P_1 = \frac{6}{6+1+1+1+1} = 0.6$$

それぞれの地域において，すべての種の優占度P_1, P_2, P_3, …, P_Sをそれぞれ2乗して合計し，1から引いた値を多様度指数Dとする。

$$D = 1 - \sum_{i=1}^{S} P_i^2$$

多くの種の生物が均等に生息するほどこの指数は1に近づき，1種類の生物しかいない生態系ではこの指数は0となる。

地域Aの多様度指数D_Aは，

$$D_A = 1 - (0.2^2 + 0.2^2 + 0.2^2 + 0.2^2 + 0.2^2) = 0.8$$

地域Bの多様度指数D_Bは，

$$D_B = 1 - (0.6^2 + 0.1^2 + 0.1^2 + 0.1^2 + 0.1^2) = 0.6$$

両地域の多様度指数を比較すると，地域Bに比べ，地域Aの多様度指数が大きいことがわかる。

このように，単純に生息している種類数だけではなく，特定の種に偏りがなく多くの種が生息していることによる種多様性の高さを数値で表すことができる。多様度指数だけで生物多様性を示すのには不十分であるが，1つの指標として用いられている。

このSECTIONの **まとめ**　生態系と多様性

☐ **生態系** ⤷ p.176	・食物連鎖…捕食・被食の関係を直鎖状につなげたもの。 　**生産者→一次消費者→二次消費者** ・食物網…多種の生物により，食物連鎖が複雑にからみ合って網目状になったもの。 ・生態ピラミッド…栄養段階ごとに個体数や生物量を積み上げたもの。ふつう上位の者ほど少なくなる。
☐ **生態系の** **バランス** ⤷ p.180	・**生態系の復元力**…攪乱に対し生態系がもとの状態に戻ろうとする働き。 ・自然浄化…河川などに流入した汚水などが，微生物の働きなどにより分解され，水質が回復する現象。
☐ **生物多様性** ⤷ p.184	・種多様性…生態系内に多くの生物種がいて，それぞれの種がある程度均等に生息していること。 ・**生態系多様性**…さまざまな環境ごとにさまざまな生態系が成立していて，それぞれがつながっていること。 ・**遺伝的多様性**…同種内において，遺伝子に多様性があること。

第
3
編

生物の多様性と生態系

SECTION 2 生態系の保全

1 | 生態系と人間の生活

1 人間にとっての生態系

❶**生態系サービス**　人間も生態系の一員であり，生態系からさまざまな恩恵を受けないと生活できない。生態系から受ける恩恵を**生態系サービス**という。生態系サービスは，①**供給サービス**，②**調整サービス**，③**文化的サービス**，④**基盤サービス**の4つに分けられる。これらの内容として**表8**のようなものがあげられる。

表8　生態系サービス

①供給サービス 生活に欠かせない資源の供給	②調整サービス 環境の調節や制御	③文化的サービス 文化的・精神的な利益
食料，材料，繊維，薬品，水，エネルギー資源（水力やバイオマス）など	水質浄化，水害の防止，気候の調節など★1	自然景観，レクリエーション，アウトドアスポーツ，科学や教育など
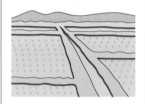		

④**基盤サービス**
①〜③を支える，生態系を維持するための基盤

光合成による酸素の発生，土壌形成，生態系内の物質循環など。
作物の粉粉を助けるハチの活動なども含まれる。

❷**生態系サービスの評価**　経済的な発展は，人々が豊かに暮らすために必要であるし，発展途上国の貧困問題などを解決するためにも必要である。経済発展のために開発がなされてきたが，**開発によって生態系のバランスが変化して，生態系サービスが減少すると，それによる損失が生じることになる**。例としては，森林を伐採して農地に転用した場合，木材資源の売却と農業生産による利益が得られるが，森林がもっていた遺伝的資源が失われ，また保水力低下によって洪水が発生するかもしれない。生態系サービスを正しく評価して，乱開発を抑止することが重要である。

★1 がけ崩れなどの災害の防止や，遺伝的多様性の保持などは，保全サービスとして①〜④とは別に分類する場合もある。

❸**環境アセスメント**　宅地開発や道路の建設など，**大規模な開発を行うとき，事業者が，**あらかじめその事業が環境に与える影響を調査・予測・評価することを環境アセスメント（環境影響評価）という。環境アセスメントは事業者に義務付けられており，その結果をもとに，周辺住民などの意見を聴き，専門的な立場からその内容を審査し，事業の実施において適正な環境配慮がなされるようにしている。

❹**生態系サービスの低下**　生態系サービスを低下させ，われわれの生活に損害を与えるさまざまな課題として環境問題があげられ，水質汚染や大気汚染，気候変動や森林の減少，ごみ問題などがあげられる。

生態系サービス…生態系から受ける恩恵。

供給サービス・調整サービス・文化的サービス・基盤サービスの４つ。

環境アセスメント（環境影響評価）…一定規模以上の開発をする事業者が行わなければならない，**環境に対する影響の調査や予測，評価。**

2｜水質・大気汚染

1 富栄養化

❶**富栄養化**　水中の栄養塩類が増加することを富栄養化とよぶ。人間活動による富栄養化の原因としては，生活排水や汚水のほかにも，農地に散布された肥料の流入などがある。

❷**富栄養化の影響（湖沼や河川）**　湖沼や河川で富栄養化が進行し，栄養塩類が過剰になると，植物プランクトンの異常発生によってアオコ（水の華）が発生する。アオコは日光をさえぎるため，水生植物が生育できなくなる。さらに，多量のプランクトンが死滅すると，水中の酸素がその分解で消費され，水生動物が酸素の欠乏によって大量死することがある。

図59　アオコ（水の華）

❸**富栄養化の影響（海洋）**　海洋では赤潮とよばれる，特定の植物プランクトンの異常発生が生じる。大量発生した植物プランクトンの遺骸が酸素を消費し，また植物プランクトンが魚のえらに付着するなどして，魚が死滅するなど，水産資源などに大きな被害を与えることがある。特に貝類など，移動能力の低い生物は，影響を受けやすい。

図60　赤潮

② 化学物質による汚染

❶生物濃縮　特定の物質が，外部環境の濃度に比べて生物体内で高濃度に蓄積される現象を生物濃縮という。PCBやDDTといった天然に存在しない物質や有機水銀などは脂溶性で脂質やタンパク質と結びつきやすく，また体内では分解されにくく排出されにくいため，体内に蓄積される。消費者は自分の体重よりも多くの生物を捕食するので，**より高次の消費者ほど高濃度に蓄積される**ことになる。

　このような物質は，低い濃度で環境中に放出されても，高次の栄養段階の生物では濃縮されて高濃度となるため，生命まで脅かすことがある。

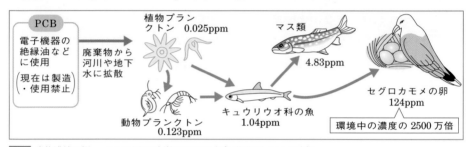

図61　生物濃縮の例——アメリカ五大湖でのPCB（ポリ塩化ビフェニル）類

「ppm」というのは百万分率で，1 ppm = $\dfrac{1}{10000}$ ％となる。

参考　生物濃縮で問題となった物質

●**PCB**：ポリ塩化ビフェニルの略称。変性しにくいため，電子機器の絶縁油のほか，電柱にある変圧器の内部を満たす溶媒や印刷に使われるインクの定着剤など，さまざまな用途で使用された。反面，生態系内では分解されにくいため，長期にわたって汚染が続く。生体に対しては，発がん性があり，ホルモン異常を起こすなどの毒性がある。

●**DDT**：殺虫剤の一種で，ヒトや家畜に無害であるとされ，安価で即効性があり効き目が長く続くことから農薬としてアメリカを中心に膨大な量が使用された。野鳥などの子が育たなくなり個体数が激減するなど野生動物への影響を訴えた本『沈黙の春』（カーソン，1962年）などがきっかけとなり日本など先進国では製造・使用が禁止された。一方で現在でもマラリアを媒介するカ（蚊）の駆除のために使用している国もある。

●**有機水銀**：有機物に水銀が結合した物質で，そのうち，メチル水銀は公害病である水俣病の原因物質となった。体内に多量に蓄積すると，中毒性の神経疾患が起こる。

POINT!　生物濃縮…特定の物質が生体に蓄積され**環境中より高濃度**になる。
食物連鎖によって高次消費者ほど高濃度に濃縮される。

❷**廃棄されたプラスチックの問題**　プラスチックは安価で加工しやすく，さまざまな素材として利用されている。プラスチック廃棄物の一部はリサイクルされているが，一部はごみとして環境中に流出し，海へ流れ込んでいる。プラスチックは自然には分解されにくいため，洋上や海底に多量に蓄積していくので，**海洋プラスチックごみ問題**として問題視されている。

① **マイクロプラスチック**　海洋中に流失したプラスチックのうち，細かい粒子(5 mm以下)になったものを**マイクロプラスチック**という。マイクロプラスチックは，プラスチックごみが紫外線や波などで風化してできるほか，洗顔剤や歯磨き粉に含まれるビーズ，化学繊維の衣料の洗濯などによっても発生する。

② **プラスチックごみが生物に与える影響**　プラスチックごみが海洋生物に与える影響としては，ウミガメや海鳥がビニル袋などを食物と間違えて食べたり，漁網や釣り糸★1などがからみついたウミガメが溺れて死亡したりする例があげられている。また，マイクロプラスチ

図62　砂浜に打ち上げられたマイクロプラスチック

ックに有害物質が吸着し，これを飲み込んだ動物に対する影響も懸念されているが，これについてはまだよくわかっていない。

❸**酸性雨**　化石燃料の燃焼によって大気中に放出された**硫黄酸化物(SO_x)**や**窒素酸化物(NO_x)**が大気中の成分と反応して**硫酸**や**硝酸**などを生じ，これが雨滴に溶け込んで雨水を強い酸性にする。pH5.6以下の強い酸性になった雨を**酸性雨**という。

① **酸性雨の影響**　酸性雨によって湖沼は酸性化し，この結果，水生昆虫や貝類が減少し，魚類も影響を受ける。

② **酸性雨の拡散**　酸性雨は大気中に放出された化学物質によって生じる。大気は国境を越えて拡散するため，自国だけで対策をしても効果は望めない。酸性雨と同様にPM2.5や光化学スモッグなども同様の問題が指摘されている。

 PM2.5

● PM2.5は，2.5 µm以下の小さな**浮遊粒子状物質**で，非常に小さいため，肺の奥深くまで入りやすく，呼吸器系や循環器系への影響が心配されている。化石燃料などの燃焼によって直接生じるほか，硫黄酸化物や窒素酸化物などが大気中での化学反応により粒子化して生じるものもあり，酸性雨の原因にもなる。

★1 海に放棄された漁網などの漁具はゴーストギアとよばれ，海洋プラスチックごみの1割以上を占める。

第**3**編　生物の多様性と生態系

参考　光化学スモッグ

●自動車の排出ガスや工場の排煙に含まれる窒素酸化物や炭化水素(揮発性有機化合物)が日光の強い紫外線によって反応すると，強い酸化力をもつオゾン(O_3)やアルデヒドなどを生じる。これらを光化学オキシダントとよび，眼や呼吸器の粘膜に障害を発生させる。光化学オキシダントの濃度が高く滞留した大気を光化学スモッグという。

❹オゾン層の破壊

①**オゾン層とオゾンホール**　成層圏にあるオゾン(O_3)の多い層をオゾン層という。オゾン層は太陽からの有害な紫外線を吸収し，紫外線から生物を守る役割を果たしている。しかし，オゾン濃度が低下し，毎年10月頃に南極上空のオゾン層に穴があいたようになる現象が見つかった。この現象や領域をオゾンホールという(⇨図63の灰色部分)。

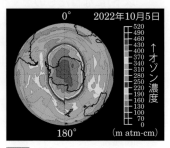

図63　オゾンホール

②**オゾン層破壊の原因と影響**　オゾン層の破壊は，上空に達したフロン類[1]が紫外線によって分解して生じた塩素によるものと考えられる。オゾン層が破壊されて地上に到達する有害な紫外線が増えると，皮膚がん，白内障などの疾患の増加や，農作物，浅海域の動植物プランクトンに悪影響を及ぼすといわれている。

3 | 気候変動と植生の変化

1 地球温暖化

❶**温室効果ガスと気温上昇**　世界の平均気温は1900年以降1.0℃以上上昇している。これは，ヒトの活動により大気中に大量に放出される二酸化炭素やメタン(CH_4)，

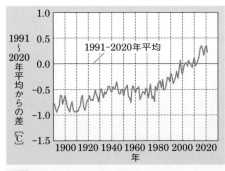

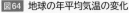

図64　地球の年平均気温の変化

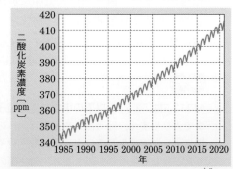

図65　地球全体の大気中の二酸化炭素濃度の変化[2]

★1 フロンは塩素を含むフッ素と炭素の化合物。安全で金属を腐食させないため，半導体の洗浄，冷蔵庫やエアコンの冷媒剤，スプレーのガスなどに使われた。現在，特定のフロンは製造が禁止されている。
★2 北半球の夏には陸上植物の光合成により二酸化炭素濃度が低下するためジグザグのグラフになる。

一酸化二窒素(N_2O)，フロン類などの温室効果ガスによるものと考えられている。

表9 おもな温室効果ガス

温室効果ガス	産業革命→2021年の濃度変化	温室効果[※1]	寄与度〔%〕	おもな発生源
二酸化炭素 CO_2	280 → 416 ppm [★1]	1	64	化石燃料の燃焼，森林の減少
メタン CH_4	715 →1908 ppb [★1]	25	17	家畜の腸内発酵，天然ガスの放出，水田，廃棄物埋め立て
一酸化二窒素 N_2O	270 → 335 ppb	298	6	燃料の燃焼，窒素肥料
CFC-11 フロン類の一種	存在せず→ 222 ppt [★1]	4600	12[※2]	冷媒，スプレー，半導体の洗浄，発泡材

視点 ※1 CO_2を1とした1分子あたりの効果の強さ。　※2 オゾン層を破壊するフロン全体の値。

❷温室効果　CO_2などの気体が太陽の光はよく通し，地表から出る赤外線は吸収して地表へと再び放出することで，温室のように宇宙空間への熱の放出を減少させ，気温が上昇する効果を温室効果という。

❸地球温暖化とその影響

　温暖化は図66のようなしくみでさらなる温暖化を招き，次のような影響が生じると考えられている。

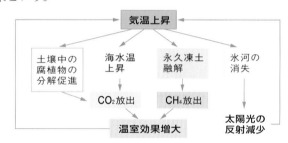

図66 気温上昇がさらに気温上昇を招くしくみ

①**海水面の上昇**　地球温暖化によって海水温が上昇するとともに，海水の膨脹や氷床の融解などにより，1901〜2010年の約100年の間に19 cm海面が上昇した。さらに海面の上昇が続けば，陸地の侵食などによる被害が懸念される。

②**海水温の上昇**　海水温の上昇は，海面上昇以外にも，海洋生物に影響を与える。特にサンゴは水温の変化に弱く，サンゴが死滅する地域が生じる可能性がある。また，増加した二酸化炭素が海水に溶け，海水を酸性化している。酸性化によって海洋生物や生態系に影響が出ることも考えられ，監視が続けられている。

③**気候帯の移動による影響**　急激な気候変動による**森林の減少や穀倉地帯の砂漠気候化**のほか，熱帯性のカなどが生息範囲を広げ，**熱帯地域の伝染病が温帯地域に広がる**おそれもある。

POINT!

　二酸化炭素をはじめとする温室効果ガスの増加により，**地球温暖化が進み，地球の環境や植生が変化**してきている。

★1 ppmは体積比で100万分の1，ppbは10億分の1，pptは1兆分の1を表す単位。

2 森林の減少と保全

❶森林破壊の現状　世界の森林面積は約 4059 万 km² で，全陸地面積の 27.6 ％を占めている（2020年）。しかし，世界の森林は減少を続けており，毎年約 47400 km² が減少している（2010年から2020年までの平均）。これは日本の面積の約 8 分の 1 に相当する（世界森林資源評価 2020）。アジア，ヨーロッパを中心として森林面積が増加している国もあるが，南アメリカ，アフリカなどの熱帯の森林を中心に面積が大きく減少している。

❷森林破壊の要因と影響　森林の減少の要因はさまざまであるが，持続可能な森林経営を考えない違法伐採や，プランテーションなどの農地や放牧地への転用，非伝統的な焼畑農業^{やきはた}[1]，大規模な森林火災などが原因である。

図67　焼却による熱帯林開墾

　特に熱帯林多雨林は物質生産が盛んであり，地球上の生物の約半数の種が生息している。しかし，**分解者の活動も活発なので，土壌が薄く，有機物は少ない。**また降水量が多く，栄養塩類が土壌から流失しやすい。このため焼畑や伐採の後に放置されると，土地が荒廃し，再生するのに長い時間を必要とする。

　世界の温室効果ガス排出量の約 11 ％は，森林が農地などに転用され減少したことによって発生したとされている（気候変動に関する政府間パネル IPCC ⮕ p.203　第 5 次評価報告書）。

POINT!

森林減少の要因…伐採，農地・放牧地への転用，焼畑，森林火災

3 砂漠化

❶砂漠化　砂漠化は乾燥地域における土地の劣化，つまりその土地が植物の生育に適さなくなる現象をいう。

❷砂漠化の原因　砂漠化の原因は自然現象もあるが，人為的要因の占める割合が大きい。人為的要因には，①**家畜の過剰な飼育（過放牧）**，②**森林の伐採**，③**農業開発のための過剰な開墾**，そして④**農場の不適切な灌漑^{かんがい}による塩害**[2]があげられる。①～③によって植生がいったん失われると，降水や風によって土壌が失われてしまう。土壌の喪失や塩害によって土地が劣化し，植物が生育できなくなり，砂漠化が進行する。地球温暖化による気温上昇も砂漠化の原因となる。

★1 伝統的な焼畑農業では，森林の一部を焼いて短期間耕作した後，別の土地へ移動し，自然の復元力で森林に戻すことをくり返す。これに対して，農地として所有するために森林を焼くのが非伝統的な焼畑農業。

★2 乾燥した地域で大量の水を散布すると，水がいったん地中深くに染み込み，蒸発するときに地下の水を吸い上げて塩分を地表に蓄積させてしまう。

4｜外来生物・種の絶滅

1 生物多様性の減少

　生物多様性が近年急速に失われつつある。その原因はこれまでの人の活動であり，酸性雨，地球温暖化，森林の破壊，砂漠化などである。さらに見逃せない要因として，外来生物の移入がある。

2 外来生物

❶外来生物　外来生物とは，人間活動によって意図的に，または輸入物資に混入するなどして意図せずに持ち込まれた生物で，本来の生息地域ではない場所で定着した生物である。日本国内にもともと生息していた生物でも，他の生息していない地域に持ち込まれた生物は外来生物である。外来生物に対して，もともとその地域に生息している生物は在来生物とよばれる。[1]

❷外来生物の影響　外来生物は，移入先の生態系を構成していた生物を捕食したり，食物や生活場所をめぐる競争によって排除し，生態系のバランスを崩すことがある。その結果，他の生物種を絶滅させてしまうこともあり，そのことにより生態系内の生物どうしの関係も変化し，連鎖的に多くの生物種が絶滅することもある。

補足 アメリカザリガニは，食用として移入されたウシガエルとともに，その養殖用のえさとして移入された。日本では競合する種がほとんどいなかったため，日本各地に分布を広げた。多くのため池で水生昆虫などを捕食し絶滅させたほか，水生植物を消失させ水質悪化を招いている。

図68 アメリカザリガニ

図69 ウシガエル

❸特定外来生物　外来生物法（2005年施行）[2]では，生態系や人体，農林水産業へ被害を及ぼす（または及ぼす可能性のある）海外由来の外来生物を特定外来生物として指定している。特定外来生物は飼育・栽培や運搬，輸入が厳しく制限されている。

補足 アメリカザリガニやアカミミガメ（ミドリガメ）も生態系に大きな影響を与えているが，ペットとして多量に飼育されているため規制すると飼育放棄などが起こる可能性を考慮して，2023年6月より「条件付特定外来生物」（飼育は禁止されない）となった。

図70 ミシシッピアカミミガメ

★1 外来生物は外来種，在来生物は在来種とよばれることもある。
★2 特定外来生物による生態系などにかかわる被害の防止に関する法律の略称。

表10 おもな特定外来生物

動物	哺乳類	フイリマングース，タイワンザル，アライグマ，キョン，ヌートリア
	鳥類	ソウシチョウ，ガビチョウ
	ハ虫類	カミツキガメ，グリーンアノール，タイワンハブ
	両生類	ウシガエル，オオヒキガエル
	魚類	カダヤシ，ブルーギル，オオクチバス，アリゲーターガー，ケツギョ
	昆虫・クモ類	セイヨウオオマルハナバチ，ヒアリ，ヒメテナガコガネ，ゴケグモ類
	甲殻類	ウチダザリガニ，チュウゴクモクズガニ(上海ガニ)
	軟体動物	カワヒバリガイ，カワホトトギスガイ
植物		アレチウリ，オオキンケイギク，ボタンウキクサ，オオハンゴンソウ

図71 フイリマングース

図72 グリーンアノール

図73 オオクチバス

図74 ヒアリ

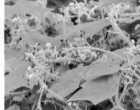
図75 アレチウリ

図76 ボタンウキクサ

❹侵略的外来生物　外来生物のうち，**地域の生態系のバランスに大きな影響を与え，生物多様性を脅かす生物を侵略的外来生物**という。国際自然保護連合(IUCN)は「世界の侵略的外来種ワースト100」を定めており，われわれになじみの深い**イエネコ**(⤷p.212)，**コイ，ニジマス，クズ，イタドリ，ワカメ**なども含まれている。

補足　小笠原諸島に持ち込まれたグリーンアノール(小形のトカゲ)は小笠原固有の昆虫を捕食し，多くの昆虫や食性が競合するトカゲなどの固有種が絶滅またはそれに近い状態となった。

POINT!

特定外来生物…外来生物法により指定された，生態系や人体，農林水産業に影響が大きい生物。

侵略的外来生物…その地域の生態系に大きな影響を与え，生物多様性を低下させる生物。

┤ COLUMN ├

外国で外来生物となった日本の動植物

　日本から外国に渡った生物がその生態系に大きな影響を
及ぼしている例もある。

● **マメコガネ(コガネムシ)**　北米において，1900年代はじ
めに輸送物資にまぎれて持ち込まれた。「ジャパニーズ・
ビートル」とよばれている。天敵がいないため急速に分布
を広げ，大豆やトウモロコシなどに対する大害虫となって
いる。

図77　マメコガネ

● **クズ**　緑化や土壌流出防止のためアメリカに持ち込まれ
た。旺盛に繁殖して電柱や標識などにからみつく姿から「グ
リーンモンスター」とよばれることもある。

● **イタドリ**　イギリスでは19世紀に観賞用として持ち込ま
れたが，旺盛な繁殖力で分布を広げている。地下茎で増え，
コンクリートやアスファルトを突き破り成長する。

図78　クズ

第
3
編

生
物
の
多
様
性
と
生
態
系

3 種の絶滅

❶絶滅　ある生物種のすべての個体が地球上からいなくなることを絶滅といい，
絶滅した生物種を**絶滅種**という。生物の進化の過程では多くの種が絶滅してきた。
しかし，おもに人間活動が原因で絶滅した生物も多く(⊏⋑ p.210)，20世紀以降は過
去のどの時代より急速に種の絶滅が進み，生物多様性の低下が問題になっている。

補足　ある地域で，特定の生物種がいなくなることを絶滅ということもある。

❷絶滅危惧種　絶滅するおそれのある種を**絶滅危惧種**という。絶滅種や絶滅危惧
種をまとめた一覧を**レッドリスト**といい，これに加えて生態，分布，絶滅の要因，
保全対策などのより詳細な情報を盛り込んだものを，**レッドデータブック**[★1]という。
このように絶滅危惧種を指定することは，環境の保護や生物多様性を維持するため
の取り組みの足がかりとなっている。

補足　レッドデータブックでは，絶滅に瀕する度合いとして絶滅種，野生絶滅，絶滅危惧種に分類し，
日本の環境省では，絶滅危惧種をさらにⅠA(絶滅に瀕している種)，ⅠB(近い将来，絶滅する危険性
が高い)，Ⅱ(絶滅の危険性が増大している)に分類している。

POINT!

　絶滅…ある生物種のすべての個体がいなくなること。

　絶滅危惧種…絶滅するおそれのある種。

　レッドデータブック…絶滅種，および絶滅危惧種についてリストに

　　　　　まとめ，生態，分布，保全対策などを盛り込んだもの。

★1 レッドデータブックは，世界的にはIUCN(国際自然保護連合)が作成していて，日本国内では環境省が
　　作成しているほか，各自治体やさまざまなNGOなども作成している。

表11 レッドリストに入っている絶滅危惧種の例（環境省2020年　絶滅危惧種Ⅰ類・Ⅱ類）

哺乳類	イリオモテヤマネコ（ⅠA類），ジュゴン（ⅠA類），ニホンアシカ（ⅠA類）， ラッコ（ⅠA類），アマミノクロウサギ（ⅠB類）
鳥類	コウノトリ（ⅠA類），トキ（ⅠA類），ヤンバルクイナ（ⅠA類）， シマフクロウ（ⅠA類），コアホウドリ（ⅠB類），タンチョウ（Ⅱ類）
ハ虫類	タイマイ（ⅠB類），アオウミガメ（Ⅱ類），リュウキュウヤマガメ（Ⅱ類）， ヤクヤモリ（Ⅱ類）
両生類	ホルストガエル（ⅠB類），オキナワイシカワガエル（ⅠB類）， オオサンショウウオ（Ⅱ類），トウキョウサンショウウオ（Ⅱ類）
魚類	イタセンパラ（ⅠA類），ホンモロコ（ⅠA類），タナゴ（ⅠB類）， ニホンウナギ（ⅠB類），ホトケドジョウ（ⅠB類），ミナミメダカ（Ⅱ類）[★1]
無脊椎動物	ベッコウトンボ（ⅠA類），カブトガニ（Ⅰ類），タガメ（Ⅱ類），ギフチョウ（Ⅱ類）， ニホンザリガニ（Ⅱ類）
植物	ミドリアカザ（ⅠA類），ヒメユリ（ⅠB類），カワラノギク（Ⅱ類），キキョウ（Ⅱ類）

ジュゴン　シマフクロウ　アオウミガメ

オオサンショウウオ　ミナミメダカ　ギフチョウ

図79 環境省レッドリストに入っている絶滅危惧種の例

❸遺伝的攪乱　外来生物と在来の近縁種との間で交雑が起こり，その雑種が広がってしまうと，その地域で進化してきた特徴的な遺伝子が失われ，遺伝的多様性が失われることになる。これを遺伝的攪乱という。外国から持ち込まれた生物だけではなく，国内の同種の生物についても同様で，ゲンジボタルやメダカ[★1]などにおいて，他地域から持ち込んだ個体を放流することによって，その地域の遺伝的な特徴が失われてしまうことが懸念されている。さらに，持ち込まれた系統の個体の増加によって，在来の系統の個体が大幅に減少することも起こっている。

★1 日本の野生のメダカは長らく1種類とされてきたが，2010年代に遺伝的差異から2種（ミナミメダカとキタノメダカ）に分けられた。ミナミメダカにはさらに9つの地域型がある。

❹**生息地の分断**　大きな道路の建設などによって生息地が分断されることも，個体数や生物多様性の減少の原因となる。生息地が分断されて個体のまとまりが小さくなると，遺伝的多様性がなくなるため，さらに個体数が減少することがある（絶滅の渦 ⤴p.200）。また，サケのように川で産卵し，

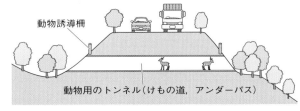

動物誘導柵

動物用のトンネル（けもの道，アンダーパス）

図80　道路の地下に設置した動物用のトンネル（けもの道）

海で成長する魚では，ダムや堰によって河川が分断されると，生息できなくなってしまう。

このようなことを避けるため，道路では動物が往来できるようなトンネル（けもの道）を設置したり，河川での堰では魚道を設置したりしている。

図81　堰の横に設けられた魚道

❺**生物多様性ホットスポット**　生物多様性が高いが，人類による破壊の危機に瀕している地域を生物多様性ホットスポットという。コンサベーション・インターナショナル（2017年）によると，世界で36の地域が指定されており，日本もそのなかに含まれている（⤴図82）。ある地域にのみ生息している生物種を固有種という。

生物多様性ホットスポットには，多くの固有種が生息していて，この地域の環境が破壊されると，固有種は地球上からいなくなってしまうことになる。

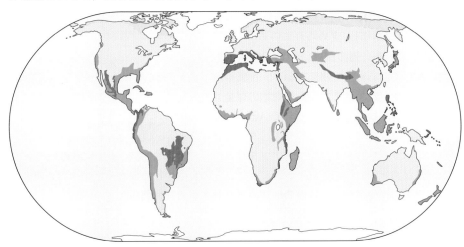

図82　世界の生物多様性ホットスポット（赤色から橙色に塗られた部分）

視点　1500種以上の固有維管束植物が生息しているが原生の生態系の7割以上が改変された地域と定義されている。

第3編　生物の多様性と生態系

⊢ Column ⊢

大量絶滅

　古生代(約5.4億年前〜)以降，中生代末の恐竜やアンモナイトなどの絶滅など，これまで地球上で5回の大量絶滅があったとされる。しかし，現在，同じような大量絶滅が起こっていると考えている生物学者もおり，人類による生態系への影響により，これから100年の間に地球上の生物種の半分が絶滅すると予測する生物学者もいる(ウィルソンほか)。

➕発展ゼミ　**絶滅の渦(絶滅のスパイラル)**

●人間活動による生物種の絶滅は，乱獲や生息地域の分断・破壊などによる個体数の減少から始まる。

●個体数が減少すると，遺伝的多様性(⤷p.185)の低下，アリー効果の減少[★1]，人口学的な確率性[★2]などによって個体数の減少がさらに進行するという悪循環が生じる。このような経緯を経て，生物種が絶滅に向かうことを絶滅の渦(絶滅のスパイラル)という。

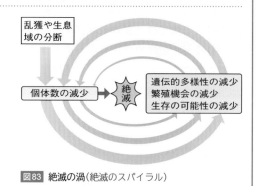

図83　絶滅の渦(絶滅のスパイラル)

4 生物多様性を守る取り組み

　国際条約をもとに，国内でも法律が整備されており，種の保存法(1993年)や生物多様性基本法(2008年)が定められている。

❶**種の保存法**　種の保存法では，絶滅の危機に瀕している野生生物について，捕獲や採取，販売や譲渡が禁止され，生息地の保全や，保護・増殖についても定められている。ツシマヤマネコやアマミノクロウサギ，タンチョウ，アホウドリ，トキ，レブンアツモリソウ

図84　日本各地の野生生物保護センター

などが保護対象に指定され，さらに，これらの野生生物の保護・増殖や調査研究を行う野生生物保護センターが各地に設置されている(⤷図84)。

────────────────────

★1 アリー効果とは，群れで生活することによって食物を見つけやすくなる，天敵の発見が早くなる，配偶行動を行いやすいなど，群れが大きくなるほど生存しやすくなる効果をいう(⤷p.217)。

★2 個体数が少なくなると，偶然生じた気候の変化や食料の増減などのさまざまな変動が，個体数の変動に大きな影響を及ぼすことが考えられ，これを人口学的な確率性という。例えば，偶然に生まれた子の性が一方に偏り繁殖が困難になってしまうことがある。

図85　ツシマヤマネコ

図86　アマミノクロウサギ

図87　タンチョウ

図88　アホウドリ

図89　トキ

図90　レブンアツモリソウ

❷生物多様性基本法　生物多様性基本法は,「鳥獣保護管理法」★1「種の保存法」「特定外来生物法」などの自然保護にかかわる法律を包括した上位の法律で, 特定の種にかかわらず, 野生生物の多様性を保全し, 持続可能な利用も目指している。この法律の基づき, 国は生物多様性国家戦略(計画書)を定めている。

5 ｜ 生態系を保全する取り組み

1 SDGs

❶SDGsとは　SDGsは持続可能な開発目標(Sustainable Development Goals)の略。2015年9月の国連サミットで採択された, 2030年までに持続可能でよりよい世界を目指す国際目標で, 17のゴール, その下の169のターゲットから構成されている。そのなかでも特に「13 気候変動に具体的な対策を」「14 海の豊かさを守ろう」,「15 陸の豊かさも守ろう」の3つのゴールは生態系保全に直接関連している目標である。

❷GOAL13「気候変動に具体的な対策を」　地球温暖化(⟿p.192)などの気候変動とその影響に立ち向かうため, 緊急対策を取ることを目的としている。

❸GOAL14「海の豊かさを守ろう」　持続可能な開発のために海洋・海洋資源を保全し, 持続可能な形で利用することを目的としている。

★1 鳥獣保護管理法は「鳥獣の保護および管理並びに狩猟の適正化に関する法律」の略で, 鳥獣保護法ともよばれる。この法律で, 鳥獣(野生の鳥類と哺乳類)の捕獲などが基本的に禁止され, 狩猟免許をもつ者のみが, 定められた期間と種についての狩猟や, 有害鳥獣捕獲などを行うことができるとされている。

第3編　生物の多様性と生態系

❹GOAL15「陸の豊かさも守ろう」　陸域生態系の保護，回復，持続可能な利用の推進，持続可能な森林の経営，砂漠化への対処，土地の劣化の阻止・回復および生物多様性の損失を阻止することを目的としている。

図91　SDGsのアイコン

2 循環型社会

　有限である資源を効率的に利用するとともに，循環的な利用(リサイクルなど)を行って持続可能な形で使い続けていく社会を循環型社会という。

❶3R　ごみ削減と省資源の手段として次の3つの行動が推進され，これらは頭文字をとって3Rとよばれている。

① リデュース(reduce)　ごみの削減。

② リユース(reuce)　製品そのままの形での再利用。
　　例 ガラス瓶の再利用

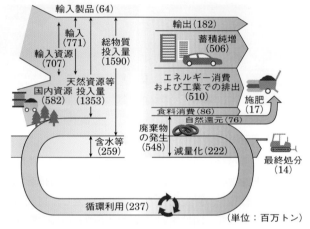

図92　日本のプラスチック再利用状況(環境省　循環型社会白書 2019)

視点 廃プラスチック排出量約850万トンのうち，有効利用は85 %である。そのうちリサイクルは25 %にとどまり，60 %は熱利用である。約15 %は未利用で，単純な焼却や埋め立てに使われている。

③ リサイクル(recycle)　素材として使用。再生利用。　例 プラスチック，金属

補足 携帯電話やコンピュータなどの工業製品に使用されている貴金属やレアメタル(希少金属)は回収すれば低コストで再生利用可能で，地下の鉱山に対して都市鉱山とよばれる。

❷再生可能エネルギー　化石燃料には汚染物質や温室効果ガスの排出や資源の枯渇(輸入に頼る場合は価格や供給リスク)などの問題があり，これらの解決策として次のような再生可能エネルギーの実用化が進められている。

① バイオマス　バイオマスはもともとは生物量(現存量⊂⃗ p.238)を表す語であるが，転じて生物に由来しエネルギーに利用できる素材をよぶ。地域ごみやサトウキビのしぼりかすなどの廃棄物系バイオマス，稲わらや間伐材などの未利用バイオマスなどがある。バイオマスは，それ自体を燃料とするほか，微生物の働きでエタノールやメタンに変えて利用されている。

②**太陽光**　光電池は機械的な故障や排出物・騒音などがなく，小規模でも効率が落ちないなどの利点があるが，現状では大規模な電力を得るには比較的コストが高い。また，ソーラーパネル設置のため，森林の伐採や景観への影響，土砂の流失など，新たな環境問題も生じている。

図93　太陽光発電

③**風力**　風力発電は，環境へ与える負荷が比較的小さくコストも比較的安い。また，太陽光発電とは異なり，夜間でも発電が可能である。一方，風の状況により発電量が不安定で，風車の振動による健康被害などもある。また鳥と風車の衝突事故（バードストライク）も多発している。

図94　洋上での風力発電

補足　デンマークでは電力需要の46.3％（2019年）を風力でまかなっている。

④**地熱**　地熱で高温の蒸気を発生させ，タービンを回して発電を行う。天候に影響されずに安定して発電を行うことができる。日本には火山が多数あり，地熱利用は戦後早くから注目されてきた。デメリットとしては，地熱利用できる場所が国立公園などに指定されている場合が多く，発電設備の新設が困難であることや，初期設備費用が高額であることなどが指摘されている。

⑤**その他**　太陽熱を集めて発生させた蒸気でタービンを回す**太陽熱発電**や，ダムを建設しないで設置できる**小水力発電**，**波力発電**，海流を利用して行う発電など，さまざまなエネルギー源を利用する研究が進められている。

POINT!

再生可能エネルギー…バイオマス・太陽光・風力・地熱・太陽熱など。

3 環境保全に関する国際的取り組み

❶**地球温暖化対策**　地球温暖化の防止には温室効果ガスの排出抑制や森林の保護など国際的な取り組みが必要で，1985年最初の会議（オーストリア）以降，定期的に国際会議が開かれ協議が重ねられてきた。1988年に気候と温室効果に関する科学的評価を行う機関として**IPCC**（**気候変動に関する政府間パネル**）が設立され，1997年地球温暖化防止のための京都会議で，二酸化炭素排出量削減に関して目標数値を定めた議定書が締結された（**京都議定書**）。さらに2015年パリで開催された国際会議（**COP21**）で新たな二酸化炭素削減の目標が定められた（**パリ協定**）。

❷**オゾン層破壊対策**　1970年代にオゾン層に対するフロンの影響（⤳p.192）が指摘されると，オゾン層を破壊する特定フロンの生産・使用が段階的に禁止され，塩素を含まない**代替フロン**に置き換えられるようになった。しかし代替フロンも強い温室効果を示すため，京都議定書で使用抑制とその目標数値が取り決められた。

❸**砂漠化対策**　砂漠化への対策として，アフリカなど砂漠化が深刻な地域について，干ばつや砂漠化に対処するために参加国が資金を援助する**砂漠化対処条約**が1996年12月に発効し，現在196か国とEUが締約している。

❹**生物多様性保全**　「絶滅のおそれのある野生動植物の国際商取引に関する条約」（ワシントン条約），「特に水鳥の生息地として国際的に重要な湿地に関する条約」（ラムサール条約）などの国際条約を補完する形で，1992年に生物の多様性に関する条約（生物多様性条約）が採択され，翌年発効した。この条約は，生物多様性の保全だけではなく，さまざまな自然資源の「持続可能な利用」を明記している。

❺**環境保全に関する国際的な流れ**

1971年	▶特に水鳥の生息地として国際的に重要な湿地に関する条約（ラムサール条約）採択
1972年	▶国連人間環境会議（ストックホルム会議）；「人間環境宣言」＝環境問題を人類に対する脅威ととらえ，環境問題に取り組む際の原則を明らかにした宣言。
1973年	▶絶滅のおそれのある野生動植物の種の国際取引に関する条約（ワシントン条約）採択
1979年	▶長距離越境大気汚染条約（ウィーン条約）採択
1985年	▶オゾン層保護のためのウィーン条約採択
1987年	▶オゾン層を破壊する物質に関するモントリオール議定書採択
1988年	▶IPCC（気候変動に関する政府間パネル）；世界気象機関（WMO）および国連環境計画（UNEP）により設立。
1989年	▶有害廃棄物等の国境を越える移動およびその処分の規制に関するバーゼル条約採択
1992年	▶国連環境開発会議（地球サミット）；ブラジルのリオデジャネイロで開催。「気候変動枠組条約」「生物多様性条約」の署名開始，「環境と開発に関するリオ宣言」「アジェンダ21」「森林原則声明」の文書が合意された。
1994年	▶砂漠化対処条約採択
1997年	▶京都議定書；温室効果ガスの排出抑制あるいは削減のための数値目標を設定。先進国締結国全体で，2008〜2012年の間に1990年比で5％以上の排出削減を行う。
2000年	▶バイオセーフティに関するカルタヘナ議定書；遺伝子組換え生物などの国際取引に際し，生物多様性への悪影響の可能性について事前に評価する手続きなどを定めた。

2001年	▶残留性有機汚染物質に関するストックホルム条約；残留性有機汚染物質の製造，使用，排出の廃絶または削減を国際的に図ろうとするもの。
2007年	▶IPCC；ノーベル平和賞を受賞。第4次報告書において2100年までの間に上昇する平均気温の範囲を1.8〜4.0℃と予測。
2010年	▶COP10（生物多様性条約第10回締約国会議）；遺伝子資源の資源国と利用国間の利用と利益配分に関する取り決め「名古屋議定書」，生物多様性を守る「愛知ターゲット」「SATOYAMAイニシアティブ」など採択。
2015年	▶COP21（第21回国連気候変動枠組条約締約国会議）；世界共通の目標として，産業革命以降の気温上昇を2℃より低く，1.5℃以内を目標とする取り決め「パリ協定」。
2015年	▶国連総会でSDGs「持続可能な開発のための2030アジェンダ」を採択。

第3編 生物の多様性と生態系

補足　COPはConference of the Parties（締約国会議）の略で，国連気候変動枠組条約締約国会議の第1回（COP1）は1995年ベルリン（ドイツ）で開催。COP11からは京都議定書締約国会合（CMP）と，COP22からはパリ協定締約国会合（CMA）と合わせて開催されている。生物多様性条約締約国会議の第1回（COP1）は1994年ナッソー（バハマ）で開催。その後おおむね2年に1回開催されている。

このSECTIONのまとめ　生態系の保全

□ 生態系と人間の生活 ⇨p.188	・生態系サービス…人間が生態系から受ける恩恵。**供給サービス，調整サービス，文化的サービス，基盤サービス**の4つがある。
□ 水質・大気汚染 ⇨p.189	・**富栄養化**…栄養塩類の増加➡**アオコ（水の華）や赤潮** ・**生物濃縮**…**特定の物質が体内で高濃度に蓄積**する。
□ 気候変動と植生の変化 ⇨p.192	・地球温暖化は各地の生態系に影響を与えている。 ・世界の森林は，熱帯を中心に大きく減少している。
□ 外来生物・種の絶滅 ⇨p.195	・侵略的外来生物はその地域の**生物多様性を低下**させる。 ・絶滅危惧種…絶滅のおそれのある種。
□ 生態系を保全する取り組み ⇨p.201	・SDGs…2030年までに**実現を目指す，持続可能な開発目標**。 ・**地球温暖化対策**…COP21での**パリ協定**。 ・**生物多様性保全**…生物多様性条約によって国際的に保全。

重要用語

ⓈⒺⒸⓉⒾⓄⓃ 1 生態系と多様性

□ **生態系** せいたいけい ☞p.176
ある場所に生息するすべての生物と，それを取り巻く環境を合わせたまとまり。

□ **生産者** せいさんしゃ ☞p.176
光合成などによって有機物をつくり出す生物。植物や藻類，シアノバクテリアなど。

□ **消費者** しょうひしゃ ☞p.176
生活に必要な有機物を他の生物に依存する生物。動物や菌類など。

□ **一次消費者** いちじしょうひしゃ ☞p.176
生産者を捕食する生物。植物食性動物。

□ **二次消費者** にじしょうひしゃ ☞p.176
一次消費者を捕食する生物。動物食性動物。

□ **分解者** ぶんかいしゃ ☞p.176
消費者のうち，生物の遺骸や排出物を利用し，その有機物を無機物に分解する過程にかかわる生物。菌類や細菌など。

□ **栄養段階** えいようだんかい ☞p.177
生産者，一次消費者，二次消費者などの区分。

□ **食物連鎖** しょくもつれんさ ☞p.177
生産者→一次消費者→二次消費者…と，食べる・食べられるの関係によって直線的につながった関係。

□ **食物網** しょくもつもう ☞p.177
多様な生物によって食べる・食べられるの関係が網目状になったもの。

□ **腐食連鎖** ふしょくれんさ ☞p.177
枯死体や動物の遺骸・排出物などから始まる食物連鎖。

□ **生態ピラミッド** せいたい— ☞p.178
栄養段階ごとに個体数や生物量，生産力を積み重ねたもの。通常，生産者＞一次消費者＞二次消費者…とピラミッド形になる。

□ **(生態系への)攪乱** かくらん ☞p.180
生態系のバランスを乱す働き。洪水や土砂崩れ，台風など，小規模なものから大規模なものまでさまざまな攪乱があり，自然由来のものと人為的なものに分けることができる。

□ **(生態系の)復元力** ふくげんりょく ☞p.180
攪乱によって生態系のバランスが乱されても，自然にもとの状態に戻ろうとする働き。

□ **キーストーン種** —しゅ ☞p.181
生態系内の上位消費者のうち，生態系内の種多様性の維持に大きな影響を与える生物種。

□ **間接効果** かんせつこうか ☞p.182
ある生物の存在が，直接的な捕食-被食の関係にはない他の生物種に影響を与える現象。

□ **自然浄化** しぜんじょうか ☞p.183
河川や湖沼に有機物や栄養塩類などが流入しても，生物の働きや化学反応などによって水質がもとの状態に戻る働き。

□ **生物多様性** せいぶつたようせい ☞p.184
生態系内にさまざまな生物や環境が含まれていること。生物多様性を維持するためには生態系を保全することが重要。

□ **種多様性** しゅたようせい ☞p.185
生態系内に多くの生物種が存在すること。

□ **生態系多様性** せいたいけいたようせい ☞p.185
さまざまな環境に応じた生態系があり，つながって存在していること。

□ **遺伝的多様性** いでんてきたようせい ☞p.185
同種生物の集団内において，遺伝子に多様性があること。

ⓈⒺⒸⓉⒾⓄⓃ 2 生態系の保全

□ **生態系サービス** せいたいけい— ☞p.188
人間が生態系から受けることができるさまざまな恩恵。

□ **供給サービス** きょうきゅう— ☞p.188
食料，材料，繊維，薬品，水，エネルギー資源など生活に欠かせない資源の供給。

□ **調整サービス** ちょうせい— ☞p.188
水質浄化や水害の防止，気候の調節など，環

境の調節や制御。

□ **文化的サービス** ぶんかてき— ⇨p.188
自然景観やレクリエーション，アウトドアスポーツなど，生態系から得られる文化的・精神的な利益。

□ **基盤サービス** きばん— ⇨p.188
生態系内の物質循環や土壌形成，酸素の発生など，生態系維持のための基盤となる恩恵。

□ **環境アセスメント** かんきょう— ⇨p.189
環境影響評価ともいう。一定規模以上の開発を行うときに，あらかじめ環境に与える影響を調査，予測，評価すること。事業の実施者に義務付けられている。

□ **富栄養化** ふえいようか ⇨p.189
水中の栄養塩類が増加すること。生活排水の流入や農地への肥料の散布などによっても起こる。アオコや赤潮の原因となる。

□ **生物濃縮** せいぶつのうしゅく ⇨p.190
生体内で分解や排出がされにくい特定の物質が，環境中よりも生体内で濃縮される現象。高次消費者になるほど高濃度に濃縮される。

□ **マイクロプラスチック** ⇨p.191
環境中に流出したプラスチックのうち，細かい粒子（5 mm以下）になったもの。生態系への悪影響が報告されてきている。

□ **酸性雨** さんせいう ⇨p.191
pH5.6以下の強い酸性となった雨滴。化石燃料の燃焼によって生じる硫黄酸化物や窒素酸化物が原因。

□ **温室効果ガス** おんしつこうか— ⇨p.192
赤外線を吸収することで太陽光による熱が宇宙へ放出されるのを抑え，大気の温度を高く保つ働きをもつ気体。二酸化炭素やメタン，フロン類など。

□ **砂漠化** さばくか ⇨p.194
乾燥地域の土地が劣化して，植物の生育に適さなくなること。原因は過放牧や森林伐採，農地開発のための過剰な開墾，不適切な灌漑によって生じる塩害など。

□ **外来生物（外来種）** がいらいせいぶつ（がいらいしゅ） ⇨p.195　本来その地域にはいなかったが，

他地域から人間によって持ち込まれた生物。これに対して，もとからその地域に生息していた生物を在来生物（在来種）とよぶ。

□ **特定外来生物** とくていがいらいせいぶつ ⇨p.195
外来生物法（2005年施行）によって指定された，特に生態系を損ねたり人間や農作物に被害を生じさせたりする外来生物。

□ **侵略的外来生物** しんりゃくてきがいらいせいぶつ ⇨p.196　地域の生態系のバランスに大きな影響を与え，生物多様性を低下させる外来生物。

□ **レッドリスト** ⇨p.197
絶滅のおそれがある野生生物をまとめたリスト。

□ **レッドデータブック** ⇨p.197
絶滅のおそれがある野生生物の生態や分布，絶滅の要因，保全対策などをまとめたもの。

□ **絶滅危惧種** ぜつめつきぐしゅ ⇨p.197
絶滅に瀕していたり，近い将来に絶滅する可能性のある生物種。

□ **遺伝的攪乱** いでんてきかくらん ⇨p.198
外来生物と在来生物との間で交雑が起こって雑種が広がることで，その地域で進化してきた特徴的な遺伝子が失われ，遺伝的多様性が失われること。

□ **生物多様性ホットスポット** せいぶつたようせい— ⇨p.199　生物多様性が高いが，人類による破壊の危機に瀕している地域。

□ **SDGs** エスディージーズ ⇨p.201
持続可能な開発目標（Sustainable Development Goals）の略，2015年に国連サミットで採択。2030年までに達成を目指す国際目標。

□ **循環型社会** じゅんかんがたしゃかい ⇨p.202
有限である資源を持続可能な形で使い続けていくことができる社会。3R（リデュース，リユース，リサイクル）などの推進によって達成を目指している。

□ **再生可能エネルギー** さいせいかのう— ⇨p.202
化石燃料ではなく，環境から持続的に得られるエネルギー。バイオマス，太陽光，風力，地熱など。

特集

環境対策関連用語

地球温暖化などの気候変動や森林破壊, 海洋プラスチックなど, さまざまな環境問題に対し, 世界が協力して解決しようとするさまざまな試みが続けられている。関連して, さまざまな指標や対応策などが設けられている。

二酸化炭素について

地球温暖化対策として, **温室効果ガス**の削減が求められている。温室効果ガスは, 二酸化炭素(carbon dioxide)が中心であるため, 次にあげる用語にはカーボン(carbon:炭素)の言葉が使われているが, 多くの場合は, メタンやフロン類など, 他の温室効果ガスも含めている。

①**カーボンニュートラル**(carbon neutrality)
温室効果ガスの排出量と吸収量を均衡させ, 排出量を全体としてゼロにすること。日本政府は2050年までにカーボンニュートラルをめざすことを宣言している(2020年)。カーボンニュートラル達成には, 温室効果ガス排出量の削減と, 植林や森林保全などの吸収量の強化が必要となる。カーボンニュートラルが実現し, 二酸化炭素排出量が実質ゼロとなった社会を,「**脱炭素社会**」という。

②**カーボンオフセット**(carbon offset)
市民や企業などが, 温室効果ガスを削減しようとしても, どうしても削減できない部分を, 他の場所での温室効果ガス削減量や吸収量(クレジット)を購入することで, 温室効果ガス排出量の全部または一部を埋め合わせること。日本では, 二酸化炭素排出削減量や吸収量を「**Jクレジット**」として国が認証し, 企業や自治体などが購入してカーボンオフセットに利用している。

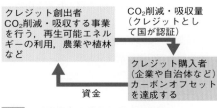

図95 日本でのカーボンオフセット

③**カーボンフットプリント**(carbon footprint:CFP) 企業や個人が活動していく上で, 排出される二酸化炭素量を調べ, 把握すること。例えば企業の商品などで, 原材料調達から廃棄やリサイクルに至るまで, すべての段階について二酸化炭素の排出量を算出し, その商品のカーボンフットプリントとする。

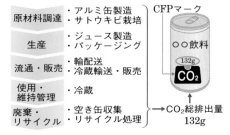

図96 缶飲料のカーボンフットプリントの例

日本全体におけるカーボンフットプリントは, 約6割が家計消費に由来している。脱炭素社会実現のためには, 企業だけではなく, 個人の生活スタイルからも貢献できる。

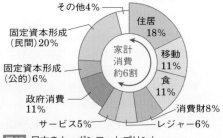

図97 日本のカーボンフットプリント

環境に対する負荷

二酸化炭素などによる温室効果だけではなく，オゾン層への影響や水の汚染，生物多様性など環境に対する負荷を全体的にとらえる指標もいくつか提唱されている。

①ライフサイクルアセスメント(life-cycle assessment：LCA)　製品やサービスについて，製造・輸送・販売・使用・廃棄やリサイクルの各過程で生じる，環境への負荷を評価したものを，ライフサイクルアセスメント(LCA)という。

例えば，電気自動車(EV)と内燃機関エンジン車(ガソリンエンジン車など)の二酸化炭素排出量を比較すると，走行時にはEVのほうが少ないが，車体生産では，電池などの製造過程を考慮するとEVのほうが二酸化炭素排出量は多くなる。このため，廃車するまでの走行距離が短い場合は，EVのほうが多くの二酸化炭素を排出することになる。さらに，発電のために化石燃料を使うと，EVも走行のために二酸化炭素を排出していることになる。

LCAは，リサイクル材料の活用や生産方法，再生エネルギー利用などによって変化する。環境に配慮した製品を選ぶ場合，その製品のLCAの見極めが必要である。

②バーチャルウォーター(virtual water：仮想水)　農作物を生産する場合，灌漑などによって水を消費する。例えば，トウモロコシを1 kg生産するには灌漑用水として1800 Lの水が必要になる。トウモロコシを飼料としてウシを飼育すると，牛肉1 kgを生産するにはさらにその約20000倍もの水を必要とする。つまり，牛肉を1 kg輸入すると，それだけの水を輸出国で使っていることになり，食料を輸入することは，形を変えて水を輸入していることになる。この水をバーチャルウォーターという。

輸入に限らず，このほか工業製品なども含めた生産に関して水のライフサイクルアセスメントや，どの国のどういう水源(降水，自然の河川水，非持続的地下水など)からの水を生産に利用したかを推計する**ウォーターフットプリント**なども行われている。

環境に配慮した取り組み

環境に対する負荷を軽減しながら，持続的に生態系を利用していく，さまざまな取り組みが行われている。

①エコツーリズム(ecotourism)　エコツーリズムとは，自然環境や歴史文化を対象とし，それらを体験し，学ぶとともに，対象となる地域の自然環境や歴史文化の保全に責任をもつ観光のありかたとされる(環境省による)。このエコツーリズムの考え方で作成されたプログラムが**エコツアー**である。エコツーリズムにより，自然環境の保全と観光振興が両立でき，さらに地域振興と環境教育も実現できる。

日本ではエコツーリズム推進法が施行され(2008年)，これに沿って各地にエコツーリズム推進協議会が設立され，それぞれの地域に合ったエコツアーが実施されている。

②アグロフォレストリー(agroforestry)　農業(agriculture)と林業(forestry)を組み合わせてつくられた造語で，1970年代に考え出された。

アグロフォレストリーは，その土地や気候条件に合わせ，草本から樹木まで，さまざまな植物(おもに食料となる種)が共存し自然に維持される森林のような生態系をつくり，そこから持続的に収穫を得るようにする農法である。

アグロフォレストリーは，特に熱帯地域での活用が期待されており，その地域の貧困や飢餓の解消，森林の生物多様性の保護などの効果が期待される。

動物の絶滅と人間

人間によって絶滅に追い込まれた動物

　これまで，人間の影響によって絶滅した動物は非常に多いと考えられる。マンモスなどのように有史以前に絶滅してしまった動物たちのほか，記録が残っているものとして，次のような例がある。

図98　マンモスの骨などでつくられた住居

①ドードー　インド洋のマダガスカル沖にあるモーリシャス諸島に生息していた，シチメンチョウより大きな飛べない鳥。1598年に航海探検を行っていたオランダの提督が正式に報告し，ヨーロッパで知られるようになった。天敵がいない島で進化していたため，動きが鈍くて警戒心が薄く，地上に巣をつくるため，人間によって持ち込まれたイヌ・ブタ・ネズミなどに雛や卵が捕食された。さらに森林の開発もあり，1681年の目撃例を最後に絶滅した。

　ヨーロッパでは人間が絶滅させてしまった動物の象徴的な存在とされ，1865年刊行の『不思議の国のアリス』など多数の創作に登場している。

図99　ドードーの復元模型

②リョコウバト　北アメリカ大陸に生息していたハトの一種で，夏は五大湖周辺で営巣し，冬にはメキシコ湾沿岸まで渡りをしていた。1813年には，空を覆うリョコウバトの群れは3日間も続き，3時間あたり11億羽以上が通過したと試算する鳥類学者の報告もある。しかし，食肉・羽毛採取の目的で乱獲され，1850年頃からは大きな群れは見られなくなった。1906年に撃ち落とされた個体が野生下での最後の記録であり，1914年に動物園で飼育されていたメスの個体が死亡して，地球上からリョコウバトはすべていなくなった。

図100　リョコウバト（剥製）

③ステラーカイギュウ　北太平洋のベーリング海に生息していた大形の海牛類（ジュゴンやマナティーを含む海生哺乳類の仲間）で，体長は最大8.5 m，体重は5〜12トンほどあった。1741年に発見され，肉や脂肪を目的として乱獲された。ステラーカイギュウは動きが鈍いうえに人間に対する警戒心も薄く，他の個体が傷つけられると集まって助けようとするため，容易に捕獲できたとされる。1768年の捕獲例を最後に絶滅した。人類に発見されてから，わずか27年間で絶滅に追い込まれたことになる。

ヒトとの比較

図101　ステラーカイギュウの復元画像

④**ニホンオオカミ**　ニホンオオカミはハイイロオオカミの亜種[★1]の1つで，中型犬程度の大きさの最も小形のオオカミであった。19世紀までは九州から東北地方まで広く分布していたが，1905年（明治38年）1月に奈良県で捕獲された若いオスが最後の確実な生息情報とされる。絶滅の原因は，明治以降，猟銃が普及し，西洋から持ち込まれたイヌと一緒に入ってきた狂犬病などの病気を防ぐために駆除されたことなどが考えられている。北海道にはニホンオオカミより大形の亜種のエゾオオカミが分布していたが，家畜を襲う害獣として駆除され，1900年前後に絶滅している。

図102　ニホンオオカミ（剥製）

⑤**ニホンカワウソ**　明治時代までは北海道から九州まで日本全国で生息していたが，乱獲や河川流域の開発によって個体数が減少した。1965年（昭和40年）には特別天然記念物に指定されて保護されたが，その後も減少し続けた。1979年（昭和54年）に高知県で確認された個体が最後の目撃例となり，2012年（平成24年）に絶滅種として指定された。

絶滅した種を再生する試み

①**日本のトキ**　トキは翼開長が約140cmにもなる大形の鳥で，翼の下面はやや橙色がかった薄い桃色（「朱鷺色」という）をしている。

明治以前は日本各地で見られたが，乱獲や生息環境の汚染などによって減少した。

1981年に最後の5羽が捕獲されて佐渡トキ保護センターで人工飼育に移され，日本のトキは野生下では絶滅となり，人工繁殖が試みられたが2003年に日本産のトキは全個体が死亡した。しかし，人工繁殖のため中国から供与されたトキ[★2]どうしによる繁殖が成功，野生に戻すための訓練も行い，2008年からは放鳥が始まっている。2012年に野生下で卵のふ化が確認され，2014年には野生下で誕生した個体による繁殖が確認され，2020年時点での野生下でのトキの個体数は458羽と推定されている。

②**モウコノウマの野生復帰**　モウコノウマは現生で唯一の野生馬とされ，1968年頃に一度野生下で絶滅した。これに対しヨーロッパの動物園で飼育・繁殖されていた個体をモンゴルの保護区に戻す野生復帰に成功，十数頭から現在は2千頭以上が生息している。

図103　モウコノウマ

③**オオカミの再導入**　アメリカのイエローストーン国立公園では，1926年のオオカミ絶滅以降大形のシカなどが増えすぎて保てなくなった生態系のバランスを回復するため，アセスメントと地元関係者などとの話し合いや調整を経て1995年よりハイイロオオカミの再導入が行われ，シカの個体数の増減が安定し，コヨーテに捕食されていた小動物の個体数が回復するなど生態系の回復に成功した。

★1 亜種は生物の分類区分の1つで，同一種のうち形態が他の地域に分布する集団とはっきり異なるもの。
★2 中国のトキと日本のトキは，遺伝的に非常に近く，個体差程度の相違しかないため，中国産のトキでも外来種として取り扱っていない。

生態系のバランスを崩す身近な動物

侵略的外来種としてのネコ

①世界侵略的外来種ワースト100 ネコ（イエネコ）はリビアヤマネコを家畜化したものとされ，日本国内の約900万頭をはじめペットとして世界中で飼育されている。

　広く愛されているネコだが，一方では**世界の侵略的外来種ワースト100に指定されている**。アメリカでの研究では少なくとも年間10億羽もの鳥がネコによって殺されていると推定され，オーストラリアでの研究でも約2000万頭いる野良猫が1日に7500万の固有種の動物を殺し，今までに100種以上の鳥類，50種以上の哺乳類，多数のハ虫類や両生類などを絶滅させたと推定されている。

図104 野鳥を捕らえたイエネコ

②侵略的外来生物としての特徴 ネコは非常に優秀なハンターで，さらにネコは「遊び」として小動物を殺すことが知られており，ノネコは1日に摂取するえさの量（平均380ｇ：小さいネズミ3頭分）の数倍の小動物を殺すことがある。

　さらにネコは繁殖力が旺盛で，雌のネコは生後4～12か月で出産可能となり，1回に4～8頭の子を年に2～4回産むことができる。血縁どうしでも子をつくるため1つがいが森や島に侵入しただけで急速に数を増やし数々の在来種を絶滅させることが起こりうる。

③人からエサを得ているネコも生態系への脅威となる 特定の飼い主をもたず人が出す食物で生活しているネコを**野良猫**，野生化して人には頼らずに生活しているネコを**ノネコ**とよぶが，徳之島（鹿児島県）において，森の中で捕獲されたネコの毛を元素分析すると，食べ物の約7割がキャットフードで，小動物も捕食されていることがわかった。つまり屋外に出入りできる飼い猫や人からえさを得ている野良猫が森に入って狩りもしていることになる。**屋外にいるネコはすべて侵略的外来生物となる**可能性がある。

④生態系のバランスの外にいるネコ 自然界では，捕食者が増加すると，被食者が減少し，食物が不足するため捕食者も減少する（⤵p.180）。こうして捕食者と被食者の数はそれぞれ一定の割合で保たれ，生態系のバランスが維持されている。しかし，ネコは，エサとなる動物が減少しても人から与えられたエサで個体数を維持することができ，獲物となる野生動物を際限なく減少させる。

⑤生態系の生物とネコを守るために このような状況を起こさないために，飼い主のモラルやマナーが重要である。
●ネコは完全室内飼育にする。
●飼い猫には飼い主情報と照合できる番号が登録されたマイクロチップを装着する。
●個体の最期まで責任をもって飼育する。
●生まれるネコに対して最期まで責任をもてないなら避妊手術をする。

　飼い猫の平均寿命14.2年に対して屋外ではけがや病気などによりネコの寿命は3～5年まで短くなる。「外で自由に過ごすことが幸せ」「野良猫にえさをあげないとかわいそう」といった個人の思い込みで飼い猫を外に放ったり野良猫を増やす行為を行うことは不幸なネコを増やすことにもつながる。

在来種が崩す生態系のバランス

① シカの増加と山林への影響　シカ(ニホンジカ)は1頭が1日に約5～6 kgの葉を食べる。高密度にシカがいる森では,草本層は育たないか,シカが嫌う植物しか生育できなくなり,植生が単純になってしまう。また,シカは冬季には樹木の皮を剥いで食べ,樹木を枯らす。さらに高山帯では,希少な高山植物が食害されている。

このように地表を覆う植生が失われることで雨水による土壌の流出も起こり,森林が再生されにくくなる。森林の保水力が低下し,洪水の増加や,渓流の水質悪化の原因ともなる。

図105 森林のシカを排除した区画(左)とシカのいる区画(右)

② 野生動物の増加と農作物への被害　日本の野生動物の増加は人間の生活にも影響を及ぼしている。野生鳥獣による農作物の被害額は年間161億円,そのうちシカとイノシシが102億円にも及ぶ(2020年度)。営農者が農業を続けられなくなるほどの深刻な被害も出ている。

③ クマによる被害　ツキノワグマが九州で絶滅し,四国で絶滅危惧種となっている一方,本州のツキノワグマや北海道のヒグマは生息域を拡大している。シカやイノシシに比べ個体数が少ないため農作物の被害額に占める割合は小さい(年間約5億円)が,人的被害が人間生活の安全に与える影響は大きい。2011～2022年の間でクマによって1100人以上の人が負傷し,22人が死亡している。

山に入った人とクマが遭遇しての事故のほか,人里での事故も生じている。人間の生活圏に近づき被害を与えるクマは**問題個体**とよばれる。2019年から被害が報告されている「OSO18」というヒグマの個体は4年間で牛65頭以上を殺傷した。

④ 個体数増加とその要因　シカやイノシシなどの野生動物が市街地などに現れニュースとして報じられると,ヒトが山林へ進出したために野生動物がすみかを追われたという意見や感想がメディアやSNSで発信される。しかし実際には,**シカやイノシシは1990年代以降,急速に増加している。**

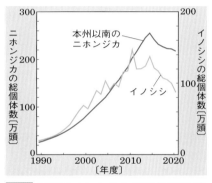

図106 国内のシカとイノシシの個体数の変化(推定される範囲の中心の値)

これは過疎化で荒れた森林や放棄耕作地を通じて行動範囲を広げ,畑や水田に進出して食物を得やすくなったことが大きな原因の1つとなっている。また,**狩猟者の減少**も原因とされるほか,ニホンオオカミの絶滅によって**捕食者不在となった日本の生態系が,繁殖力の旺盛なシカやイノシシの増加に対してバランスを保てなくなっている**という指摘もある。

現在野生動物による被害を抑制するには駆除がおもな手段となっているが,野生動物が身を隠すやぶなどをなくして人里に近づけないようにする,ヒトの居住地に近づくと食物が得られると学習しないように生ごみの管理を徹底するなど,**動物の生態を理解した上で増やさないようにする対策が必要である。**

3 » 生態系と環境

SECTION 1 生物群集と個体群

1 | 個体群とその変動

1 個体群と生物群集

❶個体群 ある地域に生息している同じ種の個体の集まりを個体群という。繁殖や競争などの種内での関係をもつものであれば、集団生活をするものでも単独生活

をするものでも個体群である。ある草原のバッタの集団、ある森林の中のヒメネズミの集団、小川のメダカの集団などはそれぞれ個体群である。校庭に生えているオオバコの集団も個体群である。

図107 ヒョウ

補足 トラやヒョウのように単独生活をしている場合でも、一定の地域では繁殖期には雌雄が生殖行動を行い、互いに関係し合っている。したがって、この場合も個体群という。また、ニホンザルなどの**群れ**(⤴ p.221)をつくっている場合も、調査対象地域に複数の群れが存在していて、群れどうしに関係がある場合、すべての群れのサルを1つの個体群とみなす。

❷生物群集 ある一定地域には、植物だけではなく、多くの動物・菌類・細菌などが互いに密接な関係をもって生息している。**ある地域に生活する相互に関係をもつ異種の個体群の集まりを生物群集**、あるいは単に群集という。植生については p.153で説明している。ここではおもに**動物の群集**について説明する。

補足 ある地域における生物群集と非生物的環境を合わせた1つのまとまりが生態系である。

POINT!

個体群…ある地域における同種生物の個体の集まり
生物群集…ある地域におけるすべての生物の個体の集まり

2 個体群密度 ①重要

　個体群の特徴を考えるときに重要な要因は，個体群の大きさと個体群密度である。大きさは総数であり，個体群密度は一定面積や体積の中に存在する個体数である。

❶個体群密度　ある地域での単位面積(または単位体積)あたりの，それぞれの個体群の個体数を個体群密度という。個体群密度は，次のようにして表される。

$$個体群密度 = \frac{個体群を構成する全個体数}{生活空間の広さ}$$

　例えば，$2\,m^2$ に30個体のトノサマバッタがいれば，個体群密度は15個体$/m^2$ と示し，$3\,mL$ 中に60個体のゾウリシがいれば，20個体$/mL$ と示す。

❷個体数の測定　個体数の測定法には，区画法と標識再捕法の2つがあり，調査対象生物の分布場所や移動特性，視認性などで使い分ける。

① **区画法**　調べようとする地域に一定面積の区画をいくつかつくり，その中の個体数を数え，それをもとに地域全体の個体数を推測する方法。植物やフジツボのように移動しない生物に用いる。

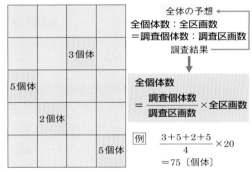

図108　区画法による個体数の測定

② **標識再捕法**　ある地域で多くの個体を捕らえ，標識をつけてから放す。数日後，再び同じ地域で同じ種の生物を捕らえ，この2回目に捕獲した個体数に占める標識個体数の割合から，個体群を構成する全個体数を測定する方法。魚類など広く移動する動物の測定に用いる。

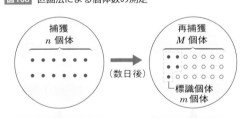

図109　標識再捕法による個体数の測定

補足　標識再捕法による測定が成立するには，標識が動物の行動に影響しない，2回の捕獲を同じ時刻に同じ条件で行う，調査地での個体の移出入がないといった条件が必要。

POINT! [標識再捕法による個体数の測定]

$$全個体数 = \frac{標識個体数 \times 2回目に捕獲した個体数}{再捕獲標識個体数}$$

3 個体の分布

　個体の分布は，大きく集中分布，一様分布，ランダム分布の3つの様式がある（⤵図110）。個体群密度は，一様分布の場合どの場所でも一定だが，集中分布の場合は場所によって大きく異なる。

補足 集中分布は，群れをつくる動物や，発芽や成長に適した場所に集まり生育する植物で見られる。一様分布は各個体間に一定の排斥傾向が生じる個体群で，ランダム分布は風や水流で運ばれて着生する植物やフジツボなどで見られる。

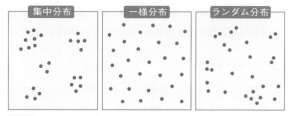

図110 個体群内の個体の分布の様式

4 個体群の成長と密度効果

❶**個体群の成長曲線**　最適な条件のもとでは，生物は計算上，図111の曲線Aのように増加する。しかし，実際には，個体数がある程度増えると個体群の成長速度は小さくなり，**ある値で定常状態を保つようになる**（⤵図111の曲線B）。

❷**成長曲線と密度効果**　個体群の成長曲線は図111の曲線BのようなS字形になる。このように，個体群密度の増加によって個体群の成長が抑えられたり個体の性質に変化が生じることを密度効果といい，上限となる個体数を環境収容力という。

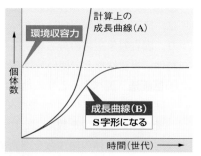

図111 個体群の成長曲線の一般形（模式図）

視点 生活空間の不足・栄養分の不足・排泄物の蓄積などの密度効果によって，個体数の増加には限界がある。

❸**密度効果の例**　同じ生活空間で昆虫の個体数を変えて飼育した実験（⤵図112）のように，密度効果にはいろいろな要素が見られる。

① **栄養分の不足**　個体群密度の上昇によって食料不足となり，餓死したり，生殖能力の低下が起きたりする。

② **生活空間の減少や老廃物の蓄積**　個体群密度が上昇し，生活空間が減少すると，ホルモン分泌の変化により，出生率が低下する。また，ストレスや老廃物による健康異常なども見られる。

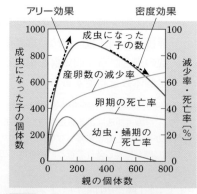

図112 アズキゾウムシにおける密度効果

★1 このような形のグラフをロジスティック曲線という。

③**個体の移動**　個体群密度が高くなると一部の個体は他に移動する。例えば，アリマキは30匹/cm²になると有翅型（ゆうし）の成虫が現れ，他へ移動する。

④**捕食者の増加**　個体群の増加によって捕食者も増加し，個体群の成長が抑えられる。

[補足]　個体群密度が低すぎても生殖機会が減少し，増殖率は低下する。また，ゴキブリのように密度が低いと死亡率が高くなる生物もある。このように，密度効果とは逆に，ある密度までは密度が高いほど個体群の成長が促進される現象は，アリー効果とよばれている。

 個体群の成長曲線は，**密度効果**によってS字形になる。

5 昆虫の相変異

❶**相変異**　動物個体の形態・色彩・生理・行動などが，個体群密度に応じて著しく変化する現象を相変異という。

❷**バッタの相変異**　バッタ類は，ふだんは単独生活をしている個体(孤独相)が，高密度になると，集合性があり，長距離を飛翔して移動する能力が大きな個体(群生相)になる(⤷図113)。なお，相変異は環境変異であり突然変異ではないので，[★1]遺伝しない。

[補足]　バッタは，発育中の密度効果だけで相変異をし，幼虫期の個体群密度が低いと孤独相になり，高いと群生相になる。バッタの孤独相から集団移動する群生相への変化の場合，多くは中間型を経て2世代程度で変化が完了する。

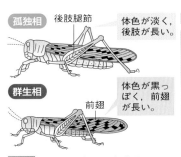

孤独相　後肢腿節　体色が淡く，後肢が長い。
群生相　前翅　体色が黒っぽく，前翅が長い。

図113 トノサマバッタの相変異

表12 孤独相と群生相の比較——アフリカワタリバッタ

	孤独相	群生相
体色	緑色	黒っぽい色
前翅	相対的に短い	相対的に長い
後肢	後肢腿節が長い	後肢腿節が短い
発育	遅い	速い
行動	飛行距離が短く集合性なし	飛行距離が長く大群で移動
食性	イネ科の植物	すべての植物
産卵	小さな卵を数多く産む	大きな卵を少しずつ産む

 [バッタの相変異]
孤独相…後肢が長く，単独生活。移動能力は低い。
群生相…前翅が長く，集団で飛行し移動する。

★1 環境変異は遺伝的要素と関係なく成長過程の環境により生じる形質の変化で遺伝しないが，突然変異は遺伝子や染色体の変化およびそれによって生じる形質の変化で，遺伝する。

参考 植物の密度効果

●ある一定の場所で得られる光や養分には限りがあるので，植物も動物と同様に成長や個体数の増加において個体群密度の影響を受ける。密植された農作物は十分な光を得られず一部の個体が成長不良となり枯死する（**自然間引き**）。

●個体数が多いと平均の個体サイズが小さくなり，単位面積あたりの植物総量は密度の大小にかかわらず一定となる（**最終収量一定の法則**）。

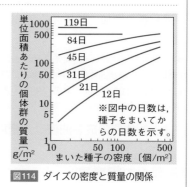

図114 ダイズの密度と質量の関係

2 | 生命表と生存曲線

1 生命表

❶**生理的寿命**　理想的な条件下で生育させた場合の個体の寿命を**生理的寿命**という。しかし，自然界では捕食されたり，密度効果などさまざまな原因で，ほとんどの生物は生理的寿命を全うすることはできない。

❷**生命表**　個体群において，生まれた卵や子の数が，出生後の時間や発育経過とともに，どのように減っていくかを示した表を生命表という。**表13**はアメリカシロヒトリの個体群について各発育段階の個体数と死亡原因[★1]をまとめたものである。

表13 アメリカシロヒトリ（ガの一種）の生命表

発育段階	段階初めの生存数	期間内の死亡数	期間内の死亡率	死亡の原因（　）内は生理死亡数	最終生存率
卵	4287	134	3.1 %	生理死(134)	96.9 %
ふ化幼虫	4153	746	18.0	クモ，クサカゲロウ他	79.5
1齢幼虫	3407	1197	35.1	クモ他，生理死(104)	51.6
2齢幼虫	2210	333	15.1	クモ他，生理死(11)	43.8
3齢幼虫	1877	463	24.7	クモ他	33.1
4齢幼虫	1414	1373	97.1	⎰アシナガバチ・小鳥・カマ	1.1
5～7齢幼虫	41	29	70.7	⎱キリ他	0.4
蛹	12	5	25.0	ヤドリバエ，病死(1)	0.2
成虫	7	—	—		—

視点 この表からおもに次の2点がわかる。①3齢幼虫までは，巣網の中で集団生活を行い，捕食されることが少ないため死亡率が低く，晩死型（⤷p.219）に似ている。②単独生活に入った4齢以降の幼虫では捕食されることが多くなり，死亡率が高くなる。

★1 3齢までの幼虫の生存数は，巣網を採集し，各齢の脱皮殻を数えることで把握できる。

2 生存曲線

❶**生存曲線** 一般に，出生した個体数を1000個体に換算して，**年齢や発育段階と**
ともに変化する生存数をグラフ化したものを生存曲線という。

❷**生存曲線の型** 生物の生存曲線は，次の3つの型に大別される（⤷図115）。

① **晩死型** 幼齢期の死亡率が低く，死亡が老齢期に集中する型。ヒトなどの哺乳
　類やミツバチのように，親や仲間が子を保護し，育てる動物がこれに属する。

② **平均型** 各年齢ごとの死亡率がほぼ一定である型。**鳥類**や**ハ虫類・ヒドラ**など
　がこれに属する。

③ **早死型** 幼齢期の死亡率が高く，老齢まで生存する個体が少ない型。**魚類**や多
　くの**昆虫類**のほか，カキなどの**軟体動物**がこれに属する。

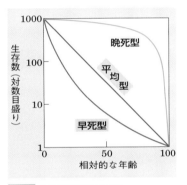

図115 生存曲線の3つの型

視点 縦軸は対数目盛りである。[★2]また，
生物の種により寿命は異なるので，横
軸は相対的な年齢としている。

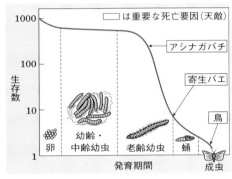

図116 生存曲線の例（アメリカシロヒトリ）

視点 幼齢期のアメリカシロヒトリ（幼虫）は個体群
が巣網をつくってその中で生活するため，天敵に捕
食されにくく死亡率が低いと考えられる。

❸**動物の産卵(子)数と生存曲線** 動物の産卵(子)数と死亡率の間には密接な関係
がある。**晩死型**に属している動物では**産卵(子)数が少なく，親が子の世話をよくす**
るため，幼齢期の死亡率が低い。これに対して，早死型に属している動物では**産卵**
数が非常に多く，そのため，幼齢期の死亡率は高いが，卵の数が多いので生き残る
個体があり，個体群は存続する。**親は子の世話をまったくしない。**

表14 動物の産卵(子)数・出生形態・親の保護の有無

動物名	産卵(子)数	形態	親の保護	動物名	産卵(子)数	形態	親の保護
マンボウ	3億(抱卵)	卵生	無	キジ	9〜12	卵生	有
ブリ	180万	卵生	無	スズメ	4〜8	卵生	有
トゲウオ	50	卵生	有	キツネ	5	胎生	有
トノサマガエル	1000	卵生	無	チンパンジー	1	胎生	有

★2 このグラフは個体数が10^{-1}倍になるごとに1目盛り分下がる。対数目盛りを用いることで，死亡率が一
　定の場合にグラフは直線になる。

第**3**編 生物の多様性と生態系

図117 マンボウ

図118 トゲウオ

図119 チンパンジー

3 個体群の年齢構成

　各年齢ごとの個体数をもとに，個体群の年齢構成をグラフで表すと，多くの場合はピラミッド形になる。これを年齢ピラミッドという。

　年齢ピラミッドには，図120に示したように，幼若型，安定型，老齢型の３つの型があり，それぞれ，やがて生殖期を迎える若年層の全個体に対する割合が異なっている。年齢ピラミッドを作成することで，個体群の将来を推定することができる。

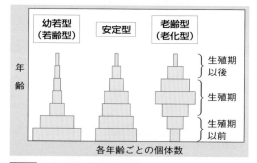

図120 個体群の年齢構成の型

視点 各型から今後予想される個体群の変化
幼若型：個体群が増加していく，安定型：この状態が続く，老齢型：個体数が減少していく

このSECTIONの **まとめ** 　生物群集と個体群

□ 個体群とその変動 ⇨p.214	・**個体群**…ある地域に生息する同種個体の集まり。 ・個体数は，**区画法**や**標識再捕法**で測る。 ・**個体群の成長**…密度効果を受けるため，ある値で定常状態を保つ。➡成長曲線はS字形になる。 ・**相変異**…個体群密度による形態などの変化。例 バッタ { 孤独相…単独生活型(体色は明色)。 { 群生相…集団生活型(体色は暗色)，移動能力大。
□ 生命表と生存曲線 ⇨p.218	・**生存曲線**…**晩死型**(哺乳類)・**平均型**(鳥類)・**早死型**(魚類) ・**年齢ピラミッド**…**幼若型**・**安定型**・**老齢型**

SECTION 2 個体群の相互作用

1 個体間の相互作用

個体群を構成している個体間では食物や生活空間，繁殖期には配偶相手をめぐって競争（種内競争）が見られる。一方で，群れをつくることでの利点も見られる。競争や群れのような相互関係には，個体に利益や不利益が見られる。

1 群れ

❶群れ 個体が集まって，移動や採食などをともにする集団を群れという。

❷群れることの利益と不利益

①**利益** 敵に対する**防衛上の利点**（⏵図121），**採食上の利点**がある。また，異性個体との配偶行動や育児など**繁殖行動**を行いやすく，個体群を維持するうえでつごうがよい。

②**不利益** 食物をめぐる競争，排泄物による生活環境の悪化，病気が伝染する危険性の上昇など。

補足 群れの大きさは利益（利点）と，食物をめぐる競争などの不利益（コスト）の関係で決まる（⏵図122）。また，食物の豊富さなど環境条件によっても群れの大きさは変わる。

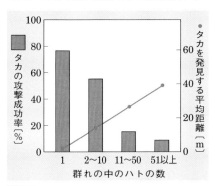

図121 タカによるハトへの攻撃成功率

視点 群れが大きいほど接近するタカを警戒する個体数が増えるため，タカを早く発見して逃げのびやすくなる。

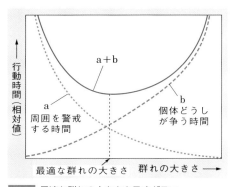

図122 最適な群れの大きさを示すグラフ

視点 群れが大きいほど各個体が警戒に要する時間（a）は減少し，食物をめぐる争い（b）が増えるため，aとbの和が小さいほどよい。

❸リーダー シカやオオカミなどの群れでは特定の個体がリーダーとなり，リーダーを中心に群れが統率されている。経験のある個体がリーダーとなることで，群れの個体の生存率が高まる。

第3編 生物の多様性と生態系

2 縄張り（テリトリー）

❶縄張り　個体群内の**特定の個体が一定の地域の空間を積極的に占有する行動**を縄張り行動といい，その空間を**縄張り（テリトリー）**という。縄張り行動をするものは，個体，つがい，群れなどの単位で行動する。魚類，鳥類，哺乳類，昆虫類に見られる。

❷縄張りの特徴と機能　縄張りは次のような場合に見られる。

① **採食行動のための縄張り**　他の個体や群れに対して，えさ場を占有して採食活動を行うことができる。**年間を通して見られる。**

　　⑲　アユ（⇨図123）やシマアメンボの縄張り

② **繁殖行動のための縄張り**　配偶者を獲得したり，繁殖地を確保したりしやすい。また，より安全に子を育てることができる。**繁殖期にだけ見られる。**

　　⑲　イトヨ（トゲウオの一種）や小鳥などの縄張り

補足 採食活動と繁殖活動の両者の機能を合わせもつ縄張りも多い。

図123 アユの縄張りの例

視点 淡水魚のアユは，浅い川底にある石の周辺約1 m²を縄張りとして，石についている微小なケイ藻やシアノバクテリアなどを食べている。そして，この縄張りに他の個体が近づくと，追い払う行動を示す。なかには，"群れアユ"といって縄張りをもたず，数匹で群れをつくっているものもいる。縄張りをもっているアユも，個体群密度が大きくなると，縄張りへの侵入個体が多くなり，縄張りを維持できなくなって群れアユになる。

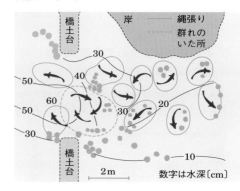

❸縄張りの広さ　縄張りが広くなれば得られる資源が増えるが，他の個体（あるいは群れ）が侵入する確率は高くなり，防衛に費やすエネルギーも大きくなる。また，必要以上の資源があっても利用できず，より多くの利益も得られないので，実際の縄張りの広さには限界がある。

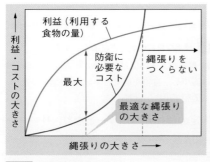

図124 最適な縄張りの大きさ

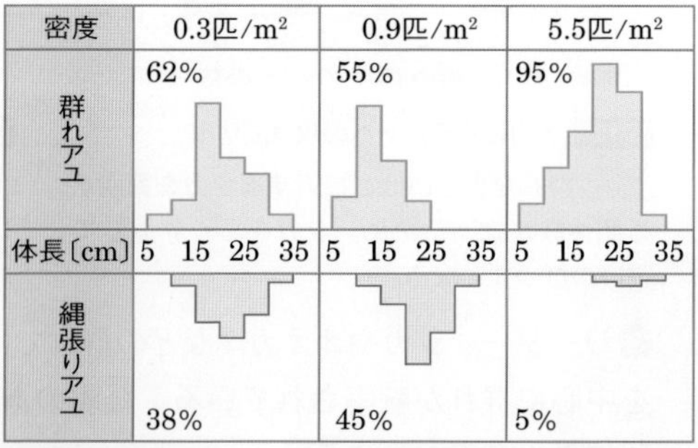

密度	0.3匹/m²	0.9匹/m²	5.5匹/m²
群れアユ	62%	55%	95%
体長〔cm〕	5 15 25 35	5 15 25 35	5 15 25 35
縄張りアユ	38%	45%	5%

図125 個体群密度による群れと縄張りの割合の違い

❹縄張り宣言　縄張りをもつ個体は，他個体が縄張り内に侵入した場合，激しく攻撃を加えて追い出そうとする。これにより双方が傷つくこともある。このため広い縄張りをもつ動物では，におい付けなどによるマーキングやさえずりなど縄張り宣言を行い，他個体が不用意に自分の縄張りに侵入しないよう警告を発する。これにより他個体は侵入を回避し無用な争いを避ける。

❺縄張りと個体数の安定　シジュウカラは，繁殖期につがいで縄張りを維持する。図126左のような縄張りが形成されている森で実験的に6つの縄張りのつがいを除去すると，3日後には別のつがいが新しい縄張りを形成し縄張りはほぼ同じ数に保たれた。シジュウカラは縄張り

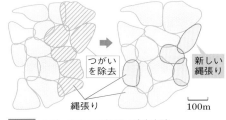

図126　シジュウカラの縄張り除去実験

をもつ個体だけが繁殖できるので，個体群密度もほぼ一定に維持されることになる。

POINT!

縄張りは，競争に強い個体の生存と繁殖の効率を高める。

3 順位制

❶順位制　群れを構成する個体間に優位・劣位の関係が見られる場合，その優劣の序列を順位という。**順位が成立することで，群れ内の秩序が保たれる**ことを順位制という。最高順位の個体が採餌や繁殖を優先的に行い，群れ内の無用な争いが防がれる。リーダーが統率する群れでは，最高順位の個体がリーダーとなる。

❷順位の決定　ふつう順位は，ニワトリのつつき(⤷図127)のように，直接の攻撃行動によって決まるが，からだや角など特定の部位の大きさで決まる(大きいほうが上位)動物もいる。

図127　ニワトリのつつきの順位の例―13羽の雌のニワトリの個体間に見られるつつきの順位

視点　A～Mの13羽のうち，他の12羽全部をつつくAが最上位で，他の12羽すべてにつつかれるMが最下位である。上位のものは下位のものをつつくばかりでつつき返されることはないが，H・I・Jの3羽は，互いにつつき合う"三すくみ"の関係にある。

(上位) ↑ つつきの順位 ↓ (下位)

個体	つつく数	つつく相手
A	12羽	M L　K J　I H　G F　E D　C B
B	11羽	M L　K J　I H　G F　E D　C
C	10羽	M L　K J　I H　G F　E D
D	9羽	M L　K J　I H　G F　E
E	8羽	M L　K J　I H　G F
F	7羽	M L　K J　I H　G
G	6羽	M L　K J　I H
H	4羽	M L　K J
I	4羽	M L　K　　H
J	4羽	M L　K　I
K	2羽	M L
L	1羽	M
M	0羽	なし

❸**順位を示す姿勢**　無用の争いによって優位の個体も劣位の個体も傷つかないように，また，時間の損失を防ぐため，個体間の特定の姿勢によって順位を個体間で確認する種もある。

⑳　サルの背乗り(マウンティング)，イヌの服従のポーズなど。

POINT!
順位制は，順位をつくることで集団内の無益な争いを避け，集団の防衛や摂食時間確保に役立つ。

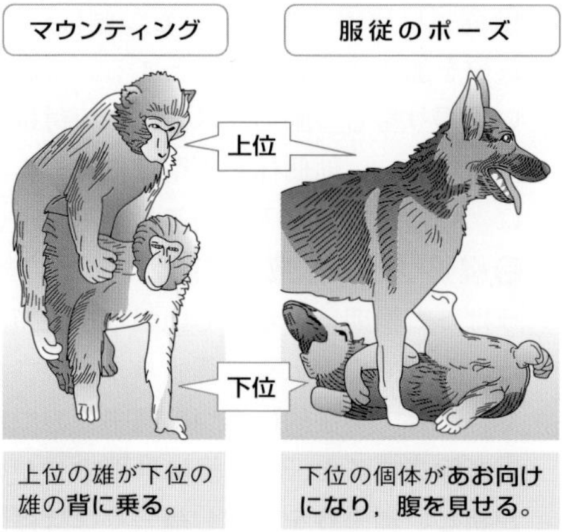

マウンティング	服従のポーズ

上位

下位

上位の雄が下位の雄の背に乗る。

下位の個体が**あお向け**になり，腹を見せる。

図128　順位を示す姿勢

❹**つがい(一夫一妻制と一夫多妻制)**　鳥などのつがいの様式は，子育てにかかる労力に関係する。母親だけで子の世話を十分行うことが難しい場合は，雄も子育てに参加する一夫一妻制が子孫を残しやすい。子が早く自立できるような場合や，母親だけで容易に育てられる場合は，一夫多妻制となることが多い。

ゾウアザラシなどでは優位な1頭の雄が複数の雌を独占する一夫多妻制が見られ，この群れはハレムとよばれる。

図129　ゾウアザラシ

❺**共同繁殖とヘルパー**　親以外の成体が協力して子を世話する繁殖様式を共同繁殖といい，他個体の子の世話をする個体をヘルパーとよぶ。鳥類のエナガは，つがいの形成や繁殖に失敗した個体が，血縁者(兄弟姉妹など)の子や自分の妹，弟に食物を与えて子育てに協力する。

図130　エナガ

4　社会性昆虫

❶**社会性昆虫とは**　ミツバチ，アリ，シロアリなど，**高度に分化し，組織化された集団(コロニー)をつくって生活している昆虫**を社会性昆虫という。これらの社会性昆虫は大きな集団で生活し，高度に分業した集団行動を行う。また，構成員はほとんど遺伝的につながった血縁関係にある。

❷**分業体制(カースト制)**　それぞれの個体には女王，ワーカー，兵隊などの役割があり，その役割に応じて形態までも特殊化しているので，社会性昆虫は1個体では生きていくことができない。

❸**ミツバチの社会**　ミツバチの1つのコロニーは，1匹の**女王バチ**と数十匹の**雄バチ**と数万匹の**ワーカー(働きバチ)** から構成されている。女王バチとワーカーは，どちらも雌で，核相(⇨ p.59)は$2n$(2ゲノム)である。ワーカーは，女王バチの娘か姉妹である。[★1]雄バチは単為生殖で発生し，核相はn(1ゲノム)である。[★2]

❹**生殖の分業**　ワーカーは生殖腺が発達せず，蜜や花粉集め，巣の管理，防衛，育児など，生きていくうえで必要なすべての仕事を行う。女王バチは巨大化し，産卵に専念する。女王バチは一生に1度の婚姻飛行で交尾を行い，巣で卵を産み続ける。雄バチは，新しく誕生した女王バチと交尾するためだけに存在する。

❺**適応度とワーカーの利点**　ある個体が産んだ子のうち生殖可能な年齢まで達した子の数を適応度という。動物の親は子を保護することで適応度を上げているといえるが，自分の子を残すことができないワーカーは適応度が0ということになる。

① **血縁度**　血縁者の間で遺伝子を共有する確率を**血縁度**という。有性生殖をする2倍体の生物(哺乳類や鳥類など)では，親と子の血縁度および同じ両親から生まれた兄弟姉妹の血縁度はいずれも$\dfrac{1}{2}$である。

② **包括適応度と子育ての様式**　自分の子だけでなく，血縁関係のある他個体が産んだ子に自分と同じ遺伝子が受け継がれる場合も含めて考えた適応度を**包括適応度**という。この考えでは，ヘルパーやワーカーは血縁者の子を育てることで自分の遺伝子を子孫に残すことができ，雄の核相がnであるミツバチのワーカーは自分の子$\left(血縁度 \dfrac{1}{2}\right)$を産み育てるよりも包括適応度が高くなる$\left(血縁度 \dfrac{3}{4} ⇨ 図132\right)$。

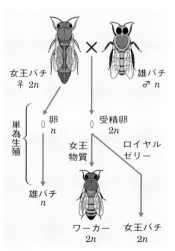

図131　ミツバチの社会階層と生活史

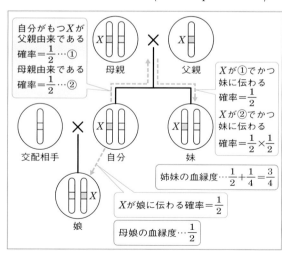

図132　ミツバチの親子関係と血縁度

★1 幼虫期に育児担当のワーカーが分泌する**ロイヤルゼリー**で育てられた個体は女王バチになり，花粉と蜜だけ与えられるとワーカーになる。また，女王バチが分泌する**女王物質**はワーカーの卵巣の発達を抑制する。
★2 受精せずに，卵が単独で発生・発育することを**単為発生**，単為発生で子をつくることを**単為生殖**という。

第**3**編　生物の多様性と生態系

2 | 個体群間の相互作用

1 異種個体群間の相互作用

❶**異種個体群間の相互作用**　生物群集（⤴ p.214）はいろいろな種類の個体群が混ざり合ってできている。そして，それらの異種の個体間には相互作用（⤴ p.151）が働いており，互いに影響を及ぼしながら生活している。

❷**相互作用の種類**　相互作用のおもなものには，**競争**と，**捕食・被食**の2つがある。このほかに，**寄生**と**共生**などもある。

2 種間競争

❶**競争とは何か**　生息場所，光，水，食物などをめぐってくり広げられる生存競争を競争という。競争には，異種個体群間で起こる**種間競争**と，1つの個体群内で起こる**種内競争**とがあるが，ここでは種間競争について説明する。

　種間競争は，食物や生息環境が同じような種の間で起こる。つまり，生態的地位（⤴ p.227）がよく似た個体群どうしの間で起こりやすい。

❷**混合飼育における競争**　同じえさを食べる2種類の動物を混合して飼育すると競争が起こり，**競争に負けた種は死滅し，片方の種だけが生き残る**ことが多い（⤴ 図133B）。これを**競争的排除**といい，どちらの種が競争に勝つかは，環境条件が大きく影響する（⤴ 図134）。

　また，2種類の植物の間でも光などをめぐり同様の競争が見られることもある（⤴ 図135）[1]。

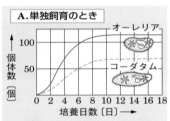

A. 単独飼育のとき

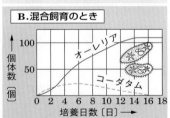

B. 混合飼育のとき

図133 2種類のゾウリムシ個体群間の競争の例（図Bの場合）

視点 Aは2種類のゾウリムシ（オーレリアとコーダタム）を別々に飼育したものである。混合飼育したBでは，競争に負けたコーダタム種は死滅した。

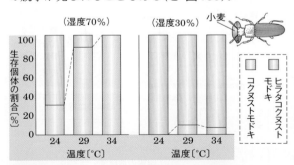

図134 2種類のコクヌストモドキ属の競争（混合飼育下）

視点 高温多湿ならコクヌストモドキが，低温乾燥ならばヒラタコクヌストモドキが優位となる。

★1 植物の地上部をいくつかの層に分け，各層の同化器官と非同化器官の量をまとめ，図で表したものを生産構造図という（⤴ p.236）。

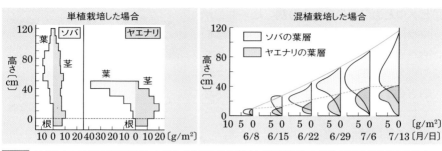

図135　ソバとヤエナリを単独栽培した場合の生産構造図（左）と混植栽培した場合の葉層の量の変化（右）

視点　ソバとヤエナリをそれぞれ単独で植え同じ密度で栽培すると，収量はほぼ等しい。しかし両者を混植すると成長の早いソバに上層で光をさえぎられ，ヤエナリは成長が抑えられる。

❸生態的地位（ニッチ）　食物や生活空間などの利用する資源やその利用のしかたといった，生態系の中でそれぞれの種が占める役割や位置づけを生態的地位（ニッチ）という。食物となる生物の大きさ，利用する空間などの資源とその利用頻度の関係を表したグラフを資源利用曲線という。2種間でこのグラフを比べて重なる面積が大きいと，種間競争が激しくなり競争的排除が起こりやすくなる。

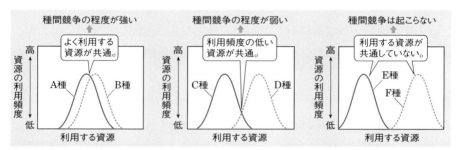

図136　2種の生物の資源利用曲線の重なり方の違いと競争

❹資源の分割と共存　種間競争が起こっても，両種間で生態的地位の違いが生じることで共存する例も知られている。

①イワナとヤマメのすみわけ　イワナとヤマメはイワナのほうが上流の冷たい水域に生息し，ヤマメはそれより少し水温の高い水域に生息するが，両種の生息に適した環境は大きく重複する。しかし両種が同じ川に生息する場合，13 ~ 15℃を境に上流にイワナが，下流にヤマメが生息し，両種が互いに生活空間の一部を譲り合って共存している

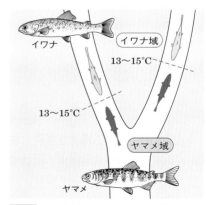

図137　イワナとヤマメのすみわけの例

ようになっている。このような関係をすみわけという。

②ヒメウとカワウの食物の分割　ヒメウとカ
ワウは，**図138**に示されたすべての動物を
食べることができる。しかし，ヒメウとカ
ワウの両種が生息する場所では，ヒメウが
おもにイカナゴやニシン類を，カワウがお
もにエビなどを食べることで食物資源を分
割して種間競争を避け，共存している。

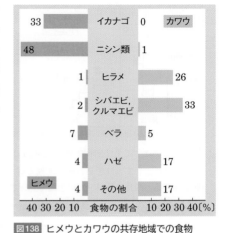

カワウ				ヒメウ
0	イカナゴ			33
1	ニシン類			48
26	ヒラメ			1
33	シバエビ, クルマエビ			2
5	ベラ			7
17	ハゼ			4
17	その他			4

40 30 20 10　食物の割合　10 20 30 40〔%〕

図138 ヒメウとカワウの共存地域での食物

視点 2種が共存する地域では，食物に関
して生態的地位（ニッチ）に違いが生じている。

図139 ヒメウ（左）とカワウ（右）

　　種間競争…異種個体群どうしが，食物や生活空間などをめぐって奪
　　い合いをすること。どの種が勝つかは環境条件によって異なる。

3 捕食・被食

❶捕食者と被食者　食物を捕えて食べることを捕食といい，食べられることを被
食という。異種個体群間に捕食・被食の関係があるとき，食う側の動物を**捕食者**と
いい，食物となり捕食される動物を**被食者**というが，動物が植物を食べる場合も捕
食者と被食者の関係に含まれる。ふつう，**個体群密度は被食者のほうが高い**
（⇨p.178 個体数ピラミッド）。

❷捕食者と被食者の増減について

　被食者と捕食者は，個体群密度の調
節の点で，次のように深く結びついて
いる。

①両者の生息する環境が単純な場合

　　被食者が捕食者に次々と食べられ
　てしまい死滅する。すると，食物の
　なくなった捕食者もしばらくすると
　死滅する（⇨**図140**）。

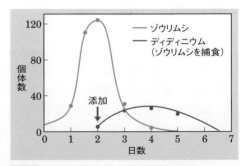

図140 単純な環境での被食者と捕食者の増減

②両者の生息する環境が多様性をもつ場合

被食者を食いつくすほど捕食者が増加しなければ，被食者の減少による食物不足で捕食者が減少すると再び被食者が増加し，〔捕食者の増加→被食者の減少→捕食者の減少→被食者の増加→捕食者の増加→…〕という周期的変動をくり返す。

図141 コウノシロハダニとその捕食者のダニ（カブリダニ）の個体数の変動のようす

視点 グラフの縦軸の個体数の目盛りは被食者（左の縦軸）と捕食者（右の縦軸）で異なっていて，被食者の個体数は捕食者の約50倍である。

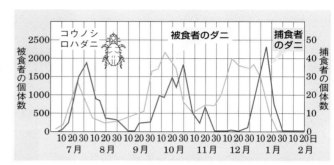

❸ 自然界でのバランス 自然界では，次のような理由で被食者と捕食者のバランスがとれているのがふつうで，どちらか片方が死滅することはない（⤶p.180）。
①捕食者は1種類だけの被食者を捕えているわけではない。
②被食者には，捕食者が捕えることができないかくれ場があるのが一般的である。
③捕食者が増えれば，その捕食者を捕える捕食者（天敵）も増加する。

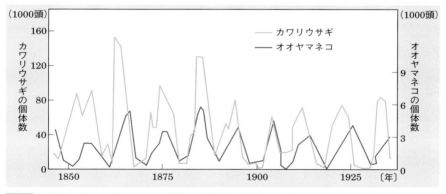

図142 自然界でバランスがとれている状態での被食者と捕食者の増減

POINT! 自然界では，複雑な食物網や多様な生活環境が存在するため捕食者と被食者のバランスが保たれ，互いに増減をくり返し，片方が死滅することはない。

4 共生と寄生

❶**共生**　異種の生物どうしが密接な関係を保ちながら生活する状態を共生という。共生には次の2つがある。

① **片利共生**　片方だけに利益となる共生。

　　例　カクレウオがナマコの体内に隠れて捕食者から身を守る（⟹図144）。

② **相利共生**　両方が利益を分かち合う共生。

　　例　アリとアリマキ，マメ科植物と根粒菌（⟹p.235）

図143　キタマクラとホンソメワケベラの相利共生

視点　ホンソメワケベラは他の魚の体表やえらについた寄生虫を食べ，双方に利益がある。

❷**寄生**　共生するうちの一方が不利益を受けるものを寄生という。寄生する側の生物を**寄生者**，寄生される側の生物を**宿主**という。寄生では，寄生者は利益を受けるが，宿主は害を受ける。寄生には，宿主の体表に寄生する**外部寄生**（例 カ，ノミ，ダニ）と，宿主の体内に寄生する**内部寄生**（例 カイチュウ，サナダムシ，マラリア原虫）とがある。

図144　ナマコの腸に隠れるカクレウオの仲間　画像提供：国営沖縄記念公園（海洋博公園）・沖縄美ら海水族館

　また，ホトトギスがウグイスの巣に卵を産み落とし，子をウグイスに育てさせる（托卵）ように，宿主の行動を利用する寄生もある。これを**社会寄生**という。

5 生態的同位種

❶**生態的同位種**　系統的に離れている生物どうしが同じような生態的地位（ニッチ⟹p.227）を占めるとき，これらを生態的同位種という。例えばアフリカの草原では大形動物のハンターはライオンであるが，南北アメリカ大陸の同様な環境ではピューマが最上位の捕食者である。また，オーストラリアにはシロアリの捕食者としてフクロアリクイがいるが，南アメリカ大陸の同様な環境ではオオアリクイがいる。ライオンとピューマ，フクロアリクイとオオアリクイは，それぞれ生物群集の中では同じような資源を利用し，同じ役目を果たしている生態的同位種である。

❷**生態的地位と生物の特徴**　生態的同位種の生物どうしは，分類上の種類や生息場所が違っていても生態的地位に応じて似た形態などの特徴をもつことがある。

① **適応放散**　地球上に見られるさまざまな種類の生物たちは，共通の祖先から分かれ，さまざまな環境に適応して進化してきた（⟹p.17）。**生物がさまざまな生**

態的地位を獲得し，その生態的地位に合うさまざまな形態や機能をもつ多くの種に分かれていく現象を適応放散という。

②**収れん**　オーストラリア大陸ではフクロアリクイなどの有袋類が，他の地域ではオオアリクイなどの真獣類（胎盤をもつ哺乳類）がそれぞれの祖先から進化し適応放散が起こった。その結果，有袋類と真獣類は系統的に大きく離れているにもかかわらず，生態的同位種どうしを比べるとよく似た特徴をもつものが多く見られる。このように系統的に異なる種どうしがよく似た形質をもつようになることを収れんという。

図145　適応放散と収れんによる生態的同位種の例

第**3**編　生物の多様性と生態系

> このSECTIONの**まとめ**

個体群内の相互作用

□ **個体間の相互作用**
　♻ p.221

- **種内競争**…同種個体間で食物やすむ場所，繁殖相手などを取り合う。
- **群れ**…個体どうしの集団。群れをつくることで，敵に対する警戒や食物の発見，繁殖行動が行いやすい。
- **縄張り**…えさ場・繁殖の場の確保。**例**　アユ，イトヨ
- **順位制**…序列を明確にして争いを回避。**例**　ニワトリ
- **社会性昆虫**…高度に組織化された集団生活をする昆虫。**例**　ミツバチ・アリ・シロアリ

□ **個体群間の相互作用**
　♻ p.226

- **種間競争**…異種個体群の個体が，食物や光や水やすむ場所を取り合う。単純な環境では負けたものが死滅することが多い。
- **生態的地位**…ある生物種が生態系の中で占める役割や位置づけ。
- **捕食・被食の関係**…食べる・食べられるの関係。被食者の増減によって捕食者も増減する。被食者が死滅すれば捕食者も死滅する。
- **生態的同位種**…種類や生息場所が違っていても生態的地位が似ている種。

SECTION
3　物質生産と物質収支

1 | 物質循環とエネルギーの流れ

1 炭素の循環　①重要

❶炭素の割合　炭素は，炭水化物やタンパク質などの有機化合物の骨格をつくる元素であり，生物体の乾燥重量の40〜50％を占めている。陸上生態系の現存量として約2.3兆トン存在し，大気中にCO_2として約7600億トン[★1]，海洋中に約38兆トン，化石燃料として約3.5兆トン存在すると推定されている（IPCC，2007年）。

❷炭素の循環

①**生産者と炭素の循環**　光合成や化学合成などの炭酸同化により，大気中の二酸化炭素CO_2は生物に取り込まれ有機物に合成される。合成された有機物の一部は呼吸で再びCO_2として大気中に戻る。

②**消費者・分解者と炭素の循環**　消費者は，捕食によって得た有機物の一部を**呼吸でCO_2に戻す**。また，一部は，さらに高次の消費者に捕食される。そして，不消化排出物・老廃物・遺骸などは，分解者にゆだねられ，その大部分は分解者の呼吸によって分解されて，CO_2として大気中に放出される。しかし，分解

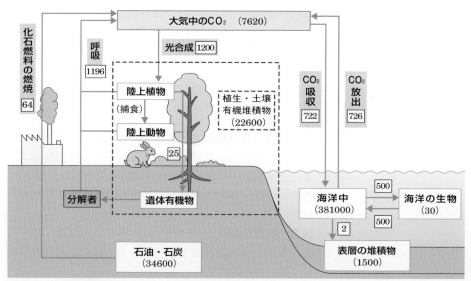

図146　生態系での炭素の循環（IPCC，2007をもとに作成）
（　）内の数値は現存量〔億トン〕，□は循環速度〔億トン／年〕

★1 CO_2は，大気の体積の0.041％（410 ppm⏵ p.192）を占める。

者が分解できなかった有機物は，腐植土として土壌に蓄積される。また，過去
の生物の遺骸が堆積して炭化したり，海洋の堆積物などから長い時間をかけて
石油，石炭などの**化石燃料**や**石灰岩**が生じる。

③**呼吸と光合成**　光合成で合成される有機物中の炭素量は，陸上で約1200億ト
ン／年である。一方，生産者，消費者，分解者を全部合わせた生物の呼吸により
放出されるCO_2中の炭素の量も約1200億トン／年であり，光合成によって取り
込まれた炭素量と呼吸により放出された炭素量はほぼ同じである（IPCC，2007年）。

> 炭素は，光合成によって大気から生物界に取り込まれ，呼吸によっ
> て生物界から大気へ戻されることで循環する。

2 生態系内のエネルギーの流れ ①重要

❶**エネルギーの取り込み**　生態系を流れるおもなエネルギーのはじまりは，**生産
者である緑色植物が光合成で取り込んだ太陽の光エネルギー**である。光エネルギー
は，光合成によって有機物の化学エネルギーに転換され，生態系内を流れていく。

❷**生態系内のエネルギーの流れ**　有機物の中に取り込まれた化学エネルギーは，
物質の移動とともに消費者や分解者へと移動する。そして，いろいろな生活に使わ
れて，最後に熱エネルギーとして生態系から放出される。**エネルギーは，生態系を
流れはするが，炭素や窒素のように循環はしない。**

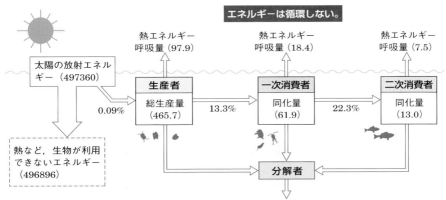

図147 ある湖沼生態系におけるエネルギーの流れと，各栄養段階のエネルギー保存量
（アメリカ・ミネソタ州のセーダーボッグ湖の例；単位はJ/cm²・年——リンドマンによる）

エネルギーは生態系の中を流れるだけで，循環はしない。

3 生態系のエネルギー効率(エネルギー変換効率)

　ある栄養段階の生物群集が，その前の栄養段階の生物群集の総生産量(同化量 ☞p.238)を何パーセント変換したかを示す割合をエネルギー効率という。

$$エネルギー効率〔\%〕= \frac{ある栄養段階の総生産量(同化量)〔J〕}{前の栄養段階の総生産量(同化量)〔J〕} \times 100$$

　図147の一次消費者のエネルギー効率は，$(61.9 \div 465.7) \times 100 = 13.3$〔%〕となる。エネルギー効率は，一般に，栄養段階が高くなるほど大きくなる。

> 補足 生産者のエネルギー効率を特に生産効率といい，上の式の分母に太陽の入射光のエネルギーを代入して求める。

4 窒素の循環 ①重要

❶窒素と生態系　窒素Nはタンパク質や核酸，ATP，クロロフィル などに含まれ生命活動に不可欠な元素である。窒素は非生物的環境中にはN_2として大気の約79 %存在し，土中や水中にはアンモニウム塩(NH_4^+)や硝酸塩(NO_3^-)として存在する。
❷窒素の循環
① 生産者の窒素同化　植物は，土中や水中の無機窒素化合物であるNH_4^+やNO_3^-を吸収して種々のアミノ酸を合成する。この働きを窒素同化といい，合成されたアミノ酸はタンパク質や核酸などをつくるのに使われる。

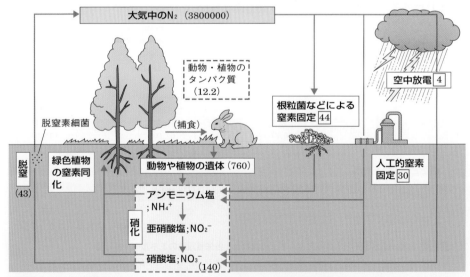

> 図148 陸上での窒素の循環——( )の数値は現存量〔億トン〕 □内の数値は年間の移動量〔億トン／年〕

> 補足 空中放電(雷)や排出ガスによって大気中に生じた窒素酸化物が，雨滴に溶け込んで酸性雨になり地表にもたらされる。また，人工的にも固定され，化学肥料として生物界に取り入れられる。

② **消費者による代謝**　消費者は，無機窒素化合物からアミノ酸を合成することができないので，捕食で得たタンパク質をアミノ酸に分解し，自己のタンパク質に再合成する(二次同化)。その一部は捕食され，さらに高次の消費者にわたる。[★1]

③ **分解者による分解**　生産者と消費者の遺体・不消化排出物・老廃物・落葉・落枝などに含まれる有機窒素化合物は，分解者によって NH_4^+ に分解される。さらに，土中や水中で**亜硝酸菌**と**硝酸菌**(合わせて**硝化菌**という)によって NO_2^- や NO_3^- に変わる(この働きを**硝化**という)。

❸ **窒素固定**　大気中の N_2 を取り込んで NH_4^+ をつくる働きを**窒素固定**という。窒素固定を行うのは根粒菌(⟳図149)やアゾトバクター，クロストリジウム，シアノバクテリアなどの窒素固定細菌で，植物には窒素固定の能力はない。

補足　アゾトバクターは土壌中や水中に広く生息し，クロストリジウムは酸素の少ない土壌中に生息する細菌。窒素固定を行うシアノバクテリアにはアナベナやネンジュモなどがあり，藻類や菌類と共生するものもある。

図149 ダイズの根粒と根粒菌(円内)

視点　根粒菌はマメ科植物の根の細胞内で共生する。根粒細胞となった植物の細胞は根粒菌に栄養分となる有機物を供給し，かわりに NH_4^+ を得る。

❹ **窒素同化**　硝酸イオン(NO_3^-)やアンモニウムイオン(NH_4^+)などの無機窒素化合物からアミノ酸をつくり，アミノ酸からさまざまなタンパク質や核酸，クロロフィル，ATPなどの有機窒素化合物をつくる働きを**窒素同化**という。

窒素同化は，植物や菌類，藻類，細菌で盛んに行われ，マメ科植物は根粒菌がつくった NH_4^+ を受け取り，有機酸からアミノ酸を合成する。[★2]

補足　動物は無機窒素化合物から有機窒素化合物を同化することはできず，他の生物から取り込んで利用する。

❺ **大気中への N_2 の放出**　NO_3^- の一部は，土壌中などにいる脱窒素細菌の働きで N_2 になり，大気中に放出される。この働きを**脱窒**という。

❻ **陸と海の間の窒素の循環**　陸上の NH_4^+ や NO_3^- は水に溶けやすく河川から海に流出する。これらは生産者の植物プランクトンによって窒素同化され，有機窒素化合物になる。この一部が食物連鎖を経て，サケなど河川を遡上(そじょう)する魚や，魚などを捕食した鳥，人間の漁業によって陸に戻される。

POINT!

　　窒素の循環…生産者の窒素同化によって生物界に取り込まれ，

　　　　　　　　　分解者が行う分解によって非生物的環境へ戻される。

★1 消費者の捕食には一次消費者が植物を摂食する場合も含まれる。
★2 有機酸は酢酸，乳酸，クエン酸などの酸性の有機物。

生産構造

●**生産構造図**　植物の物質生産(光合成)は，主として葉(同化器官)で行われる。したがって，葉のつき方が光合成と深く関係している。一方，葉を支持する非同化器官の茎では，呼吸によって光合成産物が消費されており，茎も物質生産と関係がある。そこで，植物群集の地上部をいくつかの層に分け，各層ごとの同化器官と非同化器官がどのような比率で存在するかを調べることで，植物群集の立体構造における光量と葉の量や非同化器官の関係を知ることができる。これを図に表したものを生産構造図という(⊃図151)。

●**層別刈取法**　調べる群集を上から一定の厚さの層別に切り取り，葉と葉以外に分けて質量を測定し，生産構造を調べる方法を層別刈取法という(⊃p.237)。

●**生産構造の型**　草原群集では，2つの型に大別できる。

①**広葉型**　広い葉が群集の上のほうにかたまってほぼ水平に広がるため，光は群集の上部で急速に弱まる。しかも，茎など非同化器官も多く，呼吸のために多くの有機物を必要とする。しかし，高い所に葉があるので，他の植物との競争には強い。アカザやダイズなど，葉の広い草本に多い。

②**イネ科型**　細長い葉がななめに付いているので，光は群集の内部まで届き，光合成を行う層が厚い。また，葉は茎の基部近くにつくので非同化器官の割合が低く，物質生産の効率が高い。ススキやチカラシバなどイネ科の草本に多い。

図150　アカザ(左)とチカラシバ(右)

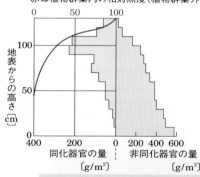

広葉型 (アカザ)
赤は植物群集内の相対照度(植物群集外100)

水平で広い葉が上部に集まる。光が下部まで届きにくい。茎は強くて丈夫。

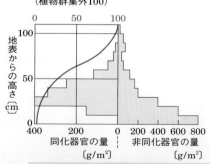

イネ科型 (チカラシバ)
赤は植物群集内の相対照度(植物群集外100)

細長い葉がななめに付いている。光は下部まで届く。茎の量は少ない。

図151　植物群集の生産構造図の例

重要実験 層別刈取法（かりとり）

操作

❶ 群集内に 1 辺が例えば50 cmの正方形を定め，その各頂点に園芸用支柱を立てる。

❷ 地面より10 cm間隔で，たこ糸を支柱に結び，層を区切る。

❸ 照度計を用いて，各層の上部の照度を測定する。

注意 照度は各層ごと 3 回測定し，平均を求める。測定者の影にならないように注意し，北側から測定する。

❹ 最上部の照度を100とし，各層の相対照度を求める。

❺ 群集の上部から10 cmごとに，同化器官(葉)と非同化器官(茎・葉柄（ようへい）・花・種子など)を切り取り，別々のポリエチレン袋に入れる。

❻ 地表まで刈り取ったら，層ごとの同化器官と非同化器官の生重量をそれぞれ量る。なお，この群集の優占種とそれ以外を分けて測定する。

注意 本来は乾燥重量を測定するが，生重量でも比較するうえで大きなずれはないので，ここでは生重量で測定する。

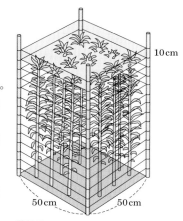

10 cm

50 cm　　　50 cm

図152 層別刈取法

結果

測定した照度と各層ごとの同化器官と非同化器官の生重量をもとに，次のような表にまとめる。

(例) 優占種；セイタカアワダチソウ　最高草丈；158 cm)

	草丈〔cm〕	160〜	150〜	140〜	〜	50〜	40〜	30〜	20〜	10〜0
優占種	同化器官〔g〕	3	35	85		12	0	0	0	0
	非同化器官〔g〕	2	10	20		395	450	505	555	620
非優占種	同化器官〔g〕	0	0	2		0	0	0	0	0
	非同化器官〔g〕	0	0	2		15	15	15	15	15
	相対照度〔%〕	100	97	71		10	8	7	5	3

考察

上の表からどのようなことが言えるか。

➡ 同化器官(葉)は群集の上部に集中しており，逆に，非同化器官は群集の基部に多い。このことから，この群集は**広葉型の群集**であると言える。また，光が相対照度約10 %以下では葉をつけないことがわかる。

2 ┃ 生態系の物質収支

1 生産者の物質生産 ①重要

❶**生産者の総生産量**　生産者(おもに植物)が，**光合成で生産する有機物の総量を生産者の総生産量**という。ふつう，1年間の単位面積あたりに生産された有機物の乾燥重量〔g/(m²・年)〕で表す。換算熱量〔J/(m²・年)〕で表す場合もある。

補足 土地面積1 m²あたりの「(真の)光合成量」1年間分と考えるとわかりやすい。

❷**生産者の純生産量**　生産者の**総生産量から，生産者自身が呼吸によって消費した有機物量を差し引いた量を**純生産量という。

　植物が成長すると，葉の量が増えて総生産量は増加するが，葉・枝・幹の

図153 生産者の物質収支

増加に伴って呼吸量も増えるので，**純生産量は大きくは増加しない**。

補足 純生産量とは，土地面積1 m²あたりの「見かけの光合成量」1年間分と考えるとわかりやすい。

❸**生態系としての物質生産**　生態系で，直接物質生産を行うのは生産者だけである。したがって，**生態系の総生産量は生産者の総生産量に等しく，生態系の純生産量は総生産量から総呼吸量**(生産者・消費者・分解者のすべての生物の呼吸量の総計)**を引いた値になる**。

❹**生産者の成長量**　純生産量には，落葉・枯死など生産者段階での損失量(枯死量)だけでなく，植物食性動物による被食量も含まれている。そのため，**生産者の成長量は，純生産量からそれらの量を引いた値となる**。

[生産者の物質収支]
　純生産量＝総生産量－呼吸量
　成長量＝純生産量－(被食量＋枯死量)

❺**現存量**　ある時点で，ある地域の生物群集がもっている有機物の全量を現存量という。現存量は，単位面積あたりに生存する生物の乾燥重量〔g/m²〕，あるいは換算熱量〔J/m²〕で表す。

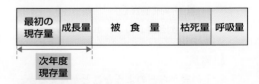

図154 次年度の現存量

❻**現存量の増加**　成長量は現存量の増加を表す。つまり，**現存量の増加＝成長量**である。安定した極相林では，成長量がほぼ0で現存量の増加は見られない。そのため，**純生産量≒枯死量＋被食量**　となる。

2 生態系の生産量

❶バイオームの種類と生産量 バイオームの種類によって純生産量は異なり，一般に森林や草原で大きく，砂漠やツンドラなどの荒原で小さい。

　草原の現存量あたりの純生産量は森林全体のそれの4倍以上である。これは草本が非同化組織の割合が小さく呼吸量が少ないためである。このため現存量は少なくても高い生産性をもっている。水界は植物プランクトンが生産者となるが，非同化組織がなく，現存量あたりの純生産量はきわめて大きい。

表15 世界の主要生態系の生産量(ウィッタッカー，1975年より)

生態系	面積〔100万km²〕	純生産量（年間）		現存量（乾燥重量）		純生産量／現存量
		世界全体〔×10億トン／年〕	単位面積あたりの平均値〔kg/(m²・年)〕	世界全体〔×10億トン〕	単位面積あたりの平均値〔kg/m²〕	
熱帯多雨林	17.0	37.4	2.2	765	45	0.049
雨緑樹林	7.5	12.0	1.6	260	34.7	0.046
照葉樹林	5.0	6.5	1.3	175	35	0.037
夏緑樹林	7.0	8.4	1.2	210	30	0.040
針葉樹林	12.0	9.6	0.8	240	20	0.040
森林全体	48.5	73.9	1.5	1450	29.9	0.050
草原・低木林	32.5	24.9	0.8	124	3.8	0.211
荒原	50.0	2.5	0.05	18.5	0.4	0.125
農耕地	14.0	9.1	0.65	14	1	0.650
河川・湖沼	2.0	0.5	0.25	0.05	0.02	12.5
沼沢・湿地	2.0	4.0	2.0	30	15	0.133
陸地全体	149	11.5	0.77	1837	12.3	0.063
海洋	361.0	55	0.15	3.9	0.01	15.0
地球全体	510	170	0.33	1841	3.6	0.092

補足 品種改良や施肥の結果，農耕地の物質生産量は草原に比べて，かなり高い。例えば，1 haあたりの純生産量を見てみると，草原の平均が7.3トン／年であるのに対して，日本のイネでは12〜18トン／年，ハワイのサトウキビでは34トン／年である。

3 消費者の物質生産 ①重要

❶消費者の同化量 消費者である動物は，植物または他の動物を摂食して，自分のからだに必要な有機物を再合成している(**二次同化**)。しかし，摂食した食物をすべて同化しているわけではなく，一部は不消化のまま糞として体外へ排出する。そのため，**摂食量から不消化排出量を差し引いた量が消費者の同化量**となる。消費者の同化量は生産者の場合の総生産量に相当する。

★1 一次消費者の摂食量と生産者の被食量は同じである。

❷**消費者の成長量**　消費者も，同化した有機物を呼吸によって消費する。同化量から一定期間内の呼吸量を差し引いた量を**消費者の生産量**とよぶことがあり，生産者の場合の純生産量に相当する。

さらに消費者の一部の個体は，より高次の消費者に捕食されたり，病死や事故死したりする。そのため，同化量から呼吸量，被食量と死滅量を差し引いた量が消費者の成長量となる。

補足　消費者の生産量は，同化量から呼吸量を除き，さらに老廃物排出量を除いて求める場合もある。その場合，成長量は生産量－（被食量＋死亡量）となる。

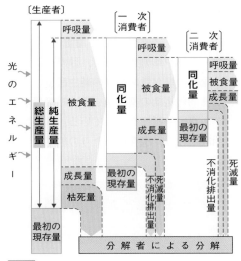

図155　生態系内での物質収支

[消費者の物質収支]

①同化量＝摂食量－不消化排出量

②生産量＝同化量－呼吸量

③成長量＝同化量－（呼吸量＋被食量＋死滅量）

このSECTIONの**まとめ**　物質生産と物質収支

□ 物質循環とエネルギーの流れ ⤷ p.232	・**炭素**や**窒素**などの物質は，生態系を循環している。

生産者　→　消費者　→　分解者　→　無機物（←）

・太陽の光エネルギーが**生産者**によって物質中に取り込まれ，食物連鎖にのって移動。熱エネルギーとして放出され，循環はしない。

□ 生態系の物質収支 ⤷ p.238	**生産者の物質収支** ｛純生産量＝総生産量－呼吸量 成長量＝純生産量－（被食量＋枯死量）
	消費者の物質収支 ｛同化量＝摂食量－不消化排出量 生産量＝同化量－呼吸量 成長量＝同化量－（呼吸量＋被食量＋死滅量）

重要用語

SECTION 1 生物群集と個体群

□ **個体群** こたいぐん ☞p.214
一定空間内の同種個体の集まり。個体どうしに相互作用が見られる。

□ **生物群集** せいぶつぐんしゅう ☞p.214
相互作用をもちながら，ある場所に生活している異なる種の個体群の集まり。

□ **個体群密度** こたいぐんみつど ☞p.215
一定の面積や体積(空間)の中にすむ同種生物の個体数。

□ **区画法** くかくほう ☞p.215
ある地域に一定面積の区画をつくり，その中の個体数を数えることで，個体群の大きさを推定する方法。

□ **標識再補法** ひょうしきさいほほう ☞p.215
捕獲した個体に標識をつけて放し，再び捕獲した個体中の標識個体数の割合をもとに，全個体数を推定する方法。

□ **密度効果** みつどこうか ☞p.216
個体群密度の違いが出生数，死亡率，成長速度，形態，行動などに影響を及ぼす現象。

□ **環境収容力** かんきょうしゅうようりょく ☞p.216
密度効果により個体群の成長が抑えられ，成長曲線が安定するときの個体群密度の上限となる値。

□ **アリー効果** —こうか ☞p.217
あるレベルの密度までは，個体群密度が高いほど個体群の成長が促進されること。

□ **相変異** そうへんい ☞p.217
個体群密度の変化に伴い，個体の形態や行動などが大きく変化すること。個体群密度が低いときの形質を孤独相，個体群密度が高いときに出現する型を群生相とよぶ。

□ **生命表** せいめいひょう ☞p.218
ある個体群で各生育段階または年齢まで生き

残っていた個体数を表にしたもの。

□ **生存曲線** せいぞんきょくせん ☞p.219
横軸に発育段階や時間，縦軸に出生後その時点までに生き残っている個体の数(割合)をとって個体数の減少の傾向を表したグラフ。縦軸が対数目盛で示される。

□ **年齢ピラミッド** ねんれい— ☞p.220
各年齢ごとの個体数をもとに，個体群の年齢構成をグラフで表したもの。

SECTION 2 個体群内の相互作用

□ **競争** きょうそう ☞p.221, 226
同種または異種の個体が，同一の資源(食物や生息場所など)をめぐって争うこと。

□ **種内競争** しゅないきょうそう ☞p.221
同じ種の個体間での資源をめぐる競争。

□ **群れ** むれ ☞p.221
個体が集まって，行動や採食をともにする集団。

□ **リーダー** ☞p.221
群れの中で，その群れの動きを導いたり個体間の争いを統制したりする役割をもつ個体。

□ **縄張り(テリトリー)** なわばり ☞p.222
1個体や1家族または1つの群れが空間を占有し，他の個体などから防衛された空間。

□ **順位制** じゅんいせい ☞p.223
動物個体間の優劣の関係に基づく社会生活の制度。不要な闘争を防ぐ効果をもつ。

□ **共同繁殖** きょうどうはんしょく ☞p.224
親以外の個体が子育てに関与する繁殖様式のこと。自分の子ではない個体の子育てに参加する個体をヘルパーという。

□ **社会性昆虫** しゃかいせいこんちゅう ☞p.224
同種のさまざまな役割をもつ個体が分業し集団として子孫を残すしくみをもつ昆虫。

□ **種間競争** しゅかんきょうそう ☞p.226
異なる種の間での資源をめぐる競争。

□ **競争的排除** きょうそうてきはいじょ ☞p.226
競争関係にある種の一方が競争に負け，駆逐されること。

第3編　生物の多様性と生態系

□ **生態的地位(ニッチ)** せいたいてきちい ☞p.227
　ある種が生態系の中で生活空間や食物といった資源の利用などで占める役割や位置づけ。

□ **すみわけ** ☞p.227
　似たような生態的地位を占める複数の生物種が生息場所を空間的または時間的に違えることで種間競争を避け共存するしくみ。

□ **捕食者** ほしょくしゃ ☞p.228
　ほかの生物を捕まえて食べる動物。

□ **共生** きょうせい ☞p.230
　異種の生物どうしが密接に生活する関係。

□ **相利共生** そうりきょうせい ☞p.230
　共生のうち,種間の双方が利益を受ける関係。

□ **寄生** きせい ☞p.230
　共生するうちの一方が不利益を受ける関係。相手から利益を奪う側を寄生者,不利益を受ける側を宿主という。

□ **生態的同位種** せいたいてきどういしゅ ☞p.230
　系統的に離れているにもかかわらず互いに同じような生態的地位を占める生物。

□ **適応放散** てきおうほうさん ☞p.231
　進化の過程で同じ系統の生物が,それぞれ異なった生活環境で生きてきた結果,特有の適応した形態的,機能的分化を示すこと。

□ **収れん** しゅうれん ☞p.231
　祖先の異なる生物が,よく似た環境に適応し類似化する現象。

③ 物質生産と物質収支

□ **エネルギー効率** ―こうりつ ☞p.234
　ある栄養段階の生物群集が,その前の栄養段階の生物群集の保有エネルギー(総生産量)を何パーセント変換したかを示す割合。

□ **窒素同化** ちっそどうか ☞p.234
　生物の体内で有機窒素化合物を合成する反応。植物は硝酸塩などの無機窒素化合物から有機窒素化合物を合成する。

□ **硝化** しょうか ☞p.235
　硝化菌によりアンモニウム塩を硝酸塩に酸化する反応。アンモニウム塩は亜硝酸菌により亜硝酸塩に,亜硝酸塩は硝酸菌により硝酸塩に酸化される。

□ **窒素固定** ちっそこてい ☞p.235
　大気中の窒素を取り込んでNH_4^+をつくる働き。アゾトバクター,クロストリジウム,根粒菌,一部のシアノバクテリアなどの窒素固定細菌が行う。

□ **脱窒** だっちつ ☞p.235
　硝酸塩が脱窒素細菌の働きで気体の窒素に変化すること。

□ **生産構造図** せいさんこうぞうず ☞p.236
　植物群集内の光合成器官(葉など)と非光合成器官(茎,枝など)の高さごとの分布を定量的に表した図。

□ **現存量** げんぞんりょう ☞p.238
　ある地域のある時点での単位面積あたりに存在する生物の総量。バイオマスともいう。生物体の乾燥重量で表すことが多い。

□ **総生産量** そうせいさんりょう ☞p.238
　単位面積あたりの生産者によって合成された有機物の総量。

□ **呼吸量** こきゅうりょう ☞p.238
　総生産量のうち,呼吸によって失われる量。

□ **純生産量** じゅんせいさんりょう ☞p.238
　生産者の物質収支において,総生産量から呼吸量を差し引いた量。

□ **成長量** せいちょうりょう ☞p.238
　生産者の物質収支においては,純生産量から被食量と枯死量を差し引いた量。消費者の物質収支においては,生産量から被食量と死滅量(死亡量)を差し引いた量。

□ **(消費者の)同化量** どうかりょう ☞p.239
　消費者の物質収支において,摂食量から不消化排出量を差し引いた量。

□ **(消費者の)生産量** せいさんりょう ☞p.240
　消費者の物質収支において,同化量から呼吸量を差し引いた量(さらに老廃物排出量を差し引く場合もある)。

さまざまな寄生と共生の形

寄生

①寄生　寄生は搾取的な種間相互作用（＋／－）で，寄生者がその宿主から利益（栄養分など）を奪い，宿主が害を受ける。宿主の体内で生活する寄生者を**内部寄生者**，宿主の外部表面で摂食するものを**外部寄生者**という。
※＋；利益あり，0；利益なし，－；不利益あり

②アニサキス　アニキサスは線虫という無脊椎動物の一種であり，幼虫はサバ，アジ，サンマ，カツオ，イカなどの魚介類の内臓に寄生する。この宿主（**中間宿主**）がクジラやアザラシなどの海生哺乳類（**終宿主**）に食べられるとその消化管内で成虫となる。

　ヒトを宿主とする寄生虫は原虫，回虫，条虫（サナダムシ，エキノコックスなど）など多くの種類があるが，アニサキスはヒトの体内での生活に適応していないため，ヒトが中間宿主を生で食べると，胃壁や腸壁を刺して潜り込み激しい痛みを引き起こす（アニサキス症）。

図156　アニサキス

③宿主を操るハリガネムシ　ハリガネムシは体長数cm，黒褐色で細長い無脊椎動物で，水中で産卵し，幼虫が中間宿主である水生昆虫（カゲロウなどの幼虫）に食べられて体内に寄生する。中間宿主が終宿主であるカマキリやカマドウマなどに食べられると，ハリガネムシはその体内で成虫となり，宿主の中枢神経に働きかける。宿主は水面の反射光に多く含まれる光（水平偏光）に誘因されるようになり，川などに落下する。[*1]水に入るとハリガネムシ

は宿主のからだを出る。

④マダニ　ヒトなどの哺乳類に**外部寄生**する寄生者の代表例といえるマダニは，シカやイノシシなどの野生動物が生息する野山だけでなく，市街地の畑や草むらなどにも見られる。

図157　マダニ

　マダニは，重症熱性血小板減少症候群（SFTS）という病気のウイルスを媒介し2013年以降国内で90人以上が死亡している。

　このように動物の血を吸う動物は寄生虫などの病原体を媒介することが多い。例えばカはマラリア原虫（マラリア）やバンクロフト糸状虫（フィラリア）などの寄生虫を媒介することが知られている。

共生

①共生　近くにいて生活する両種に利益がある種間相互作用（＋／＋）を**相利共生**という。一方の種には利益があり，他方の種には利益も害もない場合（＋／0）を**片利共生**という。

②アカシアの木とアリ　中南米のある種のアカシアは，ある種のアリのすみかとなる中空のとげや，アリに食物を与える蜜腺をもつ。アリは好戦的で，アカシアの木に触れるもの全てを排除する。小形の植物食性動物や菌類なども除去し，さらにアカシアの木のまわりに生える草も刈り取る。

　アカシアはアリに食物とすみかを提供し，アリはアカシアを他の生物から全面的に守るという相利共生の関係が見られる。

★1 日本の渓流ではこうして川に落下したハリガネムシの宿主が魚類のエネルギー源の60％にも及ぶことがあり，生態系のバランス維持にかかわっている。

③**地衣類─菌類と緑藻類の共生体**　地衣類は，菌類の菌糸の中に，緑藻類（陸上植物と同じ光合成色素をもつ藻類）やシアノバクテリアが入った共生体である。木の幹の表面や，岩，倒木，墓石など土がまったくない乾燥した場所でも生育できる。

 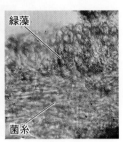

緑藻

菌糸

図158　ウメノキゴケ（地衣類）とその断面

緑藻類やシアノバクテリアは光合成産物を供給し，菌類は水分や生育場所を提供するという相利共生の関係が見られる。

④**ヒトの皮膚に生育する常在菌**　皮膚には150種以上の細菌が生育しており，その密度は1cm²あたり10万～100万細胞に達する。このうち，表皮ブドウ球菌やアクネ菌などの種は汗腺から分泌される油脂を栄養分としているが，ヒトはそれにより害も利益も得ていない（片利共生）。それらは**常在菌**とよばれ，表皮のpHなどの状態を正常に保つものもある（相利共生）。しかし，アクネ菌は，体調が崩れ皮脂が過剰に分泌されると，毛穴で繁殖して炎症を引き起こしニキビなどの原因となる（寄生）。

共生と寄生の境界

①**維管束植物と菌根菌**

種子植物とシダ植物を合わせて**維管束植物**というが，これらの約90％は，**菌根菌**という菌類と共生関係をもち，**菌根**を形成する。代

表的な菌根は全ての植物の70％に見られ，菌糸が根の細胞中まで入り込んでいる。

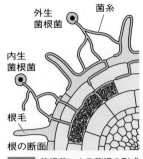

外生菌根菌　菌糸

内生菌根菌

根毛

根の断面

図159　菌根菌による菌根の形成

菌根菌は土中のわずかな養分（リン酸塩）を吸収して植物に供給し，植物は光合成産物を菌根菌に供給する。この共生関係によって植物はリン酸塩の欠乏した土壌でも生育できる。

しかし，リン酸塩の豊富な土壌では植物は菌根菌に栄養分を一方的に取られるだけとなり，寄生の関係となる。このように**共生か寄生かの関係性は環境条件により変化する。**

②**インパラとウシツツキ**

アフリカにすむウシツツキという鳥は，インパラなど大形の草食動物の体表にいる昆虫を食べる。これだけならば片利共生となる。もし，インパラの体表のダニなどの寄生虫も食べてくれるのであれば，インパラにも利益となるので相利共生となる。

しかし，ウシツツキはインパラの皮膚を剥ぎ取り傷口から出る血液を飲むことがある。このような状態になるとウシツツキとインパラの関係は寄生となる。[★2]

図160　インパラとウシツツキ

★2 他の魚の体表やえらの寄生虫を食べることで相利共生の関係にあるホンソメワケベラ（⇨p.230）もまれに他の魚の体表をかじり取ることが観察されており，祖先はこのような食性であったと考えられている。

第 **4** 編

生物の進化

· · · · · · ·

1 » 生命の起源と進化

1 生命の起源と進化

1 | 生命の起源

1 細胞の誕生

❶化学進化説　最初の生命はどのように発生したのだろうか。これに対する答えとして現在最も有力な説の1つが，「原始地球上において生命が発生する条件がそろい，無機物からアミノ酸・糖・塩基などの有機物ができ，長い時間をかけて化学反応によって生命が誕生するための材料が生成した」という化学進化説である。

❷アミノ酸の起源

①**ミラーの実験**　アメリカのミラー(1930 ～ 2007年)は，原始大気中のメタン(CH_4)とアンモニア(NH_3)，水蒸気(H_2O)，水素(H_2)などの無機物が，雷による放電，太陽エネルギーや火山活動に伴う熱，雨による循環などによってゆっくりと化学反応を起こし，生体構成の基本物質であるアミノ酸ができたと考えた。彼はこのことを，図1のような実験装置を用いて確かめた(1953年)。

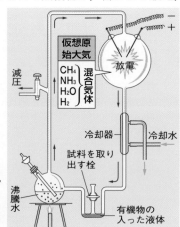

図1　ミラーの実験装置(模式図)

視点　ミラーは，仮想原始大気の中で約1週間放電した結果，アラニン，グリシン，アスパラギン酸，グルタミン酸などのアミノ酸のほか，ギ酸，乳酸，酢酸，コハク酸など各種の有機酸ができたと報告した(1953年)。

補足　今日，多くの科学者たちは，原始大気は二酸化炭素CO_2，一酸化炭素CO，窒素N_2，水蒸気H_2Oを主体とするガス(酸化的環境)であったと考えている。これらのガスで置き換えて同様の実験を行うと，還元的環境を想定したミラーの実験より合成される有機物の量は少なくなる。

②隕石説（いんせき）　地球上に落下する隕石にはアミノ酸などの有機物を含むものもあることから，隕石によってもたらされた有機物が生命をつくる材料になったとする隕石説もある(⇨ p.47)。

⌐ COLUMN ⌐

生命の起源とアミノ酸

　2020年，日本の探査機「はやぶさ2」が小惑星リュウグウから持ち帰ってきた砂や石などのサンプルには，生物に欠かせない23種類のアミノ酸が含まれていた(⇨ p.47)。これらには神経伝達物質として知られるグルタミン酸や，皮膚や骨の構造に欠かせないコラーゲンの主成分となるグリシン，代謝に関するバリンなどが含まれている。このことから生命の起源に関与する材料が宇宙からもたらされてきたという説が提唱されている。ただし，アミノ酸は立体構造が異なり鏡に写したように互いに重なり合わない D 型と L 型の 2 種類があり(鏡像異性体という)，生物は L 型のみを利用している。リュウグウのサンプルは D 型と L 型が同じくらい含まれており，宇宙からのアミノ酸が生物の誕生にかかわっていたのなら，なぜ L 型のみが利用されるようになったのか，その理由が大きな謎となっている。

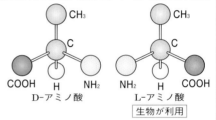

図2　アミノ酸(アラニン)の鏡像異性体

❸生命体とは　化学進化の過程で合成された，あるいは隕石によってもたらされたアミノ酸などの有機物が偶然の化学反応によってタンパク質などをつくり出したとしてもこれらの反応は生命活動とはいえない。これらの物質が膜構造に包まれて外界と仕切られ，秩序だった代謝や自己複製などを行えたときにはじめて独立した生命活動と見なし生命体とよぶことができる(現在地球上で見られる生物に共通する特徴⇨ p.17)。

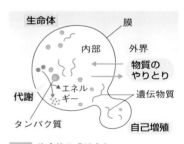

図3　生命体の成り立ち

❹原始生物への進化　自己複製につながる物質の合成は，基質となる物質が出入りできる単純な膜で包まれた小さな空間に核酸やタンパク質が蓄積されることで安定的に進むようになったと考えられる。脂質などを水に加えると，リポソームとよばれる，内部に水を含んだ膜構造ができることがある。この膜は現在の細胞を構成するリン脂質二重層(⇨ p.328)に似た構造で，原始地球上において生じた生物の原型はこのような膜構造に取り込まれてできたと考えられている。

[化学進化と生命の起源]

単純な物質 ⟹ 簡単な有機物 ⟹ 複雑な有機物 ⟹ 生命の誕生
CO_2, CO, N_2　　アミノ酸　　　　タンパク質　　　（膜構造）
H_2O, CH_4, H_2　脂質　　　　　　核酸
NH_3, H_2S　　　　ヌクレオチド

❺RNAワールド説　DNAをもつ原始生物が誕生する前に，RNAをもつ，より単純な生命体が存在していた時代があると考えるのがRNAワールド説である。これは，RNAには遺伝情報をもつ以外に触媒としても働くものが見つかっているためで，RNAが遺伝物質として自己複製をするとともに触媒として代謝に働いていた時代から始まり，RNAが合成したタンパク質が酵素として働く時代までをRNAワールドとする。その後，RNAよりも安定した物質であるDNAが遺伝情報を保持し，触媒作用はタンパク質(酵素)が行うという現在のようなDNAワールド(DNA・タンパク質ワールド)に移行していったと考えられている。

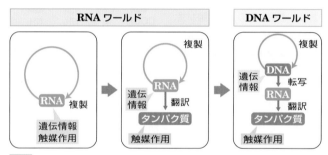

図4　RNAワールドからDNAワールドへ

補足　触媒として働くRNAはリボザイムとよばれる。これを1980年代に発見したチェックとアルトマンは1989年のノーベル化学賞を受賞した。

2 単細胞生物の進化

❶原始生物の誕生(約40億年前)　原始生物の誕生の場として現在最も可能性が高いと考えられているのが，深海底の熱水噴出孔(⊅p.46)付近である。海底には化学進化の結果生じた有機物が蓄積し，これらの物質が，脂質からつくられた膜構造に包まれて生物の特徴を備えた原始生命体になったと考えられている。そこに最初に現れた原始生物は，メタンや水素，硫黄などを用いて有機物を合成する嫌気性の独立栄養生物(化学合成細菌⊅p.388)であったと考えられている。

補足　熱水噴出孔から噴出する熱水にはメタン，水素，硫化水素，アンモニアなどが含まれる。深い海底では高い水圧で水の沸点が数百℃にも達するため高温高圧の状態で化学反応が起きやすい。

❷原始的従属栄養生物の出現（約40億年前～38億年前）　同じ頃，海水中に存在していた有機物を取り込んで生活する**原始的従属栄養生物**である細菌が出現した。当時，地球上には，まだ分子状の酸素はなかった。

❸光合成を行う生物の出現（約35億年前）　やがて，これらの細菌のあるものは，深海から上昇して浅い海に移動した。そして，光のエネルギーを利用する光合成細菌が現れ，次いで，約27億年前に光合成色素（クロロフィル）をもち，光合成によって酸素（O_2）を放出するシアノバクテリアが現れた。

図5　現生のシアノバクテリアによるストロマトライト（オーストラリア・シャーク湾）

COLUMN

　シアノバクテリアが放出した酸素の大部分は，はじめの約5億年間は海水中の硫黄や鉄の酸化に用いられたと考えられている。オーストラリアの赤い大地は，その昔海底に沈殿した酸化鉄からできている。また，シアノバクテリアが層状構造のかたまり（ストロマトライト）を形成し，これが化石化した石灰岩が約27億年前～約25億年前の地層から大量に見つかっている。

❹好気性細菌の出現（約25億年前）　シアノバクテリアが光合成によって放出した酸素による海水中の金属イオンとの酸化反応が終わると，光合成によって発生した余剰のO_2は大気中に放出されるようになった。この頃，酸素を用いて呼吸を行う好気性細菌が現れた。酸素を用いることでエネルギー効率が格段に増し，好気性細菌は生活範囲をしだいに拡大していった。

❺原核生物から真核生物へ（約20億年前）　地球上に最初に現れた生物は，細胞のつくりが簡単な原核生物（⤴p.19）で，この原核生物から細胞のつくりが複雑な真核生物へと進化してきた。これにも諸説あるが，原始的従属栄養生物である嫌気性原核細胞内に核ができ，原始真核細胞が誕生したと考えられている。一方，好気性細菌のなかまとシアノバクテリアのなかまが，原始真核細胞中に入り込んで共生関係となり（**細胞内共生**），それぞれミトコンドリアと葉緑体になって真核細胞が誕生したとするマーグリスの共生説が有力である（⤴p.24）。

[生命の起源と細胞の進化]

2 | 生物の変遷

1 地質時代

❶地質時代　地球の年齢約46億年のうち，最古の地層ができてから今日までの約40億年間を**地質時代（地質年代）**という。

❷地質時代の区分　地質時代は，生物界の変遷によって，大きく**先カンブリア時代，古生代，中生代，新生代**の4つに分けられる。さらに代を細分すると，**紀，世，期**になる。これらの時代区分の境目には，環境の大きな変化や生物の大絶滅があった（⇨p.252 **表1**）。

2 地質時代の区分と生物の変遷 ①重要

❶先カンブリア時代（約46億年前〜約5.4億年前）

約21億年前には最初の真核生物が現れ，そのうちシアノバクテリアを共生させた植物型真核生物は，**緑藻類**などへと進化した。また，約10億年前に多細胞の**原始的無脊椎動物**が出現し，多くの種が現れ繁栄した。エディアカラ生物群はその例とされる。

❷古生代（約5.4億〜約2.5億年前）

①**植物の変遷**　古生代は藻類〜シダ植物の時代である。この時代，大気中の酸素の量が増え，紫外線との反応でオゾン層が形成さ

\ COLUMN /

エディアカラ生物群

南オーストラリアのエディアカラ丘陵などで最古（約6億年前）の生物化石群が見つかり，エディアカラ生物群と名付けられた。この化石群は，全身がやわらかく，殻がなく，脚もなく，眼もない生物であると推測されている。先カンブリア時代末に絶滅した。

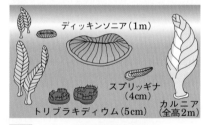

図6　エディアカラ生物群の想像図

れたことにより，地表に降り注いでいた紫外線量が減少して生物が陸上に進出することができるようになった。シルル紀からデボン紀になると原始的な陸上植物が出現し，石炭紀に入ると**ロボク・リンボク・フウインボク**などのシダ植物の大森林が形成された。石炭紀とよばれるように，この時代の植物の遺骸が現在私たちが利用している化石燃料の源となっている。

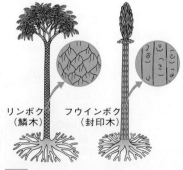

リンボク（鱗木）　フウインボク（封印木）

図7　古生代の巨大シダ植物

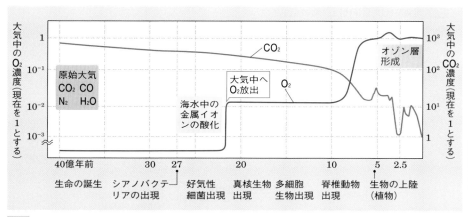

図8　大気の組成の変化と生物の変遷

② **動物の変遷(1)—カンブリア紀の大爆発**　約5.4億年前には動物の大規模な多様化が起こった。これはカンブリア紀の大爆発とよばれ，先カンブリア時代と古生代を区別する大きな出来事のひとつとなった。特にカナダのバージェス峠の頁岩層で発見されたバージェス動物群や，中国で発見された澄江動物群などの古生代初期の化石群では独特でさまざまな形態の動物が知られている。

補足　酸素が豊富に存在し，ATPを大量に生成できる呼吸が可能な環境下で生きていたバージェス動物群の生物は，からだを支え身を守る硬い殻をもち，高い運動能力をもつようになった。このことから，この時期に「捕食・被食」の関係が始まったとされる。この動物群に，現存する動物はいないが，現生の動物の門(⇨ p.296)はこの時期にほぼ出そろった。

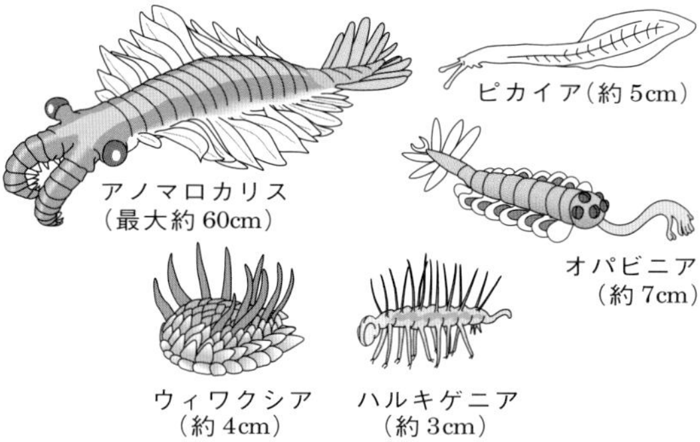

ピカイア(約5cm)
アノマロカリス(最大約60cm)
オパビニア(約7cm)
ウィワクシア(約4cm)
ハルキゲニア(約3cm)

図9　バージェス動物群の想像図

③ **動物の変遷(2)—脊椎動物の出現と陸上進出**　古生代前半には三葉虫(節足動物)が，後半にはフズリナ(原生動物)が繁栄し，この時代には，現存する海産無脊椎動物のほとんどが現れた。また，オルドビス紀の地層からは脊椎動物である魚類の化石が発見され，オゾン層の形成以降，魚類→両生類→ハ虫類が現れた。古生代を代表する三葉虫などは古生代の終わり頃には絶滅してしまった。

図10　三葉虫

★1 頁岩は泥が堆積した堆積岩の一種で，本のページのようにうすくはがれやすい特徴がある。

表1　地質時代（地質年代）と生物の変遷

代	紀	絶対年代	植物時代	植物・光合成生物	動物時代	動物	地球のようす	（現代）
新生代	第四紀		被子植物時代	草本の増加と繁栄 樹木の減少	哺乳類時代	ヒトの出現	氷期と間氷期のくり返し	
		260万年前						
	新第三紀					人類の出現	気候の寒冷化	
		2300万年前						
	古第三紀			被子植物の繁栄 草本の多様化		哺乳類の多様化	温暖な気候	
		6600万年前						
中生代	白亜紀		裸子植物時代	被子植物の出現	八虫類時代	大形ハ虫類・アンモナイトの絶滅 / 有袋哺乳類の出現 昆虫類の多様化	（小惑星衝突）	
		1.45億年前						
	ジュラ紀			裸子植物の繁栄		大形ハ虫類・アンモナイトの繁栄 / 始祖鳥の出現		
		2.00億年前						
	三畳紀（トリアス紀）			裸子植物の増加		ハ虫類の多様化 卵生哺乳類の出現	超大陸の分裂と移動	
		2.51億年前						
古生代	ペルム紀（二畳紀）		シダ植物時代	ソテツ類の出現 巨大なシダ植物森林の衰退	両生類時代	海洋生物大量絶滅 / ハ虫類・昆虫類の多様化	海洋中の酸素欠乏	
		2.99億年前						
	石炭紀			巨大なシダ植物の繁栄（大森林発達）		両生類の繁栄 ハ虫類の出現 / 昆虫類の発展 フズリナの繁栄	超大陸パンゲアの形成	
		3.59億年前						
	デボン紀			裸子植物の出現 シダ植物の森林 / 大形シダ植物の出現	魚類時代	両生類の出現 魚類の繁栄 昆虫類の出現	（造山運動）	
		4.16億年前						
	シルル紀			シダ植物の出現		サンゴの繁栄 魚類の出現		
		4.44億年前						
	オルドビス紀		藻類時代	陸上植物の出現（地衣類・コケ植物） 海藻類の発展	無脊椎動物時代	頭足類・オウムガイ・フデイシの繁栄	オゾン層形成	
		4.88億年前						
	カンブリア紀					脊椎動物の出現 三葉虫の繁栄 バージェス動物群		
		5.42億年前						
先カンブリア時代			単細胞生物時代	単純な紅藻類・緑藻類などの出現 シアノバクテリア・細菌の出現		エディアカラ生物群	全球凍結 酸素の発生	
		40億年前		原始生命の出現			化学進化 海と陸の形成 地球の誕生	
		46億年前						

❸中生代(約2.5億年前～約0.66億年前)

①**植物の変遷** ソテツ・イチョウ・マツなどの裸子植物が繁栄した。コケ植物や
シダ植物は精子を水中に放出して受精を行っていたが，裸子植物になると風で
花粉を飛ばすようになり，水辺から離れた場所へ生育場所を広げていった。また，
中生代の終わり(白亜紀)になると被子植物が現れた。

②**動物の変遷** アンモナイトやハ虫類が繁栄した。中生代の初め(三畳紀)には原
始哺乳類が現れた。ジュラ紀と白亜紀は恐竜類などの大形ハ虫類の時代で，始
祖鳥(⤴p.283)もジュラ紀に現れている。約6600万年前に小惑星の衝突をきっか
けとした恐竜やアンモナイトなどの大量絶滅が起こり，中生代は終わりを迎えた。

❹新生代(約0.66億年前～現在)

①**植物の変遷** 古第三紀に入ると被子植物，特に**双子葉類**が多様に発展し，今日
の被子植物の時代を迎える。一方，裸子植物は，第四紀に入ると衰退を始めた。

②**動物の変遷** 新生代は哺乳類の時代である。哺乳類は中生代の終わりに胎盤を
獲得して，比較的成長した子を出産して保護しながら栄養価の高い母乳を与え
て育てることができるようになった。古第三紀に入ると，哺乳類が多様化し，
発展した。また，鳥類や昆虫類も多様化し，発展した。そして，人類の出現は
新第三紀の約600万～700万年前になってからである(⤴p.318)。

補足 初期の哺乳類はネズミのような形態で卵を産んでいたと考えられている。

[地質時代の生物の繁栄]

	先カンブリア時代	古生代	中生代	新生代
光合成生物	シアノバクテリア・藻類	シダ植物	裸子植物	被子植物
動物	無脊椎動物	魚類・両生類	ハ虫類	哺乳類

このSECTIONの **まとめ** 生命の起源と進化

□ **生命の起源** ⤴p.246	・アミノ酸の合成(**化学進化**)→タンパク質→生命体 ・シアノバクテリアによるO_2の生成→好気性細菌
□ **生物の変遷** ⤴p.250	・古生代…シダ植物・魚類・両生類の時代➡中生代…裸子植物・ハ虫類の時代➡新生代…被子植物・哺乳類の時代

重要用語

 生命の起源と進化

□ **化学進化説** かがくしんかせつ ⟲p.246
原始地球上において無機物からアミノ酸・糖・塩基などの有機物ができ，長い時間をかけて化学反応によって生命が誕生するための材料を生成したとする説。

□ **隕石説** いんせきせつ ⟲p.247
隕石によってもたらされた有機物が，地球上の生物の起源となる生命体をつくる材料になったという説（⟲p.46）。

□ **リポソーム** ⟲p.247
原始生物の膜構造のモデル。脂質などに水を加えるとできる内部に水を含んだ膜構造で，現生の生物がもつ細胞膜のリン脂質の二重層に似ている。

□ **RNAワールド説** アールエヌエー―せつ ⟲p.248
DNAをもつ原始生命体が誕生するより前に，遺伝情報をもち触媒として働くRNAを含む生命体が存在していたという説。

□ **DNAワールド** ディーエヌエー― ⟲p.248
RNAよりも安定した物質であるDNAが遺伝情報を保持し，触媒作用はタンパク質で構成される酵素が行うという，現在の標準的な生物の世界。

□ **リボザイム** ⟲p.248
触媒として働くRNAのこと。

□ **熱水噴出孔** ねっすいふんしゅつこう ⟲p.248
地熱で熱せられた水が噴出する大地の亀裂。広義には温泉など陸上にあるものも含まれるが，狭義には深海底に存在するものを指す。重金属や硫化水素などを含み，高温・高圧であるが少し離れれば冷たい水が存在するなど，生命体をつくる物質を合成する条件がそろっており，原始生物誕生の場として注目されている。

□ **化学合成細菌** かがくごうせいさいきん ⟲p.248, 388　無機物の酸化によるエネルギーを用いて炭酸同化を行い有機物を合成する細菌。

□ **光合成細菌** こうごうせいさいきん ⟲p.249, 387
光合成を行うことができる細菌の総称。

□ **シアノバクテリア** ⟲p.249
光合成色素としてクロロフィルをもち，光合成によって酸素を放出する細菌のなかま。約27億年前に地球上に現れ，大気中や水中の酸素濃度上昇とこれに伴う好気性生物の出現や多様化，オゾン層の形成をもたらした。

□ **ストロマトライト** ⟲p.249
シアノバクテリアが増殖して形成した層状構造をもつかたまりのこと。これが化石化した石灰岩もストロマトライトとよばれ，約27億～約25億年前の地層から大量に見つかっている。

□ **好気性細菌** こうきせいさいきん ⟲p.249
酸素を用いて呼吸を行う細菌。

□ **共生説** きょうせいせつ ⟲p.249
原始真核細胞中に，好気性細菌やシアノバクテリアが入り込んで細胞内共生の関係になり，それぞれミトコンドリアと葉緑体になったとする説。マーグリスが提唱。

□ **地質時代（地質年代）** ちしつじだい（ちしつねんだい）⟲p.250　地球の年齢約46億年のうち，最古の地層ができてから今日までの約40億年間の時代。生物の変遷をもとに4つの時代に大きく分けられるほか，気候の変動や地磁気の変化などに基づいて紀，世，期などの区分に細かく分けられる。

□ **先カンブリア時代** せん―じだい ⟲p.250
地球が誕生してから約5.4億年前の大量絶滅までの時代。最初の生命が誕生して多様化・複雑化が進み，海中に藻類や無脊椎動物が繁栄した。

□ **エディアカラ生物群** ―せいぶつぐん ⟲p.250
南オーストラリアのエディアカラ丘陵などの約6億年前の地層から見つかった先カンブリア時代の生物群。殻をもたず全身が柔らかく，脚も眼もなかったと考えられている。

□ **古生代** こせいだい ⌂ p.250

約5.4億年前から約2.5億年前の大量絶滅までの時代。古い順に，カンブリア紀，オルドビス紀，シルル紀，デボン紀，石炭紀，ペルム紀(二畳紀)の6紀に分けられる。植物は，オルドビス紀に陸上に進出した後，シダ植物が繁栄。動物も脊椎動物の魚類が出現し繁栄した後，両生類が陸上に進出し(デボン紀)，繁栄した(石炭紀〜ペルム紀)。そして両生類からハ虫類が出現し(石炭紀)，多様化した(ペルム紀)。このほか三葉虫やフズリナなどの海洋生物が世界中で繁栄し，この時代の示準化石として見つかる。

□ **オゾン層** —そう ⌂ p.250

上空10 km以上の高さにある，大気中にオゾン(O_3)を多く含む層。古生代に大気中の酸素が増え，太陽からの紫外線が作用して形成された。以後の地球において太陽からの紫外線が地上に届くのを抑制し，水中のみに生息していた生物の上陸を促した。

□ **カンブリア紀の大爆発** —きのだいばくはつ

⌂ p.251　約5.4億年前のカンブリア紀に動物の大規模な多様化が起こった現象。当時出現した動物はバージェス動物群とよばれアノマロカリスやオパビニアなどが知られている。

□ **フズリナ** ⌂ p.251

古生代(石炭紀〜ペルム紀)に繁栄し，古生代末に絶滅した単細胞生物(原生動物)。紡錘形の石灰質の殻をもつものが多いため紡錘虫ともよばれる。

□ **中生代** ちゅうせいだい ⌂ p.253

約2.5億年前から約6600万年前の小惑星衝突による大量絶滅までの時代で，三畳紀，ジュラ紀，白亜紀の3紀に分けられる。植物は，裸子植物が繁栄。動物は，陸上では恐竜類などの大形ハ虫類が繁栄，海中ではアンモナイトが繁栄し，地層がこの時代のものであることを示す示準化石として見つかる。

□ **恐竜類** きょうりゅうるい ⌂ p.253

ハ虫類の1つの系統群(⌂ p.299)で，トリケラトプスと鳥類の間の最も近い共通祖先およびその子孫と定義される。これにより空を飛ぶ翼竜や海中で繁栄した首長竜などは恐竜類に含まれない一方で，現在の鳥類(ティラノサウルスのなかまの子孫)は生物学上恐竜類に含まれる。中生代に多様化，繁栄し，鳥類以外は中生代末に絶滅した。

□ **新生代** しんせいだい ⌂ p.253

約6600万年前から現在までの時代。古い順に，古第三紀，新第三紀，第四紀の3紀に分けられる。中生代までと比べて寒冷化が起こり，植物は被子植物が繁栄し，動物は哺乳類や鳥類が多様化し発展した。

CHAPTER

2 » 遺伝子の変化と 進化のしくみ

SECTION
1 遺伝的変異

1 | DNAと突然変異

1 変異と突然変異

❶**変異** 生物の個体間には，同種でもか
らだの大きさや各部の形態，色彩などにさ
まざまな形質の違いがある。このように同
種の個体間に見られる形質の違いを**変異**と
いう。変異には遺伝する変異（**遺伝的変異**）
と遺伝しない変異（**環境変異**）がある。図
11のアサガオの写真は変異の例である。

補足 環境変異には，栄養状態の違いによる体重の
差や，幼虫時のえさの違いによるミツバチの働きバチと女王バチの違い（⟳p.225）などがある。

図11 いろいろなアサガオの花の形質

❷**突然変異** DNAの塩基配列や染色体の構造・数が，放射線やある種の化学物質
などによって変化することがある。この現象を**突然変異**といい，遺伝的変異は突然
変異によって生じる。突然変異は体細胞と生殖細胞の両方で起こるが，生殖細胞に生
じた場合はその生殖細胞をもとに生まれた子は親から変化した遺伝情報をもつ。[★1]

POINT!

変異…同種の個体間に見られる形質の違い。

> **遺伝的変異**…遺伝する変異。突然変異によって生じる。
> **環境変異**……遺伝しない変異。環境の影響によって生じる。

★1 体細胞に生じる突然変異には，細胞分裂や分化の制御を司る遺伝子に異常が生じて無秩序に増殖するよ
うになった**がん細胞**や，果樹の一部で果実の品質や耐病性などが変わる**枝変わり**などがある。

2 塩基1個の違いによる変化—ヒトの鎌状赤血球貧血症

❶ヒトの鎌状赤血球 ヒトには，鎌状赤血球貧血症(鎌状赤血球症)という遺伝病がある。この病気の遺伝子をもつヒトは，赤血球が鎌の刃のように変形して，血管を詰まらせる[★1]。また，溶血(赤血球の破裂)が起こりやすいため酸素の運搬能力が低下し，悪性の貧血となる。

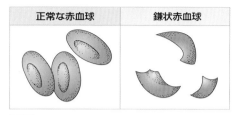

図12 ヒトの正常な赤血球と鎌状赤血球

補足 この病気の遺伝子をホモ(⇨p.260)にもつと重い症状が出るが，ヘテロの場合には軽度である。

❷鎌状赤血球のヘモグロビン

赤血球の構成成分であるヘモグロビンは，α鎖2本とβ鎖2本のグロビンというタンパク質(サブユニット)が集合してできている(⇨p.89)が，鎌状赤血球のヘモグロビン(ヘモグロビンSという)では，β鎖の6番目のアミノ酸1個だけが，グルタミン酸→バリンにおきかわっている。

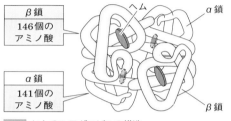

図13 ヒトのヘモグロビンの構造

❸β鎖の塩基配列 β鎖をつくるために働くDNAの塩基配列を調べると，図14のように，6番目のアミノ酸を指定する塩基配列が，CTC(正常)からCAC(鎌状赤血球)へと変わっていた。

このように1塩基の変化でタンパク質を構成するアミノ酸に変化が生じ，個体の形質に影響を与えることがある。生存に有利な変異は，集団の中で広まって進化につながる場合がある(⇨p.286)。

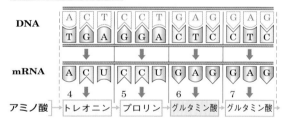

図14 DNAの突然変異とヘモグロビンβ鎖の変化

★1 鎌状赤血球は血中酸素濃度の低下時にヘモグロビン分子が長い棒状に結晶化して生じる。

第4編 生物の進化

3 遺伝子の突然変異─DNAの塩基配列の変化

❶塩基配列の変化とアミノ酸配列　1つの塩基の置換によって生じる遺伝子の突然変異の他にも，配列の変化には塩基の**欠失**や**挿入**がある。塩基の欠失や挿入があった場合，トリプレットの区切りがずれる（フレームシフト）ので，変異の場所より後（下流）のアミノ酸の配列はすべて変化することになる。

もとのDNA																			
非鋳型鎖	···A	T	G	A	C	A	C	T	A	A	A	A	C	A	G	T	C	G···
鋳型鎖	···T	A	C	T	G	T	G	A	T	T	T	T	G	T	C	A	G	C···

mRNA ···A U G　A C A　C U A　A A A　C A G　U C G···
アミノ酸 ···メチオニン　トレオニン　ロイシン　リシン　グルタミン　セリン

1塩基置換 ···A U G　A G A　C U A　A A A　C A G　U C G···
アミノ酸 ···メチオニン　アルギニン　ロイシン　リシン　グルタミン　セリン

1塩基欠失 ···A U G　A × A　C U A　A A A　A C A G U C G···
アミノ酸 ···メチオニン　アスパラギン　（終止）

1塩基挿入 ···A U G　A C C　A C U　A A A　A C A　G U C　G···
アミノ酸 ···メチオニン トレオニン トレオニン　リシン　トレオニン　バリン

図15 塩基配列の変化（置換・欠失・挿入）とアミノ酸配列の変化　p.65の遺伝暗号表参照。

❷遺伝子の突然変異の原因　遺伝子の突然変異は，DNA複製の際に生じた間違いによって無作為に生じる。DNA複製の間違いはほとんどが修復されるが，修復の過程でも誤りは生じ，それによる突然変異が生じる。突然変異が生殖細胞に生じた場合にはその生殖細胞によって生まれた子にも伝わる。

┤ COLUMN ├

DNAの修復

　DNAは複製の際に誤った塩基のヌクレオチドが挿入されることがある。また，紫外線や放射線や発がん物質などによって損傷を受けることもある。細胞はこのような損傷を絶えず受けており，それによって生命そのものの危機にさらされているが，細胞には多くの修復機構が備わっている。

　DNAの1本の鎖が損傷した場合　損傷したDNA部分（塩基やヌクレオチド）を見分けて除去し，損傷を受けていない鎖の情報をもとに修復を行う。これには損傷の程度によっていろいろなDNA修復酵素が関係し，修復のしくみが異なる。

　DNAの両方の鎖が損傷した場合　DNA複製時に修復が行われる。体細胞分裂では，正常な染色分体を鋳型とし，減数分裂では，正常な相同染色体を鋳型として組換え（⇨p.276）を行い，修復する。この修復にもさまざまなしくみが用意されている。また，DNA複製後にも修復を行う機構がある。

　一方，DNA修復がDNA損傷の発生に追いつかなくなると，**細胞の老化，細胞死，がん化**などが起こる。また，生殖細胞においてDNA修復が失敗すると，生まれた個体に突然変異が起こり，また，重症の遺伝病の原因になる場合がある。

2 | 遺伝的多型

❶**DNAの塩基配列の変化による影響**　次のように場合によって異なる。

①タンパク質のアミノ酸配列に変化が生じない(同義置換)。

②アミノ酸配列に変化が生じるが，タンパク質の性質にほとんど影響がない。

③タンパク質の性質に変化が生じる。

❷**遺伝的多型**　上記の影響の③にあたる変化は遺伝的な病気として発現するものもあるが，単なる形質の違いとなるものもある。生物の生存や繁殖に大きな害とならない突然変異は子孫に受け継がれ，同種の個体間でも異なる塩基配列のDNAのタイプ(型)が複数存在することになる。このような**同種の集団内における塩基配列の個体差**を遺伝的多型(DNA多型)とよぶ。

補足　遺伝的多型は，環境の変化に対する耐性力や病気への抵抗力などの個体間の違いを生じる。このバリエーションの豊富さは生物種が存続していくために重要である。

❸**一塩基多型とくり返し回数の多型**

①**一塩基多型—SNP**　遺伝的多型のうち塩基配列の特定の位置で塩基対が1か所異なるものを一塩基多型(SNP)とよぶ(複数形はSNPs)。ヒトのゲノムDNAでは約1000塩基対のうち1か所程度SNPが存在するといわれ，医学への応用や生物の進化・系統の解明につながる研究対象として注目されている(⌒ p.45)。

②**くり返し回数の多型**　ゲノムにはおもに遺伝子外の領域に数塩基〜数10塩基ほどの短い塩基配列がくり返されている領域があり，このくり返しの回数が個体によって異なるという遺伝的多型もある。

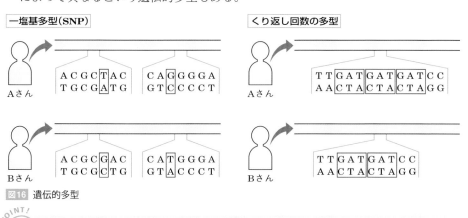

図16　遺伝的多型

POINT!

遺伝的多型…同種の集団内における塩基配列の個体差

一塩基多型(SNP)…1塩基対が置換。ヒトゲノムの約0.1%

短い塩基配列のくり返し領域…くり返し回数が異なる。

┌─ COLUMN ┐

変異と多型

　便宜上，同種の集団内に出現する割合が1％未満のものは変異とよび，1％以上出現する場合はその種において複数のタイプが存在するもの(多型)として扱う。

　例えばトラの体色は突然変異でオレンジ色の部分が白い個体(白変種，ホワイトタイガー)が現れ，遺伝もするが，野生での頻度は極めて低いのでホワイトタイガーは変異。

　一方，ヒョウはいわゆるヒョウ柄の個体と全身が黒い個体(黒変種，クロヒョウ)があるが，クロヒョウは野生でも約10％出現するためヒョウの体色の遺伝子は多型である。

黒変種

図17　ヒョウの体色の多型

3 | 遺伝子と染色体

1 染色体上の遺伝子

❶遺伝子座　遺伝子は，それぞれ存在する染色体上の位置が決まっており，この位置を遺伝子座という。例えば図18のようにヒトの16番染色体にはヘモグロビンα鎖の遺伝子や耳あか型決定遺伝子などが，それぞれ特定の遺伝子座に存在する。

❷対立遺伝子(アレル)　耳あか型決定遺伝子ではウエット型とドライ型があり，どちらかの遺伝子が16番染色体の遺伝子座に存在する。このように遺伝的多型によって**同じ遺伝子座に異なる塩基配列の遺伝子が存在する**場合，それぞれの遺伝子を対立遺伝子(アレル)という。

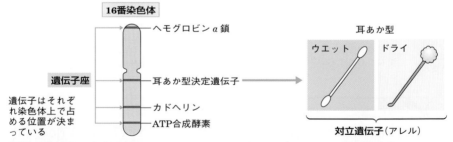

図18　遺伝子座と対立遺伝子の例

❸遺伝子型　細胞や個体における遺伝子の構成(組み合わせ)を遺伝子型という。[1] 体細胞では相同染色体(⇨ p.68) 2本が対になっているため，体細胞の遺伝子型は同じ遺伝子2つか，対立遺伝子どうしの組み合わせとなる。着目する遺伝子座において同じ遺伝子をもつ状態を**ホモ接合体**，対立遺伝子をもつ状態を**ヘテロ接合体**という。

───────────────

★1 遺伝子型に対して，この遺伝子の組み合わせによって現れる形質を**表現型**という(⇨ p.268)。

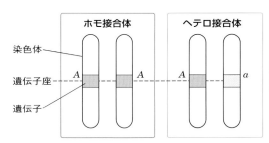

図19 ホモ接合体とヘテロ接合体

視点 対立遺伝子は，顕性の遺伝子を大文字のアルファベットの記号で表し，潜性の遺伝子を同じアルファベットの小文字の記号で表す（⇨p.268）。

第4編
生物の進化

2 染色体レベルの突然変異

　染色体レベルで起こる突然変異は，染色体の数が変化するものと，ある染色体の構造が変化するものがある。[★1]

❶染色体の数の変化　染色体のセット数がそっくり倍数化する**倍数体**や，正常な個体に比べて数が増減する**異数体**が知られている（図20）。

❷染色体の構造の変化　染色体の構造の変化には，図21のように**欠失，逆位，重複，転座**といったものがある。

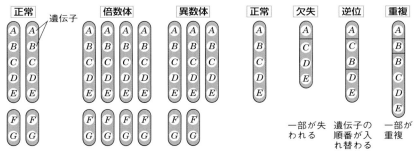

図20 染色体の数に変化が起こる突然変異　　図21 染色体の構造に変化が起こる突然変異

　遺伝的変異

□DNAと突然変異 ⇨ p.256	・**変異** { 遺伝的変異　◀原因：突然変異 　　　　　 環境変異
□遺伝的多型 ⇨ p.259	・**遺伝的多型**…同種の集団内の塩基配列の個体差 　一塩基多型（SNP），特定の配列のくり返し回数の多型
□遺伝子と染色体 ⇨ p.260	・**遺伝子座**…染色体上の遺伝子の位置 ・**遺伝子型**…細胞や個体における遺伝子の組み合わせ

★1 染色体数の変化は，細胞分裂において娘細胞に染色体が正常に分配されないなどの原因で起こる。染色体の構造の変化は，減数分裂で相同染色体の対合がずれて乗換えが起こるなどして起こる。

SECTION 2 有性生殖と減数分裂

1 | 生殖

1 生殖の種類

❶**生殖とは何か**　生物が，子孫となる新しい個体をつくる働きを**生殖**という。

❷**生殖の種類**　生殖の方法は，無性生殖と有性生殖に大別することができる。

①**無性生殖**　性とは無関係な働きによって増える生殖方法。

②**有性生殖**　**配偶子**とよばれる生殖細胞をつくり，2個の配偶子が合体することによって増える生殖方法。**配偶子生殖**ともいう。

2 無性生殖

　無性生殖には，からだが2つ以上に分かれて増える**分裂**，からだの一部から新個体が芽のように出る**出芽**，植物の花以外の部分から増える**栄養生殖**などがある。

3 有性生殖 ① 重要

❶**生殖細胞**　次の世代の個体をつくるための細胞を**生殖細胞**という。生殖細胞には，胞子[★1]と配偶子がある。

　配偶子は自然状態で，接合（2個の細胞が融合し，核が合体して1個の細胞になること）によって新個体になる細胞。**有性生殖は，配偶子による生殖**である。

❷**生殖方法と核相**　無性生殖では，核相（⊃p.59）は親と同じ$2n$で，遺伝子の組み合わせも変わらない。一方，有性生殖では配偶子がつくられる過程で減数分裂が行われ，配偶子の核相は親の半分のnとなり，配偶子1つ1つの遺伝子の組み合わせも多様となる（⊃p.265）。この配偶子どうしが接合して生まれる新個体の核相は$2n$となる。

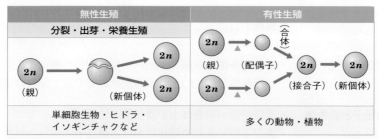

図22　生殖方法と核相の関係（▲は減数分裂を表す）

★1 胞子には体細胞分裂のみでできる無性生殖のものと，減数分裂でできる有性生殖のものがある。

2 | 減数分裂と染色体

1 減数分裂の過程 ①重要

❶減数分裂の順序　減数分裂では，染色体数が半分になる第一分裂と，染色体数が変化せず体細胞分裂（⤴ p.56）と同様に染色体が分離（縦裂）する第二分裂の 2 回の分裂が連続して起こり，核相 $2n$ の母細胞 1 個から，核相 n の生殖細胞 4 個ができる（図23）。第一分裂と第二分裂の間には，間期がない。

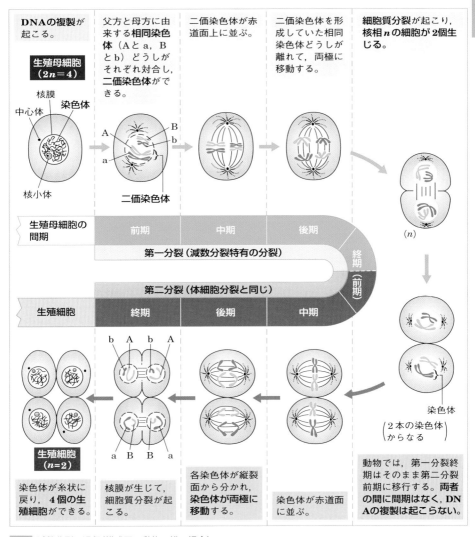

図23　減数分裂の過程（模式図；動物の雄の場合）

❷二価染色体

① **対合と二価染色体**　減数分裂の第一分裂前期には，S期（DNA合成期）にDNAが複製されてできた2本の染色体が凝集して太く短いひも状の染色体となる。このとき，**相同染色体どうしが並んで接着する対合**とい\
<ruby>対合<rt>たいごう</rt></ruby>という現象が起こり，対合してできた染色体を<ruby>二価染色体<rt>にかせんしょくたい</rt></ruby>という。

② **乗換え**　対合が起こる際に，**相同染色体の間で一部を交換する<ruby>乗換え<rt>のりか</rt></ruby>（<ruby>交叉<rt>こうさ</rt></ruby>）**という現象が起こる。この乗換えによって染色体が交差している場所はキアズマとよばれる。乗換えは，有性生殖において配偶子の遺伝子の組み合わせの数を増やし，多様性を増している（☞p.276）。

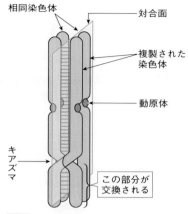

図24　二価染色体

視点　二価染色体は，2本の染色体（4本に分かれる）が1つに合わさった状態になっている。

補足　細胞の染色体数（染色体構成）を考える際，複製された染色体どうしは増えたものとみなさず1本と数える一方，相同染色体どうしは別のものとして数える。このため減数分裂の第一分裂終期までの染色体構成（核相）は体細胞と同じ$2n$となる（☞p.266）。

┤ COLUMN ├

動原体

　図24に見られる動原体は紡錘糸が付着するタンパク質構造で，染色体の**セントロメア**とよばれる部位（ゲノム領域）に形成される。紡錘糸は微小管からなるが，動原体は紡錘糸をたぐりながらその末端のチューブリンを外していく。これによって紡錘糸は短くなり染色体は両極に移動していく。

---

❸ **減数分裂の特徴**　減数分裂の特徴をまとめると，次のポイントのようになる。

①第一分裂と第二分裂の2回の連続した分裂からなる。

②第一分裂の前期に，相同染色体が対合する。

③第一分裂の後期に相同染色体が分離する。

④1個の母細胞（$2n$）から4個の生殖細胞（n）ができる。

2　減数分裂と染色体の行動

❶分裂時の染色体の挙動

① **第一分裂**　相同染色体が対合し，その対合面で分かれるので，染色体数は半減

する。各染色体の縦裂は起こらない。

②**第二分裂**　各染色体は縦裂して分かれ，染色体が両極に移動する。これは，体
細胞分裂時の染色体の挙動と同じである（⇨p.56）。

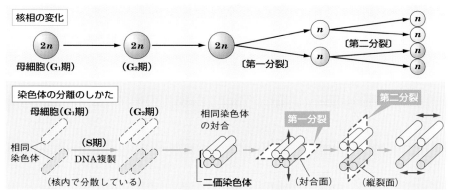

図25　減数分裂時の染色体の挙動（模式図）

❷生殖細胞の染色体の組み合わせ

二価染色体が赤道面に並ぶとき，いろ
いろな組み合わせができる。例えば，
p.263の**図23**のような2組の相同染色
体（AaBb）の場合，右の**図26**のように
2種類の組み合わせが同じ確率で現れ
る。その結果（AB），（Ab），（aB），（ab）
のそれぞれの染色体をもつ4種類の生
殖細胞が同じ割合で得られる。

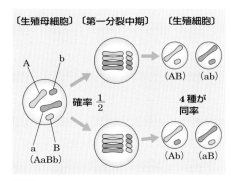

図26　生殖細胞の染色体の組み合わせ

3 減数分裂と遺伝子 ⚠️重要

❶細胞周期と減数分裂　体細胞分裂では，
分裂した細胞が再び細胞周期をたどること
によって，同じ核相の細胞が数を増やして
いく（⇨p.60）。これに対して，**減数分裂
では，G_2期（分裂準備期）の終わりが分岐
点となって細胞周期からはずれて分裂が進
む**（図27）。そのため，減数分裂で生じた
娘細胞（生殖細胞）が再び細胞周期に戻るこ
とはない。

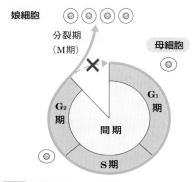

図27　減数分裂時の細胞周期

❷減数分裂時のDNA量の変化

①生殖母細胞の間期にDNAの複製(倍加)が起こる(1→2)。

②第一分裂と第二分裂の間に間期がなく，DNAの複製が起こらないため，生殖細胞は生殖母細胞の$\frac{1}{2}$量のDNAをもつことになる$\left(2→1→\frac{1}{2}\right)$。

③有性生殖では，配偶子どうしの接合(受精)によって，DNA量がもとに戻る$\left(\frac{1}{2}+\frac{1}{2}=1\right)$。

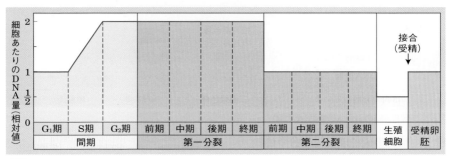

図28　減数分裂とDNA量の変化

❸減数分裂時の染色体の挙動と遺伝子　DNAは遺伝子の本体であり，染色体に存在している。また，遺伝子は対をなして核の中にあり，1対の遺伝子は1対の相同染色体の同じ遺伝子座に存在している。そのため，減数分裂のときには，**遺伝子が染色体といっしょに動き**，配偶子では遺伝子が対をなしていない。この配偶子が接合(受精)すると，染色体も遺伝子も再び対をつくることになる。

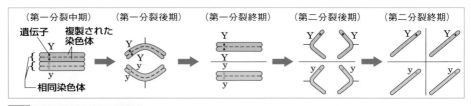

図29　減数分裂時の遺伝子の挙動

　染色体数やDNA量は，減数分裂によって半減するが，接合(受精)によってもとに戻り，一定に保たれる。

4　減数分裂と体細胞分裂の比較　①重要

　これまで学習してきた減数分裂と体細胞分裂の違いを比較して表にまとめると，次の**表2**のようになる。

表2　減数分裂と体細胞分裂の違い

減数分裂	体細胞分裂
①生殖細胞の形成時に起こる。 [卵・精子・胚のう細胞・四分子(花粉四分子)・ 胞子・遊走子などができるとき]	①体細胞を増やすときに起こる。 [生物体の大部分の組織・器官での細胞増殖時 ——成長・発生などのとき]
②染色体数が半減する($2n \rightarrow n$)。	②染色体数は変化しない($2n \rightarrow 2n$)。
③2回の分裂が連続して起こり，4個の生殖細胞がつくられる。分裂はこれで止まり，あとは起こらない。	③1回の分裂で，2個の娘細胞ができる。分裂ごとに間期をはさんで，分裂をくり返し，細胞数が増加する。
④第一分裂で相同染色体の対合が起こり，二価染色体ができる。	④相同染色体はあるが対合せず，二価染色体はできない。

5 生殖方法と遺伝子

　減数分裂がかかわる有性生殖と無性生殖とでは親から新個体に伝えられる遺伝子の組み合わせが異なる。まとめると，次の**表3**のようになる。

表3　遺伝子の面からの無性生殖と有性生殖の比較—○は利点，×は不利な点を表す。

比較点	無性生殖		有性生殖	
遺伝子の組み合わせ	親と新個体とで同じ。		新個体に新しい組み合わせができる。	
環境への適応度	環境の変化に対応しにくい。	×	いろいろな形質の個体が生じるので，環境の変化に対応しやすい。	○
増え方	単独で増えられるので，効率がよい。	○	接合(受精)という過程が必要なので，効率が悪い。	×

このSECTIONの**まとめ**　有性生殖と減数分裂

□ 有性生殖 ➡p.262	・**有性生殖**…2個の配偶子の合体によって増える生殖方法。両親の遺伝子が組み合わさった個体ができる。
□ 減数分裂と染色体 ➡p.263	・減数分裂は，**生殖細胞(卵や精子など)形成時**に起こる。 ・[**第一分裂**…**染色体数が半減**する。($2n \rightarrow n$) 　**第二分裂**…**それぞれの染色体が分かれる**。($n \rightarrow n$)] ・第一分裂と第二分裂の間には，**間期がない**。 ・第一分裂では，相同染色体が**対合したのち分離**する。 ・第二分裂では，染色分体が**縦裂したのち分離**する。

3 染色体の組み合わせと遺伝

1 | 遺伝のしくみ

 遺伝と遺伝子の動き

　減数分裂と受精を経て染色体とともに遺伝子が親から子へ受け継がれ，子の形質は両親から1つずつ受け継いだ遺伝子の組み合わせによって決まる。この遺伝子の存在は，メンデルが実験を重ねて発見した遺伝の法則によって明らかになった。

参考　遺伝用語の基礎知識

●**形質**　生物個体の特徴となる個々の形や性質。

●**対立形質**　種子の形が丸形・しわ形のように，互いに対を成す形質。

●**対立遺伝子（アレル）**　対立形質を現す遺伝子で，相同染色体の同じ遺伝子座にある（⇨ p.260）。

●**遺伝子型と表現型**　細胞や個体における遺伝子の組み合わせを**遺伝子型**といい，遺伝子記号を用いて，AA，Aa, aaのように表す。（ふつう，**顕性遺伝子をアルファベットの大文字**で，**潜性遺伝子を小文字で表す**）。そしてこの遺伝子の組み合わせによって個体に現れる形質を**表現型**という。

●**自家受精**　植物と動物とで，次のように分けて考える。

①植物の場合　同じ個体内に生じた配偶子どうしが受精すること。

②動物の場合　雌雄同体の動物で，同一個体に生じた配偶子どうしが受精すること。

●**交配と交雑**　2個体間で受粉や受精させることを一般に**交配**といい，そのうち特に遺伝子型の異なる2個体間の交配を**交雑**という。

●**ホモ接合体とヘテロ接合体**　AA, aaのように，注目する遺伝子が同じ対立遺伝子の組み合わせを持つ個体を**ホモ接合体**といい，Aaのように異なる対立遺伝子の組み合わせをもつ個体を**ヘテロ接合体（雑種）**という。

●**顕性形質と潜性形質**　ヘテロ接合体において，表現型に現れる形質が**顕性形質**で，現れない形質が**潜性形質**である。

●**P・F₁・F₂**　交配する両親をP，その子どもの**雑種第一代**をF_1，F_1どうしの交配で得られる**雑種第二代**をF_2といい，以下$F_3 \sim F_n$と表す。なお，Pはラテン語のParens（親）の頭文字で，Fはラテン語のFilius（子）の頭文字である。

●**一遺伝子雑種と二遺伝子雑種**　ある1対の対立形質に注目し交配してできた雑種を**一遺伝子雑種**，2対の対立形質に注目し交配してできた雑種を**二遺伝子雑種**という。

●**純系**　すべての，または着目する遺伝子座の遺伝子がホモ接合になった系統。

∤ COLUMN /

メンデルの考えの特徴と実験材料としてのエンドウ

　メンデルの研究以前は，精子と卵に存在する遺伝を担う液体状の物質が受精時に混ざり合うことで両親の性質が子に伝わると説明する混合説が通説であったが，メンデルはエンドウの交配実験によって遺伝の法則を発見し，1つ1つの形質を支配する物質「遺伝要素（element）」（現在は遺伝子（gene）とよばれる）の存在を示した。メンデルの研究には，それまでとは違った次のような特徴があった。

図30　メンデル

●メンデルの研究方法の特徴
①「種皮の色」や「種子の形」など，個々の形質ごとに調べた。
②第一代，第二代，第三代と，世代をこえて追跡した（混合説が正しいなら世代を重ねるごとに個体差は均一化してしまうはずである）。
③綿密な材料選びと実験計画を行い，丹念なデータ収集によって得た膨大なデータを数学的に解析した。

●実験材料としてのエンドウの特徴
①明確な対立形質が多数ある。➡いろいろな形質の遺伝を簡単に調べることができる。
②おしべとめしべが花弁に包まれていて自家受

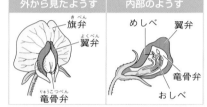

図31　エンドウの花のつくり

精しやすい。➡簡単に純系が得られ，意図した雑種も人工授粉によって確実に得られる。
③生育期間が短く，育てやすい。➡実験がやりやすく，短期間に多くの結果が得られる。

2 一遺伝子雑種の遺伝と分離の法則 ①重要

❶**一遺伝子雑種の実験例**　メンデルが行った実験のうち，エンドウの種子の形について見てみると，右の**図32**のようになる。

①「エンドウの種子の形」という形質には，丸形としわ形という対立形質がある。

②種子の形が丸形の純系個体としわ形の純系個体を親（P）として交配すると（この場合，他家受精），**雑種第一代（F_1）の表現型はすべて丸形**となった。このF_1に現れる丸形が顕性，現れないしわ形が潜性の形質である。

③F_1どうしを交配した**雑種第二代（F_2）の表現型は，丸形：しわ形＝3：1**となった。

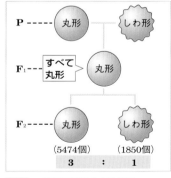

図32　一遺伝子雑種の実験結果

顕性と潜性の対立形質をもつ純系の2個体を親（P）として交配すると，F_1には顕性形質だけが現れる。

❷一遺伝子雑種の遺伝のしくみ
次の①～⑤のように説明される。

① 1つの形質は，1対の対立遺伝子によって支配されている。いま，種子を丸形にする遺伝子をA，しわ形にする遺伝子をaとすると，遺伝子は対になっているので遺伝子型は2文字で表され，純系の親がもつ遺伝子は，**丸形種子がAA，しわ形種子がaa**となる。

② 配偶子形成にあたって，対になっていた遺伝子が減数分裂で分かれるので（⤵ p.264），丸形種子の親の配偶子はAを1個，しわ形種子の親の配偶子はaを1個もつ。

③ 親の配偶子どうしの受精によってできるF_1の遺伝子型は，すべてAaとなる。このときの表現型は丸形種子である。
➡**丸形が顕性形質で，丸形を発現する遺伝子Aが顕性遺伝**

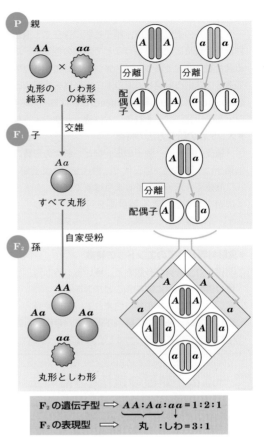

図33　一遺伝子雑種の遺伝

F_2の遺伝子型 ⟹ $AA:Aa:aa=1:2:1$
F_2の表現型 ⟹ 丸：しわ＝3：1

子である（Aaのようにヘテロ接合体になったときは，顕性遺伝子Aの形質が発現する）。

④ **配偶子には，親（ここではF_1）がもつ遺伝子対の片方が入るので**，F_1の配偶子にはAをもつものとaをもつものが1：1の割合でできる。

⑤ F_2の遺伝子型は**図33**で示したような組み合わせとなり，AA，Aa，aaのものが1：2：1の比で現れる。このうち，**顕性遺伝子AをもつAAとAaは丸形種子となる**。したがって，F_2の表現型は丸形：しわ形＝3：1となる。

❸分離の法則　F_2の表現型が3：1の比になったのは，F_1が配偶子をつくるときに，F_1のもつ遺伝子対が分離し，別々の配偶子に入ったからである。このように，**個体がもつ対立遺伝子が，配偶子ができるときに互いに分離し，1つずつ別々の配偶子に入ることを分離の法則という。**

3 二遺伝子雑種の遺伝と独立の法則

❶ 二遺伝子雑種の実験例 エンドウの「種子の形」と「子葉の色」というように，2種類の形質に同時に注目して交配実験を行うと，次のような結果が得られる。

① 種子の形が丸形で子葉の色が黄色の純系個体と，種子の形がしわ形で子葉の色が緑色の純系個体を親として交配する(他家受粉)。

② F_1 はすべて〔丸形・黄色〕の形質となった。

③ F_1 どうしを交配する(自家受粉)と，F_2 の表現型は次のようになった。

〔丸形・黄色〕:〔丸形・緑色〕:〔しわ形・黄色〕:〔しわ形・緑色〕= 9:3:3:1

❷ 二遺伝子雑種の遺伝のしくみ 2つの形質の遺伝は，2対の遺伝子に支配されて次のようにして起こる。

① 種子を丸形にする遺伝子を A，しわ形にする遺伝子を a とし，子葉の色を黄色にする遺伝子を B，緑色にする遺伝子を b とする。純系の親の遺伝子型は次のとおり。

〔丸形・黄色〕… $AABB$

〔しわ形・緑色〕… $aabb$

② 親(P)の配偶子は，種子の形に関する遺伝子と子葉の色に関する遺伝子をそれぞれ1つずつもっている。

〔丸形・黄色〕の親の配偶子… AB

〔しわ形・緑色〕の親の配偶子… ab

③ F_1 は，その配偶子(AB と ab)が受精してできるので，遺伝子型はすべて $AaBb$，表現型は〔丸形・黄色〕となる。
➡ 遺伝子記号で表すと〔AB〕

④ F_1 の配偶子の遺伝子型とその分離比は，$AB:Ab:aB:ab = 1:1:1:1$ となる。

⑤ F_2 は，F_1 の配偶子どうしの組み合わせだから，16通り(9種類)の遺伝子型のものが得られる($\Rightarrow$ 図34中の表)。これを表現型でまとめると，F_2 の表現型の分離比は，丸・黄〔AB〕:丸・緑〔Ab〕:しわ・黄〔aB〕:しわ・緑〔ab〕= 9:3:3:1 となる。

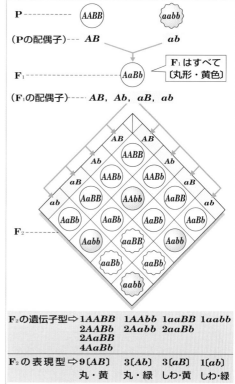

F_2 の遺伝子型 $\Rightarrow$	$1AABB$	$1AAbb$	$1aaBB$	$1aabb$
	$2AABb$	$2Aabb$	$2aaBb$	
	$2AaBB$			
	$4AaBb$			

F_2 の表現型 $\Rightarrow$	9〔AB〕	3〔Ab〕	3〔aB〕	1〔ab〕
	丸・黄	丸・緑	しわ・黄	しわ・緑

図34 二遺伝子雑種の遺伝のしくみ

★1 表現型を〔AB〕のように遺伝子記号を用いて表すと，簡単である。遺伝子型と区別するために必ず〔 〕をつけ，顕性形質をアルファベットの大文字1文字で表し，潜性形質を小文字1文字で表す。

❸独立の法則　二遺伝子雑種で遺伝子型や表現型がこのような比に分かれるのは，各対立形質の遺伝子 A (a) と B (b) が互いに影響しあうことなく独立して動き，組み合わさって，④で示したような配偶子が形成されるからである。**各対立遺伝子が配偶子形成時に独立して動く**ことを独立の法則という。

補足 独立の法則は，各対立遺伝子がそれぞれ異なる染色体にある場合にだけ成立する（⇨p.275）

2 | 検定交雑

1 検定交雑

❶**検定交雑とは何か**　表現型が顕性形質の個体には顕性のホモ接合体とヘテロ接合体とがあり，そのどちらかは外見からは区別できない。そのような個体を**潜性のホモ接合体と交雑させて遺伝子型を判別する方法を検定交雑**という。

❷**検定交雑と子の分離比**　親のうち，潜性のホモ接合体から子へと伝えられる遺伝子は必ず潜性の遺伝子である。そのため，**検定交雑によって得られる子の表現型の分離比は，検定される個体（検定個体）の配偶子の遺伝子型の分離比と一致する。** これを利用して，検定個体の遺伝子型を判定する。

2 検定交雑による遺伝子型の判定 〔！重要〕

❶**一遺伝子雑種の検定交雑**　エンドウの種子の形（丸形がしわ形に対して顕性）という1つの形質に注目して検定交雑（丸形×しわ形）を行ったとすれば，その結果から，検定個体（丸形）の遺伝子型を次のように判定することができる（⇨図35左）。

① 検定交雑の結果，子の表現型はすべて丸形で顕性形質〔A〕であった。
　➡検定個体は顕性のホモ接合体（AA）である。
② 検定交雑の結果，子の表現型は顕性形質〔A〕：潜性形質〔a〕＝1：1に分離した。
　➡検定個体はヘテロ接合体（Aa）である。

❷**二遺伝子雑種の検定交雑**　エンドウの種子の形と子葉の色（黄色が緑色に対して顕性）という2つの形質に注目して検定交雑（丸・黄×しわ・緑）を行った結果，その子の表現型の分離比が〔AB〕：〔Ab〕：〔aB〕：〔ab〕＝1：1：1：1となった場合，次のように考える（⇨図35右）。

① 二遺伝子雑種以上の場合，**形質ごとに別々に整理して考える。**
② 種子の形について，上の結果を整理すると〔A〕：〔a〕＝1：1となる。これより，検定個体は種子の形に関しては**ヘテロ接合体**（Aa）であることがわかる。
③ 子葉の色についても同様に〔B〕：〔b〕＝1：1となり，検定個体は**ヘテロ接合体**（Bb）であることがわかる。まとめると，検定個体の遺伝子型は $AaBb$ である。

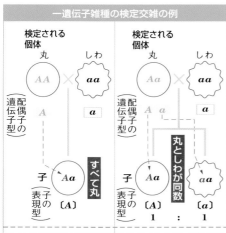

| 一遺伝子雑種の検定交雑の例 | | 二遺伝子雑種の検定交雑の例 |

図35　検定交雑の例(模式図)

①検定交雑の結果生じる子の表現型の分離比は，検定個体がつくる
　配偶子の遺伝子型の分離比と一致する。

②検定交雑による遺伝子型の決定

　{ 子がすべて顕性形質の場合➡顕性のホモ接合体(AA)

　{ 子が顕性：潜性＝1：1の場合➡ヘテロ接合体(Aa)

3 | 伴性遺伝

1 性染色体がもつ遺伝子

❶性染色体と性決定　ヒトなど多くの哺乳類ではY染色体に存在するSRY遺伝子
が性決定で重要な働きをもつことが知られている。SRY遺伝子は発生において精
巣の分化を促し，個体が雄になる。SRY遺伝子が働かない場合，個体は雌となる。
❷性染色体がもつ一般的な形質の遺伝子　性染色体(⤵p.59)には性決定の遺伝子
以外にも，常染色体と同様に一般的な形質を現す遺伝子を数多くもつ。X染色体と
Y染色体では，一方にしか含まれない遺伝子や，両方に共通して含まれる遺伝子も
ある(⤵巻末「ヒトゲノムマップ」)。

2 伴性遺伝 ①重要

❶伴性遺伝　雌雄に共通している性染色体(X染色体)にある遺伝子による遺伝を伴性遺伝という。伴性遺伝では，**形質の現れ方が雌雄によって異なる。**

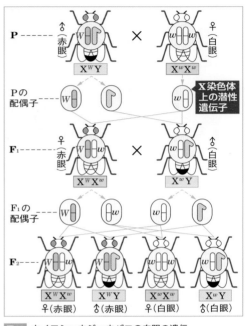

補足　雄のみに存在するY染色体のように一方の性にのみ存在する染色体上の遺伝子による遺伝を**限性遺伝**という。限性遺伝では，形質が**雌雄いずれか一方の性にのみ限って現れる。**

❷伴性遺伝の例─キイロショウジョウバエの白眼の遺伝　キイロショウジョウバエ(XY型)の野生型は赤眼だが，突然変異に白眼がある。赤眼の遺伝子(W)[★1]も白眼の遺伝子(w)もX染色体にあり，Wはwに対して顕性である。

$$\begin{cases} X^W X^W \cdots 赤眼の雌 \\ X^W X^w \cdots 赤眼の雌 \\ X^w X^w \cdots 白眼の雌 \end{cases} \begin{cases} X^W Y \cdots 赤眼の雄 \\ X^w Y \cdots 白眼の雄 \end{cases}$$

①赤眼の雄($X^W Y$)と白眼の雌($X^w X^w$)を親として交雑すると，図36のようになる。

②F_1では雌はすべて赤眼，雄はすべて白眼，F_2では雌雄とも赤眼：白眼＝1：1。

図36 キイロショウジョウバエの白眼の遺伝

このSECTIONの **まとめ** 　染色体の組み合わせと遺伝の法則

□ 遺伝のしくみ ⤷p.268	・**分離の法則**…配偶子形成の際，個体がもつ対立遺伝子(アレル)は互いに分かれて別々の配偶子に入る。 ・**独立の法則**…配偶子形成の際，異なる染色体にある各対立遺伝子は互いに独立して移動する。
□ 検定交雑 ⤷p.272	・**検定交雑**…潜性のホモ接合体(aa)との交雑。子がすべて顕性なら親は顕性ホモ，子に潜性が含まれれば親はヘテロ。
□ 伴性遺伝 ⤷p.273	・**伴性遺伝**…X染色体にある遺伝子による遺伝。雌雄によって形質の現れ方が異なる。

★1 動植物の集団で最も多く見られる標準的(正常)な形質を**野生型**とよぶ。キイロショウジョウバエの赤眼のように，野生型を発現する遺伝子は，Wのかわりに＋で表すこともある(X^+)。

4 組換えによる遺伝的な多様性

1 │ 連鎖と組換え

1 遺伝子の連鎖 ⚠️重要

❶連鎖とは何か　生物の個体がもつ染色体数に比べて，遺伝子の数は非常に多い。例えば，ヒトの場合，染色体数は$2n=46$であるのに，遺伝子の数は約2万もある。そのため，1本の染色体には多数の遺伝子が存在している。

このように，同じ染色体に2個以上の遺伝子が存在する現象を連鎖といい，連鎖した遺伝子の集まりを連鎖群という。

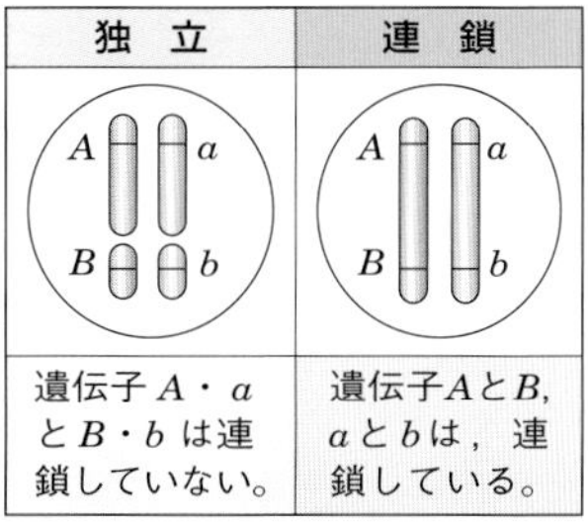

独　立	連　鎖
遺伝子 $A \cdot a$ と $B \cdot b$ は連鎖していない。	遺伝子AとB，aとbは，連鎖している。

図37　遺伝子の独立と連鎖

❷配偶子形成時の連鎖群の挙動　同一染色体にあるため，連鎖群は減数分裂ではまとまって動く。そのため，連鎖している遺伝子群の遺伝には，メンデルの独立の法則はあてはまらない（分離の法則はあてはまる）。

❸連鎖を伴う遺伝　遺伝子AとB，aとbがそれぞれ連鎖している遺伝子型$AABB$と$aabb$の個体の交配について考えてみよう。

①親個体がつくる配偶子の遺伝子型はABとabで，両者の交配によってできるF_1の遺伝子型は$AaBb$である。

②AとB，aとbはそれぞれ連鎖しているので，F_1の配偶子はABとabしかできない（$AB：ab=1：1$）。

③したがって，F_2の表現型は〔AB〕：〔Ab〕：〔aB〕：〔ab〕$=3：0：0：1$となり，〔Ab〕や〔aB〕は現れない。
（2つの対立遺伝子が独立しているなら，〔AB〕：〔Ab〕：〔aB〕：〔ab〕$=9：3：3：1$となる⤴ p.271図34）

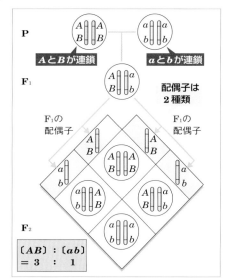

図38　連鎖した遺伝子群の遺伝のしくみ

連鎖している遺伝子群は，減数分裂時にはまとまって動く。

2 乗換えと組換え

❶染色体の交差　染色体はひものようなもので，核の中で曲がったりねじれたりする。そのため，**減数分裂の第一分裂前期**に相同染色体が対合して二価染色体を形成するときに，染色体の一部が交わる（交差する）ことがある。

❷染色体の乗換えと遺伝子の組換え

交差が起こると，交わった部分で切れて，二価染色体の染色体の一部を交換しあうことがある。これを乗換え（交叉）という（⌒p.264）。そして，乗換えに伴って遺伝子の組み合わせも変化する。この遺伝子の組み合わせの変化を組換えという。組換えにより，新しい遺伝子の組み合わせをもつ個体が生じる。

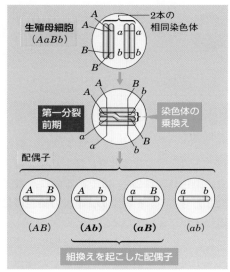

図39　乗換えと組換え（模式図）

 減数分裂の第一分裂前期に，二価染色体の一部が交差して乗換え（交叉）が起こり，遺伝子の組み合わせが変化する（組換え）。

3 完全連鎖と不完全連鎖

❶完全連鎖　連鎖している2対の対立遺伝子について見た場合，それらの遺伝子間で乗換えが起こらなければ**遺伝子の組換えも起こらない**。このとき，その遺伝子どうしの関係を完全連鎖という。

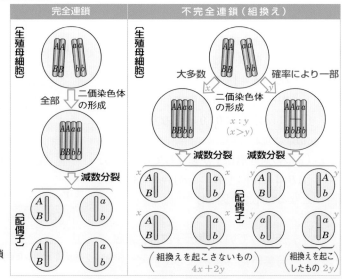

図40　完全連鎖と不完全連鎖の比較（模式図）

❷不完全連鎖　2対の対立遺伝子間の**距離が長いほど連鎖が不完全**で，遺伝子の組換えが起こりやすい。組換えが起こったとき，その遺伝子どうしの関係を不完全連鎖という。

> 補足　同じ$AaBb$の生殖母細胞（AとB，aとbが連鎖）から生じる配偶子でも，完全連鎖の場合は$AB:ab=1:1$となり，不完全連鎖の場合は$AB:Ab:aB:ab=n:1:1:n$（$n>1$）となる。

参考　組換え遺伝の発見

●**ベーツソン・パネットの実験**

　遺伝子の連鎖現象は，イギリスのベーツソンとパネットによって，次の実験から，1904年に発見された。

①スイートピーの紫花・長花粉の個体（$BBLL$）と，赤花・丸花粉の個体（$bbll$）を交配すると，F_1はすべて紫花・長花粉（$BbLl$）であった。

②F_1を自家受精して得られるF_2の分離比は**図41**のようになり，メンデルの二遺伝子雑種の結果（9：3：3：1）とは異なっていた。

③この実験のF_2について，個々の形質ごとに注目して整理した場合，〔B〕：〔b〕≒3：1，〔L〕：〔l〕≒3：1となり，実験のやり方や集計が間違っていたとは考えられない。

●**ベーツソンらの考え**　二遺伝子雑種のF_2が9：3：3：1になるためには，メンデルの独立の法則が成り立ち，配偶子が1：1：1：1の比でつくられなければならない。そこでベーツソンらは，このスイートピーの実験の場合，遺伝子BとL，bとlはもともと連鎖しており，

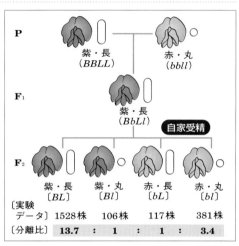

図41　ベーツソン・パネットの実験（106と117を平均した111.5を1と考える）

表4　F_1の配偶子の遺伝型が$BL:Bl:bL:bl=8:1:1:8$のときの自家受精の結果の理論値

♂ ＼ ♀	$8BL$	$1Bl$	$1bL$	$8bl$
$8BL$	64〔BL〕	8〔BL〕	8〔BL〕	64〔BL〕
$1Bl$	8〔BL〕	1〔Bl〕	1〔BL〕	8〔Bl〕
$1bL$	8〔BL〕	1〔BL〕	1〔bL〕	8〔bL〕
$8bl$	64〔BL〕	8〔Bl〕	8〔bL〕	64〔bl〕

表現型
〔BL〕　：　〔Bl〕　：　〔bL〕　：　〔bl〕
紫・長　　　紫・丸　　　赤・長　　　赤・丸

分離比
226　：　17　：　17　：　64
13.3　：　1　：　1　：　3.8

F_1の配偶子がつくられるときに組換えが起こり，$BL:Bl:bL:bl=n:1:1:n$の割合で配偶子がつくられたと考えた。かりに，$n=8$としてF_2の分離比を計算すると**表4**のようになり，実験の分離比と非常に近い値となった。

例題　連鎖と組換え

　ある生物で，対立遺伝子A・a，B・b，C・cに関して，顕性ホモの個体と潜性ホモの個体とを交雑してF_1をつくり，このF_1と潜性ホモの個体とを交雑して，多数の次代を得た。次の表は，これらの次代の個体について，2対の対立遺伝子ごとに，表現型とその分離比を調べた結果を示したものである。表中の〔　〕内の記号は各対立遺伝子に対応する表現型で，A，B，Cは顕性形質，a，b，cは潜性形質を表す。この実験に関する下の問いに答えよ。

A・a , B・b	〔AB〕:〔Ab〕:〔aB〕:〔ab〕=1:1:1:1
A・a , C・c	〔AC〕:〔Ac〕:〔aC〕:〔ac〕=7:1:1:7
B・b , C・c	〔BC〕:〔Bc〕:〔bC〕:〔bc〕=1:1:1:1

(1)　F_1個体の体細胞では，3対の対立遺伝子は染色体にどのように位置しているか。次の図①〜⑤のうちから，最も適当なものを1つ選べ。ただし，図には必要な染色体だけが示されている。

(2)　F_1個体は，遺伝子の組み合わせに関し，何種類の配偶子をつくるか。

着眼　検定交雑の結果得られた子の表現型の分離比が1:1:1:1にならないものは連鎖していることに着目せよ。

解説　(1)　1対の対立遺伝子は1対の相同染色体の同じ位置に存在するから，図のどれが相同染色体かをまず見分ける。ここでは，同じ長さの染色体が相同染色体である。次に，検定交雑によって得られた次代の表現型の分離比から，独立か連鎖かを次のように見分ける。

$\begin{cases} 1:1:1:1 & \Rightarrow \quad 2つの遺伝子は独立（異なる染色体にある）\\ 1:0:0:1 & \Rightarrow \quad 完全連鎖 \\ n:1:1:n & \Rightarrow \quad 不完全連鎖 \end{cases}$ $\left.\begin{matrix}\\ \\ \end{matrix}\right\}$2つの遺伝子は連鎖（同じ染色体にある）

これより，AとB，BとCはそれぞれ独立で，AとCが連鎖していることがわかる。よって，答えは③。

(2)　検定交雑の結果から，$A-C$，$a-c$　が不完全連鎖なので，F_1がつくる配偶子には，組換えなしで生じるものと，組換えによって生じるものがある。

$\begin{cases} 組換えなしで生じるもの…ABC，AbC，aBc，abc \\ 組換えによって生じるもの…ABc，aBC，Abc，abC \end{cases}$

答 (1)③　(2)8種類

4 連鎖の有無の判定 ！重要

検定交雑によってわかるのは，検定個体の配偶子の分離比だけではなく，2対の対立遺伝子間に連鎖があるかないか，連鎖しているとすれば完全連鎖か不完全連鎖かも知ることができる。検定交雑の結果から，次のポイントのように判定する。

POINT!

検定個体（$AaBb$）×潜性ホモ（$aabb$）の検定交雑の結果（表現型）から，

$[AB]:[Ab]:[aB]:[ab] = 1:1:1:1 \Rightarrow$ 独立遺伝……①

$[AB]:[Ab]:[aB]:[ab] = 1:0:0:1 \Rightarrow$ 完全連鎖……②

$[AB]:[Ab]:[aB]:[ab] = 0:1:1:0 \Rightarrow$ 完全連鎖……③

$[AB]:[Ab]:[aB]:[ab] = n:1:1:n \Rightarrow$ 不完全連鎖…④

$[AB]:[Ab]:[aB]:[ab] = 1:n:n:1 \Rightarrow$ 不完全連鎖…⑤

補足 上の検定交雑の結果の表現型の分離比は，そのまま検定個体がつくる配偶子の遺伝子型の分離比 {$AB:Ab:aB:ab$} を示しており，次のような意味を含んでいる。

①$AB:Ab:aB:ab＝1:1:1:1$は，検定個体がメンデル式の独立の法則に従った遺伝（独立遺伝）をする二遺伝子雑種であり，それがつくる配偶子の割合と同じである。

②$AB:Ab:aB:ab＝1:0:0:1$は，検定個体の配偶子にABとabしか生じないということで，$A-B$，$a-b$の連鎖が完全であることを示している。

③$AB:Ab:aB:ab＝0:1:1:0$は，検定個体の配偶子にAbとaBしか生じないということで，$A-b$，$a-B$の連鎖が完全であることを示している。

④$AB:Ab:aB:ab＝n:1:1:n$ $(n＞1)$は，$A-B$，$a-b$の連鎖は不完全で，AbやaBの配偶子を少数生じたことを示している。

⑤$AB:Ab:aB:ab＝1:n:n:1$ $(n＞1)$は，$A-b$，$a-B$の連鎖は不完全で，ABやabの配偶子を少数生じたことを示している。

2 組換え価と染色体地図

1 組換え価 ！重要

❶組換え価とは何か　生殖母細胞内の同一染色体に連鎖している2個の遺伝子が，減数分裂時に染色体の乗換えによって組換えを起こした割合を組換え価という。

❷組換え価の求め方　遺伝子の組換え価は，理論的には次の式で求めなければならない。

$$組換え価〔\%〕＝\frac{組換えの起こった配偶子の数}{全配偶子数}×100$$

しかし，実際には，組換えの起こった配偶子の数を測定することは不可能なので，検定交雑の結果から，次のポイントのようにして求める。

$$組換え価〔%〕＝\frac{組換えによって生じた個体数}{検定交雑によって得られた総個体数}\times 100$$

補足　例えば，エンドウの種子の形（丸形A，しわ形a）とひげの形態（巻きひげT，まっすぐなひげt）の遺伝は，不完全連鎖による遺伝である。そのF_1（$AaTt$）を検定交雑すると，子の表現型の分離比は〔AT〕：〔At〕：〔aT〕：〔at〕＝50：1：1：50となる。これより，組換えで生じた個体は〔At〕と〔aT〕で，組換え価は次のようになる。

$$組換え価＝\frac{1+1}{50+1+1+50}\times 100 ≒ 1.96\ \%$$

❸組換え価のもつ意味　乗換えは常に染色体の中央で起こるのではなく，対合した染色体のどの部分でも起こり得る。そのため，**組換えは連鎖している遺伝子間の距離が大きいほど起こりやすく，遺伝子間の距離が小さいほど起こりにくくなる。** したがって，遺伝子が組換えを起こす割合を表している組換え価は遺伝子間距離に比例しており，組換え価

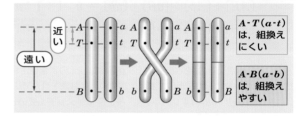

図42 遺伝子間距離と組換えの起こりやすさの違い

を調べることで，**同一染色体にある遺伝子間の相対的な距離を知ることができる。**

❹組換え価の範囲　不完全連鎖では，配偶子の遺伝子型の分離比はn：1：1：n（または1：n：n：1）となる。ただし，$n>1$なので，**組換え価は50 %未満の値になる。** また，$n=1$の場合，つまり，独立遺伝の場合，配偶子の遺伝子型の分離比は1：1：1：1となるので，**組換え価は50 %になる。** そして，当然のことながら，完全連鎖の場合，**組換え価は0 %になる。**

━╲ COLUMN ╱━

メンデルの研究とエンドウの遺伝子

　メンデルが研究したエンドウの7つの形質は，すべて独立の法則があてはまり，7つの遺伝子は別々の染色体にあると思われていた。しかし，実際には，子葉の色（I）と種子の形（R）とさやの色（G）を決める遺伝子は別々の染色体にあるが，子葉の色と種皮の色（A）を決める遺伝子は連鎖しており，さやの形（V）と花の位置（F）と茎の高さ（L）を決める遺伝子も別の染色体上で連鎖していることが，1990年にわかっている。

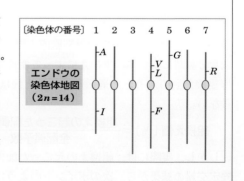

2 染色体地図 ①重要

❶染色体地図 同一染色体にある各遺伝子がどのような位置関係で存在しているのか図に示したものを**染色体地図**という。染色体地図は、そのつくり方によって、**遺伝地図(連鎖地図)**と**細胞学的地図**とがある。

❷遺伝地図 遺伝地図は、遺伝子の組換え価をもとにしてつくられたもので、アメリカの**モーガン**(1866~1945年)らによって考案された。連鎖する遺伝子間の組換え価が、遺伝子間の相対的な距離を表すことに気づいたモーガンらは、キイロショウジョウバエの染色体に連鎖する多くの遺伝子間の距離を求め、遺伝子の相対的な位置を決める方法(三点交雑)でこの地図を作成した。

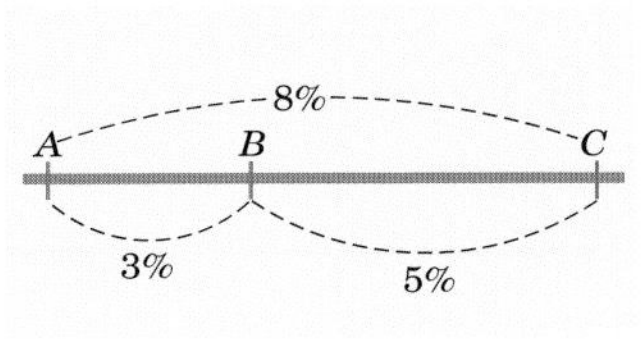

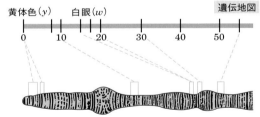

図43 三点交雑による遺伝子配列の決定

視点 $A-B$ の組換え価が3%、$B-C$ が5%、$A-C$ が8%とすれば、これらの3つの遺伝子はA、B、Cの順に3:5の距離比で並んでいることになる。

①**三点交雑** 同一染色体にある3つの遺伝子の組換え価をもとに、それらの配列順序と位置関係を**図43**のようにして調べる方法を**三点交雑**(または三点実験)という。

②**遺伝子説** モーガンらは、一連の研究から、「**メンデルが推定した遺伝要素は、染色体に線状に配列している遺伝子である**」という**遺伝子説**を確立した(1926年)。

❸細胞学的地図 遺伝子が、実際の染色体にどのように位置しているのかを示した染色体地図を、**細胞学的地図**という。キイロショウジョウバエの幼虫でだ腺染色体を発見したアメリカの**ペインター**は、1935年、突然変異を起こした系統の幼虫のだ腺染色体の横じまに欠損があることを発見し、各種の遺伝子を染色体の横じまに位置づけ、細胞学的地図を作成した。

❹だ腺染色体と遺伝子 ユスリカやショウジョウバエなどの幼虫のだ腺細胞の核に存在するだ腺染色体(⇨p.71)には、DNAが高密度に分布した横じまが見られる。この横じまの数や形は決まっており、それぞれの横じまに特定の遺伝子が存在している。

黄体色(y)　白眼(w)　遺伝地図

0　10　20　30　40　50

細胞学的地図

図44 キイロショウジョウバエの幼虫のだ腺染色体の染色体地図

視点 遺伝地図と細胞学的地図とでは、遺伝子間の距離は必ずしも一致しないが、**遺伝子の配列順序はよく一致している**点に注目。

第4編 生物の進化

例題　組換え価から染色体上の遺伝子の位置決定

　連鎖している遺伝子に組換えが起こることがあり，遺伝子間の距離が離れているほど起こりやすい。したがって，遺伝子の組換え価を計算すると，染色体上の相対的な位置関係を決めることができる。遺伝子A, B, Cの検定交雑を行って，右表の結果を得た。この結果をもとにして，遺伝子A, B, Cは，下に示した染色体上の**ア**，**イ**，**ウ**のどれに相当するか。

交　雑	分離個体数			
$AaBb \times aabb$	〔AB〕 183	〔Ab〕 18	〔aB〕 22	〔ab〕 177
$BbCc \times bbcc$	〔BC〕 71	〔Bc〕 25	〔bC〕 30	〔bc〕 94
$AaCc \times aacc$	〔AC〕 129	〔Ac〕 24	〔aC〕 21	〔ac〕 126

着眼　$A-B$, $B-C$, $A-C$間それぞれの組換え価を求め，それぞれの遺伝子の位置を考える。

解説　まず，各遺伝子間の組換え価を求める。例えば，$A-B$間の組換え価は

$$\frac{18+22}{183+18+22+177} \times 100 = 10\,\%$$　同様にして，$B-C$：25 % 　$A-C$：15 %となり，

組換え価が最も大きいのは$B-C$だから，**ア**，**ウ**のどちらかがBまたはCである。次に最も組換え価が小さいのは$A-B$だから，Aは**ア**と**ウ**の間に入る**イ**となり，**ア**がB，残る**ウ**がCとなる。　　　　　　　　　　　　　　答 A…**イ**　B…**ア**　C…**ウ**

このSECTIONの まとめ　組換えによる遺伝的な多様性

□ 連鎖と組換え　 p.275	・連鎖…同一染色体に2個以上の遺伝子が存在。 ・連鎖の有無は，**検定交雑の結果から判定する。** 　〔AB〕：〔Ab〕：〔aB〕：〔ab〕 　$\begin{cases} = 1 : 1 : 1 : 1 &\Rightarrow 独立遺伝 \\ = 1 : 0 : 0 : 1 &\Rightarrow 完全連鎖 \\ = n : 1 : 1 : n &\Rightarrow 不完全連鎖 \end{cases}$
□ 組換え価と染色体地図　 p.279	・組換え価〔%〕＝ $\dfrac{組換えで生じた個体数}{検定交雑による総個体数} \times 100$ ・組換え価から遺伝子間距離を求め，**三点交雑**によって位置関係を決めたものを**遺伝地図**という。 ・遺伝地図は，染色体における実際の遺伝子の配列順序(細胞学的地図)とよく一致する。

進化のしくみ

1 | 進化の証拠

　現在は進化は遺伝子の挙動から考えられ，進化の道すじ(系統)はおもに分子情報によって求められる(⇨p.298)が，それらの材料が得られる以前は次のような証拠をもとに進化について研究されてきた。

参考　進化の証拠

●**化石と進化**　化石の種類やそのようすを，地層の新旧との関係から比較検討すると，生物の系統を直接的に知ることができる。

①**中間型化石**　異なる種の中間の特徴をもつ中間型生物の化石は，その一方の種から他方の種への移行を示す。翼をもち全身が羽毛でおおわれる一方であごに歯をもつなどハ虫類と鳥類の中間型の始祖鳥(アーケオプテリクス)の化石はその例である。

②**連続的な変化を示す化石**　ウマの化石は，新生代古第三紀から第四紀完新世までの地層中で発見され，古い年代から新しい年代にかけて，草原を速く走ることに適応してからだは大型化，臼歯が発達し，指の数が減少してきたことを示している。

●**中間型生物**　現存する生物にも，ある生物種と他の生物種の両方の特徴をもつ中間型生物がいる。このような生物の存在は，一方の種から他方の種への移行またはそれらの生物種どうしが共通の祖先から分化してきた証拠となる。

●**生きている化石**　地質時代とほとんど同じ体制をもつ現生の生物。

　シーラカンス(古生代デボン紀)，イチョウ(中生代ジュラ紀)

●**相同器官**　外観や働きが異なっていても，発生起源が同じため同じ基本構造をもつ器官を相同器官という。相同器官をもつ生物種どうしは共通の祖先から進化し適応放散(⇨p.231)したものと考えられる。脊椎動物の前肢はその例である(図45)。

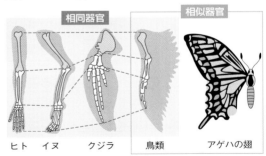

図45　相同器官と相似器官の例

●**相似器官と収れん**　起源は別でも，似た形態や働きをもつように変化した器官を相似器官という。形状や使い方がよく似ているが，鳥の翼は前肢が，チョウの翅(はね)は皮膚が変化したものである(収れん⇨p.231)。

2 ｜ 突然変異と遺伝子頻度

　突然変異による遺伝子の変化や有性生殖による遺伝子の組み合わせの変化は，どのように生物の進化につながるのだろうか。

1 集団内の遺伝子頻度

❶進化と集団内の遺伝子　進化は世代を重ねる間に種が変化したり新たな種が生じたりすることであるから，突然変異が進化に至る際には次のようなことがいえる。

① 突然変異は個体ごとに偶然に起こるが，世代を経てその種の集団全体に変異が広がることで種としての形質の変化や新しい種の誕生につながる。

② 親から子へ受け継がれるのは形質や遺伝子型ではなく遺伝子そのものである。

　そこで，**進化を考える際には集団内における遺伝子の割合に注目する必要がある。**

❷遺伝子プールと遺伝子頻度　同じ種のある集団がもつ遺伝子全体を遺伝子プールという。**遺伝子プールの中にある，ある遺伝子座の1つの対立遺伝子の割合を遺伝子頻度という。**

集団内の各個体の遺伝子型

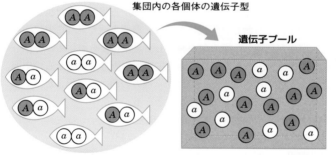

この池の魚では，
遺伝子型の頻度は
$AA : Aa : aa = 2 : 2 : 1$
対立遺伝子の総数は20

遺伝子頻度は

対立遺伝子A	対立遺伝子a
$\dfrac{12}{20} = 0.6$	$\dfrac{8}{20} = 0.4$

図46　遺伝子プールの概念図

POINT!

　遺伝子プール…同種のある集団がもつ遺伝子全体
　遺伝子頻度…遺伝子プール中にある遺伝子座の1つの対立遺伝子の割合

2 ハーディ・ワインベルグの法則[*1] ① 重要

　一般に，生物の多くは，ある特定の地域で生活して集団を形成している。そして，ある種の1つの集団全体について，その遺伝子構成を見てみると，**代を重ねても，遺伝子頻度は変化せず安定している。**これをハーディ・ワインベルグの法則という。ただし，この法則が成り立つためには，次の条件が満たされなければならない。

★1 この法則は，イギリスのハーディとドイツのワインベルグがそれぞれ独立に発表した(1908年)。

①集団の大きさが大きい（個体数が多い）。

②外部との出入りがない。

③突然変異が起こらない。

④自然選択が働かない。

⑤雌雄間の交配が自由に（任意に）行われる。

　この法則は次のように数式で表される。

集団内の遺伝子頻度が$A:a=p:q$である
場合（$p+q=1$）の任意交配の結果は、

$(pA+qa)^2=p^2AA+2pqAa+q^2aa$

$\begin{cases}A\text{の遺伝子頻度}=2p^2+2pq=2p(p+q)\\a\text{の遺伝子頻度}=2pq+2q^2=2q(p+q)\end{cases}$

$A:a=2p:2q=p:q$となるので，代を重
ねてもAとaの遺伝子頻度は変化しない。

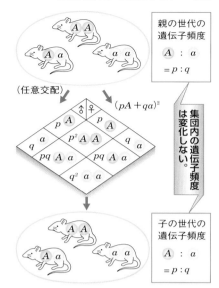

図47　ハーディ・ワインベルグの法則

しかし，小集団では，集団の遺伝子頻度は偶然によって変化することが多い（⇨p.288）。

例題　ハーディ・ワインベルグの法則

　ハーディ・ワインベルグの法則が成り立つ生物の集団Xで，対立遺伝子Aとaの遺伝子頻度をp，qとする（$p+q=1$）と，配偶子がAをもつ確率はp，aをもつ確率はqである。これをもとに次の問いに答えよ。

(1)　集団Xの400個体を調べたところ，遺伝子型aaを示すものが16個体あった。この結果をもとに，集団Xにおける対立遺伝子Aの遺伝子頻度pの値を求めよ。

(2)　この集団Xにおいて遺伝子型aaを示すものが完全に取り除かれた場合，次世代における対立遺伝子Aの遺伝子頻度p'の値を求めよ。

着眼　ハーディ・ワインベルグの法則が成り立つ集団では，遺伝子頻度が$A:a=p:q$（$p+q=1$）のとき，遺伝子型の分離比は$AA:Aa:aa=p^2:2pq:q^2$

解説　(1)　遺伝子頻度は$A:a=p:q$なので，　$(pA+qa)^2=p^2AA+2pqAa+q^2aa$
となる。400個体中，aaを示すものが16個体なので，

　　　　$q^2=\dfrac{16}{400}$　　　ゆえに，$q=0.2$　　　$p=1-0.2=0.8$となる。

(2)　集団Xの遺伝子構成は，　$(0.8A+0.2a)^2=0.64AA+0.32Aa+0.04aa$
で，$AA:Aa:aa=16:8:1$である。このうち，aaを除くので，$AA:Aa=16:8$，
つまり$AA:Aa=2:1$となる。したがって，Aは$(2\times2+1)$で5となり，aは1。
Aの遺伝子頻度は$\dfrac{5}{6}≒0.83$である。ハーディ・ワインベルグの法則が成り立つ場合，
次世代の遺伝子頻度も変わらないので$p'≒0.83$。　　　**答**(1)0.8　(2)0.83

3 | 自然選択と適応

1 遺伝子頻度が変化する形質的な要因

❶**自然選択** 集団内に突然変異が生じ，その形質が遺伝したとする。たまたまその形質が生存するうえで有利な形質であった場合，世代を重ねるごとにこの遺伝子をもった個体が増えていき，やがて集団全体がこの形質（遺伝子）に置き換わることがある。このように**対立遺伝子間で生存や繁殖に違いがある場合，有利な遺伝子が残り不利な遺伝子が消えていく。**これが自然選択（自然淘汰）である。

　自然選択が生じる条件は以下のとおりである。

> ①表現型に変異が見られること。
> ②生存上または繁殖上，変異が生じた形質に有利不利があること。
> ③変異が遺伝すること。

❷**適応進化** 生息している環境で生存や繁殖に有利な形質をもつことを適応しているという。有利な遺伝子が自然選択によって集団内で多く生き残ったり，不利な遺伝子が自然選択で排除されることが世代を重ねてくり返されていくと，その種の**集団としての形質が環境に適応する方向へ進化していく。**これを適応進化という。

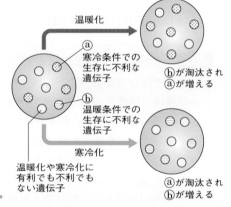

図48 自然選択・適応進化の例

視点 環境が温暖化するか寒冷化するかによって生存に有利な遺伝子は異なってくる。

❸**自然選択による遺伝子頻度の変化**

①**工業暗化** オオシモフリエダシャクというガの一種は，体色の白っぽい明色型（野生型）と黒っぽい暗色型（突然変異体）がある。イギリスでは工業化が進む19世紀中頃までは白い地衣類に覆われた木の幹で保護色となる明色型が多かったが，工場から出る煤煙で地衣類が生育できず木の幹が黒ずんでくると明色型が目立つようになり鳥に捕食されることで暗色型が増えた（工業暗化）。

図49 オオシモフリエダシャクの保護色

②**鎌状赤血球貧血症**　鎌状赤血球貧血症（⇨ p.257）の原因となる遺伝子をホモ接合でもつ人は死亡率が高いが，ヘテロでもつ人は貧血は比較的軽度で，マラリア[★1]に対して抵抗性がある。このためマラリアが多発するアフリカ西部では，鎌状赤血球貧血症の遺伝子をヘテロ接合でもつ人の生存率が高く，自然選択が働き，遺伝子頻度が高くなったと考えられる。

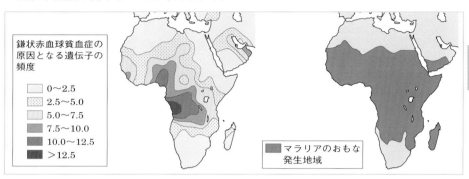

図50　鎌状赤血球貧血症の原因遺伝子の頻度とマラリアの発生地域の分布

③**性選択**　配偶行動においてどのような形質の個体を繁殖相手に選ぶかによって起こる自然選択を性選択とよぶ。トドやシカなどでは雄個体どうしが争ってからだの大きい強い個体が雌個体に選ばれて繁殖を行うほか，クジャクの雄の長い飾り羽のように敵から逃れるときに不利になるが雌が配偶相手として選ぶため発達したと考えられるものもある。

図51　繁殖期に争うシカの雄

④**共進化**　複数の種どうしが影響を及ぼしながら，互いの形質に適応進化が起こる現象を共進化とよぶ。

　（例）　ランの一種アングレカム・セスキペダレは蜜が30 cmにもなる距[★2]の奥にあるが，ここに届く長い口器をもつガ（キサントパンスズメガ）が存在する。ガは独占的にこの種のランの蜜を得られる一方，ランは確実に同種どうしでの受粉が可能となる。

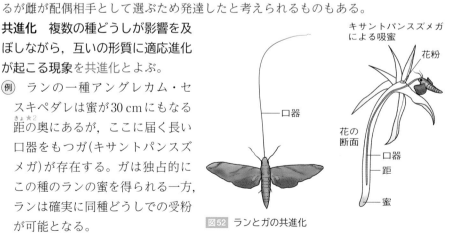

図52　ランとガの共進化

★1 マラリアは赤血球内で増殖するマラリア原虫による感染症。発熱や貧血が起こり，死に至ることも多い。
★2 距は花の基部から伸びる袋状の部分で，名称は鳥の距（足の後方に突き出た爪状のもの）に由来する。

⑤**擬態**　他の生物や無生物に形や色が似ることを擬態という。まわりの環境に身を隠す隠ぺい型の擬態や，有毒な他の生物に姿が似るために捕食を免れる**警告色の擬態**などがあり，生存上有利になることがある。

コノハチョウ

ハナカマキリ

ハナアブ
ミツバチに似る。

図53　擬態の例

4 ｜ 遺伝的浮動

1 遺伝的浮動

❶**遺伝的浮動**　対立遺伝子間で生き残りやすさや繁殖率に違いがない場合でも，遺伝子プールの遺伝子頻度が世代を重ねる間に変わっていくことがある。この偶然による遺伝子頻度の変化を遺伝的浮動という。

❷**分子進化と中立進化**　種内でDNAの塩基配列やタンパク質のアミノ酸配列などに見られる変化を分子進化という。DNAの塩基配列やタンパク質のアミノ酸配列の変異は，自然選択に対して有利でも不利でもない中立的なものがある（⇨ p.259）。このような**中立的な変異が遺伝的浮動によって集団内に広がっていくことを中立進化とよぶ。**

補足　分子進化の多くは遺伝的浮動によるものと考えられている（**中立説**。1968年木村資生により提唱）。

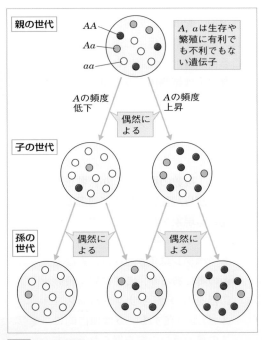

図54　遺伝的浮動

視点　生存に有利でも不利でもない遺伝子Aとaのそれぞれの遺伝子頻度が次世代の子の集団で上昇するか低下するかはまったくの偶然による。

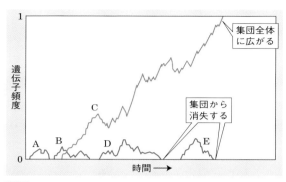

図55　中立的な突然変異(A～E)の遺伝子頻度の変化

❸びん首効果　遺伝的浮動の影響は集団が小さいほど強くなる。自然災害や集団の一部が他地域へ移出するなどで個体数が急減する際に，遺伝子頻度が大きく変化することがある。これをびん首効果といい，遺伝的な多様性が低下することが多い。

図56　びん首効果

例　アメリカ先住民は血液型にO型が多い。ベーリング海峡を渡ってユーラシア大陸からアメリカ大陸に移動したホモ・サピエンスの子孫と考えられているが，O型が多い40～80人程度の少人数の集団だったと推定され，遺伝的浮動の影響が大きく出てきたと考えられている。[1]

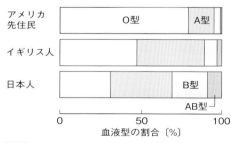

図57　さまざまなヒトの血液型の割合

遺伝的浮動…自然選択が働かない偶然による遺伝子頻度の変化

中立進化…中立的な変異が遺伝的浮動によって集団内に広がること

★1　O型が多い理由として，血液型によって感染症への抵抗性が異なり自然選択が働いたとする説や，もともとO型が野生型でA型やB型の遺伝子頻度がほとんどなかったからとする説もある。

第4編　生物の進化

5 | 種分化

1 生物学的種と種分化

❶生物学的種 雌雄間の交配が可能な生物の集団を生物学的種とよぶ（⤷p.297）。**自然下で交配しない，または交配しても子孫が代々生殖能力をもち続けることができないことを生殖的隔離とよび，同種と別種は生殖的隔離を基準に区別される。**
❷種分化 進化において，既存の生物から新しい種が生じることを種分化という。種分化は生殖的隔離の成立ということができる。

補足 新しい種またはそれ以上の隔たりのある生物群が生じる変化を**大進化**，種内での遺伝子頻度や形質の変化を**小進化**とよぶ。また，実際に種を定める際には生殖的隔離以外の要素も考慮される（⤷p.322）。

2 種分化のしくみ

❶異所的種分化 種分化が起こる要因には，自然選択や遺伝的浮動のほかに隔離がある。生物の集団の生息域が分断され，互いに交配が行えなくなることを地理的隔離という。それぞれの集団で環境に応じた自然選択が起こり形質が変化していくと，両集団の間に生殖的隔離が成立し新しい種となる（図58）。このように地理的隔離によって種分化が生じることを異所的種分化という。

例 マダガスカル島や小笠原諸島，ガラパゴス諸島など他の陸地から遠く離れた離島では固有種[*1]が多い。

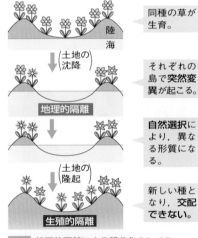

同種の草が生育。

（土地の沈降）

それぞれの島で**突然変異**が起こる。

地理的隔離

自然選択により，異なる形質になる。

（土地の隆起）

新しい種となり，**交配できない**。

生殖的隔離

図58 地理的隔離による種分化のしくみ

❷同所的種分化 同じ場所にすむ同種の集団の中でも性成熟の時期や生殖に関係する形質に違いが生じて生殖的隔離が起こることもある。これを同所的種分化という。

例 北アメリカのリンゴミバエはもともと野生のサンザシの果実を幼虫の食物としていたが，17世紀に栽培が始まったリンゴを食べる集団が出現した。リンゴはサンザシより果実の成熟の時期が早く，現在では両集団の間に遺伝的な違いが現れ，別種に分かれつつある。

図59 サンザシの果実とリンゴミバエ

★1 ある限られた場所にのみ生息する種を，その場所の**固有種**という。

❸染色体の突然変異による種分化

①**三倍体**　突然変異体である四倍体の個体が二倍体の個体と交配すると三倍体が生じる。この個体が無性生殖によって増殖し繁栄することがある。　**例** ヒガンバナ

②**雑種の倍数化**　ゲノムが異なる種どうしから生まれた雑種は減数分裂がうまくできないが，染色体が倍数化すれば有性生殖が可能となる。例えばパンコムギは異種間での交配と染色体の倍数化によって生じた種と考えられている[★1]（図60）。

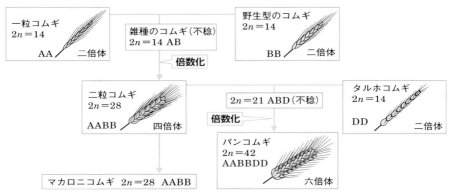

図60 ゲノムから解析されたコムギ類の進化（木原均；1944年）

視点 A，B，Dはそれぞれ7本の染色体からなるゲノムを表す。染色体数は同じであるが，AとB，Dの染色体は対合できないためABやABDの雑種は減数分裂ができず不稔となる。しかしこれが倍数化したAABBやAABBDDは有性生殖で子孫を残すことができる。

POINT!

$$種分化 \begin{cases} 異所的種分化…地理的隔離 \\ 同所的種分化…時間的な隔離など \end{cases} ⇨生殖的隔離 \\ 染色体の突然変異による新しい種の誕生 $$

このSECTIONの**まとめ**　　進化のしくみ

□ **突然変異と遺伝子頻度** ➩p.284	・**遺伝子頻度**…**遺伝子プール中**にある遺伝子座の1つの対立遺伝子の割合。遺伝子頻度の変化➡進化
□ **自然選択と遺伝的浮動** ➩p.286	・**自然選択**…生存・繁殖上有利な遺伝子が残る➡**適応進化** ・**分子進化**など多くの進化は**遺伝的浮動**による**中立進化**
□ **種分化** ➩p.290	・**種分化**…**生殖的隔離**の成立。異所的種分化（地理的隔離），同所的種分化，**染色体の突然変異**による種分化

★1 コムギのほかにワタやアブラナなども倍数化で生じた種が知られている。

第**4**編　生物の進化

重要用語

SECTION 1 遺伝的変異

□ **変異** へんい ☞ p.256
生物の同種個体間に見られる，からだの大きさや色彩などの形質の違い。

□ **遺伝的変異** いでんてきへんい ☞ p.256
遺伝する変異。突然変異によって生じる。

□ **環境変異** かんきょうへんい ☞ p.256
変異のうち遺伝せず生育環境の違いによって生じるもの。

□ **突然変異** とつぜんへんい ☞ p.256
DNAの塩基配列や染色体の構造・数が変化すること。放射線やある種の化学物質などによって生じる。

□ **遺伝的多型** いでんてきたけい ☞ p.259
同種の集団内における塩基配列の個体差。少ないほうの配列が全体の1％に満たない場合は変異とよばれる。

□ **一塩基多型（SNP）** いちえんきたけい（スニップ）
☞ p.259　ゲノムの塩基配列中に見られる，同種個体間で1塩基が異なる箇所。

□ **遺伝子座** いでんしざ ☞ p.260
ある遺伝子が染色体上に存在する位置。

□ **対立遺伝子** たいりついでんし ☞ p.260
同じ遺伝子座を占める異なる塩基配列の遺伝子どうし。アレルともいう。

□ **遺伝子型** いでんしがた ☞ p.260
細胞や個体における遺伝子の組み合わせ。これに対して遺伝子型によって現れる形質を表現型とよぶ。

□ **ホモ接合体** —せつごうたい ☞ p.260
細胞または個体が，着目する遺伝子座において相同染色体の両方で同じ対立遺伝子をもつ状態。これに対して異なる対立遺伝子をもつ状態をヘテロ接合体という。

SECTION 2 有性生殖と減数分裂

□ **減数分裂** げんすうぶんれつ ☞ p.263
生殖細胞を形成するときに起こる，細胞の染色体数が半減する細胞分裂。2回の連続した分裂からなり，染色体数の半減は第一分裂で起こる。

□ **二価染色体** にかせんしょくたい ☞ p.264
減数分裂第一分裂前期に生じる，2本の相同染色体がどうしが並んで接着したもの。この接着を対合という。

□ **乗換え** のりかえ ☞ p.264
染色体の対合が起こった際，相同染色体の間で一部を交換すること。

SECTION 3 染色体の組み合わせと遺伝

□ **顕性** けんせい ☞ p.269
対立遺伝子のうち，ヘテロ接合体において形質が現れるほうの遺伝子またはその形質（以前は優性とよばれていた）。これに対して現れないほうは潜性という（以前は劣性とよばれていた）。

□ **分離の法則** ぶんりのほうそく ☞ p.270
対立遺伝子が，配偶子形成の際に互いに分離し，1つずつ別の配偶子に入ること。

□ **独立の法則** どくりつのほうそく ☞ p.272
異なる染色体上にある複数の対立遺伝子が，配偶子形成の際にそれぞれ独立して移動すること。

□ **検定交雑** けんていこうざつ ☞ p.272
表現型が顕性の個体について，遺伝子型として顕性の遺伝子をホモにもつものであるかヘテロにもつものであるかを区別するために，潜性のホモ接合体の個体を交雑して，その結果生まれてきた子における表現型の顕性・潜性の分離比を調べる方法。

□ **伴性遺伝** はんせいいでん ☞ p.274
雌雄に共通している性染色体上にある遺伝子による遺伝。形質の現れ方が雌雄によって異なる。

SECTION ④ 組換えによる遺伝的な多様性

□ **連鎖** れんさ ☞p.275
同一染色体上に２個以上の異なる遺伝子が存在する状態。

□ **連鎖群** れんさぐん ☞p.275
連鎖した複数の遺伝子の集まり。

□ **組換え** くみかえ ☞p.276
減数分裂における相同染色体の乗換えに伴って遺伝子の組み合わせが変化すること。

□ **完全連鎖** かんぜんれんさ ☞p.276
連鎖している遺伝子間に組換えが起こらない関係。遺伝子座が非常に近い場合など。

□ **不完全連鎖** ふかんぜんれんさ ☞p.277
連鎖している遺伝子間で組換えが起こる関係。

□ **組換え価** くみかえか ☞p.279
生殖母細胞内の連鎖している２個の遺伝子が，減数分裂時に組換えを起こした割合。

□ **染色体地図** いでんしちず ☞p.281
同一染色体にある各遺伝子がどのような位置関係で存在しているかを図に示したもの。

SECTION ⑤ 進化のしくみ

□ **相同器官** そうどうきかん ☞p.283
外観や働きが異なっていても発生起源が同じため，同じ基本構造をもつ器官。

□ **適応放散** てきおうほうさん ☞p.283
生物が共通の祖先から異なる環境に適応して多様化すること。

□ **相似器官** そうじきかん ☞p.283
起源は別でも似た形態や働きをもつように変化した器官。

□ **収れん** しゅうれん ☞p.283
祖先の異なる生物が同じような環境に適応して似た形質をもつようになる現象。

□ **遺伝子プール** いでんし— ☞p.284
ある地域に生息する同じ種の集団がもつ遺伝子の全体。

□ **遺伝子頻度** いでんしひんど ☞p.284
遺伝子プール内にある１つの遺伝子座の対立遺伝子の割合。

□ **ハーディ・ワインベルグの法則** —のほうそく ☞p.284
突然変異が起こらず自然選択が働かないなどの条件下において，１つの集団における遺伝子頻度は代を重ねても変化しないという法則。

□ **自然選択** しぜんせんたく ☞p.286
対立遺伝子間で生存率や繁殖力に違いがある場合，有利な遺伝子が残り，不利な遺伝子が消えていく現象。自然淘汰ともいう。

□ **適応進化** てきおうしんか ☞p.286
自然選択によって適応する方向に進化すること。

□ **性選択** せいせんたく ☞p.287
配偶行動における自然選択。

□ **共進化** きょうしんか ☞p.287
異なる生物種どうしが生存や繁殖に影響を及ぼしながら，お互いの形質に適応進化が起こる現象。

□ **遺伝的浮動** いでんてきふどう ☞p.288
遺伝子プールの遺伝子頻度が単なる確率的な過程で世代を重ねる間に変化すること。

□ **中立進化** ちゅうりつしんか ☞p.288
自然選択の働かない中立的な変異が遺伝的浮動によって集団内に広がっていくこと。

□ **びん首効果** びんくびこうか ☞p.289
小さい集団において遺伝的浮動の影響が強くなることをびんの口（ボトルネック）から中の玉を出すときの様子に例えたもの。

□ **生物学的種** せいぶつがくてきしゅ ☞p.290
雌雄間の交配が可能な生物の集団。

□ **生殖的隔離** せいしょくてきかくり ☞p.290
自然下で交配しない，または交配しても子孫が代々生殖能力をもち続けられないこと。

□ **種分化** しゅぶんか ☞p.290
既存の種から新しい種が生じること。同種であった生物集団における生殖的隔離の成立。

□ **異所的種分化** いしょてきしゅぶんか ☞p.290
生物の集団の生息域が分断される地理的隔離が起こり，それぞれの環境に適応進化して種分化が生じること。

化石から何がわかるか

化石からわかるからだの特徴

① 遺伝子の比較によって生物どうしの類縁関係が調べられるようになった現在でも、過去にいつどのようなものを経て進化してきたかという証拠として生物の化石は重要である。
② 化石として残るのは動物の場合、おもに骨や歯であるが、現生の生物との比較から、骨格あるいは一部の骨の化石からでもおよそのからだの形や大きさ、機能が復元できる。例えば、筋肉が非常に発達した部位の骨には、翼をもつ鳥の胸骨や、あごの筋肉の発達したゴリラの頭骨のように、筋肉が付着する突出部が特徴的に見られる。このような特徴をもとに筋肉がどのように発達するか推測する。

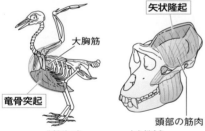

矢状隆起

大胸筋

竜骨突起

頭部の筋肉

図61　鳥の竜骨突起とゴリラの矢状隆起

③ 骨のほかにも皮膚や羽毛といった軟組織の化石が見つかることもあり、その生物の生きた姿や生態を推測する情報は大きく増す。恐竜の姿を復元するにあたって1990年代後半から羽毛の痕跡が残る化石が多数発見されたことは大きな転換点の１つとなった。
④ 発見された恐竜の羽毛は、さまざまな形態があり、ある恐竜は保温のため、ある恐竜は雌へのアピールのためなど、多様な役割を担っていたことが推測されるようになった。
⑤ さらに、化石から生物の色を推測する証拠も見つかるようになった。2010年に見つかったシノサウロプテリクスの羽毛の痕跡を走

査型電子顕微鏡で観察したところ、色素を含む細胞小器官(メラノソーム)の痕跡が確認された。メラノソームの形は色によって異なり、球状のものは赤褐色〜黄色の明色を示し、棒状のものは黒色〜灰色といった暗色を示

図62　大形ハ虫類(翼竜)の化石に含まれたメラノソームの色素顆粒

す。これらの密度と分布を現代の鳥類の羽の色と比較して、羽毛をもつ恐竜たちの羽の色が類推できるようになってきたのである。

生痕化石からわかること

① 生物のからだそのものではなく生物が残した跡が化石として保存されたものを生痕化石という。卵の化石や、骨などに他の動物にかじられた跡が残る場合なども生痕化石という。
② 恐竜などの足跡の化石からはおよその種類がわかるほか、歩幅や深さ、尾をひきずった跡の有無などから歩き方や移動速度、体重などが推定できる。また、集団生活をする群れの行動、捕食者と被食者が争った痕跡が見られる化石もある。
③ 動物のふんが化石となったふん石(ふん化石)も生痕化石の１つで、排泄口の形や食べられた生物の残留物、寄生虫などから食性や生きていた当時の環境を知ることができる。
④ 海底などにすむカニやゴカイなどの動物の巣穴の跡が化石となったものもある。先カンブリア時代の地層から見つかった巣穴化石は、前後の体軸をもち筋肉の発達した動物がカンブリア紀の大爆発以前から存在し、海底の堆積物の攪乱による物質の循環が生態系で起こっていたことが推定される証拠となった。

胎盤の遺伝子と進化

胎盤形成に働く遺伝子

①マウスの6番染色体上に存在する*Peg10*という遺伝子は，胎盤をもつ哺乳類（**真獣類**と**有袋類**）全体に広く存在しており（ヒトでは7番染色体上に存在する），*Peg10*を働かなくしたノックアウトマウス（⇨p.465）では，胎盤が形成されず10日目までに胎児が死亡する。

②この*Peg10*は，卵生の脊椎動物であるハ虫類や鳥類，哺乳類でも**単孔類**（カモノハシやハリモグラ）には存在しない。また，別の胎盤形成に働く遺伝子*Peg11*は真獣類のみに存在し有袋類のゲノムには見られない。

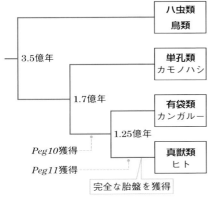

図63 脊椎動物の系統と胎盤遺伝子の獲得

③哺乳類が進化の過程において胎盤を獲得した際にウイルスが大きく関与しているという説がある。それはどういうことだろうか。

レトロトランスポゾンとウイルス

①染色体レベルの突然変異（⇨p.261）である重複や転座とは別に，遺伝子を含むDNA断片が染色体から切り出されて同じ細胞内の別の染色体などに移動する場合がある。このように ゲノムの中で移動する遺伝子を**トランスポゾン**（転移因子）という。

②また，遺伝子から転写されたRNAから逆転写酵素によってDNAが合成され，そのDNA鎖を鋳型に2本鎖DNAがつくられてもとの遺伝子と別の領域に挿入されることもあり，**レトロトランスポゾン**とよばれる。ヒトゲノムでは45％をレトロトランスポゾンが占めており，トランスポゾンやレトロトランスポゾンによる遺伝子重複は新たな遺伝子の獲得につながり，生物の進化で大きな役割を果たしてきたと考えられている。

③トランスポゾンは同じ細胞内だけでの遺伝子の移動であるが，外部から遺伝子が入ることもある。**レトロウイルス**とよばれるウイルスのグループはその遺伝子であるRNAをヒトの細胞内に送り込んでDNAに**逆転写**し（⇨p.411），自分自身の遺伝子をヒトなどの宿主のDNAに組み込んで増殖してきた。

④*Peg10*などの遺伝子は，塩基配列がレトロウイルスの遺伝子と類似度が極めて高いことからウイルス由来の遺伝子と考えられている。*Peg10*からつくられるタンパク質はタンパク質分解酵素の働きをもち，特定のタンパク質を切断して胎盤の形成に必要なタンパク質をつくる。この酵素としての働きは*Peg10*遺伝子のもとになったウイルスがもっていた機能で，哺乳類の進化の過程でその性質が巧みに利用され，胎盤という新たな組織を獲得する進化に貢献したと考えられる。

⑤*Peg10*のPegとはpaternally expressed gene（父性発現遺伝子）の略で，両親から受け継いだ対立遺伝子のうち母親由来の遺伝子が不活性化され，父親由来の遺伝子だけが働くことからその名がつけられた。このように対立遺伝子の決まった一方だけが働く現象を**ゲノムインプリンティング**とよび，母親由来の遺伝子だけが働く場合はMeg（母性発現遺伝子：maternally expressed gene）という。

CHAPTER
3 » 生物の系統と進化

SECTION 1 分類と系統

1 | 生物の多様性と分類

1 多様な生物の分類 ① 重要

❶生物の多様性　現在，地球上には，知られているだけで190万種以上の多様な生物が存在している。これらの多くの種は，生物の長い歴史の間にごくわずかな遺伝子の変異が積み重なって種分化が起こり，進化してきた結果生じたものである。異なった生物種の間では，種が分化してからの時間が長いほど種間の違いは大きい傾向がある。

❷系統分類　生物がたどってきた進化の道すじ(系統)を基準にして，生物どうしの類縁関係によって生物を分類する方法を系統分類という。[★1]

❸分類段階　生物の分類の基本単位は「種」である。種は近縁のものを集めて，より大きな分類単位である「属」にまとめられる。同様に，近縁の属を集めて「科」に，さらに「目」，「綱」，「門」，「界」，「ドメイン」という単位にまとめられる。[★2]このような各単位に属する生物を分類群という。

表5　分類の例

ドメイン	界	門	綱	目	科	属	種
真核生物ドメイン	動物界	脊索動物門	哺乳綱	霊長目	ヒト科	ヒト属	ヒト
				食肉目	ネコ科	ヒョウ属	ライオン
	植物界	種子植物門	双子葉綱	バラ目	バラ科	サクラ属	ヤマザクラ
	原生生物界	繊毛虫門	全毛綱	毛口目	ゾウリムシ科	ゾウリムシ属	ゾウリムシ

★1 生物の特定の特徴に注目し，人間が便宜的に定めた基準によって生物を分類する方法を人為分類という。
★2 それぞれの分類単位の間に中間の単位をおくことがある。例えば，目と科の間に亜目あるいは上科，科と属の間に亜科などというようにおく。

2 分類のしかた

❶種の概念　**生物学的種**は，**雌雄間の交配が可能で，その子の世代も同様に交配が可能な生物の集団**を指す。同種個体の集団を個体群（⤴p.214）といい，同種個体群がもつ遺伝子の全体を遺伝子プールという（⤴p.284）。

　同種個体間では，一般に染色体数・核型は同じで，個体の形態は類似している。

[補足]　無性生殖の分裂のみで世代を重ねる原核生物では交配が存在しないので，遺伝子の比較による基準で種の分類が行われる。

第4編 生物の進化

⊣ COLUMN ⊢

動物の交配と種の分類

　イノシシを家畜化したブタは生物学的にイノシシと同種であり，イノシシと交配して生まれた子（イノブタ）は子孫を残すことができる。これに対してウマとロバは交配して子（ラバ，ケッティ）をつくることができるが，ウマとロバは染色体数が異なり，生まれた雑種は生殖能力をもたない。また，ニホンザルとタイワンザル，ハブとサキシマハブなど，別種の個体どうしが自然界で交配し生殖能力をもつ子をつくる例も知られており，種の境界は遺伝子レベルの解析が必要となっている。

図64　イノシシ（上）とブタ（下）

❷学名と二名法　生物の種には，世界共通の名前がつけられている。これを**学名**という。学名は，ラテン語でその生物種の「**属名＋種小名**」で表される。これを**二名法**といい，リンネ（スウェーデン）によって考案された（1753年『植物種誌』）。種小名は形容詞で，そのあとに命名者の名前をつけることがある。

[補足]　学名に対して，生物名を日本語で表したものを**和名**という。地方や成長段階によって名称が異なる生物種もあるので種ごとに**標準和名**が定められる。

表6　学名の例——（　）内は意味。

属名	種小名	命名者	和名
Homo（人）	*sapiens*（考える）	Linnaeous	ヒト
Grus（ツル）	*japonensis*（日本の）	Muller	タンチョウ
Oryza（米）	*sativa*（栽培した）	Linnaeous	イネ

図65　リンネ

POINT!

［系統分類の単位］

（大きい）…ドメイン，界(かい)，門(もん)，綱(こう)，目(もく)，科(か)，属(ぞく)，種(しゅ)…（小さい）

2 | 生物の系統

1 系統樹と系統の調べ方

❶**系統と系統樹**　生物の進化の道すじを系統という。生物相互の類縁関係を調べ，多くの生物の系統を1つに図示すると，樹木のように幹が分かれ，それぞれの幹から多くの枝を出したような図になる。この図を系統樹という。

❷**類縁関係の調べ方**　生物種間の類縁関係は，DNAの塩基配列やタンパク質を構成するアミノ酸の置換数を比較することで種間の近さを比べたり分岐年代を推定する。形態による分類は収れんによる共通性や急激な適応放散による相違などがあるため，必ずしも共通祖先から分かれた時期や順番を正しく推定できるものではないが，分子情報だけでなくこれらの情報も合わせて総合的に判断される。

① **細胞の比較**　膜に囲まれた核の有無をはじめ，染色体数，鞭毛の種類，色素体や細胞壁，細胞を構成する化学成分など。

② **組織や器官の形態**　相同器官・相似器官や解剖学的な構造の比較。

③ **発生過程**　類縁関係の近いものでは，その発生過程において，形態面や生理面で似たような構造や生理作用を示すことがある（⊃ p.313）。

POINT!
　生物の類縁関係を調べる材料…DNAやタンパク質の分子情報，細胞・組織・器官，発生過程の共通性や違い

❸**分子情報の比較**　核酸の塩基の置換は平均して数千万年に1回程度であるが，この速さは核酸やコードするタンパク質の種類により異なる。遺伝子として意味をもたない部分の配列は置換されても形質に影響しないので，自然選択を受けずに保存され，結果として置換速度が大きくなる。

補足 染色体DNAはタンパク質のアミノ酸配列のほか遺伝子以外の塩基配列にも膨大な情報をもつが，そのほかに次のような核酸も系統関係の推定に用いられる。

①**rRNA**　すべての細胞がもち，置換速度が小さいので古い時代に分岐して系統が離れた生物間の比較ができる。

②**mtDNA（ミトコンドリアDNA）**　真核細胞のみがもち，置換速度が大きい。細胞内に同じセットが多数存在するので，条件のわるいサンプルからもDNAを得やすい。しかし卵細胞を通してのみ子孫に伝わるので，母系の系統しか解明できない。

2 分子系統樹

　系統樹はかつては形態や生理的な比較によって推定された類縁関係で描かれていたが，現在は核酸やタンパク質などの特定の物質についての生物間の違いを数値化し，種が分岐した年代を推定して作成した分子系統樹が標準となっている。からだ

の特徴に基づく系統樹では，鳥類はハ虫類とは別のグループに分類される(図66A)が，分子情報に基づく系統樹では鳥類はハ虫類の一部に含まれる(図66B)。

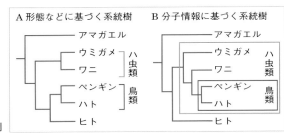

図66　脊椎動物の系統樹の例

 参考　単系統群・側系統群・多系統群

●共通祖先とそのすべての子孫からなる生物群を**単系統群**とよぶ。これに対して，ある単系統群から特定の子孫を除いた生物群を**側系統群**，系統樹上で連続しない生物どうしの集まりを**多系統群**とよぶ。図66Bの系統樹において，ペンギンとハトとその共通祖先からなる「鳥類」は単系統群である。これに対し，鳥類を含まない「ハ虫類」は側系統群，ウミガメとペンギンだけをまとめた「海生の動物」は多系統群となる。

➕発展ゼミ　分子系統樹の作成

●表7は，4種の哺乳類について，ヘモグロビンα鎖のアミノ酸配列を比較した例である。ヘモグロビンα鎖は全体で141個のアミノ酸からなり，表7はこのうちそれぞれの組み合わせの種間で異なるアミノ酸数をまとめたものである。生物が進化す

表7　哺乳類のヘモグロビンα鎖のアミノ酸配列の比較

	ヒト			
ヒト		ウシ		
ウシ	17		イヌ	
イヌ	23	28		ウサギ
ウサギ	25	25	28	

る過程でDNAの突然変異が起こり，その結果アミノ酸の置換が起こる。このため違いの少ない2種ほど，新しい年代に分岐が起きたことになる。

①最も置換数(違い)が少ないのはヒトとウシの17個である。17個は共通祖先(Aとする)からの両種の置換数の合計なので，分かれてからの置換数は$17 \div 2 = 8.5$という相対値で示せる。

②ヒトとイヌの置換数は23個で，ヒト-イヌの共通祖先(Bとする)からの置換数は$23 \div 2 = 11.5$であるが，もう1つ，ウシ-A-B-イヌという経路もあり，これを使うと$28 \div 2 = 14.0$。平均すると$(11.5 + 14.0) \div 2 = 12.75$。

③ヒトとウサギの置換数は25個で，ヒト-ウサギの共通祖先(Cとする)からの置換数は$25 \div 2 = 12.5$であるが，ウシ-A-C-ウサギの経路を使うと$25 \div 2 = 12.5$，イヌ-B-C-ウサギの経路を使うと$28 \div 2 = 14.0$。平均すると$(12.5 + 12.5 + 14.0) \div 3 = 13.0$。

以上をまとめて図示すると右の系統樹が描ける。

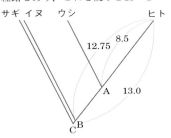

3 | 界とドメイン

1 界の分類

　界は，ドメインがその上位に設けられるまで生物全体を大きく分ける最も上位の分類群であった。古くから生物学は動物界と植物界に分ける**二界説**にのっとっていたが，20世紀末には次の5つに分ける五界説が主流となった。

① **原核生物界(モネラ界)**　原核細胞でできた生物。細菌およびアーキアのなかま。

② **原生生物界**　単細胞生物および菌類・植物・動物に属さない単純な構造の生物。

> 補足 最初に五界説を提唱したホイッタカー(1969年)は単細胞生物を原核生物界と原生生物界に分ける考え方で分類したが，後に主流となったマーグリスの五界説(1982年)では，藻類や粘菌類なども原生生物界に分類している。

③ **菌界**　体外消化を行い胞子で生殖する従属栄養生物。カビやキノコのなかま。

④ **植物界**　陸上植物のなかま。光合成を行う多細胞の独立栄養生物。コケ植物・シダ植物・種子植物。

> 補足 水生植物(⤴p.152)や光合成を行わない植物も存在するが，系統は進化の道すじであるから，進化の過程で異なる形質を二次的に獲得したものやある形質を失ったものも同じ分類群に含める。

⑤ **動物界**　他の生物に由来する有機物を摂食して生活する多細胞の従属栄養生物。

2 ドメイン

❶ **3ドメイン説**　界の上位にドメインという分類段階を設け，生物を**細菌ドメイン，アーキアドメイン，真核生物ドメイン**の3つに分ける考えで，現在広く支持されている。

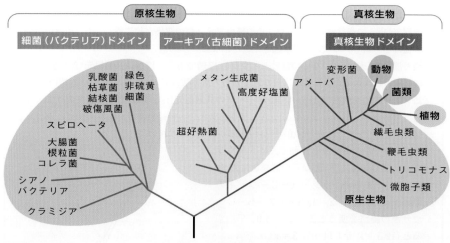

図67 生物を3つのドメインで分けた系統樹(rRNAの塩基配列に基づいたもの)

❷細菌とアーキア　従来の「界」では原核生物界にまとめられていた細菌（バクテリア）とアーキア（古細菌）が，系統的にかなり離れたものであるというアメリカのウーズらによる研究（1990年）がこの3ドメイン説の契機である。

　細菌とアーキアは細胞膜を構成する脂質の成分が異なるなどの**表8**のような特徴から区別されていたが，rRNA（⇨p.404）の比較によってアーキアは細菌よりも真核生物に近く，明確に系統的に分けられることが明らかとなった（**図68**）。

表8　3ドメインの比較

特徴＼ドメイン	細菌	アーキア	真核生物
核膜	なし	なし	あり
膜構造の細胞小器官	なし	なし	あり
ペプチドグリカン★1	あり	なし	なし
RNAポリメラーゼ	1種	1種★2	3種
タンパク質合成の最初のアミノ酸	ホルミルメチオニン	メチオニン	メチオニン
イントロン	まれ	ときにあり	あり
ヒストン	なし	類似のタンパク質あり	あり
環状染色体	あり	あり	なし

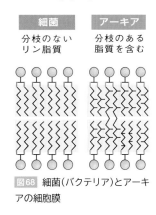

図68　細菌（バクテリア）とアーキアの細胞膜

[生物全体の分類]
界…現在は原核生物界・原生生物界・菌界・植物界・動物界の5界。
ドメイン…細菌ドメイン・アーキアドメイン・真核生物ドメイン。

このSECTIONの**まとめ**　分類と系統

□ 生物の多様性と分類　⇨p.296	・**分類の単位**…ドメイン・界・門・綱・目・科・属・種 ・**学名**…二名法（属名＋種小名）で表す。
□ 生物の系統　⇨p.298	・系統…生物の進化の道すじ。 ・**系統樹**…生物の系統を樹形状の図で示したもの。
□ 界とドメイン　⇨p.300	・**五界説**…生物を，原核生物界，原生生物界，菌界，植物界，動物界の5つの界に分ける。 ・**3ドメイン説**…生物を細菌，アーキア，真核生物に分ける。

★1 ペプチドグリカンは細菌の細胞壁にあり，多糖類に比較的短いペプチドの側鎖がついた化合物。
★2 アーキアのRNAポリメラーゼは構成するサブユニットが細菌より真核生物と類似している。

1 | 原核生物

1 原核生物とは

　原核生物は**細菌ドメイン**と**アーキアドメイン**に分けられるが，いずれも真核生物と比較して次のような特徴をもつ。

①原核細胞でできており，核膜に包まれた核はない。DNAは，細胞質中に存在。

②リボソームをもち，クロロフィルやチラコイド膜をもつものがある。ミトコンドリアや葉緑体などの細胞小器官はもっていない。

③無性生殖の分裂や胞子形成によって増えるが，一部には，細胞間の接合を行う。

2 細菌（バクテリア）ドメイン

　多くは従属栄養生物であるが，独立栄養生物もいる。生息場所は水域，土壌中などで，寄生しているものもある。大きさは$1 \sim 10\,\mu m$。

従属栄養…乳酸菌・大腸菌（⊃p.19）・結核菌・ブドウ球菌・枯草菌など。

独立栄養…シアノバクテリア[★1]（ユレモ・ネンジュモ⊃p.19），光合成細菌（紅色硫黄細菌・緑色硫黄細菌など⊃p.387），化学合成細菌（硝酸菌など⊃p.388）。

図69　細菌の例

3 アーキア（古細菌）ドメイン

　アーキアドメインには，高度好塩菌，超好熱菌，メタン生成菌など，独特の膜構造をもつ生物が含まれる。アーキア（archaea）はギリシャ語の「非常に古い」「始祖の」を意味する語に由来し，熱水噴出孔付近やウシの消化管内のように高温，強酸，強アルカリ，または嫌気・高圧環境下といった原始地球の環境に近いと考えられる環境で見られることから名付けられた。系統的には細菌より真核生物に近い。

★1 シアノバクテリアには群体（細胞が集まって1個体のように生活する集合体）を形成しているものもある。

2 ┃ 真核生物ドメイン（原生生物・植物・菌類）

1 真核生物

① からだは真核細胞でできており，**核膜で包まれた核がある。**
② 多くの細胞小器官をもち，ミトコンドリアや葉緑体は二重膜構造である。
③ 細胞の大きさは，原核細胞の数十～数百倍。生殖方法は，無性・有性生殖などさまざまである。単細胞～群体～多細胞まで見られる。
④ 真核生物ドメインには**動物・植物・菌類**と**原生生物**が含まれる。真核生物の分子系統樹は10前後の系統群に分けられることが多く，そのうちの1つが菌類と動物を含む系統群，もう1つが植物を含む系統群である（⤴ p.314）。

2 原生生物界

　五界説で1つの界として扱われる原生生物は**真核生物のうち動物・植物・菌類以外の単細胞または単純な構造の多細胞生物をまとめた多系統群**で，多様な生物を含む。

❶ **アメーバ類**　アメーバは，単細胞の生物で，仮足で移動する（⤴ p.333）。細胞内には核や収縮胞が確認できる。

❷ **粘菌類**　変形菌と細胞性粘菌がある。

① **変形菌**　細胞が多数融合し，流動性の運動を行う変形体と胞子をつくる子実体の形をとる。　⑨　ムラサキホコリ
② **細胞性粘菌**　集合した細胞が融合せず偽変形体をつくるなど，変形菌と似ているが系統的に異なっている。　⑨　タマホコリカビ

図70 ムラサキホコリ

❸ **ミドリムシ類（ユーグレナ）**　細胞壁をもたず，眼点や感光点，収縮胞をもつ（⤴ p.72）。また，クロロフィル$a \cdot b$をもっており光合成を行う。単細胞で鞭毛をもつ。

❹ **繊毛虫類**　繊毛で運動する単細胞の従属栄養生物。細胞小器官は，**収縮胞**や**食胞**など特殊化して発達している。　⑨　ゾウリムシ（⤴ p.72）・ツリガネムシ

❺ **渦鞭毛藻類**　クロロフィル$a \cdot c$，キサントフィルをもち，光合成を行う単細胞の独立栄養生物。大繁殖すると，赤潮（⤴ p.189）の原因となる。　⑨　ツノモ・夜光虫

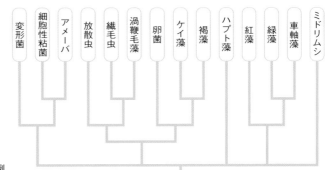

図71 原生生物の系統樹の例

変形菌　細胞性粘菌　アメーバ　放散虫　繊毛虫　渦鞭毛藻　卵菌　ケイ藻　褐藻　ハプト藻　紅藻　緑藻　車軸藻　ミドリムシ

第4編　生物の進化

❻褐藻類・ハプト藻類・ケイ藻類・卵菌類

① **褐藻類**　クロロフィル a・c をもつ多
細胞体で，ほとんどが海産。根・茎・
葉は分化していない。また，**フコキサ
ンチン**という色素をもち，褐色をして
いる。配偶子は鞭毛をもつ。

　⟨例⟩　コンブ・ワカメ・ヒジキ

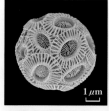

図72　円石藻の一種

② **ハプト藻類**　葉緑体をもち，光合成を行う単細胞の海産プ
ランクトン。　⟨例⟩　円石藻(細胞の表面が炭酸カルシウムで
できた複数の円石でおおわれている)

図73　さまざまなケ
イ藻類の殻　縮尺は
それぞれ異なる。

③ **ケイ藻類**　**クロロフィル a・c，カロテノイド**をもち，光合
成を行う。細胞壁にあたる被殻は珪酸質(けいさん)を含み，固い殻になっている。

　⟨例⟩　ツノケイソウ・ハネケイソウ

④ **卵菌類**　おもに陸上で腐ったものや，植物，小動物に寄生する白いカビ状の従
属栄養生物。　⟨例⟩　ミズカビ・ツユカビ

❼**放散虫類**　珪酸質の骨格をもつ海産プランクトン。

❽**紅藻類**　多細胞よりなり，からだのつくりは**糸状体**または**葉状体**であ
る。**クロロフィル a** をもつ。フィコビリンという色素ももっており紅色
をしている。配偶子は鞭毛をもたない。　⟨例⟩　テングサ・アサクサノリ

❾**緑藻類**　**クロロフィル a・b** をもつ藻類で，淡水産・海産。からだの
つくりには，単細胞(クロレラ・クラミドモナスなど)，糸状体(アオミ
ドロなど)，細胞群体(ボルボックスなど)，葉状体(アオノリ・アオサな
ど)がある(⤷図75)。

図74　アサ
クサノリ

❿**車軸藻類(シャジクモ藻(しゃじくも)
類)**　緑藻類と同じように
クロロフィル a・b をもつ
藻類。スギナに似た形をし
ているが，維管束系はない。
車軸藻類のなかまから，コ
ケ植物→シダ植物→種子植
物(これらはすべてクロロ
フィル a・b をもつ)へと進
化していったと考えられて
いる。　⟨例⟩　シャジクモ・
フラスコモ

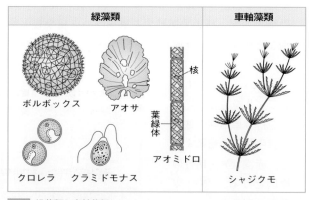

図75　緑藻類と車軸藻類

③ 植物

❶光合成生物の系統　光合成生物には，①原核生物の光合成細菌やシアノバクテリア，②原生生物に含まれる褐藻類・緑藻類など，③植物(コケ植物・シダ植物・種子植物)がある。

補足　③の植物は，シアノバクテリアを細胞内に取り込んでできた(一次共生)二重膜の葉緑体(⤴p.25)をもつが，②の原生生物の褐藻類・ケイ藻類・渦鞭毛藻類などは，単細胞の紅藻類や緑藻類を取り込んでできた(二次共生)，三重膜ないし四重膜の葉緑体をもつ。

表9　クロロフィルの種類とそれぞれの生物群

	シアノバクテリア	渦鞭毛藻類	ケイ藻類	褐藻類	紅藻類	緑藻類	コケ植物	シダ植物	種子植物
クロロフィルa	○	○	○	○	○	○	○	○	○
クロロフィルb						○	○	○	○
クロロフィルc		○	○	○					

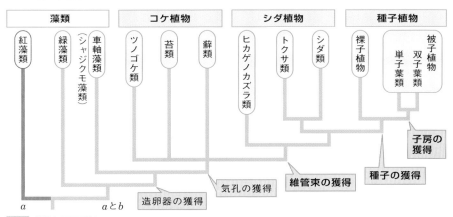

図76　植物に至る系統

❷コケ植物　コケ植物はツノゴケ類・苔類・蘚類に大別され，次のような特徴をもつ。

① 本体は配偶体(核相n)。根・茎・葉の区別は明確でなく，維管束も発達していない。

② 胞子(n)が発芽して増える。胞子は胞子体(核相$2n$)の胞子のうで減数分裂を経てつくられる(⤴p.382)。

③ 配偶体は造精器と造卵器をつくり，有性生殖を行う。造精器でできた精子は水中を泳いで造卵器の卵に達して受精して胞子体をつくる。したがって雨などの水がなければ受精することができない。

図77　ゼニゴケ(苔類)

図78　スギゴケ(蘚類)

❸シダ植物   シダ植物は進化の過程で維管束系をもった最初の植物である。

① 胞子体（シダの本体）では根・茎（地下茎）・葉が分化している。

② 胞子体は維管束系と気孔をもち，根で吸収した水や無機養分を植物全体に送ることができる。➡コケ植物よりも陸上生活に適応している。

図79 ヒカゲノカズラ

図80 トクサ

③ 胞子体の胞子のうで減数分裂により，胞子をつくり，胞子は配偶体となる。

④ 配偶体上に造卵器と造精器を生じ，造精器でつくられた精子が雨天時などに配偶体表面の水中を泳ぎ，造卵器中の卵細胞に達して受精する。

⑤ ヒカゲノカズラ類（ヒカゲノカズラ・クラマゴケなど），トクサ類（トクサ・スギナ），シダ類（イヌワラビ・ゼンマイなど）の3つの系統がある。

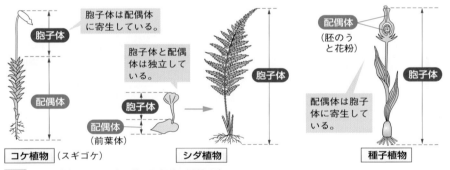

胞子体は配偶体に寄生している。

胞子体と配偶体は独立している。

胞子体と配偶体は胞子体に寄生している。

胞子体

配偶体

胞子体

配偶体
（前葉体）

胞子体

配偶体
（胚のうと花粉）

胞子体

コケ植物（スギゴケ）   シダ植物   種子植物

図81 陸上の植物における胞子体と配偶体の関係の違い

POINT!

コケ植物…維管束系なし。陸上への適応度が低い。｜受精に水
シダ植物…維管束系あり。　　　　　　　　　　　　　｜が必要。

❹種子植物   種子植物は，次のような特徴をもち，陸上生活に適応している。

① 胞子体（植物の本体）では根・茎・葉の区別がはっきりしている。発達した維管束系をもっている[★1]ため，高い所まで水を運ぶことができ，巨木化を可能としている。

② 精細胞が花粉管内を移動して，直接胚のうに達するため，受精に外部からの水を必要としない。

③ 種皮に包まれた種子で増え，乾燥に強く，長期間休眠できる。

★1 維管束系をもつシダ植物と種子植物をまとめて維管束植物とよぶことがある。

❺裸子植物 裸子植物の花には花弁やがくがなく、**胚珠は裸出している**。ソテツ類・イチョウ類・マオウ類・マツ類(針葉樹類)の4つの系統があるが、そのうちソテツ類とイチョウ類は雄性配偶子として**精子**をもち、マオウ類とマツ類は**鞭毛のない精細胞**をもつ(⇨p.529)。マツ類は、針葉樹林(⇨p.167)の優占種(⇨p.153)である。

図82 ソテツ

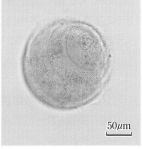

50μm

図83 ソテツの精子

第4編 生物の進化

❻被子植物 被子植物には発達した花弁やがくがあり、**胚珠は子房に包まれていて、重複受精を行う**(⇨p.528)。単子葉類と双子葉類の2つの系統がある。

①**単子葉類** 子葉が1枚のもの。根はひげ根で、葉脈は平行脈である。また、茎の維管束は茎全体に散在する。 **例** イネ・ユリ・ヤシ・トウモロコシ・ラン

②**双子葉類** 子葉が2枚のもの。**主根と側根**をもち、葉脈は**網状脈**である。また、茎の維管束は**輪状**に配列する。 **例** キク・サクラ・マメ類・アブラナ・ブナ

補足 陸上は太陽の光エネルギーが豊富で光合成の効率が高い。しかし一方で乾燥に耐えるしくみも必要である。これを克服して陸上生活を行っているのがコケ植物・シダ植物・種子植物で、これらは原生生物の緑藻類と同じくクロロフィル a, b をもつなどの共通点がある。

POINT!

種子植物
{ 裸子植物…胚珠が裸出している。
{ 被子植物…胚珠が子房に包まれている。重複受精を行う。

4 菌類

❶菌類の特徴 菌界の生物は、糸状の菌糸が集まってできている従属栄養生物で、体外消化で有機物を分解して栄養分として利用する。そして胞子によって増える。

❷菌類の胞子 胞子のでき方には次の2通りがある。

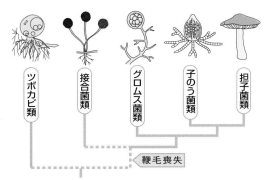

図84 菌類の系統樹

{ **無性生殖による分生胞子**…菌糸の先が分裂して胞子ができる(アオカビなど)。
{ **有性生殖による子のう胞子、担子胞子**…菌糸と菌糸が接合して2核の細胞となり、子実体(キノコ)を形成して、そこで減数分裂により胞子ができる。

❸菌類の分類[*1]

① **ツボカビ類** 遊走子とよばれる鞭毛をもつ胞子を形成する。湖沼や土壌中に見られる。 例 カエルツボカビ

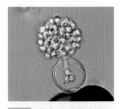

図85 遊走子を放出する
ツボカビの一種

② **接合菌類** 隔壁のない多核の菌糸からできている。無性生殖で増殖するほか，菌糸が接合してつくられた**接合胞子**で増える。 例 クモノスカビ

③ **グロムス菌類(糸球菌類)** 約9割の陸上植物の根と樹枝状の菌根(アーバスキュラー菌根)をつくって共生している(⤴ p.244)。

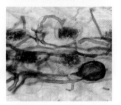

図86 クローバーの根に
共生する菌根菌

④ **子のう菌類** 細胞間に隔壁のある菌糸からできている。菌糸どうしが接合(有性生殖)すると，子のう(子嚢)という胞子のうができ，減数分裂してその中に**子のう胞子**が8個形成される。 例 アカパンカビ・アオカビ・酵母・トリュフ

⑤ **担子菌類** いわゆるキノコである。子のう菌類と同様に，細胞間に隔壁のある菌糸からできている。菌糸どうしが接合すると2核の細胞となり，**子実体**を形成し，その中の担子器に**担子胞子**が4個つくられる。 例 シイタケ

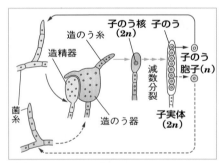

図87 子のう菌類の生活史(模式図)

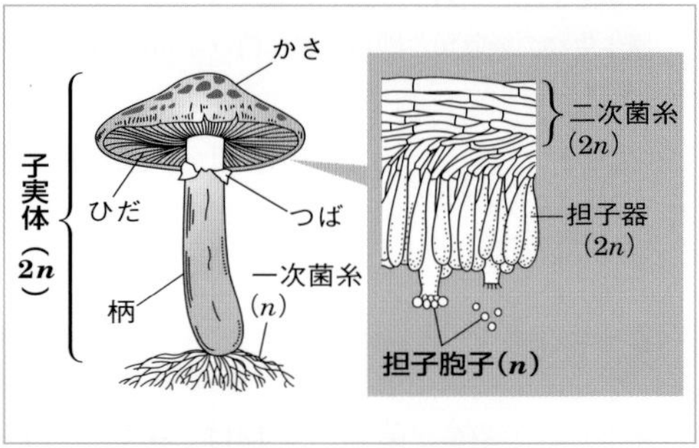

図88 担子菌類のからだのつくり(模式図)

⑥ **地衣類** 菌類(子のう菌類または担子菌類)と，緑藻類またはシアノバクテリアとの共生体を地衣類という。大気汚染に弱く，空気のきれいな所で見られる。
例 リトマスゴケ・ハナゴケ・ウメノキゴケ

POINT!

菌類…からだが菌糸でできており，胞子で増える従属栄養生物。
⇨子のう菌類(アオカビ)・担子菌類(シイタケ)など。

★1 菌類の分類は有性世代の形態で行われるため，コウジカビなどの有性世代が知られておらず無性世代のみで繁殖を続ける菌類(不完全菌類という)の詳細な分類位置は不確実である。

3 | 真核生物ドメイン（動物）

1 動物の分類のしかた ⚠重要

　従来，動物の系統は，次のように発生段階やからだの構造によって整理されていたが，今日では分子系統学的解析によって，新たな系統樹がつくられている（⤴図89）。

❶**胚葉の数**　胚のからだの成り立ちの基本である胚葉で，次の 3 つに分ける。

無胚葉動物…胚葉を生じない動物群（胞胚段階）➡海綿動物
二胚葉動物…外胚葉と内胚葉の二胚葉を生じる動物群（原腸胚段階）➡刺胞動物
三胚葉動物…外胚葉・内胚葉・中胚葉の三胚葉を生じる動物群。

❷**口のでき方**　三胚葉動物は，さらに次の 2 つに分けられる。

①旧口動物…原口がそのまま口になる動物群。➡扁形動物・輪形動物・軟体動物・環形動物・線形動物・節足動物

②新口動物…原口は肛門側となり，その反対側に新しく口ができる動物群。
➡棘皮動物・頭索動物・尾索動物・脊椎動物（ウニ・カエルの発生 ⤴ p.432）

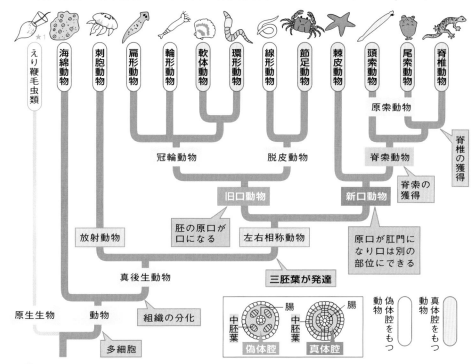

図89 主として分子系統学的解析データにもとづいた動物の系統樹の例

★1 えり鞭毛虫類は，動物に最も近縁とされる原生生物（動物には含めない）。

第4編 生物の進化

┌ COLUMN ┐

体腔と動物の系統

　体腔とは多細胞動物の内臓をおさめる体内の空所のこと（⤵p.435）で，①無体腔（体腔をもたない）・②偽体腔（胞胚腔から形成され，中胚葉性の上皮で覆われない）・③真体腔（原腸形成以降に形成され，中胚葉性の上皮で覆われている）の3種類がある。

　①には海綿動物・刺胞動物・扁形動物，②には線形動物・輪形動物，③にはこれら以外の三胚葉動物が属し，無体腔→偽体腔→真体腔と進化していったように考えられていた。しかし，冠輪動物と脱皮動物のそれぞれにこれらの異なる体腔が混在することなどから，まず三胚葉動物の進化の初期の段階で真体腔が獲得され，その後，旧口動物で偽体腔や無体腔への退化（構造や機能が単純になったり失われたりしていくこと）が起こったという説が有力になっている。

2 無胚葉動物と二胚葉動物

❶海綿動物—無胚葉動物　神経や筋肉がない。消化管もなく，細胞内の食胞で食物を消化する。また，えり細胞の鞭毛運動で水流をつくり，水を体内に取り入れる。

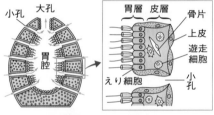

図90　カイメンのからだのつくり

例　ダイダイイソカイメン

❷刺胞動物—二胚葉動物　次の特徴をもつ。

①体制は原腸どまりで，体形はおもに5方向の放射状に相称。

②肛門はなく，口が肛門の役割も兼ねる。

③原腸から形成された消化管（腔腸）で食物を消化する。

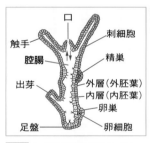

図91　ヒドラのからだのつくり

図92　イソギンチャク

④散在神経系（⤵p.498）をもつ。

⑤多数の触手があり，針と毒をもつ刺胞を刺細胞内にもつ。

⑥浮遊性のものをクラゲ型，岩などに固着するものをポリプ型といい，一生の間に両方の型を経る（ただし，イソギンチャク・サンゴはポリプ型のみ）。

　例　ヒドラ・ミズクラゲ・イソギンチャク・サンゴ

補足　クシクラゲは刺胞動物と同じく二胚葉性であるが，櫛板をもち，刺胞をもたないなどの異なる特徴をもった有櫛動物に属する。

POINT!

{ 海綿動物…胚葉の分化がない。内外2層の細胞層からなる。
{ 刺胞動物…内胚葉・外胚葉が分化。散在神経系，刺胞をもつ。

3 旧口動物 ①重要

　三胚葉動物のうち，胚の原口が成体の口となる旧口動物は，①生活史のなかで脱皮を行わない系統（冠輪動物…扁形動物・軟体動物・環形動物・輪形動物）と，②脱皮して成長する系統（脱皮動物…線形動物・節足動物）に大別される。

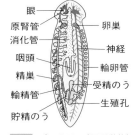

眼
原腎管
消化管
咽頭
精巣
輸精管
貯精のう
卵巣
神経
輸卵管
受精のう
生殖孔

図93　プラナリア（扁形動物）のからだのつくり

●扁形動物（冠輪動物）　からだが平たく，肛門と血管（循環系）をもっていない。**かご形神経系**（⤴p.498）や原始的な排出器官である原腎管をもつ。　例　プラナリア（ウズムシ）・ヒラムシ・サナダムシ（寄生性）

●軟体動物（冠輪動物）　からだは**外とう膜**で包まれており，貝類などは外とう膜が分泌した石灰質の貝殻がさらにその外側をおおっている。血管系は，イカやタコ（頭足類）が閉鎖血管系，貝のなかまは開放血管系（⤴p.93）。　例　タコ・イカ・ハマグリ・マイマイ・アメフラシ・サザエ

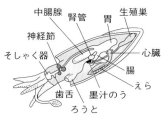

中腸腺　腎管　　生殖巣
神経節　　　　　　胃
そしゃく器　　　　　　心臓
　　　　　　　　腸
　　　　　　　　えら
歯舌　墨汁のう
ろうと

図94　イカ（軟体動物）のからだのつくり

●環形動物（冠輪動物）　からだは細長く，多数の体節をもつ。また，神経系は**はしご形神経系**（⤴p.498）で，血管系は閉鎖血管系（⤴p.93）である。皮膚呼吸をする。　例　ゴカイ・ミミズ・ヤマビル

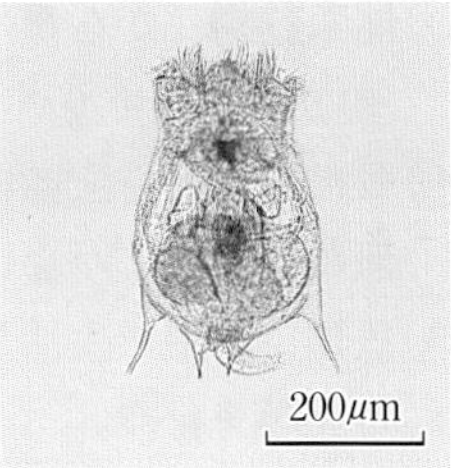

●輪形動物（冠輪動物）　口と肛門を別にもつ円筒状のからだからなる。前端にある車輪状の繊毛環で水中に浮遊する微生物などを口に取り込んで食べる。　例　ワムシ

●線形動物（脱皮動物）　円筒状で，肛門をもつ。細長いが環形動物と異なり体節や血管（循環系）をもたない。　例　センチュウ（線虫）・カイチュウ（回虫）

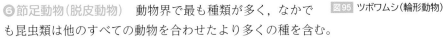
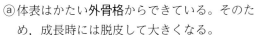

200μm

図95　ツボワムシ（輪形動物）

●節足動物（脱皮動物）　動物界で最も種類が多く，なかでも昆虫類は他のすべての動物を合わせたより多くの種を含む。
ⓐ体表はかたい**外骨格**からできている。そのため，成長時には脱皮して大きくなる。
ⓑ体節構造で，**はしご形神経系**をもつ。
ⓒ水中で生活する**甲殻類**では，からだが頭胸部と腹部に分かれており，えらで呼吸する。
　例　エビ・カニ・ミジンコ・フジツボ
ⓓ陸上で生活するムカデやヤスデ・ゲジ（多足類）は，多数の体節をもつ。

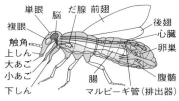

単眼　脳　だ腺　前翅
複眼　　　　　　　　後翅
触角　　　　　　　　心臓
上しん　　　　　　　卵巣
大あご
小あご　　　腸　　　腹髄
下しん　　マルピーギ管（排出器）

図96　ハチ（昆虫類）のからだのつくり

第4編　生物の進化

ⓔ**鋏角類**は，からだが頭胸部と腹部に分かれている。　例　クモ・ダニ・サソリ

ⓕ**昆虫類**は，からだが頭部・胸部・腹部に分かれており，基本的には2対のはね
と3対のあしが胸部につく。　例　トンボ・チョウ・カブトムシ・バッタ・ハエ

補足　ハエ・カ・アブのはねは1対，シミやノミははねをもたない。

ⓖ陸上で生活する節足動物は，**気管**（空気を直接組織まで取り込む）や**書肺**で呼吸する。

旧口動物 { 冠輪動物…**扁形動物・軟体動物・環形動物・輪形動物**
　　　　　{ 脱皮動物…**線形動物・節足動物**

4 新口動物 ！重要

　新口動物は三胚葉動物のうち原口が肛門になるなかまで，すべて真体腔をもつ（⇨p.310）。新口動物は脊椎動物が属する分類群で，ほかに棘皮動物，原索動物が含まれる。

❶**棘皮動物**　からだは**五放射相称**のものが多く，体腔中に骨格や骨片をもっている。　例　ウニ・ヒトデ・ナマコ

❷**脊索動物**　一生の間に脊索をもつ。このうち脊椎を形成しないなかまを**原索動物**といい，次の2つがある。

①**頭索動物**　からだは左右相称。一生脊索をもつ。
　例　ナメクジウオ

②**尾索動物**　からだは筒状。成体では脊索は退化。
　例　ホヤ・サルパ

❸**脊椎動物**　脊索動物のうち脊椎をもつ動物。

①**無顎類**　あごがないなかま。　例　ヤツメウナギ

②**魚類**　水中で生活しており，えら呼吸を行う。
　　内骨格が軟骨である**軟骨魚類**（例　サメ・エイ）と，内骨格が骨組織である**硬骨魚類**（例　ウナギ・フナ・タイ）に分けられる。

③**両生類**　卵と幼生時代を水中で過ごし（えら呼吸と皮膚呼吸），変態して成体になると陸上生活を行う（肺呼吸と皮膚呼吸）。
　例　カエル・イモリ

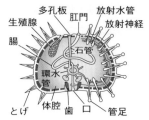

図97　棘皮動物（ウニ）のからだのつくり

図98　ナメクジウオ（頭索動物）

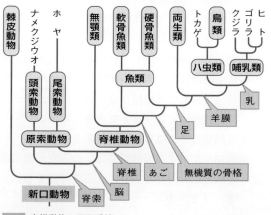

図99　脊椎動物に至る系統

④**八虫類・鳥類**　陸上で産卵するため，**胚膜**で胚を保護している（⇨p.438）。鳥類は**恒温動物**で，保温のため，羽毛でおおわれている。

補足　鳥類は系統的には中生代に繁栄した恐竜のなかまに属する。

⑤**哺乳類**　カモノハシ・ハリモグラを除いて**胎生**（胎盤をもつ）。乳腺をもち，母親が子に乳を与えて育てる。また，恒温動物で，からだが毛でおおわれている。

新口動物 { 脊索をもたない動物…棘皮動物
脊索をもつ動物（脊索動物）…原索動物・脊椎動物

➕発展ゼミ　発生反復説による系統の推定

●発生反復説は1866年ドイツのヘッケルが脊椎動物の初期胚の類似に基づき提唱した「**個体発生は系統発生（進化）をくり返す**」という考えである。この説に従えば，個体発生初期の幼生の形態は祖先の形態を反映したものとなる。
●ゴカイ（環形動物）とタニシ（軟体動物）は成体の形は異なるが，幼生はどちらもトロコフォア幼生で類似しており（図100），両者は近縁であることが推定される。しかしこの説は，近年の分子系統学的解析と矛盾する場合もあり，系統推定の1つの視点として限定的に捉えるとよい。

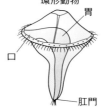

環形動物　軟体動物

図100　環形動物と軟体動物のトロコフォア幼生

このSECTIONのまとめ　現生の生物の分類

□ 原核生物 ⇨p.302	・**細菌（バクテリア）**…大腸菌・シアノバクテリアなど ・**アーキア（古細菌）**…超好熱菌・メタン生成菌など
□ 原生生物の分類 ⇨p.303	・**原生生物**…菌類・植物・動物以外の真核生物。アメーバ類・粘菌類・ミドリムシ類・藻類など
□ 植物・菌類の分類 ⇨p.305	・**植物**…コケ植物・シダ植物・種子植物（裸子植物・被子植物） ・**菌類**…からだが**菌糸**からなる。子のう菌類・担子菌類など
□ 動物の分類 ⇨p.309	・**無胚葉動物**…海綿動物　**二胚葉動物**…刺胞動物 三胚葉 { 旧口動物…冠輪動物（扁形動物・軟体動物・環形動物・輪形動物）・脱皮動物（線形動物・節足動物） 新口動物…棘皮動物・原索動物・脊椎動物

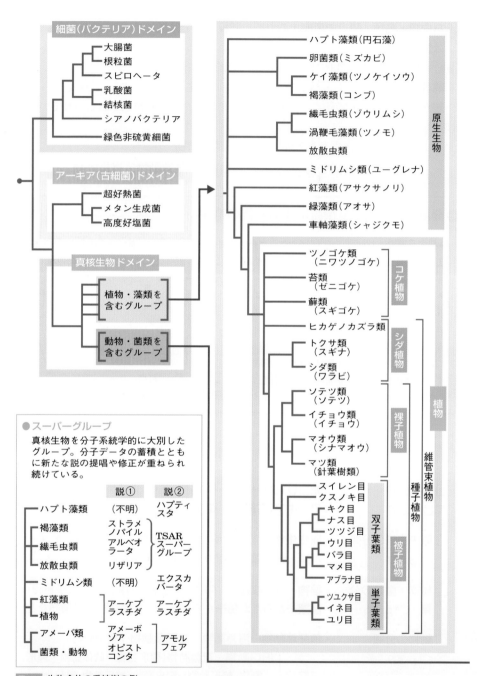

図101　生物全体の系統樹の例

視点　原生生物は多系統群，双子葉類や原索動物は側系統群である（⇨ p.299）。系統の推定法にはいく

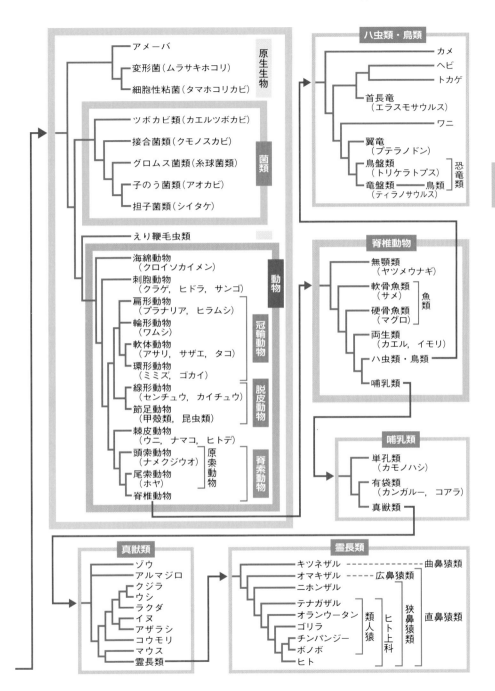

つかの種類があり，それぞれの方法に応じたコンピュータソフトがつくられている。

SECTION ③ 人類の進化

1 | 霊長類のなかのヒト

1 霊長類の特徴

　哺乳類のうちヒトを含むサルのなかまを霊長類という。

❶霊長類への進化　地表近くで生活する食虫類のなかまから進化して樹上に進出したツパイ類が現れ，そのなかから中生代の末，初期の霊長類が現れた。その特徴は，

① 前肢が枝をにぎるのに都合がよいように，第1指(親指)と第2指(人指し指)が完全に向きあっている(拇指対向性)。

② 指の腹の部分に力が加わるような平爪である。(ツパイはかぎ爪)

③ 枝を握る際に滑り止めとなる指紋がある。

④ 嗅覚に代わって視覚が発達している。

⑤ 眼窩(眼球の入っているくぼみ)が前方を向き，広い範囲を立体視できる。

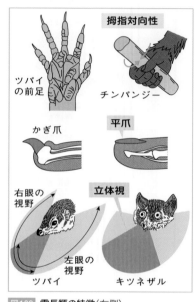

図102　霊長類の特徴(右側)

[霊長類の特徴]
　樹上生活に適応⇨拇指対向性・平爪。視覚が発達(立体視)

❷霊長類の適応放散

① **樹上での発展**　新生代新第三紀，霊長類は樹上生活に適応して曲鼻猿類，直鼻猿類(広鼻猿類，狭鼻猿類)に多様化していった。枝の上を移動するこれらのなかまに対し，狭鼻猿類のなかから枝にぶら下がる移動を行う類人猿が現れた。類人猿は肩の関節が変化し，前肢(腕)を動かせる範囲が非常に広くなった。

② **地上への進出**　アフリカ大陸で生じた大規模な造山運動により，気候も大きく変化して，森林が草原へと遷移していった。この頃，類人猿のあるものは地上へ進出した。最初は四足歩行であったが，約700万年前に常に直立二足歩行を行う猿人が誕生した。

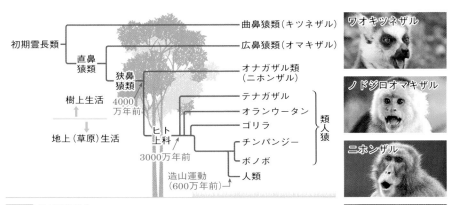

図103　霊長類の進化

2 ヒトの特徴

　類人猿と異なるヒトの特徴は，直立二足歩行ができること，S字形の背骨，脳容積の増大，犬歯が退化しとがったあご（おとがい），前肢（腕）より長く発達した後肢（足），二次的道具や言語の使用などである。

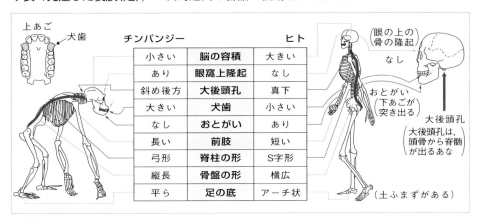

チンパンジー		ヒト
小さい	脳の容積	大きい
あり	眼窩上隆起	なし
斜め後方	大後頭孔	真下
大きい	犬歯	小さい
なし	おとがい	あり
長い	前肢	短い
弓形	脊柱の形	S字形
縦長	骨盤の形	横広
平ら	足の底	アーチ状

図104　類人猿（チンパンジー）とヒトの比較

視点　S字形の背骨（脊柱）が頭の重さを真下から支えることで頭を支えるための筋肉が少なくてすむようになり，脳の大形化が可能になった。また，直立二足歩行で両手が自由になり，道具をつくることで手やそれを動かす脳の機能の発達が促進された。

［ヒトの特徴］
直立二足歩行 ⎰ S字形の背骨の真上に頭が乗る⇨大脳が発達。
　　　　　　 ⎰ 手をつかず歩く⇨前肢（腕）が短く後肢（足）が長い。
　　　　　　 ⎰ 手が自由になる⇨高度な道具の使用（二次的道具）

★1 二次的道具とは，道具をつくるための道具のこと。

2 | ヒトへの進化

1 化石人類

　化石人類とは，はじめて直立二足歩行した初期人類と，現在は絶滅しているその子孫をいう。猿人，原人，旧人，新人の4つに分けられる。

❶猿人　アフリカ大陸の森林で樹上生活をしていた霊長類から進化した。頭骨や骨盤の形状から**直立二足歩行をしていた**ことがわかっているが，脳容積は現生人類（ヒト）の3分の1程度で類人猿とほぼ同じ程度であった。

補足　猿人の最古の化石は約700万年前の**サヘラントロプス属**で，その後，約580万年前には**アルディピテクス属**（ラミダス猿人など），約420万年前には**アウストラロピテクス属**が出現した。

❷原人　脳容積が猿人と比べかなり大きく，腕と後肢の長さの比率も現生のヒトに近くなり，現生のヒトと同じホモ属に分類される。**森林からサバンナに進出し，石器や火を使用，狩猟生活をしていた**と考えられている。

補足　約240万年前に出現した**ホモ・ハビリス**や，約180万年前に出現し，アジアなど世界各地に進出した**ホモ・エレクトス**が知られている。

❸旧人　脳容積は現生のヒトなみに大きく，複雑な石器を使用し，死者の埋葬も行っていた。

補足　約60万年前にアフリカで出現した**ホモ・ハイデルベルゲンシス**や，約30万年前に出現しヨーロッパに進出した**ネアンデルタール人**（ホモ・ネアンデルターレンシス ♂ p.324）などが知られている。

❹新人　アフリカに残っていた集団から約20万年前に出現。**現生のヒトと同種（ホモ・サピエンス）**とされる。

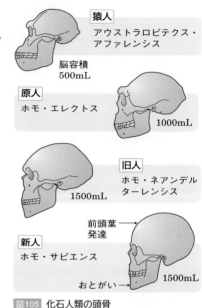

猿人
アウストラロピテクス・アファレンシス
脳容積
500mL

原人
ホモ・エレクトス
1000mL

旧人
ホモ・ネアンデルターレンシス
1500mL

前頭葉発達

新人
ホモ・サピエンス
おとがい
1500mL

図105　化石人類の頭骨

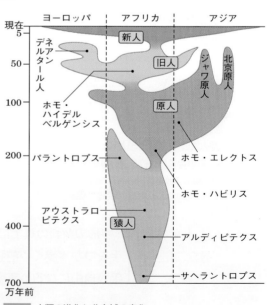

図106　人類の進化と分布域の変化

2 人類の拡散

❶新人以前の拡散　人類の祖先は，猿人の時代はアフリカ大陸で進化を続けていた。原人のホモ・エレクトスは，約180万年前にアフリカ大陸を出て，約150万年前にアジア，約110万年前にヨーロッパに到達した。アフリカで原人から進化した旧人はヨーロッパなどに進出したが原人と比べて分布範囲はあまり広がらなかった。

原人は約5万年前まで，旧人は約3.5万年前までに絶滅したと考えられている。

> 補足　北京原人やジャワ原人の名で知られる化石人類は現在ホモ・エレクトスの亜種とされている。

❷ホモ・サピエンスの拡散　約20万年前にアフリカで誕生したホモ・サピエンスは約7〜5万年前にアフリカ大陸を出てユーラシア大陸に進出し，ヨーロッパ，オセアニア，北米を経由して南米へ到達。草原や森林，砂漠や高山，離島，極地など世界各地のあらゆる環境に広がった。

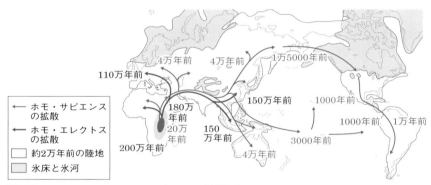

図107　ホモ・エレクトスとホモ・サピエンスの拡散経路

POINT!

猿人…直立二足歩行を始めた　　原人(ホモ属)…草原に進出，石器を使用

旧人…ほぼ現生人類と同じ特徴　　新人(ホモ・サピエンス)…全世界に拡散

このSECTIONの まとめ 　人類の進化

☐ 霊長類のなかの 　　ヒト　⤷p.316	・**霊長類の特徴**…拇指対向性，視覚発達(立体視) ・**ヒトの特徴**…直立二足歩行(S字状の背骨，長い後肢など)
☐ ヒトへの進化 　　⤷p.318	・約700万年前に**アフリカ大陸**でヒトの祖先が直立二足歩行を始め(**猿人**)，**原人**，**旧人**と進化。 ・**新人(ホモ・サピエンス)**…アフリカで出現し全世界に拡散。

第4編　生物の進化

重要用語

SECTION 1 分類と系統

□ **系統分類** けいとうぶんるい ↪ p.296
　進化の道すじを基準にして，生物どうしの類縁関係によって生物を分類する方法。

□ **種** しゅ ↪ p.296
　生物の分類の基本単位。形態が類似しており，雌雄間の交配が可能で，その子の世代も同様に交配が可能な生物の集団を生物学的種という。

□ **分類群** ぶんるいぐん ↪ p.296
　種，属，科，目，綱，門，界，ドメインといった分類段階のいずれかの 1 つの単位に属する生物のまとまり。

□ **学名** がくめい ↪ p.297
　生物の種につけられた，世界共通の名前。ラテン語またはラテン語化した単語を用い，二名法で記載される。

□ **二名法** にめいほう ↪ p.297
　属名＋種小名の組み合わせで示す学名の表し方。1758年リンネによって考案された。

□ **系統樹** けいとうじゅ ↪ p.298
　生物の系統を表した図。共通の祖先から種や生物群が分かれていく筋道が樹木の幹や枝が分かれていく形に見える。

□ **分子系統樹** ぶんしけいとうじゅ ↪ p.298
　核酸やタンパク質など特定の物質についての生物間の違いを数値化し，種が分岐した年代を推定して作成した系統樹。

□ **単系統群** たんけいとうぐん ↪ p.299
　共通の祖先とそのすべての子孫からなる生物群。正式な生物群は原則として単系統群である。

□ **多系統群** たけいとうぐん ↪ p.299
　系統樹上で連続しない生物どうしの集まり。

□ **側系統群** そくけいとうぐん ↪ p.299
　ある単系統群から特定の子孫を除いた生物群。

□ **ドメイン** ↪ p.300
　最も上位の階層の分類段階。一般には，細菌ドメイン，アーキアドメイン，真核細胞ドメインの 3 つがある。

□ **界** かい ↪ p.300
　ドメインの 1 つ下位の分類段階。原核生物界と，真核細胞ドメインに属する原生生物界，菌界，植物界，動物界の合計 5 つの界に分ける五界説が主流である。

SECTION 2 現生の生物の分類

□ **細菌ドメイン** さいきん— ↪ p.302
　原核細胞からなる生物の分類群。従属栄養の枯草菌や大腸菌などのほか，光合成を行うシアノバクテリアや光合成細菌，化学合成を行う硝化菌などが含まれる。

□ **アーキアドメイン** ↪ p.302
　原核細胞からなる生物の分類群。細菌とは細胞膜や細胞壁の成分が異なり，系統的には真核生物に近い。高度好塩菌・超好熱菌・メタン生成菌などが含まれる。

□ **原生生物** げんせいせいぶつ ↪ p.303
　真核生物のうち動物・植物・菌類以外の，単細胞または単純な構造の多細胞生物をまとめたなかま。

□ **植物** しょくぶつ ↪ p.305
　光合成を行う多細胞生物のうちのコケ植物・シダ植物・種子植物。現在の五界説では藻類は原生生物に分類され，植物には含めない。

□ **種子植物** しゅししょくぶつ ↪ p.306
　種皮に包まれた種子で繁殖を行う植物。裸子植物と被子植物がある。

□ **菌類** きんるい ↪ p.307
　光合成を行わない従属栄養・多細胞の真核生物。からだは菌糸からなり，運動を行わず，体外で有機物を分解して吸収し栄養分とする。

□ **地衣類** ちいるい ↪ p.308
　菌類（子のう菌または担子菌）と，緑藻類（原

生生物)またはシアノバクテリア(細菌ドメイン)の共生体。ウメノキゴケなど。

□ **動物** どうぶつ ⤴p.309
光合成を行わない従属栄養・多細胞の真核生物。運動を行い捕食により栄養分を摂取する。

□ **無胚葉動物** むはいようどうぶつ ⤴p.309, 310
組織が分化せず胚葉を生じない動物。海綿動物が属する。

□ **二胚葉動物** にはいようどうぶつ ⤴p.309, 310
発生の過程で外胚葉と内胚葉の二胚葉を生じる動物群。刺胞動物が属する。

□ **三胚葉動物** さんはいようどうぶつ ⤴p.309
発生の過程で外胚葉・内胚葉・中胚葉の三胚葉を生じる動物群。

□ **旧口動物** きゅうこうどうぶつ ⤴p.311
動物のうちで，発生過程でつくられた原口が成体の口になる生物。扁形動物・軟体動物・環形動物・節足動物などが含まれる。

□ **冠輪動物** かんりんどうぶつ ⤴p.311
旧口動物のうち生活史のなかで触手冠をもつ系統の動物。扁形動物・軟体動物・環形動物・輪形動物などが含まれる。

□ **脱皮動物** だっぴどうぶつ ⤴p.311
旧口動物のうち脱皮して成長する系統の動物。線形動物・節足動物などが含まれる。

□ **新口動物** しんこうどうぶつ ⤴p.312
動物のうち，発生過程でつくられた原口の反対側に成体の口ができる生物。棘皮動物・脊索動物などが含まれる。

□ **脊索動物** せきさくどうぶつ ⤴p.312
一生の間に脊索をもつ動物。頭索動物・尾索動物・脊椎動物が含まれる。脊椎動物では脊索は発生途中で退化する。

□ **発生反復説** はっせいはんぷくせつ ⤴p.313
個体の発生においてその生物が祖先から進化する道すじが再現されるとする説。

③ 人類の進化

□ **霊長類** れいちょうるい ⤴p.316
脊椎動物哺乳類のうちで，ヒトを含むサルの

なかま。中生代の末に樹上生活に進出したツパイのなかまから進化した。

□ **直立二足歩行** ちょくりつにそくほこう ⤴p.316
背骨が真下から頭骨(脳)を支え，前肢(手)を着かずに後肢だけで立ち上がって歩行すること。人類と類人猿を分ける基準となる。

□ **拇指対向性** ぼしたいこうせい ⤴p.316
物をにぎるのに都合が良いように，第1指(親指)と第2指(人指し指)が完全に向き合っていること。

□ **立体視** りったいし ⤴p.316
両眼で見ることで物体が立体的に見えること。霊長類は立体視できる範囲が広い。

□ **直鼻猿類** ちょくびえんるい ⤴p.316
鼻孔が前方ないし下方を向いている猿類。広鼻猿類と，類人猿を含む狭鼻猿類がある。

□ **類人猿** るいじんえん ⤴p.316
霊長類直鼻猿類ヒト上科のうちヒト以外のテナガザル・オランウータン・ゴリラ・チンパンジー・ボノボのなかま。

□ **化石人類** かせきじんるい ⤴p.318
はじめて直立二足歩行した初期人類と，現在は絶滅しているその子孫。猿人，原人，旧人，新人の4つに分けられる。

□ **猿人** えんじん ⤴p.318
最も初期に生息した化石人類。アフリカ大陸の森林で樹上生活をしていた霊長類から進化した。脳容積は現生人類の3分の1程度。

□ **原人** げんじん ⤴p.318
猿人の次に出現した化石人類のなかま。現生人類と同じホモ属に分類され，石器のほか火も使っていたとされる。

□ **旧人** きゅうじん ⤴p.318
原人の次に出現した化石人類。約30万年前に出現したネアンデルタール人などが含まれ，死者の埋葬などの文化をもっていた。

□ **新人** しんじん ⤴p.318
旧人の次に出現した化石人類。現生のヒトと同種(ホモ・サピエンス)で，アフリカに残っていた旧人から約20万年前に出現。

種とは何か

//////// 種を分ける基準 ////////

① 生物分類の基本的な単位である種はどのように決まるのだろうか。キタノメダカとミナミメダカのように最近まで1つの種「メダカ」とされていたほど見た目がそっくりのものもあれば，イヌのように小さいチワワから大きなセントバーナードまで形態が大きく異なるのに同じ種である生物もある。

図108 キタノメダカ(左)とミナミメダカ(右)

② 生物分類学の創始者で二名法を確立したリンネは，生物を詳細に観察して形態が同じなかまを同種とし，形態の違いの大小で分類群の遠近を決めた。現在では，交配が可能で，その子世代どうしも交配可能であれば同じ種とする生物学的種(⇨ p.297)の考え方が原則とされている。

③ しかしすべての種について交配を行って確かめることは不可能で，また化石種については適用できない。そして，原核生物や不完全菌類(⇨ p.308)では有性生殖を基準とした分類はできない。これらの理由から，形態や生体物質の違い，または遺伝子を比較して明確に他から独立したものとして分けられる集団を1つの種とする分類が行われている。

④ キタノメダカとミナミメダカは外見が非常に似ており，一部地域で自然交雑が確認されるなど生物学的種としては同一種といえる。しかし，生息域が明確に分かれており，遺伝子を比較するとその違いは1%以上に及び，ヒトとチンパンジーとの違いに匹敵する。

中国・西韓集団
→ チュウゴクメダカ
O.sinensis (2008)

北日本集団
キタノメダカ
O.sakaizumii
(2012)

南日本集団
東韓集団
ミナミメダカ
O.latipes (1846)

図109 旧メダカ(Oryzias latipes)の分類と分布

⑤ 種を細かく分けることは種の多様性を守る上でも意味がある。メダカの場合，1992年から環境省レッドリストに掲載されている(絶滅危惧Ⅱ類)が，これが逆に安易な放流を誘発し在来のメダカ固有の遺伝的系統が失われるおそれがあった。別種として区別することで適切な保護やその啓発を行う1つの手だてとなる。

⑥ 従来は1種とされていたキリンも，2016年の論文をもとにミナミキリン，マサイキリン，アミメキリン，キタキリンの4種に分けられるようになった。これらはゲノムDNAやミトコンドリアDNAの解析によるとヒグマとホッキョクグマほどの違いがあるとされる。絶滅危惧種の保護の観点では，種を分けることは，特に個体数の少ない集団が絶滅してしまう前に気づき対策することにつながる。

⑦ 形質の比較でも個体差があるが，遺伝子の比較でもどの程度の違いで別種とするかの明確な基準はない。生物学的種についてもメダカやキリン(飼育下では交雑できる)のほか，ショウサイフグとゴマフグのように形質や生息域が明確に分かれていた別種の集団でも雑種をつくる例もある。種はこのようなさまざまな要因を考慮して分類，命名される。

種の記載

①現在地球上には知られているだけで190万種以上の生物が存在する（⇨p.296）。この種の数はあくまで推定で，生物の種を戸籍のように登録する場があるわけでも，認定する国際機関があるわけでもない。種は，「新種」の特徴や分布などを記載して学名をつけた論文（記載論文）が学術雑誌などの出版物に（査読とよばれる審査を経て）掲載され，これが世界の研究者たちによって検証，認められ，世の中に広まっていくことで成立している。

②キタノメダカとミナミメダカの場合，
①1846年，日本産のメダカがテミンクとシュレーゲルにより*Oryzias latipes*と命名される。
②北日本と南日本で遺伝的に大きく異なる2系統がある（南日本の系統はさらに9系統に分けられる）ことが複数の論文で示される。
③2012年，朝井俊亘らにより北日本の系統を別種とし新種*Oryzias sakaizumii*と命名する論文が発行される（記載は2011年付）。
④2013年，和名「メダカ」の破棄，ミナミメダカとキタノメダカの標準和名が提唱される（「日本産魚類検索：全種の同定 第三版」）。
といった経緯を経ている。

③この「新種」とは，種分化で新たに生じたという意味ではなく，新たな採集または研究の進歩により発見・命名されたものである。新種が認められるには標本が必要で，その標本の特徴などを論文に詳細に記載し，過去の記載論文に示されたどの種とも異なることを示す。認められた記載論文に使用された標本は**タイプ標本**とよばれ，特にその種の基準として1点だけ定められたものを**ホロタイプ**とよぶ。タイプ標本は，学名を記し，他者が閲覧できる施設で永久保存される必要がある。[★1]

④学名は二名法（⇨p.297）でつけられるが，ラテン語またはラテン語化した言葉で命名することが規定されている。特徴をもとにするほか，地名や人名にちなむものもある。[★2]

⑤学名はホロタイプ標本に対してつけられ，一度つけられたものは変更できない原則がある。このため，コマドリ（*Luscinia akahige*）とアカヒゲ（*Erithacus komadori*）やイチョウ（*Ginkgo biloba*。「銀杏」にちなむ）のように誤りがあっても修正することはできない。しかし，研究の進展で分類が変更になって属名が変わることもある。また，複数の論文で別々に命名された生物が同種として1つにまとめられることもあり，この場合は先に命名されたものが優先される。

図110 コマドリ（左）とアカヒゲ（右）（標本）

さまざまな「種」

①**共生** 地衣類のウメノキゴケ（⇨p.244特集）は，それぞれ独立した生物である緑藻と菌類が共生したものであるが，それぞれの分類とは別に*Parmotrema tinctorum*という学名がつけられている。

②**化石** 化石しか存在しない生物についても現生種と同様に二名法で学名がつけられる。化石はからだの一部しか見つからないことが多いため，同じ生物群または同一種でも異なる部位や成長段階のものにそれぞれ学名がつけられることがある。恐竜などの卵の化石は多くが親が不明であり，形や大きさ，表面や層構造などに基づき独自の分類がなされる。

第4編 生物の進化

★1 メダカ（ミナミメダカ）のタイプ標本はシーボルトが採取したものがオランダのライデン博物館に保管されている。キタノメダカのタイプ標本は福井県の中池見湿地産の個体が用いられている。
★2 ミナミメダカ*Oryzias latipes*の属名はイネ（oryza）に由来し，種小名はひれが広いという意味のラテン語。キタノメダカの種小名*sakaizumii*はメダカの研究に貢献した酒泉満にちなむ命名（これを献名という）。

特集 化石人類のゲノム研究とヒトの起源

新人は旧人から進化したのか

①化石人類の**旧人**に分類される**ネアンデルタール人**は,現生のヒトと比べ,からだは骨太で頑丈,ほぼ同じ脳容積をもつ頭頂部が平らで前頭葉(⇨p.104)の発達が見られないなどの違いがある一方,石器や毛皮を使用し,埋葬を行うなどの文化をもっていた。

②**新人**(クロマニョン人など)は現生のヒトと同じホモ・サピエンスとされる。では,ネアンデルタール人はその新人の直接の祖先なのだろうか。または別種なのだろうか。

③ヒトの系統の研究は塩基置換の速度が速い**mtDNA**(**ミトコンドリアDNA**)で進められてきた。また,mtDNAは1個の細胞の中に多数存在するため死後年月を経た細胞からでも比較的得やすく,全体のサイズが小さいため核ゲノムDNAより解析しやすい。[*1]

④ネアンデルタール人の腕骨化石から抽出されたmtDNAの約400塩基対の塩基配列を2051人の現生のヒトと比較した結果,ネアンデルタール人と現生のヒトとの分岐時期が現生のヒトの間で最も古い分岐の約4倍の古さとなり,この両者は別種であることがわかった(1997年)。ネアンデルタール人は現生の人類につながることなく絶滅したのである。

旧人とヒトのゲノム比較

①2010年には化石のDNAからネアンデルタール人の核ゲノム約30億塩基対が決定され,ネアンデルタール人と世界各地のヒトのゲノム比較が行われた。

②比較の結果,アフリカ以外のヒトのSNP(⇨p.259)のうち1〜4％は,ネアンデルタール人由来であることがわかった。これより,アフリカを出たホモ・サピエンスとネアンデルタール人との間で混血が起きていたと推測された。

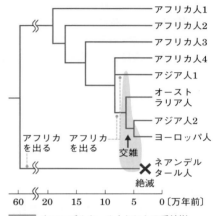

アフリカ人1
アフリカ人2
アフリカ人3
アフリカ人4
アジア人1
オーストラリア人
アジア人2
ヨーロッパ人
交雑
ネアンデルタール人
絶滅

アフリカを出る　アフリカを出る

60　20　15　10　5　0〔万年前〕

図111 ネアンデルタール人とヒトの系統樹

③ホモ・サピエンスの起源については,世界中に分布した原人から旧人→新人と進化したとする**多地域進化説**は否定され,アフリカ大陸で出現して世界中に広がったとする**アフリカ単一起源説**が現在支持されているが,それはこのようなゲノムの比較によるものである。

④ネアンデルタール人の化石からDNAを得て解析に成功したペーボ(スウェーデン)は,古生物のゲノム研究の手法を確立してヒトの起源を明らかにする道を開いた功績からノーベル生理学・医学賞(2022年)[*2]など数々の賞を受賞した。ネアンデルタール人とのゲノム比較を糸口に,私たちヒトはどのような特徴をもちどのような経緯を経てきたことで今のような文明をもつ独特の存在になりえたのかなどさまざまな研究が続けられている。

[*1] ヒトやネアンデルタール人のmtDNAのサイズは約1万6500塩基対。
[*2] 発掘された化石からのDNA解析には,分解されたDNAの回収と復元のほか,外部からの混入の影響を排除する技術を必要とする。

第5編

生命現象と物質

. . . .

1 ≫ 細胞と物質

1 細胞の構造と働き

1 | 細胞の内部構造

1 細胞とは

❶**生物の基本単位** 17世紀以降，いろいろな植物や動物の観察を通して，生物のからだの構造上の最小単位は細胞であることがわかってきた。さらに，細胞培養法が確立し，1個の細胞を取り出して人工的に培養して増殖させることはできるが，核など細胞の一部分だけを取り出して培養することができないことがわかった。また，1個の培養細胞から分裂・分化させて完全な個体まで成長させる実験[★1]などを通して「**細胞が構造上および機能の上でも生命の基本単位である**」ことが明らかになった。

❷**細胞の働き** 細胞は，分裂したり，遺伝子を発現させたり，代謝を行ったりする。細胞分裂や，遺伝情報の発現，そして秩序だった代謝といった生物としてなくてはならない活動はすべて細胞内で行われている。

　細胞は，細胞膜によって外界から隔てられ，その内部で一定の構造をもつ細胞小器官が機能するまとまったシステムである。細胞内部の核には遺伝子DNAを含む**染色体があり，遺伝子がもつ遺伝情報を生物体として機能するのに必要な物質へと変換している**（⤷ p.51）。細胞質基質にはタンパク質（⤷ p.66）や脂質・炭水化物（⤷ p.40 〜 42）が含まれ，ミトコンドリアや葉緑体などのさまざまな細胞小器官が，呼吸や光合成などの代謝を行っている（⤷ p.358, 372）。

POINT!

細胞は生命の**構造上・機能上**の基本単位である。

★1 植物では比較的簡単な実験で1個の培養細胞から細胞の分裂・成長を促して，完全な植物体をつくり上げることができる（⤷ p.420）。

参考 細胞の発見と細胞説の確立

●イギリスのフックは顕微鏡を用いてコルクの切片を観察し，ミツバチの巣のような小さな「部屋」が集まってできていることを見出した(1665年『顕微鏡図譜』)。この「部屋」を細胞(cell)と名付けたことが細胞の発見とされる。[*1]オランダのレーウェンフックが自作の顕微鏡で水中の微生物を発見したり(1674年)，ヒトの赤血球を発見したりするなど，顕微鏡の発展とともに，生きている生物の詳細な構造が明らかになっていった。

●イギリスのブラウンは顕微鏡で植物のいろいろな細胞に必ず核があることを発見した(1831年)。また，ドイツの植物学者シュライデン(1838年)や同じくドイツの動物学者シュワン(1839年)は，それぞれ植物細胞・動物細胞の観察を通して植物のからだも動物のからだも細胞が単位となっているという細胞説を提唱した。さらにドイツのフィルヒョーは「すべての細胞は細胞から生じる」ことを提唱し(1855年)，細胞説が確立することとなる。

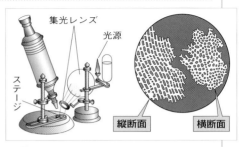
図1 フックが用いた顕微鏡(左)と，彼が描いたコルクの細胞のスケッチ(右)

視点 フックの顕微鏡はレンズを組み合わせた複合顕微鏡で，倍率は約150倍。反射光で観察。彼が観察したのは細胞壁のみで，完全な細胞ではなかった。

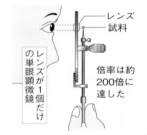
図2 レーウェンフックが用いた顕微鏡

2 細胞の構造

❶**真核細胞の構造**　真核細胞は，細胞膜に包まれ，内部には核とそれを取り囲む細胞質とがある(⇨p.22)。核は，核膜(二重膜)に包まれた球形をしており，内部には，遺伝子DNAを含む染色体が存在している。核は遺伝形質の発現に大きな役割を果たしている。細胞質中には，二重膜に包まれたミトコンドリアや葉緑体，一重膜に包まれた液胞や小胞体・ゴルジ体などの細胞小器官があり，**膜に埋め込まれたタンパク質を用いたり，膜を介して物質のやり取りを行ったりしながら，物質合成やエネルギー生産にかかわっている。**

❷**原核細胞の構造**　原核細胞は細胞膜に包まれている点では真核細胞と共通しているが，細胞サイズは小さい。膜に包まれた核・ミトコンドリア・葉緑体・ゴルジ体などはなく，DNAは細胞質中に存在する(⇨p.20)。呼吸を行うための酵素などは細胞膜の内側に結合していて，膜の上で代謝にかかわる化学反応を進めている。

★1 cellを「細胞」と訳したのは宇田川榕菴(庵)(1835年)で，この訳が現在も使われている。

2 | 生体膜の働き

1 生体膜のつくり ⚠重要

❶**細胞と細胞膜**　細胞は細胞膜によって包まれており，細胞膜を通じて外界と接している。細胞が生きていくためには，必要なものを細胞内に取り入れ，不必要なものを細胞外へ捨てなければならない。また，外界の情報を受け入れて外界の変化に対応しなければならない。そのために細胞膜は重要な働きをしている。

❷**細胞膜の電子顕微鏡像**　細胞膜の断面は図3のように見え，明るく見える層と暗く見える層の3層からなることがわかる(厚さ約5～10 nm)。

❸**細胞膜の成分**　細胞膜は，リン脂質(⇨図4，p.42)からなる二重の層のところどころに機能をもつタンパ

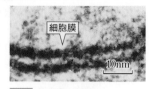

細胞膜

10nm

図3　細胞膜の断面

ク質がモザイク状にはまり込み，流動的に動き回ることができる構造をしている(⇨図5)。これを流動モザイクモデルという。細胞膜をつくる脂質分子層は常温で流動的で，膜内タンパク質もまわりの条件によって変形しながら脂質分子間を動いている。

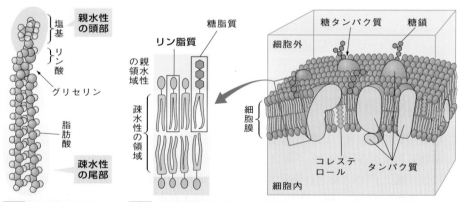

図4　リン脂質の構造　　図5　細胞膜の流動モザイクモデル

❹**生体膜**　細胞膜および核膜・ミトコンドリアや葉緑体の膜などの細胞小器官の膜を生体膜といい，すべてリン脂質の二重層からなる同じつくりをしている。

❺**膜タンパク質**　リン脂質とともに生体膜を構成するタンパク質を**膜タンパク質**といい，生体膜を貫通するものや膜表面に結合するものがある。膜タンパク質は，イオンや分子の膜内外への輸送，酵素としての働き，受容体，細胞接着など，多くの機能を担う。また，糖鎖がついた糖タンパク質となっているものもある。[1]

★1 膜タンパク質の糖鎖は免疫などにおける細胞の識別や，特定の物質に対する細胞の感受性に関与している。

参考　界面活性剤（セッケン）と膜構造

●セッケンの分子の構造は，リン脂質と同様に，親水性の部分（親水基）と疎水性の部分（疎水基）をもつ。油汚れがある布をセッケン水（石けん水）の中に入れると，水と油の境目で親水基が水と，疎水基が油とそれぞれ結びつき，油汚れを取り囲んで布から離れることで汚れを落とすことができるのである（図6）。このように通常は混ざり合わない水と油の境（界面）に作用し変化させる物質を界面活性剤という。

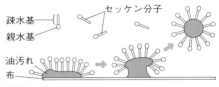

図6　セッケン（界面活性剤）の働き

●セッケン水中のセッケンの分子は，親水基を水面に向けて空気と水の界面に膜状に並んだり，水中で疎水基を内側に向けて集まり**ミセル**とよばれるかたまり状の構造になったりする。さらに，ストローでセッケン水を吸い上げて一気にセッケン水の中に落とすと，**水中シャボン玉**をつくることができる。この水中シャボン玉は，生体膜のリン脂質の二重層と似た二重の膜構造をとっている（図7）。

補足　ふつうのシャボン玉はセッケン分子が水のうすい層に親水基を向けた構造をとるのに対して水中シャボン玉はセッケン水の中の空気の層に疎水基を向ける。

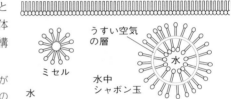

図7　ミセルと水中シャボン玉

❻**原核生物の細胞膜**　原核細胞は，ミトコンドリアなどの細胞小器官をもたないので，細胞膜の内側表面に多くの酵素を埋め込み，電子伝達系（⇨p.361）をはじめとするさまざまな代謝を膜上で行っている。

2　細胞膜の働き

❶**生体膜と物質の通過**　リン脂質の二重層からなる細胞膜は，水など多くの物質が通過しにくい性質をもち，細胞の内外を仕切っている。細胞が物質を細胞外とやりとりする際は，細胞膜を貫通している**膜輸送タンパク質**を利用する（⇨p.347）。

❷**膜の動きを伴う輸送**　リン脂質の二重層や膜輸送タンパク質を通過できないような大きな物質を細胞から出入りさせる際には，細胞膜の陥入や小胞の融合による輸送が行われる。この輸送には，**細胞表面の物質を膜で取り巻き小胞として細胞内に取り込むエンドサイトーシス（飲食作用）**と，**細胞内で小胞をつくり細胞膜と融合して小胞の中身を細胞外へ放出するエキソサイトーシス（開口分泌）**がある（図8）。

★1　エキソサイトーシスで細胞膜と融合して物質を細胞外に分泌する小胞は，小胞体でつくられ，ゴルジ体に運ばれた後分離してできる（⇨p.65）。

第5編　生命現象と物質

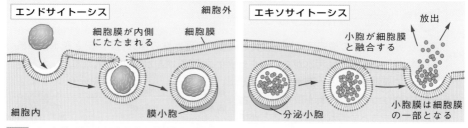

図8　エンドサイトーシスとエキソサイトーシス

補足 エンドサイトーシスのうち，大きな分子をそのまま取り込む作用を**食作用**（ファゴサイトーシス），液体に溶けた水溶性の栄養分などを細胞外液とともに取り込む働きを**飲作用**（ピノサイトーシス）という。

❸**受容体**　膜タンパク質には，外部からの刺激や情報となる物質を受け止める役割のものがある。そのようなタンパク質を受容体という（⊂⊃p.350）。

［細胞膜を通過しない物質の輸送］
細胞内に取り込む**エンドサイトーシス**（飲食作用）
小胞の中身を細胞外へ放出する**エキソサイトーシス**（開口分泌）。

参考　細胞どうしの結合

●細胞は周囲の細胞と接着し協調して生きている。細胞とほかの細胞や細胞外基質との結合を**細胞接着**といい，密着結合・固定結合・ギャップ結合などが知られている。
●**密着結合**は，タンパク質によって細胞どうしをすき間なく密着させるもので，物質を通さない。**固定結合**は細胞骨格（⊂⊃p.334）につながる強度の高い結合で，デスモソームとよばれる鋲のような構造などで細胞どうしをしっかりと連結させる。**ギャップ結合**は，2つの細胞の細胞膜を貫通するタンパク質で通路をつくり，直接イオンや糖・アミノ酸をやり取りすることができる。

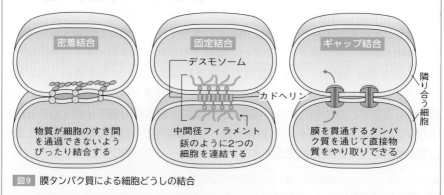

図9　膜タンパク質による細胞どうしの結合

3 │ 細胞小器官の働き

1 細胞と核の働き ①重要

❶真核細胞の内部のつくり　真核細胞は細胞膜で包まれており，その中の細胞質には生体膜(⇨p.328)で囲まれた細胞小器官とよばれるさまざまな構造体が存在する(⇨p.22)。核も細胞小器官の1つである。

❷核の構造　核は核膜に包まれた球状の構造で，内部に**染色体**や**核小体**が存在する。染色体に存在する遺伝子(DNA)は遺伝形質の発現にかかわる(⇨p.48)。

①**核膜と核液**　核膜は核を包む二重の膜である。膜を貫通する**核膜孔**とよばれる構造が多数存在し，細胞質との物質のやり取りを行う通路となっている。核膜内部は**核液**とよばれる液体で満たされている。

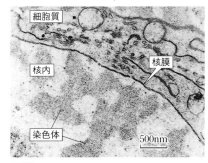

図10　核膜周辺の微細構造

②**染色体**　DNAとタンパク質(ヒストン)からなり(⇨p.51)，塩基性色素によく染まる。染色体は間期には核内に分散していて，細胞分裂の際に折りたたまれて凝縮し，DNAを娘細胞に正しく分配する役割を果たしている。

③**核小体**　核内に1～数個あり，タンパク質とRNA (⇨p.41, 404)を多量に含んでいる。核小体では**rRNA** (リボソームRNA)が合成されている。

❸核の働き　核内部の遺伝子(DNA)がもつ遺伝情報によって，細胞の形質(形や性質)を決め，細胞全体の生命活動を支配して，**各細胞小器官の働きを統制している**。また，核には次の世代に形質を伝える遺伝情報を保持する働きもある。

POINT!

> 核は，染色体に存在する遺伝子(DNA)がもつ遺伝情報によって細胞の生命活動を支配し，次世代に伝える遺伝情報を保持する。

2 その他の細胞内構造

❶ミトコンドリア　二重の生体膜で包まれた小体で，内側の部分はマトリックスとよばれる。二重膜の内側の膜(**内膜**)は内部にくびれてくしの歯のような**クリステ**という構造をつくり，電子伝達系(⇨p.362)の酵素群が埋め込まれていてATP合成にかかわる。

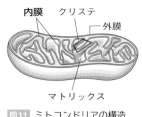

図11　ミトコンドリアの構造

★1 膜構造をもたない構造体であるリボソーム，**中心体**，紡錘糸，細胞骨格は細胞小器官に含めない。

❷**色素体**　二重膜に包まれた構造からなり，藻類と植物の細胞に特有のものである。色素体には葉緑体と**有色体・白色体**などがあり，葉緑体で光合成が行われる。

　葉緑体内部の扁平な袋状の構造をチラコイド，その間を満たす基質部分をストロマという。チラコイドはクロロフィルなどの色素を含み，光エネルギーを吸収してATPを合成し，ストロマではATPのエネルギーを使って二酸化炭素を取り込み，有機物を合成する（⇨ p.372）。

補足 白色体の一種であるアミロプラストは内部にデンプン粒を含み貯蔵に働くほか，根の重力感知にも働く（⇨ p.543）。

チラコイド（扁平な袋状構造）　ストロマ（基質部分）

図12 葉緑体の構造

❸**リボソーム**　タンパク質とrRNAからなる大サブユニットと小サブユニットが結合してできており，タンパク質合成を行う（⇨ p.408）。

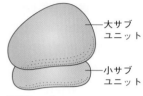

大サブユニット

小サブユニット

図13 リボソーム

❹**小胞体**　小胞体は一重の生体膜からなり，網目状に細胞内に広がっている。表面にリボソームを付着している小胞体（**粗面小胞体**）も多く，リボソームで合成された**タンパク質の輸送路**となっている。タンパク質は小胞体を経由してゴルジ体から細胞の外へ運ばれる（⇨ p.65）。

補足 リボソームが見られない小胞体を**滑面小胞体**といい，脂質の合成などが行われている。

小胞体

リボソーム

図14 小胞体

❺**ゴルジ体**　一重膜からなる扁平な袋が重なった構造で，タンパク質に糖などを付加する働きがある（**修飾する**[★1]という）。また，細胞内でつくられた物質を包んだ小胞を形成し細胞内外への運搬に働く。

❻**リソソーム**　リソソームはゴルジ体からつくられる

小胞

図15 ゴルジ体

直径0.4 〜数 μmの小胞で，一重膜からなる。内部に強力な分解酵素を含み，不要になったタンパク質・脂質・糖や侵入した異物の分解にかかわる（⇨ p.333）。

❼**液胞**　植物細胞で発達している。一重の液胞膜に囲まれ，内部の**細胞液**には糖・有機酸・無機塩類・酵素などが含まれていて，次のような働きをもつ。

①**浸透圧調節と構造の維持**　成長した植物細胞では細胞の体積の大部分を占める。細胞液にさまざまな溶質を含み，浸透圧が高まると外部からの吸水を起こす（⇨ p.142, 555）。その結果，細胞が膨張して植物体を支える力が増加する。

②**不要物の貯蔵**　細胞内で生成した有害な副産物や老廃物を貯蔵する。

③**色素を含む**　アントシアンという色素を含む。花弁や果実・シソの葉・紫キャベツなどの赤や青，紫色はこのアントシアンの色である。

★1 タンパク質の修飾にはメチル基 −CH₃が付加される**メチル化**やリン酸が結合する**リン酸化**などもある。

参考 オートファジー

●細胞内で不要になった細胞質の成分が小胞に取り込まれ，液胞やリソソームの働きにより取り除かれる反応系をオートファジー（自食作用）という。[*1]

①細胞内に膜が現れ，不要になった細胞質成分を包み込み**オートファゴソーム**が形成される。

②①がリソソームと融合してオートリソソームとなり，内容物が分解される。

③分解された成分はタンパク質合成などの材料に再利用される。

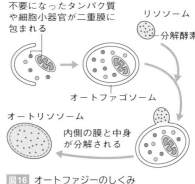

図16　オートファジーのしくみ

図17　アメーバ運動

3 その他の構成要素

❶細胞質基質（サイトゾル）　細胞膜の内側を満たす透明の液体。粒子が分散している半流動性の液体（ゾル）である。さまざまな酵素などのタンパク質を含み，解糖系（⇨p.359）や発酵，タンパク質合成などの代謝の場となっている。

補足　アメーバや白血球はゲル状の細胞質基質を流動させて仮足を伸ばし，底質に接する部分を半固形状（ゲル）化させて付着させるゾル―ゲル転換をくり返すアメーバ運動を行って移動する（⇨p.335）。

❷細胞壁　植物細胞に見られる構造で，細胞質から分泌され沈着した物質でできている。多糖類のセルロースを主成分とし，ペクチンなども含む硬度のある厚い構造で植物細胞全体を包み細胞の形を保持する。水や溶質を自由に通し，ところどころで**原形質連絡**という微小な孔を通じて隣接する細胞と滑面小胞体どうしがつながっている。

参考　細胞壁にリグニンが加わると木化して硬くなる（道管の細胞がこれにあたる）。クチンが蓄積するとクチクラ層となる（表皮細胞がこれにあたる）。

❸中心体　円筒形をした2個の**中心小体（中心粒）**が互いに直角になるように位置し，核の付近に存在する。細胞分裂のときに分かれて両極に移動し，紡錘糸の起点となる（⇨p.52）。また，中心体は紡錘糸や鞭毛を構成する微小管（⇨p.336）の起点となる。

図18　中心粒

❹細胞骨格　細胞質基質に存在する繊維状の構造で**細胞の形を維持**したり，**細胞の運動に必要な物理的な力を発生させる**。細胞小器官の移動や細胞分裂の際の染色体の移動，筋細胞の収縮にかかわる。

★1 酵母について調べたオートファジーの反応系とこれにかかわる遺伝子の特定によって，2016年大隅良典がノーベル生理学・医学賞を受賞した。

4 細胞分画法と細胞小器官

分業化している各細胞小器官の働きを知るためには，細胞小器官を生きたままで取り出して調べなければならない。そこで，すりつぶした細胞を含むスクロース溶液を遠心分離機にかけ，細胞小器官をその大きさや密度の違いによって生きたまま分ける細胞分画法が用いられる。

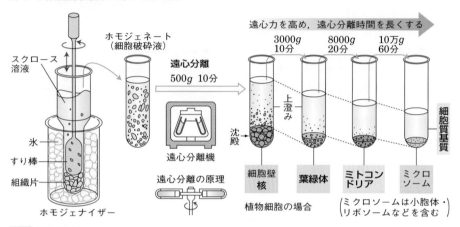

図19 細胞分画法

補足 1. スクロース溶液の中で細胞をすりつぶすのは，低張液（◻ p.142）中で細胞をすりつぶすと吸水して細胞小器官の構造が壊れてしまうのでそれを防ぐためである。
2. 一連の手順を低温で行い，細胞質基質の酵素によって細胞小器官が分解されるのを防ぐ。

4 │ 細胞骨格

1 細胞骨格とは

細胞質基質（サイトゾル）に存在する繊維状の構造物を細胞骨格という。細胞骨格は丈夫な骨組みとして細胞の形を維持し，さらに鞭毛・繊毛や細胞自身の運動，細胞内の細胞小器官や物質の輸送，細胞分裂の紡錘糸・細胞質分裂にかかわる。

細胞骨格にはアクチンフィラメント，微小管，中間径フィラメントの３種類がある。細胞骨格は細胞内で分解されたり再構築したりすることを頻繁にくり返していて，それが機能と深くかかわっている。

[細胞骨格の働き]
①細胞の形の維持，②細胞の運動，③細胞小器官や物質の輸送
④細胞分裂（紡錘糸，細胞質分裂）

2 細胞骨格の種類と働き

❶アクチンフィラメント　球状のタンパク質である
アクチンが細胞内で多数つながって（重合して），直
径約7 nmの細いアクチンフィラメントを形成する。
アクチンフィラメントは細胞の形の維持や，細胞の
変形・運動にも働く。

アクチン

図20　アクチンフィラメント

① **細胞の形の維持**　アクチンフィラメントは細胞膜の直下で網目構造を形成したり，
　小腸上皮細胞の微柔毛を裏打ちして支えるなどの働きをもつ。
② **アメーバ運動**　白血球やアメーバなどの細胞や単細胞生物は移動方向へ仮足を
　伸ばすアメーバ運動（⇨p.333）によって移動するが，これは進む方向へ細胞内で
　アクチンフィラメントを伸ばし，細胞質を伸ばして行われる。

補足　アクチンフィラメントは，一方の末端で新たにアクチンが**重合**して繊維が伸び，他方の末端で
はアクチンが**解離**して繊維が短くなる。細胞膜の近くでアクチンがどんどん重合して繊維を伸ばし，
細胞膜を押し出すことで先に伸びていくのである。

③ **原形質流動**　植物細胞では，細胞質が流動して細胞小器官が細胞内を移動する
　原形質流動が見られる。これはアクチンフィラメント上を移動する**モータータ
　ンパク質**の働きによる現象で，生きている細胞でしか見られない。
④ **筋収縮**　筋収縮は，アクチンフィラメントをモータータンパク質である**ミオシ
　ン**がたぐり寄せることで起こる（⇨p.505）。
⑤ **細胞質分裂**　動物細胞の細胞質分裂で細胞が2つにくびれて切れるときに，2つ
　の娘細胞の境目に**収縮環**という輪ができる。この収縮環は筋原繊維（⇨p.505）と
　同様にアクチンとミオシンのフィラメントからなり，これらが相互に滑り込む
　ことで収縮が起きる。

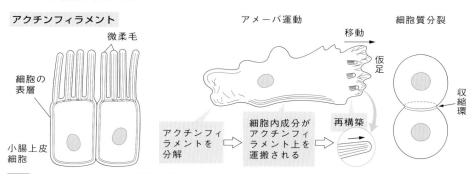

図21　アクチンフィラメントの分布と働き

★1 モータータンパク質はATPを分解しながら細胞骨格を滑らせたり，細胞小器官を細胞骨格に沿って移
　動させたりする（⇨p.505）。

第5編　生命現象と物質

❷微小管　微小管は 3 種類の細胞骨格のなかでは最も太く，直径約 25 nm の中空の管状繊維である。通常の細胞では中心体から伸びた微小管が細胞質内に張り巡らされている。微小管はいろいろなタンパク質と結合して，細胞の形を維持するほか，細胞質または細胞全体の運動にかかわる。

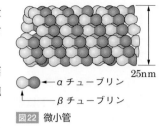

図22　微小管

補足　微小管はチューブリンという球状のタンパク質が規則正しく並び，管状構造をつくっている。微小管は両端の性質が異なり，＋端(中心体のある側の反対側)でチューブリンの付加や脱落による伸長・短縮が起こっている。

①核分裂　細胞分裂では両極に移動した 2 つの中心小体(中心粒)から紡錘糸とよばれる微小管が伸びる(⤷ p.56)。紡錘糸は染色体の動原体と結合して，この後，紡錘糸の短縮が起こり，分かれた染色体は両極の中心体に引きよせられる。

②鞭毛・繊毛　精子の鞭毛や気管上皮の繊毛は，内部の微小管の束が互いにずれ込むことによって屈曲運動が起こる(⤷ 図23)。

③細胞内の運搬　細胞内から細胞外へと分泌される物質や逆に細胞の内部に取り込まれる物質を含んだ小胞は，微小管の上を動くモータータンパク質が ATP を分解してエネルギーを消費しながら運んでいる。また，その働きに応じた細胞小器官の移動にも微小管とモータータンパク質が関係している。

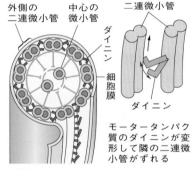

図23　鞭毛の構造と屈曲のしくみ

❸中間径フィラメント　アクチンフィラメントと微小管の中間の直径約 10 nm の構造体で，細胞の種類によって異なるタンパク質からなる多様な種類が存在する。いずれもたくさんの分子が重合した丈夫な繊維で，細胞の構造や強度の保持に役立っている。

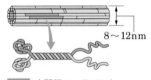

図24　中間径フィラメント

例　ケラチン繊維・デスモソーム

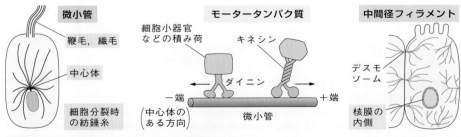

図25　微小管と中間径フィラメントの分布と働き

重要実験 原形質流動の観察

操作

❶ 水槽中のオオカナダモの葉を茎からはずし，スライドガラスにのせて水を1滴加え，カバーガラスをかける。

❷ 400倍の倍率で細胞内の葉緑体の位置の変化を観察する。

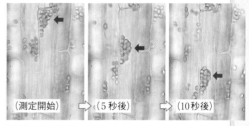

図26　オオカナダモ

❸ 水槽中の水の温度を15℃と30℃に変え，それぞれの水温での原形質流動の速度を，ミクロメーターとストップウォッチを用いて求める。

❹ 茎からはずしたオオカナダモの葉を，アルコールに浸してから観察する。

結果

❶ 水温が15℃よりも30℃のときのほうが，原形質流動の速度が速かった。

❷ アルコールに浸した葉では，原形質流動は見られなかった。

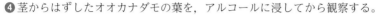

（測定開始）⇨（5秒後）⇨（10秒後）

図27　原形質流動のようす

視点　矢印の先の葉緑体の集まりに注目すると，細胞質が動いているようすがわかる。

考察

❶ 原形質流動の速度は，どのようにして求められるか。➡葉緑体が一定の距離を流動した時間か，葉緑体が一定時間に移動した距離を求め，「**速度 = 距離 ÷ 時間**」で求める。

❷ アルコールに浸した葉で，原形質流動が観察されないのはなぜか。➡アルコール中では細胞が死んでしまうから。**死んだ細胞では原形質流動は見られない**。原形質流動が見られるのは，細胞が生きている証拠である。

このSECTIONの**まとめ**　細胞の構造と働き

☐ **生体膜の働き** 🔖 p.328	・**生体膜**…**リン脂質**の二重膜 + 機能をもつ膜タンパク質 ・**膜の輸送**…膜タンパク質・小胞による輸送。
☐ **細胞小器官の働き**　🔖 p.331	・**核**…細胞の生命活動を支配し遺伝情報を保持する。 ・**膜構造**…**ミトコンドリア・色素体・小胞体・ゴルジ体**
☐ **細胞骨格** 🔖 p.334	・**細胞骨格の働き**…①細胞の形の維持，②細胞の運動，③細胞内の輸送，④細胞分裂

第5編　生命現象と物質

② 細胞の活動を支える物質

1 │ タンパク質の構造と働き

1 タンパク質と細胞

　動物の細胞をつくる物質のうち，およそ70 %を水が占めており，水以外では**タンパク質**が最も多く含まれる（⤷p.40）。タンパク質には多くの種類が存在し，生物体の構造をつくるとともに，さまざまな重要な働きをしている（⤷p.340）。

2 タンパク質の構造と種類

❶タンパク質の構造

① タンパク質の構成単位はアミノ酸で，多数（ふつうは10個以上）のアミノ酸がペプチド結合によってつながったポリペプチドがタンパク質の基本的な構造となる。

② タンパク質を構成するアミノ酸は20種類あり（図30），

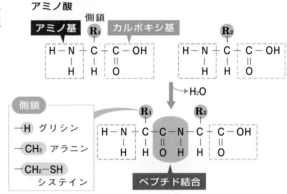

図28 アミノ酸の基本構造とペプチド結合

アミノ酸の種類・数・配列順序によってタンパク質が決定する。

❷タンパク質の立体構造　タンパク質は複雑な立体構造をとり，これがタンパク質の機能と深く関係している。

① **一次構造**　ポリペプチドを構成するアミノ酸の配列を一次構造という。

② **二次構造**　ポリペプチド鎖はところどころで−COと−NHが水素結合を形成し，特徴的な立体構造をとる。これを二次構造といい，らせん状のαヘリックス，ジグザグ

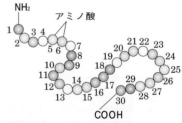

図29 タンパク質の一次構造

に折れ曲がった配列が平行に並んで屏風状になったβシートがある（図31）。

③ **三次構造**　ポリペプチド分子全体として折りたたまれた特有の立体構造を三次構造という。タンパク質によってはシステインの側鎖に含まれる硫黄Sどうしが[★1]S−S結合（ジスルフィド結合ともいう）を形成することで安定化する。

★1 2個のシステインのSH基からH_2がとれて結合ができる。

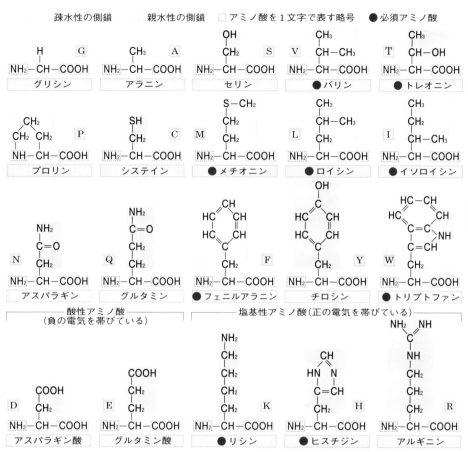

疎水性の側鎖　　　親水性の側鎖　　□アミノ酸を1文字で表す略号　●必須アミノ酸

図30　タンパク質を構成するアミノ酸

視点　図中の必須アミノ酸(●)はヒトの必須アミノ酸で，体内で合成できないため食物からとる必要がある。さらに，乳幼児はアルギニンを加えた10種が必須アミノ酸とされる。

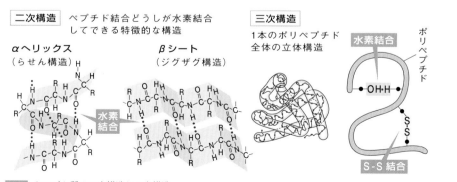

二次構造　ペプチド結合どうしが水素結合してできる特徴的な構造

αヘリックス（らせん構造）　　βシート（ジグザグ構造）

三次構造　1本のポリペプチド全体の立体構造

水素結合

図31　タンパク質の二次構造と三次構造

第5編　生命現象と物質

④**四次構造** 三次構造をとった複数のポリペプチド
（サブユニット）が組み合わさってできた構造を四
次構造という。ヘモグロビンは4つのサブユニッ
トからなるタンパク質である（四量体という）。

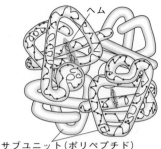

ヘム

サブユニット（ポリペプチド）

図32 ヘモグロビンの四次構造

POINT!

> タンパク質は，多数のアミノ酸がペプ
> チド結合したポリペプチドが複雑な立
> 体構造をとったものである。

❸**タンパク質の立体構造の形成** ポリペプチド鎖が折りたたまれてタンパク質の固
有の立体構造を形成する過程を**フォールディング**という。これに対して加熱やpH
の変化によって水素結合が切れ，タンパク質の立体構造が壊れて性質が変わってし
まう変化を**タンパク質の変性**という（⇨p.354）。

❹**シャペロン** 細胞中にはタンパク
質が正しく立体構造を形成する手助
けをするタンパク質があり，**シャペ
ロン**という。シャペロンには変性し
たタンパク質を隔離して正しくフォー
ルディングし直すものなどいくつか
の種類がある（⇨p.354）。

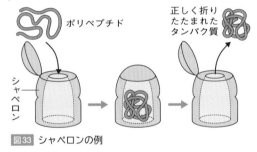

ポリペプチド

シャペロン

正しく折り
たたまれた
タンパク質

図33 シャペロンの例

3 タンパク質の種類と働き

タンパク質は自然界に10万種類以上存在すると考えられており，その機能の上
から**構造タンパク質**と**機能タンパク質**に大別される。

表1 おもなタンパク質とその働き

分類		働き	タンパク質の例
構造タンパク質		生体内での構造をつくり，機械的強度をもたせる。	ケラチン，コラーゲン
機能タンパク質	酵素	生体内での化学反応を促進する。	アミラーゼ
	ペプチドホルモン	生物体のいろいろな生理作用を調節する。	インスリン
	収縮性タンパク質	筋肉などの収縮に働く。	アクチン，ミオシン
	輸送タンパク質	血液中にあって物質を運んだり，細胞膜中にあって能動輸送に関与する。	ヘモグロビン，ナトリウムポンプ
	受容体	細胞外からきた物質と結合し，細胞に情報を伝える。	ホルモンの受容体
	防御タンパク質	体内に入ってきた異物と特異的に結合する。	免疫グロブリン

2 | 代謝と酵素

生物の体内で行われているさまざまな化学反応には，反応を促進する**触媒**として
タンパク質からなる酵素が働いている。そのため，これらの化学反応は酵素の性質
（基質特異性，最適温度，最適pHなど。⤴ p.33〜35）の影響を受ける。

1 酵素の働き

❶**基質濃度と酵素の働き** 酵素反応は，単位時
間に形成される酵素―基質複合体の数が多いほ
ど，反応速度が速くなる。酵素の量を一定にし
て基質濃度だけを変化させると，基質濃度によ
って反応速度は次のように変化する。

①**基質濃度が低いとき** 酵素に対して基質の量
が少なく，酵素―基質複合体が少ししかつく
られず，反応速度は基質濃度にほぼ比例する。

②**基質濃度が高いとき** 基質が余るほどあって
も，酵素が一定量しかないため，ある濃度を
超えると**反応速度は最大速度に達し，一定
になる。**これは酵素の活性部位がすべて基
質で飽和して，一定時間あたりの酵素―基
質複合体が増えないからである。

❷**酵素濃度および基質濃度と反応速度**

ある酵素濃度と基質濃度で反応を行い，
反応時間あたりの生成物量を測定したもの
が図35のグラフAである。基質濃度を変
えずに酵素濃度を2倍にすると，反応初期
に形成される酵素―基質複合体の濃度が2
倍になるため，反応速度が速くなる（グラ
フB）。一方，酵素の濃度を変えずに基質
濃度を2倍にすると，基の総量が2倍に
なっているため，最終的な生成物量が2倍となる（グラフC）。

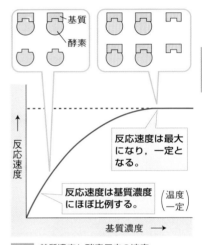

図34 基質濃度と酵素反応の速度

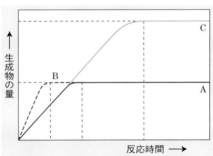

図35 異なる酵素濃度・基質濃度条件における
反応時間と生成物の量の関係

POINT!

酵素の反応速度は，単位時間に形成される酵素―基質複合体の濃度
によって決まり，最終的な生成物の量は基質濃度によって決まる。

2 酵素と補酵素

❶酵素と補酵素　酵素はタンパク質だけでできているものもあるが，低分子の有機物または金属との結合が活性に必要な酵素もある。この場合必要とされる物質を**補助因子**とよび，このうち低分子の有機物で酵素タンパク質から遊離しやすいものを補酵素という。補酵素を必要とする酵素は，**酵素タンパク質と補酵素が結合した状態でのみ，酵素として働く。**

補足　金属を必要とする酵素には，鉄と結合するカタラーゼや亜鉛と結合するアルコール分解酵素，銅と結合するチロシナーゼ（皮膚のメラニン色素合成に働く）などがある。

❷補酵素の透析実験　酵母は細胞内にアルコール発酵（⇨p.367）を進める酵素群と補酵素をもっていて，低分子である補酵素はセロハン膜を通過できる。酵母の抽出液を用いた図36のような実験から，次のような補酵素の性質を確かめることができる。

①透析によって補酵素と酵素タンパク質を分離したA，Bでは，発酵が起こらなかった。**➡補酵素だけまたは酵素タンパク質だけでは酵素としての働きはない。**

②AとBを混合すると，発酵能力が回復した（D）。**➡補酵素が再び酵素タンパク質と結合した。**

③酵母の抽出液を煮沸したCでは，発酵が起こらなかった。**➡これは，酵素のタンパク質が熱で変性したからである。**

④BとCを混合すると，発酵能力が回復した（E）。**➡C中の補酵素は熱に強く，加熱しても変化しないためBの酵素タンパク質と結合して，働きが回復した。**

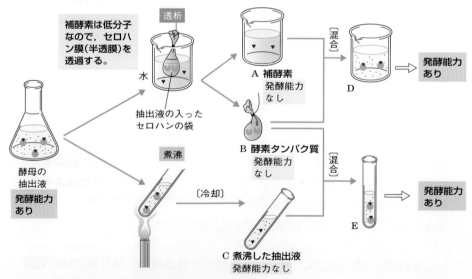

図36　発酵に働く酵素タンパク質と補酵素の働きあい

★1 補助因子のうち酵素タンパク質と強く結合する低分子の有機物は**補欠分子族**とよばれる。

補酵素…酵素反応に必要な比較的低分子の有機物。

● 補酵素も酵素タンパク質も単独では酵素活性をもたない。
● 補酵素と酵素タンパク質は容易に結合したり離れたりする。
● 補酵素は透析によってセロハン膜を通過する。
● 補酵素は比較的熱に強い。

❸ **水素の運搬体としての補酵素**　補酵素のなかには，脱水素酵素とともに働いて基質から奪った水素Hと結合して還元型補酵素となり，水素を各反応系に運搬する働きをもつものがある。例えばNAD^+(ニコチンアミドアデニンジヌクレオチド)は基質から水素を奪って還元型のNADHとなり，別の物質へ水素を運搬する(図37)。このような水素運搬体には図38のようなものがあり，呼吸や光合成に働いている(⇨ p.357, 377)。

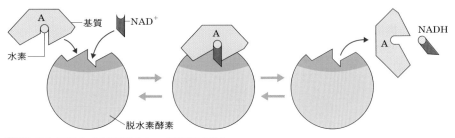

図37 脱水素酵素と水素運搬体としての補酵素の働き

水素運搬体	構造							還元型	反応系との関係
NAD⁺(ニコチンアミドアデニンジヌクレオチド)	ニコチンアミド	リボース	P	P	リボース	アデニン		**NADH**	呼吸に関与
NADP⁺(ニコチンアミドアデニンジヌクレオチドリン酸)	ニコチンアミド	リボース	P	P	リボース（P）	アデニン		**NADPH**	光合成に関与
FAD(フラビンアデニンジヌクレオチド)	リボフラビン（ビタミンB₂）	P	P	リボース	アデニン			**FADH₂**	呼吸に関与

図38 水素を運搬する補助因子　Pはリン酸，水素と結合するのは黄色の部分。

視点 NAD^+や$NADP^+$はビタミンの一種であるニコチン酸を含む補酵素である。FADはビタミンB_2を成分としていて酵素タンパク質と強く結合する補助因子(補欠分子族)である。

3 酵素活性の阻害と調節

❶競争的阻害　基質は酵素の活性部位に結合して酵素―基質複合体を形成する。基質と似た構造の物質が存在すると，この物質と基質が酵素の活性部位を奪い合うことで酵素反応が阻害されることがある。これを競争的阻害という。

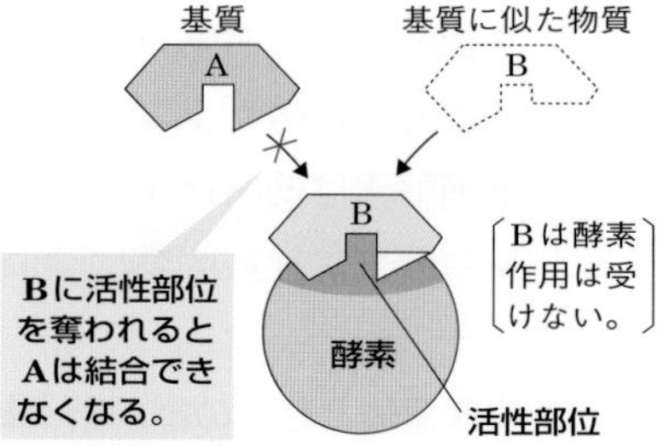

❷非競争的阻害　阻害物質が，酵素の活性部位とは異なる部位に結合して酵素の立体構造を変化させ，その結果，酵素反応が阻害されることがある。これを非競争的阻害という。

❸基質濃度と阻害物質の影響

①**競争的阻害の場合**　基質濃度が十分に高いと酵素―基質複合体を形成しやすくなるため，阻害物質の影響は小さくなる（図41ⓐ）。

②**非競争的阻害の場合**　阻害物質によって活性部位の立体構造が変化している

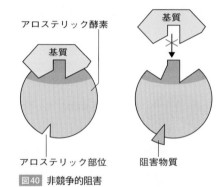

図39　競争的阻害

図40　非競争的阻害

ため，基質濃度を高くしても反応速度は速くならない（図41ⓑ）。アロステリック酵素における阻害（⤷p.345）は非競争的阻害によるものである。

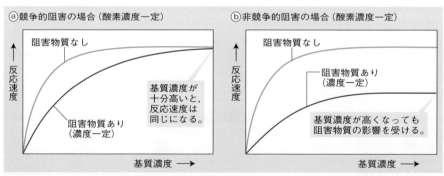

図41　阻害物質が反応速度に及ぼす影響

POINT!

競争的阻害…活性部位に結合して酵素と基質の結合を妨げる。

非競争的阻害…活性部位以外の部位に結合して酵素の働きを阻害する。

❹酵素活性の調節　酵素活性は温度やpH によって変化する(⤴ p.34, 35)。しかし，温度やpH が一定の細胞内では，これ以外の方法で酵素活性が調節される。

① フィードバック調節　例えば，図42のように，ある物質Aからいくつかの反応を経て物質Pがつくられるとき，Pの量が一定量を超えると，Pが反応系をさかのぼって酵素aの活性を抑制し，Pの生産を調節する(負のフィードバック)。

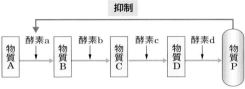

図42　フィードバックによる酵素活性の調節

② アロステリック酵素による調節　活性部位とは異なる部位に基質以外の物質と結合する部分(アロステリック部位)をもつ酵素をアロステリック酵素という。アロステリック部位に適合する分子が結合すると，非競争的阻害により活性が低下する。図43の例では

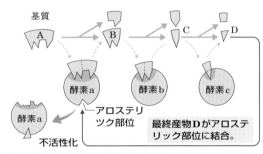

図43　アロステリック酵素による調節

反応系の終わりにできる物質Dが反応系の最初に働く酵素aのアロステリック部位に結合して酵素を不活性化することで，フィードバック調節が行われ，反応系全体が調節される。

╱ COLUMN ╱

コハク酸脱水素酵素の競争的阻害

　コハク酸はクエン酸回路(⤴ p.360)の物質の１つで，コハク酸脱水素酵素の作用を受ける。このコハク酸とリンゴの果実やマメ科植物の葉に含まれるマロン酸は分子構造がよく似ているため，マロン酸が存在するとコハク酸脱水素酵素の活性部位と結合してしまい，反応が阻害される(図44)。そうなるとクエン酸回路全体の反応が阻害されてしまうが，ふつうはコハク酸の濃度がマロン酸よりも十分高いので，阻害物質がないときの反応速度に近くなる。

図44　マロン酸によるコハク酸脱水素酵素の阻害

POINT!

連続する酵素反応は，生成物が反応系をさかのぼって酵素の作用を阻害するフィードバック調節によって調節される。

3 | 膜輸送・受容体タンパク質

1 生体膜の内外の物質の移動

❶物質の移動　例えばビーカーに水を入れてインクをたらすと，水の中で色素の分子が自由に運動し，だんだんと濃度が一様になっていく。この現象を拡散という。物質は，自由に運動できる状態のもとでは濃度勾配にしたがって濃度の高い側から低い側へ移動する。通過できる膜で仕切られた場合でも同様に濃度の高い側から低い側へ拡散していく（⇨p.142）。

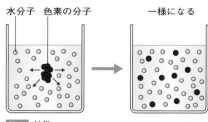

図45 拡散

❷膜の透過性　細胞の内外の物質の出入りは生体膜を通して行われる。酸素や二酸化炭素のような低分子の物質や，脂質になじみやすい疎水性の物質は，生体膜を構成するリン脂質の二重層を通過する。一方，タンパク質・糖など大きな分子やイオンのように電荷を帯びた物質はリン脂質の二重層を通過することができない。そのため，これらを通過させる際は，二重層を貫通している膜タンパク質を利用する。

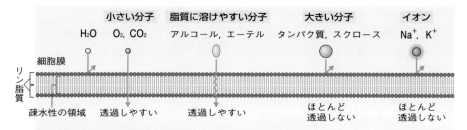

図46 生体膜に対する物質の透過性

視点 生体膜はリン脂質の二重層は内側に厚い疎水性の部分をもっているため，水は低分子であるが生体膜を通りにくい。

❸選択的透過性　細胞膜上に存在する輸送の働きをもった膜タンパク質の種類によってどのような物質がその細胞を通過できるかが決定する。それぞれの細胞はその細胞に必要な物質を輸送するための膜タンパク質を膜上に配置し，必要とする物質を選択的に透過させている。このように特定の物質だけを透過させる細胞膜の性質を，選択的透過性という。

POINT!

選択的透過性 { 小さい分子，脂質に溶けやすい分子⇨透過しやすい。
　　　　　　　 大きい分子，イオン，水⇨膜タンパク質の働きで透過。

2 タンパク質による生体膜の輸送

　膜タンパク質(膜輸送タンパク質)による物質の輸送は，膜を通過する物質の性質によって大きく次の2種類に分けられる。

❶受動輸送 　生体膜内外の濃度差にしたがって，濃度の高い側から低い側へ分子やイオンが生体膜を通して移動する(拡散する)物質の輸送を受動輸送という。受動輸送はエネルギーを必要としない。受動輸送に働く膜タンパク質には**チャネル**と**担体**(⇨p.348)があり，それぞれ特定の種類の物質を選択的に通過させる。

❷能動輸送 　**エネルギーを消費して，物質を濃度の低い側から高い側へ濃度勾配に逆らって移動させる輸送のしくみ**を能動輸送という。

　ポンプとよばれる膜タンパク質は，特定の物質だけを濃度差に逆らって移動させる働きをもつ(⇨p.349)。能動輸送にはエネルギーが必要で，ATP (⇨p.28)の分解によって得られたエネルギーを用いる。

> 受動輸送…濃度差にしたがった物質の移動。**チャネル，担体**
> 能動輸送…濃度差に逆らった物質の移動。**ポンプ**

3 チャネルと担体による受動輸送

❶チャネル 　チャネルは管のように生体膜を貫通する孔をもち，受動輸送で小さい物質を通す膜タンパク質である。

①**イオンチャネル** 　イオンを通すチャネルをイオンチャネルという。イオンチャネルにはナトリウムチャネルやカリウムチャネルなどがあり，タンパク質の立体構造の一部が変形することで孔を開閉し，特定のイオンについてイオン濃度の高い側から低い側への速やかな物質移動の調節に働く。

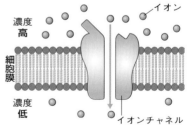

図47 イオンチャネル

②**アクアポリン** 　細胞膜上には水分子を受動輸送させるためのチャネルが存在している。これをアクアポリンという。アクアポリンは，水以外の分子は透過させない膜タンパク質で，細菌から多細胞の動物や植物の細胞まで普遍的に存在している。

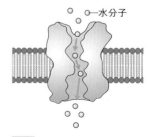

図48 アクアポリン

補足 アクアポリンは開閉せず，水の移動の調整は細胞膜上のアクアポリンの数を変化させることで行われる。

❷**イオンチャネルの開閉のしくみ**　イオンチャネルは，開閉のしくみの違いによって次の2種類がある。

① **電位依存性イオンチャネル**　生体膜は陽イオンと陰イオンの膜の内外の濃度差によって電位差が生じており，この電位差を膜電位という（⇒p.491）。この膜電位の変化に伴って孔を開閉させ，イオンの透過性を変化させるチャネルを電位依存性イオンチャネルという。

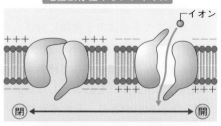

電位依存性イオンチャネル

補足 電位依存性イオンチャネルはニューロンによる情報伝達などに働く（⇒p.495）。

② **伝達物質依存性イオンチャネル**　伝達物質依存性イオンチャネルは，特定の部位に伝達物質である特定の分子（リガンドとよばれる）が結合することで立体構造が変化し，イオンの透過性を変化させる。

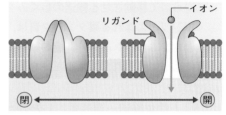

伝達物質依存性イオンチャネル

図49　イオンチャネルの開閉のしくみ

補足 リガンドはラテン語の ligāre（結びつく）に由来する語。伝達物質依存性イオンチャネルも情報伝達に関わる（⇒p.495）。

❸**担体**　担体（輸送体，運搬体ともいう）は，立体構造が変化することでグルコースなどの糖やアミノ酸などを移動させる膜タンパク質である。

代表的な担体である**グルコース輸送体**（グルコーストランスポーター）は，グルコースを細胞膜を貫いた反対側に放出する。輸送する物質の濃度が高い側のほうが担体と結合を起こしやすいため，輸送は濃度勾配にしたがって進む。[*1]

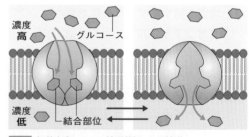

図50　担体（グルコース輸送体）による輸送

＼ COLUMN ／

濃度勾配に逆らう輸送を行う担体

　グルコースは呼吸基質として常に消費されるため，細胞外濃度が十分に高いと細胞は濃度勾配にしたがってグルコースを取り込み続けることができる。

　また，小腸では Na^+ を受動輸送すると同時にグルコースを濃度勾配に逆らって細胞内に運ぶグルコース輸送体（Na^+ グルコース共輸送体）も働いている。脱水症状の予防や治療に使われる経口補水液は Na^+ やグルコースを含んでいるが，これは，Na^+ グルコース共輸送体が働くことで，脱水症状で欠乏する水分と Na^+ の吸収率が改善するからである。

★1 能動輸送を行うポンプ（⇒p.349）も合わせて担体とよぶ場合もある。

4 ポンプによる能動輸送

❶**ポンプ**　膜タンパク質のなかには，ATPのエネルギーを消費して濃度勾配に逆らって物質を輸送させるものがある。能動輸送を行うタンパク質を**ポンプ**といい，このうちイオンの能動輸送を行うものを**イオンポンプ**という。

❷**ナトリウムポンプ**　代表的なイオンポンプである**ナトリウムポンプ**は，膜輸送タンパク質であると同時にNa^+, K^+-**ATPアーゼ**[1]という酵素でもある。Na^+, K^+-ATPアーゼは，ATPを分解して得られたエネルギーを用いて，細胞外にNa^+を運び出し，同時に細胞内にK^+を取り込んでいる(図51)。

補足　動物細胞ではナトリウムポンプの働きにより，細胞内にK^+が多く，細胞外にNa^+が多い。膜電位はこのナトリウムポンプとイオンチャネルの働きによって生じる(⟶p.491)。

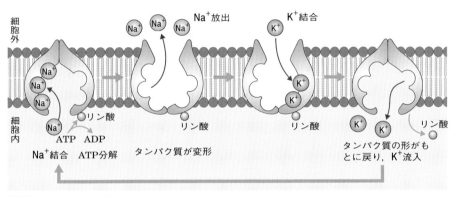

図51 ナトリウムポンプによる輸送

4 | 情報伝達とタンパク質

1 受容体としてのタンパク質

　細胞膜や細胞内に存在し，ホルモンや神経伝達物質などの**情報伝達物質**(リガンド，シグナル分子)を受け取って反応を引き起こすタンパク質を**受容体**という。

❶**受容体と細胞間の情報伝達**　動物の体内では，情報伝達物質を介して細胞から細胞へ情報が伝えられる。細胞間の情報伝達の方法には，内分泌細胞から標的細胞へ体液を通してホルモンを送る**内分泌型**，ニューロンから他のニューロンや筋肉などの標的細胞へ神経伝達物質を送る**神経型**(シナプス型⟶p.495)，標的細胞の近くで情報伝達物質を分泌する**傍分泌型**，そして，免疫細胞の抗原提示(⟶p.128, 132)のように情報伝達物質が細胞表面に提示される**接触型**がある(図52)。

★1「―アーゼ」は酵素の名称を命名する際に多く用いられる接尾語で「基質＋アーゼ」「基質＋働き＋アーゼ」のような形で表す(⟶p.36, 37)。ここではATPを分解する酵素を表す。

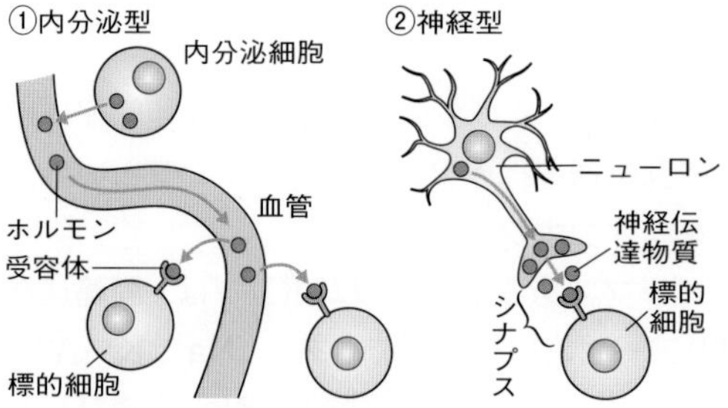

①内分泌型　②神経型　③傍分泌型　④接触型

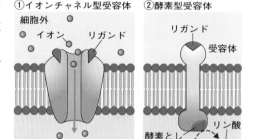

内分泌細胞

ニューロン

情報伝達物質

情報伝達物質

ホルモン
受容体

血管

神経伝達物質

シナプス

標的細胞

標的細胞

標的細胞

標的細胞

図52　細胞間の情報伝達のタイプ

❷細胞膜上の受容体の種類　細胞膜上の受容体には，反応の起こし方によって次のような種類がある。

①**イオンチャネル型受容体**　リガンドが結合すると特定のイオンを通過させて反応を引き起こす。

②**酵素型受容体**[1]　リガンドが結合すると受容体の細胞内側の部分が活性化して酵素として働き，タンパク質をリン酸化するなどして反応を引き起こす。

①イオンチャネル型受容体　②酵素型受容体

細胞外　イオン　リガンド

リガンド

受容体

酵素として活性化

リン酸

タンパク質

細胞内

図53　細胞膜上の受容体の種類

受容体…細胞表面または細胞内で特定の情報伝達物質と結合して細胞の反応を引き起こすタンパク質。

2 ホルモンと神経伝達物質による情報伝達

❶ホルモンの受容体と情報伝達　ホルモンの受容体は，水溶性ホルモンの場合には細胞膜に存在し，リン脂質二重層を透過できる脂溶性ホルモンの場合には細胞内にある（⇨p.108）。副腎髄質から分泌される水溶性ホルモンのアドレナリン（⇨p.109）は次のように受容されて働く（図54）。

〔アドレナリンの受容と血糖濃度の調節〕

①肝臓の細胞の細胞膜には，アドレナリンの受容体があり，アドレナリンと結合すると，立体構造が変化する。

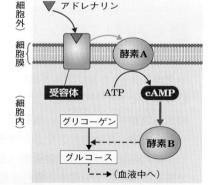

（細胞外）　アドレナリン

（細胞膜）　酵素A

受容体　ATP　cAMP

グリコーゲン

（細胞内）　酵素B

グルコース　（液液中へ）

図54　アドレナリンが作用するしくみ

[1] 酵素型受容体には，細胞内側で別のタンパク質（Gタンパク質）を活性化させ，活性化されたGタンパク質がさらに他の酵素などの活性を調節して反応を引き起こすというものもある。

②立体構造が変化した受容体の働きで細胞膜にある酵素Aが活性化され，ATPからcAMP（環状AMP，サイクリックAMP）がつくられる。

③cAMPは，グリコーゲンをグルコースに分解する酵素Bを活性化する。

④酵素Bによるグリコーゲンの分解が促進され，グルコースが血液中に放出されることで血糖濃度が上昇する（⇨p.115）。

　細胞外の情報伝達物質に対してcAMPのような細胞内の情報伝達物質は**セカンドメッセンジャー**とよばれ，cAMPのほかにCa^{2+}などがある。

❷**神経伝達物質の受容と受容体**　ニューロンどうしまたは，ニューロンと効果器との接続部分をシナプスという。シナプスでは，軸索の末端から神経伝達物質が放出され，標的細胞の細胞膜にある受容体と結合することで情報が伝えられる（⇨p.495）。

〔**アセチルコリンによる興奮の伝達**〕

①興奮が軸索の末端まで伝導してくると，神経終末から神経伝達物質であるアセチルコリンが放出される。

②標的細胞（シナプス後細胞）の細胞膜にはアセチルコリンを受容するイオンチャネル型受容体があり[★1]，アセチルコリンと結合すると，その立体構造が変化する。

③立体構造が変化した受容体を通ってNa^+が標的細胞内に流入し，膜電位が変化して（活動電位が発生して）興奮が伝わる。

④その後，アセチルコリンは細胞膜の表面にあるアセチルコリン分解酵素（アセチルコリンエステラーゼ）で速やかに分解され，受容体の立体構造はもとに戻る。

補足 サリンやエゼリンといった毒物は，アセチルコリン分解酵素と結合して働きを阻害し，アセチルコリン濃度の上昇による骨格筋，自律神経系，中枢神経系の異常を引き起こす。これによる症状は，呼吸困難，血圧降下，視覚異常（瞳孔散大），意識障害などがある。

このSECTIONの まとめ　細胞の活動を支える物質

□ タンパク質の構造と働き ⇨p.338	・**タンパク質**…多数のアミノ酸がペプチド結合した**ポリペプチド**。アミノ酸の種類・数・配列順序の違いで立体構造が異なり，タンパク質の働きも異なる。
□ 代謝と酵素 ⇨p.341	・酵素による化学反応は，温度，pH，基質濃度，**補酵素**，阻害物質（**競争的阻害**，**非競争的阻害**）の影響を受ける。
□ 情報伝達とタンパク質 ⇨p.349	・**受容体**…細胞膜や細胞内にあり，ホルモンや神経伝達物質などを受容し反応を引き起こすタンパク質。

★1 この受容体は神経終末の細胞膜にはないので，興奮が逆方向に伝わることはない。

重要用語

SECTION 1 細胞の構造と働き

□ **生体膜** せいたいまく ☞p.328
細胞膜および核膜，ミトコンドリアや葉緑体などの細胞小器官を形づくる膜。すべてリン脂質の二重層からなる。

□ **流動モザイクモデル** りゅうどう— ☞p.328
リン脂質からなる二重層に機能をもつタンパク質がモザイク状にはまり込み流動的に動き回ることができる生体膜の構造様式。

□ **リン脂質** —ししつ ☞p.328
グリセリンに脂肪酸とリン酸を介して塩基が結合したもの（☞p.43）。親水性の頭部と疎水性の尾部からなる。

□ **膜タンパク質** まく—しつ ☞p.328
リン脂質とともに生体膜を構成するタンパク質。物質の膜内外への輸送，受容体，細胞接着，酵素としての働きなどを担う。

□ **エンドサイトーシス** ☞p.329
細胞表面の物質を膜で取り巻き，小胞として細胞内に取り込む作用。飲食作用ともいう。

□ **エキソサイトーシス** ☞p.329
細胞内で小胞をつくり細胞膜と融合して小胞の中身を細胞外へ放出する作用。開口分泌ともいう。

□ **界面活性剤** かいめんかっせいざい ☞p.329
セッケン分子のように分子内に親水性の部分と疎水性の部分をあわせもち，水と油の境（界面）に作用し変化させる物質。

□ **核小体** かくしょうたい ☞p.331
核内に1〜数個あり，タンパク質とRNAを多量に含んでいる。核小体ではrRNAが合成されている。

□ **核膜孔** かくまくこう ☞p.331
核膜を貫通する孔状の構造。核と細胞質の間で物質のやり取りを行う通路となっている。

□ **リボソーム** ☞p.332
タンパク質とrRNAからなる大サブユニットと小サブユニットが結合してできている細胞内の構造体。mRNAの遺伝情報をもとにアミノ酸を結合してタンパク質合成を行う。

□ **小胞体** しょうほうたい ☞p.332
一重の生体膜からなり，細胞内に網目状に広がっている細胞小器官。リボソームが付着しているものは粗面小胞体とよばれ，リボソームで合成されたタンパク質の輸送路となっている。

□ **ゴルジ体** —たい ☞p.332
一重膜からなる扁平な袋が重なった構造の細胞小器官で，タンパク質に糖を付加するほか小胞を形成し細胞内外への物質運搬に働く。

□ **リソソーム** ☞p.332
ゴルジ体からつくられる小胞で，一重膜からなる。内部に強力な分解酵素を含み，不要になった物質や侵入した異物の分解にかかわる。

□ **中心体** ちゅうしんたい ☞p.333
互いに直角になるように並んだ2個の円筒形の中心小体（中心粒）からなる細胞内の構造体。細胞分裂の際に生じる紡錘糸や鞭毛を構成する微小管の起点となる。

□ **細胞分画法** さいぼうぶんかくほう ☞p.334
すりつぶした細胞を含む高張の溶液を遠心分離機にかけ，細胞小器官をその大きさや密度の違いによって生きたまま分ける方法。

□ **細胞骨格** さいぼうこっかく ☞p.334
細胞質基質に存在する繊維状の構造体で，細胞の形の維持や細胞小器官の移動や細胞分裂の際の染色体の移動，筋細胞の収縮にかかわる。細い順にアクチンフィラメント，中間径フィラメント，微小管の3種類がある。

SECTION ② 細胞の活動を支える物質

□ **ペプチド結合** —けつごう ℃ p.338
アミノ酸どうしの結合。一方のアミノ酸のカルボキシ基ともう一方のアミノ酸のアミノ基とが水を生じながら結合する。

□ **ポリペプチド** ℃ p.338
ペプチド結合によって多数のアミノ酸が結合したもの。タンパク質の基本的な構造となる。

□ **(タンパク質の)一次構造** いちじこうぞう
℃ p.338　ポリペプチドを構成するアミノ酸の配列。

□ **二次構造** にじこうぞう ℃ p.338
ポリペプチド鎖のところどころで水素結合を形成することで生じる，特徴的な立体構造。らせん状のαヘリックスとジグザグに折れ曲がった配列が平行に並んだβシートがある。

□ **三次構造** さんじこうぞう ℃ p.338
ポリペプチド分子全体として折りたたまれた特有の立体構造。システインの側鎖にある硫黄間で形成されるS−S結合が安定化に働く。

□ **四次構造** よじこうぞう ℃ p.338
三次構造をとった複数のポリペプチドが組み合わさり1つのタンパク質として働く立体構造。

□ **サブユニット** ℃ p.340
四次構造ができる際に組み合わされる，三次構造をとった複数のポリペプチド。

□ **フォールディング** ℃ p.340
ポリペプチド鎖が折りたたまれてタンパク質の固有の立体構造を形成する過程。

□ **シャペロン** ℃ p.340
タンパク質が正しく立体構造を形成するための手助けをするタンパク質。

□ **変性** へんせい ℃ p.340
加熱やpHの影響で水素結合が切れ，タンパク質の立体構造が壊れ性質が変わること。

□ **補酵素** ほこそ ℃ p.342
ある酵素の活性に必要とされる低分子の有機物。酵素タンパク質と比べて熱に強い。

□ **競争的阻害** きょうそうてきそがい ℃ p.344
基質と似た構造の物質が酵素の活性部位を基質と奪い合うことで起こる酵素反応の阻害。

□ **非競争的阻害** ひきょうそうてきそがい ℃ p.344
阻害物質が，酵素の活性部位とは異なる部位に結合して酵素の立体構造を変化させ，その結果，酵素反応が阻害されること。

□ **アロステリック酵素** —こうそ ℃ p.345
活性部位とは異なる部位に基質以外の物質と結合する部分をもつ酵素。この部位に適合する分子によって非競争的阻害を受ける。

□ **選択的透過性** せんたくてきとうかせい ℃ p.346
特定の物質だけを透過させる生体膜の性質。

□ **受動輸送** じゅどうゆそう ℃ p.347
生体膜内外の濃度差にしたがって，濃度の高い側から低い側へ分子やイオンが生体膜を通して移動する物質の輸送。

□ **能動輸送** のうどうゆそう ℃ p.347
生体膜内外の濃度勾配に逆らって，濃度の低い側から高い側へエネルギーを消費して移動させる物質の輸送。

□ **チャネル** ℃ p.347
管のように生体膜を貫通する孔をもち，受動輸送で小さい物質を通す膜タンパク質。イオンを通すものをイオンチャネルという。

□ **アクアポリン** ℃ p.347
受動輸送で水分子を通すチャネルの一種。

□ **担体** たんたい ℃ p.348
立体構造が変化することでグルコースなどの糖やアミノ酸などを移動させる膜タンパク質。

□ **ポンプ** ℃ p.349
ATPのエネルギーを消費し濃度勾配に逆らって物質を輸送させる膜タンパク質。

□ **受容体** じゅようたい ℃ p.349
細胞膜または細胞内に存在し，特定の情報伝達物質と結合して細胞の反応を引き起こすタンパク質。

□ **セカンドメッセンジャー** ℃ p.351
細胞外からの情報伝達物質の働きによって細胞内でつくられて働くcAMPなどの情報伝達物質。

特集　体内のタンパク質を正常に保つしくみ

タンパク質の折りたたみ構造と変性

①**タンパク質**はアミノ酸が多数つながった
ポリペプチド鎖からなり，複雑に折りたたま
れた特有の立体構造をもつことによって独自
の機能を発揮する。この立体構造を形成する
過程を**フォールディング**という（⇨p.340）。

②立体構造の構築には，タンパク質をつく
る各アミノ酸の性質が関係している。タンパ
ク質を構成するアミノ酸には，**親水性**のもの
と**疎水性**のものがある（⇨p.339）。疎水性の
アミノ酸は細胞質基質や体液の主成分である
水と反発しあい，疎水性のものどうしで引き
あうためタンパク質の内側に集まり，外側に
親水性のアミノ酸が位置することで，タンパ
ク質は安定し，機能を発揮する。

③タンパク質の立体構造は強固なものでは
なく，常に揺らいでいる。**温度やpH，低酸
素条件や低グルコース状態**などの環境条件の
変化によって，タンパク質の立体構造が変化
して正常な形を失うことがある。これがタン
パク質の**変性**である。このとき内部におさめ
られていた疎水性のアミノ酸が表面に出て，
別の分子の疎水性アミノ酸と次々に結合して
凝集体を形成すると水に溶けていられなくなり，
もとの立体構造に戻りにくくなる。

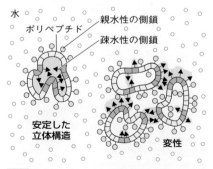

図55　水中におけるタンパク質と変性タンパク質

さまざまなシャペロンの働き

①細胞内にはタンパク質の立体構造が正し
い状態にあるために手助けするタンパク質が
存在する。これが**シャペロン**である（⇨p.340）。

②**結合・解離型シャペロン**は，リボソーム
で合成されるポリペプチドの疎水性の領域を
一定時間強くつかみ，正しい結合がつくられ
るようにする。それでもまだ疎水性の部分が
露出していれば，再度，結合・解離をくり返
して，疎水性の領域が正しく位置づけられて
立体構造が完成するように働く。

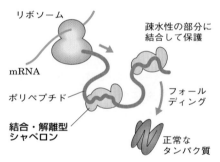

図56　結合・解離型シャペロンの働き

③このシャペロンは，hsp70というタンパク
質であることがわかっている。このHSPとは，
高熱にさらされるなどのストレスが与えられ
ると転写・翻訳がさかんになる「**熱ショック
タンパク質** heat shock protein」の略称で，
多くのシャペロンはHSPである。

④さらに，誤りを直すためにタンパク質を
隔離する**閉じ込め型シャペロン**も存在している。
これは，「樽」のような構造のシャペロンで，
分厚いドーナツが2つくっついたような形を
している。この穴の中にフォールディングに
失敗したタンパク質を入れ，隔離された空間
に閉じ込めることで，タンパク質が自発的に
正しい高次構造をつくるようになる（⇨p.340

図33）。この閉じ込め型シャペロンの1つが hsp60で，これも熱ショックタンパク質である。

⑤ タンパク質を合成するリボソームは，細胞質基質に遊離して存在するものと，小胞体表面に付着して合成したタンパク質を小胞体内に送り込むものがある。これに対応して，結合・解離型シャペロンは細胞質基質と小胞体内にそれぞれ存在する。★1

異常タンパク質発生への対応

① タンパク質の立体構造が正しく構成されるためにシャペロンというタンパク質が存在しているにもかかわらず，細胞内で合成されるタンパク質のうちのおよそ3分の1は立体構造を正しく取ることができない「失敗作」となっていることもわかってきた。

② 失敗作のタンパク質のうち，修復がきかないものはユビキチンという目印がつけられて，細胞質に存在するプロテアソームというタンパク質複合体に運ばれて分解される。このユビキチンもHSPの1つである。

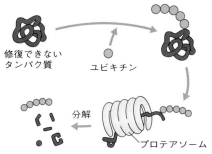

修復できない タンパク質　　ユビキチン

分解　　　　　　　プロテアソーム

図57 ユビキチンとプロテアソームによる合成に失敗したタンパク質の処理

③ 温度やpHなどの環境条件が望ましくない方向に傾いて細胞にストレスがかかったとき，変性した異常タンパク質が増えることがある。このようなとき，細胞中のシャペロンを増加させるような転写誘導が起きる。

小胞体ストレスと病気

① タンパク質の組み立て工場にも例えられる小胞体の機能が異常をきたすことは細胞全体の機能障害に直結する。そのため小胞体内部に異常タンパク質が増えたとき（小胞体ストレス）には，タンパク質の転写速度を抑えたり小胞体内部のシャペロンを増やすための転写誘導をしたりすることで，小胞体内部の異常タンパク質の再構築を促す。それでも処理できない異常タンパク質は，細胞質中のプロテアソームで分解処理される。

② 小胞体内部の異常タンパク質の蓄積が修復機能を超えるとアポトーシス（細胞に備わっている細胞死のしくみ。⇒p.447）の誘導因子が活性化して，細胞が死に至る。

③ 異常タンパク質の蓄積が修復機能を超えることによって起こるアポトーシスは，肥満・アルツハイマー症・パーキンソン病・心不全・心筋症・動脈硬化などさまざまな病気を引き起こす原因となることがわかってきた。フォールディングに深くかかわるシャペロンを研究することで，これらの病気への対応策につなげられることが期待されている。

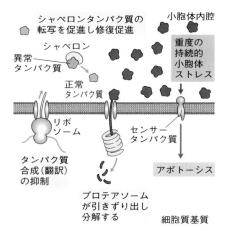

シャペロンタンパク質の　　　　小胞体内腔
転写を促進し修復促進

シャペロン

異常
タンパク質

正常
タンパク質

重度の
持続的
小胞体
ストレス

リボ
ソーム

センサー
タンパク質

タンパク質
合成（翻訳）
の抑制

アポトーシス

プロテアソーム
が引きずり出し
分解する　　　　　　　細胞質基質

図58 小胞体ストレスとそれに対応するしくみ

★1 細胞膜上で機能するタンパク質や，細胞外部に分泌されるタンパク質のmRNAには目印がついており，これを認識したリボソームは小胞体膜に接着して，合成するポリペプチドを小胞体内部に送り込む。

2 » 代謝

1 呼吸と発酵

1 | 代謝とエネルギー

1 代謝とエネルギーの関係

　生体内で起こる化学反応はまとめて代謝とよぶ。代謝は，単純な物質から複雑な物質がつくられる同化と，複雑な物質が単純な物質に分解される異化に分けられる（⤷ p.26）。同化には，エネルギーの吸収が伴い，異化には，エネルギーの放出が伴う（図59）。

図59 代謝とエネルギーの出入り

補足　代謝には，エネルギーの出入りが伴う。物質がもつ化学エネルギーは，その物質を構成する原子間の結合に保たれ，切り離されるときに放出される。このため一般に結合の多い複雑な物質は単純な物質よりも多くのエネルギーをもつ。[★1]

2 代謝に伴う酸化還元反応

❶酸化と還元　酸化と還元は，次の3種類のやりとりで説明される。

①ある物質が酸素と結合すると「酸化された」，酸素を失うと「還元された」という。

②ある物質が水素と結合すると「還元された」，水素を失うと「酸化された」という。

③ある物質が電子を失うと「酸化された」，電子を受け取ると「還元された」という（図60）。

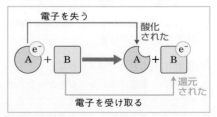

図60 酸化還元反応と電子の関係

★1「結合エネルギー」は，逆に，共有結合を切断するために加える必要があるエネルギーを表す。

❷酸化還元反応と酸化剤，還元剤　酸化還元反応では基本的に酸化と還元は同時に起こる。物質Aが電子を物質Bに与えると「AはBを還元した」，「BはAを酸化した」といい，Aは還元剤，Bは酸化剤とよばれる。

❸呼吸と酸化還元反応　代謝で見られる酸化還元反応では，電子や水素と一緒にエネルギーの移動を伴う。例えば，呼吸は有機物の燃焼と同様に，酸素を用いて有機物を酸化する酸化還元反応である。燃焼との違いは，連続する多くの反応によって段階的に進みエネルギーが取り出されることにある（⇨p.30）が，これらの反応は有機物が別の物質に酸化される反応として起こり，最終的に酸素に酸化される。

[酸化還元反応と代謝]

①酸素と結合，②水素を失う，③電子を失う反応が酸化，その逆が還元。呼吸では連続する有機物の酸化でエネルギーが取り出される。

3　エネルギーの移動に関わるATPと補助因子

代謝に伴うエネルギーの移動には，ATPや補助因子が関与する。

❶ATP（アデノシン三リン酸）　高エネルギーリン酸結合が切れてADPとリン酸になるときにエネルギーを放出し，さまざまな生命活動に利用される（⇨p.27）が，光合成や呼吸の反応を進める際にも必要となる。

❷補助因子（NAD^+，FAD，$NADP^+$）　代謝における酸化還元反応に働く酸化還元酵素の補助因子（⇨p.343）が電子およびエネルギーの移動に重要な役割を担っている。

①NAD^+とFAD　NAD^+（ニコチンアミドアデニンジヌクレオチド[★1]）は呼吸において他の物質を酸化して電子（e^-）を受け取り，同時に水素イオン（H^+）と結合してNADHになる。NAD^+は酸化型，NADHは還元型とよばれ，NADHは別の物質に電子を渡してNAD^+に戻る（図61）。FAD（フラビンアデニンジヌクレオチド[★1]）も呼吸に働く補助因子で還元型は$FADH_2$である。

図61　NAD^+（NADH）による電子の運搬

視点　NAD^+は＋に帯電していて，水素原子2個をもつ還元剤と反応する（脱水素反応）ときH^+1個およびe^-2個とのみ結合する。H^+は細胞内のどこにでも存在するので，逆反応のときにH^+が不足することなく2Hを放出できる。そのため，$NAD^+ + 2H \rightleftharpoons NADH + H^+$と示される。

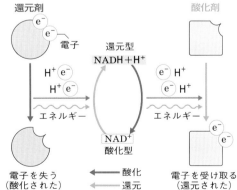

★1　NAD^+はビタミンの一種ナイアシンから，FADはビタミンB_2から合成される。

②**NADP⁺**　NADP(ニコチンアミドアデニンジヌクレオチドリン酸)は光合成にか
かわる酸化還元酵素の補酵素で，還元型はNADPH。[*1]

[代謝に働く補助因子]
水素Hのない状態(NAD^+, FAD, $NADP^+$)が酸化型…エネルギーを奪う。
水素Hを受け取った側(NADH，$FADH_2$，NADPH)が還元型。

2│呼吸のしくみ

1 呼吸の大まかなしくみ ①重要

　グルコース(ブドウ糖)を呼吸基質とするとき，細胞が行う呼吸の全段階は，解糖
系，クエン酸回路，電子伝達系の3つの反応段階からなる。

❶**解糖系**　1分子のグルコース($C_6H_{12}O_6$)が2分子のピルビン酸にまで分解される
過程。2分子のATPが生産される。酸素を必要とせず，細胞質基質で行われる。

❷**クエン酸回路**　解糖系でできたピルビン酸が酵素に
よる回路反応によって穏やかに分解され，二酸化炭素
(CO_2)が生じる反応。そして2分子のATPが生産さ
れる。ミトコンドリアのマトリックス内で行われる。

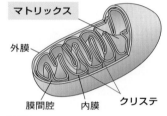

❸**電子伝達系**　解糖系とクエン酸回路でとれた水素
原子Hが，水素イオンH^+と電子e^-に分かれ，その電
子を電子伝達物質が受け渡し，その際にミトコンドリ
アの膜間腔に多量のH^+が蓄えられ，内膜の内
外にH^+の濃度差ができる。この濃度勾配によ
ってATP合成酵素が働き，最大で34分子の
ATPが合成される。電子と水素イオンは最終
的にO_2と結びついて水H_2Oになる。

図62　ミトコンドリアの構造

[呼吸の3つの反応段階]
①解糖系…**細胞質基質**
②クエン酸回路…ミトコンドリアの
　　　　　　マトリックス
③電子伝達系…ミトコンドリアの**内膜**

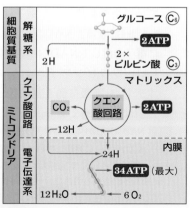

図63　呼吸の大まかなしくみとその反応
場所(模式図)

★1 NAD^+と$NADP^+$は酵素タンパク質から離れやすい補酵素で(⇨p.343)，FADは酵素タンパク質と強く
　結合し補欠分子族とよばれる。

2 解糖系 ①重要

　呼吸の反応の過程の第1段階である解糖系は，酸素が不要な反応段階で，**細胞質基質(サイトゾル)**内で次のようにして起こる。

❶2ATPによるグルコースのリン酸化　グルコースは，安定な物質である。そこで，解糖系は，2分子のATPによってグルコースをリン酸化し，化学反応を起こしやすくすることから始まる。グルコースは，ATPのリン酸(Ⓟ)と結合して，**フルクトースビスリン酸**(Ⓟ−C₆−Ⓟ)になる。[C₆の₆は分子中の炭素の数を表す]

❷ピルビン酸の生成と4ATPの生産　フルクトースビスリン酸は，分解されて2分子の**グリセルアルデヒドリン酸**(GAP；C₃−Ⓟ)となり，それぞれが**脱水素反応**を経て，**ピルビン酸**(C₃)になる。この間，次のようにしてNADHとATPがつくられる。

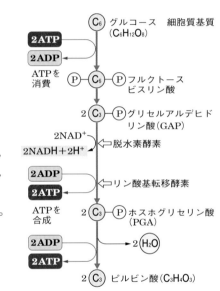

図64 解糖系の反応経路

①脱水素酵素の働きによって水素原子Hが放出される。Hは脱水素酵素の補酵素NAD⁺[1](⤴p.343)に渡され，NADH＋H⁺となってミトコンドリアに入り，電子伝達系でATPの合成に使われる。

②また，GAPが，リン酸基転移酵素の働きでリン酸(〜Ⓟ)を放出してADPに渡すことにより，1分子あたり2分子のATP，合計4分子のATPがつくられる。これを，酵素と基質の反応だけでATPがつくられることから**基質レベルのリン酸化**という。

❸解糖系の収支決算　グルコース1分子がピルビン酸2分子に分解されるまでに，
①NADHとH⁺が2つずつつくられる。
②差し引き2分子のATPが生産される
(2ATP消費して，4ATP生産)。

$$解糖系\quad C_6H_{12}O_6 + 2NAD^+ \longrightarrow 2C_3H_4O_3 + 2NADH + 2H^+ (+2ATP)$$

POINT!

[解糖系…細胞質基質内]
⇨**グルコース1分子が分解されて2分子のピルビン酸が生じる過程。**
このとき4個の水素原子が放出され，差し引き2ATPが生産される。

★1 NAD⁺に水素が2個渡されると，実際にはNADH＋H⁺＋e⁻となる。これを便宜上NADH＋H⁺と表す。また，NAD⁺は，**水素運搬体**または**高エネルギー電子運搬体**とよばれる。

3 クエン酸回路 ①重要

　クエン酸回路は，ミトコンドリアのマトリックスで起こる呼吸独自の反応段階で，回路反応のはじめの物質が**クエン酸**であることからそうよばれる。

❶**ピルビン酸からアセチルCoAまで**　解糖系で生じた**ピルビン酸**(C_3)は，脱水素酵素の働きで水素原子(2H)を失い，脱炭酸酵素の働きで二酸化炭素(CO_2)を放出し，コエンザイムA (CoA)★1と結合して**アセチルCoA** (C_2)となる。また，ここではずされた水素原子はNAD^+に渡されて$NADH + H^+$となり，電子伝達系で使われる。一方，CO_2は，そのまま細胞外へ放出される。

❷**クエン酸回路**　アセチルCoAは，次のような回路反応に入る。

①アセチルCoA (C_2)は，**オキサロ酢酸**(C_4)と結合して**クエン酸**(C_6)となる。

②クエン酸は，脱水素反応や脱炭酸反応，水(H_2O)の添加などを受けながらさまざまな有機物に次々と姿を変えていき，最後にはオキサロ酢酸を生じる。

③このオキサロ酢酸は，再びアセチルCoAと結合してクエン酸になり，また回路反応に入っていく。

❸**クエン酸回路の収支決算**　2分子のピルビン酸がアセチルCoAを経て回路反応に入り，回路を1巡する間に，

①6分子の水(H_2O)が添加され，ピルビン酸が6分子の二酸化炭素(CO_2)と20個の水素(H)に分解される。そして，CO_2はそのまま細胞外に放出され，Hは補酵素(NAD^+またはFAD)と結合して電子伝達系へと送られる。

②2分子のATPがつくられる。

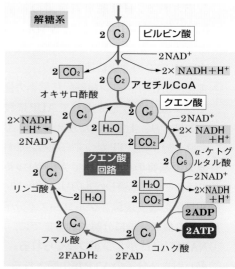

図65　クエン酸回路の反応経路

$$\text{クエン酸回路}\quad 2C_3H_4O_3 + 6H_2O + 8NAD^+ + 2FAD$$
$$\longrightarrow 6CO_2 + 8NADH + 8H^+ + 2FADH_2 (+ 2ATP)$$

[クエン酸回路…ミトコンドリアのマトリックス]
　⇨2分子のピルビン酸が6分子の水の添加を受けて，6分子の二酸化炭素と20個の水素に分解される過程で，2ATPを生産。

★1 コエンザイム(coenzyme)は補酵素のこと。

4 電子伝達系 ⚠重要

　呼吸の最終段階は電子伝達系である。電子伝達系はミトコンドリアの内膜に埋め込まれたタンパク質複合体よりなり，解糖系やクエン酸回路で生じた還元型補助因子NADH，$FADH_2$がもつ高エネルギー電子を伝達する。**電子と水素は最終的に酸素に渡され，ATPが合成される。** NADHや$FADH_2$が酸化される過程でATPが合成されることから酸化的リン酸化という。

❶**酸化的リン酸化**　酸化的リン酸化は，電子伝達系の最後に**化学浸透**というしくみによって行われる。

①**電子の伝達**　解糖系およびクエン酸回路で生じた還元型補助因子（NADH, $FADH_2$）からH^+が外され，生じた電子e^-がミトコンドリアの内膜に並んだタンパク質複合体の間を受け渡されていく。

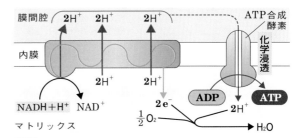

図66　酸化的リン酸化のおおまかなしくみ（模式図）

その間に電子のエネルギーを用いてマトリックス内のH^+が内膜の外（膜間腔）へくみ出される（⟳ p.362）。

②**化学浸透**　ミトコンドリアの膜間腔で濃度の高まったH^+が，マトリックスに流入する。このときATP合成酵素が働いて大量のATPが合成される。

❷**酸化還元とエネルギー**　**酸化**は物質が①酸素と結合，②水素を失う，③電子を失う反応で，酸化が起こるとき必ず別の物質でその逆の反応である**還元**が起こる。

　水素と結合した還元型補助因子NADHや$FADH_2$がもつ化学エネルギーは酸化型であるNAD$^+$やFADと比べて非常に

還元型	酸化型
NADH	$\longrightarrow$ $NAD^+ + H^+ + 2e^- + 61.8\,kJ/mol$
$FADH_2$	$\longrightarrow$ $FAD + 2H^+ + 2e^- + 42.5\,kJ/mol$

高く，還元型補助因子から水素が外れるときに大きなエネルギーが放出される。

❸**電子伝達系のしくみ**　電子伝達系では，NADHや$FADH_2$から水素が外れて生じた電子を複数の物質の間で受け渡していき，その間に電子がもつ大きなエネルギーを少しずつ使ってマトリックス内のH^+を膜間腔へくみ出していく。電子伝達系はおもにⅠからⅣのタンパク質複合体があり，次のような反応が起こる。

①**還元型補酵素から水素を外す**　複合体ⅠはNADHから，複合体Ⅱは$FADH_2$から水素を外し，電子を受け取る。

[補足]　複合体ⅠはNADH脱水素酵素複合体，複合体Ⅱはコハク酸脱水素酵素複合体とよばれる。FADはコハク酸脱水素酵素の補助因子（補欠分子族）で，$FADH_2$はコハク酸をフマル酸に変換する際に生じる。

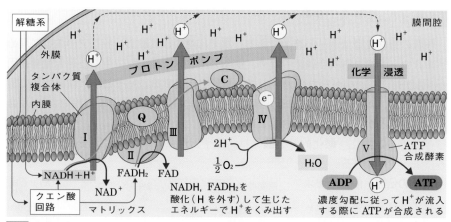

図67　電子伝達系

視点　図中のQは**ユビキノン**とよばれる非タンパク質性の補酵素。Cは**シトクロムc**という鉄Feを含んだタンパク質で，シトクロムにはc以外にも種類があり，複合体IIIとIVにそれぞれ複数含まれている。

②**電子の伝達**　物質はそれぞれ酸化されやすさ，還元されやすさが異なる。NADHやFADH$_2$は他の物質を還元する力が強く自らは酸化されやすい物質で，電子伝達系では酸化されやすい物質から次に酸化されやすい物質へ順に電子が渡されていく。電子は最終的にO$_2$に渡され，H$^+$と結合してH$_2$Oが生じる。

③**H$^+$をくみ出す**　内膜を貫通している複合体I，III，IVはプロトンポンプ[*1]であり，電子のエネルギーを用いてH$^+$をマトリックスから膜間腔へくみ出す。

❹**ATP合成酵素と化学浸透**　電子伝達系でプロトンポンプが働くと，膜間腔はマトリックスに比べてH$^+$濃度が高くなり，＋の電位に傾く。この濃度勾配と電位差は**プロトン駆動力**とよばれ，H$^+$が内膜を越えてマトリックスへ戻ろうとする流れを生じさせる。この流れを**化学浸透**といい，ミトコンドリア内膜に多数存在するATP合成酵素（複合体V）がH$^+$の通り道となる。H$^+$がマトリックス内に流入するとATP合成酵素が活性化され，ADPとリン酸が結合してATPができる。

❺**電子伝達系の収支決算**　解糖系とクエン酸回路で取り出された水素は，それぞれ酸素に渡される。そのとき，電子伝達系の働きで，

①**最大34分子のATPが生成される。**[*2]

②24個の水素原子が6分子の酸素（O$_2$）と結びついて，12分子の水ができる。

> 電子伝達系　$10NADH + 10H^+ + 2FADH_2 + 6O_2$
>
> 　　$\longrightarrow 10NAD^+ + 2FAD + 12H_2O$（＋最大34ATP）

★1 **プロトン**(proton)は原子核を構成する陽子のこと。水素イオンは1個の陽子と等しいのでプロトンとよばれる。
★2 約28分子とする場合もある。これはプロトンポンプの働きで生じたプロトン駆動力はすべてATP合成に使われるのではなく，ミトコンドリアの膜を介した物質の輸送にも使われるためである。

［電子伝達系…ミトコンドリアの内膜に存在する反応系］
⇨解糖系・クエン酸回路から取れた水素を酸素に渡すまでの過程で，
膜間腔にくみ出されたH^+がマトリックスに戻る際にATPを生成。

5 呼吸の反応のまとめ

呼吸の3つの段階の反応を，1つの図にまとめると，次のようになる。

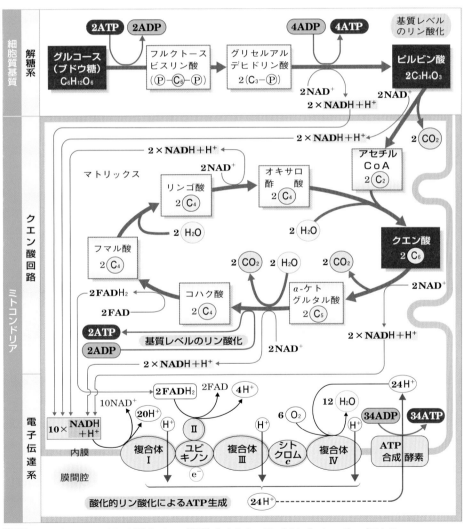

図68 呼吸の全過程の反応概略（模式図）　視点 複合体Ⅰ，Ⅲ，Ⅳはプロトンポンプである。

❶呼吸の反応式　呼吸の３つの段階における反応をまとめて，呼吸を１つの化学式で表すと次のようになる。

解糖系	$C_6H_{12}O_6 + 2(ADP + Ⓟ) \longrightarrow 2C_3H_4O_3 + 2(2H) + 2ATP$
	（グルコース）　　　　　　　　　　　　　　（ピルビン酸）
クエン酸回路	$2C_3H_4O_3 + 6H_2O + 2(ADP + Ⓟ) \longrightarrow 6CO_2 + 10(2H) + 2ATP$
電子伝達系	$12(2H) + 6O_2 + 34(ADP + Ⓟ) \longrightarrow 12H_2O + 34ATP$（最大）
呼吸	$C_6H_{12}O_6 + 6O_2 + 6H_2O \longrightarrow 6CO_2 + 12H_2O + 38ATP$（最大）

注意 これらの反応式の係数は分子数比を表しているとともに，物質量比(モル比)を表している。

補足 呼吸の反応式では，上のように，左右のH_2Oを差し引かないのがふつうである。左辺の$6H_2O$はクエン酸回路で有機物に取り込まれ，右辺の$12H_2O$は電子伝達系で24原子の水素が酸化されてできた水であり，同じ水でもその意味が異なるためである。

❷呼吸と光合成の関係　呼吸の反応式は，光合成の反応式（⊃ p.380）の逆である。ただし，光合成の場合，光エネルギーが使われる。

POINT!

［呼吸の一般式］

$$C_6H_{12}O_6 + 6O_2 + 6H_2O \longrightarrow 6CO_2 + 12H_2O + 最大38ATP$$
（グルコース）　　（酸素）　　（水）　　　　　（二酸化炭素）　　（水）

例題　呼吸の計算

　20gのグルコースが，次の式で表される呼吸によって完全に分解されるとき，下の各問いの量はそれぞれどうなるか。ただし，原子量はH＝1，C＝12，O＝16，1molの気体の体積は22.4Lとする。小数点以下は四捨五入して答えよ。

$$C_6H_{12}O_6 + 6O_2 + 6H_2O \longrightarrow 6CO_2 + 12H_2O + 38ATP$$

(1) 発生する二酸化炭素は何gか。

(2) 生成したATPは何molか。

(2) 吸収された酸素は何Lか。

着眼　各分子量から1molの質量をそれぞれ求め，反応式の係数から各物質の数量関係をつかみ，必要な部分だけを取り出し，比例式をつくる。

解説　与えられた式から，数量関係を整理すると，次のようになる。

$$C_6H_{12}O_6 + 6O_2 + 6H_2O \longrightarrow 6CO_2 + 12H_2O + 38ATP$$

	$C_6H_{12}O_6$	$6O_2$		$6CO_2$	
（モル関係）	1 mol	6 mol		6 mol	
（質量関係）	180 g	$32 \times 6 = 192$ g		$44 \times 6 = 264$ g	
（体積関係）		$22.4 \times 6 = 134.4$ L		$22.4 \times 6 = 134.4$ L	

(1) 求めるCO_2量をx gとすると，右の関係が成り立つ。

これより，$\dfrac{180}{20} = \dfrac{264}{x}$ ∴ $x ≒ 29$

$$\begin{aligned}C_6H_{12}O_6 &\longrightarrow 6\,CO_2\\(180\ \text{g}) &\longrightarrow (264\ \text{g})\\20\ \text{g} &\longrightarrow x\ \text{g}\end{aligned}$$

(2) 求めるATP量をy molとすると，右の関係が成り立つ。

これより，$\dfrac{180}{20} = \dfrac{38}{y}$ ∴ $y ≒ 4.2$

$$\begin{aligned}C_6H_{12}O_6 &\longrightarrow 38\,ATP\\(180\ \text{g}) &\longrightarrow (38\ \text{mol})\\20\ \text{g} &\longrightarrow y\ \text{mol}\end{aligned}$$

(3) 求めるO_2量をz Lとすると，右の関係が成り立つ。

これより，$\dfrac{180}{20} = \dfrac{134.4}{z}$ ∴ $z ≒ 15$

$$\begin{aligned}C_6H_{12}O_6 &\longrightarrow 6\,O_2\\(180\ \text{g}) &\longrightarrow (134.4\ \text{L})\\20\ \text{g} &\longrightarrow z\ \text{L}\end{aligned}$$

答 (1)29 g (2)4.2 mol (3)15 L

🔥重要実験 脱水素酵素の働きを調べる実験

操作

❶ 酵母や新鮮なニワトリのささ身を乳鉢ですりつぶし，ガーゼでろ過した液を，脱水素酵素を含む粗酵素液とする。

❷ ツンベルク管に，右のようにセットし，真空ポンプで管内の空気を抜き，密閉する。

❸ 副室の液を主室に注ぎ込み，37℃に保つ。

※メチレンブルーは，ふだんは青色をしているが，水素と結合すると還元されて無色になる。

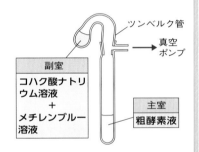

結果

❶ 次第にメチレンブルー(Mb)の青色が薄くなり，やがて無色になる。

❷ 完全に無色になった後，副室を回して空気を入れると，液は上面から青色になる。

考察

❶ 結果❶で無色になったのはなぜか。➡基質のコハク酸が脱水素酵素の働きで脱水素され，その水素で青色の酸化型メチレンブルーが還元されたため($Mb \rightarrow MbH_2$)。

❷ 結果❷で液が再び青色になったのはなぜか。➡酸素は水素と結合する力が非常に強いので，酸素があると，無色の還元型メチレンブルーが酸化され，水素が奪われて，もとの酸化型メチレンブルーに戻ったため($MbH_2 \rightarrow Mb$)。

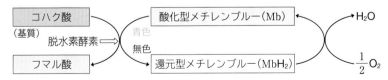

❸ 操作❷で管内を真空にしたのはなぜか。➡管内に酸素があると生じた水素と結合してしまい，脱水素反応の有無をメチレンブルーの色の変化で確認できなくなるから。

3 ｜ 発酵

1 酸素を用いない異化

❶**無酸素で生きる生物たち**　酵母や乳酸菌など，微生物のなかには，**酸素がなくてもグルコースなどの有機物を分解して，エネルギーを生産することができる**生物がいる。このような微生物が行う，酸素を必要としない代謝(異化)は発酵や腐敗とよばれ，多くの生物は無酸素条件下では生きられないのに対して，これらの微生物は無酸素条件下でも生きることができる。

❷**発酵の場**　呼吸は細胞質基質(サイトゾル)とミトコンドリアで行われるのに対して，**発酵や腐敗はすべて細胞質基質で行われる。**

2 発酵の種類と解糖系 ①重要

❶**発酵と腐敗**　微生物による酸素を用いない異化には，発酵と腐敗がある。
① **発酵**　微生物が有機物を分解し，人間にとって有益な特定の物質をつくる働き。[★1] 発酵は，できる物質によって，アルコール発酵(⇨p.367)，乳酸発酵(⇨p.368)などに分けられる。
② **腐敗**　微生物が酸素を使わずに有機物(タンパク質や有機窒素化合物など)を分解し，悪臭を放つ物質や，人間にとって有害な物質をつくる働き。[★1]

❷**解糖**　激しい運動時の筋肉などでも酸素を使わない糖の分解は活発に行われている。この過程は**解糖**とよばれ，ピルビン酸から乳酸ができる(⇨p.368)。

表2　呼吸以外のいろいろな異化とその特徴

	種類	微生物名など	生産物	利用・その他
発酵	アルコール発酵	酵母	エタノール	酒・ワイン・パンなどの製造
	乳酸発酵	乳酸菌	乳酸	乳酸飲料やチーズなどの製造
	酢酸発酵[★1]	酢酸菌	酢酸	酢の製造(酸化発酵)
腐敗		腐敗細菌	硫化水素・インドールなどの有害物質	
解糖		筋肉	乳酸	筋収縮の際のATPの補給

❸**発酵と解糖系**　発酵のはじめの段階，つまり，基質であるグルコースをピルビン酸にまで分解し，2分子のNADHと2分子のATPを生産する段階は，呼吸における**解糖系**とまったく同じである(図69)。

　発酵が呼吸と異なるのは，このあとの段階で，発酵の種類によって，反応のしくみが異なる。

★1 一般や産業分野では，呼吸と異なる微生物の異化に対して，酸素を使う使わないにかかわらず発酵という語が用いられる(広義の発酵)。酢酸発酵は酸素を必要とし，広義の発酵にあたる。

③ アルコール発酵のしくみ ①重要

❶アルコール発酵と生成物 アルコール発酵は**酵母**などの微生物が行う異化の一種で，グルコース(1分子)を基質として分解し，**エタノール(2分子)とATP(2分子)**をつくり，**二酸化炭素(2分子)**を放出する。

❷アルコール発酵のしくみ アルコール発酵は，次のように進行する。

① はじめの段階は，呼吸の解糖系と同じである。この段階で2分子のATPが生産されるが，アルコール発酵では，これ以後ATP生産は行われない。

② 解糖系で生じたピルビン酸が，無酸素条件下で脱炭酸酵素の作用を受けて二酸化炭素(CO_2)を放出し，アセトアルデヒド(CH_3CHO)になる。

③ そして，アセトアルデヒドは，解糖系で生じた$NADH + H^+$の水素イオンと電子(⇨p.359)によって還元され，エタノール(C_2H_5OH)となる。

$$C_6H_{12}O_6 \longrightarrow 2C_2H_5OH + 2CO_2 + 2ATP$$
(グルコース)　　　　　　(エタノール)

補足 生じたエタノールと二酸化炭素は，酵母の体外に出される。

❸酵母と呼吸 酵母は，**無酸素条件下ではアルコール発酵を行い，酸素がある条件下では呼吸を行う。**このようなことができるのは，酵母はそのからだ(細胞)の中にミトコンドリアをもっており，[*1]発酵よりも呼吸によって取り出すことができるエネルギーのほうがはるかに多量だからである。

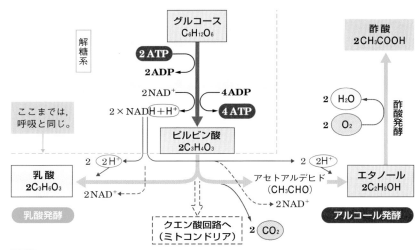

図69 乳酸発酵・アルコール発酵・酢酸発酵の反応概略(模式図)

視点 各種の発酵も解糖も，呼吸の第1段階である「解糖系」を経由して反応が進行し，解糖系で生じたH^+をO_2を使わずに処理する(有機物の還元に使う)ことで完了する。

★1 酵母は真核生物(子のう菌類⇨p.308)である。原核生物である乳酸菌と酢酸菌はミトコンドリアをもたない。

第5編 生命現象と物質

4 乳酸発酵のしくみ ①重要

①乳酸発酵と生成物　乳酸発酵は，**乳酸菌**が行う異化の一種で，グルコース（1分子）を基質として分解し，**乳酸（2分子）とATP（2分子）**をつくる反応である。

②乳酸発酵のしくみ　乳酸発酵は，次のように進行する。

①解糖系によって，グルコースがピルビン酸にまで分解され，2分子のATPが生産される。この段階は，呼吸やアルコール発酵と同じである。

②解糖系で生じたピルビン酸は，同じく解糖系で生じた$NADH＋H^+$の水素イオンと電子によって還元され，乳酸（$C_3H_6O_3$）になる。

$$C_6H_{12}O_6 \longrightarrow 2C_3H_6O_3 + 2ATP$$
（グルコース）　　　　　（乳酸）

POINT!

アルコール発酵・乳酸発酵では，グルコース1分子の分解によって，2分子のATPしかつくられない（解糖系での生成のみ）。

5 解糖

①解糖　激しく運動している筋細胞においては解糖系の反応が激しく起こり，大量に生じたピルビン酸がクエン酸回路で消費しきれなくなると，**乳酸発酵と同じ経路で乳酸ができる。**

②解糖とATP生成量　グルコースを基質としたときには，乳酸発酵とまったく同じで，**2分子のATP**を生産する。筋肉での解糖の基質には，グルコースだけではなく，筋細胞内の貯蔵養分であるグリコーゲンも使われる。グリコーゲンが解糖作用を受けるときはグルコース1分子あたり1分子のATPを使うだけで4分子のATPがつくられ，差し引き3分子のATPが生産される。

補足　グリコーゲンを分解すると実際にはグルコースではなくグルコースリン酸となる。このときATPは消費されない。

③乳酸とそのゆくえ　筋肉における解糖では，乳酸発酵と同様に**乳酸**がつくられる。この乳酸の約2割は，酸素の供給条件下で脱水反応を受けピルビン酸に戻ってミトコンドリアに入り，クエン酸回路で分解される。残りの約8割は，ピルビン酸を経てグルコースに戻り（**糖新生**），グリコーゲンに再合成される。

6 酢酸発酵

酢酸発酵は，酢酸菌が行う発酵の一種（広義の発酵）で，エタノールを基質として，**酸素（O_2）を使って酸化し，酢酸をつくる**反応である。このとき，水（H_2O）ができる。

$$C_2H_5OH + O_2 \longrightarrow CH_3COOH + H_2O$$
（エタノール）　　　　　　（酢酸）

4 | いろいろな呼吸基質と呼吸商

1 いろいろな呼吸基質 ①重要

❶**グルコース以外の呼吸基質**　呼吸の基質として最もよく使われるのはグルコースであるが，グルコースが不足すると，**グルコース以外の炭水化物や，脂肪，タンパク質などの有機物も呼吸基質として使われる。**

❷炭水化物を基質とする呼吸
①**単糖類**　フルクトースはグルコースと同じ単糖類で，グルコースと同様にそのまま基質となって解糖系に入る。
②**二糖類・多糖類**　二糖類と多糖類は，単糖類が2個あるいは複数結合したものである。そこで，マルトースやスクロースなどの二糖類や，デンプン，グリコーゲンなどの多糖類は，単糖類にまで分解されて，解糖系に入る。

❸**脂肪を基質とする呼吸**　脂肪は，脂肪酸とモノグリセリドに分解され，モノグリセリドはさらに脂肪酸とグリセリンに分解されて，呼吸基質として使われる。
①**脂肪酸**　脂肪酸は，複数個の炭素原子(C)をもつ長い鎖状の分子である。脂肪酸は，その分子鎖の端のほうから炭素原子が2個ずつの**アセチルCoA**にまで分解されて基質となり，クエン酸回路に入る。
②**グリセリン**　グリセリンは，ATPによるリン酸化を受けてホスホグリセリン酸(PGA)となって，解糖系の途中に入る。

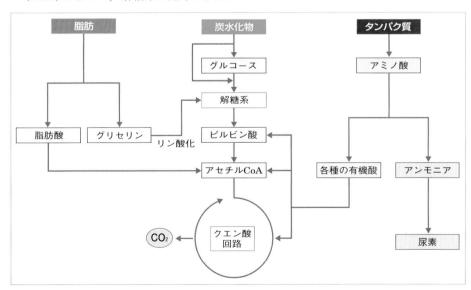

図70　炭水化物・脂肪・タンパク質のおもな分解過程

❹**タンパク質を基質とする呼吸**　タンパク質は，種々の酵素によって，まずアミノ酸に分解される。そしてアミノ酸からアミノ基($-NH_2$)が切り離されて，アミノ酸の種類に応じた各種の**有機酸**(ピルビン酸・アセチルCoA・ケトグルタル酸・オキサロ酢酸)ができ，それらが呼吸基質としてクエン酸回路の途中から入る。

2 呼吸商

❶**呼吸商とは何か**　呼吸では，下の①～③のように，呼吸基質が何であれ，最終的には**水と二酸化炭素**(タンパク質の場合，それと切り離されたアミノ基から生じたアンモニア[★1])に分解されてしまう。

① **炭水化物**(例 グルコース) $C_6H_{12}O_6 + 6O_2 + 6H_2O \longrightarrow 6CO_2 + 12H_2O + エネルギー$
② **脂肪**(例 脂肪酸…パルミチン酸) $C_{16}H_{32}O_2 + 23O_2 \longrightarrow 16CO_2 + 16H_2O + エネルギー$
③ **タンパク質**(例 アミノ酸…ロイシン)

$$2C_6H_{13}O_2N + 15O_2 \longrightarrow 12CO_2 + 10H_2O + 2NH_3 + エネルギー$$

そのため，分解産物の種類から呼吸基質が何であるのかを調べるのは難しい。しかし，呼吸基質によって炭素(C)や水素(H)を含む割合が違っており，そのため，酸化分解に使われる酸素(O_2)と放出される二酸化炭素(CO_2)の割合が，呼吸基質の種類によって異なる。そこで，このことを利用して，**呼吸において放出されるCO_2と，吸収されるO_2との体積比**から，呼吸基質の種類を推定することができる。この体積比を**呼吸商(RQ)**という。**呼吸商の値は呼吸基質の種類によって異なる。**

補足 呼吸商は正式には，二酸化炭素と酸素のモル比で求めなければならないが，気体はすべて1 molの体積が22.4 L (0℃，1気圧)と決まっており，**気体の物質量(モル数)は体積に比例する**ので，実験的には体積比で計算する。

POINT!

$$呼吸商(RQ) = \frac{放出されたCO_2の体積(または物質量)}{吸収されたO_2の体積(または物質量)}$$

❷**呼吸商と呼吸基質**　呼吸商の値は，呼吸基質の種類によってだいたい決まっており，次のとおりである。実際に，上の①～③について計算すると，この値になる。

① **炭水化物**　$RQ = \dfrac{6CO_2}{6O_2} = 1.0$

② **脂肪**　$RQ = \dfrac{16CO_2}{23O_2} ≒ 0.7$

③ **タンパク質**　$RQ = \dfrac{12CO_2}{15O_2} = 0.8$

> 炭水化物……$RQ = 1.0$
> 脂肪…………$RQ ≒ 0.7$
> タンパク質…$RQ ≒ 0.8$

★1 アンモニアは細胞にとっては有害な物質であるため，哺乳類や両生類では肝臓の**オルチニン回路**(⟳ p.139)で尿素につくり変えて尿中に排出する。また，植物ではアンモニアを有機酸からアミノ酸への合成反応の材料として再利用する。

例題　発芽種子の呼吸商の測定実験

　図のような装置を用意して，ゴマの発芽種子の呼吸について調べた。フラスコAとB内にゴマの発芽種子を等量入れ，活栓を閉じてフラスコ内を密閉した。一定時間後，メスピペット内の着色液の動きから，AとB内の容積変化を読み取った結果，Aは1124 mm³減少，Bは326 mm³減少した。

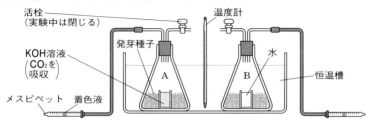

　この実験結果から，呼吸商を小数第2位まで求めよ。また，ゴマの発芽におけるおもな呼吸基質は何であると考えられるか。

着眼　着色液の動きはフラスコAがO_2の減少量，BはO_2の減少量とCO_2の放出量の差を示す。ここからCO_2の放出量を求め，呼吸商を計算する。

解説　呼吸商$(RQ) = \dfrac{CO_2 \text{の放出量}}{O_2 \text{の吸収量}} = \dfrac{1124 \text{ mm}^3 - 326 \text{ mm}^3}{1124 \text{ mm}^3} ≒ 0.71$

呼吸商が0.7に近いことから呼吸基質はおもに脂肪であると考えられる。

このSECTIONのまとめ　呼吸と発酵

☐ **呼吸のしくみ**　↪p.358	・次の3つの反応段階からなる。 　①**解糖系**…細胞質基質，2 ATPを生産。O_2不使用。 　②**クエン酸回路**…ミトコンドリアのマトリックス，2 ATPを生産。 　③**電子伝達系**…ミトコンドリアの内膜，最大34 ATP生産。 ・グルコースを基質としたときの呼吸の一般式 　$C_6H_{12}O_6 + 6O_2 + 6H_2O \longrightarrow 6CO_2 + 12H_2O + $ **最大38 ATP**
☐ **発酵**　↪p.366	・**アルコール発酵**…酵母が行う。**エタノール2分子**と2 ATPを生産し，$2CO_2$を放出。 ・**乳酸発酵**…乳酸菌が行う。**乳酸2分子と2 ATPを生産。**
☐ **呼吸商**　↪p.370	・**呼吸商$(RQ) = \dfrac{\text{放出された}CO_2 \text{の体積}(\text{または物質量})}{\text{吸収された}O_2 \text{の体積}(\text{または物質量})}$**

第5編　生命現象と物質

2 光合成

1 | 葉緑体と光合成色素

1 葉緑体と色素

❶**葉緑体のつくりと色素**　光合成の場である葉緑体は，おもに植物の葉の同化組織の細胞に含まれており，1個の細胞中に数十個存在している。構造は右の**図71**のように全体が二重の膜(包膜)で包まれ，[★1]その内側には基質のストロマと，袋状の膜構造であるチラコイドが存在している。チラコイドは部分的に円盤状に積み重なるようになっていて，この部分を，とくに**グラナ**という。チラコイドの膜(チラコイド膜)には，光合成色素が含まれている。

❷**光合成色素**　**光合成色素**には，中心的な役割をもつ**クロロフィル**a(青緑色。**図72**)や，補助色素である**クロロフィル**b(黄緑色)，**カロテン**(橙色)，**キサントフィル**(黄色)が含まれる。

❸**補助色素**　補助色素である**クロロフィル**b，**カロテン**，**キサントフィル**は，吸収した光エネルギーをクロロフィルaに渡す働きをもつ。また，カロテン，キサントフィルは**カロテノイド**とよばれ，強光による葉緑体の損傷を防ぐ働きももつ。

[補足] 褐藻類やケイ藻類などはクロロフィルbではなくクロロフィルcをもつ(⇨p.305)。

図71 葉緑体のつくり

[視点] グラナは，円盤状のチラコイドが積み重なった部分。

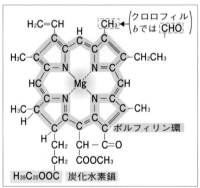

図72 クロロフィルaの構造

[視点] クロロフィルの構造は，動物の色素であるヘモグロビンのヘムとよく似ており，ヘムのFeのかわりにクロロフィルはMgを含んでいる。

POINT! 葉緑体のチラコイド膜には，光合成色素のクロロフィルやカロテノイドが含まれている。

★1 植物プランクトンなどでは，1つの細胞内に1個から数個の葉緑体が見られる。また，海藻のなかまでは，四重膜で覆われている葉緑体をもつものなどがいる(⇨p.305)。

2 色素の吸収曲線と光合成の作用曲線 ①重要

❶色素の吸収曲線　光合成色素である
クロロフィルが，どの波長の光をよく
吸収するかを示したグラフを色素の吸
収曲線（または**吸収スペクトル**）といい，
図73のように表される。これより，
クロロフィルは青（青紫）と赤の光を強
く吸収し，カロテノイドは青の光を強
く吸収することがわかる。

補足 クロロフィルの吸収曲線は，次のように
して調べる。★1
①白色光をクロロフィルの抽出液に通す。
②抽出液を通ってきた光をさらにプリズムに通
して分光する。
③すると，図の⑥のようなスペクトルが得られ
る。これと⑧の白色光のスペクトルを比べる
と，クロロフィルは青色と赤色の光をよく吸
収していることがわかる。なお，植物の葉が
緑色に見えるのは，クロロフィルが緑色の光
を吸収せず，緑色の光が透過したり，葉の表
面で反射したりするからである。

❷光合成の作用曲線　分光器でいろい
ろな波長に分けた光を植物に与え，ど
の波長の光が光合成に有効かを調べたグラフを光
合成の作用曲線（または**作用スペクトル**）という。
光合成の作用曲線と色素の吸収曲線を比べると，
図73のように非常によく似ていることから，**光
合成にはクロロフィルやカロテノイドで吸収され
た青（青紫）と赤の光が効率よく使われていること
がわかる。**

補足 緑から黄の光でも効率は低いが光合成は行われる。

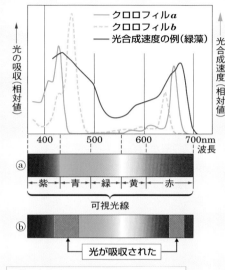

⑧：白色光のスペクトル
⑥：クロロフィル*a*の吸収スペクトル

図73 **色素の吸収曲線と光合成の作用曲線**

視点 色素の吸収曲線と光合成の作用曲線の形は
よく似ており，どちらも青（青紫）と赤の光で山が
できることに注目せよ。

色素の吸収曲線（吸収スペクトル）
光合成の作用曲線（作用スペクトル）｝青（青紫）と赤でピーク。

★1 光合成色素による光の吸収のようすは，クロロフィルの抽出液を直接分光器を使って見ることでも観察
することができる。この場合も，**図73**の⑥のようなスペクトルが観察される。

第5編 生命現象と物質

🔬 重要実験 クロマトグラフィーによる光合成色素の分離実験

操作

❶ ホウレンソウの葉に，抽出液(メタノールとアセトンの混合液)を加え，よく冷やした乳鉢中で(石英砂を加えて)すりつぶし，色素を抽出する。

❷ 薄層クロマトグラフィー用プラスチックシート(TLCシート，薄層プレート)に原線を鉛筆で描く。そしてその中央の原点に，ガラス毛細管を使って，抽出液を**小さな点状(直径5 mm以内)に濃くつける。**

❸ 展開液(石油エーテル，アセトン，ベンゼンなどの混合液)を入れた展開槽に，原点側の端がつくようにして入れる。

❹ 展開液が原点から約10 cm上昇したら，展開槽からろ紙(シート)を取り出し，すぐに**鉛筆**を使って，展開液の上端(前線)，各色素の輪郭をなぞって印をつける。

❺ 各色素について，原線から各色素の中心点と展開液の前線までの距離を計測し，右の式を用いて，それぞれの色素のR_f値を求め，色素名を推定する。

$$R_f値 = \frac{原線と各色素の中心との距離}{原線と展開液の前線との距離}$$

結果

◉ 各色素は図のように分離して展開する。展開液の種類によって色素の展開する距離や順番が異なる。

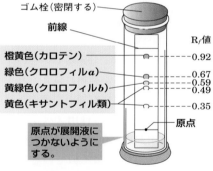

ゴム栓(密閉する)
前線
R_f値
橙黄色(カロテン) ——— 0.92
緑色(クロロフィルa) ——— 0.67
黄緑色(クロロフィルb) ——— 0.59 0.49
黄色(キサントフィル類) ——— 0.35
原点
原点が展開液につかないようにする。

考察

❶ 操作❶で乳鉢を冷やすのはなぜか。
➡色素の変性を防ぐため。

❷ 操作❷で，抽出液を小さな点状につけるのはなぜか。
➡抽出液を大きくつけると，展開してできる各色素のスポットも大きくなり，R_f値が求めにくくなるから。

❸ この結果に見られるように，各色素が分離するのはなぜか。
➡**展開液に対するそれぞれの色素の溶解性(溶けやすさ)とTCLシートに対する吸着力が違うためである。**つまり，展開液に溶けやすく吸着力が弱い色素ほど，展開液の上昇とともに原点から遠ざかっていく。

❹ 同様の実験を，材料だけタンポポの葉に変えて行うとどうなるか。
➡タンポポとホウレンソウの葉の色素はほぼ同じで，しかも色素によってR_f値は一定なので，同じ結果が得られる(ただし，展開液の種類や温度などの条件が変わればR_f値は異なる)。

2 ｜ 光合成のしくみ

1 光合成の反応の流れ ①重要

　光合成は，連続して起こる次の4つの反応系からなる。

❶光化学反応　吸収された光エネルギーによりチラコイド膜にある光化学系Ⅱと光化学系Ⅰのクロロフィル a が活性化する反応で，**酵素は関係しない**（図74①）。

❷水の分解とNADPHの生成　活性化したクロロフィル a の強い酸化力で，チラコイドの内腔にある水が分解され，**酸素**と水素イオンと電子が放出される。水素イオンはNADP⁺（⊃p.343）に渡され，**NADPHができる**[★1]（②）。

❸ATPの生成反応（光リン酸化）　電子が電子伝達系を移動するときに生じるエネルギーを利用して，チラコイド膜にあるATP合成酵素の働きでATPができる（③）。この反応は呼吸の酸化的リン酸化（⊃p.361）に対して光リン酸化とよばれる。

❹CO₂固定反応　カルビン回路という。気孔から CO_2 を取り込み，NADPHとATPを用いて有機物（C₆化合物）を合成する反応（④）。ストロマで起こる。反応②～④は酵素が関係し，温度の影響を受ける。

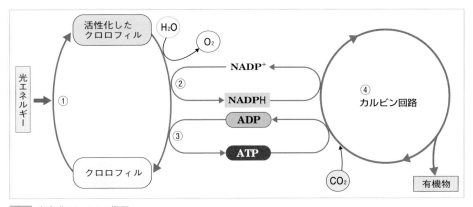

図74 光合成のしくみの概要

[光合成の4つの反応系]

①光化学反応…光によるクロロフィル a の活性化。

②水の分解とNADPHの生成…O₂の発生。

③ATPの生成反応（光リン酸化）

チラコイド で起こる。

④CO₂の固定反応…CO₂を取り込み，有機物（C₆ 化合物）を合成（カルビン回路）。

ストロマで 起こる。

★1 この反応は正確には $NADP^+ + 2H^+ + 2e^- \longrightarrow NADPH + H^+$ で表される。

2 光化学反応 ①重要

　光合成で最初に起こる反応(光化学反応)は，光合成色素による光エネルギーの吸収である。この反応は非常に速く進み，温度の影響を受けないのが特徴である。

❶光合成色素による光エネルギーの吸収　チラコイド膜には光化学系ⅡとⅠという分子の集まりがあり，それぞれの中でクロロフィル*a*およびカロテノイドなどの光合成色素が配置されている。光エネルギーはこれらの色素に吸収されたのち，反応中心とよばれる2分子のクロロフィル*a*[★1]に渡される。

❷クロロフィル*a*の活性化と電子の放出　光エネルギーを吸収した反応中心のクロロフィル*a*は活性化され(励起状態)，エネルギーをもった電子が放出される。放出された電子は，電子伝達系に送られる。また，光化学系Ⅱでは水が分解され，そのとき生じた電子が，クロロフィル*a*が失った分の電子を補充する。

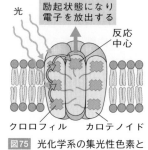

図75 光化学系の集光性色素と反応中心

補足　励起状態とは，物質を構成する原子の電子(e⁻)が，エネルギーを吸収して，1つ外側の電子軌道をまわるようになった状態である。励起電子は非常に不安定で，クロロフィルの外に放出される。電子を放出した活性クロロフィルは他の物質から電子を奪おうとする強力な酸化力をもつようになる。

POINT!
　光化学反応…光化学系の反応中心でクロロフィル*a*が光エネルギーを吸収して活性化し，電子を放出する過程。

3 水の分解とNADPHの生成 ①重要

　光化学系Ⅱによる光化学反応に続き，チラコイドの内腔で水が酸素・水素イオン・電子に分解される。生じた電子は電子伝達系と光化学系Ⅰを経たのち，水素イオンとともにNADP⁺に渡され，NADPHが生成する。この反応は温度の影響を受ける。

❶水(H_2O)の分解と酸素(O_2)の発生　光化学系Ⅱで，電子を放出して強い酸化力をもつようになった反応中心の活性クロロフィル*a*は，その酸化力によってチラコイドの内腔の水を分解し，酸素$\left(\frac{1}{2}O_2\right)$・水素イオン($H^+$)・電子($e^-$)が生じる$\left(H_2O \longrightarrow \frac{1}{2}O_2 + 2H^+ + 2e^-\right)$。このうち酸素はあとの反応には関係なく，放出される。電子を放出した光化学系Ⅱのクロロフィル*a*は，水の分解の際に生じた電子が補われ，もとの状態に戻る。

★1 反応中心以外の光合成色素は補助色素(または集光性色素)とよばれる。

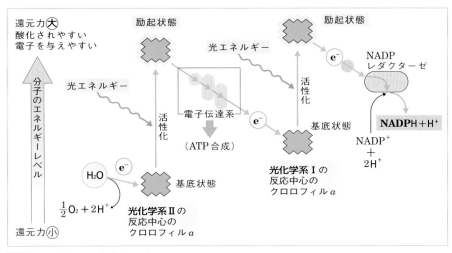

還元力⼤
酸化されやすい
電⼦を与えやすい

励起状態

光エネルギー

励起状態

NADP
レダクターゼ

分⼦のエネルギーレベル

光エネルギー

活性化

電⼦伝達系

e⁻

活性化

基底状態

$NADPH + H^+$

（ATP合成）

e⁻

H_2O　e⁻

基底状態

NADP⁺
$+$
$2H^+$

$\frac{1}{2}O_2 + 2H^+$

光化学系Ⅱの
反応中⼼の
クロロフィルa

光化学系Ⅰの
反応中⼼の
クロロフィルa

還元⼒⼩

図76　光化学系の電⼦伝達と還元⼒

❷電⼦伝達　光化学系Ⅱの反応中⼼の活性クロロフィルaから放出された電⼦はチラコイド膜上の電⼦伝達系によって光化学系Ⅰに渡される。電⼦伝達系では電⼦はエネルギーレベルの⾼い，還元⼒の強い物質から還元⼒の低い（還元されやすい，酸化⼒の強い）物質へと順に渡されていく。光化学系Ⅰに渡された電⼦は，光エネルギーにより活性化して電⼦を放出した光化学系Ⅰの反応中⼼のクロロフィルaの再還元に使われる。

補⾜　反応中⼼のクロロフィルaは，光化学系Ⅱでは⽔の分解で⽣じた電⼦を受け取るが，光化学系Ⅰでは⽔を分解できず，電⼦伝達系からの電⼦を受け取る。それは，クロロフィルaの還元⼒が，光化学系Ⅱでは⽔より低く，光化学系Ⅰでは⽔より⾼いためである。

❸NADPHの⽣成　光化学系Ⅰの活性クロロフィルから放出された電⼦(e^-)は，ストロマ中の⽔素イオン(H^+)とともに，補酵素NADP⁺（ニコチンアミドアデニンジヌクレオチドリン酸）に渡され，NADPレダクターゼ（酵素）の働きにより，ストロマでNADPHを⽣じる。NADPHのHは，後で述べるCO_2固定反応のカルビン回路（🠖p.379）に使われる。

[⽔の分解とNADPHの⽣成]
①光化学系Ⅱで活性化したクロロフィルaの強い酸化⼒によって⽔（H_2O）が分解し，酸素（O_2）が発⽣する。
②光化学系Ⅱから光化学系Ⅰに伝達された電⼦は最終的に補酵素NADP⁺に渡され，H^+と反応してNADPHが⽣成する。

4 ATPの生成反応（光リン酸化） ① 重要

光化学系IIから放出された電子が電子伝達系を通り，光化学系Iに渡される間に出るエネルギーによって，**ATPの生産が行われる。**この反応も温度によって影響を受ける。

❶**電子の移動** 活性クロロフィルaから放出された電子（エネルギーをもつ）は，チラコイド膜にある電子伝達系に渡され，エネルギーを放出しながら次々に移動していく。

❷**H⁺の輸送** 光化学系IIから光化学系Iへの電子伝達系には**プロトンポンプ**が存在し，移動する電子のエネルギーを利用して，ストロマからチラコイド内腔へ水素イオンH^+をくみ入れるため，チラコイド内腔のH^+濃度が高まっていく。

❸**ATPの生成** H^+は，濃度勾配にしたがってチラコイド内腔からストロマに向かって流れ出ようとする。こうしたH^+の流れのエネルギー（プロトン駆動力⊃p.362）を利用して**チラコイド膜にあるATP合成酵素がADPとリン酸からATPを生成する。**この反応は光エネルギーを変換してADPをリン酸化したことになるので，**光リン酸化**とよばれる。

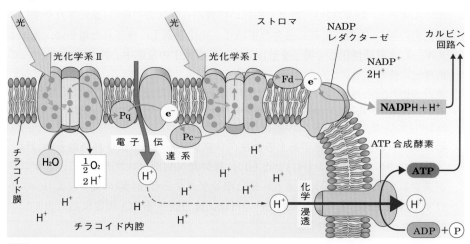

図77 光リン酸化のしくみ

視点 Pqはプラストキノンという小さな有機分子，Pcはプラストシアニン，Fdはフェレドキシンという物質で，電子を順に受け渡し，H^+の輸送とNADPHの生成を行う。

POINT!

ATPの生成反応…光化学系IIで放出された電子（e⁻）が電子伝達系を通る際に放出されたエネルギーを用いて，チラコイド膜にあるATP合成酵素によってATPがつくられる。

5 カルビン回路―CO₂の固定反応 ⚠️重要

　チラコイドでつくられたNADPHとATPを使って，CO₂を固定し，有機物が合成される。この反応は回路反応で，カルビン回路とよばれ，葉緑体のストロマに存在する多くの酵素の働きによって，次の順序で進行する。

❶二酸化炭素の取り込み

①葉の気孔から取り込まれた二酸化炭素(CO_2)は，葉緑体中に入ると，ルビスコという酵素（⇨ p.381）に触媒されて炭素原子5個をもつRuBP〔リブロース1, 5ビスリン酸；リブロース二リン酸(C_5)〕と結合する。

②結合してできたC_6化合物は，非常に不安定であるためすぐに分解されて2分子のPGA〔ホスホグリセリン酸(C_3-Ⓟ)〕という三炭糖リン酸になる。

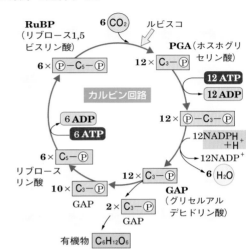

図78　カルビン回路

❷ATPとNADPHによる還元

③PGAは，チラコイドでの光リン酸化でつくられたATPからリン酸(Ⓟ)を，そして，NADPH + H⁺の水素(H)を受け取って還元され，GAP〔グリセルアルデヒドリン酸(C_3-Ⓟ)〕という別の三炭糖リン酸になる。

④このとき水(H_2O)が生じる。

❸有機物の合成

⑤6分子のCO_2が回路に取り込まれると12分子のGAPが生じる。

⑥そのうちの2分子のGAPから糖などの有機物($C_6H_{12}O_6$)が生じる。

⑦残りの10分子のGAPは，いくつかの中間生成物（リブロースリン酸など）を経て，再びもとのRuBPに戻り，次のCO_2と結合する。

　これらの反応全体をまとめると，次のようになる。

$$6CO_2 + 12NADPH + 12H^+ \xrightarrow[]{} C_6H_{12}O_6 + 6H_2O + 12NADP^+$$
$$18ATP \quad 18(ADP + Ⓟ)$$

POINT!

　　CO_2の固定反応（カルビン回路）…NADPH + H⁺のHとATPのエネルギーによって，二酸化炭素から有機物(C_6化合物)がつくられる。この反応はストロマで起こり，CO_2濃度と温度の影響を受ける。

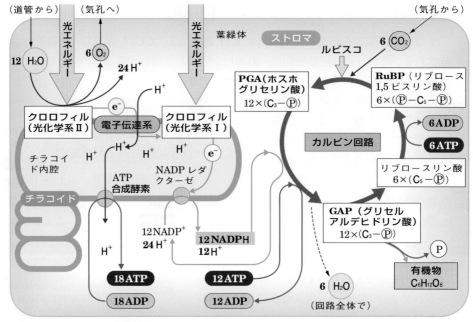

図79 光合成の全過程の反応のようす（模式図）

6 光合成のまとめ

❶光合成の4つの反応系と環境要因 光合成の反応を成り立たせている4つの反応系について反応の場と影響する環境要因は，次のようになる。

表3 光合成の4つの反応系

反応系	反応の場	影響する要因
①光化学反応（光化学系Ⅱ，光化学系Ⅰ）	チラコイド	光の強さ
②H_2Oの分解，NADPHの生成	チラコイド	温度
③ATPの生成（光リン酸化）	チラコイド	温度
④CO_2の固定（カルビン回路）	ストロマ	CO_2濃度，温度

❷光合成の全反応 光化学反応からCO_2固定までの全反応を化学式でまとめると次のポイントのようになる。これは呼吸の逆の反応である（⇨ p.364）。

注意 この反応式で両辺のH_2Oを差し引かないのは，$12H_2O$が光化学系Ⅱで分解され，カルビン回路で$6H_2O$が生成することを明確化するためである。

[光合成の一般式]

$$6CO_2 + 12H_2O + 光エネルギー \longrightarrow C_6H_{12}O_6 + 6O_2 + 6H_2O$$

（二酸化炭素）　　　（水）　　　　　　　　　　　　　（有機物）　（酸素）　　（水）

─╲ COLUMN ╱─

酵素ルビスコ（Rubisco）

　ルビスコは，略さずいうと**リブロース1,5ビスリン酸カルボキシラーゼ／オキシゲナーゼ**という長い名称の酵素である。これは，リブロース1,5ビスリン酸（RuBP）にCO_2を結合させる反応を触媒するので，**カルボキシラーゼ**とよばれる。しかし，CO_2との結合能力が低いため，光合成を効率的に進めるため葉緑体に多量に含まれる。そのため，“葉のタンパク質の30％を占める”，“地球上で最も多量に存在するタンパク質”と言われている。

　また一方で，CO_2が欠乏する条件下では，RuBPにO_2を結合させる反応も触媒するので，**オキシゲナーゼ**ともよばれる。この過程では，O_2を取り込みチラコイドで生じたATPやNADPHを消費して，CO_2も放出するため，この反応は光呼吸ともよばれる（⟳ p.392）。

⊕発展ゼミ　C_3植物，C_4植物，CAM植物

●植物は，光合成のCO_2固定のしくみの違いによって，C_3植物，C_4植物，CAM植物の3種類に区別される。

〔C_3植物〕　ホウレンソウなどの一般的な植物は，p.379で学習したように，CO_2固定の最初の産物が，カルビン回路の炭素を3つもつC_3化合物（PGA）である。このような過程でCO_2固定を行う植物をC_3植物という。C_3植物では葉肉細胞内で光合成が完結する。

〔C_4植物〕　トウモロコシなどのC_4植物は，CO_2が葉肉細胞内でC_3化合物（ピルビン酸）に結合し，C_4化合物（リンゴ酸・オキサロ酢酸）として固定される。次に，このC_4化合物は維管束鞘細胞に輸送され，C_3化合物とCO_2に分解される。維管束鞘細胞では光合成が行われ，CO_2は次々とカルビン回路に供給される（⟳ p.393）。C_4植物ではC_3植物に比べ，特にCO_2濃度が限定要因である強光下で光合成の効率が高い。

〔CAM植物〕　多肉植物のサボテンやベンケイソウなどのCAM植物は，昼間は気孔を閉じて，水の蒸散を防いでいる。そのため，夜に気孔を開いてCO_2を取り込んでC_4化合物（主としてリンゴ酸）として固定して液胞に蓄えておき，昼間にそのC_4化合物を分解して得たCO_2で光合成を行う（⟳ p.393）。CAM植物の炭素固定はC_4植物と同じだが，炭素固定と光合成が，夜と昼に分かれて同じ細胞内で起こることが，C_4植物と異なる。

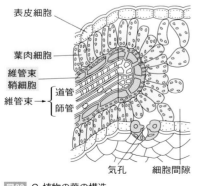

表皮細胞
葉肉細胞
維管束鞘細胞
維管束 ─ 道管／師管
気孔　　細胞間隙

図80　C_4植物の葉の構造

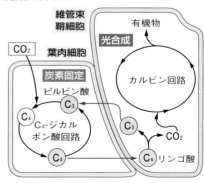

維管束鞘細胞
有機物
光合成
CO_2　葉肉細胞
炭素固定
ピルビン酸
C_3
C_4　C_4-ジカルボン酸回路
C_3
C_3
カルビン回路
CO_2
C_4　C_4リンゴ酸

図81　C_4植物のCO_2固定のしくみ

光合成の研究の歴史

●**ファン ヘルモントの実験**　古代ギリシャのアリストテレス（紀元前 4 世紀）は，植物の成長に必要な物質はすべて土から取り入れられているとし，この考えが長らく信じられてきた。これに対してフランドル（現ベルギー）のファン ヘルモント（1579 ～ 1644年）は，ヤナギの木に水だけを与えて 5 年間育て，30 倍以上の重さに成長しても土の重さは変わらなかったことから「木の成長は水に由来する」という結論を導き出した。

●**プリーストリーの実験**　イギリスのプリーストリーは，1772 年，密閉したガラス容器の中でろうそくの燃焼やネズミの呼吸が続かなくなった空気が植物によって浄化されることを発見し，植物がろうそくの燃焼やネズミの生存に必要な気体を発生することを証明した。その気体は酸素であることが，その後わかった。

●**インゲンホウスの実験**　オランダのインゲンホウスはプリーストリーと同様の実験で光を当てる場合と当てない場合とを比較し，植物が酸素を発生するには光が必要であることを明らかにした。

●**ソシュールの実験**　スイスのソシュール（1767 ～ 1845 年）は，二酸化炭素を多く含むようにした空気の中でツルニチニチソウを育て，植物は二酸化炭素を吸収し酸素を生じるが，そのとき植物の乾燥重量および炭素重量も増え，さらに，この乾燥重量の増加には水も関係していることを示した。彼の考え方は，次の式にまとめられる。

　　二酸化炭素 ＋ 水 ⟶ 植物体（乾燥重量に含まれるもの） ＋ 酸素

●**ザックスの実験**　ドイツのザックス（1832 ～ 1897 年）は，植物の葉の一部をおおって光を当たらなくすると，光が当たった部分でだけデンプンが合成され，光が当たらなかった斑入りの葉の白い部分のように葉緑体を含まない細胞ではデンプンが合成されないことを実験によって調べた（図82）。その結果から，彼は，緑色の植物は光合成によって糖やデンプンのような炭水化物を合成することを発見した。

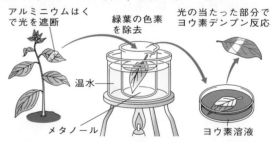

図82　ザックスの実験

●**エンゲルマンの実験**　イギリスのエンゲルマン（1843 ～ 1909 年）は，1894 年，図83 のような実験を行い，アオミドロの細胞の一部分にだけ光のスポットを当てると，葉緑体に光を当てた所に酸素を好む細菌が集まることから，光合成が葉緑体で行われ，酸素が発生していることを明らかにした。

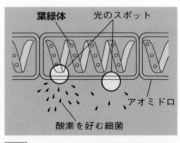

図83　エンゲルマンの実験（1894 年）

●**光合成の反応の順序**　アメリカの
ベンソンらは，光照射とCO_2の有
無の組み合わせが異なる条件と光合
成の関係を調べた。その結果は図
84のようになり，光エネルギーの
吸収が先に起こり，その次に光を必
要とせず先の反応で生じた生成物を
用いてCO_2を取り込んで有機物を
合成する反応が起こることを明らか
にした。

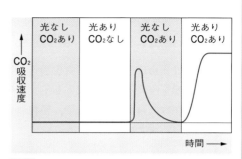

図84　ベンソンの実験(1949年)

●**酸素が発生するしくみ**　1939年，
イギリスのヒルは，緑葉から取り出
した葉緑体に，シュウ酸鉄(III)を加
えて光を当てると，CO_2がなくて
も酸素が発生することを観察した。
この反応は**ヒル反応**とよばれ，光合
成における酸素の発生はCO_2由来
ではなく，水が分解されることで生
じることを示した。後にアメリカの
ルーベンが，酸素の同位体(^{18}Oと
^{16}O)を使い，発生する酸素が水由来
であることを直接的に証明した(1941年)。

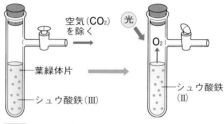

図85　ヒルの実験

視点　シュウ酸鉄(III)は電子を受け取りやすい物
質(酸化剤，人工的酸素受容体)で，光エネルギー
を受けた葉緑体によって水が分解(酸化)される際
に電子を受け取りシュウ酸鉄(II)に変わる。

●**二酸化炭素が有機物に変わる過程**　1957年，アメリカの**カルビン**と**ベンソン**は，炭
素の放射性同位体^{14}Cで合成した$^{14}CO_2$を緑藻に取り込ませて光合成を行わせ，一定
時間ごとに放射線がどの物質から検出されるかを調べた。最初に取り込まれた物質は
PGA(ホスホグリセリン酸)で，そこから回路状に有機物の合成が進む**カルビン回路**
の発見につながった。

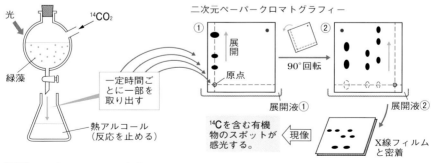

図86　カルビンとベンソンの実験

3 | 光合成と環境要因

1 光合成速度に関係する環境要因

　光の強さは光合成速度に大きな影響を与える（⤷ p.156）。光条件以外にも，光合成に強い影響を与える環境要因として，水や二酸化炭素，そして温度などがある。これらの条件は，自然環境の中で，植物の成長を大きく左右している。

🔬 重要実験 光の強さと光合成速度（気泡計数法）

操作

❶ 右の図のような装置をつくり，水温を一定に保った状態で1％炭酸水素ナトリウム水溶液を入れた水槽にオオカナダモを入れる。

❷ 室内を暗くして，光源からの光をオオカナダモに当て，発生する気泡の数を光合成速度とみなして，1分間に発生する気泡の数を測定する。

❸ 光源からの距離を変え，❷と同様にして気泡の数を測定する。

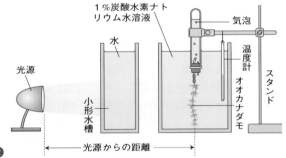

図87 光の強さと光合成速度の関係を調べる実験

❹ 光源からの距離10 cmのときの光の強さを100として，各距離の相対的な光の強さ（100×(10／距離)² で求められる）と光合成速度（気泡の数）の関係をグラフに示す。

結果

○ 右のようなグラフになり，光が弱いうちは，光の強さが強くなるほど光合成速度が増大した。

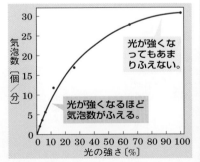

考察

❶ 実験装置で，光源と水槽の間に小形の水槽を置いたのはなぜか。➡光源からの熱による水温の上昇を防ぐため。

❷ 実験結果で，光が強くなると光合成速度の増大がにぶるのはなぜか。➡葉緑体が受け取ることのできる光の強さが決まっているから。

2 二酸化炭素（CO₂）濃度と光合成速度

　CO₂濃度以外の条件は一定にして，CO₂濃度を高くしていくと，光合成速度は次のように変化する（⇨図88）。

① ある CO₂濃度までは，CO₂濃度が高くなるほど，光合成速度は大きくなる。

② ある CO₂濃度以上になると，光合成速度は平衡に達し，それ以上大きくならなくなる。このときの CO₂濃度を CO₂飽和点という。

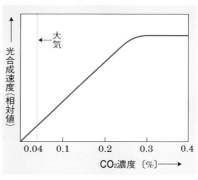

図88　二酸化炭素濃度と光合成速度の関係

③ 大気中の CO₂濃度は約 0.040 ％だが，このほぼ 8 倍（約 0.3 ％）までは，CO₂濃度の増大に伴って光合成速度も大きくなる。

3 温度と光合成速度

　温度以外が十分な条件のとき，光合成速度は温度によって次のように変化する。

① 温度が極端に低い場合には，光合成は行われない。

② 温度の上昇に伴って光合成速度が増大し，**約30℃付近で最大となる。**そして，それ以上温度が高くなると，光合成速度は低下していく。これは，**光合成に多くの酵素が働いているためである。**

4 環境要因の働きあい 〔！重要〕

　自然状態ではいくつもの環境要因が複雑にからみ合って，光合成速度を決定している。ここでは，そのいくつかの例を見てみよう。

❶ 光と二酸化炭素（CO₂）濃度（⇨図89）

　温度を一定にして，光の強さと CO₂濃度を変化させると，光合成速度は，CO₂濃度が低いときと高いときとで次のようになる。

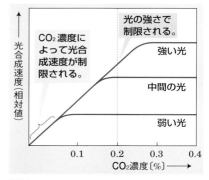

図89　光・CO₂濃度要因と光合成速度

① **CO₂濃度が低いとき**　光の強さに関係なく，CO₂濃度の増加に伴って光合成速度も増大する。これは，低濃度の CO₂では CO₂の固定反応（⇨p.379）量が，CO₂濃度によって制限され，弱い光でも十分足りてしまうためである（CO₂濃度が限定要因）。

② **CO₂濃度が高いとき**　例えば，図89で CO₂濃度 0.2 ％のところを見てみると，光が弱くなるほど光合成速度も低下している。これは，**光化学反応**（⇨p.376）が**光の強さによって制限されるためである**（光の強さが限定要因）。

❷光と温度　二酸化炭素濃度を一定にして，光の強さと温度を変化させると，光合成速度は次のようになる。

①弱い光のとき　温度が変化しても，光合成速度はほとんど変化しない。これは，光が弱いと光化学反応が制限されるためである。

②強い光のとき　30℃くらいまでは，温度の上昇に伴って光合成速度も増大する。これは酵素反応がさかんになるためで，光合成速度は温度によって制限されている。

❸限定要因説　イギリスのブラックマンは，1905年，「ある生活現象（この場合は光合成）にいろいろな要因が関係しているとき，その反応速度（光合成速度）は，ある最小の要因（限定要因）によって限定される」という限定要因説を唱えた。

図90　光合成の要因の働きあい（模式図）

 POINT!

光合成速度に影響を与える環境要因には，光の強さ，温度，CO_2濃度，水などがあり，このうち，最も不足している条件が全体の速度を決定する。

参考　光合成産物のゆくえ

●被子植物の双子葉類に属する植物では，光合成によってできた有機物は，葉緑体のストロマ中ですぐにデンプンに変えられる。このデンプンを同化デンプンという。[*1]

●同化デンプンは，葉緑体のストロマ中に一時貯蔵されるが，ふつう夜の間に，再び分解されて，葉緑体の外の細胞質基質中でスクロースとなり，師管を通って植物の各組織や器官に運ばれる。このような植物体内における物質の移動を転流という。

●転流によって運ばれたスクロースは，各組織の細胞で使われるほか，種子や根などの貯蔵器官では，再びデンプンに変えられて貯蔵される（貯蔵デンプン）。

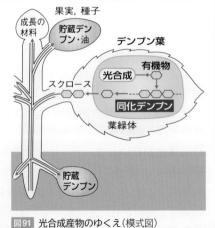

図91　光合成産物のゆくえ（模式図）

★1 単子葉類では同化デンプンはほとんど合成されず，単糖類またはスクロースのような二糖類がつくられる。このような単子葉類の葉を双子葉類の葉（デンプン葉）に対して糖葉という。

4 | 細菌の光合成

1 炭酸同化

　光合成のように，**二酸化炭素から有機物を合成する働き**を炭酸同化(炭素同化)という。炭酸同化には，植物や光合成細菌などが行う**光合成**のほかに，ある種の細菌が行う**化学合成**がある。

2 光合成細菌の光合成 ①重要

❶光合成細菌　光合成を行うことのできる細菌のなかまをまとめて光合成細菌という。光合成細菌には，シアノバクテリアのほか，**緑色硫黄細菌**・**紅色硫黄細菌**などがあり，いずれも沼などの泥の中で生きている。

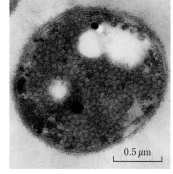

図92　紅色硫黄細菌

視点　体内のクロマトフォア(白い部分)にあるバクテリオクロロフィルが光を吸収する。

❷光合成細菌の光合成色素　シアノバクテリアは，植物と同じクロロフィルaをもつ。緑色硫黄細菌や紅色硫黄細菌などは，クロロフィルaと構造が少し異なる**バクテリオクロロフィル**をもつ。細菌は葉緑体のような構造はもたず，細胞内の**クロマトフォア**とよばれる膜構造に光合成色素をもつ。

❸細菌型光合成のしくみ　シアノバクテリアは，光化学系ⅠやⅡと電子伝達系を備え，植物と同様にH_2Oから電子e^-を得て光合成を行う。これに対して緑色硫黄細菌は光化学系Ⅰに似た光化学系を，紅色硫黄細菌は光化学系Ⅱに似た光化学系をもち，硫化水素H_2Sからe^-を得てCO_2を取り込んで光合成を行う。その結果，酸素ではなく硫黄Sなどが生じる。

図93　バクテリオクロロフィルの構造

視点　p.372 図72と比較すると図の上部の分子構造に違いが見られる。

補足　紅色硫黄細菌の光合成にはH_2SのほかH_2を取り込んで行う(H_2Oしか生じない)場合もある。

❹緑色硫黄細菌・紅色硫黄細菌の光合成

　水のかわりに**硫化水素H_2Sを分解**して得た水素の還元力で二酸化炭素(CO_2)を固定し，糖をつくる。

$$6CO_2 + 12H_2S + 光エネルギー \longrightarrow C_6H_{12}O_6 + 6H_2O + 12S$$

3 化学合成細菌の化学合成

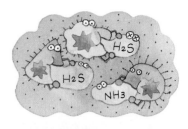

❶化学合成とは何か　炭酸同化には，光合成の
ほかに化学合成がある。化学合成とは，光のエ
ネルギーを用いず，アンモニア（NH_3）や硫化水
素（H_2S）などの無機物の酸化による化学エネル
ギーを炭酸同化に用いる反応である。

❷化学合成細菌　化学合成を行うことができ
るのは，化学合成細菌（沼・側溝・地中などにいる）とよばれる細菌だけである。化
学合成細菌には，**硫黄細菌，亜硝酸菌，硝酸菌，鉄細菌，水素細菌**などがいる。

❸化学合成のしくみとその特徴　化学合成細菌は，アンモニアや硫化水素などの
無機物を体内に取り入れ，その無機物を**酸素（O_2）**を用いて**酸化**し，そのときに生
じるエネルギーをATPに蓄える。そして，その化学エネルギーを使って，水素（H）
と二酸化炭素（CO_2）とから有機物を合成する。光は利用しない。

化学合成 $\begin{cases}（エネルギー源）無機物 + O_2 \longrightarrow 酸化物 + 化学エネルギー（\Rightarrow ATP）\\ （水素供給源）水素（H_2Oなど） + 二酸化炭素 \longrightarrow 有機物\end{cases}$

> 化学合成細菌は，光を使わず無機物を酸化して生じる化学エネルギー
> を使って，炭酸同化を行う。酸素（O_2）はできない。

❹化学エネルギーの調達法　どのような無機物を酸化して，化学合成に必要な化
学エネルギーを調達するかは，細菌の種類によってさまざまである。おもなものを
まとめると，次のようになる。これらの細菌は独立栄養生物である。

表4　化学合成細菌とその化学エネルギー調達法

種類	無機物名	化学エネルギー調達の反応式
硫黄細菌	H_2S	$2H_2S + O_2 \longrightarrow 2H_2O + 2S +$ エネルギー （硫化水素）
	S	$2S + 3O_2 + 2H_2O \longrightarrow 2H_2SO_4 +$ エネルギー （硫黄）　　　　　　　　　　（硫酸）
亜硝酸菌	NH_3	$2NH_3 + 3O_2 \longrightarrow 2HNO_2 + 2H_2O +$ エネルギー （アンモニア）　　　　（亜硝酸）
硝酸菌	HNO_2	$2HNO_2 + O_2 \longrightarrow 2HNO_3 +$ エネルギー （亜硝酸）　　　　　（硝酸）
鉄細菌	$FeSO_4$	$4FeSO_4 + O_2 + 2H_2SO_4 \longrightarrow 2Fe_2(SO_4)_3 + 2H_2O +$ エネルギー ［硫酸鉄（Ⅱ）］　　　　　　　　　　　　［硫酸鉄（Ⅲ）］
水素細菌	H_2	$2H_2 + O_2 \longrightarrow 2H_2O +$ エネルギー
一酸化炭素細菌	CO	$2CO + O_2 \longrightarrow 2CO_2 +$ エネルギー

❺硝化菌と窒素同化　亜硝酸菌と硝酸菌は地中の同じ場所に生息しており，地中のアンモニウムイオン（NH_4^+），亜硝酸イオン（NO_2^-）を硝酸イオン（NO_3^-）に変化させるので，まとめて**硝化菌**とよぶ。植物はこれらの無機窒素化合物を取り込んでアミノ酸を合成し，タンパク質や核酸，クロロフィル，ATPなどの有機窒素化合物をつくる。この有機窒素化合物をつくる働きを**窒素同化**という（⇨p.235）。

── COLUMN ──

細菌の代謝と生命の進化

　地球最初の生命は，**熱水噴出孔**で誕生した可能性が高いと考えられている（⇨p.248）。その生物は熱水噴出孔から噴出する熱水に含まれるH_2Sのような無機物を酸化して生じるエネルギーで炭酸同化をする化学合成細菌であったという説や，海中に存在する有機物を取り込んで分解し，エネルギーを取り出して成長と増殖を行う原始的従属栄養細菌とする説がある（⇨p.249）。

　光合成細菌が現れた時期は不明であるが，緑色硫黄細菌は光化学系Ⅰに，紅色硫黄細菌は光化学系Ⅱに似た反応系をもち，シアノバクテリアは光化学系ⅠとⅡを両方もつことから，シアノバクテリアは2種類の光合成細菌が進化の過程で何らかの形で合体して生まれたとする考えもある。

第5編　生命現象と物質

> このSECTIONの**まとめ**　光合成

□ 葉緑体と光合成色素 ⇨p.372	・葉緑体の**チラコイド膜**に，**クロロフィル**や**カロテノイド**が含まれていて，**青（青紫）**と**赤**の光を吸収する。
□ 光合成のしくみ ⇨p.375	①光化学反応（光化学系Ⅱ，Ⅰ） ②水の分解とNADPHの生成 ③ATPの生成（光リン酸化）〉チラコイドで起こる。 ④**カルビン回路**………**ストロマ**で起こる。
□ 光合成と環境要因 ⇨p.384	・光合成速度は，光の強さ，温度，CO_2濃度などの条件のうち**最も不足している条件**によって決定される。
□ 細菌の光合成 ⇨p.387	・**光合成細菌** ①**シアノバクテリア**…**クロロフィルa**をもち，水素供給源にH_2Oを用いる，植物によく似た光合成を行う。 ②**緑色硫黄細菌，紅色硫黄細菌**…**バクテリオクロロフィル**をもち，水素供給源に**硫化水素（H_2S）**などを用いる。 ・**化学合成細菌**…炭酸同化に光エネルギーを使わず，無機物の酸化による**化学エネルギー**を使う。

重要用語

SECTION 1 呼吸と発酵

□ **酸化** さんか ⊃p.356
　物質が「酸化される」＝酸素を受け取ったり，水素や電子を失ったりする化学反応。

□ **還元** かんげん ⊃p.356
　物質が「還元される」＝酸素を失ったり，水素や電子を受け取ったりする化学反応。

□ **酸化剤** さんかざい ⊃p.357
　他の物質を酸化しやすく自らは還元されやすい物質。O_2, NAD^+, FAD, $NADP^+$など。

□ **還元剤** かんげんざい ⊃p.357
　他の物質を還元しやすく自らは酸化されやすい物質。$NADH$, $FADH_2$, $NADPH$など。

□ **解糖系** かいとうけい ⊃p.359
　呼吸の最初の反応段階で，グルコースなどの呼吸基質をピルビン酸にまで分解する反応系。細胞質基質で行われる。

□ **ピルビン酸** —さん ⊃p.359
　解糖系の生成物で，ミトコンドリアに入りさらに分解される。

□ **NADH** エヌエイディーエイチ ⊃p.357, 359
　解糖系やクエン酸回路で生じる還元型補酵素。酸化型はNAD^+。H^+を外した際に生じた電子のエネルギーが電子伝達系で利用される。

□ **FADH₂** エフエーディーエイチツー ⊃p.357, 361
　クエン酸回路で生じる還元型補酵素。酸化型はFAD。H^+を外した際に生じた電子のエネルギーが電子伝達系で利用される。

□ **クエン酸回路** —さんかいろ ⊃p.360
　呼吸の反応段階の1つで，解糖系で生じたピルビン酸を二酸化炭素にまで分解する。ミトコンドリアのマトリックスで行われる。

□ **アセチルCoA** —コエー ⊃p.360
　ピルビン酸が二酸化炭素を放出しコエンザイムA（補酵素A）と結合して生じる有機物。

クエン酸回路で分解される。

□ **電子伝達系** でんしでんたつけい ⊃p.361
　呼吸の反応段階の1つで，生体膜に連続して並ぶ電子伝達物質の間で電子を受け渡し，その間に能動輸送を行ってH^+の濃度勾配をつくりだす反応系。この濃度勾配を利用してATP合成酵素を働かせる。

□ **基質レベルのリン酸化** きしつ—さんか ⊃p.359
　基質が放出したリン酸とADPからATPをつくる反応。解糖系などで見られる。

□ **酸化的リン酸化** さんかてき—さんか ⊃p.361
　呼吸の電子伝達系において，$NADH$や$FADH_2$の酸化で放出される電子のエネルギーでATPを合成する反応。

□ **化学浸透** かがくしんとう ⊃p.361
　H^+が，生体膜の高濃度側から低濃度側に移動する現象。

□ **ATP合成酵素** エーティーピーごうせいこうそ ⊃p.362　ADPにリン酸を結合させATPをつくる酵素。

□ **プロトンポンプ** ⊃p.362
　生体膜において，プロトン(H^+)の能動輸送を担うタンパク質。生体膜に生じたH^+の濃度勾配は，ATP合成などに利用される。

□ **発酵** はっこう ⊃p.366
　微生物が酸素を消費せずに，有機物を分解してATPをつくる反応。

□ **解糖** かいとう ⊃p.366
　筋肉などで酸素を用いずグルコースを乳酸に分解しATPをつくる反応過程。

□ **アルコール発酵** —はっこう ⊃p.367
　発酵の一種で，酸素を用いずグルコースをエタノールと二酸化炭素に分解しATPをつくる過程。

□ **乳酸発酵** にゅうさんはっこう ⊃p.368
　乳酸菌などが，酸素のない条件下でグルコースを乳酸に分解してATPをつくる過程。

□ **呼吸商** こきゅうしょう ⊃p.370
　呼吸で放出した二酸化炭素と吸収した酸素の体積比(CO_2/O_2)。呼吸基質により値が異なる。

② 光合成

□ **光合成色素** こうごうせいしきそ ♻ p.372
光合成において光エネルギーを吸収する色素。葉緑体のチラコイド膜にあり、クロロフィルやカロテノイドなどがある。

□ **クロロフィル** ♻ p.372
光合成で中心的な役割をもつ光合成色素。葉緑体のチラコイド膜に存在し、特に青(青紫)色と赤色の光を高い割合で吸収する。

□ **カロテノイド** ♻ p.372
光合成の補助色素であるカロテンやキサントフィルなどの色素の総称。

□ **吸収曲線** きゅうしゅうきょくせん ♻ p.373
光の波長と光合成色素が吸収する割合の関係を示したグラフ。吸収スペクトルともいう。

□ **作用曲線** さようきょくせん ♻ p.373
光の波長と光合成速度との関係を示したグラフ。作用スペクトルともいう。

□ **R_f 値** アールエフち ♻ p.374
薄層クロマトグラフィーなどにおける、原点から溶媒前線の距離に対する、分離された各光合成色素の原点から距離の割合。光合成色素の種類や展開液によって値が異なる。

□ **光化学反応** こうかがくはんのう ♻ p.376
光合成色素が光エネルギーを吸収して高エネルギーの電子を放出する反応。

□ **光化学系** こうかがくけい ♻ p.376
葉緑体のチラコイド膜に存在する反応系(分子の集まり)で、光化学系Ⅱと光化学系Ⅰがある。まず光化学系Ⅱで光を吸収したクロロフィルaにより水から電子が引き抜かれて酸素が生じる。この電子が光化学系Ⅰに受け渡され、光を吸収したクロロフィルaによって$NADP^+$に渡され、NADPHが生じる。

□ **NADPH** エヌエーディーピーエイチ ♻ p.376
光化学系Ⅰの反応において、ストロマに生じる還元型補酵素。酸化型は$NADP^+$。

□ **光リン酸化** こう—さんか ♻ p.378
クロロフィルに吸収した光のエネルギーを用いてATPをつくる反応系。

□ **カルビン回路** —かいろ ♻ p.379
光合成において、葉緑体のストロマに含まれる酵素により進行する炭酸同化の反応経路。

□ **ルビスコ** ♻ p.379, 381
二酸化炭素をカルビン回路に取り込む酵素。リブロース1,5ビスリン酸(RuBP)と二酸化炭素からホスホグリセリン酸(PGA)が合成される反応を触媒する。

□ **C_3植物** シーさんしょくぶつ ♻ p.381
光合成の過程で、CO_2をカルビン回路においてだけC_3化合物(ホスホグリセリン酸)に固定する植物。多くの植物がこれに属する。

□ **C_4植物** シーよんしょくぶつ ♻ p.381
CO_2を葉肉細胞でC_4化合物(オキサロ酢酸など)に固定した後、維管束鞘細胞でCO_2を分離し、光合成で用いる植物。トウモロコシやサトウキビなど。強光での光合成速度が高い。

□ **CAM植物** カムしょくぶつ ♻ p.381
夜間にCO_2をC_4化合物として固定し、昼間にCO_2を分離してカルビン回路に取り込み有機物を合成する植物。乾燥した気候に適応している。

□ **限定要因** げんていよういん ♻ p.386
光合成速度を決定する環境要因(光の強さ、温度、二酸化炭素濃度)のなかで最も不足している要因。

□ **転流** てんりゅう ♻ p.386
葉で光合成によりつくられた同化産物が、師管を通って他の組織や器官に運ばれること。

□ **炭酸同化** たんさんどうか ♻ p.387
生物が二酸化炭素を有機物につくり変える働き。光合成や化学合成が含まれる。

□ **光合成細菌** こうごうせいさいきん ♻ p.387
光合成を行うことができる細菌。緑色硫黄細菌、紅色硫黄細菌、シアノバクテリアなど。

□ **化学合成** かがくごうせい ♻ p.388
無機物の酸化に伴って生じる化学エネルギーを利用して炭酸同化を行う働き。

□ **化学合成細菌** かがくごうせいさいきん ♻ p.388
化学合成を行う細菌。硫黄細菌、亜硝酸菌、硝酸菌など。

光呼吸・光阻害

乾燥条件下の光合成と光呼吸

①暑く，乾燥した日中にはほとんどの植物は蒸散を抑えるために気孔を閉じた状態で光合成を進行させる。この状態では光合成反応に必要な葉内部の二酸化炭素CO_2濃度が下がり，酸素O_2濃度が増加するが，このようなとき，植物の細胞では**光呼吸**が起こる。

②この現象について理解するには，光合成においてカルビン回路（⊃ p.379）にCO_2を取り込む酵素**ルビスコ**の働きを確認しておく必要がある。ルビスコ（Rubisco）はリブロース1,5ビスリン酸カルボキシラーゼ/オキシゲナーゼの略で，その名が示すようにRuBP（リブロース1,5ビスリン酸）にCO_2とO_2のどちらかを結合させる酵素である。

③CO_2とO_2のどちらが結合するかは，両者の濃度比に左右される。ルビスコはCO_2に対してO_2よりも高い結合力をもつため，通常はCO_2が結合して光合成が進行する。

④しかし，日中の乾燥した環境では，気孔が閉じた状態で光合成が進行することで，CO_2が少なくO_2が多い状態となりRuBPにCO_2ではなくO_2が結合する。これが**光呼吸**である。CO_2が結合した場合には1分子のRuBPから2分子の**ホスホグリセリン酸（PGA）**ができるが，O_2が結合する場合，1分子のRuBPから1分子のPGAと1分子の**ホスホグリコール酸**がつくられる。

⑤ホスホグリコール酸はペルオキシソームとミトコンドリアを通りながら最終的にPGAとなり，葉緑体に戻ってカルビン回路に入る（⊃図94）。また，この過程の途中でミトコンドリアでCO_2が放出されるが，これもルビスコの働きでカルビン回路に取り込まれる。

⑥光呼吸ではホスホグリコール酸からPGAがつくられる間にATPや有機酸が消費され

るので，光呼吸が起こると光合成産物の収量が減少する。多くの植物（C_3植物の場合）では，光合成産物の50%が光呼吸で消費されているといわれている。これは非常にもったいない話のように思われる。

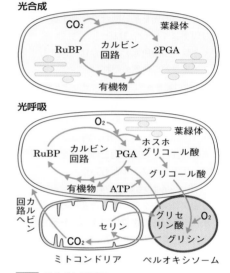

図94 光合成と光呼吸

⑦そこで，「光呼吸を抑えたら，光合成効率が上がるのではないか？」という考えから，O_2の少ない条件で光合成をさせる実験がなされたが，仮説とは逆に，光合成はかえって抑制されてしまった。一見無駄に見える光呼吸はどのような役割を果たしているのだろうか。

⑧ここでいったん，ルビスコの**カルボキシラーゼ活性**と**オキシゲナーゼ活性**における，温度や基質気体（O_2やCO_2）の影響を確認しておく（⊃図95）。

両者のグラフとも温度が高いほど活性も高く，基質濃度が高いほど活性も高いが，カルボキシラーゼの活性がO_2濃度よりも温度の影響が大きいのに対して，オキシゲナーゼの活性はCO_2の存在下で大きく抑制されることが読み取れる。

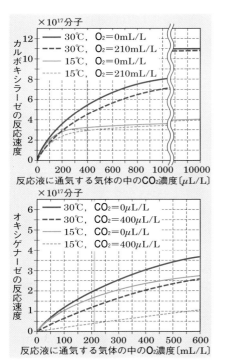

図95 ルビスコのカルボキシラーゼとオキシゲナーゼの反応速度

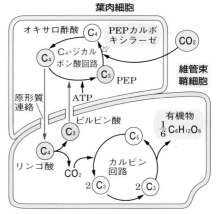

図96 PEPカルボキシラーゼの反応（C_4植物）

C_4植物・CAM植物の光合成

①高温・乾燥の環境下で，光呼吸を減らしてより効率よく光合成できる別の炭素固定のしくみも進化した。このしくみをもつのが，C_4植物，CAM植物（⇨p.381）である。

②これらの植物は，**PEPカルボキシラーゼ**という酵素でCO_2をホスホエノールピルビン酸（PEP）に結合させて**オキサロ酢酸やリンゴ酸**にして**液胞**などに蓄えておき，必要に応じてそれらの物質からCO_2を分離してカルビン回路に取り込む（図96）。

③PEPカルボキシラーゼは，CO_2に対する結合力は非常に強いが，O_2とは結合しない。したがって，CO_2濃度が低くO_2が過剰な状態でも，光呼吸を起こさずに光合成を続けることができる。

④しかし，リンゴ酸からCO_2を分離した後のピルビン酸にCO_2を結合してPEPに戻す過程で，多くのATPが必要となる。そのため，C_3植物では1分子のグルコースの合成に18分子のATPを必要とするのに対して，C_4植物では30分子のATPを必要とする。つまり，C_4植物は多量のATPを消費することで，気孔閉鎖条件下での光呼吸の発生を回避しているのである。

⑤この大量に消費されるATPは，**環状電子伝達系**とよばれるしくみで生成される。この反応系は，光化学系Ⅰ（⇨p.378）で生じた電子が，フェレドキシン（Fd）から本来ならNADP⁺に流れるところを，プラストシアニン（Pc）を経由して再び光化学系Ⅰに戻してATPを生成する（⇨図97）。

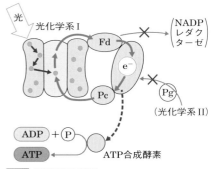

図97 環状電子伝達系

⑥この環状電子伝達系では**光化学系Ⅱを経由しない**ためO_2を発生せず、NADPHも生じない。光エネルギーでATPだけを生成する。O_2を発生しないことで**光呼吸を抑制**でき、また、ATPを優先して合成することでNADPHの過剰な蓄積を避けることができる利点がある。

⑦C_4植物では、このように葉肉細胞でPEPカルボキシラーゼと環状電子伝達系を働かせて**CO_2をリンゴ酸に変え、維管束鞘細胞に送る**ことで光合成の効率を高めている（⇨図96）。これに関連してC_4植物の葉肉細胞の葉緑体には光化学系Ⅰしかないこともわかっている。

光阻害と植物の応答

①**光阻害とは**　光合成には光が必要ではあるが、強い光は植物にとっては害になる。**強すぎる可視光により光合成能力が低下することを光阻害**という。★1 これは、CO_2を有機物に固定するよりも過剰なエネルギーによって反応性の高い酸素（活性酸素）などが生じて葉緑体が損傷を受けることが原因である。つまり、低温でカルビン回路などの酵素の働きが低下すれば、より弱い光でも光阻害を生じることがある。また、陰生植物（⇨p.157）は陽生植物より光阻害を生じやすい。

②**光阻害を防ぐ方法**　光阻害を防ぐため、植物は次のような応答を行う。

①**熱放散**　光合成の補助色素であるキサントフィル（⇨p.372）が、過剰な光エネルギーを吸収して、それを熱エネルギーとして放出することで光阻害を防いでいる。

②**water-waterサイクル**　光過剰の状態やカルビン回路が十分働いていない条件下ではNADPHが過剰に生成するため、光化学系Ⅰから供給される電子が過剰となる。このような条件でNADP$^+$の代わりにO_2が電子受容体となり、最終的にH_2Oに還元される反応を**water-waterサイクル**という。結果

的に光合成は進行しないが、過剰の光エネルギーを消費することができる。

③**葉緑体の移動**　光受容体であるフォトトロピン（⇨p.532）は青色光を受容することで、葉緑体の細胞内での位置を変えることが知られている。強光条件下では、細胞内の葉緑体を側壁に移動させたり、細胞の一定部位に塊として凝集させたりすることで、強光を回避することができる（図98）。

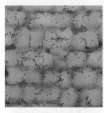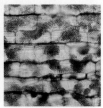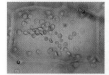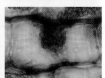

図98 暗条件下の葉緑体（左）と強光下の葉緑体（右）（オオカナダモ）

④**光呼吸**　光呼吸が起こると、発生するO_2と電子伝達系で生産されるATPや還元力を消費するので、酸素濃度の上昇や過剰の還元力の蓄積が抑制され、光阻害や光による障害を防ぐことができる。

③**光呼吸の役割**　光呼吸は、強光下で発生する**活性酸素を除去**し、炭素固定が滞る条件下での光化学系における**余剰電子の供給を防**ぐ。また、O_2を消費して光合成の半分のPGAをカルビン回路に供給し、CO_2を生じることから、光が強い場合でも、気孔を閉じて外部からのCO_2の供給が不足する場合でも、光呼吸が進んでいる間は光合成も止まらないことになる。このように、一見光合成産物を消費してしまう無駄な現象と思われる光呼吸も、実は光合成を進めるために必要なしくみであることがわかる。

★1 紫外線などで葉緑体の光合成色素などが傷害を受けることは含まない。

第6編

遺伝情報の発現と発生

· · · · · · · ·

1 » 遺伝情報とその発現

1 DNAとタンパク質の合成

1 | DNAの構造

1 DNAの構造 ①重要

❶ヌクレオチド　DNA分子の基本構成単位は，**塩基・糖・リン酸**が結合した**ヌク
レオチド**である。DNAの糖は**デオキシリボース**で，塩基には**アデニン**(A)，**グア
ニン**(G)，**シトシン**(C)，**チミン**(T)の4種類がある。この4種類のヌクレオチドが，
糖とリン酸の間で多数結合したものが，**ヌクレオチド鎖**(ポリヌクレオチド)である。

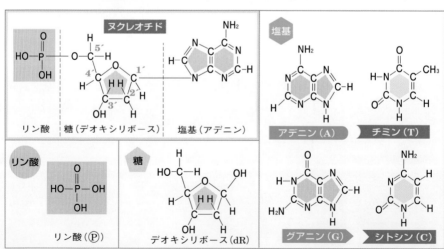

図1 DNAの構成成分の化学構造

視点 ①アデニンとグアニンをプリン塩基，チミンとシトシンをピリミジン塩基という。
②デオキシリボースはRNA (⤷p.404)のヌクレオチドを構成する糖(リボース)とは 2′ の部分で異なる。

POINT!

DNAの構成単位…ヌクレオチド⇨塩基・糖・リン酸が結合。

アデニン(A)，グアニン(G)，
シトシン(C)，チミン(T)

デオキシリボース

❷二重らせん構造　p.49で説明したように，DNAは2本のヌクレオチド鎖が塩基どうしで結合した二重らせん構造をしている。AとT，GとCのそれぞれの塩基間には相補性があり，片方がAだともう一方はTが結合し，片方がGだともう一方はCが結合している。

❸ヌクレオチドの方向性　図1のように核酸のヌクレオチドは五炭糖をもち，糖の炭素には$1'$〜$5'$の番号がつけられる。塩基は$1'$の炭素原子と，リン酸は$5'$の炭素原子と結合しており，ヌクレオチド鎖ではこのリン酸が隣のヌクレオチドの$3'$の炭素原子と結合している。

❹ヌクレオチド鎖の方向性　DNAを構成するヌクレオチドは，糖(デオキシリボース)の$3'$の炭素原子と$5'$の炭素原子で(リン酸をはさんで)互いにつながっている。$3'$の炭素原子で終わる末端は$3'$末端，$5'$の炭素原子で終わる末端は$5'$末端とよばれ，DNAの2本鎖は互いに逆方向に向いている。

第6編　遺伝情報の発現と発生

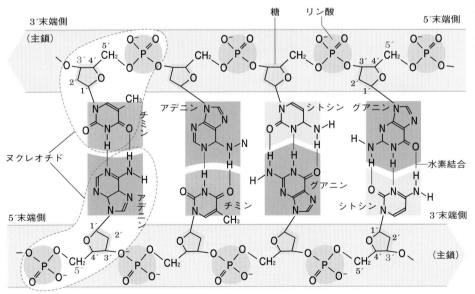

図2　DNAの構造(模式図)

視点　DNAの2本鎖はらせん状になっており，10塩基対でらせんが1周する。糖とリン酸が交互につながる主鎖の部分は2本鎖が互いに逆の方向性をもつが，この方向性はDNAの複製(⇨p.400)や転写(⇨p.406)のそれぞれにおいて重要な意味をもつ。

参考 遺伝子の本体についての探究

●**遺伝子の本体がDNAである証拠** 遺伝子の本体がDNAであると明らかになる以前は,非常に種類が多いタンパク質が情報を保持するのに適していると考えられ,遺伝子の本体であるとする説も有力とされていたが,同じ種の生物では細胞1個あたりのDNA量が一定で,生殖細胞では体細胞の半分であること(⇨p.49)や次のような実験によって「遺伝子として働く物質＝DNA」が証明された。

●**グリフィスによる肺炎双球菌の形質転換実験**

肺炎の病原菌である**肺炎双球菌**(肺炎球菌)には,炭水化物のさや(莢膜)をもち病気を起こす**S型菌**と,さやがなく非病原性の**R型菌**とがある。1928年,イギリスのグリフィスは,肺炎双球菌を使って実験を行い,次のような結果を発表した。

①熱で殺したS型菌をネズミに注射すると,ネズミは発病しなかった。

②熱で殺したS型菌と生きたR型菌を混ぜて培養し,ネズミに注射すると,多くのネズミが発病して死んだ。死んだネズミの血液を調べると生きたS型菌が存在した。

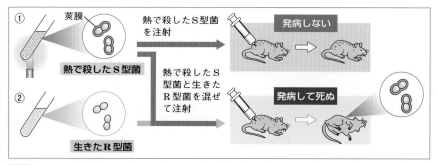

図3 グリフィスの実験

➡グリフィスは,②の結果はR型菌がS型菌に変化して起きた現象で,熱で殺したS型菌から何らかの物質が入ることでR型菌の遺伝物質が変化したためと考えた。このように外部から入った物質によって形質が変わる現象を形質転換という。

●**形質転換を起こす物質DNA** アメリカのエイブリーらは,1944年,S型菌をすりつぶして得た抽出液を使って次のような実験を行い,形質転換を起こす物質がDNAであることをつきとめた。

①S型菌の抽出液を,タンパク質を分解する酵素で処理し,それを生きたR型菌と混合して培養すると,S型菌とR型菌が検出された。

②S型菌の抽出液を,DNAを分解する酵素で処理し,それを生きたR型菌と混合して培養すると,R型菌だけが検出され,S型菌は検出されなかった。

➡これらの実験から,DNAの働きによってR型菌がS型菌に形質転換することがつきとめられた。これによって,DNAが形質を発現する遺伝子であることが,強く示唆された。

★1 S型はコロニー(寒天培地の上で細菌や培養細胞が分裂・増殖してできた塊(集落))の表面がなめらかで

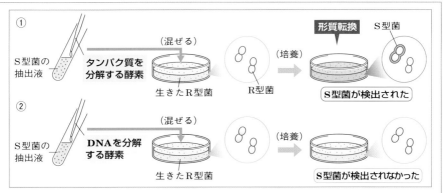

図4 エイブリーらの実験

視点 S型菌のDNAが分解されたときに形質転換が起こらず，S型菌が検出されない。形質転換が起こるためにはS型菌のDNAをR型菌が取り込むことが必要なのである。

●**バクテリオファージの増殖実験**　1952年，アメリカのハーシーとチェイスは，大腸菌に感染するT_2ファージというウイルスの増殖実験を行い，遺伝子の本体がDNAであり，ウイルスが次のように増殖することを明らかにした。

①放射性同位体^{35}Sで標識したタンパク質と^{32}Pで標識したDNAとをもつT_2ファージを大腸菌に感染させた後攪拌して大腸菌とファージを分離し，遠心分離機にかけて菌体を沈殿させた。

②^{35}Sは上澄みから，^{32}Pは沈殿から検出された。これより，DNAだけが菌体内に侵入したことがわかる。

③菌体内に入ったDNAは複製（増殖）し，大腸菌の物質を材料にして，自身のタンパク質の殻と尾部をつくる。

④多数の新しいT_2ファージができ，細胞壁を溶かして菌体外へ出る。

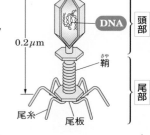

図5 T_2ファージの構造

視点 頭部のタンパク質の殻の中にはDNAが入っている。

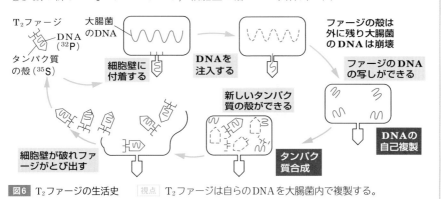

図6 T_2ファージの生活史　視点 T_2ファージは自らのDNAを大腸菌内で複製する。

ある（smooth）こと，R型はコロニーの表面がざらざらしている（rough）ことに由来する。

2 | DNAの複製

1 半保存的複製

　新しい細胞や子孫に遺伝情報を伝えるためにDNAが複製される必要がある。DNAの複製は半保存的複製とよばれ，ヌクレオチド鎖の二重らせんがほどけて，それぞれの鎖に相補的なヌクレオチド鎖が合成されることで，もとのDNAとまったく同じ2つの2本鎖DNAができるというものである（⤷p.52）。

補足 DNAの半保存的複製はメセルソンとスタールの実験によって証明された（⤷p.53）。

2 半保存的複製によるDNAの合成の過程

❶**2本鎖DNAの開裂**　DNAヘリカーゼという酵素が，DNAの二重らせんを巻き戻しながら塩基対間の水素結合を切断し，1本鎖DNAにする。

❷**プライマー**　この1本鎖DNA（鋳型鎖）に相補的なプライマーとよばれる短いRNA鎖が合成される。これは新しいヌクレオチド鎖（**新生鎖**）を合成する際に新しい鎖の起点となり，DNA複製の完了時には除去される。

❸**ヌクレオチドの結合**　1本鎖DNAの塩基には，新しいヌクレオチドが次々と塩基どうしの水素結合で結合していく。このとき必ず相補的なA−T，G−Cの組み合わせで結合する。複製に使われるヌクレオチドは，1分子にリン酸を3つもつ**デオキシリボヌクレオシド三リン酸**の状態で核内に存在している。

視点 向かい合ったヌクレオチドでは，AとTは2本の水素結合で，GとCは3本の水素結合で結合する。そのためA−T間の結合よりもG−C間の結合のほうが相対的に強い。

❹**DNAポリメラーゼ**　もとの1本鎖DNAに結合したヌクレオチドはどうし，DNAポリメラーゼ（**DNA合成酵素**）によって連結し，新生鎖になる。DNAポリメラーゼはデオキシリボヌクレオシド三リン酸から2個のリン酸を外して新生鎖の3′末端に結合させる。このため**新生鎖は必ず3′末端側が伸長していく**。

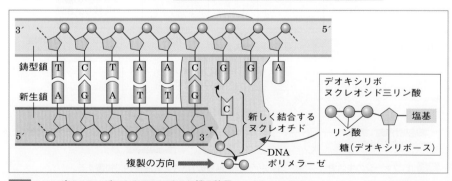

図7 DNAポリメラーゼによるヌクレオチド鎖の伸長

❺**リーディング鎖とラギング鎖**　新生鎖は 3′ 末端側が伸びていき（「5′ → 3′ 方向に伸びる」という），逆方向には合成されない。DNA 2 本鎖は互いに逆向きのため（⇨ p.397），新生鎖は，開裂したうちの一方では**開裂が進む方向に向かって連続的に合成され**（リーディング鎖），もう一方では**短い鎖が不連続的に合成される**（ラギング鎖）。

❻**ラギング鎖の連結**　ラギング鎖は，DNA リガーゼという酵素の働きで連結され，1 本の新生鎖となる。このような半保存的複製によって，もとの DNA と塩基配列のまったく同じ DNA が 2 分子でき，複製が完了する。

補足 開裂した DNA の 2 本の鎖のうち一方では新生鎖が不連続に合成されること，新生鎖の開始点で働く RNA プライマーの存在などは，名古屋大の岡崎令治と妻の岡崎恒子らによって発見された。このラギング鎖として合成される DNA 断片(fragment)は彼の名をとって**岡崎フラグメント**とよばれている。岡崎フラグメントの長さは真核生物では約 150 ヌクレオチドである。

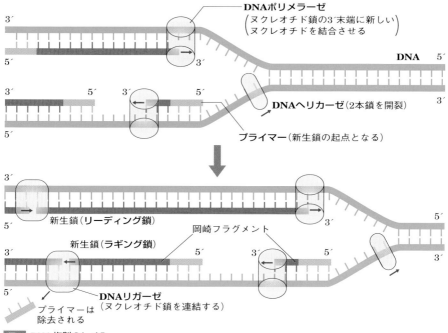

図8 DNA 複製のしくみ

POINT!

半保存的複製…DNA の 2 本鎖がほどけ，それぞれに新生鎖が合成される。

DNA ヘリカーゼ…2 本鎖 DNA を開裂して 2 本の 1 本鎖 DNA にする。

DNA ポリメラーゼ…新生鎖の 3′ 末端に新しいヌクレオチドを連結する。

DNA リガーゼ…ラギング鎖どうしをつないで 1 本の新生鎖をつくる。

⊕発展ゼミ DNA 修復

●**DNA 損傷**とは，複製異常・化学物質・紫外線などにより塩基配列に異常が生じることをいう。このとき**DNA 修復**という異常を修正するしくみがあり，正常な DNA に戻すことができる。DNA 修復にはいくつかの方法があるが，もとはシトシン（C）であった塩基がウラシル（U）に置換された（C がアミノ基を失って U に変化した）場合，次のように修復される。

①U は向かい合ったグアニン（G）とは塩基対をつくれないので，グリコシラーゼ（酵素）などが U のヌクレオチドを切除する。

②DNA ポリメラーゼが正しい C をもつヌクレオチドを運び，隣の塩基とは DNA リガーゼで連結される。

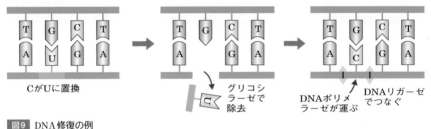

C が U に置換 ／ グリコシラーゼで除去 ／ DNAポリメラーゼが運ぶ ／ DNAリガーゼでつなぐ

図9 DNA 修復の例

3 原核細胞と真核細胞の DNA 複製

●**原核細胞の DNA 複製** 原核細胞は環状のDNA をもつ。その複製は特定の1か所のみの複製開始点から始まり，複製箇所が両側に広がっていき複製が進む。2個の環状 DNAができるとゲノム複製の完了で，細胞分裂が起こる。好条件下では，原核細胞の分裂に要する時間は約20分と非常に短い。

●**真核細胞の DNA 複製** 真核細胞は線状のDNA をもち，DNA が非常に大きいため複製開始点がいくつもあり，それぞれから両側へ複製が進んでいく。ヒトの場合，細胞全体で数万箇所の複製開始点がある。それぞれの複製開始点では，他のタンパク質の目印となるOrc というタンパク質が ATP を利用して結合し，そこにヘリカーゼが結合して二重らせんがほどかれて両側に向かって複製が始まる。

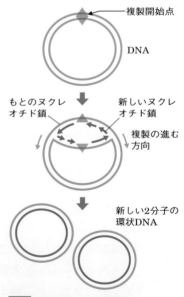

複製開始点 ／ DNA ／ もとのヌクレオチド鎖 ／ 新しいヌクレオチド鎖 ／ 複製の進む方向 ／ 新しい2分子の環状DNA

図10 原核細胞の DNA 複製

やがて隣り合った複製部分が連結して2分子の2本鎖 DNA がつくられる。

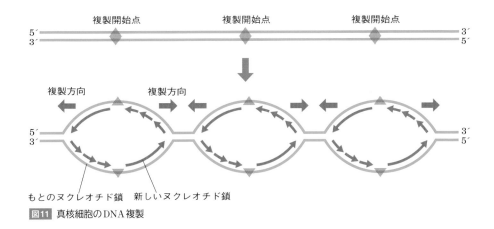

図11 真核細胞のDNA複製

⊣ COLUMN ⊢

真核細胞のテロメア

　テロメアとは，真核細胞の染色体DNAの末端にある，ヒトでは5′－TTAGGG－3′という塩基配列を約2500回くり返す約16000塩基の部分で，染色体構造を安定化させる働きをもつ。DNAが複製されるとき，RNAプライマーを先頭に新生鎖が合成され，その後RNAプライマーは除去されDNAに置き換えられるが，5′末端ではDNAへの置き換えが起こらない。このため細胞周期のS期を経るごとにDNA鎖は少なくともプライマーの分（20〜30塩基）テロメアが短くなる。テロメアが短縮されても遺伝子発現には影響しないが，テロメアが約2000塩基を下回ると細胞は分裂できなくなる。このことは細胞の老化や寿命に関係していると考えられている。

　動物の生殖細胞，幹細胞やがん細胞，および大部分の植物細胞はテロメアの長さを回復させる酵素（テロメラーゼ）を発現するのに対して，正常な動物の体細胞ではテロメラーゼは働かず，分裂回数に制限がある。原核細胞のDNAは，端がない環状構造で，テロメア領域も存在しない。

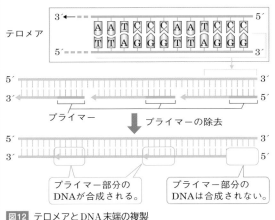

図12 テロメアとDNA末端の複製

図13 ヒトの染色体のテロメア（黄色く蛍光染色されている部分）

3 | 遺伝子の発現

　p.63〜65で示したように，DNAはその**塩基配列が遺伝情報としてタンパク質を構成するアミノ酸の配列を指定**し，生物の形質は酵素や構造タンパク質などのタンパク質が合成されることで発現する。ここでは，よりくわしいしくみについて扱う。

1 RNA（リボ核酸）

❶RNAの構造　核酸の一種であるRNAの構造は基本的にはDNAと同じで，**塩基＋糖＋リン酸からなるヌクレオチドを構成単位とする。**ただし，次の2点でDNAのヌクレオチドとは異なる。

① **RNAの塩基**　アデニン（A），グアニン（G），シトシン（C）は，DNAと共通。DNAのチミン（T）のかわりに，RNAはウラシル（U）をもつ。

② **RNAの糖**　DNAのデオキシリボースのかわりにリボースをもつ。[*1]

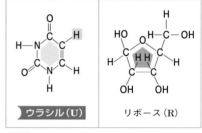

図14 RNAのウラシル（塩基の1つ）とリボース（糖）

❷RNAの種類　RNAにはmRNA（伝令RNA）, tRNA（転移RNA）, rRNA（リボソームRNA）などがあり，DNAの形質発現に働いている。

<small>messenger</small> <small>transfer</small> <small>ribosome</small>

表1　3種類のRNAの働きと特徴

	mRNA	tRNA	rRNA
働き	DNAの遺伝情報のうち必要な部分を転写したもの。真核細胞では核内でつくられ細胞質に出てリボソームと結合する。	コドン（⤷p.64）と相補的な塩基3個からなるアンチコドンの部分でmRNAと結合し，アミノ酸をリボソームに運ぶ。	タンパク質合成の翻訳で働くリボソームの構成要素（小サブユニットに1種類，大サブユニットに3種類含まれる）。
特徴	1本鎖RNA 塩基数1000〜10000	1本鎖と2本鎖の部分があるクローバー形。塩基数70〜90 アミノ酸結合部位［アミノ酸 ●U ●A ●C ●G アンチコドン	RNA全体の約80％を占める1本鎖RNA。塩基数120〜5000 リボソーム 大サブユニット 小サブユニット rRNA

補足　**miRNA（マイクロRNA）**　20〜25塩基の短いRNAでRNA干渉（⤷p.417）に関係する。最初は2本鎖RNAとして転写され，核膜孔から細胞質に出て1本鎖になりタンパク質と複合体をつくる。

★1 このため，RNAのアデニンヌクレオチドはAMP（⤷p.27）と同じである。

2 遺伝暗号

　塩基配列の3個の塩基の組み合わせ（例えばACC，GCAなど）が，個々のアミノ酸を指定する暗号となっている。この3つ組塩基を**トリプレット**といい，mRNAのトリプレットは遺伝暗号の基本単位で**コドン**とよばれる。コドンがどのアミノ酸を意味するかは，p.65の**表10**に示したmRNAの遺伝暗号表で表される。

　遺伝暗号はニーレンバーグらとコラナによる人工mRNAを用いたポリペプチド合成実験によって解読された。

> 補足　A, G, C, Uの4文字から，重複を許した3文字で1種類のアミノ酸を指定するとすれば，$4^3 = 64$種類の暗号がつくられることになり，20種類のアミノ酸を指定するのに十分対応できる。

⊕発展ゼミ　遺伝暗号の解読

●アメリカのニーレンバーグとマティは1961年に次の実験を行った。

　人工的に合成したU，A，CのみからなるmRNA（ポリU，ポリA，ポリC）を大腸菌の破砕液に加え，さらにリボソーム，各種tRNA，各種アミノ酸，過剰のMg^{2+}[★1]を加え，合成されたポリペプチドを調べたところ，次のような結果が得られた。

図15　ニーレンバーグ（右）とマティ（左）

> UUUUUUUUUU（ポリU）
> 　→フェニルアラニンのみがつながったポリペプチド
> AAAAAAAAAA（ポリA）
> 　→リシンのみがつながったポリペプチド
> CCCCCCCCCC（ポリC）→プロリンのみがつながったポリペプチド

　➡UUU→フェニルアラニン，AAA→リシン，CCC→プロリン　が推定できる。

●アメリカのコラナは1963年に次のような人工RNAを用いて同様の実験を行った。

① ACACACACACAC→トレオニンとヒスチジンが交互に並ぶポリペプチドが得られた。➡ACAとCACはトレオニンとヒスチジン

② AACAACAACAAC→アスパラギンのみがつながったポリペプチド，トレオニンのみがつながったポリペプチド，グルタミンのみがつながったポリペプチドの3種類のポリペプチドが得られた。

　➡AAC，ACA，CAAがアスパラギン，トレオニン，グルタミン

　①と②を総合して考えると，どちらのRNAにもACAが含まれ，両方の実験でトレオニンがコードされているのでACA→トレオニンとわかる。したがって，①の残りのCAC→ヒスチジン　である。

図16　コラナ

そして　②の残りのAAC，CAAは　アスパラギン，グルタミン　のいずれかである。

　このような実験を重ねて，64通りの遺伝暗号が指定するアミノ酸がすべて解読された。

★1 Mg^{2+}を加えると開始コドン（AUG）なしでも翻訳を起こすことができる。

3 遺伝情報の転写

❶転写とその過程　転写とは，DNAの遺伝情報がRNAに写し取られることである。

① プロモーターとよばれるDNAの領域にRNAポリメラーゼ（RNA合成酵素）が結合する。プロモーターは各遺伝子の転写開始点の少し"上流"に存在する。

補足 プロモーターは転写の開始点や転写の方向，どちらの鎖を転写するのかを指示する。

② RNAポリメラーゼはDNAの二重らせんをほどき，"下流"へ向かって移動しながら，ほどけた一方のDNA鎖を鋳型としてRNA鎖を合成する。DNA鎖はその後再び閉じる。

補足 RNAポリメラーゼはRNA合成の開始にプライマーを必要としない。

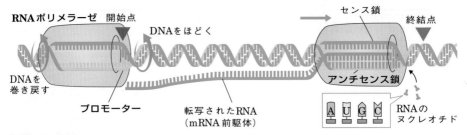

図17 遺伝情報の転写

❷センス鎖とアンチセンス鎖　転写が行われる際にDNAの2本鎖のうち転写されるほうをアンチセンス鎖（鋳型鎖），転写されないほうをセンス鎖（非鋳型鎖）という。

2本鎖DNAのうち一方の鎖が転写される鎖と決まっているわけではなく，1本のDNA鎖にセンス鎖とアンチセンス鎖，遺伝子ではない塩基配列が存在する（図18）。

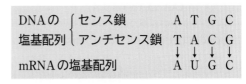

DNAの塩基配列	センス鎖	A	T	G	C
	アンチセンス鎖	T	A	C	G
mRNAの塩基配列		A	U	G	C

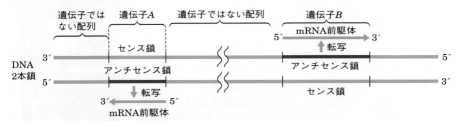

図18 2本鎖DNA上のセンス鎖とアンチセンス鎖

補足 タンパク質を合成する直接の遺伝情報はmRNAの塩基配列なので，mRNAの塩基配列と同じ（UはDNAの塩基Tに読み替える）非鋳型鎖のほうをセンス（意味のある）鎖，これと相補的な鋳型鎖のほうをアンチセンス（センス鎖の反対の）鎖とよぶ。

POINT!

センス鎖(非鋳型鎖)…mRNAの塩基配列に相当する鎖

アンチセンス鎖(鋳型鎖)…転写される側の鎖

❸RNAポリメラーゼと転写の方向　RNAポリメラーゼは，DNAのアンチセンス鎖の塩基配列を $3' \rightarrow 5'$ の方向に読み進めながらRNAを $5' \rightarrow 3'$ の方向に合成していく。

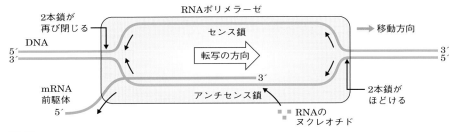

図19　RNAポリメラーゼの働き

4　スプライシング

❶真核細胞の遺伝子の構造　真核細胞のDNAは，次の2つの部分から構成されていて，真核細胞のmRNAは，転写されたままの状態では働かないことが多い。

エキソン…アミノ酸配列を指定する
　　　　　ための遺伝情報をもつ。
イントロン…翻訳されない。

❷mRNAの合成　次のようにして，mRNA前駆体からmRNAができる。

① イントロンを含むDNAがRNAに転写され，mRNA前駆体ができる。

② mRNA前駆体からイントロンの部分が切断され，捨てられる。

③ 残されたエキソン部分のRNAがつながれてmRNAとなる。

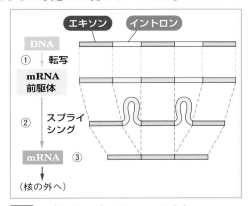

図20　スプライシングによるmRNAの合成

この反応をスプライシング[1]という(スプライシングを行う物質について ⇨ p.425)。

POINT!

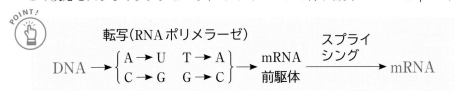

★1 スプライス(splice)は，撮影した映画の不要な部分をカットし，必要な部分をつなぎ合わせること。

❸選択的スプライシング　複数のイントロンをもつmRNA前駆体が，異なる部位
のスプライシングを受けることによって，1個の遺伝子から複数の異なるmRNA

が生じ，複数の異なるタンパク質
がつくられる現象を選択的スプラ
イシングという（⇒p.425）。これ
により，1つの遺伝子が事実上複
数の遺伝子として働くことになる。

　ヒトの遺伝子は約22000個とい
われているが，この選択的スプラ
イシングによって10万種類以上
のタンパク質を合成しうる。

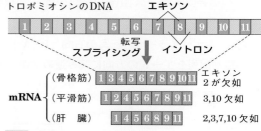

図21 選択的スプライシングの例

視点　哺乳類のトロポミオシン（⇒p.506）遺伝子は11個
のエキソンからなり，組織ごとに異なるスプライシング
を受ける。

5 遺伝情報の翻訳 ①重要

①核内で合成されたmRNAは核膜孔を通って細胞質中に移
　動し，リボソームに付着する。
②細胞質中に存在するtRNAはそれぞれ特定のアミノ酸と結
　合し，リボソームへ移動する。
③リボソームはmRNA上を5′末端から一方向へ移動してい
　くが，このときmRNAのコドンと相補的なアンチコドン
　をもったtRNAがmRNAの端から順に結合する。

図22 tRNAの立体構造

④tRNAが運んできたアミノ酸はペプチド結合によって連結され，ポリペプチドが
　合成される。アミノ酸どうしが結合するとtRNAは離れる。
⑤mRNAの終止コドン（⇒p.65 **表10**）まで達するとポリペプチドの合成が終わる。[1]

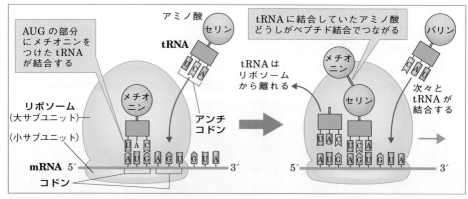

図23 遺伝情報の翻訳

★1 mRNAの終止コドンにはtRNAのかわりに終結因子とよばれるタンパク質が結合する。

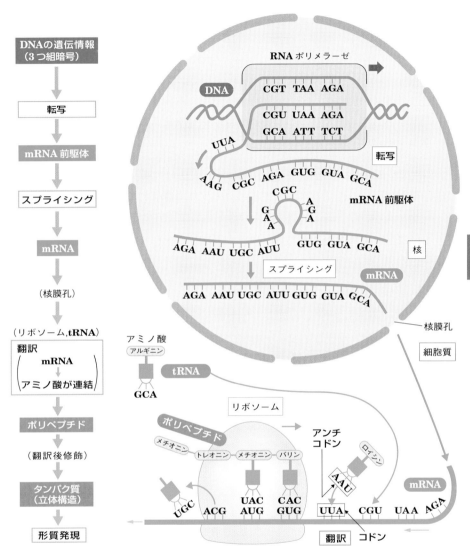

図24　タンパク質合成のしくみ（模式図）

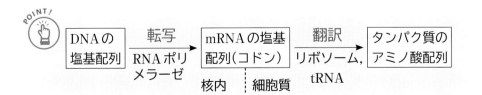

6 タンパク質の完成

① ポリペプチド鎖はシャペロン（⊃ p.340, 354）などによって核やミトコンドリア，葉緑体，あるいは小胞体といった細胞小器官に運ばれる。

> 補足 ポリペプチド鎖の運ばれる先はポリペプチド鎖のN末端にある15〜30アミノ酸配列（シグナル配列）によって決まる。シグナル配列は目的の細胞小器官に運ばれると除去される。

② 細胞小器官に入った**ポリペプチド鎖は，折りたたまれて特有の立体構造と機能をもつタンパク質になる。**

> 補足 ポリペプチド鎖が目的の細胞小器官の中に入ったり正常な形に折りたたまれる際にさまざまなタンパク質シャペロンの手助けを受ける（⊃ p.340, 354）。

③ 小胞体に運ばれたポリペプチド鎖はゴルジ体に運ばれて**糖鎖を付加される**などの翻訳後修飾を受け，リソソームや細胞膜，細胞外へ運ばれる（⊃ p.65）。多くのタンパク質は修飾を受けることで機能を備える。この修飾にはポリペプチド鎖の切断やリン酸基の付加（**リン酸化**）などもある。

7 原核生物のタンパク質合成

① 原核細胞のDNAにはイントロンがないので，スプライシング等の加工は見られず，DNAの遺伝情報がmRNAに転写されると，多数のリボソームがただちにmRNAに結合し，タンパク質の合成が行われる。

② リボソームの大きさが真核細胞と比べて小さい。

③ 原核細胞には小胞体やゴルジ体がないので，翻訳後修飾もすべて細胞質基質で起こる。

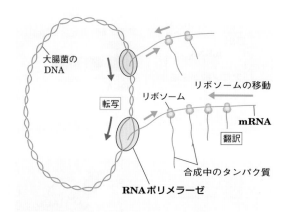

図25 原核細胞のタンパク質合成

表2 タンパク質合成における真核生物と原核生物のおもな違い

	真核生物	原核生物
転写	核内で起こる。 mRNA前駆体からイントロンを取り除くスプライシングが行われる。	細胞質で起こる。 DNAに一部を除いてイントロンが含まれないため，スプライシングは起こらない。
翻訳	細胞質基質で起こる。 完成したmRNAが核膜孔を通って細胞質基質に出て，翻訳が行われる。	転写と同時に細胞質で起こる。 転写途中のmRNAにリボソームが付着して翻訳が進む。

⊕ 発展ゼミ　逆転写

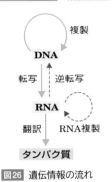

複製
DNA
転写　逆転写
RNA　RNA複製
翻訳
タンパク質

図26 遺伝情報の流れ

●ウイルスのなかまにはセントラルドグマ（⊂ p.63）に反してRNAを遺伝子としてもつものがある（RNAウイルス）。HIV（ヒトエイズウイルス）などRNAから逆にDNAを転写し，宿主のDNAに組み込むもの（レトロウイルス）がある。このように，RNAからDNAが転写されることを逆転写といい，逆転写酵素が働く。

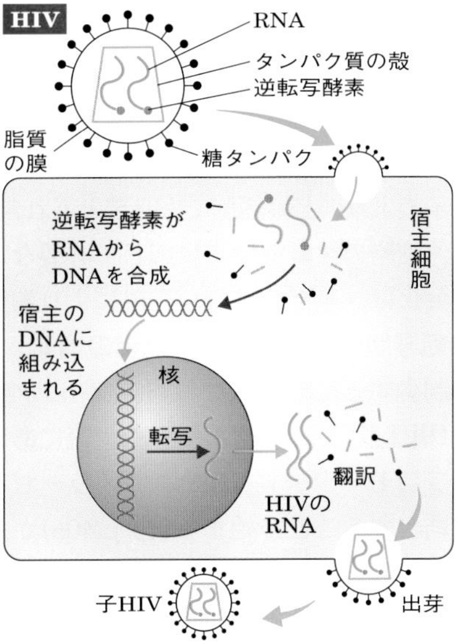

HIV
RNA
タンパク質の殻
逆転写酵素
脂質の膜
糖タンパク
宿主細胞
逆転写酵素がRNAからDNAを合成
宿主のDNAに組み込まれる
核
転写
翻訳
HIVのRNA
子HIV
出芽

図27 HIVの宿主細胞内での逆転写

第6編　遺伝情報の発現と発生

このSECTIONの まとめ　DNAとタンパク質の合成

□ DNAの構造 ⊂ p.396	・DNAは，塩基の相補的な結合（A−T，G−C）による二重らせん構造をしている。 ・DNAのヌクレオチド鎖には3′末端と5′末端があり，2本鎖は互いに逆方向に向いている。
□ DNAの複製 ⊂ p.400	・DNAの複製は，片方のヌクレオチド鎖を鋳型とする半保存的複製。一方は新生鎖が連続的に合成され（リーディング鎖），他方は断片的に合成された鎖（ラギング鎖）が結合されてできる。
□ 遺伝子の発現 ⊂ p.404	・DNAの塩基配列（**遺伝暗号**）→mRNA（転写）→リボソーム・tRNA→タンパク質合成（翻訳） ・真核細胞のmRNAは，DNAの遺伝情報を転写後，スプライシングにより，余分な部分（**イントロン**）を切除し，必要な部分（**エキソン**）をつなぎ合わせてつくられる。

SECTION 2　形質発現の調節と形態形成

1 | 遺伝子の発現調節

❶**細胞と遺伝子発現**　生物がもつゲノム中の遺伝子には，ATP合成にかかわる遺伝子のようにどの細胞でも必要とされ常時発現する遺伝子(**ハウスキーピング遺伝子**)と，細胞の性質や働きに応じて必要なときに選択的に発現する遺伝子がある。細胞の分化は，選択的遺伝子発現により調節されている。

❷**転写制御による遺伝子発現の調節**　遺伝子発現の調節は，DNA (遺伝子)の転写を制御することで行われる。遺伝子の転写はDNA上のタンパク質を合成する遺伝子(構造遺伝子)の塩基配列の上流にあるプロモーターにRNAポリメラーゼが結合することで始まる(⤴ p.406)が，この転写開始は，プロモーターの付近にある転写調節領域に**調節タンパク質**が結合したり外れたりすることで制御される。この調節タンパク質をコードする遺伝子を**調節遺伝子**という。

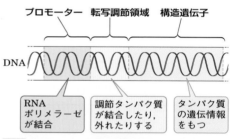

図28　遺伝子とその発現の調節にかかわる領域

POINT!

> 遺伝子発現の調節…**転写調節領域**に**調節タンパク質**が結合したり外れたりすることで**転写**が調節される。

2 | 原核生物の発現調節

1 ラクトース代謝における転写調節

❶**大腸菌のラクトース利用と遺伝子発現**　大腸菌はふつう呼吸基質にグルコースを用いており，ラクトースを培地に加えてもほとんど利用しない。しかしグルコースがなくラクトースが存在する培地では，大腸菌はラクトース分解酵素を合成してラクトースをグルコースとガラクトースに分解してグルコースを利用する。この酵素の遺伝子の発現は次のようなしくみで調節される。

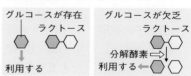

図29　大腸菌における糖の利用

❷ラクトースの有無と発現の調節（リプレッサーによる調節）

① ラクトースの代謝に働く酵素群をつくる3つの遺伝子が遺伝子群を形成し，オペロンとよばれる**転写単位**[1]（ラクトースオペロン，*lac*オペロン）を形成している。

② ラクトースが培地中に存在しないとき，転写の抑制（**負の調節**）に働く調節タンパク質（リプレッサー）が構造遺伝子上流のオペレーターとよばれる転写調節領域に結合する。リプレッサーがオペレーターに結合するとRNAポリメラーゼがプロモーターに結合できなくなり，構造遺伝子群は転写されず酵素が合成されない。

③ ラクトースが培地中に存在するときは，細胞内に入ってきたラクトースの代謝産物がリプレッサーと結合する。**ラクトースの代謝産物と結合したリプレッサーはオペレーターと結合できなくなり，オペロンの転写スイッチが「オン」となる**（⤵図30）。

補足　リプレッサー（repressor）…抑制するもの，オペレーター（operator）…操作するもの　の意味。

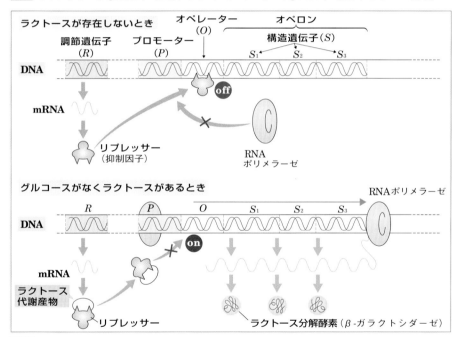

図30　ラクトース代謝における転写調節のしくみ

視点　調節遺伝子はオペロンとは別の位置に存在する。自らのプロモーターをもち，常に発現している。

❸ グルコースの有無と発現の調節（アクチベーターによる調節）

① ラクトース分解酵素は，ラクトースの有無にかかわらずグルコースの存在下では合成されない。このしくみには，グルコースが不足しているときのみ転写の促進（**正の調節**）に働く調節タンパク質（アクチベーター，**転写活性化因子**）であるCRP（カタボライト遺伝子活性化タンパク質）がかかわっている。

★1 オペロンはジャコブとモノーにより，細菌の転写制御のしくみとして発見・命名された（1961年）。

第6編　遺伝情報の発現と発生

②グルコースが欠乏しているとき，CRPはcAMP（サイクリックAMP）という物質と結合してプロモーター上流の転写調節領域に結合する。するとRNAポリメラーゼのプロモーターへの結合が促され，ラクトース分解酵素が合成される。

③大腸菌が培地からグルコースを取り込むと大腸菌内のcAMP濃度は低下する。このためCRPはグルコースが不足しているときのみ転写促進に働く。

❹**リプレッサーとアクチベーターの共働**　ラクトース分解酵素はグルコースを得るためにラクトースを分解する酵素なので，グルコースが培地中に存在すれば不要であるし，ラクトースが存在しなければ合成しても無駄になる。そこで大腸菌では**グルコースが不足するときアクチベーターであるCRPが作用し，さらにラクトースが存在するときリプレッサーをオペレーターから外して転写の抑制を解く。**この2つのしくみが働くことでラクトース分解酵素は必要なときにだけ合成される。

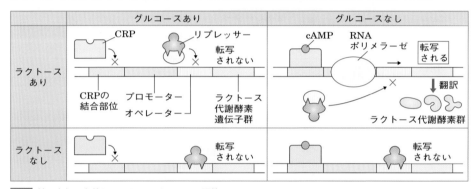

図31 糖の有無の条件とラクトースオペロンの調節

2 トリプトファン代謝における転写調節

トリプトファンはタンパク質合成に必要なアミノ酸の一種である。大腸菌は，環境中のトリプトファン濃度が低いときだけトリプトファンを合成するしくみをもつ。

①トリプトファン合成経路にかかわる5つの酵素群の遺伝子は大腸菌のDNA上に連なっていて，1つのプロモーターによって転写が開始する（トリプトファンオペロン，*trp*オペロン）。

②*trp*オペロンのリプレッサーは*lac*オペロンとは逆に不活性の状態で合成され，**トリプトファンと結合したときのみオペレーターに結合する。**このため，トリプトファン濃度が低いときに*trp*オペロンの転写スイッチは「オン」，トリプトファン濃度が高くなると「オフ」になる（⇨図32）。

③つまり，最終産物であるトリプトファンによって遺伝子の発現が抑制される。この一種のフィードバック調節機構（⇨p.345）といえるオペロンの働きで細胞内のトリプトファン濃度はある範囲内に保たれている。

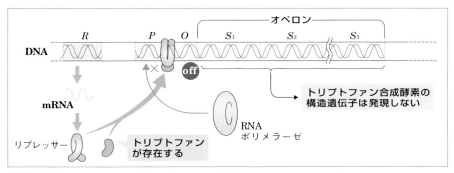

図32 抑制性オペロンの発現調節(トリプトファンが存在するときの*trp*オペロン)

[原核生物の発現に働く調節タンパク質]
リプレッサー…転写調節領域(オペレーター)に結合⇨転写抑制
アクチベーター…転写調節領域に結合⇨転写促進

3 | 真核生物の発現調節

1 真核生物における転写開始調節

❶DNAの折りたたみと転写調節　真核細胞のDNAは，核内でヒストンに巻きついて**ヌクレオソーム**という構造を形成し，さらに折りたたまれて**クロマチン**とよばれる構造をつくり，幾重にも折りたたまれて**染色体**を構成する(⇨p.51)。クロマチンが密に折りたたまれた状態では，DNAにRNAポリメラーゼが結合できないため，遺伝子の発現はクロマチンの構造がほどけた部分で起こる。

⊕発展ゼミ　化学修飾による転写調節

●ヒストンの**ヒストンテール**とよばれる部位は，化学反応を生じやすく，ここに**アセチル基**(CH₃CO−)が結合する(**アセチル化**)とクロマチン構造がゆるみ，RNAポリメラーゼがDNAに結合しやすくなることで転写が促進される。一方，**メチル基**(−CH₃)が結合する(**メチル化**)と結合する位置によってクロマチン構造が密に折りたたまれて転写が抑制される。
●DNAの特定の塩基(シトシンなど)にメチル基がつく(**メチル化**)と転写は抑制される。ヒストンのアセチル化やDNAにメチル化が起こることなどを**化学修飾**という。

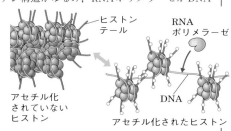

図33 クロマチンの構造と転写調節

❷転写因子による転写調節

① 真核細胞のRNAポリメラーゼは，プロモーターに結合するために基本転写因子
という複数のタンパク質と結合して転写複合体をつくる必要がある（⌒図34）。

② DNAの転写調節領域と結合した調節タンパク質（転写因子）が，プロモーターに
結合した転写複合体に結合することで転写が開始する（⌒図34右下）。

③ 転写調節領域はプロモーターや構造遺伝子から離れた場所にもあり，DNAが折
れ曲がって調節タンパク質が転写複合体のところに集まり，転写が調節される。

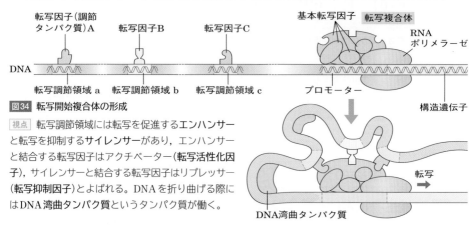

図34 転写開始複合体の形成

視点 転写調節領域には転写を促進する**エンハンサー**
と転写を抑制する**サイレンサー**があり，エンハンサー
と結合する転写因子はアクチベーター（**転写活性化因
子**），サイレンサーと結合する転写因子はリプレッサー
（**転写抑制因子**）とよばれる。DNAを折り曲げる際に
はDNA湾曲タンパク質というタンパク質が働く。

2 転写後の発現の調節

❶**選択的スプライシング**　真核細胞の場合，スプライシングによってmRNA前駆
体から一部の塩基配列が除去され，mRNAができる（⌒p.407）。この**遺伝子に複数
のイントロンが含まれる場合には，スプライシングで除去される箇所によって同じ
遺伝子から異なるmRNAをつくることができる**（選択的スプライシング⌒p.408）[1]。

> ⊕ 発展ゼミ　**キャップ構造とポリAテール**
>
> 　核内で合成されたmRNAは，核外に出る前に5′末端にメチル化したグアニンヌクレオチド
> と3個のリン酸が結合されたキャップ構造とよばれる構造が，3′末端には複数のアデニンが
> 結合してポリAテールとよばれる構造がつくられる。これらの化学修飾は，細胞質基質中で
> のmRNA分解速度に影響を与え，翻訳産物の合成量を調節する。 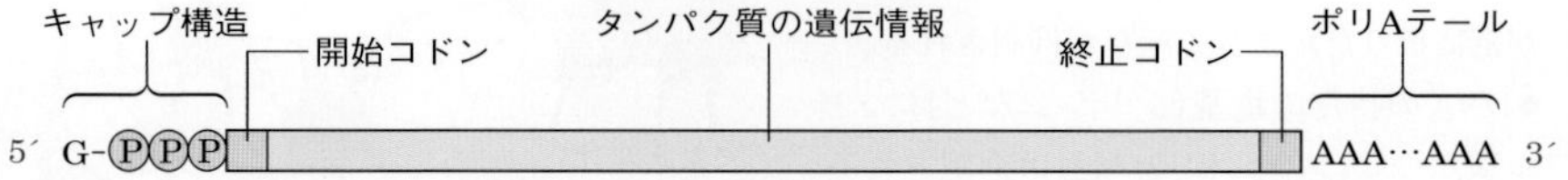
>
> キャップ構造　　開始コドン　　タンパク質の遺伝情報　　終止コドン　　ポリAテール
>
> 5′ G-ⓅⓅⓅ [　　　　　　　　　　　　　　　　　　　　　　] AAA…AAA 3′
>
> 図35 mRNAの化学修飾

★1 ショウジョウバエのある遺伝子では，1つの遺伝子から約19000種類のmRNAが生じることが知られている。

❷RNA干渉　　RNA干渉(RNAi)[★1]は，mRNAともtRNAとも異なる**短いRNA鎖**が，ある特定のタンパク質と結合し，そのRNAと相補的な塩基配列をもつmRNAを**分解**したり，**翻訳を抑制**したりする働きである。簡便な操作で遺伝子の機能を抑制できることから研究の手段としても広く普及し，遺伝子治療への応用も期待されている。

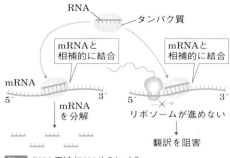

図36　RNA干渉(RNAi)のしくみ

➕発展ゼミ　**siRNAとRNA干渉**

● RNA干渉は1998年にセンチュウ(線虫)の研究で発見され，発見者のファイアーとメローはノーベル生理学・医学賞を受賞した(2006年)。技術としてのRNA干渉は，短い2本鎖RNAを細胞に導入するだけで遺伝子の発現を抑制できるというものである。

● RNA干渉に働く2本鎖RNAはsiRNA[★1]とよばれ，比較的長い2本鎖RNAをダイサーとよばれる酵素によって切断することでつくられる。

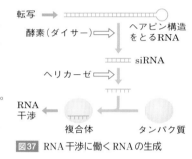

図37　RNA干渉に働くRNAの生成

[真核生物の遺伝子発現の調節]

　転写前の調節…DNAの折りたたみ構造の調節，**転写因子**による調節
　転写後の調節…**選択的スプライシング**，mRNAの修飾，RNA干渉

➕発展ゼミ　**翻訳後の調節**

● 翻訳されて生じたポリペプチドは，分解やリン酸付加などの化学修飾がなされてはじめてタンパク質としての機能をもつ。このような化学修飾も遺伝子の発現の調節に働く。

● インスリンは，すい臓ランゲルハンス島B細胞の小胞体でインスリン前駆体(プロインスリン)として存在し，ゴルジ体に運ばれた後，分子構造の一部が切断されて除かれることでインスリンとなり，分泌顆粒を通じて細胞外に分泌される(⇨p.65)。このとき，プロインスリンにSurf4というタンパク質が結合することで小胞体からゴルジ体への運搬が促進される。

● **ユビキチン**という物質は細胞内のタンパク質に結合することで分解されやすくしたり細胞内で運搬する目印となったりする(⇨p.355)。これは細胞内の恒常性や情報伝達などに役立っている。

★1　RNAi = RNA interference，siRNA = small interfering RNA

第6編　遺伝情報の発現と発生

3 ホルモンによる調節

　ホルモンには**ステロイドホルモン**と**ペプチド(タンパク質系)ホルモン**があるが（⇨p.109），それぞれ働くしくみが異なる。

①**ステロイドホルモンは細胞膜を透過して細胞質や核の中に入り，受容体(タンパク質)と結合する。**ホルモンと結合した受容体は転写因子として働く（⇨図38）。

②**ペプチドホルモンは細胞膜を透過できないので，細胞膜の表面にある受容体タンパク質に結合する。**ホルモンと結合した受容体は転写因子を活性化し，活性化された転写因子はDNAの調節領域に結合して遺伝子の発現を促す（⇨図39）。また，酵素を活性化させ，特定の化学反応を促進する調節も行われる（⇨p.350）。

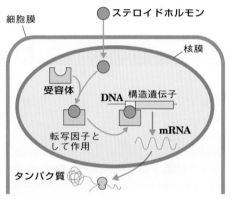

図38　ステロイドホルモンの作用

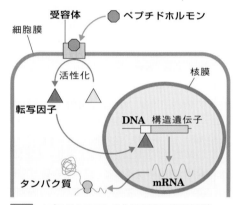

図39　ペプチドホルモンの作用（遺伝子発現促進）

4 発生と転写調節

❶**形態形成と調節遺伝子**　細胞が分化する際には，複数の遺伝子が同時に調節される必要がある。

　例えば，骨格筋細胞が分化するときにはミオシンなどの筋肉タンパク質を合成すると同時に細胞質分裂を起こす遺伝子の発現を止めることで細胞が融合し多核の骨格筋細胞ができる。このように組織や器官が分化・機能化する際には何段階もの調節によって制御された多くの遺伝子の活性化・不活性化が起きている。このとき1種類の調節因子が複数の遺伝子の発現を制御する

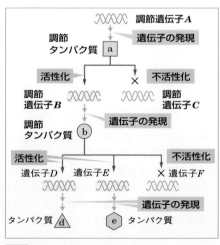

図40　遺伝子作用の調節のしくみ

ことで，少ない調節遺伝子で複雑で多様な分化が調節されている。

❷**発生に伴うパフの変化**　双翅目の昆虫(ユスリカやショウジョウバエ)のだ腺染色
体に見られるパフ(⇨p.71)は，発生の段階によって異なる位置に生じる。パフで
は折りたたまれたDNAがほどけて転写が起こっていて(⇨p.415)，**生物の発生に
おいて決まった時期に決まった順番で必要な遺伝子が発現する**ことを反映している。

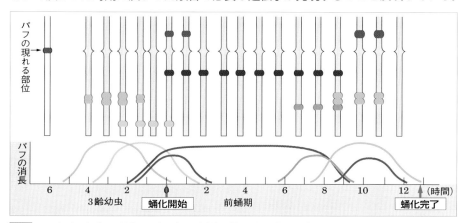

図41　ショウジョウバエの幼虫の発生過程とだ腺染色体のパフの位置の変化(模式図)

4│細胞分化と遺伝子

1 細胞分化とタンパク質

❶**細胞の分化**　同じ起源の細胞(受精卵)から，構造と働きの異なる細胞ができるこ
とが**細胞の分化**(⇨p.70)であり，多細胞生物の発生では，いろいろな組織や器官
の分化を通じて形態形成が進み，個体が形成される。

❷**細胞の分化とタンパク質**　分化した細胞の特徴は，その働きに応じて特定のタ
ンパク質をつくり出していることである。

表3　細胞に含まれるおもなタンパク質とその働き

細胞の種類	おもなタンパク質	タンパク質のおもな働き
表皮の細胞	ケラチン	動物体の保護(毛髪，つめ，羽毛など)
赤血球	ヘモグロビン	酸素の運搬
形質細胞(抗体産生細胞)	免疫グロブリン	細菌やウイルスなどからの生体防御
水晶体細胞	クリスタリン	透明性があって光を通し，柔軟性がある
筋細胞	アクチン，ミオシン	筋肉の収縮と弛緩
肝細胞	血清アルブミン	血液の浸透圧の調節，組織へのアミノ酸供給など

2 分化全能性 ① 重要

　分化した細胞では，その細胞で発現しない遺伝子は単に発現しないだけなのか，それとも細胞から失われているのか。これについて調べたのが，次のような実験である。

❶ 植物細胞の培養（⇨図42）

① タバコの葉を酵素（セルラーゼやペクチナーゼ）によって処理すると，細胞壁が分解されて，球形の細胞（プロトプラスト）が得られる。

② ばらばらになった葉肉細胞のプロトプラストの1個に適当な条件を与えると，プロトプラストは細胞壁をつくりだし，分裂を始めて，細胞の塊（カルス）になる。

　➡ 葉肉細胞へと分化していた細胞が未分化な状態に戻った（脱分化）。

③ このカルスに，植物ホルモン（⇨p.533）など，成長に必要な条件を整えてやると，再分化して幼植物が形成される。

④ この幼植物を土壌に移してやると完全な植物体となり，成長して花や実をつける。

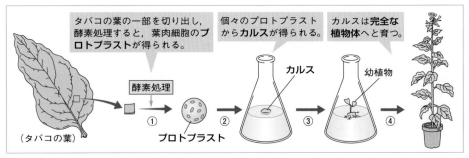

図42 タバコの葉肉細胞の培養実験

❷ 植物細胞の全能性　このような実験は，多くの植物のいろいろな組織の細胞で成功している。このことから，分化した植物の細胞にも，植物全体をつくる能力（全能性）が残っていることがわかる。

❸ 動物細胞の全能性　動物では，植物のように，1個の体細胞から完全な新個体をつくり出すことはできない。しかし，分化した体細胞から取り出した核を，核を不活性化した未受精の卵に移植すると，完全な個体をつくることができる（⇨図43）。これは，ウシやヒツジなどの哺乳類でも成功している。

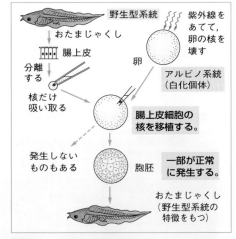

図43 カエルの核移植実験

❹**細胞の全能性と遺伝子**　分化した細胞や分化した細胞の核が，このように全能性をもつことは，分化した細胞でも完全な個体をつくるために必要なすべての遺伝子をもっていることを示している。

❺**クローン**　同じ個体から取り出した細胞や核を使って，**図42**や**図43**のようにしてつくった個体は，どれもそれぞれまったく同じ遺伝子構成をもっている。このような個体をクローン[★1]という。

　① 分化した植物細胞や分化した動物細胞の核に全能性がある。
　② 分化した細胞も，個体をつくるためのすべての遺伝子をもつ。

このSECTIONの**まとめ**　**形質発現の調節と形態形成**

□ **遺伝子の発現調節**　⤷p.412	・遺伝子には，どの細胞でも常時発現する遺伝子(**ハウスキーピング遺伝子**)と必要なときに選択的に働く遺伝子がある。 ・**転写の制御**…調節タンパク質がDNA上の**転写調節領域**に結合したり外れたりすることで**RNAポリメラーゼのプロモーターへの結合と転写開始を制御する。**
□ **原核生物の発現調節**　⤷p.412	・**ラクトース分解酵素の合成調節** ラクトースがないとき…調節タンパク質(リプレッサー)が転写調節領域(オペレーター)に結合して酵素遺伝子群の転写を抑制。 ラクトースがありグルコースがないとき…調節タンパク質(アクチベーター)が転写調節領域に結合して酵素遺伝子群の転写を促進。
□ **真核生物の発現調節**　⤷p.415	・転写前の調節…**DNAの折りたたみ構造**の調節，**転写因子**(調節タンパク質)による調節。真核細胞の転写調節領域は構造遺伝子から離れた場所にも複数ある。 ・転写後の調節…**選択的スプライシング**，**RNA干渉**
□ **細胞分化と遺伝子**　⤷p.419	・**全能性**…個体全体をつくることができる能力。 ・分化した細胞や核も個体をつくるすべての遺伝子をもつ。

第**6**編　遺伝情報の発現と発生

★1「小枝」「若枝」を意味するギリシャ語に由来する。分裂や出芽，栄養生殖(⤷p.262)によって生じた個体群も，同一個体から生じ，遺伝子構成が等しいクローンである。

重要用語

SECTION 1 DNAとタンパク質の合成

□ **形質転換** けいしつてんかん ⤷p.398
外部から入った物質によって形質が変わる現象。肺炎双球菌のR型菌(非病原性)がS型菌のDNAによりS型菌(病原性)に変わる現象など。

□ **バクテリオファージ** ⤷p.399
細菌に寄生するウイルス。大腸菌に寄生するT₂ファージなど。

□ **DNAヘリカーゼ** ディーエヌエー— ⤷p.400
DNA 2本鎖を開裂して、2本の1本鎖にする酵素。

□ **プライマー** ⤷p.400, 456
1本鎖DNAに結合する相補的な短いRNA鎖。DNA複製において新生鎖が合成される起点となり複製完了後は除去される。

□ **DNAポリメラーゼ** ディーエヌエー— ⤷p.400
DNA合成酵素。開裂したDNAの1本鎖それぞれに結合して、もとの1本鎖に相補的に結合する新生鎖を合成して新しい2本鎖DNAをつくる(新生鎖の3′末端に新しいヌクレオチドを結合させる)。

□ **リーディング鎖** —さ ⤷p.401
DNAの半保存的複製の際、もとのDNAの開裂方向に向かって連続的に合成される新生鎖。

□ **ラギング鎖** —さ ⤷p.401
DNAの半保存的複製の際、もとのDNAの開裂方向とは反対方向に短いDNA鎖が不連続的に合成されて、後にこれらが連結されて生じる新生鎖。

□ **岡崎フラグメント** おかざき— ⤷p.401
ラギング鎖がつくられるとき、開裂方向と反対方向に合成される短いDNA鎖。

□ **DNAリガーゼ** ディーエヌエー— ⤷p.401
DNA鎖と別のDNA鎖を1本につなぐ酵素。

岡崎フラグメントをつないでラギング鎖をつくる。

□ **複製開始点** ふくせいかいしてん ⤷p.402
DNA 2本鎖において複製が始まる場所。原核細胞では1か所、真核細胞では複数箇所あり、両側へ複製が進行する。

SECTION 2 形質発現の調節と形態形成

□ **プロモーター** ⤷p.406, 412
DNA上の遺伝子の転写開始点の少し上流に存在し、RNAポリメラーゼが結合する部位。

□ **ハウスキーピング遺伝子** —いでんし ⤷p.412
どの細胞でも共通して常時発現する遺伝子。ATP合成に働く遺伝子など。

□ **構造遺伝子** こうぞういでんし ⤷p.412
タンパク質のアミノ酸配列の情報をもつ遺伝子。

□ **転写調節領域** てんしゃちょうせつりょういき ⤷p.412　調節タンパク質が結合したり離れることで構造遺伝子の転写の促進や抑制にかかわるDNAの領域。

□ **調節タンパク質** ちょうせつたんぱくしつ ⤷p.412
DNAの転写調節領域に結合することで遺伝子の転写の促進または抑制にかかわるタンパク質。

□ **調節遺伝子** ちょうせついでんし ⤷p.412
調節タンパク質のアミノ酸配列の情報をもつ遺伝子。

□ **オペロン** ⤷p.413
原核生物に見られ、一連の代謝反応に働く複数の酵素の構造遺伝子の集まり。転写が1つのプロモーターにより制御される。

□ **転写単位** てんしゃたんい ⤷p.413
転写が1つのプロモーターにより制御される複数の遺伝子の集まり。

□ **リプレッサー** ⤷p.413
調節タンパク質のなかで、転写を抑制する働きをもつもの。

□ **オペレーター** ⤷p.413
原核生物に見られるDNA上の転写調節領域

の1つ。ここにリプレッサーが結合すること
で遺伝子の転写が抑制される。

□ **アクチベーター** ⏎p.413
調節タンパク質のなかで，転写を促進する働
きをもつもの。リプレッサーの対義語。

□ **cAMP** サイクリックエーエムピー ⏎p.414
環状の構造をとったアデノシン一リン酸で，
調節タンパク質と結合して遺伝子の転写促進
に働くなど細胞内での情報伝達に関わる。

□ **ヒストン** ⏎p.415
真核生物においてDNAと結合し，長いDNA
分子を折りたたむ働きをもつタンパク質。

□ **ヌクレオソーム** ⏎p.415
DNAにヒストンが結合して構成されるビー
ズ状の構造。

□ **クロマチン** ⏎p.415
核内でヌクレオソームがさらに折りたたまれ
て凝集した繊維状構造。凝集がゆるんだ状態
になると転写が起こる。

□ **アセチル化** —か ⏎p.415
アセチル基($-COCH_3$)が結合すること。ヒ
ストンのアセチル化によりクロマチンはゆる
み，転写が促進される。

□ **メチル化** —か ⏎p.415
メチル基($-CH_3$)が結合すること。ヒストン
がメチル化する場合，結合する位置によって
クロマチンは凝集して転写が抑制される場合
と逆に促進される場合がある。DNA内のシト
シンがメチル化する場合も転写が抑制される。

□ **化学修飾** かがくしゅうしょく ⏎p.415
タンパク質やDNAなどに，アセチル化やメ
チル化などが起こり反応性が変化すること。

□ **基本転写因子** きほんてんしゃいんし ⏎p.416
真核生物で見られ，RNAポリメラーゼと結
合することでRNAポリメラーゼをプロモー
ターに結合させる複数の調節タンパク質。ど
の遺伝子の転写にも共通して働く。

□ **転写複合体** てんしゃふくごうたい ⏎p.416
RNAポリメラーゼに基本転写因子が結合し
た複合体。この形を取ることでプロモーター
に結合して遺伝子の転写が可能となる。

□ **エンハンサー** ⏎p.416
プロモーターから離れた位置に存在する転写
調節領域で，調節タンパク質(転写活性化因
子)を介して転写を促進させる部位を示す。

□ **サイレンサー** ⏎p.416
プロモーターの近くまたは離れた位置に存在
する転写調節領域で，調節タンパク質(転写
抑制因子)を介して転写を抑制させる部位を
示す。

□ **キャップ構造** —こうぞう ⏎p.416
mRNAの5′末端に結合したメチルGTPと3
個のリン酸部分のこと。この結合は，mRNA
の保護や翻訳の補助の役割をもつ。

□ **ポリAテール** —エー— ⏎p.416
mRNAの3′末端に結合した複数のアデニン
のこと。この結合は，mRNAを分解から保
護したり翻訳の補助を行ったりする。

□ **RNA干渉(RNAi)** アールエヌエーかんしょう
(アールエヌエーアイ) ⏎p.417　mRNAを分解し
たり翻訳の抑制をすることで遺伝子発現を妨
げる働き。短いRNA鎖が特定のタンパク質
と結合し，そのRNAと相補的な塩基配列を
もつ正常なmRNAに対して作用する。

□ **全能性** ぜんのうせい ⏎p.420
1つの細胞，または1つの核が完全な1個体
の生物を形成できる能力をもつこと。

□ **プロトプラスト** ⏎p.420
植物や微生物などの細胞壁を酵素で除去した
細胞。

□ **カルス** ⏎p.420
植物細胞が脱分化して生じた未分化の細胞集
団。植物ホルモンの投与で再分化できる。

□ **クローン** ⏎p.421
遺伝子構成がまったく同じ細胞または個体ど
うしを指す用語。無性生殖で生じた個体や同
じ個体からの核移植で生じた個体はもとの個
体のクローンである。

第6編 遺伝情報の発現と発生

遺伝子の構造とスプライシング

遺伝子の構造

①**遺伝子**とは，生物の形質を決めるものであり，その実体はDNAであると学習した（⟳p.48）。さらに具体的には，遺伝子はゲノム（生物のDNA上の全塩基配列のもつ遺伝情報；⟳p.68）の中でタンパク質を合成するための情報をもつ領域である（⟳p.62）。

　このチャプターでは遺伝子の発現とその調節について学習してきたが，ここではまず遺伝子の構造について改めて整理していく。

②教科書では，RNAポリメラーゼで転写される範囲を**構造遺伝子**や**調節遺伝子**（⟳p.412）といった遺伝子としているが，プロモーター（⟳p.412）や，オペレーター（⟳p.413）などの転写調節領域を含む**5′隣接領域**や，**3′隣接領域**の非翻訳領域を遺伝子の構造に含める場合もある。その場合，転写される範囲を**転写領域**，形質発現や複製の制御にかかわる範囲を**制御領域**とよぶ。

③**真核生物**では，転写領域に対して転写が行われてmRNA前駆体を生じるが，その配列の一部が**スプライシング**（⟳p.407）によっ

て除去され，残ったヌクレオチド鎖がmRNAとなる。遺伝子のうち除去される部分が**イントロン**とよばれ，mRNAとして残りその後翻訳される部分は**エキソン**とよばれる。

④このエキソンも，**選択的スプライシング**（⟳p.408）の過程で，1つの遺伝子に複数含まれるうちの一部がイントロンと一緒に除去されて翻訳されない場合がある。また，スプライシングを経てできたmRNAのうち5′側と3′側の両端にはエキソンの部分でありながら翻訳されない部分があり，**非翻訳領域（UTR）**とよばれる。あるmRNAではこのUTRの一部に調節タンパク質が結合することでリボゾームとの結合を妨げる働きが知られている。

⑤また，DNAから転写されたRNAでも，tRNA（⟳p.408）やrRNA（⟳p.404），リボザイム（⟳p.248）のように，タンパク質に翻訳されないものも存在する。これらのRNAは**非コードRNA**とよばれる。「コード」とはアミノ酸配列の遺伝暗号（⟳p.64, 405）のことで，**非コードDNA**という語は，ゲノムのうち遺伝子間領域のことを指す場合が多い。

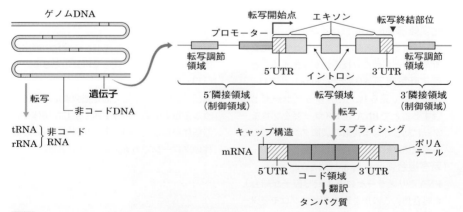

図44 ゲノムDNAにおけるさまざまな領域とその役割

スプライシングを行うしくみ

① スプライシングを行うのは，タンパク質と低分子量の RNA（低分子 RNA）から構成される複合体である**スプライソソーム**である。

② スプライシングの最初の段階は，スプライソソーム内の低分子 RNA が，イントロン内部の特定の塩基配列と塩基どうしで結合する。次に，この低分子 RNA がイントロンとエキソンの境界部位を切断し，エキソンどうしを結合するという反応を触媒する。切り出されたイントロンは速やかに分解される。

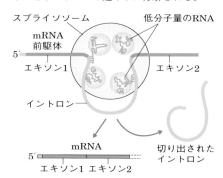

図45 スプライソソームの働き

エキソンの選択とタンパク質の多様性

① タンパク質の多くは，1 本のポリペプチド（複合タンパク質の場合はサブユニット）の中に構造的あるいは機能的にまとまった立体構造である**ドメイン**という部分を複数もち，これらが組み合わされた構造をもつ。

② 例えば，ある酵素のドメイン 1 には活性中心部位があり基質と結合し，ドメイン 2 には細胞膜に結合させる構造がある。これらの各ドメインのアミノ酸配列の情報は，エキソン 1 や 2 と対応する。この酵素の遺伝子は，選択的スプライシングでドメイン 2 が除去された場合は細胞質基質中で働く酵素，除去されない場合は細胞膜に結合して働く酵素をつ

くることができる（⇨図46）。このように，選択的スプライシングは，1 つの遺伝子で機能的に異なる多種類のタンパク質をつくる手段として働いている。

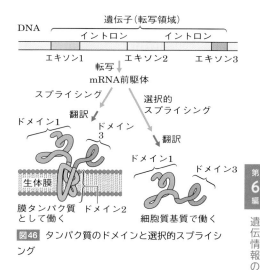

図46 タンパク質のドメインと選択的スプライシング

エキソンシャフリングと進化

① イントロンは翻訳されないが，選択的スプライシングで 1 つの遺伝子から多種類のタンパク質をつくり出すために必要な領域といえる。また，減数分裂時の染色体の交差や，異なる DNA 鎖間・同じ DNA 鎖内（DNA が湾曲する場合など）での組換えがイントロンで起こることでより多様なエキソンの組み合わせが生じることもある。この現象は**エキソンシャフリング**とよばれる。

② 哺乳類の乳に含まれる α-ラクトアルブミンというタンパク質は，汗などに含まれ細菌の細胞壁を分解する**リゾチーム**という酵素と立体構造が非常に似ている。哺乳類の先祖においてリゾチーム遺伝子に重複（⇨p.261）が起こり，その一方がエキソンシャフリングによって変化することで α-ラクトアルブミン遺伝子が生じ，乳の獲得につながったと考えられている。

CHAPTER

2 ≫ 動物の発生

SECTION 1 動物の配偶子形成と受精

1 | 生殖細胞の形成

1 精子の形成 ①重要

❶精子の形成　動物の生殖細胞は，配偶子である**精子**と**卵**などである。このうち精子は，雄の精巣内で次の①〜④のようにしてつくられる。

①精子のもとになる始原生殖細胞($2n$)が胚発生のかなり初期にでき，精巣に移動したのち，この細胞から精原細胞($2n$)ができる。

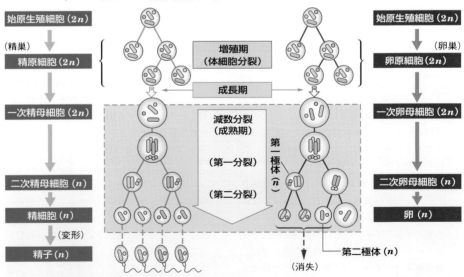

図47 動物の生殖細胞の形成過程(模式図)

視点 減数分裂の起こる時期と核相の変化に注意。

②精原細胞は体細胞分裂をくり返して増え，分裂を中止すると，それぞれの細胞が栄養分を蓄えて成長し，一次精母細胞($2n$)となる。

③1個の一次精母細胞は，減数分裂の第一分裂で2個の二次精母細胞(n)となり，第二分裂で合計4個の精細胞(n)になる。

④それぞれの精細胞は，変形して精子(n)となる。

❷精子の構造　精子の形は動物の種類によって違うが，基本的には，**頭部・中片(中片部)・尾部(鞭毛)**の3つの部分からなる。頭部は大部分が核(精核)で，中には遺伝子の本体であるDNAがおさめられている。また，中片の内部にはミトコンドリア(鞭毛の運動に必要なエネルギーを供給)と中心粒(中心体)がある。

図48 ヒトの精子形成の過程と精子の構造(模式図)

視点 頭部の先体は，ゴルジ体で生じた小胞が集まってできたもので，受精のときに重要な役割を果たす(⇨p.429)。

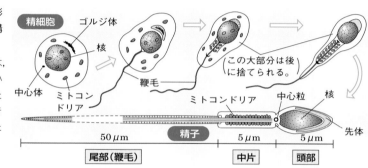

2 卵の形成　①重要

❶卵の形成　卵は，雌の卵巣内で次の①～⑤のようにしてつくられる。

①卵のもとになる始原生殖細胞($2n$)が胚発生のかなり初期にでき，卵巣に移動したのち，この細胞から卵原細胞($2n$)ができる。

②卵原細胞は体細胞分裂をくり返して増え，分裂を中止すると，それぞれの細胞が栄養分となる卵黄を蓄えて成長し，大形の一次卵母細胞($2n$)となる。

③一次卵母細胞は，減数分裂の第一分裂で，細胞質の少ない小さな第一極体(n)を放出して，細胞質に富む大きな二次卵母細胞(n)になる。

④二次卵母細胞は，続いて起こる減数分裂の第二分裂で第一極体の近くに**第二極体(n)**を放出して卵(n)になる。また，第一極体は分裂しないこともあるが，分裂すれば，極体は合計3個になる。

⑤極体は，しだいに退化し，ついには消失してしまう。

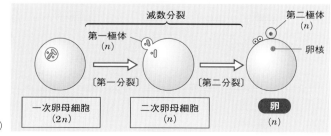

図49 ヒトの卵形成(模式図)

|補足| 卵形成の過程は前ページで説明したとおりで，ウニでは，卵巣内で卵まで完成して排卵（卵巣から海水中への放出）されるが，多くの動物では卵形成の途中で排卵される。そして，受精してから卵形成を完了する。例えば，ヒトをはじめとしてほとんどの哺乳類では，二次卵母細胞の段階（減数分裂第二分裂中期）で排卵され，輸卵管の中で受精が始まると，第二極体を放出して卵になる。

❷卵の各部の名称

① **動物極**　極体が放出されたところを**動物極**といい，動物極側の半分を**動物半球**という。

② **植物極**　赤道面をはさんで，動物極のちょうど反対側にあたるところを**植物極**といい，赤道面から植物極側を**植物半球**という。

|補足| 核が存在して細胞質が多い動物極は形態形成が活発で，卵黄が多い植物極は不活発なことからその名がついた。

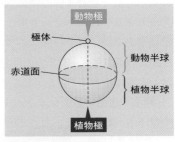

図50 卵の各部の名称

 POINT!

一次精母細胞1個 ──→ 精子4個
　　　　〔減数分裂〕
一次卵母細胞1個 ──→ 卵1個（＋極体3個；退化・消失）

2 | 受精

1 受精とその過程

❶**ウニの受精**　卵の中に精子が入り，卵の核（卵核）と精子の核（精核）が融合することを受精とよぶ。ウニを例にして見ると，受精は次のように行われる。

①精子が卵表面のゼリー層に到達すると，**先体反応**（⤵p.429）が起こる。

②精子が卵内に進入すると，その場所から卵黄膜がもち上がり，**受精膜**になる。受精膜はその後の胚を保護する役割のほか，他の精子の進入を防ぐ（**多精の防止**）。

③精子の尾部は切り離され，精子の中心体が星状体を形成する。頭部は180°回転し，星状体を先頭として卵核に近づく。

④卵核(n)と精核(n)が一緒になって受精卵の核($2n$)になり，受精が完了する。

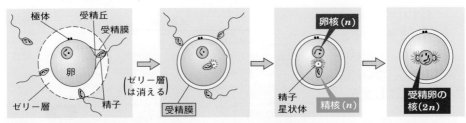

図51 ウニの受精（模式図）

❷**先体反応と受精膜の形成**　精子が卵に進入する際に次のような反応が進んでいく。

① 精子が卵のゼリー層に接触すると先体にあるアクチンが重合して，アクチンフィラメント(⤷p.335)からなる**先体突起**が伸びる(**先体反応**)。

② 先体突起は卵黄膜上にある受容体と結合し，精子を卵黄膜に引き寄せる。

補足　多くの動物では，受容体に種特異性があることから異なる動物の精子とは反応が起きない。これによって水中での体外受精を行う動物も他種の精子の進入を防ぐことができる。

③ 精子の細胞膜と卵の細胞膜が融合し，精子が卵内に入る。精子が進入すると，卵の細胞膜付近にあった表層粒でエキソサイトーシスが生じ内容物が放出される(表層反応という)。内容物に含まれる酵素によって**卵黄膜が卵の細胞膜を離れてもち上がり，硬化して受精膜になる**。

補足　精子と卵の細胞膜が接触，融合すると，卵全体の表面に活動電位(⤷p.491)が広がる。この活動電位は一時的であるが多精を素早く防止する。その後は受精膜が多精を防ぐ。

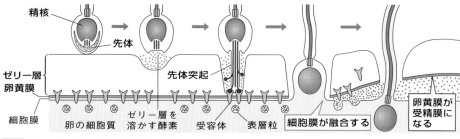

精核　**先体**　**先体突起**　ゼリー層　卵黄膜　細胞膜　卵の細胞質　ゼリー層を溶かす酵素　受容体　表層粒　細胞膜が融合する　卵黄膜が受精膜になる

図52　ウニ卵の受精における先体反応と受精膜の形成

POINT!　ウニの受精…精子の先体突起が**卵黄膜の受容体と結合**し，細胞膜どうしが結合。卵黄膜が卵の細胞膜から離れ，受精膜を形成する。

このSECTIONの**まとめ**　**動物の配偶子形成と受精**

□ 生殖細胞の形成
⤷p.426

・精子の形成…**1個の一次精母細胞から4個の精子**が形成。

一次精母
細胞(2*n*) ［減数分裂］第一分裂→ 二次精母細胞(*n*) ［減数分裂］第二分裂→ 精細胞(*n*) 変形→ 精子(*n*)

・卵の形成…**1個の一次卵母細胞から1個の卵と3個の極体**ができる(極体はのちに退化・消失)。

一次卵母
細胞(2*n*) ［減数分裂］第一分裂→ 二次卵母細胞(*n*) ［減数分裂］第二分裂→ 卵(*n*)

□ 受精
⤷p.428

・**先体反応**ののち，精子が卵内に進入し，**精核(*n*)と卵核(*n*)が一緒になって，受精卵の核(2*n*)ができる**。

2 動物の発生

1 | 発生の過程と胚葉の形成

1 卵割

❶卵割とは何か　発生の初期段階に行われる特殊な体細胞分裂を卵割といい，卵割でできた細胞を割球という。

❷卵割の特徴　卵割は，体細胞分裂と次の点で異なっている。

① 間期にDNAの合成は起こるが細胞質の増加が起こらず，娘細胞(割球)の大きさがもとに戻らないため，**分裂のたびに割球の大きさが小さくなっていく。**[★1]

② 卵割はでたらめに起こるのではなく，それぞれ決まった方向に起こる(⟳ **表4**)。

図53 卵の極と卵割の方向

> **参考** 卵の種類と卵割
>
> 　卵は，卵黄[★2]の量と分布のしかたで，等黄卵，端黄卵，心黄卵に分けられる。卵黄は**粘り気が強く細胞質の分裂を妨げるため，卵の種類により卵割の様式が異なる。**

表4 動物卵の種類と初期の卵割の様式

卵の種類		卵割の様式	卵割の過程
等黄卵	● 卵黄量が少なく均等に分布。例 ウニ・哺乳類	全割 卵全体で卵割が起こり，割球の大きさがほぼ等しい**等割**の後に，割球の大きさに違いが生じる**不等割**が起こる。	等割 ─→ 不等割 ─→
端黄卵	● 卵黄が植物極側に偏って分布。例 両生類(カエル)		等割 ─→ 不等割 ─→
端黄卵	● 卵黄が極端に多く，偏在。例 魚類・ハ虫類・鳥類	盤割 動物極側の一部で起こり，割球が盤状に配列して，**胚盤**を形成する。	
心黄卵	● 卵黄が卵の中心部に集中。例 昆虫類(ショウジョウバエ)	表割 卵黄内で分裂した多数の娘核が卵表面に移動し，核と核の間に細胞膜が進入する。	

★1 卵割では，細胞分裂のための準備期間(間期)が短いので，非常に速く分裂が進む(例えば，アフリカツメガエルの場合は，通常の体細胞分裂は24時間周期であるのに対し，卵割は30分周期)。

★2 卵黄は，卵が発生するときのエネルギー源や胚のからだをつくる栄養分。

2 ショウジョウバエの発生

　ハエは心黄卵で表割を行う節足動物(旧口動物)であり，この次に挙げるウニ(棘皮動物；新口動物)やカエル(脊椎動物；新口動物)と発生のしくみが一部異なる。

❶受精から胞胚まで　受精後，**核が分裂して多核の細胞を形成する**(多核体)。その後，多くの核が細胞膜側に移動し，核の周囲が細胞膜で仕切られ，表面に細胞層が形成されて中心は卵黄を含む多核細胞からなる胞胚ができる。胞胚の尾部側には将来生殖細胞となる**極細胞**ができる。

❷胚の陥入　腹側の部分が前後軸に沿って陥入し，ここに将来中枢神経系が通る。また，頭部側と尾部側からも陥入が生じ，頭部側の陥入部には将来口が，尾部側の陥入には将来肛門ができる。

❸胚の伸長・短縮と分節化　胚の腹側の後方部が伸びて将来肛門になる部分は背側に移動し，極細胞が体内に入っていく。次に胚の腹側部分の短縮によって，将来肛門になる部分は尾部(後端)に移動する。そして，**体節を形成する遺伝子によって体節が明確になり，胚の分節化が進む**(⇨ p.450 分節遺伝子)。

❹器官形成とふ化・変態　胚の頭部と尾部から陥入した腸がつながって腸管が形成されていく。さらに腹側には中枢神経系が形成される。受精後約1日で幼虫のからだが完成し卵殻を破って**ふ化**する。その後2回脱皮した後，幼虫の表皮が固化して**蛹**(さなぎ)となり，4日後羽化して**成虫**となる。

第6編　遺伝情報の発現と発生

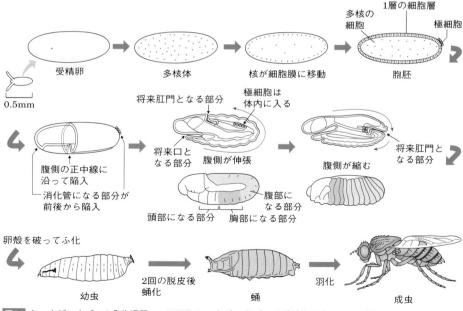

図54 ショウジョウバエの発生過程　　視点　ショウジョウバエは受精から約10日で成虫となる。

3 ウニとカエルの発生の過程 ⚠重要

❶発生の概略と個体発生　発生は，受精卵から個体が完成するまでの連続した過程である。受精卵が発生を始めてから，自ら食物をとり始めるまでの時期のものを胚，口ができてからを幼生とよぶ（⇨p.434）。胚は，次のポイントのような過程を経て器官形成を行い，個体となる。この全過程を**個体発生**という。

受精卵⇨2細胞期⇨4細胞期⇨8細胞期⇨16細胞期⇨桑実胚
⇨胞胚⇨原腸胚⇨プリズム幼生⇨プルテウス幼生⇨成体（ウニ）
　　　　　→神経胚⇨尾芽胚⇨幼生⇨成体（カエル）

❷受精卵から桑実胚まで　受精卵は卵割をくり返し（経割→経割→緯割→など），割球の数をふやしていく。そして，やがて胚の形が桑の実に似た桑実胚になる。桑実胚の割球数は32個〜64個で，その内部には卵割腔という腔所（すきま）ができる。

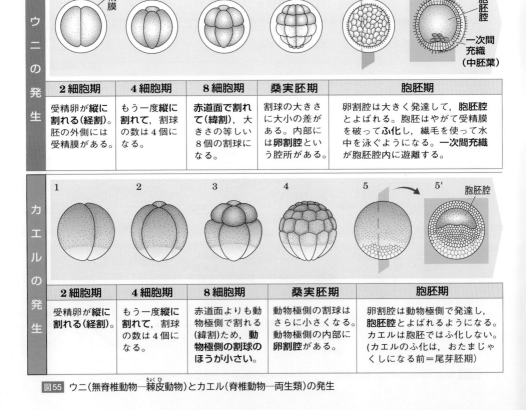

図55　ウニ（無脊椎動物―棘皮動物）とカエル（脊椎動物―両生類）の発生

❸胞胚期　発生が進むと，割球がさらに小さくなり，胚の表面がなめらかな胞胚になる。胞胚の内部では，卵割腔が発達して大きくなり胞胚腔とよばれるようになるが，この胞胚腔は，次に起こる原腸形成に必要な領域となる。

①**ウニの胞胚**　ウニでは，胞胚腔が中央に位置しており，1層の細胞層によって包まれている。また，ウニは胞胚の段階で受精膜をとかしてふ化し，繊毛を動かして海水中を泳ぎながら以後の発生を続ける。

②**カエルの胞胚**　カエルは端黄卵で，卵割は植物極側よりも動物極側で多く起こる。そのため，**カエルの胞胚腔は動物極側に形成される。**

❹原腸胚期　胞胚期を過ぎると，胚をつくっている細胞が運動を始め，原口とよばれる部分から，胚の表面の細胞層が胞胚腔に向かって(つまり内部へと)落ち込み，原腸(腸管の原形)という腔所をつくる。このように胞胚腔へと細胞が落ち込んでいくことを陥入という。この陥入によって原腸ができていく段階の胚を原腸胚という。なお，ウニとカエルとでは，原口のできる場所が異なる(⤷図55の6)。

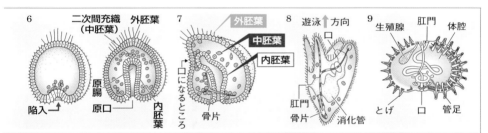

原腸胚初期	原腸胚後期	プリズム幼生期	プルテウス幼生期	成体
植物極付近に**原口**ができ，そこから胞胚腔へと**陥入**が始まる。	原腸の先端の細胞が遊離して，**二次間充織**となる。	一次間充織から骨片ができる。原腸の先端が外胚葉と接して通じ，**口**となる。	骨辺が発達し，口を中心として腕が前方に伸びる。	幼生が**変態**して，小さなウニとなる。生殖腺や体腔は，二次間充織からできる。

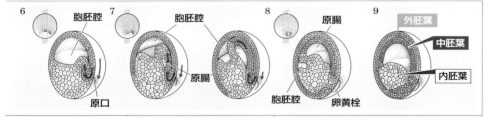

原腸胚初期	原腸胚中期	原腸胚後期
赤道面より少し植物極側に**原口**ができ，陥入が始まる。	原口からの陥入によって胞胚腔は少しずつせばめられる。逆に，陥入によってできた**原腸**が少しずつ大きくなる。	原口は円形となり，**卵黄栓**とよばれるようになる。胞胚腔は小さくなって，最後にはなくなってしまう。**外胚葉・中胚葉・内胚葉**ができあがる。

第6編　遺伝情報の発現と発生

❺**原腸胚期の胚葉の分化**　原腸の形成が終わると，胚は３つの細胞層から構成され，外側から順に，外胚葉・中胚葉・内胚葉の３胚葉の分化が見られるようになる。これらの３胚葉を一般的に定義づけすると，次のようになる。

①**外胚葉**　胚の外側にあり，陥入しなかった細胞層。

②**中胚葉**　外胚葉と内胚葉の間に広がる細胞層。

③**内胚葉**　原腸をつくる細胞層。 ⎫ 陥入した細胞層

ただし，ウニとカエルとでは，原腸胚で下のポイントのような違いが見られる。

POINT!

	ウニ	カエル
陥入場所	植物極付近	赤道面よりやや植物極側
外胚葉	外壁をつくる細胞層	外壁をつくる細胞層
中胚葉	一次・二次の間充織	原腸の天井部の細胞層
内胚葉	原腸をつくる細胞層	原腸の底の細胞層

　これらの３胚葉は，原腸胚の次の発生段階で各種の器官へと分化していく。

補足　ウニの一次間充織はのちに幼生の骨片となり，二次間充織は筋細胞などをつくる。

❻**ウニの原腸胚期以後——幼生から成体へ**　ウニでは，このあと説明するカエルのような神経胚や尾芽胚という時期はなく，胚全体が三角柱形をしたプリズム幼生になる。そして，原腸の先端部と外胚葉が接してその部分が外部と通じて口ができ，原口は肛門となる。その後，口周辺の突起から腕が伸びてプルテウス幼生となり，個体としての生活をするようになる。

　プルテウス幼生は，しばらくの間浮遊生活をしたのち，変態してとげをもった小形の**成体**となり，固着生活をするようになる。

図56　バフンウニの成体

❼**カエルの原腸胚期以後——神経胚から成体へ**

①**神経胚**　脊椎動物のカエルでは，原腸は内胚葉で囲まれた腸管となる。胚の背側に神経板ができ，その両側が隆起し，管状の神経管が形成される。この時期の胚を神経胚という。神経胚は，脊索の伸長に伴い前後に伸びる。

②**尾芽胚**　神経胚の後端がさらに伸びて，胚の尾(尾芽)が形成される時期の胚を尾芽胚という。尾芽胚では，外・中・内の３胚葉から，各種器官のもとになる原基が分化し，器官の形成が進行する。また，ふ化して水中で動くようになる。

③**幼生から成体へ**　発生がさらに進むと，各原基から器官が分化しておたまじゃくし(幼生)となり，やがて変態して小形の**カエル(成体)**となる。

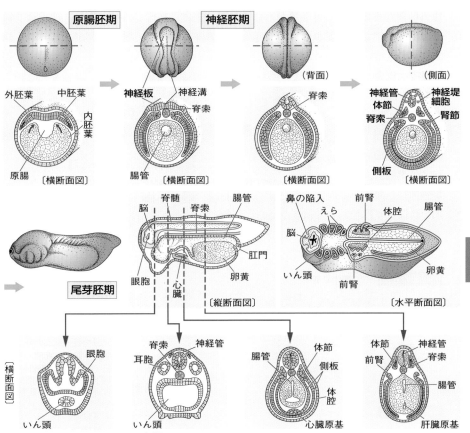

図57 カエルの原腸胚・神経胚・尾芽胚のつくり(腎節は腎臓になるが，この時期の腎臓を前腎という)

2 | 器官形成

1 3胚葉からの分化 〔！重要〕

多細胞動物の個体は，いろいろな組織や器官からできている。これらの組織や器官のでき方を調べてみると，どれも原腸胚で分化した3胚葉(外胚葉・中胚葉・内胚葉)から各器官のもとになる器官原基が分化し，器官ができてくる。

この3胚葉→器官原基→器官形成の順序としくみは，脊椎動物に共通で，カエルもヒトも基本的には同じである。

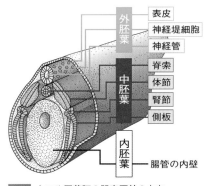

図58 カエル尾芽胚の器官原基の由来

❶外胚葉からの分化　外胚葉からは神経管と表皮，神経堤細胞が生じ，神経管は脳や脊髄となって，そこから**運動神経**などができる。また，脳の一部が左右にふくれて眼ができる。[*1]

表皮は皮膚の表皮や眼の水晶体など感覚器官の一部に，神経堤細胞は色素細胞，交感神経，頭部の骨などさまざまな細胞に分化する。

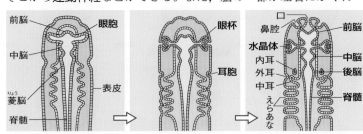

図59　脊椎動物の脳・脊髄および頭部感覚器など——外胚葉性器官のでき方（模式図）；青色…外胚葉，赤色…中胚葉，黄色…内胚葉

視点　神経管は前部がふくらんで脳になり，それより後部は脊髄になる。脳はさらにくびれて，前脳・中脳・菱脳（後脳）に分かれ，前脳から大脳と間脳を生じ，菱脳から小脳と延髄を形成する（⊃p.498）。

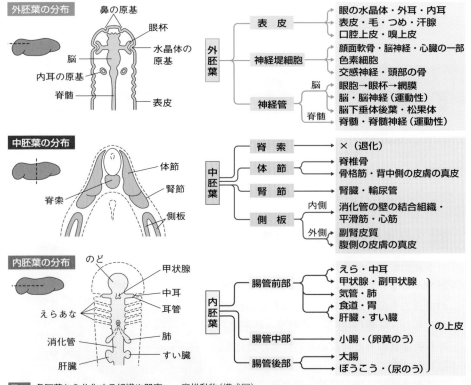

図60　各胚葉から分化する組織や器官——脊椎動物（模式図）

★1　眼は神経管だけからできるのではない。神経管が左右にふくれてできた眼胞とそれに接している表皮とからできる（⊃くわしくはp.446）

❷**中胚葉からの分化**　中胚葉は，いったん脊索・体節・腎節・側板などの原基に分化する。そして体節から**脊椎骨**や**骨格筋**などができ，腎節から**腎臓**ができる。また，側板は胸部で**心臓**をつくるほか，平滑筋や結合組織などに分化して，いろいろな器官形成にかかわる。なお，多くの脊椎動物では，**脊索はやがて退化してしまう**。脊索から脊椎骨ができるのではない。

❸**内胚葉からの分化**　内胚葉の両側の壁がもり上がり，それが中央でくっついてできた腸管は，**いん頭・中耳・消化管の上皮**，**甲状腺・肝臓・すい臓**などの**腺上皮**へと分化する。陸上動物では，**気管や肺などの上皮**も内胚葉からつくられる。

3胚葉からの
器官形成

> 外胚葉⇨表皮・神経系・眼などの感覚器官
> 中胚葉⇨脊椎骨・筋肉・腎臓・循環系
> 内胚葉⇨消化管・呼吸器・中耳・甲状腺の上皮

注意　次のものはよく間違えられることがあるので，きちんと整理しておこう。
①すい臓(内胚葉)──腎臓(中胚葉)　　②脊髄(外胚葉)──脊索(中胚葉)──脊椎骨(中胚葉)
③外耳・内耳(外胚葉)──中耳(内胚葉)──耳管(内胚葉)

補足　脳や脊髄などの器官は1種類の胚葉(外胚葉)からできるが，多くの器官は複数の胚葉が関係してできる。
例　①皮膚　表皮と真皮からなり，**表皮は外胚葉由来**で**真皮は中胚葉由来**である。また，皮膚には**神経(外胚葉由来)**が分布している。
②消化管　消化管は，内面になる**上皮(内胚葉由来)**のまわりに側板の内側の壁(中胚葉由来)が結合して形成される。また，**神経(外胚葉由来)**が分布している。

このSECTIONの**まとめ**　動物の発生

□ 卵の種類と卵割 ⤴ p.430	等黄卵	全割	ウニ・両生類・哺乳類
	端黄卵	盤割	魚類・ハ虫類・鳥類
	心黄卵	表割	昆虫類

□ ウニとカエルの 発生の過程 ⤴ p.432	・受精卵→2細胞期→4細胞期→8細胞期→16細胞期→ **桑実胚→胞胚→原腸胚→プルテウス幼生**→成体(ウニ) └→**神経胚→尾芽胚**→幼生(おたまじゃくし)→成体(カエル)

□ 器官形成 ⤴ p.435	・ 外胚葉➡表皮，神経系(脳・脊髄など)，感覚器官など 中胚葉➡脊椎骨・筋肉，腎臓，心臓・血管 内胚葉➡消化管・肝臓・すい臓・肺・甲状腺の上皮

⊕ 発展ゼミ　羊膜類の発生—胚膜と胎盤

●陸上で卵を産むハ虫類や鳥類は，卵の乾燥防止や形態維持のために卵殻が必要である。胚は卵殻に閉じられて発生するため，次のような4種類の胚膜を発達させた。それぞれの胚膜は，胚をつくっている2つの胚葉の組み合わせでできている。ハ虫類から進化した哺乳類もこれをもち，ハ虫類・鳥類・哺乳類をまとめて羊膜類ともよぶ。

表5　羊膜類の胚に形成される胚膜

	働き・形成する胚葉
しょう膜	全体を包み保護をする。外界とのガス交換。外胚葉 + 中胚葉
羊膜	胚を包む。内部に羊水を含み胚を保護する。外胚葉 + 中胚葉
尿のう	尿をためる。中胚葉 + 内胚葉
卵黄のう	卵黄を包む。中胚葉 + 内胚葉

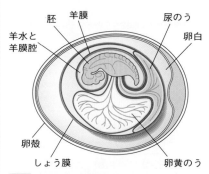

図61　鳥類とハ虫類の胚膜

●哺乳類は，カモノハシなどの単孔類以外は胎生である。胚(胎児)は卵殻のかわりに母体の中で発生し，羊水に浸った状態で胎盤を通じて母体から栄養分をもらう。
　受精は，卵巣から放出(排卵)された二次卵母細胞[1]に輸卵管内で精子が進入して生じる。受精卵は卵割をくり返しながら子宮まで運ばれ，ヒトの場合約6日後，胞胚に相当する胚

盤胞の段階で子宮内膜にもぐり込んで着床し，胎盤の形成が始まる。

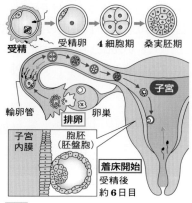

図62　ヒトの受精と胚発生

●胎盤は母体由来と胎児由来の部分からなる。胎児由来の胎盤には柔毛(絨毛)があり，そこに母体の血液がふきつけられることで，栄養分やガス交換が行われる。このとき母体と胎児の血液は混じり合わない。しかし，一部のホルモンや抗体，薬剤，ウイルスは胎盤を通過し，胎児に影響を与えることもある。特に風疹は妊娠初期に母親が感染すると，胎児に心臓奇形や難聴，白内障などの障害が現れる可能性がある。一方，母体由来の抗体は生後しばらくの間，感染を防ぐよう働く。

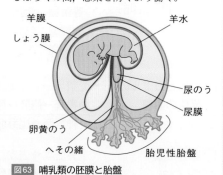

図63　哺乳類の胚膜と胎盤

★1 二次卵母細胞は，排卵時には減数分裂が停止しており，受精後，減数分裂が再開される。

SECTION

❸ 発生のしくみ

　発生の過程では体細胞分裂によって細胞が増えると同時にさまざまな種類の細胞や組織が分化していく。複雑なからだをつくるときには，受精卵のどの部位が将来何になるか決定される。そこで，卵や胚はその発生段階ごとに，特有の物質（因子）の偏りによってどの部位がどのように分化するか決定されていく。

1 │ 両生類の発生と遺伝子発現

1 両生類の体軸決定　⚠️重要

❶細胞質と体軸　受精卵はふつう球形であるが，発生が進むにつれて，胚には頭と尾・背と腹・左と右の区別が生じる。動物のこのような座標軸を体軸というが，両生類における背と腹の体軸は受精卵ができたときの細胞質の違いによって決定される。卵黄を多量に含む植物極側は腹側に，動物極側は背側になる。

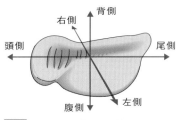

図64　カエルの尾芽胚の胚軸

❷背と腹の体軸決定　ふつう両生類の卵は，動物半球の表層は黒いメラニン色素を多量に含んでいる。受精が起こると，この色素を含む表層が内側の細胞層に対して精子の進入点から植物極側に約30°回転するため，精子の進入点の反対側に色のうすい灰色三日月環という部分が現れる。第一卵割はこの灰色三日月環を正面から縦に2分する形で起こり，また原口もこのあたりにできる。この灰色三日月環から動物極にかけては将来胚の背側になる部分で，このように背側と腹側の軸（腹背軸），頭と尾の軸（前後軸）は受精直後に決定され，自動的に左右の軸も決まる。

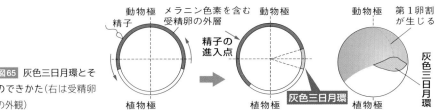

図65　灰色三日月環とそのできかた（右は受精卵の外観）

POINT!

灰色三日月環…精子の進入点の反対側にできる。灰色三日月環を二分するように第一卵割が起こり，体軸と原口ができる位置が決まる。

❸遺伝子やタンパク質による体軸決定のしくみ

①**両生類の母性因子**　体軸の決定には受精以前に卵の細胞質中に蓄積されるタンパク質やmRNAの偏りが重要な役割を果たす。体軸決定に働く $VegT$ とよばれる遺伝子のmRNAや，ディシェベルドとよばれるタンパク質は，母方の遺伝子由来の物質であることから母性因子とよばれる。

②**内胚葉の決定**　$VegT$ のmRNAは卵の植物極側に偏って存在し，これから翻訳されたVegTタンパク質は内胚葉の分化に必要な遺伝子を活性化させる。このため，植物極側から生じる細胞は内胚葉に変化し，VegTタンパク質のない動物極側から生じる細胞は外胚葉となる。

③**表層回転による母性因子の移動と体軸の形成**　背側の決定には β カテニンとよばれる物質も関連して働いている。β カテニンは未受精卵では卵全体に均等に分布しているが，受精後の**表層回転によって植物極側に存在していたディシェベルドが将来背側になる部分に移動する**と，ディシェベルドのある背側領域の β カテニンは分解が抑制されて核内に蓄積する。β カテニンはコーディン（⤷p.444）[★1]などの背側に特徴的な遺伝子の発現を促し，背側と腹側の体軸を形成する。

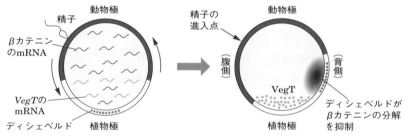

図66　表層回転時での胚軸決定因子の動き

母性因子…受精前から卵の細胞質中に偏って存在。

$VegT$（遺伝子）…転写されたmRNAが植物極側に存在。内胚葉を決定。

ディシェベルド…植物極側から表層回転で移動。β カテニンの分解抑制。

β カテニン…背側になる細胞の遺伝子発現を促す。

2　胚葉の分化と遺伝子

❶**中胚葉誘導**　体軸の形成後，発生が進行すると3つの胚葉が形成される（⤷p.434）。胞胚の時期に植物極側の**内胚葉**と動物極側の**外胚葉**が形成されるが，**中胚葉**はいつ形成されるのか，オランダのニューコープが次のような実験を行い検証した。

★1 β カテニンは卵全体の細胞質で合成と分解がくり返されていて，分解が抑制されなければ均等に分布する。

●ニューコープによる胚葉の組み合わせ培養実験（1969年）

操作

　胞胚期の胚の予定外胚葉域と予定内胚葉域を切り分けて，次のような組み合わせで培養した。
❶ 予定外胚葉域を単独で培養。
❷ 予定外胚葉域と予定内胚葉域を接着させて培養。
❸ 予定内胚葉域を単独で培養。

結果

❶ 中胚葉性の組織は分化せず，**外胚葉性の未発達の表皮**になった。
❷ 予定外胚葉域と予定内胚葉域を接着させて培養したものでは，予定外胚葉域から筋肉や脊索などの**中胚葉性の組織**が分化した。
❸ 中胚葉性の組織は分化せず，内胚葉性の**卵黄細胞の塊**になった。

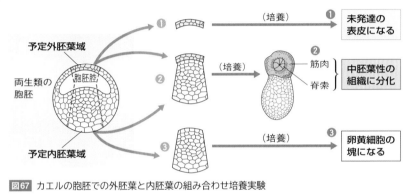

図67　カエルの胞胚での外胚葉と内胚葉の組み合わせ培養実験

　この実験では，予定外胚葉域と予定内胚葉域を接着させたときだけ，外胚葉から中胚葉性の組織が形成された。このことから，**中胚葉は，外胚葉が内胚葉からの働きかけを受けて分化し生じる**ことがわかった。このように，胚のある領域が隣接する細胞に働きかけて分化を引き起こす現象を**誘導**とよぶ。そして，胞胚期に予定内胚葉域が予定外胚葉域に働きかけて中胚葉を誘導する現象を**中胚葉誘導**とよぶ。

❷**背側と腹側の中胚葉誘導**　ニューコープはさらに，背側と腹側の誘導の違いを示す実験を行った（⇨図68）。

　胞胚の背側の内胚葉を外胚葉と接着させると脊索や筋肉などの背側の中胚葉を，腹側の内胚葉と外胚葉を接着させると，血球などの腹側の中胚葉が誘導された。そして，背側の中胚葉部分に神経管を誘導する部分が存在することを明らかにした。

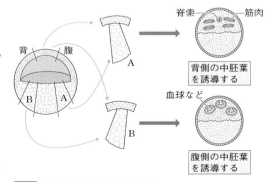

図68　背側と腹側の中胚葉誘導実験

❸中胚葉誘導のしくみと中胚葉の分化

①中胚葉誘導に働く物質

植物極側に多く存在して内胚葉を分化させたVegTタンパク質は，中胚葉の分化に必要なノーダルという分泌タンパク質（シグナル分子）の遺伝子の発現と分泌も促進する。予定外胚葉域のうち内胚葉に近い細胞がノーダルを受容して中胚葉に分化していく。

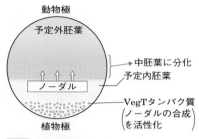

図69　中胚葉誘導のしくみ

②形成体の誘導

中胚葉は，原腸胚期以降，他の領域を誘導してさまざまな組織や器官の分化に働く。特に背側の中胚葉では細胞の核内に多く蓄積したβカテニンがある種のタンパク質と結合して調節タンパク質として働く。これによってノーダルがさらに高濃度に分泌され，原口背唇部とよばれる領域が，他の領域の誘導に特徴的に働く形成体（オーガナイザー）とよばれる組織となる。

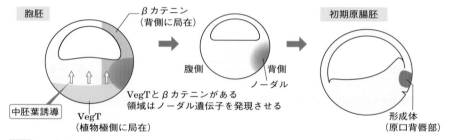

図70　形成体の誘導

参考　**原基分布図**

●発生初期の細胞が将来どのような器官や組織をつくるのかを予定運命または**発生運命**といい，胚の各部の細胞の発生運命を図にまとめたものを**原基分布図**（予定運命図）という。

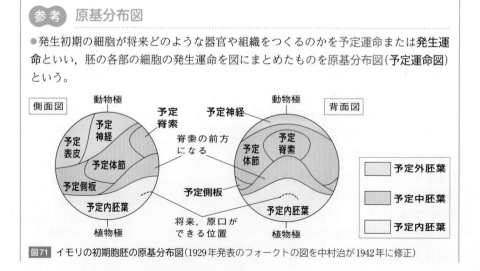

図71　イモリの初期胞胚の原基分布図（1929年発表のフォークトの図を中村治が1942年に修正）

●原基分布図は，1925年ごろ，ドイツの生物学者フォークトが局所生体染色法によって調べたイモリの胞胚や初期原腸胚の予定運命について，初めて作成された。

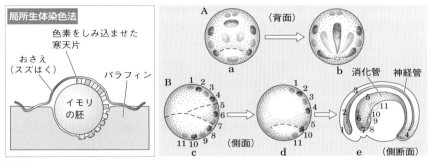

図72 イモリ胚の局所生体染色法とそのようす（A；原腸胚初期に染色，B；胞胚期に染色）

視点 局所生体染色法は，胚を比較的毒性の少ない色素（中性赤やナイル青など）を使って局所的に染色し，胚表面各部の細胞が移動してどのような組織や器官に分化するのかを調べる手法。

❹**アクチビンと器官の誘導**　外胚葉に作用して中胚葉を誘導する物質として，ノーダルのほかにアクチビンという物質がある。アクチビンは濃度によってさまざまな中胚葉および内胚葉由来の器官を誘導することができるため（**図73**），現在では**再生医療**に応用され，さまざまな臓器の分化誘導に利用されている（⇨p.468）。ノーダルとも関連が高い物質で，**アクチビン／ノーダル系**ともよばれている。

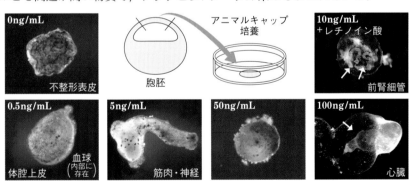

図73 アニマルキャップ（動物極側の領域）に対するアクチビンの作用

視点 数値はアクチビンの濃度。

POINT!

中胚葉誘導…予定内胚葉域が予定外胚葉域に作用して中胚葉を誘導

VegT ⎫
βカテニン ⎭ 遺伝子発現促進 ⎰ ノーダル⇨背側の中胚葉に分化
　　　　　　　　　　　⎱ アクチビン⇨濃度によりさまざまな器官

❺形成体と神経誘導　原腸胚期，背側の中胚葉は原腸形成に伴って胚の内側に陥入し，予定外胚葉を内側から裏打ちしながら前方（将来頭が形成される側）に伸びて移動していく。このとき陥入した原口背唇部（形成体）から分泌される物質によって背側の外胚葉から神経組織が誘導される。この過程を神経誘導という。

補足　この後，形成体は脊索の前方部分に分化する。

❻神経誘導に働くタンパク質とそのしくみ　外胚葉は表皮や神経に分化するが，この分化の調節にはBMP★1およびノギンやコーディンとよばれるタンパク質が関係している。

①**BMPによる表皮への誘導**　BMPは外胚葉を表皮に誘導する（神経への分化を抑制する）タンパク質で，胞胚のほぼすべての領域で発現している。予定外胚葉域は他の部域からの誘導を受けないと表皮に変化するが（⮡p.441），これはBMPが外胚葉の細胞膜の受容体に結合していることによる（⮡図74Ⓐ）。

②**ノギンとコーディンによる神経への誘導**　形成体から分泌されるノギンやコーディンはBMPと結合して細胞膜の受容体から解離させ，BMPが解離した外胚葉の細胞は神経に分化する（⮡図74Ⓑ）。神経誘導はノギンやコーディンによって背側部分の外胚葉から神経組織に誘導される現象といえ，やがて神経管が形成される。

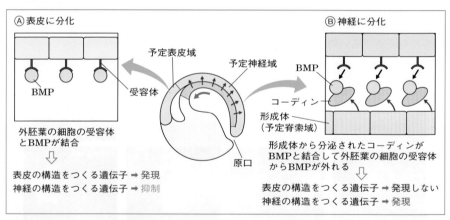

図74　形成体による神経管の誘導

神経誘導…形成体（原口背唇部）が予定外胚葉に作用して神経を誘導

　BMP…外胚葉の細胞に結合して**表皮**に誘導

　ノギン，コーディン…外胚葉の細胞からBMPを外す⇨**神経**に誘導

★1 BMPは骨の形成を促すタンパク質として発見されたため骨形成タンパク質（bone morphogenetic protein）と名付けられた。

参考 シュペーマンの実験と形成体の発見

●フォークトの実験（⤷p.443）によって，イモリの胞胚表面各部の予定運命が明らかにされたが，これらの予定運命は胞胚期に確定しているわけではない。ドイツのシュペーマンらは，初期原腸胚の予定神経域と予定表皮域の一部を交換移植し，移植片は移植された場所の予定運命に従うこと，初期神経胚で同じ実験を行ったときには移植片はもとの予定運命どおりに分化することを確かめた（1915年頃）。

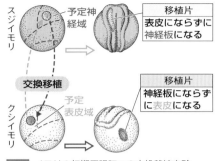

図75　イモリの初期原腸胚での交換移植実験

●イモリ胚では，予定表皮域および予定神経域の予定運命の決定は，原腸形成の間に進み，神経胚になる前に完了することがわかった。そして，シュペーマンとマンゴルトによる次の実験で，原口の上側部分にあたる**原口背唇部**に，外胚葉から神経を誘導する働きがあることを見いだし，**形成体（オーガナイザー）**と名付けた。

●**シュペーマンとマンゴルトの実験**――**原口背唇部の移植実験（1924年）**

[実験]

イモリの初期原腸胚の原口背唇部を切り取って，同じ時期の別の胚の予定外胚葉腹皮域に移植した（⤷図76a）。

○ 移植は，水中で，移植先の胚の予定外胚葉腹皮域を小さく切り取り，そこに別の胚から切り取った原口背唇部をはめ込む。しばらくすると傷は治って移植片は外胚葉の下に陥入し，発生を続ける。

[結果]

❶ 移植を受けた胚（これを宿主とよぶ）は発生を続け，予定腹皮域に移植された原口背唇部は，本来の運命どおり**脊索**や**体節**の一部などに分化した（⤷図76cの緑色の部分）。

❷ 移植された**原口背唇部を中心にして**，**神経管，体節，腎管，腸管が分化**し，小さな胚が形成された（⤷図76cのピンクの部分）。

❸ 宿主（一次胚）に移植されてできた小さな胚（二次胚）は，発生の進行とともに頭部を形成し，双頭の胚になった（⤷図76d）。

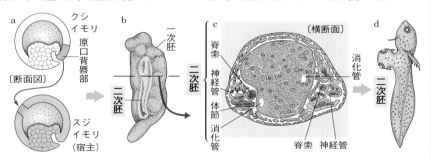

図76　原口背唇部の移植実験とその結果

2 | 誘導の連鎖と器官形成

1 誘導の連鎖 ！重要

❶**誘導とその連鎖** 誘導の働きは原口背唇部だけにあるのではなく，神経が形成されたあと，胚の別の部分が二次・三次の形成体となる。そして，それらの働きによって二次・三次の誘導が連続的に起こり，いろいろな組織や器官が形成されていく。これを**誘導の連鎖**という。

❷**眼の形成に見られる誘導の連鎖**(⤷ 図77)

① 原腸胚の原口背唇部が，一次形成体として神経管を誘導する(これを**一次誘導**という)。神経管の前方はふくらんで脳となり，後方は脊髄となる。

② 前脳(⤷ p.436)からできた間脳の一部が左右に向かってふくれ出し，眼胞を形成する。生じた眼胞は，表皮(外胚葉)と接したのち，中央がくぼんだ眼杯になる。

③ 眼胞・眼杯は二次形成体として，**表皮(外胚葉)から水晶体を誘導**する(**二次誘導**)。

④ 水晶体はさらに三次形成体として表皮(外胚葉)に働きかけ，**角膜を誘導**する(**三次誘導**)。このような誘導の連鎖によって，しだいに眼が形成されていく。

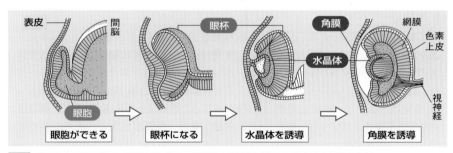

表皮　間脳	眼杯	角膜	網膜
眼胞		水晶体	色素上皮
眼胞ができる	**眼杯になる**	**水晶体を誘導**	**角膜を誘導** 視神経

図77 誘導による眼の形成　眼杯はやがて，神経性の網膜(内側)と色素上皮(外側)になる。

❸**器官形成のしくみ**

動物の組織や器官の形成は，眼の場合と同じように，誘導の連鎖によって行われており，それによって調和のとれた個体が形成される。

図78 眼の形成における誘導の連鎖

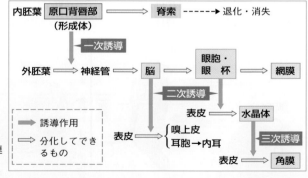

★1 原口背唇部以外の細胞でも他の領域の分化を誘導するものについて形成体とよぶことがある。

2 器官形成と調節のしくみ

❶ニワトリの翼の形成　ニワトリの前肢(翼)には３本の指があり，他の脊椎動物と比較して，第１指・第２指・第３指とよばれる。前肢のもとになる肢芽からの指の形成はZPA（極性化活性帯）とよばれる部分から分泌されるソニックヘッジホッグ(Shh)タンパク質の濃度によって支配される。

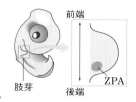

図79　ZPA（極性化活性帯）

　ShhはZPAのある肢芽後端から前端に向かって濃度勾配を生じる。ZPAを他個体から移植して肢芽の前端部にもある状態にすると，鏡像のように指が形成される（⤷図80）。ZPAの働きはマウスでも確認されており，ヒトの指の形成においても重要な働きをもつと考えられている。

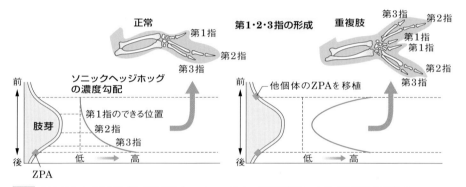

図80　ZPAからつくられるタンパク質(ソニックヘッジホッグ)の濃度とニワトリの翼の指の形成

❷細胞死による器官形成

① **プログラムされた細胞死**　ヒトなどの肢の形成では，ただ肢芽が成長して伸びていくだけではなく，指ができる部位の間の細胞が自ら死んでいくプログラムされた細胞死も見られる（⤷図81）。

② **アポトーシス**　このとき多くの場合，細胞は正常なままゲノムが断片化し，細胞が縮小，断片化していくアポトーシスという細胞死によってほかの細胞に影響を与えずに死に，マクロファージなどの食作用を受け排除される。アポトーシスではDNAを切断するエンドヌクレアーゼやタンパク質分解酵素のカスパーゼなどが働き，核膜や細胞骨格が崩壊してアポトーシス小体とよばれる小さな断片となって細胞が消失していく（⤷図82）。

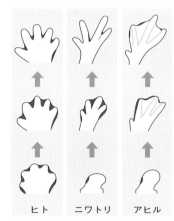

図81　プログラムされた細胞死(アポトーシス)と指の形成

これに対して，外傷などによって起こる細胞死は**ネクローシス(壊死)**とよばれ，細胞膜が壊れて，分解酵素や炎症を促すシグナル分子などを放出してしまう。

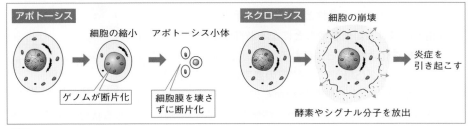

図82 アポトーシスとネクローシス

ニワトリの肢芽形成…ZPAから出るShhの濃度勾配をもとに形成。
アポトーシス…ゲノムが断片化し，細胞膜が壊れずほかの細胞に影響を与えない**プログラムされた細胞死**。

❸神経管の形成と遺伝子発現

①**細胞接着分子の発現と神経管形成**　神経胚期には，形成体に誘導された領域が盛り上がり神経板が形成される。神経板はやがて陥入し，それによってできた神経溝のふちがつながって神経管が形成される(⟳ 図83)が，このとき**細胞接着**(⟳p.330)に働く分子のカドヘリンが関係する。**カドヘリンには複数のタイプがあり，隣り合う細胞の表面にあるカドヘリンが同じタイプのものどうしの場合，強く接着する。**ニワトリの胚では外胚葉の上皮細胞には**E-カドヘリン**[★1]が発現しているが，神経板の細胞では**N-カドヘリン**[★1]が，神経板と表皮の間の部分である神経堤では**カドヘリン-6B**[★2]が発現し，神経板が陥入して両側の神経堤が接するようになると神経堤どうし，表皮どうしが接着して，神経管が形成されていく。

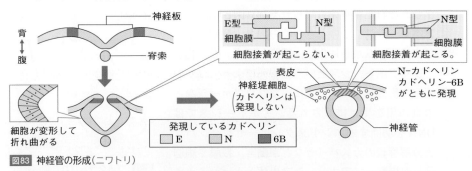

図83 神経管の形成(ニワトリ)

★1 カドヘリンのタイプの名称のEは上皮(Epithelium)，Nは神経(Neuron)に由来する。
★2 両生類の場合，カドヘリン-6Bは表皮側の領域(感覚器官などの原基がつくられる)で発現する。

②**神経堤と神経堤細胞** 神経管の形成とともに，神経堤からカドヘリンの働きが失われた細胞が遊離して胚の内部のさまざまな場所へ移動する。そして末梢神経のニューロンやグリア細胞，皮膚の色素細胞，角膜，頭部の骨細胞や軟骨細胞，筋肉，副腎髄質などさまざまな細胞に分化する。

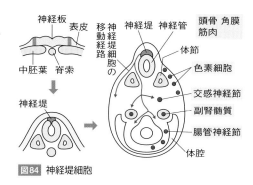

図84 神経堤細胞

POINT!

神経管の形成…表皮と神経管で異なるカドヘリンが発現し，同じカドヘリンどうしで細胞結合。

神経堤…遊離して神経堤細胞になり，胚の内部を広く移動し，末梢神経などさまざまに分化。

3 | ショウジョウバエの発生と遺伝子発現

1 ショウジョウバエの体軸決定と遺伝子 ①重要

❶**母性因子の局在** ショウジョウバエの未受精卵には，前端にビコイドタンパク質をつくるmRNA，後端にはナノスタンパク質をつくるmRNAが局在している（⊃図85）。これらの母性因子をつくる母親由来の遺伝子は**母性効果遺伝子**とよばれる。

補足 ビコイドmRNAは微小管とモータータンパク質のダイニン（⊃ p.336）の働きで前端に，ナノスmRNAはアクチンとミオシンの働きで後端に移動すると考えられている。

❷**母性因子の発現とタンパク質の局在** 受精後にビコイドやナノスのmRNAが翻訳されてタンパク質が合成され，ビコイドタンパク質は前端から後端へ，ナノスタンパク質は後端から前端に向かう濃度勾配を生じる（⊃図86）。これらのタンパク質が調節因子として働き，濃度の違いから部位によって異なる遺伝子の発現が促され分化が進む。

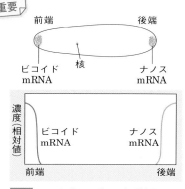

図85 ショウジョウバエの未受精卵と調節タンパク質のmRNAの分布

図86 受精卵における２種類の調節タンパク質の濃度勾配

第**6**編

遺伝情報の発現と発生

❸ショウジョウバエの体節形成と遺伝子（分節遺伝子）　ビコイドやナノスによって体軸が決定されると，分節遺伝子によって体節が形成されていく。分節遺伝子にはギャップ遺伝子，ペアルール遺伝子，セグメントポラリティ遺伝子がある。

①**ギャップ遺伝子**　ビコイドやナノスの働きによって，場所に特異的な遺伝子の発現が生じギャップ遺伝子が発現する。ギャップ遺伝子の発現によって，さらに複雑な遺伝子の濃度勾配ができる。

②**ペアルール遺伝子**　ギャップ遺伝子の濃度勾配によってペアルール遺伝子が7本の縞状となって発現する。7本の縞と間の部分の合計は14本となり，14個の体節構造ができる。

③**セグメントポラリティ遺伝子**　14個の体節でセグメントポラリティ遺伝子が発現して，体節の前後が決められる。その結果，各体節の極性が決定する。

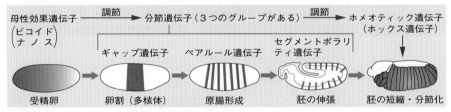

図87　ショウジョウバエの初期発生に働く遺伝子群

❹ショウジョウバエの体節分化と遺伝子（ホメオティック遺伝子）

①**ホメオティック遺伝子**　分節遺伝子が働いた後発現するホメオティック遺伝子は，ショウジョウバエのからだをつくる各体節の構造がそれぞれ正常に形づくられるよう，多くの遺伝子の働きを調節する起点となる**マスター調節遺伝子**（⤴ p.418 **図40**の調節遺伝子Aのような遺伝子）である。からだの前端から体軸にそって発現する遺伝子が決まっているが，これらは第3染色体上に順番通りに並んで存在する。

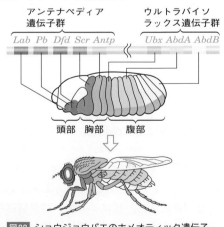

図88　ショウジョウバエのホメオティック遺伝子

　　ホメオティック遺伝子は**ホメオティック突然変異**の原因となる遺伝子として発見された。

補足　ホメオティック遺伝子はショウジョウバエでは8つあり，頭部や胸部の発生にかかわるアンテナペディア遺伝子群（5つ）と胸部や腹部の分化にかかわるウルトラバイソラックス遺伝子群（3つ）からなる。

②**ホメオティック突然変異体**　ホメオティック遺伝子に変異が生じると，たった1

つの遺伝子の変異で，その部位に生じるはずのない別の部位の構造が生じるなどからだの一部の特徴の転換が生じる。代表的なホメオティック突然変異体にアンテナペディア変異体(触角のかわりに脚が生じる。⇨図89)やバイソラックス変異体(ふつうは1対の翅が2対生じる)がある。

図89　アンテナペディア変異体(左)と野生型(右)のキイロショウジョウバエ

[ショウジョウバエの発生に関係する遺伝子]

母性因子…ビコイド(前端に偏在)，ナノス(後端に偏在)⇨**前後軸決定**

分節遺伝子…ギャップ遺伝子，ペアルール遺伝子，セグメントポラリティ遺伝子⇨**体節構造がつくられる**

ホメオティック遺伝子…体節の構造形成を命じるマスター調節遺伝子

❺*Pax*遺伝子群　ホメオティック遺伝子のように器官形成の起点となるマスター調節遺伝子として*Pax*遺伝子群とよばれるものが知られており，*Pax2*が腎臓，*Pax7*が筋肉，*Pax6*が眼の形成に関係することが明らかになっている。*Pax6*はプラナリアや両生類，軟体動物，ショウジョウバエなどで確認されており，からだのどの部位に発現させても眼を形成する(⇨p.524)。

2 発生に見られる多様性と共通性

❶**ホックス遺伝子**　ホメオティック遺伝子はいずれも**ホメオボックス**という180塩基対でできた塩基配列をもっている。この塩基配列が記録しているアミノ酸配列を**ホメオドメイン**という。ホメオボックスに類似の配列は酵母から脊椎動物までさまざまな生物で広く分布し，染色体上で並んで存在している。染色体上で並んだこれらの遺伝子群を**ホックス遺伝子群**(*Hox*遺伝子群)といい，配列だけでなく機能も類似した，動物に特徴的な遺伝子群である。

ハエの染色体

マウスの染色体

HoxA
HoxB
HoxC
HoxD

マウスの胚

マウス成体

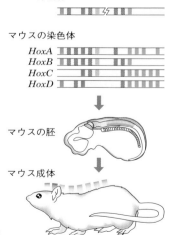

図90　ハエのホメオティック遺伝子とマウスのホックス遺伝子

第6編　遺伝情報の発現と発生

視点 ショウジョウバエのホメオティック遺伝子(ホックス遺伝子)は1本の染色体上に並び,マウスのホックス遺伝子は4本の染色体に並び,その順番と発現部位は対応している(⤴図90)。各遺伝子は調節遺伝子で制御されるため染色体上の位置と発現する場所は関係ないと考えられているが,なぜこれらの遺伝子が体節順に並んでいるのかは明らかになっていない。

❷ ボディプランの多様性と共通性　からだの全体的な構造をボディプランといい,系統的に遠い動物どうしでは大きく異なっている。

例 { カエルなどの脊椎動物…背側に神経管,腹側に消化管が形成される。
ショウジョウバエなどの節足動物…腹側に神経節,背側に消化管が形成される。

　しかし,ボディプランの構成要素である中枢神経は両方とも前後軸に沿って外胚葉の陥入によって形成されるなど,共通性が見られる(⤴図91)。また,ボディプランが異なっていても,働く遺伝子には共通のものが非常に多い。

補足 誘導にかかわっている因子もカエルのBMPに対してハエではDpp,コーディンに対してSogといった類似タンパク質が見つかっている。Sogは腹側に分布して神経を誘導し,Dppは背側に分布してSogの働きを抑制し背腹軸を特定化する。

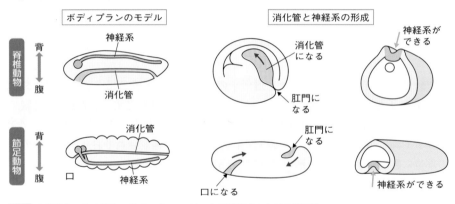

図91 脊椎動物と節足動物のボディプランの違いと形態形成における共通性

COLUMN

ツールキット遺伝子

● 生物の発生過程で働くBMPやコーディン(⤴p.444),ホックス遺伝子群(⤴p.451)や*Pax6*(⤴p.451)などの遺伝子は,多くの動物で共通して見られ,かつ,その遺伝子によってつくられる構造が生物種によって大きく異なる場合があることから,いろいろなものをつくることができる工具の一式に例えてツールキット遺伝子とよばれる。

● 例えば*Shh*(ソニックヘッジホッグ⤴p.447)遺伝子はニワトリの前肢(翼)の形成のほかヒトやマウスの指の形成に関係したり,ヘビでは*Shh*遺伝子が機能していないため四肢が形成されないなど脊椎動物では四肢形成に関連している一方,ショウジョウバエでは体表に生える剛毛の配置に関連している。この遺伝子の共通性と生み出される形態の多様性は,動物の構造形成を調節する遺伝子として進化のかなり早い段階で生じ,系統的に分かれていく間に発現時期や場所が変化していったためと考えられている。

⊕発展ゼミ　アポトーシスを制御する母性因子

●ショウジョウバエの胞胚で見られる**極細胞**は将来生殖細胞になることがわかっている。ショウジョウバエ卵の後端にはナノスが分布して腹部の形成に作用するが，ナノスはさらに極細胞が生殖細胞へ分化することにも影響することがわかってきた(小林悟，1996年)。

●ナノス遺伝子の機能を欠いた個体では極細胞は発生が進むにつれて**アポトーシス**(⤴p.447)が生じ細胞死する。また，アポトーシスの機能とナノスの機能を両方欠いた極細胞は，死ぬことはなく一部は体細胞に分化する。

●つまり母性因子であるナノスは前後軸の決定のほか，生殖細胞の分化やアポトーシスの抑制にも働いて発生を制御している。

図92　極細胞に対するナノスの働き

このSECTIONの まとめ　発生のしくみ

☐ **両生類の発生と遺伝子発現**　⤴p.439	・**体軸の決定**…①VegTの多い**植物極側**が**内胚葉**になる。②βカテニンの分解を抑制する**ディシェベルド**が**表層回転**で移動した側が背側になる。 ・**中胚葉誘導**…胞胚期に**予定内胚葉が予定外胚葉に働きかけて**(ノーダルタンパク質)，中胚葉を誘導。 ・**神経誘導**…原腸胚期に陥入した内胚葉(原口背唇部＝形成体)が内側から外胚葉に働きかけて(**ノギン**と**コーディン**が細胞からBMPを解離)神経を誘導。
☐ **誘導の連鎖と器官形成**　⤴p.446	・**誘導の連鎖**…誘導されて分化した組織が他の組織を誘導していく現象。複雑なからだの構造形成に働く。 ・**アポトーシス**…他の細胞に影響を与えない**プログラムされた細胞死**。DNAが断片化し細胞自体も縮小・断片化。
☐ **ショウジョウバエの発生と遺伝子発現**　⤴p.449	・**ショウジョウバエの発生**…ビコイドとナノス(前後軸決定)➡**分節遺伝子**(14の体節形成)➡**ホメオティック遺伝子**(器官や構造を適切な体節に形成させる) ・**ホックス遺伝子群**…塩基配列・染色体上の配置・機能がホメオティック遺伝子と類似した遺伝子群。

遺伝子を扱う技術

1 | バイオテクノロジー

　バイオテクノロジーの語源は，生物学(biology)＋工学(technology)からきており，「生物のしくみを利用して人間生活に役立たせる技術」ということになる。古くは発酵技術や交配による品種改良などであったが，現在は特に細胞や遺伝子を操作して，人間生活に役立たせる技術のことを指すことが多い。

2 | 遺伝子の単離と増幅

　遺伝子を解析したり遺伝子操作を行うには，目的となる遺伝子のみを取り出して(単離)，多量に増幅する技術が必要となってくる。**目的のDNA断片を単離して多量に増幅する操作**をクローニングという。クローニングには**遺伝子組換え**を施した大腸菌を培養して増幅する方法や，酵素を用いた**PCR法**などがある。

1 原核細胞の遺伝子組換え ①重要

　ある特定の遺伝子を含むDNA断片を取り出し，それを別のDNAにつないで細胞に導入することを遺伝子組換えという。大腸菌などの原核生物は培養や増殖が容易で，細胞質でDNAが働くため遺伝子の導入が行いやすい。そのため原核細胞を用いた遺伝子組換え技術は現在のバイオテクノロジーの基本となっている。

❶**ベクター**　細胞へ遺伝子を導入する運び屋として働くDNAをベクターとよび，ウイルス由来のDNAやプラスミド(原核細胞がもつ小型の環状DNA)が用いられる。

補足　プラスミドに対して細菌の主たるDNAは**染色体DNA**とよばれる1分子の大きな環状DNAで，このDNAが存在する細胞質中の領域を**核様体**という。

❷**制限酵素を用いたDNAの切断**　制限酵素はDNAを特定の塩基配列の部位で切断する酵素である。制限酵素の多くは回文構造の配列を切断するため，同じ制限酵素で切断されたDNA断片の末端どうしは相補的な塩基配列になる(⊃ **図93**)。目的の遺伝子を含むDNA断片とプラスミドのDNAを同じ制限酵素で切断すると，切断されたDNA断片は相補的に結合しやすいものとなる。

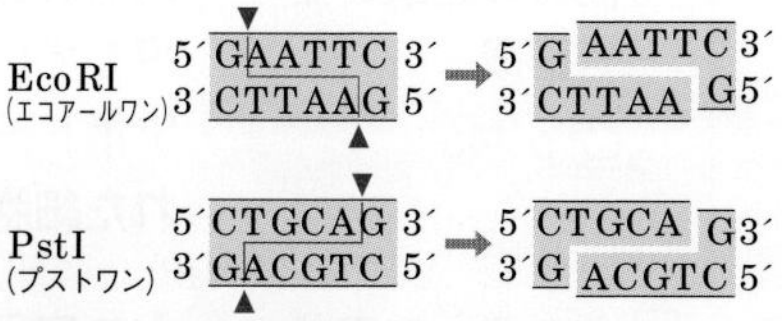

EcoRI (エコアールワン)
5′ GAATTC 3′ ⟶ 5′ G   AATTC 3′
3′ CTTAAG 5′   3′ CTTAA   G 5′

PstI (ブストワン)
5′ CTGCAG 3′ ⟶ 5′ CTGCA   G 3′
3′ GACGTC 5′   3′ G   ACGTC 5′

図93 おもな制限酵素

❸**ベクターへの遺伝子の導入**　同じ制限酵素で切断した目的遺伝子のDNA断片とプラスミド断片を混ぜると，相補的な塩基配列が水素結合で弱く結合する。そこへ

DNAリガーゼを作用させてDNA鎖をつなぎ合わせることで**組換えプラスミド**ができる。

❹ベクターの導入と増幅　組換えプラスミドを大腸菌などの細菌に導入すると，組換えプラスミドは細胞内で独自に複製されて増殖するようになる。大腸菌の遺伝子組換えは組換えプラスミドを導入するだけで作製することができる。

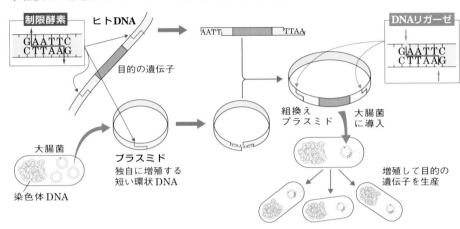

図94 遺伝子作用の調節のしくみ

視点 制限酵素がDNAを切断するはさみの役割をするのに対してDNAリガーゼはのりの役割をする。

クローニング…**目的のDNA断片を単離して増幅する操作。**

遺伝子組換え…**目的とする遺伝子を別のDNAに組み込み，細胞に導入する操作。**

ベクター…細胞へ遺伝子を導入する**運び屋**となるDNA。

制限酵素…DNAを**特定の塩基配列部分で切断**する酵素。同じ制限酵素で切断した断片どうしは同じ相補的な配列をもつ。

参考 DNA ライブラリー

●DNAを断片化して，ベクターに組み込んだもののセットを**DNAライブラリー**という。これは通常DNA断片を安定して保存して必要なときにクローニングができるように，ベクターに組み込み大腸菌などの中に導入した形にしてある。

①**ゲノムライブラリー**　細胞から抽出したゲノムの全DNAを制限酵素で切断し，ライブラリーにしたもの。

②**cDNAライブラリー**　mRNAを抽出して逆転写(⤴p.411)を行うと得られるcDNA(相補的DNA)をベクターに取り込んだもの。cDNAライブラリーは組織ごとや発生段階ごとに発現したmRNAからつくられる。

2 PCR法 ①重要

❶**PCR法**　PCR法(Polymerase Chain Reaction, ポリメラーゼ連鎖反応法)は遺伝子の**クローニング**の1つで，ごく少量のDNA断片を試験管内で短時間のうちに何十万倍にも増幅する技術である。[1] 材料として，増幅させる2本鎖DNA，人工的に合成したDNAプライマー2種類，耐熱性DNAポリメラーゼ，4種類の塩基(A，T，G，C)のヌクレオシド三リン酸を用いる。

❷**PCR法の手順**　PCR法は次の3段階をくり返して増幅する(⇨図95)。

① 高温(92〜97℃)にすると2本鎖DNAの塩基間の水素結合が外れ，2分子の1本鎖DNAに分離する(変性)。これが鋳型DNAとなる。

② 温度を50℃〜60℃に下げると，DNAプライマーがその塩基配列と相補的な塩基配列の部分で①の鋳型DNAに結合する(アニーリング)。

③ 温度を72℃に上げ耐熱性DNAポリメラーゼを作用させると，2個の2本鎖DNAが合成される(伸長)。

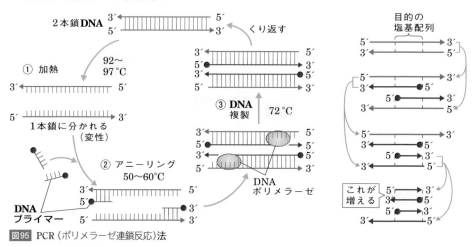

図95 PCR (ポリメラーゼ連鎖反応)法

❸**PCR法の利点**

① 最初に材料を入れた後は**温度を調節するだけで反応がくり返される**。

② 微量のDNAでも増幅できるため，遺伝子の検出にも利用できる。

③ プライマーの結合部分より上流(新生鎖の5′末端側)の塩基配列は複製されないので**目的遺伝子を含むDNAのみが増幅される**。

PCR法…高温で2本鎖DNAを1本鎖に分離⇨プライマー結合⇨
　　　DNAポリメラーゼによる複製　を温度の上下でくり返す。

★1 最初の変性の後，1サイクル2分間程度の操作を20回くり返すと，$2^{20} = 1048576$倍に増える。

３｜塩基配列の解析

　塩基配列の解析は，A，T，G，C 4 種類の塩基の並びを明らかにするだけでなく，イントロンやエキソンの位置，塩基配列に基づいてアミノ酸配列を明らかにするなど遺伝子の機能や発現を明らかにすることも含んでいる。

1　塩基配列の解析 ⚠️重要

　DNA に含まれる遺伝情報を調べるためには，試料の中からクローニングした DNA のみを正確に分離して取り出す必要がある。また，取り出した DNA から塩基配列を解析して配列を決定する実験手法も必要となる。

❶電気泳動法　DNA を長さごとに分離できるほか，目的の DNA 断片を取り出すこともできる手法である。

①電気泳動法のしくみ　DNA はヌクレオチドを構成するリン酸基によって表面が負に帯電しているため，**電流を流すと陽極に向かって移動する**。寒天（アガロース）のようなゲルに通すと長い DNA 断片ほど移動の速さが遅くなるため，DNA 断片をその長さによってゲルの中で分離できるようになる。電圧を利用して DNA をその大きさごとに分離する方法を電気泳動法という（⤷ 図96）。

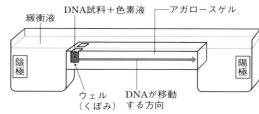

図96　電気泳動のしくみ

②DNA の大きさの推定　試料とは別に，長さのわかっている DNA 断片を混合した DNA マーカーを一緒に電気泳動すると，試料に含まれる DNA の大きさを知ることができる。移動距離が短いほど大きな断片になる（⤷ 図97）。

補足　電気泳動後のゲルから目的の DNA が存在する部分をゲルから切り出せば必要な DNA 断片を取り出すことができる。

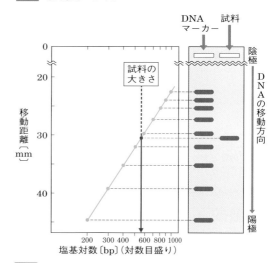

図97　電気泳動の移動距離と DNA の大きさの関係

❷サンガー法   塩基配列の決定は，解読する1本鎖DNAを用意し，これを鋳型にして相補的なDNAを合成させることを通じて行う。代表的な解析方法にサンガーが開発したサンガー法(ジデオキシ法)があり，この解析方法には，PCR法の原理や電気泳動法の原理が組み合わされている。

① DNAの材料となるヌクレオチド(デオキシリボヌクレオチド三リン酸)に，取り込まれるとDNA合成が止まる特殊なヌクレオチド(ジデオキシリボヌクレオチド三リン酸)を加えておく。

② 特殊なヌクレオチドにはA，T，G，Cの4つの塩基それぞれについて異なる蛍光色素を結合させて区別できるようにしておく。

③ 鋳型となるDNAにプライマーを結合させ，PCR法と同じ原理でDNA断片を合成させる。DNA合成の際に正常と特殊なヌクレオチドはランダムに取り込まれるので，蛍光標識の塩基で合成が終了したさまざまな長さの断片が形成される。

④ 合成されたDNA鎖を電気泳動で分子量の小さい順に分離させ，機械(シーケンサー)で蛍光色素を順に読み取ることで，もとのDNA配列がわかる。

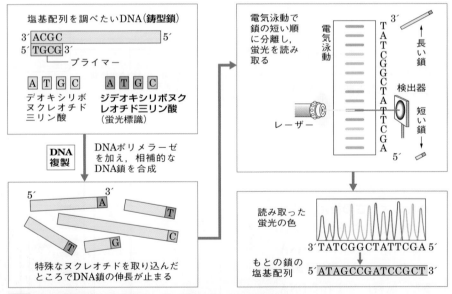

図98 DNAの塩基配列の解析法(サンガー法)

❸次世代シーケンサーの出現と塩基配列の解読   2005年以降新しい塩基配列の解読方法が開発されて，塩基配列の解読速度が飛躍的に向上した。新しい技術を導入されたシーケンサーは**次世代シーケンサー**とよばれている(⤵ p.473)。サンガー法が1つの断片を解読するのに対して，従来より長い複数の断片を同時に解読して，解読する速度を飛躍的に上昇させている。

2 ゲノムの塩基配列解析の歴史

　1990年代に始まったヒトゲノムプロジェクト（⏵p.69）は多くの研究機関と研究者の国際的な協力によって，13年後の2003年に完了した。ヒトのゲノム30億塩基対の解読とDNA断片の塩基配列をつなぎ合わせる解析に多くの人手と時間を要した。現在は次世代シーケンサーとスーパーコンピュータによって，1ゲノムの解析時間も数時間になり，個人のゲノムや多くの生物のゲノムが解析されている。

　電気泳動法…DNAはゲルの中を陽極側へ移動。大きい断片ほど遅い。
　サンガー法…目的のDNA断片・プライマー・合成を停止する特殊な
　　ヌクレオチドを混ぜて複製⏵長さの違う断片末端の塩基を順に読む。

第6編　遺伝情報の発現と発生

4 遺伝子の発現の解析と機能の解析

1 遺伝子発現場所や時期の解析 ①重要

❶発現や発現量を検出して調べる手法

①DNAマイクロアレイ解析★1　1種類の1本鎖DNAを固定した多数のスポット（区画）をもつ基板（チップ）上にmRNAを逆転写したcDNAをのせ，どのスポットにcDNAが結合するかを調べることで遺伝子の発現を解析する手法。1枚の基板に数万以上のスポットを設けることで，ゲノムDNA全体の遺伝子について発現の有無を一度に検証できる。例えば，がん患者と健常者での遺伝子の発現を比較することで，がんに関係した遺伝子を一度に検出することができる（⏵図99）。

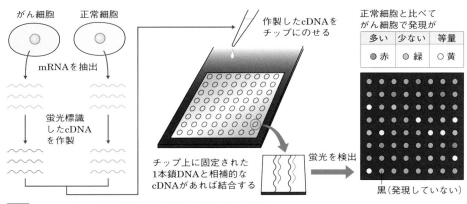

図99 DNAマイクロアレイ解析によるがんの原因遺伝子の検出

★1 マイクロアレイ（microarray）は直訳すると「極小の配列」で，ごく小さな物質が整然と並んでいることを指す。

②**RNAシーケンシング解析**　細胞や組織でつくられたすべてのmRNAを読み取ることで，発現した遺伝子の種類と発現量を解析する手法。抽出したmRNAを逆転写したcDNAを高性能のシーケンサーで読み取って調べる。

例　治療薬の効果の有無を，投与した後のRNA量の変化で確認する。

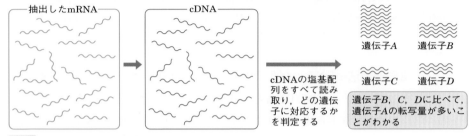

抽出したmRNA　　　　cDNA

cDNAの塩基配列をすべて読み取り，どの遺伝子に対応するかを判定する

遺伝子A　遺伝子B
遺伝子C　遺伝子D

遺伝子B，C，Dに比べて，遺伝子Aの転写量が多いことがわかる

図100　RNAシーケンシング解析

DNAマイクロアレイ解析…転写されたmRNAからcDNAをつくりDNA断片を固定した基板にのせ，発現した遺伝子を検出する。
RNAシーケンシング解析…転写されたmRNAの全配列を調べることで発現した遺伝子の種類と量を解析する。

❷発現場所を検出する手法

①**in situ ハイブリダイゼーション法**　細胞や胚で発現している特定のmRNAを調べる方法で，調べたいmRNAの相補鎖を色素などで標識し，胚や細胞で転写されたRNAに結合させて染まった部分を調べる（図101）。結合させる相補鎖は1本鎖DNAやRNAが用いられる。

補足　in situとは「その場所で」という意味で，胚でmRNAが発現している場所に結合（ハイブリダイゼーション）させるという実験手法である。胚全体（whole）にin situ ハイブリダイゼーション法を行うことを頭文字をとってWISH法という。

前部　　　　　　後部

図101　ショウジョウバエ胚のin situ ハイブリダイゼーション法

視点　p.450 図87のショウジョウバエの分節遺伝子発現の分布はWISH法の結果得られた。

②**抗体を利用した解析**　調べたいタンパク質に特異的に結合する抗体を作製し，その抗体に蛍光物質などを結合させ，細胞や胚に加える。抗体が結合した部位は蛍光を発するため，合成されたタンパク質の局在位置がわかる。

in situ ハイブリダイゼーション…mRNAが生じている場所を検出。
抗体による検出…抗体を結合させ，タンパク質の局在位置を検出。

③**GFPを利用した解析** GFP（緑色蛍光タンパク質）はオワンクラゲから発見された蛍光タンパク質で，青色光や紫外線を当てると緑色の蛍光を発する。解析したいタンパク質の遺伝子にGFPの遺伝子をつなげて細胞に導入すると，目的のタンパク質がGFPとつながった状態で発現する。GFPは生きた細胞に害を与えないため，GFPの蛍光を調べることで**遺伝子の発現している場所やタンパク質の運搬されるようすを追跡できる**（⤷図102）。

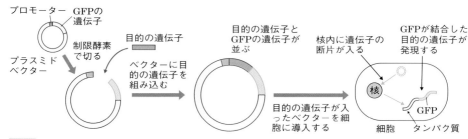

図102 細胞へのGFPの導入

POINT!

GFPを利用した解析…**生きた細胞でタンパク質の動きを観察。**

➕**発展ゼミ** **プラスミドベクターの構造と遺伝子組換えした大腸菌の選別**

●プラスミドは環状のDNAで，大腸菌に導入されると独自に複製と発現を行う。遺伝子組換えに使用されるプラスミドベクターは人工的に改変されてさまざまな配列が組み込まれている。

①**マルチクローニングサイト**…いろいろな制限酵素の認識配列が集中している部分。ここを，挿入するDNA断片を切断するのと同じ制限酵素で切断し，目的の遺伝子を挿入する。

②**複製起点**…大腸菌内で複製を開始するための塩基配列。

③**マーカー遺伝子**…目的の遺伝子が細胞に導入できたか確認するための遺伝子。

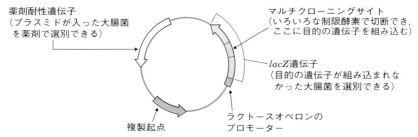

図103 プラスミドベクターの構造

●マーカー遺伝子として薬剤耐性遺伝子（アンピシリン分解酵素遺伝子など）とラクトースオペロンを用いたプラスミドベクター（**図103**）では次のように大腸菌を選別できる。

★1 目的の遺伝子につなげてその発現の有無や量を調べるために使われる遺伝子を**レポーター遺伝子**という。

①プラスミドベクターの入らなかった大腸菌➡抗生物質を含む培地で生育できない。

②目的の遺伝子が組み込まれていないプラスミドベクターが入った大腸菌➡抗生物質を含む培地で生育でき，X-Gal（ガラクトースと青い色素が結合した物質）とIPTGを含む培地で育てるとガラクトシダーゼの働きでX-Galから色素が分離し青いコロニーができる。

③目的の遺伝子が組み込まれたベクターが入った大腸菌➡抗生物質を含む培地で生育でき，X-GalとIPTGを含む培地で白いコロニーをつくる（X-Galを分解しない）。

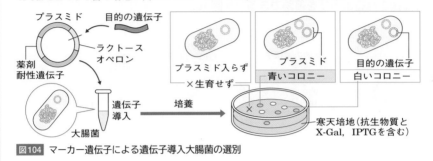

図104　マーカー遺伝子による遺伝子導入大腸菌の選別

2 遺伝子機能の解析

❶遺伝子発現を制御して調べる手法

①ノックアウト　**目的の遺伝子を破壊し，その遺伝子の機能をなくす手法。**これに伴う形質の変化から遺伝子の働きを調べることができる。

補足 調節遺伝子などを破壊すると，複数の遺伝子の機能が停止することがある。

②ノックイン　**目的とする遺伝子に遺伝子断片を挿入または置換して遺伝子を改変する手法。**GFP遺伝子を挿入してタンパク質を標識するなどのほか，変異遺伝子の塩基を置換して正常にするなど，医療への応用も研究されている。

③ノックダウン　**細胞内のDNAは操作せずに，mRNAの破壊や翻訳の抑制によって遺伝子の発現を抑える手法。**RNA干渉（RNAi ⤵p.417）のしくみを用いると短い2本鎖RNAを導入するだけで1つの遺伝子の機能を抑えることができる。

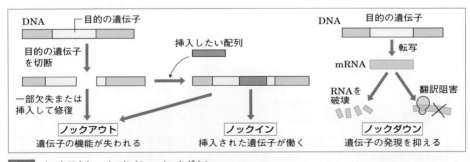

図105　ノックアウト・ノックイン・ノックダウン

★1 IPTGはラクトースオペロンの発現を促す物質で，生じる酵素の基質とならないため持続的に機能する。

❷**ゲノム編集**　染色体上の特定の塩基配列を認識して切断するよう設計された
DNA分解酵素を用いて，目的とする遺伝子を狙っ
て改変する技術。クリスパーキャス9 (CRISPR-
Cas9)などが用いられ，これは制限酵素(⇨p.454)
と異なり20塩基の長さの配列を認識して切断する
ため，ほぼ確実に目的の箇所だけが改変される。ノッ
クアウトやノックインの手段として広く用いられ，
遺伝子発現の解析の研究のほか，品種改良にも利用
される(⇨p.80特集)。

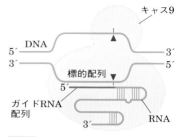

図106　クリスパーキャス9の原理

補足　クリスパーキャス9はキャス9という酵素とガイドRNAで構成されている。ガイドRNAの配
列を目的の遺伝子の相補鎖に設計すると，キャス9は目的の遺伝子部分の2本鎖を切断する。細胞に
は2本鎖DNAが切断されると修復する働きがあるが，配列の保持よりも結合を優先する。このため，
キャス9が同じ配列を切り続ける間に目的の遺伝子はやがてノックアウトされる。

POINT!

　ノックアウト…目的の遺伝子のDNAを破壊して発現を止める。
　ノックイン…目的の遺伝子のDNAに別の遺伝子を挿入して改変する。
　ノックダウン…mRNAから翻訳できなくして遺伝子の働きを止める。

5 ｜ さまざまな遺伝子導入の技術

1 細胞への遺伝子導入方法

❶**原核生物への遺伝子導入**　原核生物への遺伝子導入は，**遺伝子組換えを行った
プラスミドをベクターとして利用し導入する**方法が一般的である(⇨p.454)。塩化
カルシウム$CaCl_2$を加えた溶液中で冷却し大腸菌の膜の透過性を高め，熱刺激(ヒー
トショック[1])をかけて組み込む**塩化カルシウム法**がよく用いられる。

補足　大腸菌はスプライシングのしくみをもたないため，真核細胞の遺伝子を導入し発現する場合は，
mRNAを逆転写(⇨p.411)して得られたcDNA (相補的DNA)を用いることが多い。

❷**動物細胞への遺伝子導入**　動物細胞への遺伝子導入はさまざまな方法のなかか
ら目的によって適したものが選ばれる。
① 微細なスポイトを用いて受精卵に**遺伝子(組換えプラスミド)を直接注入する**方法。
② 目的の遺伝子を組み込んだ**ウイルスを感染させる**方法。
③ 細胞に強い電圧をかけて遺伝子を導入する方法(**電気穿孔法**)。
④ 人工的に作製した脂質の小胞で遺伝子を包んだもの(リポソーム)を作製し，エ
　ンドサイトーシス(⇨p.329)を利用して遺伝子を細胞内に取り込ませる方法。

★1 大腸菌を懸濁した液とプラスミド溶液を混ぜた容器(および対照実験の容器)を氷上で静置後，42℃の恒温
　　水槽に1分間つけ，再び氷上に戻す操作。その後室温で静置し，寒天培地上に広げて37℃で1日培養する。

2 植物や動物個体への遺伝子導入

外来の遺伝子が導入され，その外来遺伝子が発現するようになった生物をトランスジェニック生物という。

❶植物への遺伝子導入 植物は組織培養によって分化した細胞からでも個体を再生することができる（⇨ p.420）。このため次のような方法で体細胞に遺伝子導入を行い，その細胞から**トランスジェニック植物**をつくることが行われる。

①アグロバクテリウム法 アグロバクテリウムは植物に感染し腫瘍を形成させる土壌細菌で，感染する際に自身のプラスミドを植物細胞に送り込んで遺伝子を発現させる。この働きを利用して，プラスミドに目的の遺伝子を組み込んだアグロバクテリウムを植物細胞に感染させて，目的のDNAを取り込ませる。[*1]

②組織培養 目的の遺伝子を導入した植物細胞は，培地の条件を変えることで芽や根を分化させ，外来遺伝子が導入された植物個体を得ることができる。

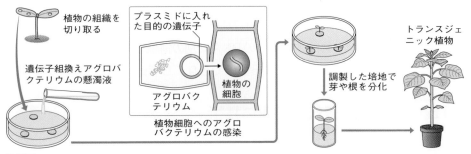

図107 アグロバクテリウムによる遺伝子導入

POINT! トランスジェニック植物の作製…植物細胞に組換えプラスミドを導入した**アグロバクテリウム**を感染させ，培養して個体に分化させる。

❷動物の受精卵への遺伝子導入 目的の遺伝子をプラスミドに組み込んでマウスの受精卵に注入し，雌個体（代理母）に移植する。組換えプラスミドが染色体に取り込まれて正常に発生すればすべての細胞が目的の遺伝子をもつ遺伝子組換えマウス（トランスジェニックマウス）ができる。

図108 *GFP*遺伝子を導入した遺伝子組換えマウス

★1 アグロバクテリウムのプラスミドにはT-DNAという領域があり，この部分が植物細胞の染色体DNAに組み込まれる。ここに目的の遺伝子を組み込むことで安定して植物細胞に遺伝子導入することができる。

　しかし，注入した遺伝子が狙い通りの遺伝子座に組み込まれる確率は低く，個体が生まれるまで成功が確認できない。そのため，大量の受精卵を用意して遺伝子組換え作業と移植を行い，生まれたなかから選別する必要がある。

[補足] ゲノム編集によって特定の遺伝子を効率的に改変することが可能になったため，現在では受精卵に直接遺伝子改変を行う実験が主流となっている。

❸**キメラマウス作出による遺伝子組換えマウスの作出**　培養細胞を用いると受精卵よりも**一度に大量の細胞に遺伝子導入の処置を行うことができ**，マーカー遺伝子（⤴ p.461）を用いた**選別も行いやすい**。特定の遺伝子の機能を失わせた遺伝子組換えマウス（**ノックアウトマウス**）を例に説明すると次のような手順となる（⤴ **図109**）。

①あらかじめ電気穿孔法（⤴ p.463）などで遺伝子組換えを施した ES 細胞（⤴ p.466）をマウスの胚盤胞に注入し，雌個体（代理母）の子宮に移植して育てる。

②生まれたマウスは ES 細胞由来の細胞ともとの胚盤胞由来の細胞が混ざっている。**個体内に異なる遺伝子をもつ細胞が混在している状態やその個体をキメラ**という。

③生まれたキメラマウスの生殖細胞には遺伝子組換え ES 細胞由来のものも含まれる。

④**キメラマウスから代々交配をくり返すと，すべての細胞において目的の遺伝子が両方のゲノムで欠損したノックアウトマウスが得られる。**

第6編 遺伝情報の発現と発生

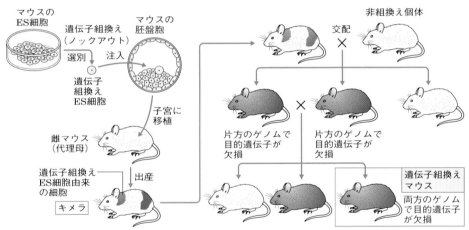

図109　ES 細胞を用いたノックアウトマウスのつくり方

[トランスジェニック動物の作出]

①　**受精卵**に組換えプラスミドを注入して育てる。

②　**遺伝子組換え ES 細胞を胚盤胞**に入れて育て，生まれた**キメラ個体**からくり返し交配して，導入遺伝子をホモでもつ個体を得る。

参考　ES細胞とiPS細胞

●動物のからだを構成する組織や器官はさまざまな細胞でできている（⇨p.74）。その
なかで自己複製能力をもち，多くの種類の細胞に分化できる**多能性**（多分化能）をもつ
細胞を幹細胞という。幹細胞は骨髄，骨格筋，神経などに存在するが，現在ではES
細胞やiPS細胞などの人工の幹細胞が研究や**再生医療**（⇨p.468）に利用されている。

●**ES細胞**

①**ES細胞の確立**　哺乳類では，胚発生初期に胞胚
に相当する**胚盤胞**が形成される。胚盤胞は，内部
細胞塊の細胞が増殖して胚に，外側の細胞が胎盤
になって，個体として発生していく。この内部細
胞を取り出し，未分化を維持する成分を含んだ培
地で培養した細胞をES細胞（胚性幹細胞）という。

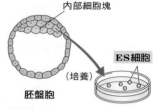

図110 胚盤胞とES細胞

②**ES細胞の利用**　ES細胞は培地の中で未分化な状態のまま増殖し続け，**胎盤以外の
あらゆる種類の細胞に分化できる多能性をもつ**ため，これを用いた再生医療の研究
が進められている。ES細胞は，特定の細胞に分化させて患者に移植したり，正常
な遺伝子を導入したES細胞を用いて遺伝病の治療などに用いられる。

③**ES細胞の問題点**　ヒトES細胞を得るには1人の個体となり得る胚盤胞を女性のか
らだから取り出して壊す必要があるなどの倫理上の問題がある。また，治療に用い
る場合，ES細胞から分化した細胞や組織は患者にとっては非自己であるため，**拒
絶反応**（⇨p.131）を抑える必要がある。

●**iPS細胞**　体細胞に多能性を誘導させるため
の特定の遺伝子を導入して，人工的に作製した
幹細胞をiPS細胞（人工多能性幹細胞）という。

①**iPS細胞の作製**　2006年，京都大学の山中
伸弥教授は約22000個あるヒト遺伝子から
4つを選び出しマウスの胚の繊維芽細胞に[★1]
導入することで，体細胞を**初期化**し多能性
をもつ幹細胞の作製に世界で初めて成功し
iPS細胞と命名した。

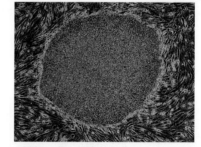

図111 ヒトiPS細胞

視点　周囲の細胞は繊維芽細胞で，中央
の細胞塊がヒト成人皮膚細胞由来のiPS細
胞が密集したかたまり。

②**iPS細胞の利点**　医療に利用する場合iPS
細胞は患者本人から採取した細胞から作製
できるため**移植時に拒絶反応の心配がない**。また，iPS細胞はES細胞が抱える倫理
上の問題がなく，治療困難な病気の発症の原因や薬効・副作用の研究・調査が可能
になるなど，医療へのさまざまな応用が期待されている。

③**iPS細胞の課題**　iPS細胞作製に使用された遺伝子（初期化因子）の作用や導入時にゲ
ノムが傷つくことによるがん化のおそれ，また，培養細胞を体内に移植する際に未分
化な細胞が含まれていると腫瘍が形成されるおそれがあるため対策が進められている。

★1 繊維芽細胞は皮膚の真皮を構成する細胞の1つで，短い周期で細胞分裂をくり返すため培養で増やしやすい。

6 | 遺伝子を扱う技術の利用と問題点

　新しい技術が開発されることで人間生活のさまざまな分野に応用され，私たちの生活に大きな影響を与えている。

❶遺伝子組換え作物　遺伝子組換え作物(GMO)とはトランスジェニック生物を食品や飼料などの農作物に利用したものである。

①遺伝子組換え作物の形質　おもに収量増加や品質向上を目的としてさまざまな改変が行われ，多数の品種が作出されている(⇨ 表6)。

図112　遺伝子組換え作物(害虫抵抗性トウモロコシ：右)

表6　遺伝子組換え作物の性質の例((独)農林水産消費安全技術センター「GMO品種一覧」より抜粋)

収量増加	品質向上
害虫抵抗性	高βカロテン(イネ)
除草剤耐性	高オレイン酸(ダイズ)
疫病抵抗性	αアミラーゼ産生(トウモロコシ)
乾燥耐性	打撲黒斑低減(ジャガイモ)

②遺伝子組換え作物の問題点と対策　大きく分けて**食品または飼料としての安全性，生物多様性への影響**の2つがある。食品としての安全性にはおもに**アレルゲンとしての危険性**，生物多様性への影響は**在来種との競合・有害物質の産生・交雑による在来種の消失**がある。日本では「食品衛生法」「飼料安全法」と「カルタヘナ法(遺伝子組換え規制法)」によって規制され，安全性の審査の上承認された品種だけが販売や流通，栽培が認められている。

補足 日本ではダイズ・トウモロコシ・ジャガイモ・菜種・ワタ・テンサイ(サトウダイコン)・アルファルファ・パパイヤについて遺伝子組換え品種が承認されている。

❷DNA型鑑定　ゲノムの中で特にDNAの多様性をもつ領域を個体や品種の識別に利用する方法をDNA型鑑定という。

①DNA型鑑定のしくみ　ゲノムに存在するくり返し配列(反復配列)の反復回数の違い(⇨ p.259)を利用する。PCR法でくり返し配列の部分を増幅させ，電気泳動法を行って生じたバンドパターンを他種や他個体と比較する。図113の例では，BのDNAがDと一致することがわかる。このような比較を複数箇所の反復配列について行うことでより正確に鑑定できる。

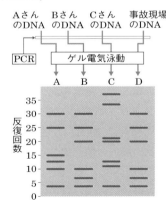

図113　事故捜査でのDNA型鑑定

第6編　遺伝情報の発現と発生

②**DNA型鑑定の利用**　親子鑑定や農作物の品種識別，食品偽装，食品の成分検査，事件・事故捜査などに利用されている。

❸**遺伝子診断**　遺伝子情報から将来の病気の発病の危険性や薬の副作用の危険性を調べることを遺伝子診断という。

①**遺伝子診断の利用**　乳がんのリスクの高い人の発症を未然に防ぐ手術や，体質に適した治療や投薬ができるオーダーメイド医療（⤷ p.69）が行われている。

補足　胎児の病気，障害などを調べる出生前診断も遺伝子診断に含まれる。

②**遺伝子診断の問題**　診断結果によって保険加入・雇用・結婚などで差別が生じる可能性がある。出生前診断は親が望まない子を人工妊娠中絶する命の選別につながる。遺伝情報は核心的な個人情報ともいえ，その保護や自身の遺伝情報を知る権利，逆に知らされない権利など，法律や社会環境の整備が必要である。

❹**遺伝子治療**　遺伝子が正常に働かない疾患などを治療するために，改変した遺伝子や遺伝子を導入した細胞を体内に投与する。ノックダウンやノックアウトによってがん細胞で発現するがん遺伝子の機能を停止させ治療を行う方法がある。

補足　目的の位置ではない部分に変異を加える可能性や予期せぬ遺伝子の変化をもたらす場合がある。

❺**再生医療**　幹細胞から必要な細胞や組織を分化させ，これを体内に移植して治療に役立てるのが再生医療である。

①**再生医療のしくみ**　例えばiPS細胞やES細胞に分化を誘導するアクチビンやノギンなどの因子を加えて中胚葉や神経幹細胞などを誘導させ，その後さらに誘導因子を加えて筋肉や神経の細胞を分化させ（⤷図114），患者に移植する。

②**再生医療の利点と具体例**　移植医療で生じるドナー（臓器提供者）探しや，ドナーの身体の負担が解消される。iPS細胞から分化させた角膜や血管を患者に移植したり，3Dプリンターを使って臓器を構築したりするなどさまざま分野で応用されている。

図114 再生医療で幹細胞を分化させるしくみ

③**再生医療の問題点**　臓器は胚葉が複雑に組み合わさっているため培養での再生が難しく，費用もかかる。ES細胞を用いる場合は倫理的な問題もある（⤷ p.466）。

❻**メタゲノム解析**　さまざまな環境に生息している生物調査する際に，捕獲ではなくDNAを抽出して生息する生物の種類や量を調べる方法がある。[*1] 湖などの水や大気，腸内の消化物などを採取して含まれる生物のゲノムDNAを抽出し，塩基配列を解析する。試料中に含まれる複数個体のゲノムを解析することから，個体を越えた高い次元（メタ）という意味でメタゲノム解析という。

★1 自然環境中に存在しているDNAを環境DNAとよぶ。

> このSECTIONの **まとめ**

遺伝子を扱う技術

☐ 遺伝子の単離と増幅 ⤷ p.454	・**クローニング**…目的のDNAの断片を多量に増幅する操作。 ・**遺伝子組換え**…目的の遺伝子を別のDNAに組み込み細胞に導入する操作。 ・**PCR法**…DNA 2 本鎖の分離とDNA複製を温度の上げ下げでくり返し，短時間で大量にクローニングする方法。
☐ 塩基配列の解析 ⤷ p.457	・**電気泳動法**…ゲル中でDNAに電圧をかけて移動させ，長さの異なるDNA断片を分離する方法。 ・**サンガー法（ジデオキシ法）**…DNAの複製と電気泳動の原理を用いてDNAの塩基配列を解析する方法。
☐ 遺伝子の発現の解析と機能の解析 ⤷ p.459	・**DNAマイクロアレイ解析**…基板に固定したDNA断片にcDNAを結合させ，発現している遺伝子を調べる。 ・**RNAシーケンシング解析**…転写されたRNAの全配列を調べ，発現している遺伝子の種類と量を調べる。 ・⎰**ノックアウト**…目的のDNAの機能を失わせる。 　**ノックイン**…目的のDNAに別の遺伝子を挿入する。 　**ノックダウン**…目的の遺伝子の発現をmRNAの破壊や翻訳阻害などによって抑える。 ・**ゲノム編集**…ゲノムDNAの目的の部分を切断するよう設計した酵素を用いて，遺伝子の機能停止や改変を行う。
☐ さまざまな遺伝子導入の技術 ⤷ p.463	・**トランスジェニック植物**…**アグロバクテリウム**を用いて遺伝子を導入し，培養して個体まで育てる。 ・**トランスジェニック動物**…**受精卵**に遺伝子を注入して育てるか，**遺伝子組換えES細胞を胚に入れて育て**生まれたキメラ個体をもとに交配して遺伝子組換え個体を得る。 ・**ES細胞**…胚盤胞の内部細胞を培養した幹細胞。 ・**iPS細胞**…体細胞を**初期化**して人工的に作製した幹細胞。
☐ 遺伝子を扱う技術の利用と問題点 ⤷ p.467	・**遺伝子組換え作物**…食品や飼料としての安全性と生態系への影響を審査し承認されたものだけが流通。 ・**DNA型鑑定**…くり返し配列の反復回数を比較する。 ・**遺伝子診断**…遺伝病の発病リスクや医薬の効果を推定。 ・**メタゲノム解析**…環境中のDNAから生物の種類を調査。

第6編　遺伝情報の発現と発生

重要用語

SECTION 1 動物の配偶子の形成と受精

□ **始原生殖細胞** しげんせいしょくさいぼう ☞p.426
精子や卵のもとになる細胞。胚発生の初期に
つくられて将来精巣または卵巣となる部位へ
移動する。

□ **精原細胞** せいげんさいぼう ☞p.426
精巣内で始原生殖細胞からできた精子のもと
となる細胞。体細胞分裂によって増えた後，
一次精母細胞となる。

□ **一次精母細胞** いちじせいぼさいぼう ☞p.427
精原細胞が分裂を停止して，養分を蓄えて成
長した細胞(核相$2n$)。減数分裂の第一分裂
によって二次精母細胞(n)になる。

□ **精細胞** せいさいぼう ☞p.427
二次精母細胞から，減数分裂の第二分裂によ
りさらに2つに分かれた細胞(核相n)。1個
の精原細胞から4個できる。それぞれ変形し
て精子となる。

□ **精子** せいし ☞p.427
運動性をもつ生殖細胞。先体と核をもつ頭部，
ミトコンドリアをもつ中片，微小管とダイニ
ンをもつ尾部で構成。

□ **卵原細胞** らんげんさいぼう ☞p.427
卵巣内で始原生殖細胞からできた卵のもとと
なる細胞(核相$2n$)。体細胞分裂によって増
えた後，一次卵母細胞となる。

□ **一次卵母細胞** いちじらんぼさいぼう ☞p.427
卵原細胞が体細胞分裂を停止して，養分とな
る卵黄を蓄えて成長した大形の細胞(核相$2n$)。
減数分裂の第一分裂によって二次卵母細胞
(n)と第一極体を生じる。

□ **極体** きょくたい ☞p.427
一次卵母細胞から減数分裂の2度の分裂でそ
れぞれ放出される，細胞質が少なく小さな細
胞(核相n)。のちに退化し消失する。

□ **二次卵母細胞** にじらんぼさいぼう ☞p.427
卵原細胞から減数分裂の第一分裂でできる，
細胞質に富んだ大形の細胞(核相n)。

□ **卵** らん ☞p.427
卵黄を含む巨大な生殖細胞。雌の卵巣でつく
られる。

□ **受精** じゅせい ☞p.428
卵の中に精子が入り，卵の核と精子の核が融
合すること。

□ **先体反応** せんたいはんのう ☞p.429
卵に到達した精子の先体からゼリー層を分解
する物質が放出され，先体にあるアクチンが
重合して先体突起が形成される反応。

□ **受精膜** じゅせいまく ☞p.429
受精の際に複数の精子が卵に進入しないよう
形成される膜。最初の精子が卵の細胞膜に到
達すると表層粒から酵素が放出され，卵黄膜
が細胞膜を離れてもち上がり硬化してできる。

SECTION 2 動物の発生

□ **卵割** らんかつ ☞p.430
発生の初期に行われる，特殊な体細胞分裂。

□ **割球** かっきゅう ☞p.430
卵割でできた細胞。

□ **胚** はい ☞p.432
受精卵が発生を始めてから，自ら食物をとり
始めるまでの時期の個体。

□ **桑実胚** そうじつはい ☞p.432
卵割をくり返し，割球数が32〜64個になっ
た時期の胚。名称は桑の実に似ることに由来
し，内部に腔所(卵割腔)をもつ。

□ **胞胚** ほうはい ☞p.433
桑実胚の次の発生段階。割球が小さくなり，
卵割腔は発達して胞胚腔とよばれる。

□ **原口** げんこう ☞p.433
胚の表面の細胞層が胞胚腔に向かって落ち込
み始める場所。

□ **原腸** げんちょう ☞p.433
胚の表面の細胞層が原口から落ち込むことに
よってできる構造・腔所。腸管の原形。

□ **原腸胚** げんちょうはい ☞p.433
　原腸ができていく時期の胚のこと。この時期，細胞は外胚葉・中胚葉・内胚葉の3胚葉へ分化していく。

□ **外胚葉** がいはいよう ☞p.434
　胚の外側にあり，原腸胚期には陥入しなかった細胞層。外壁をつくる。将来は表皮や脳・脊髄などに分化する。

□ **中胚葉** ちゅうはいよう ☞p.434
　原腸胚期に外胚葉と内胚葉の間に生じる細胞層。ウニでは間充織とよばれ，原腸胚期には遊離している。カエルでは原腸の天井部に位置する。将来は骨や筋肉・心臓などに分化する。

□ **内胚葉** ないはいよう ☞p.434
　原腸をつくる細胞層。将来は消化管や肝臓・すい臓などに分化する。

□ **プリズム幼生** プリズムようせい ☞p.434
　ウニの原腸胚期の次の発生段階。胚全体が三角柱の形となり，原腸が伸びた先に口ができる。

□ **プルテウス幼生** プルテウスようせい ☞p.434
　プリズム幼生の次の発生段階。口周辺の突起から腕が伸びて浮遊生活をするようになる。

□ **神経胚** しんけいはい ☞p.434
　原腸胚期の次の発生段階。神経管ができ，前後に少し伸びた楕円形となる。

□ **尾芽胚** びがはい ☞p.434
　神経胚期の次の発生段階。胚の尾(尾芽)が形成され，後端がさらに伸びた形となる。

□ **脊索** せきさく ☞p.437
　神経胚期に中胚葉から生じる背側の中胚葉部分。その後，退化し消失する。

SECTION 3 発生のしくみ

□ **体軸** たいじく ☞p.439
　動物に存在する座標軸のこと。前と後(頭と尾)・背と腹・左と右の3軸がある。

□ **灰色三日月環** はいいろみかづきかん ☞p.439
　両生類の受精卵で，精子の進入点の反対側に生じる色素の薄い三日月状の部分。

□ **VegT** ベジティー ☞p.440
　内胚葉の分化に関係するタンパク質およびその遺伝子。両生類の卵の植物極にmRNAが偏って存在する。

□ **ディシェベルド** ☞p.440
　両生類の未受精卵では植物極側に存在し，表層回転とともに赤道面付近の将来背側となる部分に移動する母性因子。

□ **母性因子** ぼせいいんし ☞p.440
　卵の細胞質中に受精前から合成・蓄積されていて体軸の形成や分化に働く物質。

□ **誘導** ゆうどう ☞p.441
　胚のある領域が隣接する細胞に働きかけて分化を引き起こす現象。

□ **中胚葉誘導** ちゅうはいようゆうどう ☞p.441
　予定内胚葉域が予定外胚葉域に働きかけて中胚葉形成を誘導する現象。

□ **形成体(オーガナイザー)** けいせいたい ☞p.442
　胚において他の部位の分化を誘導する働きをもつ部位。特に原口背唇部のことを指す場合もある。

□ **原口背唇部** げんこうはいしんぶ ☞p.442
　原口の動物極側にある部分で，形成体として外胚葉を神経管に誘導する。

□ **予定運命** よていうんめい ☞p.442
　胚の部位について，将来形成されることが予定されている組織や器官。発生運命ともいう。

□ **神経誘導** しんけいゆうどう ☞p.444
　外胚葉から神経組織が誘導される現象。ノギンやコーディンによってBMPが受容体から外れた細胞が神経に分化する。

□ **BMP** ビーエムピー ☞p.444
　外胚葉を表皮に誘導するタンパク質。

□ **アポトーシス** ☞p.447
　細胞死の1種で，細胞が小さな断片となり破裂を伴わずに消失する。このため，周囲に炎症を引き起こすなどの影響を及ぼさない。

□ **ホメオティック遺伝子** —いでんし ☞p.450
　各体節の構造の形成を命じるマスター調節遺伝子。ホメオティック突然変異の原因となる。

□ **ホックス(*Hox*)遺伝子群** ―いでんしぐん
　 ↪p.451　ホメオボックスを含む遺伝子群で，
　作用する体節の順で染色体上に並んでいる。
　多くの動物で相同性が見られる。

□ **ボディプラン** ↪p.452
　からだの全体的な構造のこと。

④ 遺伝子を扱う技術

□ **遺伝子組換え** いでんしくみかえ ↪p.454
　採取したDNA断片を別の生物のDNAにつ
　なぎ，細胞に導入すること。

□ **クローニング** ↪p.454
　目的のDNA断片を人工的に増幅する操作。

□ **ベクター** ↪p.454
　細胞へ遺伝子を導入する運び屋として用いら
　れる核酸分子。ウイルス由来の配列や原核細
　胞がもつプラスミドなど。

□ **プラスミド** ↪p.454
　原核細胞がもつ小型の環状DNA。ベクター
　として利用される。

□ **制限酵素** せいげんこうそ ↪p.454
　特定の短い塩基配列部位を認識し，DNAを
　切断する酵素。

□ **DNAリガーゼ** ディーエヌエー― ↪p.455
　DNA鎖の末端どうしをつなぎ合わせる酵素。

□ **PCR法** ピーシーアールほう ↪p.456
　(Polymerase Chain Reaction：ポリメラーゼ
　連鎖反応)目的のDNA断片を熱変性によっ
　て1本鎖化し，プライマーと耐熱性DNAポ
　リメラーゼによるDNA合成を温度調節によ
　ってくり返すことで増幅させる手法。

□ **DNAプライマー** ディーエヌエー― ↪p.456
　DNA複製において鋳型DNAに相補的に結合
　し新生鎖の起点となる短い1本鎖DNA。
　RNAプライマーと異なり，複製完了後に除
　去されない。

□ **電気泳動法** でんきえいどうほう ↪p.457
　負に帯電するDNA断片などを電気的に移動
　させ，寒天ゲルなどの網目を通り抜けた移動
　距離から分子の大きさを推定する方法。

□ **サンガー法** ―ほう ↪p.458
　DNAの塩基配列を読み取る代表的な方法。
　目的の配列の1本鎖を鋳型にさまざまな長さ
　の蛍光標識DNA断片を合成し，電気泳動で
　長さの順に並べて蛍光の色を検出する。

□ **DNAマイクロアレイ解析** ディーエヌエー―か
　いせき ↪p.459　遺伝子のDNA断片を網羅的
　に配置したマイクロチップを使い，検体中の
　mRNAの発現量を対照との差として比較定
　量する。

□ **RNAシーケンシング解析** アールエヌエー―
　かいせき ↪p.460　細胞や組織で発現している
　全mRNAを解析し発現量を見積もる手法。

□ **GFP** ジーエフピー ↪p.461
　下村脩によりオワンクラゲから発見された緑
　色蛍光タンパク質。青色光を当てると発光し，
　遺伝子組換えの目印として用いられる。

□ **ノックアウト** ↪p.462
　目的の遺伝子を破壊して機能をなくす手法。

□ **ノックイン** ↪p.462
　目的の遺伝子の塩基配列に遺伝子断片を挿入
　または置換して遺伝子を改変する手法。

□ **ノックダウン** ↪p.462
　細胞内のDNAは操作せずに，転写された
　mRNAを破壊したり翻訳を阻害したりする
　ことで遺伝子の発現を抑制する手法。

□ **幹細胞** かんさいぼう ↪p.466
　自己複製能力をもち，さまざまな種類の細胞
　に分化できる能力をもつ細胞。

□ **ES細胞(胚性幹細胞)** イーエスさいぼう(はい
　せいかんさいぼう) ↪p.466　胚盤胞の内部細胞
　を取り出し培養した細胞。胎盤以外のあらゆ
　る細胞に分化できる多能性をもつ。

□ **iPS細胞(人工多能性幹細胞)** アイピーエス
　さいぼう(じんこうたのうせいかんさいぼう) ↪p.466
　体細胞に特定の遺伝子を導入して多能性をも
　たせた人工の幹細胞。

□ **DNA型鑑定** ディーエヌエーがたかんてい ↪p.467
　DNAの多様性をもつ領域を個体識別や品種
　鑑定に利用する方法。おもにくり返し領域の
　反復回数の違いを調べる。

解析機器の進歩による
バイオテクノロジーの発展

次世代シーケンサーによる遺伝子解析

①遺伝子の塩基配列やタンパク質のアミノ酸配列は，生物の中で重要な情報である。これらの生体情報をコンピュータなどを使って研究する分野を**バイオインフォマティクス（生命情報科学）**とよぶ。この分野は生物科学と情報科学が結びつき，昨今の情報機器の発達や解析機器の発達によって急速に発展している。

②DNAの塩基配列を読み取る遺伝子解析は，**次世代シーケンサー**の開発と向上によって飛躍的に速く進められるようになった。1990年に始まったヒトゲノムプロジェクトでは2003年までかかっていた解析が今では数時間でできるようになったほどである。

③サンガー法（⊃p.458）では1本鎖DNAの塩基配列を読むのに，その塩基数以上のDNA鎖を合成して電気泳動で並べ，それぞれの末端の塩基を順番に読んでいく。これに対して次世代シーケンサーは電気泳動の工程を省くことができ，さらにこれを数百万本のDNA鎖について同時に進めることができる。

④次世代シーケンサーにはいくつかの種類があるが，原理は，目的のDNA断片を平面上に配置し，DNAポリメラーゼなどの酵素と反応させる。新しい鎖が合成される際に取り込まれていく塩基を解析することで，DNAの塩基配列を読み取っていく。

⑤次世代シーケンサー法で利用されている解析方法の1つに，**一分子リアルタイムシーケンシング法**がある。サンガー法と同じようにDNAポリメラーゼと蛍光色素を使用するが，DNAを合成していく過程の蛍光をリアルタイムで検出していく。

⑥その手順は次のようになる。まず新生鎖に取り込まれる塩基を正確に検出するため，DNAポリメラーゼを固定する。そこに目的

のDNA（鋳型DNA）と，蛍光色素を結合させたリボヌクレオシド三リン酸を加える。DNAが合成される間，新しく取り込まれたヌクレオシドの蛍光が順に検出・記録されていく。蛍光は固定されたDNAポリメラーゼの部分に来たもののみを検出し，合成されたDNA鎖の蛍光色素は切断されるためこの後に取り込まれるヌクレオシドの蛍光を干渉しないようになっている（⊃図115）。

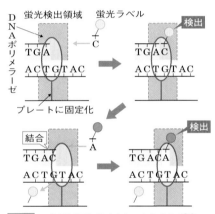

図115 一分子リアルタイムシーケンシング法

⑦この読み取りを行うDNAポリメラーゼを1つの平面上に多数固定してそれぞれセンサーで検出することで，同時に多数のDNA断片を解析することができる。

⑧このようにして一度に読み取れるDNA断片の長さには限界があるため，ゲノム解析などでは得られた多数のDNA断片の塩基配列を比べ，共通の配列をもつものどうしをコンピュータを用いてつなぎ合わせることで，長い塩基配列の情報を明らかにしていく。

⑨このようにして得られたゲノムの配列について，既に解析されて機能がわかっている遺伝子のなかで配列の似ているものがないか**相同性検索（ホモロジー検索）**し比較することで，遺伝子を見つけ，その機能を予測する。

遺伝子情報と機能の予測

①遺伝子の働きは，特定の遺伝子の働きが失われた場合にどのような影響があるかを，突然変異や人為的なノックアウトやノックイン（⤴p.462）などをもとに調べられてきた。

②酵素や抗体，膜タンパク質など，タンパク質はその働きに応じた特有の立体構造をもっており，遺伝子の機能はタンパク質の立体構造によって決まるともいえる。ゲノム解析で全DNAの配列がわかる今，遺伝子の塩基配列と合成されるタンパク質の働きの関係がわかれば未知の遺伝子についてもその機能を予測することができる。

③そのためにはまずゲノムの塩基配列の中から，タンパク質のアミノ酸配列を記録した転写領域（⤴p.424）を探し出す必要がある。転写領域を探すには，次のような方法がある。

①アミノ酸配列の塩基配列がわかっている遺伝子と似た配列を探す（相同性検索）。

②真核生物の転写領域に含まれるイントロンを探す。ほぼすべてのイントロンは5′側がGUで始まり，3′側がAGで終わることなどから見つけることができる。

③プロモーター領域や転写調節領域の配列をさまざまな生物と比較して，その位置を予測していく。

④遺伝子の塩基配列からアミノ酸配列が得られたタンパク質がどのような立体構造をもっているか，既知のタンパク質と照合して予測を行う。最終的には実際のタンパク質を抽出・精製して次のような方法で構造を確定する。

①X線結晶回折法　タンパク質の結晶にX線を当て，生じる回折像から立体構造を決定する方法。DNAの2重らせん構造の解明にも使用された。

②核磁気共鳴法　タンパク質に磁場を当てて，原子核に特徴的な波長を検出して立体構造を検出する方法。水溶液中で用いることが利点で，生体内での機能を検出しやすい。

③電子顕微鏡法　タンパク質を電子顕微鏡で実際に観察して立体構造を特定する方法。

⑤アミノ酸配列からの立体構造の予測は，ポリペプチドが折れ曲がる構造の候補が多く存在するため，時間を要する。そこで，**人工知能（AI）**などを使ったタンパク質の構造解析の研究が進められてきた。2022年には，知られているタンパク質のほとんどに相当する2億超のタンパク質構造の予測情報がイギリスの企業によって公開されている。

⑥これらの情報は，例えば遺伝子の変異によって生じたタンパク質が病気やがんの原因となっている場合に，AIが出した候補をもとに立体構造を決定するなどの使い方ができる。これによって病気のしくみや治療法の研究にかかる時間が大幅に短縮できるようになる。

⑦これらの機器の発展は，研究を加速するだけでなく安価にもなるため，誰でもが身近にバイオテクノロジーを行う時代がやってくると考えられる。生物学を学び知ることは今後ますます必要となってくるであろう。

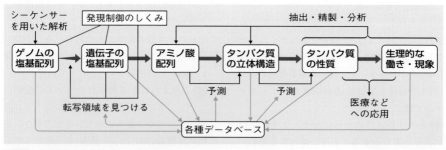

図116 遺伝子とタンパク質の研究と応用

第7編

7

生物の環境応答

· · · · · · ·

CHAPTER

1 » 動物の刺激の受容と反応

SECTION 1 刺激の受容と受容器

1 刺激の受容と反応

1 刺激の受容から行動まで ① 重要

❶刺激の受容と感覚の認知　動物は外界からのさまざまな信号を刺激として受け取り，刺激に応じた反応や行動を起こす。刺激を受け取る器官を受容器(感覚器)という。刺激を受け取った受容器からの情報は，ヒトの場合，**感覚神経を経て中枢神経系へ伝えられ，大脳の感覚中枢で感覚が生まれる。**

POINT!
> 刺激を受け取るのは受容器(感覚器)，感覚は大脳の感覚中枢で成立。

❷感覚に対する反応が生じるまで　認知された感覚に対し**中枢神経系**では情報が処理され，どのような行動をとったらよいかを判断する。その指令が**運動神経や自律神経系**を経て筋肉や腺などの効果器(⊃ p.504)に伝わり，反応が起こる。

図1 刺激の受容から反応が起こるまで(脊椎動物)

POINT!
> 受容器…刺激を受け取る器官。
> 効果器…中枢神経系からの指令により，反応を起こす器官。

2 受容器と適刺激

❶適刺激 刺激には，光・におい・味などいろいろなものがあるが，光の刺激は眼，においは鼻，味は舌というように，それぞれの刺激は決まった受容器で受け取られる。このように，**ある受容器が受け取る特定の刺激を適刺激**という。

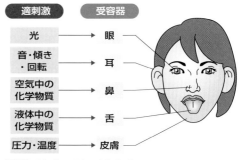

図2 適刺激と受容器(感覚器)

補足 この他，筋肉や腱の伸長を感知する筋紡錘のように内部刺激を受け取る**自己受容器**がある(⇨p.488)。また，適刺激は動物によって異なり，ある種のヘビは赤外線受容器(ピット器官)によって暗闇の中でも恒温動物の存在(体温)を感知できる。

❷受容器のつくり 受容器(感覚器)は，刺激を受け取るための感覚細胞が備わっており，これに加え，いろいろな付属組織が集まり受容器として機能している。例えば，ヒトの眼では，網膜中にある**視細胞**が光を感じる感覚細胞で，それ以外の部分が付属組織である(⇨p.478)。

❸ヒトの受容器 ヒトの受容器には，次の**表1**のようなものがある。

表1 ヒトの受容器と適刺激

受容器(感覚器)		適刺激	感覚
眼	網膜	光(波長 380 〜 780 nm の間)	視覚
耳	うずまき管	音波(振動数が 16 〜 20000 Hz の間)	聴覚
	前庭	からだの傾き(重力の方向の変化)	平衡覚
	半規管	からだの回転(リンパ液の流動)	
鼻	嗅上皮	気体中の化学物質	嗅覚
舌	味覚芽	液体中の化学物質	味覚
皮膚	圧点	接触などによる圧力	触覚
	痛点	痛みの原因となる刺激	痛覚
	温点	高温の刺激	温覚
	冷点	低温の刺激	冷覚
筋肉	筋紡錘，腱紡錘	筋肉の状態(伸長度・伸縮速度)	内部感覚

視点 ヒトの眼は視物質の変異が大きく(⇨p.525)，適刺激となる波長も個人によって異なる。また，ヒトの耳の聴覚も加齢や騒音によって可聴域が狭まるなど，適刺激となる振動数は異なる。

POINT!
受容器は決まった種類の刺激(適刺激)だけを受け取る。

第7編 生物の環境応答

2 | 視覚器

光刺激によって生じる感覚を視覚といい，光刺激を受け取るための受容器（感覚器）を視覚器という。

1 ヒトの眼のつくりと視覚 ！重要

ヒトの眼は**カメラ眼**とよばれ，図3のようなつくりをしている。光は**角膜**→水晶体（レンズ）→ガラス体を経て**網膜**に達し，上下左右が逆転した倒立像を結ぶ。**網膜の視細胞が光刺激を受け取り，視神経を通って大脳の視覚中枢へ情報が伝わって処理されると視覚が生じる。**

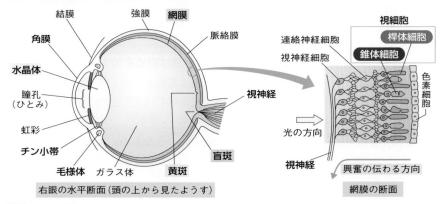

図3 ヒトの眼のつくり

視点 角膜と水晶体，ガラス体は透明で，角膜と水晶体の間は眼房水という液体で満たされている。
視細胞は網膜の奥にあり，その興奮が視神経によって伝えられる。視神経は眼球の内側から盲斑を通って眼球の外に出，大脳へつながる。タコの眼は同じくカメラ眼だが盲斑はない（⤷ p.483）。

2 網膜と視細胞 ！重要

❶ **視細胞** 光を受容する視細胞は網膜に存在している。視細胞には色の識別に働く**錐体細胞**と弱い光でも受容できる**桿体細胞**の2種類がある。
❷ **視細胞の分布** 網膜は，次のように部分によって視細胞の分布が異なる（図4）。
① **黄斑** 網膜の中央部にあり，**錐体細胞**が密に分布している部分。**物の形や色を識別する働きが非常に強く，視野の中心に対応する。**
② **盲斑** 網膜全体の視神経が集まって束となり，網膜を貫いている部分。盲斑には視細胞がまったく分布していないため，光を受容できない。
③ 黄斑の周辺部では**桿体細胞**が密に分布し，暗い場所でわずかな光を感じることができる。

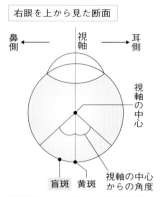

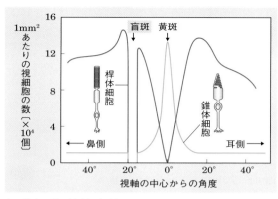

図4　視細胞の分布　　視点 注視する点と黄斑を結ぶ直線を視軸という。

⊕発展ゼミ　視細胞による光の受容

●視細胞には，光を吸収する視物質（色素）が含まれている。この色素が光を吸収することによって視細胞に興奮（⇨p.491）が生じる。これに連絡神経細胞（双極細胞）が反応し，視神経を経て，興奮が大脳に伝わる。

　桿体細胞の場合は次のように働く。

①**桿体細胞**の光受容部には，ロドプシン（視紅）という視物質が含まれている。

②ロドプシンは，レチナールとオプシン（タンパク質）が結合したもので，これに光が当たるとレチナールの構造が変化して，オプシンから外れる。この反応がきっかけとなり，桿細胞に電位変化が生じる。

③桿細胞の電位変化は，連絡神経細胞に伝わり，そこから，視神経を通して大脳の視覚中枢に興奮が送られる。

④レチナールは，暗所で，酵素の働きにより，**再びオプシンと結合し，ロドプシンが再合成される**。レチナールは血液中からビタミンAの形で供給される。ビタミンAが不足すると，**夜盲症**（鳥目）になる。

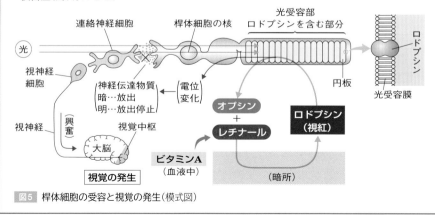

図5　桿体細胞の受容と視覚の発生（模式図）

第**7**編　生物の環境応答

❸3種類の錐体細胞 錐体細胞(視物質はフォトプシン)には，**青色，緑色，赤色**の光をよく吸収し，興奮する3種類の細胞がある。これらの興奮の違いによって色が識別され，白色光を受けると，3種類すべての錐体細胞が興奮する。

補足 フォトプシンはロドプシンと同様にレチナールとオプシン(タンパク質)が結合したもので3種類あり，それぞれが420 nm，530 nm，560 nm付近の波長の光を最もよく吸収する。ヒトの色覚には多様性があり，2色型や変異3色型がある(⇨ p.525)。

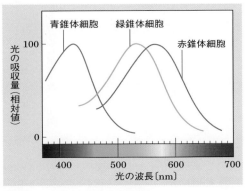

図6 ヒトの錐体細胞の光の吸収量

POINT!

桿体細胞…弱い光を受容可能。色を識別できない。
錐体細胞…強い光を受容。3種類あり色を識別。黄斑部に多い。

参考 **盲斑の検出**

●盲斑の位置(黄斑からの距離)は次のようにして測定することができる。
①左眼を閉じ，右眼の前方約20 cmの位置に盲斑検出板(図7)を置き，＋印を正視する。
②眼を動かさないようにして検出板を前後に動かし，●印が見えなくなるときの眼と検出板との距離(y)を測定する。
③盲斑・黄斑間の距離(x)は図8のような位置関係から求めることができる。

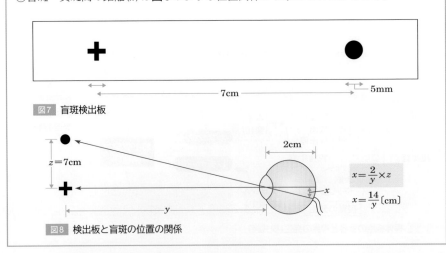

図7 盲斑検出板

$$x = \frac{2}{y} \times z$$

$$x = \frac{14}{y} \text{ [cm]}$$

図8 検出板と盲斑の位置の関係

動物の可視範囲

光は電磁波の一種であり，動物によって受容できる波長の範囲が違う。例えばモンシロチョウやミツバチなどの昆虫のなかまは，ヒトの可視光線（⇒p.477 **表1**，下図。個人差がある）のうち波長の長い領域（650 nm以上の赤色付近）を感じることはできないが，紫外線（380 nm以下）を感じることができる。そのため，ミツバチは，ヒトの眼では区別のつきにくい花の色や模様，同種他個体の雌雄の別も見分けることができる。

図10 セイヨウカラシナ（アブラナ科）の花を可視光（左）と紫外線（右）で撮影した写真

蜜のある中央部が紫外線を吸収することで昆虫に視認されやすい模様（ネクターガイドとよばれる）ができている。

ヒト
ミツバチ

| 紫外線 | 紫 | 青 | 緑 | 黄 | 赤 | 赤外線 |

300　400　500　600　700　800
光の波長〔nm〕

図9 ヒトとミツバチの可視範囲

3 眼の調節 ①重要

❶明順応と暗順応　暗い所から明るい所に出ると一時的にまぶしく感じるが，約1～3分もすると明るさにも慣れて物が見えるようになる（明順応）。逆に，明るい所から急に暗い所に入ると最初はまっ暗で何も見えないが，約2～3分もすると物が見えるようになる（暗順応）。

① **明順応のしくみ**　急に眼に入る光量が増すと，蓄積されていた桿体細胞の視物質（ロドプシン）が急激に分解されて桿体細胞がいっせいに興奮するため，まぶしくて見えなくなる。しかしすぐに桿体細胞は感度が低下する一方，錐体細胞が働くようになって，明るさに慣れてくる。

② **暗順応のしくみ**　暗順応は2段階で進行する。明るい場所から暗い場所に入ると，明所でおもに働いていた錐体細胞の感度が約10分で100倍近く上昇する（図11A）。その後，桿体細胞のロドプシンが徐々に蓄積されて桿体細胞の感度が上昇し（図11B），暗い場所にも眼が慣れて弱い光でも見えるようになる。

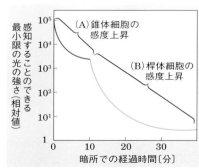

図11 暗順応での網膜の感度変化

---

❷光量調節のしくみ 眼に入る光の量は、虹彩によって、瞳孔の大きさを変化させて調節する。虹彩は**瞳孔括約筋**と**瞳孔散大筋**からなり、明るい場所では瞳孔括約筋が収縮し瞳孔を縮小することによって瞳孔を通る光量を抑え、暗い場所では瞳孔散大筋が収縮し瞳孔を拡大して瞳孔を通る光量を増加させる（図12）。

補足 括約筋は環状に並ぶ筋肉で、収縮することで環状の瞳孔や消化管をすぼめる。散大筋は環状構造の外側に放射状に並び、収縮することで環状構造を広げる働きをもつ。

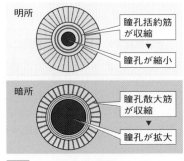

図12 眼に入る光量の調節のしくみ

POINT! 明るさの変化への対応…①視物質の量の調節、②瞳孔の拡大・縮小

❸遠近調節のしくみ ヒトの眼は、約6.5 m以上遠くを見る場合には、遠近調節の必要がないつくりになっている。それよりも**近くを見る場合**には、**毛様筋（毛様体の筋肉）とチン小帯**の働きで水晶体を厚くする（図13）。

① **近くを見るとき** 毛様筋が収縮する→チン小帯がゆるむ→弾性によって水晶体が厚くなる→水晶体の焦点距離が短くなり、近くの物が網膜上に像を結ぶ。

② **遠くを見るとき** 毛様筋が弛緩する→チン小帯が引っぱられる→水晶体が薄くなる→水晶体の焦点距離が長くなり、遠くの物が網膜上に像を結ぶ。

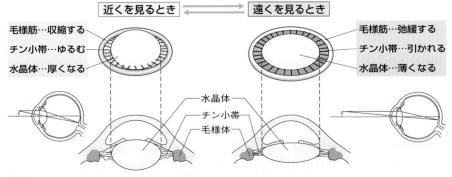

図13 ヒトの眼の遠近調節のしくみ

視点 毛様筋は自転車の車輪のゴムタイヤに相当し、張力が同心円上に発生する。また、チン小帯は、タイヤのスポークに相当する放射状の繊維である。

POINT! 近くを見るとき…毛様筋収縮⇨チン小帯ゆるむ ⇨水晶体厚くなる
遠くを見るとき…毛様筋弛緩⇨チン小帯引かれる⇨水晶体薄くなる

➕発展ゼミ　視交叉と視覚

●眼球から脳へ伸びる視神経繊維は途中で交叉している。この部分を，視交叉（視神経交叉）といい，鳥や魚では，右眼からの神経繊維はすべて左脳へ，左眼からの神経繊維はすべて右脳へ向かう。

●ヒトなどでは，図に示すように，左眼の耳側半分の網膜から出た視神経繊維は交叉せずに左脳へ伸び，右眼の鼻側半分の網膜から出た視神経繊維は交叉して左脳に伸びる。つまり，左脳は両眼から視野の右半分を，逆に右脳は視野の左半分を受け取ってそれぞれ立体視を成立させていることになる。

●また，眼球から脳へ伸びる途中のどこかで神経繊維が傷つくと，それぞれ特有の視野の障害が生じる。

図14 ヒトの視交叉と視覚

視点 図のAで神経の連絡が絶たれると左眼だけで見ている状態になり，Bで絶たれると両眼の耳側の情報が大脳に伝わらない。そしてCで絶たれると視野の左半分が見えなくなる。

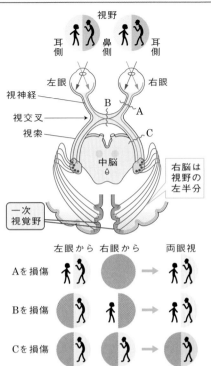

➕発展ゼミ　無脊椎動物の視覚器

●無脊椎動物にも，いろいろな視覚器が存在する。タコやイカの眼はカメラ眼であるが，ヒトとは発生様式が異なり，盲斑がない（関連⤴ p.524）。

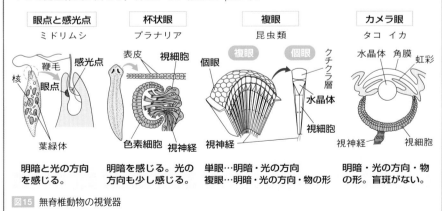

図15 無脊椎動物の視覚器

3 | その他の受容器

1 ヒトの聴覚器と聴覚 ①重要

❶聴覚と聴覚器　音（音波）の刺激で生じる感覚を**聴覚**といい，空気や水中を伝わってきた音の刺激を受け取る器官を**聴覚器**という。聴覚器は動物によって異なる。

補足 バッタは腹部に鼓膜器をもち，カは触角に聴毛（ジョンストン器官）をもっており，音の刺激を受け取っている。

❷ヒトの耳のつくりと聴覚器　ヒトの耳は図16のようなつくりをしており，**外耳・中耳・内耳**の3つの部分に大きく分けられる。このうち，内耳にあるうずまき管がヒトの聴覚器として働いている。

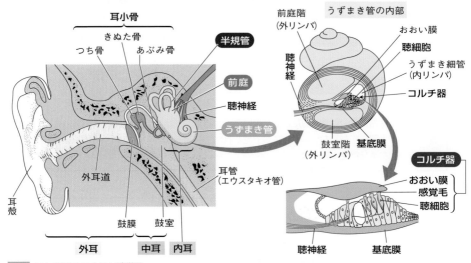

図16 ヒトの耳のつくりと聴覚器

❸聴覚が生じるしくみ　聴覚は次の経路で生じる（⇨図17）。

①耳殻で集められ，外耳道を通ってきた音波によって，鼓膜が振動する。

②鼓膜とうずまき管を結ぶ耳小骨で，鼓膜の振動が増幅され卵円窓を振動させる。

③振動がうずまき管の外リンパ液を伝わり前庭階を通る。このとき，うずまき細管と鼓室階の間にある基底膜を振動させる。

補足 うずまき管の先端（うずまきの中心）まで達した外リンパ液の振動は鼓室階を伝わり，正円窓から抜けていく。

④基底膜の振動で，基底膜上の**コルチ器**にある聴細胞の感覚毛がおおい膜に接触し，聴細胞に興奮（⇨p.491）が生じる。

⑤この興奮が聴神経を通して大脳の聴覚中枢へ送られ，聴覚が生じる。

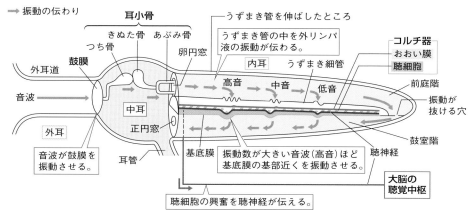

図17　聴覚が生じるしくみ

［聴覚の成立］

鼓膜の振動（気体→固体）⇨耳小骨（振動が増幅）⇨うずまき管のリンパ液（固体→液体）⇨**基底膜が振動しコルチ器のおおい膜に接触した聴細胞が興奮**（機械刺激→電気信号）⇨**聴神経**⇨**大脳**

❹音の高低の識別　基底膜は，うずまき管の基部（入口）では厚くてかたく，先端部にいくほど薄くてやわらかいため，**基部近くの基底膜は振動数が大きい音波（高音）で，先端部（奥）近くの基底膜は振動数が小さい音波（低音）で振動する**。基底膜上のどの位置の聴細胞が興奮したかによって大脳で音の高低が識別される。

補足　加齢や騒音などによって聴細胞の感覚毛が傷つき壊れてしまうと，音を感じ取りにくくなり難聴を引き起こす。一度損傷した感覚毛は再生されない。

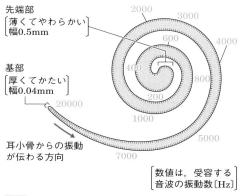

図18　基底膜の全長と受容する音波

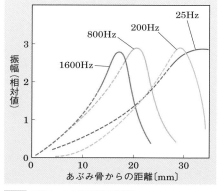

図19　音波による基底膜の振幅

音源定位

　音がどこから聞こえてくるのかを特定することを音源定位という。左右方向の音源定位は，右耳と左耳に伝わるわずかな時間差や音の大きさの差を感じ取ることで行われる。また，空気中を伝わる音は耳殻で集められて外耳道に入るが，耳殻が複雑な形をしているので，音の来る方向により音色がわずかに変化する。これも，上下および前後左右方向の音源定位に関与している。

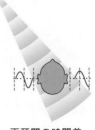
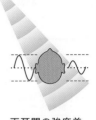

図20　音源定位

両耳間の時間差による音源定位　　両耳間の強度差による音源定位

2 ヒトの平衡覚と平衡受容器

❶**平衡覚と平衡受容器**　からだの傾きやからだの回転によって生じる感覚を**平衡覚**といい，これらの刺激を受け取る器官を**平衡受容器(平衡器)**という。

❷**ヒトの平衡受容器**　ヒトの平衡受容器は内耳にある**前庭**と**半規管**である。

①**前庭**　前庭は，卵形のうと球形のうからなる。それぞれには**耳石膜**があり，多数の感覚細胞の**感覚毛**が下から伸びている。耳石膜はゼリー状の物質からなる膜で，**平衡石(耳石)**を埋めており，頭が傾くと，この下の**感覚毛への力の加わり方が変化し，感覚毛が屈曲することで傾きを受容する**。卵形のうと球形のうは直交する面内に位置し，水平と垂直方向の傾きと加速度を受容する。

②**半規管**　半円形をした3本の管が互いに直交するように配置しており，中はリンパ液で満たされている。半規管の基部の膨大部には感覚毛をもった**感覚細胞**があり，この感覚毛がゼリー状構造(クプラ)中に伸びている。からだの回転による**リンパ液の流れ**によってクプラが傾き，これを感覚毛が刺激として受け取ることで，**回転運動を受容する**。

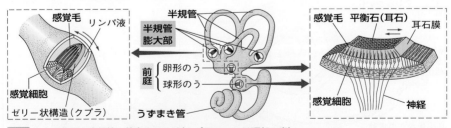

感覚毛　リンパ液
半規管
半規管膨大部
感覚毛　平衡石(耳石)　耳石膜
卵形のう
前庭　球形のう
感覚細胞
ゼリー状構造(クプラ)
うずまき管
感覚細胞　神経

図21　ヒトの内耳の半規管と前庭のつくり(クプラcupulaは頂部の意)

POINT!

傾き・直線加速度…前庭で受容。　　回転…半規管で受容。

3 ヒトの嗅覚器と味覚器

❶ヒトの嗅覚器　においは，鼻腔の上部の嗅上皮の**嗅細胞**で受容する（⤷図22）。空気中の物質が粘液に溶け，嗅細胞の受容体に結合すると，興奮し，嗅神経から脳へ伝わり嗅覚を生じる。

❷ヒトの味覚器

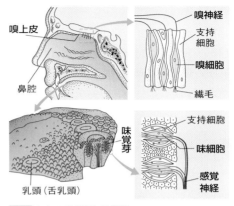

① **味覚芽**　ヒトの味覚器は，舌の乳頭側面にある味覚芽（味蕾）である。1つの味覚芽には50〜150個の**味細胞**があり，液体中の化学物質を受容し，大脳で味覚を生じる。

図22　ヒトの嗅覚器と味覚器

② **味覚を生じるしくみ**　味覚は，苦味・甘味・酸味・塩味・うま味の5種類に分けられる。5種類の味覚の化学物質は異なる受容体に結合し，味細胞内でセカンドメッセンジャー（⤷p.351）が合成される。その量に応じて味細胞で受容器電位が発生し，味神経の興奮が起こる。味神経の興奮は大脳の味覚中枢へと伝えられ，味覚が生じる。脳内では嗅覚などの感覚と統合された味（風味）を感じることになる。

COLUMN

嗅覚を生じるしくみ

ヒトでは嗅細胞の受容体は約350種類存在する。[*1] 1つの嗅細胞は1種類の受容体しかもたないが1種類の化学物質は，1種類の受容体に結合するとは限らず，それらの受容体の反応の組み合わせがにおいの情報として脳で統合され，何千種類ものにおいをかぎ分けることができる（図23）。

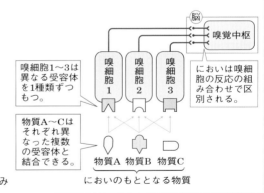

図23　嗅覚を生じるしくみ

POINT!

空気中の化学物質…嗅上皮の嗅細胞で受容（**嗅覚**）

液体中の化学物質…味覚芽の味細胞で受容（**味覚**）

★1 イヌは約800種類，マウスは約1000種類の受容体をもつことが知られている。

4 ヒトの皮膚感覚器

❶ヒトの皮膚感覚受容器　ヒトの皮膚には，**痛覚・冷覚・温覚・触覚**の4種類の感覚を受容する受容器がある。

❷感覚受容器の分布　真皮内には冷覚・温覚・触覚を感じる受容器がそれぞれあり，真皮の表層には痛覚(および冷覚・温覚)を感じる**自由神経終末**があり，表皮内にも進入する。これらの受容器が分布する密度はからだの場所によって異なる。

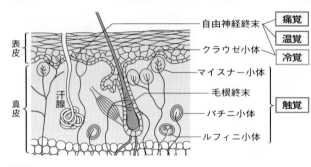

表皮
真皮
汗腺
自由神経終末
クラウゼ小体
マイスナー小体
毛根終末
パチニ小体
ルフィニ小体
痛覚
温覚
冷覚
触覚

図24 皮膚の感覚点

視点 毛根終末は，風や接触などによるゆらぎ刺激を感じている。ネコのひげも接触刺激に敏感である。触覚が鋭敏な部位はヒトでは指先や唇，舌先といわれ，指先で細かい点字を読み取ることができる。

補足 魚類では，からだの側面に並ぶ側線器に感覚受容体があり，水流などの物理的刺激を受け取る。

5 ヒトの自己受容器

動物は，外部からの刺激のほか，体内の状態を知るための受容器ももっている。これを自己受容器といい，代表的なものとして平衡受容器のほか，筋肉の長さや力を受容することで姿勢や運動の調節に働く**筋紡錘**(ぼうすい)や**腱紡錘**(けん)がある。

感覚神経
核
筋細胞

図25 筋肉の自己受容器

視点 筋紡錘は，膝蓋腱(しつがいけん)反射(☞p.502)など，姿勢保持の反射の受容器として重要。

このSECTIONのまとめ　刺激の受容と受容器

□刺激の受容と反応 ☞p.476	・刺激→受容器―(感覚神経)→中枢―(運動神経)→効果器→反応 ・受容器が受け取る特定の刺激を**適刺激**という。
□ヒトの視覚器 ☞p.478	・眼の**網膜**には2種類の**視細胞**がある。 { **桿体細胞**(かんたい)…弱い光を受容。色は識別できない。 { **錐体細胞**(すいたい)…強い光を受容。**色**を識別する。
□ヒトの聴覚器 ☞p.484	・**うずまき管**の**コルチ器**にある**聴細胞**で音を受容。 ・**前庭**で**傾き**と**加速度**を受容。**半規管**で**回転**を受容。

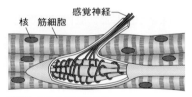

SECTION 2　神経の興奮の伝導と伝達

1 | ニューロン(神経細胞)

1 ニューロンの種類

❶**神経とその役割**　動物は，外界からの刺激に対して一定の反応を起こす。このとき情報は，p.476でも説明したように，(刺激)→受容器→感覚神経→中枢神経系→運動神経・自律神経→効果器→(反応)という経路を伝わる。神経はこの刺激を高速で伝え，いろいろな情報を瞬時に処理できるようにできている。

❷**ニューロンの種類**　動物体内の神経をまとめて**神経系**という(⇨p.498)。神経系の基本単位となっているのはニューロン(神経細胞)で，その働きから次の3つに分けられる。

①**感覚ニューロン**　感覚神経を構成するニューロンで，受容器からの興奮を中枢に伝える**求心性神経である**。[*1]

②**運動ニューロン**　運動神経を構成するニューロンで，中枢からの興奮を骨格筋などの効果器に伝える**遠心性神経である**。[*2]

③**介在ニューロン**　中枢神経系を構成するニューロンで，情報を統合・処理する。

図26 神経系のしくみ
(模式図)

2 ニューロン ①重要

❶**ニューロンの構造**　ニューロンは，ふつう図27のようなつくりをしており，細胞体とそこから伸びる軸索，樹状突起からできている。

①**細胞体**　核を含む部分のこと。

②**軸索**　細胞体から伸びる突起のうち，特に長く伸長したもの。脊椎動物の軸索は多くの場合シュワン細胞が巻きついてできた**神経鞘**でおおわれており，合わせて神経繊維という。**神経繊維がさらに集まって束になったものを神経とよぶ**。

③**樹状突起**　短く，木の枝のように多数広がって伸びる突起。興奮を受け取る。

★1 興奮の伝わる方向が末梢→中枢の神経を**求心性神経**という。感覚神経はすべて求心性神経である。

★2 興奮の伝わる方向が中枢→末梢の神経を**遠心性神経**という。すべての運動神経ならびにほとんどの自律神経系(⇨p.99)は遠心性神経である。

第7編 生物の環境応答

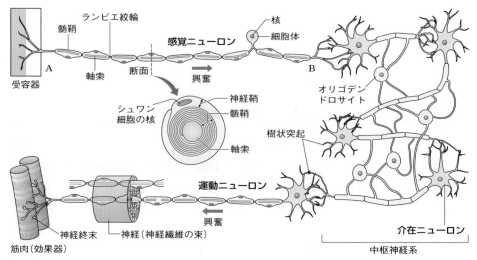

図27　ニューロンのつくりとそのつながり(模式図)──介在ニューロンを介さない場合もある。

視点　運動ニューロンや介在ニューロンでは細胞体から1本の軸索と多数の樹状突起が出る。感覚ニューロンでは細胞体から2本の軸索が伸びており，図のA，Bのうち，Aが樹状突起に相当する。

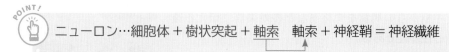

POINT!　ニューロン…細胞体 + 樹状突起 + 軸索　軸索 + 神経鞘 = 神経繊維

❷神経繊維の種類　神経繊維には，次の2つがある。

①**有髄神経繊維**　神経鞘を形成するシュワン細胞などがその内側に何重にも巻き付いて髄鞘(ミエリン鞘)という構造を形成している神経繊維。髄鞘は，軸索のまわり全体を連続して取り巻いているのではなく，一定間隔で切れ目が見られる。この切れ目をランビエ絞輪という。

　例　脊椎動物の感覚神経・運動神経，中枢神経系(脳や脊髄)

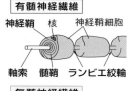

図28　有髄神経繊維と無髄神経繊維(模式図)

②**無髄神経繊維**　軸索が髄鞘に包まれていない神経繊維。髄鞘がないため，ランビエ絞輪は見られない。

　例　無脊椎動物の神経，脊椎動物の交感神経

❸グリア細胞　ニューロンと血管をつなぎ，栄養分の供給や構造の支持，髄鞘の形成に働く。グリア細胞には，末梢神経の髄鞘を形成する**シュワン細胞**や中枢神経の髄鞘を形成する**オリゴデンドロサイト**，脳で血管からニューロンに有害な物質を遮断しながら栄養分を供給したり余分なイオンや神経伝達物質を除去する**アストロサイト**，中枢で免疫に働く**ミクログリア**などの種類がある。

2 ｜ ニューロンの興奮

1 静止電位と活動電位 ！重要

❶ 静止電位 　生きているニューロンでは細胞膜の内外で電位差が生じている。この電位差を膜電位という。刺激を受けていないニューロンの部位（静止部位）の膜電位は静止電位とよばれ，内側が外側に対して $-90 \sim -50 \, \text{mV}$ の値を示す（⇨図29①）。

❷ 活動電位 　ニューロンの細胞膜に刺激が加わると，膜の内側が正（＋），外側が負（−）になる電位の逆転が起こる（図29②）。電位の逆転は一瞬で終わって膜電位は再び内側が−になり，静止電位に戻る（図29③）。この一過性の電位変化を活動電位といい，この活動電流の発生を興奮という。

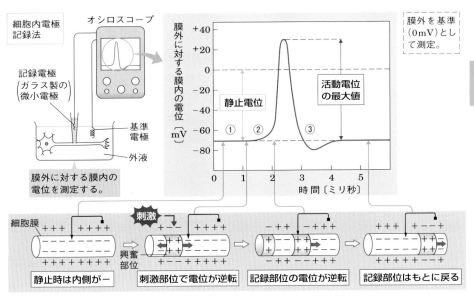

図29 静止電位と活動電位

（⇨p.349）

❸ 静止電位を生じるしくみ 　細胞膜では，ナトリウムポンプが能動輸送で Na^+ を細胞外に，K^+ を細胞内に運んでいる（⇨p.349）。そのため細胞外では Na^+ が多く，細胞内では K^+ が多くなっているが，K^+ の一部はカリウムチャネル（⇨p.347）を通って細胞外に拡散するため，相対的に膜の外側が正（＋）に，膜の内側が負（−）に帯電する（分極）（⇨図30）。

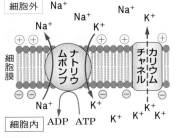

図30 静止電位の生じるしくみ

❹細胞膜におけるイオンの移動と興奮

① 静止時，ナトリウムポンプは常に働き，Na^+を細胞外へ，K^+を細胞内へ濃度勾配に逆らって輸送している（⤷p.349）。カリウムチャネルには電位に依存して開閉するものと常に開いているものがあり，K^+は濃度勾配にしたがって常に開いているカリウムチャネルを通って細胞内から細胞外に拡散し，**膜内が－，膜外が＋の静止電位を生じる**。

② 膜に刺激が加わり膜電位が０に近づく（脱分極）と，電位依存性ナトリウムチャネルが開いてNa^+が濃度の高い細胞外から細胞内に流入する。これによって**膜電位が膜内＋，膜外－へと逆転する**。

③ 電位依存性ナトリウムチャネルはすぐに閉じてNa^+の流入は止まる。そして電位依存性カリウムチャネルが遅れて開き，K^+が細胞外に流出する。これにより膜電位が膜内－，膜外＋に再び逆転する（再分極）。

④ 電位依存性カリウムチャネルはゆっくり閉じるため，静止電位まで戻った後もK^+の流出が続き，一時的に**静止電位よりも分極が進んだ過分極**の状態になる。

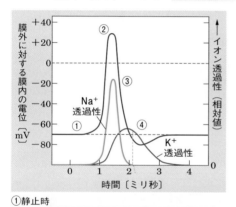

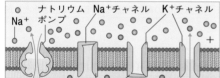

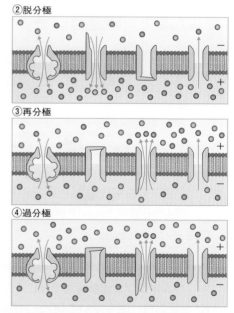

図31　活動電位の発生におけるイオンの移動

POINT!

静止電位…静止時の細胞膜内外の電位差。内側－，外側＋。

活動電位…興奮時の電位変化。**内側＋，外側－に逆転**した後もとに戻る。

2 刺激の強さと興奮の頻度

❶閾値　個々の神経繊維や筋繊維などは，ある一定以上の強さの刺激が加わらないと興奮を起こさない。**興奮を引き起こすために必要な最小限の刺激の強さを閾値**という。

❷全か無かの法則　神経繊維や横紋筋繊維の興奮は，**閾値以上であれば刺激の強さを大きくしても興奮の大きさは一定**である。つまり，神経繊維や横紋筋繊維は，刺激に対してまったく反応しないか，一定の大きさで反応するかのどちらかである。この刺激の大きさと興奮の大きさの関係を全か無かの法則という。

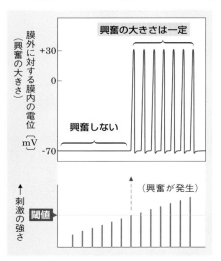

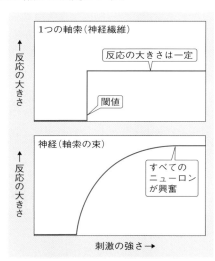

図32　刺激の強さと活動電位(興奮)の大きさ　　　　図33　刺激の強さと反応の大きさ

補足　1個1個の細胞によって閾値は異なる。そのため，全か無かの法則は，個々の細胞についてはあてはまるが，多くの細胞が束になったいわゆる“神経”や“筋肉”にはあてはまらない。

❸刺激の強さと興奮　1個1個の感覚細胞は全か無かの法則にしたがうが，いくつかの感覚細胞が集まった受容器では，それぞれの感覚細胞の閾値が異なっているため，刺激が強くなるにしたがって**興奮する細胞の数が増える**。すると，それを受け取るニューロンの**興奮の頻度**が増える。このようにして，刺激の強さは興奮の頻度として脳へ伝えられる。

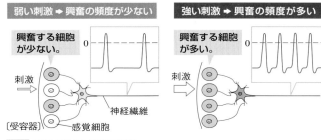

図34　刺激の強さと興奮の頻度

3 興奮の伝導 ①重要

❶**活動電流** 神経に刺激が加えられ興奮が生じると，その部位の膜内外の電位が逆転し，隣接する部位との間に電位差ができる。すると，興奮部と隣接部の間に電流が流れる。これを活動電流という。ニューロン内を興奮が伝わるのは，**活動電流によって隣接部が次々に刺激されるからである。**

❷**興奮の伝導** ニューロン内を興奮が伝わることを興奮の伝導といい，このあと学習するシナプスでの興奮の伝達（⇨p.495）と区別する。興奮の伝導は，次のようにして起こる。

① 神経繊維の途中に刺激を加えると，その部位の膜電位が逆転し，興奮が生じる（活動電位）。

② すると，隣接部との間の電位差により活動電流が流れる。

③ 活動電流によって隣接部の電位依存性ナトリウムチャネルが刺激され，興奮が生じる。

④ 興奮直後の部位は不応期とよばれ活動電位を発生できないため，**興奮は後戻りすることなく刺激部位から両方向に次々と伝わる。**

❸**有髄神経繊維での興奮の跳躍伝導**

有髄神経繊維にある髄鞘は絶縁性が高く電流（活動電流）が流れにくいため，興奮は，髄鞘と髄鞘の切れ目であるランビエ絞輪から両隣のランビエ絞輪へととびとびに伝わる。このような伝導を跳躍伝導という。神経繊維中を興奮が伝導する速さは，跳躍伝導をする有髄神経繊維のほうが無髄神経繊維よりもはるかに速いことが多い。

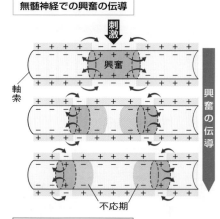

無髄神経での興奮の伝導

軸索

興奮

不応期

興奮の伝導

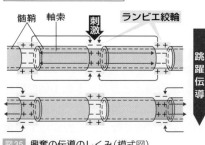

有髄神経での興奮の伝導

髄鞘 軸索 ランビエ絞輪

刺激

跳躍伝導

図35 興奮の伝導のしくみ（模式図）

POINT!

　跳躍伝導…有髄神経繊維では興奮がランビエ絞輪（髄鞘の切れ目）の間をとびとびに伝導し，非常に速く伝わる。

★1 哺乳類の運動ニューロンの有髄神経繊維では伝導速度が100 m/sほどに達する。無髄神経繊維どうしあるいは有髄神経繊維どうしでは伝導速度は神経繊維が太いほど速く，40℃程度までは温度が高いときほど速い。

4 シナプスと興奮の伝達 ①重要

①シナプス　ニューロンの軸索末端（神経終末）が他のニューロンまたは筋肉など
の効果器と接続する部分をシナプスという。神経終末と相手の細胞は接しておらず，
シナプス間隙とよばれるわずかなすき間がある。シナプスでは，神経終末から**神経
伝達物質**が放出されて，相手の細胞に情報が伝えられる。シナプスを介して興奮が
伝わることを興奮の伝達という。

②興奮の伝導と伝達の違い　1つのニューロンの細胞膜を伝わる興奮の伝導に対し
て興奮の伝達は細胞間で情報を伝える。また，**シナプスでの興奮の伝達は，常に軸
索末端から樹状突起や細胞体への一方向**である。

5 興奮の伝達のしくみ

①興奮の伝達に働く構造　シナプスで神経伝達物質を放出する側の細胞を**シナプ
ス前細胞**，受け取る側の細胞を**シナプス後細胞**とよぶ。シナプス前細胞の神経終末
には神経伝達物質を含む**シナプス小胞**や**電位依存性カルシウムチャネル**，シナプス
後細胞の細胞膜には**伝達物質依存性**（リガンド依存性）**イオンチャネル**がある。

②伝達のしくみ

① 興奮が神経終末に
伝わると**電位依存
性カルシウムチャ
ネルが開き，Ca²⁺
が流入**する。

② **シナプス小胞の膜
がシナプス前細胞
の細胞膜（シナプ
ス前膜）と融合**し，
小胞内部の**神経伝
達物質がシナプス
間隙に放出される。**

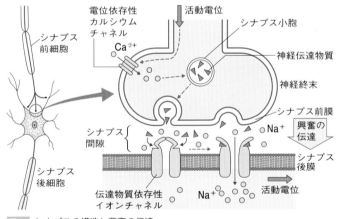

図36 シナプスの構造と興奮の伝達

③ 神経伝達物質が拡散し，シナプス後細胞の細胞膜（シナプス後膜）の**伝達物質依
存性イオンチャネル**（受容体）に結合しイオンチャネルが開く。

④ Na⁺などのイオンがシナプス後細胞内に流入し膜電位が変化する。この電位変
化を**シナプス後電位（PSP）**という。**PSPが閾値を超えると活動電位が生じてシナ
プス後細胞で興奮が生じる。**

⑤ 放出された神経伝達物質は速やかに分解または，シナプス前細胞に回収される。

⑥ 興奮の伝達には数ミリ秒を要する。この時間的な遅れを**シナプス遅延**という。

❸シナプスの種類

① **興奮性シナプス** 神経終末から興奮性の神経伝達物質(アセチルコリン, ノルアドレナリン, グルタミン酸, セロトニン, ドーパミンなど)が放出される。これを受容したシナプス後細胞で脱分極が起こり, 興奮性シナプス後電位(EPSP)[*1][*2]が発生する。EPSPが閾値を超えると活動電位が発生する。

② **抑制性シナプス** 神経終末から抑制性の神経伝達物質(GABA；γ-アミノ酪酸, グリシンなど)が放出される。これを受容したシナプス後細胞ではCl^-が流入して過分極が起こり, 膜電位が低下する電位変化(抑制性シナプス後電位；IPSPという)[*2]が発生するため, シナプス後細胞で興奮が生じにくくなる。

❹シナプス後電位(PSP)の加重 一般に1個のニューロンは複数のニューロンとシナプスを形成しており, 単独のEPSPではなくこれら複数のシナプスにより生じるPSP(EPSPおよびIPSP)の総和によって興奮が発生する。

① **時間的加重** 短時間にくり返し刺激を受けることにより, PSPが時間的に加算されることを時間的加重という。図37aのように, E_1を単独刺激しても活動電位は生じないが, E_1を連続して刺激するとEPSPが加算され活動電位が発生する。

② **空間的加重** 複数のニューロンから同時に刺激を受け, PSPが加算されることを空間的加重という。図37でE_1, E_2を同時に刺激すると, EPSPが加算されて閾値に達し活動電位が発生する(図37b)が, E_1とIを同時に刺激すると, EPSPがIPSPに相殺されて活動電位は発生しない(図37c)。

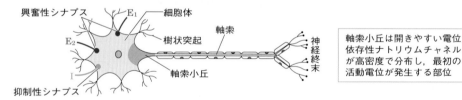

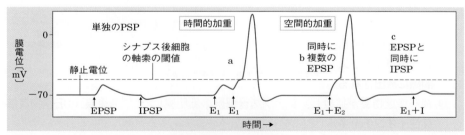

図37 シナプス後電位におけるEPSP, IPSPの作用

視点 グラフ中の矢印はEPSP(E_1, E_2), IPSP(I)の発生時期を示す。

★1 抑制性シナプスの受容体にも結合するものがあり, その場合は抑制にも働く。
★2 EPSP = excitatory postsynaptic potential, IPSP = inhibitory postsynaptic potential

6 シナプス可塑性

　シナプスで興奮の伝達がくり返されると，受容体数の増加やニューロンの形態変化が起こり伝達効率が変化する。この伝達効率の変化をシナプス可塑性（か そせい）という。

　学習や記憶に関与する大脳辺縁系の海馬（⇨ p.500）のシナプスでは神経伝達物質としてグルタミン酸を利用しているが，シナプス後細胞は複数種類のグルタミン酸受容体をもつ。弱い刺激ではNa^+を流入させる受容体のみが働き EPSPを生じるが，強い刺激やくり返しがあるとCa^{2+}を流入させる受容体が開き，遺伝子発現が変化して受容体数の増加やシナプスが形成される突起（スパイン）の増大が促され，伝達効率が上昇し長期記憶の保持につながることが知られている。

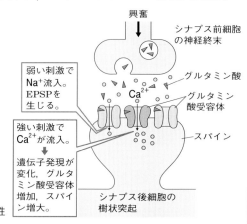

弱い刺激でNa^+流入。EPSPを生じる。

強い刺激でCa^{2+}が流入。
→ 遺伝子発現が変化，グルタミン酸受容体増加，スパイン増大。

興奮
シナプス前細胞の神経終末
グルタミン酸
グルタミン酸受容体
スパイン
シナプス後細胞の樹状突起

図38 シナプス可塑性

このSECTIONの **まとめ**　神経と興奮の伝導・伝達

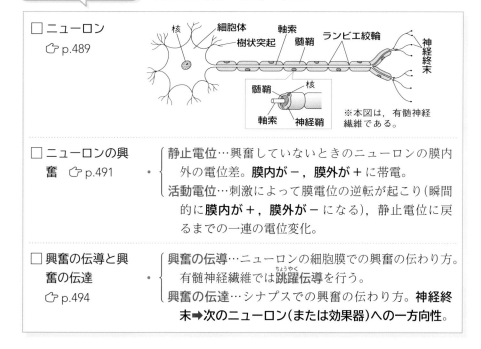

□ **ニューロン**
⇨ p.489

核　細胞体　軸索　ランビエ絞輪　神経終末
樹状突起　髄鞘
髄鞘　核
軸索　神経鞘
※本図は，有髄神経繊維である。

□ **ニューロンの興奮** ⇨ p.491

・静止電位…興奮していないときのニューロンの膜内外の電位差。**膜内が－，膜外が＋に帯電。**
・活動電位…刺激によって膜電位の逆転が起こり（瞬間的に**膜内が＋，膜外が－になる**），静止電位に戻るまでの一連の電位変化。

□ **興奮の伝導と興奮の伝達** ⇨ p.494

・興奮の伝導…ニューロンの細胞膜での興奮の伝わり方。有髄神経繊維では**跳躍伝導**（ちょうやく）を行う。
・興奮の伝達…シナプスでの興奮の伝わり方。**神経終末➡次のニューロン（または効果器）への一方向性。**

第**7**編　生物の環境応答

中枢神経系とその働き

1 | 神経系の発達

1 脊椎動物の神経系の形成

　脊椎動物の神経系は発生の初期の1本の神経管に始まる管状神経系で，中枢がさらに脳と脊髄に分化している。中枢は発生途中の神経胚期に形成された神経管から

つくられ（⟳p.436），神経管の前端がふくらんで脳となり，それ以降が脊髄になる。また，脳は，右のような経過をたどって，大脳・間脳・中脳・小脳・延髄へと発達する。

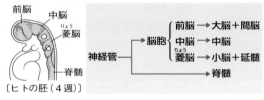

〔ヒトの胚（4週）〕

図39 脊椎動物の神経系の形成

⊕発展ゼミ　神経系の種類と発達

　神経系はヒドラなどの刺胞動物(二胚葉動物)以上の動物で見られる。刺胞動物の神経系は特別な中枢がなく，全身の皮下にニューロンが散在して神経繊維が網目状に連絡しており散在神経系とよばれる。三胚葉動物では，中枢神経と末梢神経の分化が進んだ集中神経系が備わっていて，次のような種類がある。

- ●**かご形神経系**　脳からひも状の神経幹が複数本後部に伸び，それらを多数の神経が横につないでいる。　⑨　扁形動物(プラナリア)，線形動物(カイチュウ)
- ●**はしご形神経系**　脳から伸びる1対の神経が各体節にある神経節ではしご状に連絡しており，神経節から末梢神経が伸びている。　⑨　環形動物(ゴカイ)，節足動物(昆虫)
- ●**管状神経系**　中枢がからだの中軸に集まって管状の神経系をつくっている。脊椎動物では，中枢が脳と脊髄に分化している。　⑨　尾索動物(ナメクジウオ)，脊椎動物(ヒト)

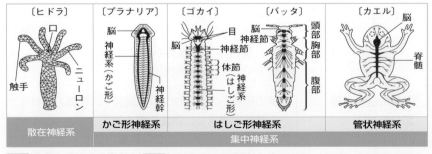

図40 神経系の発達のようす　視点 右のものほど集中化の傾向が強い，発達した神経系である。

2 ヒトの神経系

　脊椎動物の神経系ではほとんどのニューロンが脳と脊髄に集中し，中枢神経系を構成している。**中枢神経系とからだの各部をつなぐ神経系**を末梢神経系という。

　末梢神経系は，その働きから**体性神経系**（感覚神経と運動神経）と**自律神経系**（交感神経と副交感神経；⊃p.99）に分けられる。感覚神経は受容器から中枢神経系へ興奮を伝える**求心性神経**で，運動神経は中枢からからだの各部の骨格筋などへ命令（興奮）を伝える**遠心性神経**である。また，末梢神経系は脳から出る**脳神経**（12対）と脊髄から出る**脊髄神経**（31対）に分けられる。

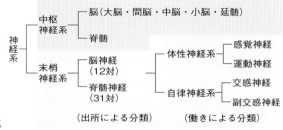

図41　神経系の構成

末梢神経系 { 出所で分類…脳神経と脊髄神経
　　　　　　働きで分類…体性神経系と自律神経系
　　　　　　伝達方向で分類…求心性神経と遠心性神経

2 | 中枢神経系とその働き

1 ヒトの脳の働き ①重要

　ヒトの脳の各部の名称と働きは，**図42**のようにまとめられる。

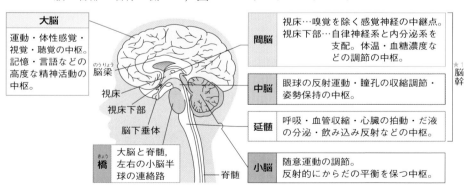

図42　ヒトの脳の各部位の働き

★1　間脳・中脳・延髄は生命維持に必要な調節に働き，まとめて脳幹とよばれる（⊃p.98）。

2 大脳のつくりと働き

❶大脳のつくり　大脳は，多くのニューロンが複雑に接続してできており，中央部より左右の**大脳半球**(右脳と左脳)に分けられ，次の2つの部分からなる。

① **大脳皮質**　大脳の断面を見ると，複雑に入り組んだその表面から2〜5mmの厚さの部分は，灰色をして見える。この部分が大脳皮質で，**ニューロンの細胞体が集まっている部分**である。その色から，灰白質ともいう。

② **大脳髄質**　大脳皮質の内側の部分で，神経繊維が束になって走っている。白っぽく見えることから，白質ともいう。右脳と左脳を連絡する脳梁も白質である。

❷大脳皮質とその働き　大脳皮質には，**新皮質**と**辺縁皮質**とよばれる部分がある（⇨ p.97 **図23**）。この2種類の皮質の働きは異なり，互いが協調しあっている。

① **新皮質**　ヒトでは特に発達しており，大脳の表面の大部分を占め，運動や感覚の中枢に加えて精神活動や適応行動の中枢が存在する（⇨ p.97 **図24**）。

② **辺縁皮質**　古皮質・原皮質ともよばれ，両生類やハ虫類では大部分を占めている皮質である。ヒトでは新皮質に包み込まれるように存在し，食欲などの欲求感覚や怒りなどの情緒行動といった基本的な生存活動にかかわる中枢がある。

POINT!

大脳 ⎰ 皮質(灰白質)…ニューロンの細胞体が集中。
　　 ⎱ 髄質(白質)…ニューロンの神経繊維が束になっている。

参考　大脳辺縁系

● 大脳の辺縁皮質とその周辺にある一連の部分を合わせて大脳辺縁系と総称する。
● この部分には，嗅覚の中枢である**嗅球**(古皮質)のほか，記憶情報を長期記憶に固定する海馬(原皮質)，欲求・感情などの動物の基本的な生命活動に関係した扁桃体などがあり，動物の原始的な行動や基本的な感情にかかわるほか，脳幹と連絡して恒常性の維持にも働いている。

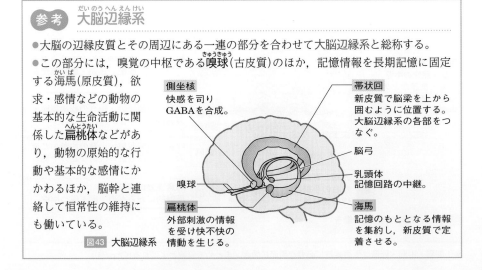

図43 大脳辺縁系

側坐核
快感を司り
GABAを合成。

帯状回
新皮質で脳梁を上から
囲むように位置する。
大脳辺縁系の各部をつ
なぐ。

脳弓

乳頭体
記憶回路の中継。

嗅球

扁桃体
外部刺激の情報
を受け快不快の
情動を生じる。

海馬
記憶のもととなる情報
を集約し，新皮質で定
着させる。

➕ 発展ゼミ　脊椎動物の脳の発達

● 脊椎動物における脳の発達の特徴は，脳全体に対する大脳の占める割合が大きくなることであり，特に哺乳類では大脳皮質の割合が大きくなる。

① **魚類**　脳の先端に伸びている部分は嗅球とよばれ，嗅神経が集まっている部分である。中脳および小脳(平衡感覚の中枢)が発達している。

② **両生類**　脳全体のなかで大脳の占める割合が大きくなる。小脳は，比較的未発達。

③ **ハ虫類**　脳の先端部分は魚類と同じ嗅球。間脳はあるが，大脳に覆われており，外からは見えにくい。

④ **鳥類**　大脳と小脳が発達している。

⑤ **哺乳類**　大脳が著しく発達しているため，間脳と中脳は外からは見えない。

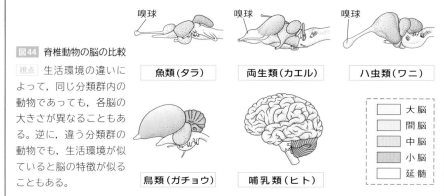

図44　脊椎動物の脳の比較

視点 生活環境の違いによって，同じ分類群内の動物であっても，各脳の大きさが異なることもある。逆に，違う分類群の動物でも，生活環境が似ていると脳の特徴が似ることもある。

---

3 ヒトの脊髄　① 重要

● **脊髄のつくり**　脊髄は背骨(脊椎骨)の中にある長さ約45 cmほどの中枢である。その横断面を見ると，**外側が白質，内側が灰白質**になっており，大脳とは逆に配置している。また，背側の灰白質へは感覚神経の軸索がきており，腹側の灰白質からは運動神経の軸索が伸び，それぞれ**背根**と**腹根**をつくっている。

① **背根**　感覚神経繊維の束で，背側から入っている。その直前に感覚ニューロンの細胞体の集まりである**脊髄神経節**がある。

② **腹根**　運動神経繊維の束で，腹側から出ている。自律神経も腹根を通る。

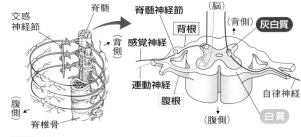

図45　脊髄のつくり

❷脊髄の働き

①受容器で受けた刺激による興奮を脳に伝え，脳からの命令(興奮)を効果器に伝えるときの神経の通路。

②膝蓋腱反射などの脊髄反射の中枢。これについては次の「反射」でくわしく説明する。

❸興奮の伝達経路　興奮の伝達経路をまとめると次のようになる。

〔刺激〕→受容器→感覚神経→(背根)→脊髄→延髄→間脳視床→大脳(感覚野・運動野など)→延髄→脊髄→(腹根)→運動神経→効果器→〔反応〕

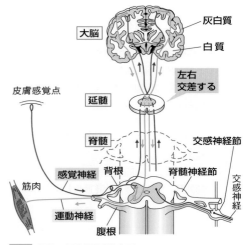

図46　興奮の伝達経路(模式図)

POINT!

> 脊髄では，内側に灰白質，外側に白質がある(大脳とは逆)。
> 脊髄の背根から感覚神経が，腹根から運動神経が出ている。

3 | 反射

1 反射 ①重要

❶反射とはどのような反応か　刺激に対して，意識とは無関係に瞬時に起こる反応を反射という。反射は大脳以外の中脳・延髄・脊髄が中枢となる反応で，大脳を経由しないぶん，反応がすばやく起こる。

❷膝蓋腱反射　腰かけて，足を宙に浮かせて力を抜いた状態でひざの下を軽く叩くと，すぐに足がはね上がる。これを膝蓋腱反射といい，脊髄を中枢とする反射である。

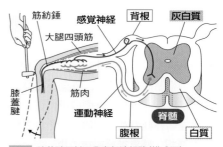

図47　膝蓋腱反射の興奮伝達経路(模式図)

❸膝蓋腱反射の興奮伝達経路　膝蓋腱反射が起こるときの興奮の伝達経路は図47のとおりである。このような，刺激を受けてから反射が起こるまでの興奮の伝達経路を反射弓という。膝蓋腱反射の経路中のシナプスは1個である。

膝蓋腱反射の反射弓　〔刺激〕→膝蓋腱の受容器(筋紡錘が伸びる)→感覚神経→脊髄(背根→灰白質→腹根)→運動神経→ひざの筋肉→〔反応〕

❹屈筋反射　熱いものに触ったとき，思わず手を引っ込めることがある。これを**屈筋反射**といい，脊髄反射の１つである。

❺屈筋反射の経路　屈筋反射では，脊髄の中で介在ニューロンを通して興奮が伝わるため，**経路中のシナプスは２個**である。

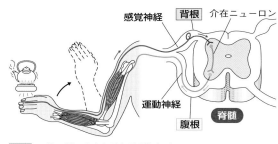

図48　屈筋反射の興奮伝達経路(模式図)

屈筋反射の反射弓　〔刺激〕→手などの感覚細胞→感覚神経→脊髄(背根→灰白質→<u>介在ニューロン</u>→腹根)→運動神経→腕の筋肉(屈筋)→〔反応〕

2 反射の種類と中枢

❶**中脳反射**　中脳を中枢とする反射。

例　斜めの板にカエルをのせるとからだを水平に保とうとする反射，瞳孔反射(虹彩による明暗調節)，眼瞼反射(眼前にものが飛んできたときまぶたを閉じる反射)

❷**延髄反射**　延髄を中枢とする反射。

例　せき，くしゃみ，嚥下(のみ下し)，おう吐，だ液分泌などの反射

❸**脊髄反射**　脊髄を中枢とする反射。

例　膝蓋腱反射，屈筋反射，汗の分泌，排便・排尿，分娩などの反射

第7編 生物の環境応答

このSECTIONのまとめ　中枢神経系とその働き

□ **神経系の発達** ↪ p.498	• **中枢神経系**…**脳**(大脳・間脳・中脳・小脳・延髄)と**脊髄**。 • **末梢神経系**…脳神経(12対)と脊髄神経(31対)。 • 末梢神経の働きによる分類 { **体性神経系**…運動神経 ＋ 感覚神経 / **自律神経系**…交感神経 ＋ 副交感神経
□ **中枢神経系とその働き** ↪ p.499	• **大脳** { **大脳皮質(灰白質)**…ニューロンの細胞体 / **大脳髄質(白質)**…神経繊維の束 • **脊髄**…髄質(灰白質) ＋ 皮質(白質)　背根を感覚神経が，腹根を運動神経が通る。
□ **反射** ↪ p.502	• 反射…大脳以外の**中脳・延髄・脊髄**などが中枢となる反応。 • 膝蓋腱反射…感覚神経→運動神経 • 屈筋反射…感覚神経→介在ニューロン→運動神経

反応と効果器

1 | 筋肉と筋収縮のしくみ

1 筋肉とそのつくり ①重要

❶横紋筋と平滑筋　脊椎動物の筋肉は，横紋筋と平滑筋の2つに大別される。

```
         ┌ 横紋筋 ┌ 骨格筋 … 随意筋
筋肉 ─┤         ├ 心　筋 ┐
         └ 平滑筋 … 内臓筋 ┘ … 不随意筋
```

① **横紋筋**　横紋筋には，骨に付いていて運動に働く**骨格筋**と，心臓を構成して拍動する**心筋**とがある。骨格筋は意志で動く随意筋で，心筋は不随意筋である。

② **平滑筋**　消化管などの内臓や血管壁にある筋肉で，不随意筋である。

❷骨格筋のつくり　骨格筋は，いくつかの細胞が融合してできた多核の**筋繊維（筋細胞）**が束になってできている。それぞれの筋繊維の細胞質中には，小胞体やミトコンドリアなどの細胞小器官とともに筋原繊維の束があり，筋収縮に関係する。

補足　平滑筋は単核で紡錘形の細胞が集まってできている。心筋は骨格筋と同様に横紋筋であるが，単核で枝分かれした形状である（⇨p.74）。

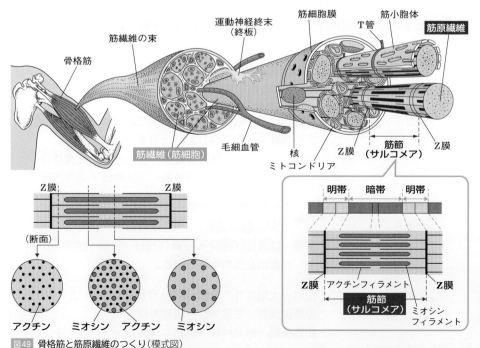

図49　骨格筋と筋原繊維のつくり（模式図）

❸**筋原繊維のつくり**　横紋筋(骨格筋)の筋原繊維は，図49のようなつくりをしている。

①筋原繊維を光学顕微鏡で観察すると，明るい部分(**明帯**)と暗い部分(**暗帯**)とがあるのがわかる。

②明帯の中央部には**Z膜**というしきりがあり，Z膜とZ膜の間を**筋節(サルコメア)**という。**筋収縮は，筋節を単位として起こる。**

③筋節には，中央部に太い**ミオシンフィラメント**があり，両側から細い**アクチンフィラメント**が伸びている。

❹**終板と運動単位**　筋繊維(筋細胞)が運動ニューロンの神経終末とシナプスを形成している部分を**終板**(運動神経終末)とよぶ。複数の1つの運動ニューロンとその運動ニューロンが支配するすべての筋繊維をまとめて，**運動単位**という。

2 筋収縮のしくみ ①重要

❶**筋原繊維の構造と筋収縮**　横紋筋の基本単位は**筋原繊維**で，そのまわりを袋状の**筋小胞体**が取り囲んでいる。筋原繊維は，アクチンとミオシンの2種類のタンパク質でできており，それぞれ，**アクチンフィラメント**，**ミオシンフィラメント**を構成している。

❷**アクチンとミオシン**(⇨p.335)

①**アクチン**　球状の分子で，筋原繊維ではこれが二重らせん状に重合してできたアクチンフィラメントに**トロポミオシン**(⇨p.506)などのタンパク質が結合している。

②**ミオシン**　細長い分子で，その一端に，ATP分解酵素として働く球状のふくらみ(ミオシン頭部)をもつ。集合してミオシンフィラメントとなる。

アクチン　　　　　　　　　　　　　　　　　　　　　ミオシン頭部

アクチンフィラメント　　　　　**ミオシンフィラメント**

図50　アクチンフィラメントとミオシンフィラメント

❸**筋収縮のしくみ**(⇨図51)

①神経の興奮が伝達されて筋細胞膜が興奮すると，その興奮はT管を通じて筋小胞体に伝えられ，**筋小胞体からカルシウムイオン(Ca^{2+})が放出される。**

②放出されたCa^{2+}がトロポニンと結合すると，ミオシン頭部はアクチンと反応できるようになり収縮が始まる。**ミオシン頭部はATP分解酵素として働いてATPを分解する。**そのエネルギーによってミオシン頭部の首振り運動が起こり，**ミオシン頭部がアクチンフィラメントをたぐり寄せる。**その結果，アクチンフィラメントが筋節の中央方向へ滑り込み，筋節が短くなり，筋収縮が起こる。

第**7**編　生物の環境応答

③神経からの刺激がなくなると，Ca^{2+}は急速に筋小胞体に吸収され，ミオシンとアクチンの結合が離れ，筋肉が弛緩(しかん)する。

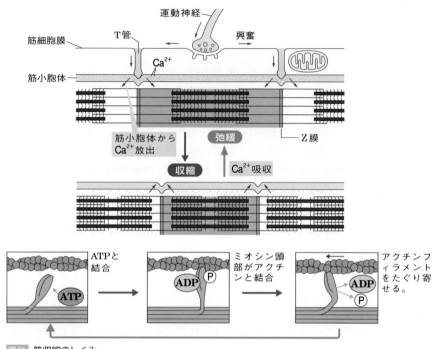

図51　筋収縮のしくみ

❹筋収縮の調節タンパク質　調節タンパク質であるトロポニンは骨格筋と心筋に存在している。アクチンフィラメントにはトロポミオシンという別の調節タンパク質が，ミオシン頭部との結合部位（ミオシン結合部位）を隠すように結合している。トロポニンはこのトロポミオシンに付着しており，筋小胞体から放出されたCa^{2+}を受け取ると，トロポミオシンの立体構造を変化させミオシン頭部がアクチンフィラメントと結合できるようにする。

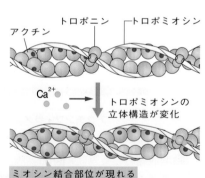

図52　筋収縮における調節タンパク質とカルシウムイオンの働き

[骨格筋の収縮]

神経の興奮⇨筋小胞体からCa^{2+}放出⇨トロポミオシンが変化⇨ミオシン頭部がATPを消費してアクチンフィラメントをたぐり寄せる。

⊕発展ゼミ　モータータンパク質

●筋細胞に存在するミオシンフィラメントは
ATPを消費して細胞骨格であるアクチンフィラメントをたぐり寄せる。このようなタンパク質は，モータータンパク質とよばれる。

●モータータンパク質は，ATPを分解して
発生する化学エネルギーを運動に変換するタンパク質で，**図53**のような動きをするミオシンのほか，**キネシンとダイニン**が知られている。キネシンは微小管（⊂♪p.336）の起点である中心体から遠ざかる方向（－端から＋端）に，ダイニンは中心体に向かう方向（＋端から－端）へ微小管上を移動する。したがって，ニューロンでは，軸索内の細胞小器官を，キネシンは末端に向かって，ダイニンは細胞体に向かって移動させる。

●このほか，ミオシンは，小胞輸送，細胞移動，原形質流動（⊂♪p.335），動物細胞の細胞質分裂に，また，ダイニンは，**繊毛運動や鞭毛運動**（⊂♪p.336）に関係する。

●原核生物の鞭毛は，細胞膜に固定されたモータータンパク質複合体の働きでプロペラのように回転し，細胞を移動させている（**図54**）。

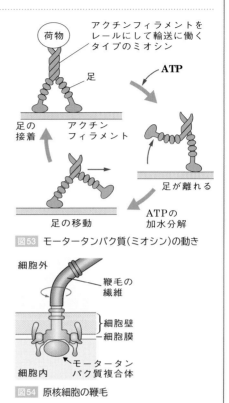

図53　モータータンパク質（ミオシン）の動き

荷物　アクチンフィラメントをレールにして輸送に働くタイプのミオシン

足　ATP

足の接着　アクチンフィラメント

足が離れる

足の移動　ATPの加水分解

図54　原核細胞の鞭毛

細胞外　鞭毛の繊維　細胞壁　細胞膜　細胞内　モータータンパク質複合体

2│単収縮と強縮

●**筋肉への興奮の伝達**　神経から興奮が伝達されて収縮が始まるしくみは次のとおりである。

①運動ニューロンを伝導してきた興奮が神経終末に達する。

②伝導してきた興奮が，神経終末内にあるシナプス小胞から，アセチルコリンなどの**伝達物質**をシナプス間隙に放出させる（⊂♪p.495）。

③筋細胞膜の表面にある受容体が伝達物質を受け取り，**活動電位が発生**する。

④**活動電流**により，興奮が筋細胞膜全体に広がる。

⑤T管から興奮が筋原繊維の中に入り，筋小胞体からの Ca^{2+} の放出を促す。

❷筋収縮の実験装置　骨格筋の収縮のようすは，図55のようなキモグラフやミオグラフという記録装置を用いて調べることができる。これらの装置では骨格筋に付いている神経に電流を流し，その刺激によって筋肉が収縮すると，筋肉に連動した針の動きとしてドラムに巻いた紙に収縮のようすが記録される。ミオグラフはキモグラフより記録紙のドラムの回転速度を上げたもので，より短時間の筋収縮のようすを記録することができる。

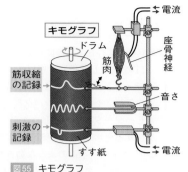

図55　キモグラフ

❸刺激の頻度と収縮パターン　筋肉の収縮のしかたは，刺激の頻度で異なる。

①単収縮　1回の刺激によって起こる瞬間的な収縮で，ふつう約0.1秒でその収縮を終える。このとき描かれる収縮曲線を単収縮曲線という(⤳図56)。単収縮では短い潜伏期のあと，0.05～0.1秒間の小さな収縮(収縮期)が起こり，もとの状態に弛緩する(弛緩期)。潜伏期には興奮が神経を伝わる時間や伝達にかかる時間などが含まれる。

②強縮　刺激の頻度をある一定以上に増やすと，持続的な強い収縮(強縮)が起こる。毎秒数十回以上の高頻度の刺激により滑らかな曲線が得られる図57ⓒのような強縮を完全強縮，やや低頻度の刺激によりのこぎり状の波形となる図57ⓑのような強縮を不完全強縮という。骨格筋は，完全強縮によってからだを動かしたり力を加えたりしている。

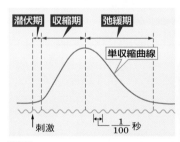

図56　ミオグラフで計測される単収縮曲線　図57　キモグラフで計測される筋収縮のパターン

❹収縮の強さ　筋繊維にも収縮を起こすための刺激の強さ(閾値)があり，全か無かの法則(⤳p.493)が成り立つ。閾値は筋繊維1本1本によって異なるので，刺激の強さが強いほど収縮する筋繊維の数が増え，筋肉は強く収縮する。

単収縮…1回の刺激による瞬間的な収縮(約0.1秒)

強縮…連続した高頻度の刺激によって起こる持続的な強い収縮

3│筋収縮のエネルギー供給系

①筋肉には，呼吸基質として多量のグリコーゲンが含まれており，**解糖**(⮫p.368)
や**呼吸**(⮫p.358)でグリコーゲンを分解したグルコースをもとにATPが合成される。
②ATPは分解しやすく，筋肉には多量のATPを蓄積しておくことができないため，
安静時には，多量につくられたATPのエネルギーとリン酸をクレアチン(Cr)に
転移することでATPよりも化学的に安定な**クレアチンリン酸**(CrP)が合成される。

③筋収縮によってATPが消費され，筋肉内の
ATPが不足してくると，②とは逆に，クレアチンリン酸のエネルギーとリン酸がADP
に転移し，ATPが再合成される。

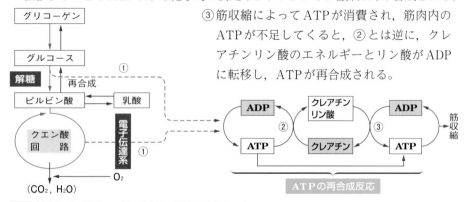

図58 筋収縮時の代謝────①～③は上の説明の番号を示す。

4│その他の効果器

1 腺(分泌腺)

腺は重要な効果器の1つで，外分泌腺と内分泌腺がある(⮫p.106)
❶**外分泌腺**　上皮組織が結合組織内に陥入してできた腺で，**分泌物は排出管を通
って放出される。**　例　汗腺，だ腺(だ液腺)，乳腺，胃腺，涙腺(るいせん)，すい臓
❷**内分泌腺**　排出管をもたない腺で，**ホルモンを産生する。ホルモンは血流によ
って全身に運ばれる。**　例　脳下垂体，甲状腺，すい臓，副腎，精巣，卵巣

2 発光器と発電器

❶**発光器(発光器官)**　ホタルやウミホタルなどの発光動物は，**発光器**(発光器官)
をもっている。ホタルの発光器(⮫図59)では発光細胞から分泌されたルシフェリ
ン(発光物質)が酵素ルシフェラーゼの働きで酸素と反応し，このとき放出されるエ
ネルギーの約98％が光に転換されて発光する。
❷**発電器(発電器官)**　シビレエイやデンキウナギなどは体内に**発電器**(発電器官)
をもっており，これによって身を守ったり，獲物をとったりしている。発電のしく
みは，神経と同じく興奮時の活動電流(⮫p.494)によるものである。

第7編　生物の環境応答

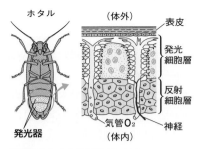

図59　ホタルの発光器のつくり

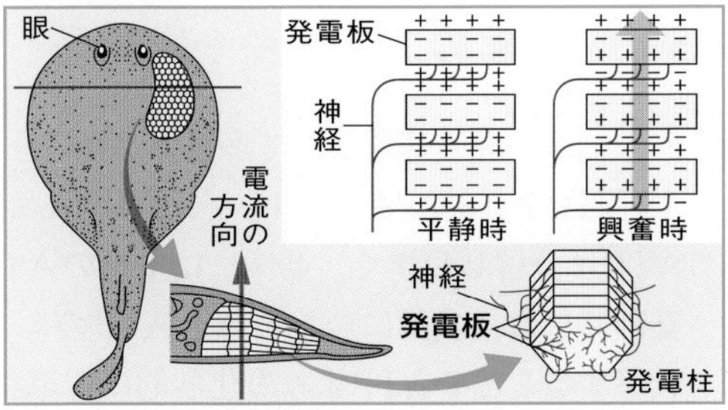

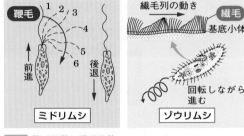

図60　シビレエイの発電器

3 鞭毛と繊毛

❶鞭毛　鞭毛は，ミドリムシや精子などの運動器官で，1本〜数本ある。鞭毛はATPのエネルギーにより内部にある9本の二連微小管どうしが滑ることによって曲がる（⇨p.336）。

❷繊毛　ゾウリムシや気管上皮などの表面に無数にある短い毛で，

図61　鞭毛運動と繊毛運動

長さと数が違うだけで基本的には鞭毛と同じつくりのものである。

このSECTIONの まとめ　反応と効果器（作動体）

□ 筋肉と筋収縮のしくみ ⇨p.504	・筋原繊維はおもにアクチンとミオシンの2種類のタンパク質からなり，**ミオシンフィラメント**が**アクチンフィラメント**をたぐり寄せて筋収縮が起こる。
□ 単収縮と強縮 ⇨p.507	・筋肉は，瞬間的な単一刺激の場合は**単収縮**を起こし，連続刺激の場合は**強縮**を起こす。
□ 筋収縮のエネルギー供給系 ⇨p.509	・筋肉は解糖や**呼吸**でATPをつくり収縮を行う。 ・安静時に**クレアチンリン酸**を蓄えておき，ATPが不足するとクレアチンリン酸のリン酸でATPを再合成する。
□ その他の効果器 ⇨p.509	・**腺，発光器，発電器**も効果器。 ・ミドリムシは**鞭毛**で，ゾウリムシは**繊毛**で運動する。

5 動物の行動とそのしくみ

1 | 行動とは

1 行動とその種類

❶行動　動物の**行動**は，生物を含む環境からの刺激に対する反応や働きかけである。さまざまな刺激に適した行動が行われ，動物の種によって特有のものも多い。

❷生得的行動と習得的行動　動物の行動は，刺激に対して起こるしくみによって次のような**生得的行動**と**習得的行動**に分けられる。実際の行動は生得的な要素と習得的な要素の両方が複雑に組み合わさって起こる場合が多い。

① 生得的行動　遺伝的にプログラムされ，その種の動物に生まれながらに備わっている行動(⇨ p.512)。特定の刺激(**鍵刺激**または**信号刺激**⇨ p.513)によって決まった行動が引き起こされる。

② 習得的行動(学習による行動)　生まれてからの経験によって獲得する行動(⇨ p.518)。くり返し刺激を受けることによって神経回路が変化し，行動が変化する。

生得的行動…遺伝的にプログラムされている行動。

習得的行動(**学習による行動**)…経験によって獲得する行動。

2 動物の行動に対するとらえ方

　オランダのティンバーゲンは，動物の行動を研究するには次の４つの視点からのアプローチがあるとした。これらは問題提起の形で示されたことから「ティンバーゲンの４つの問い」とよばれる。

① **行動のメカニズム**　どのようなしくみで行動が引き起こされるのか。

② **行動の発達**　成長過程で行動がどのように形成されてきたか。

③ **行動の機能**　動物の生活においてその行動がどのような利益をもたらすのか。

④ **行動の系統進化**　祖先の種の行動からどのように進化して現在の行動に至るのか。

図62 ティンバーゲンの４つの問い

補足　このうち①と②は動物の行動が生じるしくみについての直接的な視点で**至近要因**，③と④はその種が行動を獲得した原因にかかわる視点で**究極要因**と分類される。

2 | 生得的行動

1 定位

❶**定位**　動物が**外界からの刺激(光や化学物質など)に対し，特定の方向にからだを向けること**を定位という。定位には，傾いた場所でからだの平衡を保つ反射(⤷p.503)や，音による情報で獲物や障害物と自分の位置関係を知る音源定位(⤷p.486)，水の流れや特定の方角，他個体に対してからだを向けるものなどがある。定位にかかわる行動には，以下のように単純なものから長距離移動を伴うものまで，さまざまなものが知られている。

❷**走性**　ある刺激を受けた同一種の動物が，刺激源に対して方向性をもった同一行動をとる反応を走性という。走性には，刺激の種類によって**光走性，化学走性，重力走性，流れ走性**などがあり，刺激に対する反応により，次の2つに分ける。

①**正(＋)の走性**　刺激源に頭を向けたり近づくような行動。

　例　正の光走性(ミドリムシ)，正の流れ走性(メダカなどの川魚)

②**負(－)の走性**　刺激源に対して反対側を向いたり遠ざかるような行動。

　例　負の光走性(ミミズ，プラナリア)

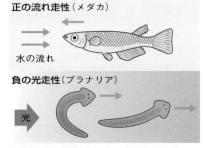

図63　走性の例

❸**渡り**　渡り鳥は，決まった季節に繁殖地と越冬地の間を移動する渡りを行う。このときの目的地の方向を定める定位に太陽の位置や星の位置，地磁気の情報を利用しているものが知られている。太陽の位置情報をもとに方向を知るしくみを**太陽コンパス**といい，遺伝的に組み込まれた体内時計(**生物時計**)をもとに東から西に移動する太陽の位置を補正している(⤷図64)。

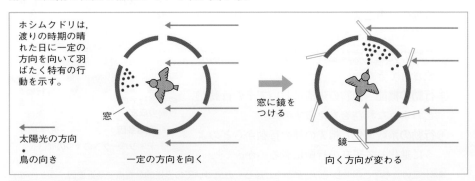

図64　渡りの時期のホシムクドリの定位

2 鍵刺激と行動の連鎖

❶鍵刺激　動物の特定の行動を引き起こす外界からの刺激を鍵刺激（信号刺激，リリーサー）という。

トゲウオの一種であるイトヨは，繁殖期になると雄個体の腹部が赤くなり，雄個体どうしで攻撃行動を起こす（縄張り⊂▷p.222）。このときイトヨの雄は，図65の実験のように，形は似ていなくても腹部が赤いものには攻撃行動を示すが，形が似ていても腹部が赤くないものには攻撃行動を示さない。つまり，赤い腹部が攻撃行動の鍵刺激である。また，繁殖期のイトヨの雄は，卵でふくらんだ雌の腹部に対して反応し，求愛行動を開始する。これらの行動は遺伝子の支配を受けている。

攻撃行動を示す。
① ガラス管に入れた雄
② 色・形を似せた模型
③ 下半分を赤くぬったモデル

攻撃行動を示さない。
④ 形だけ似せた模型

図65　イトヨの攻撃行動

❷行動の連鎖　動物のある行動が鍵刺激となって別個体の次の行動を引き起こし，このような行動が連鎖することで種によって決まった一連の行動が進むことがある。

①イトヨの求愛行動　腹部のふくらんだ雌を見ると雄がジグザグダンスを始める。[*1]

このような鍵刺激に対する特定の行動を固定的動作パターンといい，図66のように雌雄互いの行動が鍵刺激となる行動の連鎖によって一連の繁殖行動が進む。

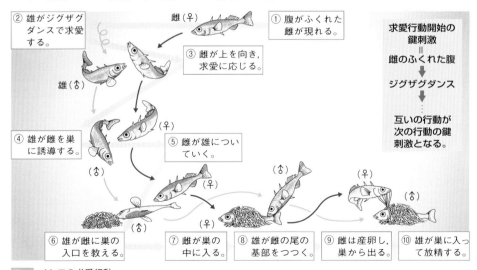

② 雄がジグザグダンスで求愛する。
雌（♀）
① 腹がふくれた雌が現れる。
③ 雌が上を向き，求愛に応じる。
雄（♂）
④ 雄が雌を巣に誘導する。
（♀）
⑤ 雌が雄についていく。
（♂）
⑥ 雄が雌に巣の入口を教える。
（♂）
⑦ 雌が巣の中に入る。
（♀）
⑧ 雄が雌の尾の基部をつつく。
（♂）
⑨ 雌は産卵し，巣から出る。
（♀）
⑩ 雄が巣に入って放精する。
（♂）

求愛行動開始の鍵刺激
＝
雌のふくれた腹
↓
ジグザグダンス
⋮
互いの行動が次の行動の鍵刺激となる。

図66　イトヨの求愛行動

★1 繁殖行動を起こす時期は動物の種により決まっている場合が多く，内分泌系の働きによって体内の条件を満たされていなければ鍵刺激があっても行動は引き起こされない。

②**ショウジョウバエの求愛行動と遺伝子**　イトヨの求愛行動のような一連の行動
パターンの発現は，ショウジョウバエの求愛行動でも知られている（⤴図67）。

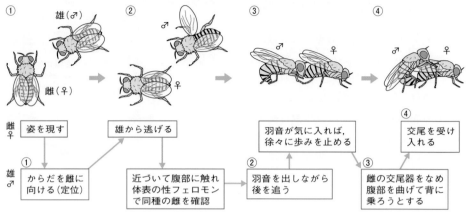

① 雄(♂)
② ♂
③ ♂　♀
④ ♂　♀
雌(♀)

| 雌♀ | 姿を現す | 雄から逃げる | | 羽音が気に入れば，徐々に歩みを止める | 交尾を受け入れる |

① からだを雌に向ける（定位）
近づいて腹部に触れ体表の性フェロモンで同種の雌を確認
② 羽音を出しながら後を追う
③ 雌の交尾器をなめ腹部を曲げて背に乗ろうとする

図67 ジョウジョウバエの求愛行動

　ショウジョウバエでは行動を司る遺伝子の研究が進んでいる。例えばフルートレス（*fruitless*）という遺伝子は雄の求愛行動を引き起こす神経回路の形成に関与していて，この遺伝子の突然変異体は雌個体に対して求愛行動を起こさなくなる。

❸**定型的運動パターン**　一度引き起こされると続きの刺激がなくても継続される
一定の行動を定型的運動パターンという。例えばハ
イイロガンが巣から転がり出た卵をくちばしで転が
して戻す行動では，卵を手前に引き寄せる動きは卵
がくちばしに触れていなくても継続される。

図68 ハイイロガンの卵転がし行動

3 フェロモンと行動の神経メカニズム

❶**フェロモン**　動物のからだから分泌される化学物質で，同種の他個体に特定の
行動を起こさせる物質をフェロモンという。フェロモンは同種の個体にしか効果を
示さない。フェロモンは鍵刺激として働き，化学走性（⤴p.512）の刺激源であると
もいえる。

①**性フェロモン**　同種異性の個体を誘引し生殖行動に働くフェロモンを性フェロ
　モンといい，昆虫類に広く見られ，哺乳類などの生殖行動でも関係している例
　が知られている。

②**道しるべフェロモン**　アリはえさを見つけて巣に
　戻るとき腹部の先の刺針からこのフェロモンを出
　し地面につけていく。同じ巣のなかまの個体は道
　しるべフェロモンをたどってえさ場まで行く。

道しるべフェロモン

刺針

図69 アリの道しるべフェロモン

③**警報フェロモン（警報物質）**　同種のなかまや自らが攻撃を受けたときに分泌するフェロモン。アリやハチなどの昆虫のほか，ウグイやナマズなどの魚類にも見られ，警報物質を感知した群れは水底に集まってあまり動かなくなるなどの危険を避ける反応をする。

④**集合フェロモン**　同種の個体を誘引するフェロモン。チャバネゴキブリは集合フェロモンを腸の内壁から分泌し，糞と一緒に体外に排出する。

　|補足|　ゴキブリは単独でいるよりも集団で密集しているほうが成長が速く，フェロモンが発育の調節にも関係していると考えられている。

⑤**女王物質**　社会性昆虫の女王が分泌してワーカー（⊂ァp.225）に摂取させ，生殖能力を抑制するとともに巣づくりなどの行動を促すフェロモン。

　　フェロモン…動物のからだから分泌される化学物質で，**同種の他個体**に特定の行動を起こさせる。

❷カイコガの性フェロモン源探索行動

　カイコガの雄は雌が分泌した性フェロモンを手がかりに雌の所へ移動する。このときの探索行動はフェロモンを鍵刺激とした正の化学走性（⊂ァp.512）といえ，次の2つをくり返しながら進む。

図70　カイコガの触角

①**直進歩行**　分泌されたフェロモンは空気中のところどころに高密度のかたまりをつくるように不連続に漂っており，雄は左右の触角で受容したホルモン濃度がより高いほうへ定位して羽ばたきながら直進する（フェロモン受容によって起こる**反射**⊂ァp.502）。

②**ジグザグターンと回転歩行**　フェロモンの密度の高い部分を通り過ぎるとジグザグターンと回転歩行を行ってフェロモンを探索し（**固定的動作パターン**⊂ァp.513），フェロモンを受容すると再び直進歩行を始める。

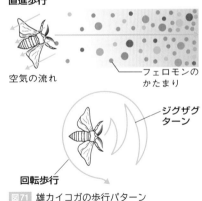

直進歩行

空気の流れ　　フェロモンのかたまり

ジグザグターン

回転歩行

図71　雄カイコガの歩行パターン

───────────────────────

★1 カイコガはクワコを家畜化した昆虫で，羽化しても飛ぶことができない。翅は雄が触角でフェロモンを受容するための羽ばたきに用いられる。

❸行動の神経メカニズム

①フェロモン情報の受容
雄のカイコガの触角の表面にある感覚毛(毛状感覚子)の受容体にフェロモンが特異的に結合すると，受容器電位(触角電位)が発生し，触角神経を通じて脳に情報を伝える。

②行動の発生
脳には軸索や樹状突起が集まった**ニューロパイル(神経叢)**という構造が多数存在し，情報処理を行う。複数のニューロパイルを経て探索行動の命令が出され，脳の出力ニューロン(**下降性介在ニューロン**)を介して胸部神経節に伝えられると，胸部神経節が直進歩行や回転歩行などの動きを生じる信号を送り，探索行動が起こる(⤷図72)。

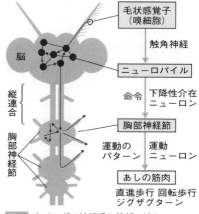

図72 カイコガの神経系と情報の流れ

❹中枢パターン発生器
動物の歩行や飛翔などにおけるからだの各部の協調した動きのリズムは**中枢パターン発生器(CPG；Central Pattern Generator)**とよばれる神経回路によってつくられる。

①行動の決定と運動パターンの形成
歩行時に左右の足を交互に前に出す動きは意識しなくても自動的に行うことができる。これはまず上位の中枢が行動を開始する命令をCPGに送り，CPGによってつくられたリズムが運動ニューロンを介して筋肉に伝えられるというしくみによる。

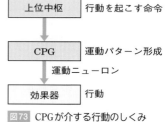

図73 CPGが介する行動のしくみ

②運動パターンのしくみを確かめる実験
バッタの飛翔は翅を打ち下ろす筋肉と打ち上げる筋肉の協調によって行われる。バッタのCPGは胸部神経節にあり，筋肉から神経節への感覚神経を切断しても通常と同じパターンで羽ばたきを行うことから，一方の筋肉の収縮や弛緩を刺激として他方の筋肉の収縮や弛緩が調整されているわけではないことがわかる。

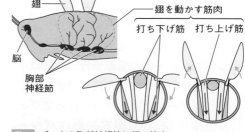

図74 バッタの胸部神経節と翅の筋肉

★1 節足動物は神経回路が単純でニューロンが大きいため神経の研究実験によく用いられる。バッタは，つるした状態で頭部の感覚毛に風を送り続けることで羽ばたきをさせることができる。

４ 生得的な情報伝達行動―ミツバチの 8 の字ダンス

❶ミツバチの情報伝達法　蜜や花粉がとれる花を見つけたミツバチは，巣箱に戻ると，その位置をなかまに教えるために特別な行動をとる。これを最初に発見したのは，オーストリアの**フリッシュ**である。彼は，巣箱に戻ったハチが，あたかもダンスを踊るような行動によって，巣箱から花までの距離と方向をなかまたちに伝えていることに気がついた(1927年)。

補足 フリッシュは，ティンバーゲン(⤷p.511)，ローレンツ(⤷p.520)とともに1973年ノーベル医学・生理学賞を受賞した。

❷花までの距離の伝え方　次のように，ダンスの形とその速さで伝える。

①**えさ場が近いとき**　円形ダンスをする(左回りと右回りを交互にくり返す)。
②**えさ場が遠いとき**　図75にあるような 8 の字ダンスをする。 8 の字ダンスの直進区間を進む速さはえさ場(花)までの距離と関係があり，花までの距離が長いほど 8 の字ダンスを躍る速さが遅くなって，単位時間あたりのダンスの回数は少なくなる。

補足 えさ場までの距離が遠いほど疲れるためダンスが遅くなるのだという説がある。

❸花のある方向の伝え方　花のある方向は，花が遠くにある場合に巣箱内での 8 の字ダンスの方向で伝える。例えば，花が太陽から α °の方向にあるとき，ミツバチは真上(鉛直上方。これを太陽の方向とする)に対して α °の方向へと直進する 8 の字ダンスをする(**図75**の上の図)。これを見たなかまのミツバチは，太陽を見ながら，太陽とは α °の方向へ飛んでいけばよいことを知る。

補足 1. このようなミツバチの習性は，生まれつきもっている**本能行動**の 1 つである。分業化された社会性昆虫であるミツバチにとって，このようにえさのありか(情報)を伝えることは，巣箱という社会全体が効率よい生活を送ることで個体の生存や遺伝子を次代に残すうえで有利といえる。

2. ミツバチは，重力方向を頭部と胸部の間にある頸部器官とよばれる部分で感知する。また，くもりの日でも偏光を感じて太陽の方向を知ることができる。

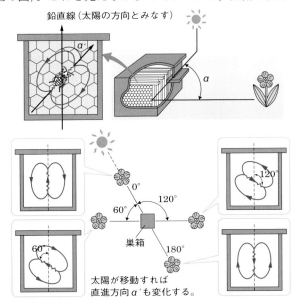

鉛直線(太陽の方向とみなす)

太陽が移動すれば
直進方向 α ′も変化する。

図75 ミツバチの 8 の字ダンス

3 | 習得的行動（学習による行動）

1 学習

　動物では，受容した刺激に応じて神経回路が可塑的に変化し，行動パターンが変わることがある。このような行動の変化を学習といい，変化した行動を習得的行動という。学習には，慣れや刷込み，連合学習などがある。

2 慣れと鋭敏化　! 重要

●**慣れ**　海産軟体動物のアメフラシは，背中のえらに続く水管から海水を出し入れして呼吸する（⇨図76左）。この水管に触れて刺激すると，えらをすぐ外とう膜の内側に引っ込める（えら引っ込め反射）が，この刺激を何度もくり返すと，次第にえらを引き込まなくなる。このように**無害な刺激に対して反応しなくなる現象**を慣れ（馴化）といい，最も単純な学習の１つとされる。

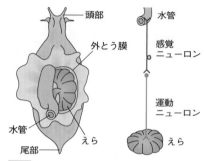

図76　アメフラシとえら引っ込め反射の神経回路

❷**慣れの神経メカニズム**　アメフラシの水管感覚のニューロンは，えらの運動ニューロンとシナプスを介して結合している（⇨図76右）。

①**反射**　水管の刺激により生じた興奮が感覚ニューロンの末端に到達すると，電位依存性Ca^{2+}チャネルが開いてCa^{2+}が細胞内に流入し，神経伝達物質が放出され，えらの運動ニューロンにEPSP（⇨p.496）が生じてえら引っ込め反射が起こる。

②**慣れの成立**　水管への刺激がくり返されると，水管感覚ニューロン神経終末の**シナプス小胞の減少や電位依存性Ca^{2+}チャネルの不活性化によって神経伝達物質の放出量が減少する**。これによって運動ニューロンのEPSPが小さくなり，活動電位の頻度が低下してアメフラシの反応が小さくなる（⇨図77）。

③**長期の慣れ**　さらに，刺激をくり返し与え続けると，シナプス小胞がシナプス前膜と融合して開口する領域が減少し，その後数日～数週間放置しても刺激に対する反応が戻らない長期の慣れに移行する。

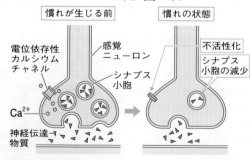

図77　慣れが生じるしくみ

❸**脱慣れと鋭敏化**　慣れを起こしたアメフラシの尾部に電気刺激を与えると，水管への刺激に対するえら引っ込め反射が慣れから回復する(脱慣れ)。

　また，より強い電気刺激を尾部に連続して与えると，以前には反応が生じなかったほどの弱い刺激を水管に与えた場合でも，敏感にえらを引っ込めるようになる。これを鋭敏化という。

❹**脱慣れ・鋭敏化の神経メカニズム**

①尾部に与えられた刺激によって介在ニューロンが活性化し，セロトニンを分泌する(⇨図79①)。

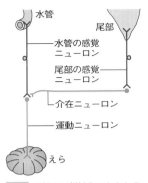

図78　脱慣れ・鋭敏化にかかわる神経回路

②セロトニンは感覚ニューロン末端の受容体で受容され，cAMPを増加させる。cAMPはタンパク質リン酸化酵素であるプロテインキナーゼ(PK)を活性化し，ある種のカリウムチャネルを閉じる。➡K$^+$の流出が減少して活動電位が持続し，電位依存性Ca^{2+}チャネルの開いている時間が長くなる(⇨図79②)。

③Ca^{2+}の流入量が増加し，神経伝達物質の放出量が増加する(⇨図79③)。

➡**脱慣れ・鋭敏化**

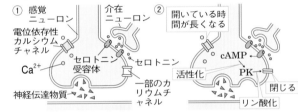

④**長期の鋭敏化**　長時間のPKの活性化により，PKは核内へ移動し調節タンパク質を活性化(リン酸化)する。➡感覚ニューロンの形態が変化して新たなシナプスが形成される(⇨図79④)。

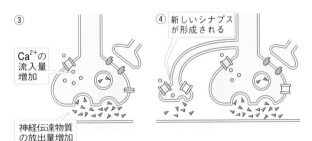

図79　鋭敏化のしくみ

POINT!

慣れ…神経伝達物質の放出が減少し，刺激に対して反応しなくなる。

鋭敏化…弱い刺激にも反応するようになる。

　　　セロトニン分泌⇨cAMP増加⇨PK活性化⇨K$^+$流出減少

　　　⇨Ca^{2+}流入増加(鋭敏化)⇨シナプス増加(長期の鋭敏化)

第**7**編　生物の環境応答

3 刷込み（インプリンティング）

❶刷込み　ニワトリやカモなどの雛には，ふ化して最初に見たものを親とみなしてその後をついていく性質がある。このように，**生後の特定の時期に特定の行動を学習することを刷込み**（インプリンティング）という。

図80　刷込みによって親の後を追うカルガモのひな

補足　刷込みはオーストリアの動物学者ローレンツ（1903～1989年）によって発見された。ローレンツは1973年にティンバーゲン（⇨ p.511）らとともにノーベル生理学・医学賞を受賞。著書『ソロモンの指輪』が有名。

❷刷込みの特徴　鳥の刷込みは，ふ化後約15～24時間ごろに成立するものが多く，**一度刷り込まれると変更が困難**で一生続く場合もある。

補足　巨大な群れで子育てを行うカモメやペンギンなどは自分の子を鳴き声で識別することができるが，これも一種の刷込みとする説もある。

4 連合学習

異なる刺激どうしや自身の行動と結果のように，**異なることがらどうしを結びつけて学習することを連合学習**という。

❶古典的条件付け　反射を起こす刺激（これを**無条件刺激**という）とともに，反射とは無関係な刺激（これを**条件刺激**という）をくり返し与えると，**条件刺激だけでも反射が起こるようになる**。これを古典的条件付け（条件反射）という。

補足　ロシアの生理学者パブロフ（1849～1936年）は，イヌにえさを与える直前にベルを鳴らす条件付けによってベルを鳴らすだけでだ液や胃液分泌の反射が起こる実験結果を得て，この現象を発見した。パブロフはノーベル生理学・医学賞（1904年）を受賞。

❷オペラント条件付け　動物が自身の行動に対する報酬あるいは罰によって，その行動をくり返すようになったり，または避けるようになることをオペラント条件付け[*1]という。

❸学習曲線　ある目的をもった行動をとるとき，最初は成功や失敗をくり返すが，経験を重ねるごとに試行錯誤によって失敗なく目的を達成できるようになる。この学習の経過日数と失敗の回数をグラフに示したものを学習曲線という。

❹学習と記憶　空間に関する学習と記憶には

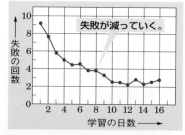

失敗が減っていく。

図81　学習曲線

視点　ゴールにえさを置いた迷路にネズミを放し，えさに到達するまでに袋小路に入る失敗の回数を記録したもの。

★1「オペラント」の語には「自発的な」という意味がある。

脳の**海馬**(⊂⃗p.500)が働いている。**図82**のような水迷路の実験で，マウスは試行錯誤するうちに足場の位置と目印の関係を学習するが，海馬の特定の領域の遺伝子を発現できなくした個体はこの実験で正しく足場にたどりつくことができない。

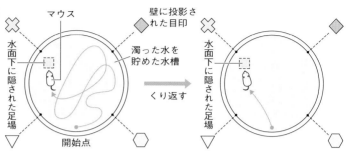

図82　水迷路における空間学習

視点 濁った水を貯めて足場を隠した水槽でマウスを泳がせる。最初は偶然足場にたどり着くが，くり返すうちに，壁の目印をもとにすぐに足場にたどりつくようになる。

（図中の語）マウス／壁に投影された目印／水面下に隠された足場／濁った水を貯めた水槽／くり返す／水面下に隠された足場／開始点

❺ 洞察学習（どうさつ）　未経験の事態に遭遇しても，過去の経験から思考や推理を働かせて結果を予測して行う行動を洞察学習(**知能行動**)という。偶然ではなく判断や工夫によって回り道をしたり道具を使うことができる。霊長類や鳥類などに見られる。

POINT!

刷込み…生後の特定の時期に特定の行動を学習。変更が困難。
古典的条件付け…**直接関係なかった刺激で反射が起こるようになる。**
オペラント条件付け…**自身の行動の結果を学習して行動が変わる。**
洞察学習…**結果を予測し，工夫して行うことができる行動。**

第7編　生物の環境応答

このSECTIONの**まとめ**　動物の行動とそのしくみ

☐ 行動とは ⊂⃗p.511	・**生得的行動**…生まれながらに備わっている行動。 ・**習得的行動**(**学習による行動**)…生まれてからの経験によって獲得する行動。
☐ 生得的行動 ⊂⃗p.512	・**定位**…刺激に対し，特定の方向にからだを向けること。 ・**鍵刺激**…特定の行動を引き起こす外界からの刺激。
☐ 習得的行動 ⊂⃗p.518	・**慣れ・鋭敏化**…反応が起こる刺激の閾値が変化する。 ・**刷込み**…生後の特定の時期に特定の行動を学習。 ・**古典的条件付け**…関係なかった刺激で反射が起こる。 ・**オペラント条件付け**…自身の行動の結果を学習。 ・**洞察学習**…結果を予測して行うことができる行動。

重要用語

□ **空間的加重** くうかんてきかじゅう ☞ p.496
単一のニューロンで複数のシナプスからの刺激によってシナプス後電位が強まること。

SECTION ③ 中枢神経系とその働き

□ **大脳皮質** だいのうひしつ ☞ p.500
大脳の外側のニューロンの細胞体が集まった部分。灰色をしており灰白質ともいう。

□ **大脳髄質** だいのうずいしつ ☞ p.500
大脳皮質の内側の部分。軸索が集まり白っぽく見えることから白質ともいう。

□ **新皮質** しんひしつ ☞ p.500
大脳皮質のほとんどの部分を占め、感覚や髄意運動、精神活動の中枢などがある。

□ **辺縁皮質** へんえんひしつ ☞ p.500
大脳皮質の一部で新皮質の下に包み込まれており、欲求や情緒行動の中枢が分布する。

□ **脊髄** せきずい ☞ p.501
背骨（脊椎骨）の中にある長さ約45 cmの中枢。外側が白質、内側が灰白質。

□ **反射** はんしゃ ☞ p.502
刺激に対して、意志とは無関係に瞬時に起こる反応。

SECTION ④ 反応と効果器

□ **横紋筋** おうもんきん ☞ p.504
縞模様（横紋）の見られる筋繊維（筋細胞）からなる筋肉。骨格筋と心筋がある。

□ **筋原繊維** きんげんせんい ☞ p.504
筋繊維に含まれる、細長い円筒状の構造。明帯と暗帯が交互に配列している。

□ **筋節（サルコメア）** きんせつ ☞ p.505
筋原繊維のZ膜からZ膜の間。明帯と暗帯を含む。筋原繊維の構成単位。

□ **アクチンフィラメント** ☞ p.505
アクチンという球状のタンパク質が多数連なってできる、筋原繊維を構成する細長い構造。

□ **ミオシンフィラメント** ☞ p.505
ミオシン分子の束からできている細長い構造。

ATP分解酵素活性をもちアクチンと結合する。

□ **単収縮** たんしゅうしゅく ☞ p.508
1回の刺激によって起こる瞬間的な筋収縮。

□ **強縮** きょうしゅく ☞ p.508
連続的に刺激した場合に起こる単収縮が重なり合ってできた持続的で大きな収縮。

□ **クレアチンリン酸** —さん ☞ p.509
高エネルギーリン酸結合をもち、筋収縮時にATPの補充に用いられる物質。

SECTION ⑤ 動物の行動とそのしくみ

□ **習得的行動** しゅうとくてきこうどう ☞ p.511
生後の経験により獲得する行動。

□ **定位** ていい ☞ p.512
生物が外界からの刺激をもとに、特定の方向にからだを向ける行動。

□ **走性** そうせい ☞ p.512
動物が刺激源に対して一定の方向性をもって移動する行動。

□ **鍵刺激** かぎしげき ☞ p.513
動物に特定の生得的行動を引き起こす引き金となる外界からの刺激。

□ **固定的動作パターン** こていてきどうさ— ☞ p.513
鍵刺激に対して起こる特定の行動。

□ **フェロモン** ☞ p.514
動物のからだから分泌される化学物質で、同種の他個体に特有の行動や発育を起こさせる。

□ **学習** がくしゅう ☞ p.518
経験による行動の変化、またはその過程。

□ **慣れ** なれ ☞ p.518
無害な同じ刺激をくり返し与えられることによって、次第にその刺激に反応しなくなること。

□ **刷込み** すりこみ ☞ p.520
生後の特定時期に特定の行動を学習すること。

□ **連合学習** れんごうがくしゅう ☞ p.520
異なることがらを結び付けて学習すること。

□ **オペラント条件付け** —じょうけんづけ ☞ p.520
試行錯誤によって、自発的な行動とその結果を結び付けて学習すること。

第7編　生物の環境応答

眼と色覚の進化

眼の多様性

① さまざまな系統に分化した動物は，色素細胞と光受容細胞だけからなる単純なものから，レンズを用いて鮮明な像を結び光を受容するカメラ眼まで，多様な視覚器をもっている（⇨p.483 **図15**）。眼の獲得は，捕食やその回避に大きな役割を果たし，**カンブリア紀の大爆発**とよばれる動物の急激な多様化（⇨p.251）につながったとする説もある。

② ヒトの眼とタコの眼，昆虫の複眼などを比較すると，構造をはじめ発生過程におけるでき方などが大きく異なることから，動物の眼は別々に生まれて独自に進化してきた**相似器官**（⇨p.283）と考えられてきた。

眼の発生を司る遺伝子

① ところが，この見方を大きく覆したのが，ショウジョウバエの初期胚から働く *Pax6* **遺伝子**である。*Pax* は，もともとはマウスのからだづくりに関係がある遺伝子に付けられた名前で，*Pax6* はそれまでに見つかった多くの *Pax* のうち，6番目のものと類似していることからこの名前が付けられた。

② *Pax6* 遺伝子はホメオティック遺伝子のように器官形成の起点となる**マスター調節遺伝子**（⇨p.450）で，脊椎動物や節足動物のほか，軟体動物のイカや扁形動物のプラナリアからも見つかっている。ショウジョウバエのからだのどの部位に *Pax6* 遺伝子を発現させてもその部位に正常な眼を形成するほか，イカの *Pax6* 遺伝子をショウジョウバエで発現させても正常な眼を形成する。

③ 異なる動物の異なる構造の眼であっても共通する遺伝子の発現によって形成されるということは，さまざまに異なる系統に属する動物の眼はバラバラに進化したものではなく，動物の進化のごく初期に共通の祖先が獲得したものに由来することを示唆している。

図83 *Pax6* 遺伝子が触角の先端に発現したショウジョウバエ

色覚の進化

① 視覚の要素の1つである**色**について考えてみる。色は，受容する光の波長が異なる複数の錐体細胞の反応の割合によって生じる感覚である（⇨p.480）。複数の波長の光を同時に出す（発光，反射，透過）ものはその光の組み合わせと比率に応じた色に見える。

② 色覚を有していることが知られているのは昆虫などの節足動物と脊椎動物だけである。脊椎動物は共通の祖先の段階で色覚を獲得していて，環境に適応しながらそれぞれ独自の進化を遂げてきた。

③ 色覚の進化は**視物質**に見られる。桿体細胞のロドプシン（⇨p.479）も錐体細胞のフォトプシンも，**オプシン**というタンパク質と色素レチナールとの組み合わせでできていて，このオプシンが生物群によって異なる。われわれヒトを含む霊長類は，赤錐体細胞・緑錐体細胞・青錐体細胞がもつ3種類のオプシンで色を識別する（⇨p.480）が，他の動物はどのような違いがあるのだろうか。

④ ヒトが感じることのできない**紫外線**を受容できるミツバチ（⇨p.481）は3種類のオプシンの感度のピークがヒトの感度のピークよりも離れていることより，色を識別できる波長の範囲が広い。脊椎動物で比べると霊長類

以外の哺乳類のオプシンは2種類，鳥類は4種類のオプシンをもっていて，ヒトが知覚できない（黒にしか見えない）紫外線領域も色の違いとして識別している。

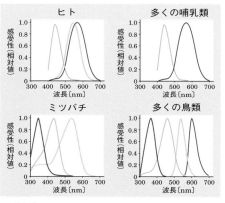

図84 動物のオプシンの種類と感度

⑤実は脊椎動物のなかでは**魚類が最も多くの種類のオプシンをもち，霊長類以外の哺乳類が最も少ない**（⇨表2。表中の◎は，遺伝子重複または対立遺伝子が多型で複数の種類があることを示す）。

表2 脊椎動物がもつオプシンの種類

	紫外線型	青型	緑型	赤型
魚類	◎	◎	◎	◎
両生類	○	?	○	○
ハ虫類	○	○	○	○
鳥類	○	○	○	○
哺乳類	○	×	×	○
霊長類	○(青)	×	×	◎(緑・赤)

⑥いずれの動物もこれとは別に桿体型のオプシンをもつ。霊長類の青錐体細胞のオプシンは紫外線型，緑錐体細胞と赤錐体細胞のオプシンは赤型から進化したものと考えられている。

⑦これは，水面が常にゆらぐ水中のように明暗の違いだけで物の輪郭や違いを識別することが難しい環境に生息する魚類にとって色

覚を発達させることは生存に有利であるからと考えられる。これに対して，中生代に現れた哺乳類の祖先は夜行性であったことから4色型から2種類を手放して2色型になったと考えられている。

⑧2色型は緑と赤の識別が難しい。霊長類は樹上生活に適応する過程で，赤型から少し波長のずれた緑型を遺伝子重複によって2次的に生じ，葉と果実とを遠くからでも区別できる3色型へと変化させてきた。

ヒトの色覚の多様性

①ヒトの色覚は遺伝的に多型で，3色型のほか2色型も存在する。赤型オプシンと緑型オプシンの遺伝子がX染色体に存在するため，そのいずれかを欠く2色型は男性に多い（日本では男性の約5％，女性の約0.2％）。

②また，3色型でも遺伝子多型で集団の中に感受性の異なる多くのオプシンが存在する。このためヒトの色覚は3色型と2色型（いわゆる「色覚異常」）に分けられるものではなくグラデーション状に1人1人異なっている。

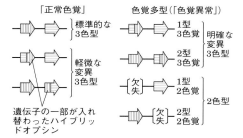

図85 ヒトの赤型オプシンと緑型オプシンの遺伝子の変異と色覚

③2色型は明るさのコントラストや形状の認識に敏感になるため，条件や目的によって3色型より有利な場合もある。集団の中に色覚の多様性が維持されているのは，進化の視点から見ると，ヒトという種の存続に有利に働いているからと考えることができる。

2 » 植物の一生と環境応答

SECTION 1 植物の生殖と発生

1 | 種子植物の配偶子形成

1 花粉の形成 ① 重要

①花が小さなつぼみのとき，おしべの葯(やく)の中に多数の花粉母細胞(2n)ができる。

②花粉母細胞は減数分裂を行い，1個の花粉母細胞から4個の細胞(n)からなる花粉四分子ができる。花粉四分子の細胞は離れて，それぞれが未熟花粉になる。

③未熟花粉は不均等な細胞分裂を行い，花粉管細胞(n)とその中に取り込まれている雄原細胞(n)からなる成熟花粉になる。

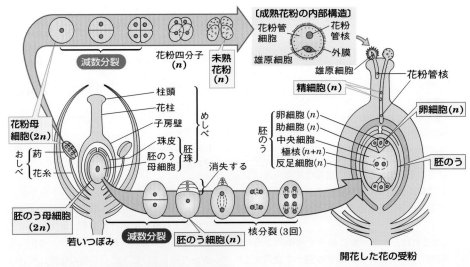

図86 種子植物(サクラ)の配偶子形成のようす(模式図)

2 胚のうと卵細胞の形成 ⚠️重要

めしべの子房（しぼう）の中で，次のようにして胚のうが生じ，その中に卵細胞ができる。

① 子房の中の胚珠（はいしゅ）には珠皮（しゅひ）によって包まれた胚のう母細胞$(2n)$がある。この胚のう母細胞が減数分裂を行い4個の娘細胞ができる。このうち3個は退化して消失し，1個だけが胚のう細胞(n)になる。

② 胚のう細胞の核は核分裂を3回行い，8個の核になる。

③ 8個の核のうち，1個は珠孔側で卵細胞(n)になり，2個は卵細胞の両側で助細胞(n)になる。また，3個の核は珠孔の反対側に移動して3個の反足細胞(n)になる。残りの2個は胚のうの中央で2個の極核(n)になり，中央細胞の核$(n + n)$となる。このようにして胚のうが完成する（⮕図86）。

POINT!

$$\underset{(2n)}{\begin{matrix}\text{胚のう}\\\text{母細胞}\end{matrix}} \xrightarrow[\text{分裂}]{\text{減数}} \underset{(n)}{\begin{matrix}\text{胚のう}\\\text{細胞}\end{matrix}} \xrightarrow[\text{3回}]{\text{核分裂}} \text{胚のう} \begin{cases}\text{卵細胞 1 個}\\\text{助細胞 2 個}\\\text{中央細胞 1 個（極核 2 個）}\\\text{反足細胞 3 個}\end{cases}$$

⊕発展ゼミ　花粉管の誘引に働く細胞と物質

● 花粉がめしべの柱頭に受粉すると花粉管が卵細胞に向かって伸長する（⮕p.528）。このしくみについて，胚のうが胚珠の表面に露出しており体外受精に用いることが可能なトレニアという植物を使って確かめられた（東山哲也ら）。

● トレニアの胚のうを形成する細胞をレーザーで個別に破壊して花粉管の誘引を調べたところ，卵細胞の両側にある助細胞を1個破壊したとき花粉管の誘引は弱くなり，2個とも破壊すると誘引されなかった。卵細胞や中央細胞は花粉管の誘引に対して影響がなかった。

● さらに助細胞の遺伝子解析を行って受精時に多く働くタンパク質を探し，2種類の小さなタンパク質が花粉管を誘引することを突き止めた。その物質は魚釣りに使われる疑似餌（ぎじえ）にちなんで「ルアー」（lure1，lure2）と名付けられた（2009年）。

● その後，花粉管の先端に局在する膜タンパク質の研究も進められ，誘導物質の受容体や花粉管の維持にかかわるもの（胚珠に到達すると破裂させる）などが発見されている。

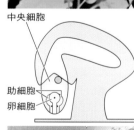
中央細胞

助細胞
卵細胞

図87 トレニアの花（上）と胚珠（中）および胚珠に伸びる花粉管（下）

視点 トレニアは熱帯原産の植物で，園芸植物として栽培される。

2 | 種子植物の受精

1 受粉と花粉の発芽

　花粉はめしべの柱頭に付着すると，発芽して花粉管を伸長する。花粉管の中で，雄原細胞は分裂して2個の精細胞となり，花粉管の先端付近を移動する。花粉管の先端が珠孔に達すると，花粉管の先端が破れ，精細胞が胚のう内に放出される。

2 重複受精（じゅうふく）　① 重要

　被子植物では，**2個の精細胞が卵細胞と中央細胞でほぼ同時に受精**し，この様式の受精を重複受精という。精細胞の1個は卵細胞と受精して**受精卵($2n$)**になる。もう1個は中央細胞の2個の極核と受精して**胚乳細胞($3n$)**となり，その後胚乳となる。

重複受精—被子植物特有の受精方法

卵細胞(n)　　　　＋**精細胞(n)** ⟶ 受精卵($2n$) ⟶ 胚

中央細胞($n+n$)＋**精細胞(n)** ⟶ **胚乳細胞($3n$)** ⟶ 胚乳

COLUMN

自家受精を防ぐ自家不和合性

　エンドウやトウモロコシでは，自家受精によって純系を保つ（遺伝形質が一定に保たれる）ことができ，作物として優秀な性質を維持することができる。これに対してリンゴは**自家受精ができず，他個体の花粉でしか受精できない**。この性質を自家不和合性といい，遺伝的多様性を高めるためのしくみと考えられている。

　リンゴなどのバラ科の植物では自家不和合は1つの遺伝子座に存在するS遺伝子群（複対立遺伝子⟶ p.268）によって調節される。S遺伝子群にはS_1，S_2，S_3，S_4があり，めしべのS遺伝子と花粉のS遺伝子の間に，共通の遺伝子（実際にはS遺伝子群によって生成されるタンパク質）が存在すると，花粉管の伸長が阻害されて受精できない。S_1S_2の植物がつくる花粉は，S_1かS_2のどちらかをもつ。このうちS_1の花粉は，めしべの遺伝子にS_1がある（S_1S_2やS_1S_3，S_1S_4）場合は，花粉管の伸長ができない。

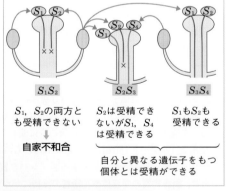
図88 自家不和合性の例（模式図）

　自家不和合性のしくみには，花粉表面に分泌されるタンパク質の遺伝子と柱頭の遺伝子が一致すると，花粉の発芽が阻害される場合（アブラナ科やキク科など）もある。

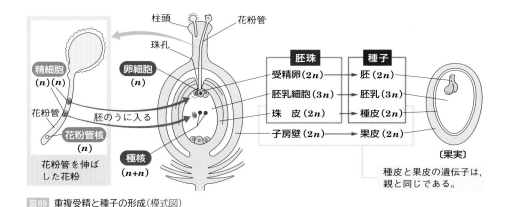

図89 重複受精と種子の形成(模式図)

➕発展ゼミ　裸子植物の生殖細胞の形成と受精

●裸子植物では，重複受精は行われず，胚のう内に造卵器ができるのが特徴である。

〔花粉の形成〕

①雄花の花粉のうの中で，花粉母細胞($2n$)が減数分裂をして4個の未熟花粉(n)となる。

②成熟した花粉は雌花の胚珠に付き，そこでさらに成熟して花粉管を伸ばす。

③多くの裸子植物では花粉管に2つの精細胞(n)を生じ，1つが退化し残りの1つが働く。イチョウとソテツの花粉管では精子(n)が生じる。

〔卵細胞の形成〕

①胚珠の中で胚のうの母細胞($2n$)が減数分裂して胚のう細胞(n)となり，この細胞が発達して胚のうが形成される。

②胚のうの中に数個の造卵器ができる。

③各造卵器に1個ずつ卵細胞(n)ができる。

〔受精〕

①精細胞または精子は卵細胞と受精し，受精卵($2n$)となる。受精卵は成長して胚($2n$)となるが，1個の胚のう中で胚にまで成長する受精卵は1個だけである。

②胚のうは，単相(n)のまま胚乳となる。

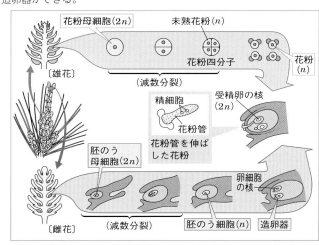

図90 裸子植物(マツ)の配偶子形成と受精のようす(模式図)

3 | 種子の形成

1 植物の胚形成

❶**胚の形成**　種子植物は受精卵から次のような過程で発生をし，胚になる。

①受精卵は，最初の分裂で，**基部細胞**と**頂端細胞**に分かれる。

②基部細胞は細胞分裂の後**胚柄**に，頂端細胞は**胚球**になる。

③胚柄はやがて退化するが，胚球は幼根，胚軸，子葉，幼芽からなる胚になる。

❷**分化の調節**　胚形成ではオーキシン（🔂 p.537）がかかわっている。胚球でオーキシンが合成されて胚球内部のオーキシン濃度が高い基部で根端分裂組織が分化し，幼根が形成される。

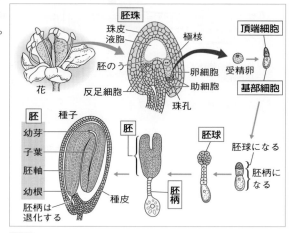

図91　被子植物の発生（ナズナ）

2 種子と果実の形成

中央細胞と精細胞が受精してできた**胚乳細胞**は**胚乳核**（$3n$）が核分裂をくり返して多核になった後，核ごとに1つ1つの細胞になり，栄養分を蓄えた胚乳になる。また，**胚珠の珠皮は種皮**となり，種子の最外殻となって乾燥などから種子を守っている。**子房壁は果皮**となり，果皮が種子を包んだ果実がつくられる。

⊣ COLUMN ⊢

「くだもの」と「果実」

一般的に「くだもの」とよばれる植物の可食部は子房が発達したものだけとは限らない。

リンゴは子房を取り囲んでいる**花托（花床）**が肥厚して可食部となっており，種子のまわりの芯の部分が果実である。イチゴの可食部はめしべの土台となる花托が肥厚したもので，イチゴの「実」の表面にある小さな粒は種子ではなく果実である。カキ（カキノキ）のように子房が発達してできた果実を**真果**，イチゴやリンゴのような果物を**偽果**という。

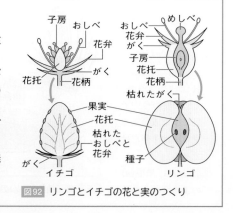

図92　リンゴとイチゴの花と実のつくり

3 有胚乳種子と無胚乳種子

❶有胚乳種子　胚乳が発達し，その中に種子の発芽に必要な養分を蓄える種子を有胚乳種子という。　例　イネ・ムギ・トウモロコシなどの単子葉類，カキ

❷無胚乳種子　胚乳が発達せず，種子の発芽に必要な養分を子葉に蓄える種子を無胚乳種子という。前ページの図91のナズナなど，無胚乳種子は双子葉類に多く見られる。
　例　ナズナ・マメ・クリ・ウリ・バラ・アサガオ

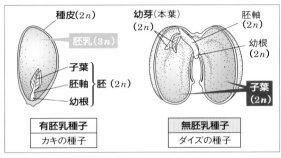

図93　有胚乳種子と無胚乳種子

有胚乳種子…胚乳に養分を貯蔵。　例　イネ，ムギ

無胚乳種子…子葉に養分を貯蔵。　例　ナズナ，ダイズ

このSECTIONの **まとめ**　種子植物の生殖と発生

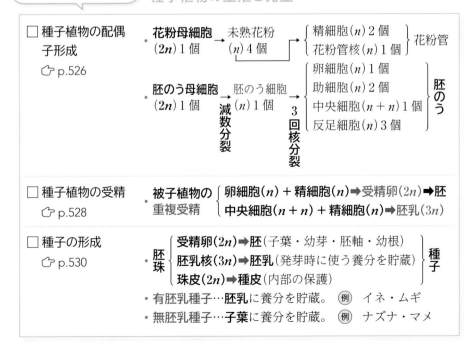

□ 種子植物の配偶子形成
　↪p.526

・花粉母細胞$(2n)$1個 → 未熟花粉(n)4個 → { 精細胞(n)2個 / 花粉管核(n)1個 } 花粉管

・胚のう母細胞$(2n)$1個 → (減数分裂) 胚のう細胞(n)1個 → (3回核分裂) { 卵細胞(n)1個 / 助細胞(n)2個 / 中央細胞$(n+n)$1個 / 反足細胞(n)3個 } 胚のう

□ 種子植物の受精
　↪p.528

・被子植物の重複受精 { 卵細胞(n)＋精細胞(n)➡受精卵$(2n)$➡胚 / 中央細胞$(n+n)$＋精細胞(n)➡胚乳$(3n)$ }

□ 種子の形成
　↪p.530

・胚珠 { 受精卵$(2n)$➡胚（子葉・幼芽・胚軸・幼根） / 胚乳核$(3n)$➡胚乳（発芽時に使う養分を貯蔵） / 珠皮$(2n)$➡種皮（内部の保護） } 種子

・有胚乳種子…胚乳に養分を貯蔵。　例　イネ・ムギ
・無胚乳種子…子葉に養分を貯蔵。　例　ナズナ・マメ

SECTION 2 植物の生活と環境への応答

1 | 植物の刺激の受容と反応

1 植物の生活と環境要因

　生育に適した季節に発芽したり，決まった時間帯に開花したり，光を多く受けられるほうへ成長するなど，植物も光や水，温度などのさまざまな環境の変化に応じて生きている。このため，動物の恒常性(⤴p.84)と同じように，植物は刺激を感知する受容体(タンパク質)と，体内で情報を伝え，刺激に対して反応するしくみをもっている。

図94　光を当てた方向に向かって伸びたダイコンの芽ばえ(正の光屈性⤴p.540)

　刺激を受容した部位からほかの部位に情報を伝えるために，植物は，**植物ホルモン**とよばれる情報伝達物質(生理活性物質)を用いている。

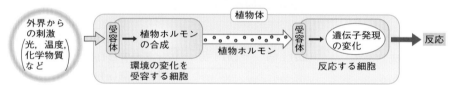

図95　植物体での情報伝達

2 光受容体と植物ホルモン

❶光受容体　光は光合成を行う植物にとって最も重要な環境要因の1つであり，植物の細胞には，光を受容して反応を促す色素タンパク質[★1]があり，光受容体という。光受容体には**赤色光を吸収する**フィトクロム，**青色光を吸収する**クリプトクロムやフォトトロピンなどがある。

表3　光受容体の種類とおもな働き

光受容体	吸収する光	おもな働き
フィトクロム	赤色光 遠赤色光	発芽の促進・抑制 花芽形成(⤴p.548)
クリプトクロム	青色光	植物の成長(⤴p.537) 花芽形成(⤴p.548)
フォトトロピン	青色光	光屈性(⤴p.541) 気孔の開口(⤴p.554) 葉緑体の配置運動

★1 **色素タンパク質**は色素が結合しているタンパク質で，動物のヘモグロビン(⤴p.89)やロドプシン(⤴p.479)なども色素タンパク質である。

❷植物ホルモン　植物ホルモンは，植物体の一部で生産され，他の組織や器官に運ばれ微量で濃度に応じた作用を示す低分子の有機物である。植物ホルモンには，オーキシン，ジベレリン，アブシシン酸，エチレンなどの働きの異なるさまざまな種類がある。

補足 特定の器官(腺)でつくられる動物のホルモンと異なり，植物ホルモンを合成する特定の器官はない。また，動物と異なり植物ではタンパク質は植物ホルモンとして扱わない。

3 植物の一生と植物ホルモン・光受容体

　植物は環境の変化に応じて植物ホルモンや光受容体によってさまざまな調節を行い，開花や成長の調節などを行っている(図96)。

	種子の休眠・発芽	栄養成長	気孔の開閉	花芽形成	果実の形成・成熟	落葉・落果
環境要因	水　温度 酸素（光）	光　重力 接触	乾燥　光	光（日長） 温度		水　温度
光受容体	フィトクロム	フィトクロム フォトトロピン クリプトクロム	フォトトロピン（開）	フィトクロム クリプトクロム		クリプトクロム
植物ホルモン	アブシシン酸 ジベレリン	オーキシン ジベレリン エチレン	アブシシン酸	フロリゲン（花成ホルモン）	オーキシン ジベレリン	アブシシン酸 エチレン オーキシン(抑制)

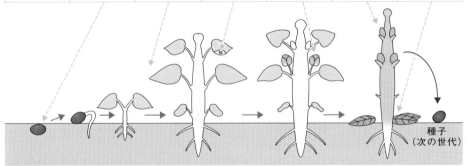

図96 植物の一生と調節に関与する光受容体・植物ホルモン

第7編 生物の環境応答

このSECTIONの まとめ　植物の生活と環境への応答

□ 植物の刺激の受容と反応
↪ p.532

- **光受容体**…光を受容して反応を促すタンパク質。**フィトクロム**(赤色光)，**クリプトクロム・フォトトロピン**(青色光)
- **植物ホルモン**…植物体の一部で生産され，他の器官に運ばれ微量で濃度に応じた作用を示す低分子の有機物。

SECTION ③ 種子の休眠と発芽

1 | 種子の休眠と発芽

1 種子の休眠

❶種子の休眠　成熟した種子は高温や低温，乾燥などへの耐性をもち，生育に適した季節で発芽せず成長を停止した状態を保つ(休眠)。種子によっては，何十年も休眠を維持することができる。

❷休眠の維持と解除　植物ホルモンであるアブシシン酸は種子の休眠維持に働く。休眠解除の条件は植物によって異なり，吸水，光，一定期間の低温，動物に食べられて排泄されるなどがあり，山火事で発芽が促進される植物もある。

図97 大賀ハス

視点 千葉県にある約2000年前の遺跡で発見された種子から育ったハスとその子孫。発芽に成功した大賀一郎博士の名にちなみよばれている。

2 種子の発芽 ①重要

❶種子の発芽とジベレリン　ふつう，植物の種子は，温度・水・酸素の条件が発芽に適した状態になると，発芽を開始する。休眠が維持されている場合は植物ホルモンのジベレリンが休眠の解除に働く。ジベレリンとアブシシン酸は拮抗的に働き，両者のバランスによって種子の休眠と発芽が調節されている。

> アブシシン酸の働きが優位…休眠の維持
> ジベレリンの働きが優位……休眠の解除・発芽の開始

❷オオムギの発芽　一定の休眠期間を経ると，休眠が解除される。オオムギでは温度・水・酸素の条件が発芽に適した状態になると，胚からジベレリンの分泌が起こる。ジベレリンは糊粉層に働き，糊粉層の細胞内でアミラーゼ遺伝子を発現させる。アミラーゼは胚乳中のデンプンを分解し，これにより生じたグルコースは胚の栄養分となり種子が発芽する。

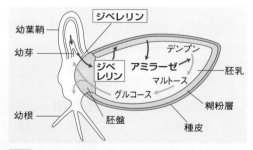

図98 オオムギの発芽のしくみ(模式図)

2 | 発芽の調節

1 発芽の調節—光発芽種子 ①重要

❶光発芽種子　種子には水・温度・酸素の条件のほかに，光が当たらないと発芽しない種子があり，このような種子を光発芽種子とよぶ。

❷レタスにおける発芽の調節　光発芽種子に赤色光（波長660 nm付近）を照射すると，発芽する。一方，遠赤色光（波長730 nm付近）は光発芽種子の発芽を抑制する働きがある。赤色光と遠赤色光を交互に照射した場合は，最後に照射した光によって発芽するかどうかが決まる。

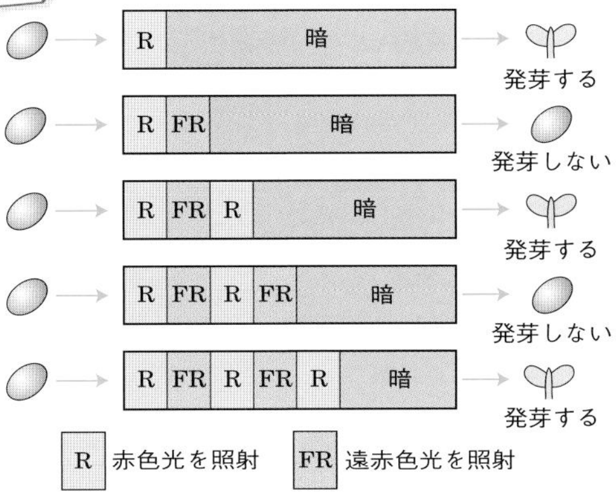

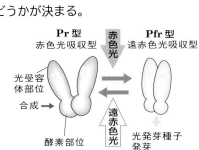

| R | 赤色光を照射 | FR | 遠赤色光を照射 |

図99　光発芽種子（レタス）の発芽と光条件

❸光発芽種子の光受容体　光発芽種子の発芽には，フィトクロムが関係している。フィトクロムには赤色光吸収型（Pr型）と遠赤色光吸収型（Pfr型）がある。Pr型フィトクロムに赤色光を照射するとPfr型に変化し，Pfr型に遠赤色光を照射するとPr型に変化する。

補足　Pはフィトクロム（phytochrome）の頭文字，rは赤色光（red），frは遠赤色光（far red）の頭文字である。

図100　フィトクロムの構造と変換

［光発芽種子の発芽］

フィトクロム　Pr型（赤色光吸収型）⇄ Pfr型（遠赤色光吸収型）

赤色光／遠赤色光

↓　　　　　　　　　↓
発芽しない　　　　発芽する

❹光発芽種子と暗発芽種子　光発芽種子をつくる植物としては，レタス，タバコ，シロイヌナズナなどがある。

　一方，光が当たると発芽が抑制される種子もあり，このような種子を暗発芽種子という。暗発芽種子としてはカボチャやネギ，ケイトウなどがある。

❺フィトクロムの働き　赤色光が当たってPfr型となったフィトクロムは，核内に移動して，発芽にかかわる遺伝子の発現を抑制している調節タンパク質の分解を促進し，遺伝子を発現させると考えられている（⇨図101）。

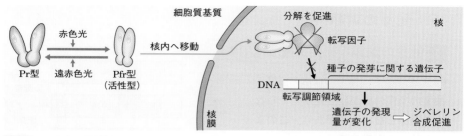

図101　フィトクロムの働き

---| COLUMN |---

光が当たると発芽するのはなぜ？

　花壇の土を掘り返した後，すぐに雑草の芽が大量に発芽することがあるが，これは土の中で休眠していた**光発芽種子**に光が当たり，発芽が促進されたためである。

　これらの光発芽種子は小さい種子が多く，もっている栄養分が少ない。このため，暗い土の中で発芽してしまうと，子葉が地上に出る前に栄養分が尽きてしまう。発芽後すぐに光合成ができるように，光が当たっている状態で発芽する性質になっていると考えられる。

　また，Pfr型のフィトクロムが吸収する遠赤色光は，緑葉を透過してきた光に多く含まれている。地表にある種子の上に，他の植物の葉が茂っている場合は，フィトクロムに遠赤色光があたり，Pfr型がPr型になって，発芽が抑制される。光発芽種子は，地中だけではなく，上に葉が茂っていて生育に適さない光環境の場合は，発芽を抑制して休眠を維持している。

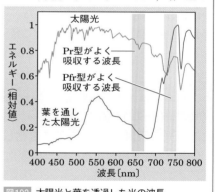

図102　太陽光と葉を透過した光の波長

このSECTIONの **まとめ** 　植物の休眠と発芽

□ 種子の休眠と発芽 ⏎p.534	・**発芽促進**…ジベレリンが働く ・**発芽抑制・休眠維持**…アブシシン酸が働く。
□ 発芽の調節 ⏎p.535	・**光発芽種子**…発芽に光を必要とする種子。最後に当たった光が赤色光➡発芽促進，遠赤色光➡発芽抑制 ・**暗発芽種子**…光によって発芽が抑制される種子。 ・**フィトクロム**…光発芽種子の発芽などを調節する**光受容体**。 　　Pr型（赤色光吸収型）⇄ Pfr型（遠赤色光吸収型）

4 植物の成長の調節

1 植物の成長と植物ホルモン

植物の成長とその調節には，植物ホルモンであるオーキシンとジベレリン，エチレンが大きくかかわっている。

1 オーキシンの性質と働き ① 重要

❶オーキシン　オーキシンは世界で最初に発見された植物ホルモンである。植物が合成するオーキシンの化学成分はおもにインドール酢酸(IAA)である(⊃ 図103)。

補足 人工的に合成されたナフタレン酢酸(NAA)や2,4-Dもインドール酢酸と同じ働きをする。

❷植物細胞の成長とオーキシン　オーキシンは細胞壁にあるセルロースの繊維のつながりをゆるめ，細胞壁を伸びやすくすることで植物の成長を促進する(⊃ p.539)。

❸オーキシンのその他の働き

①側芽の成長阻害　茎や枝の先端に芽(頂芽)があるときは，近くにあるほかの芽(側芽)の成長は抑制される。この現象または作用を頂芽優勢という(⊃ p.547)。

②落葉・落果の抑制　葉や果実が若いときは離層(⊃ p.557)の形成を抑制する。

③果実の肥大成長促進　めしべの中で卵細胞が受精するとオーキシンが生産され，その働きによって，子房組織の肥大成長が促進される。

図103 インドール酢酸(IAA)

POINT!　オーキシン(インドール酢酸)の働き…①成長促進(細胞壁をゆるめる)　②頂芽優勢　③落葉・落下の抑制　④果実の肥大成長促進

❹オーキシンの生産　オーキシンは植物体内のさまざまな場所で生産されるが，おもに芽・茎の先端部・葉で合成される。生産されたオーキシンは基部へ移動して，細胞の成長を促進する。

❺極性移動　オーキシンは先端部から基部方向へのみ移動し，その逆には移動しない(⊃ 図104)。このような生物体内における方向性のある物質の移動を極性移動といい，植物の成長と屈性に関係している(⊃ p.542)。

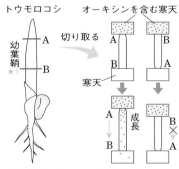

図104 オーキシンの極性移動

★1 幼葉鞘は，単子葉植物に見られる，芽ばえの子葉を包んでいる筒状の鞘のこと。

第7編　生物の環境応答

2 ジベレリンとエチレンの性質と働き

❶**伸長成長と肥大成長**　植物の細胞は，吸水して液胞の体積が増加することによって成長する（細胞が大きくなる）。このとき，茎や根を縦に長く伸ばす方向の成長を**伸長成長**，茎や根を太くする方向の成長を**肥大成長**といい，植物ホルモンであるジベレリンやエチレンが成長の方向に関係している。

❷**ジベレリン**　ジベレリンは植物の**伸長成長**や**種子の発芽促進**（⊂⊃ p.534）に働く植物ホルモン。果実の単為結実（⊂⊃ p.556）にも用いられる。ジベレリンを合成できないイネやトウモロコシなどは，矮性（背丈が小さい）になるが，矮性植物にジベレリンを作用させるとふつうの植物と同じ大きさに成長する。

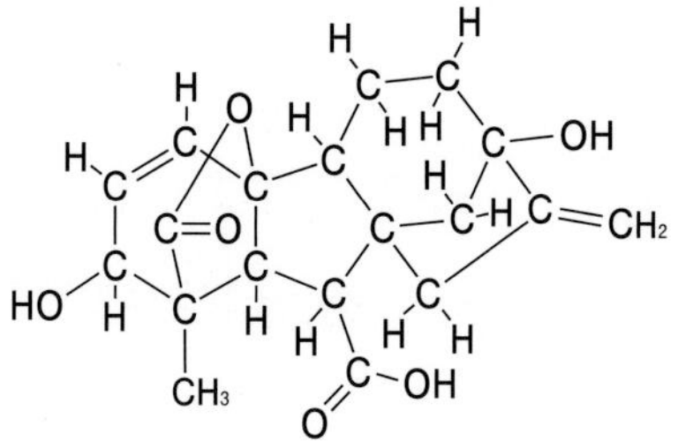

図105　ジベレリン酸（ジベレリンの一種）

補足　イネの病原菌である馬鹿苗病菌から発見（1926年黒沢英一），単離・命名された（1935年藪田貞治郎）。その後，植物の成長にかかわる植物ホルモンとして認められた。

❸**エチレン**　エチレン（C_2H_4）は気体の状態で作用する植物ホルモンである。**植物を肥大成長させる**ほか，**果実の成熟促進**（色付け）や**葉の黄変**，**落葉の促進**などの働きをもつ。

補足　19世紀にヨーロッパの都市でガス灯が導入されたとき，ガス灯の周辺の植物が落葉したり，肥大成長したりすることから発見された。

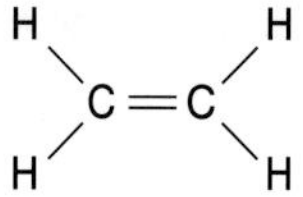

図106　エチレン

❹**ジベレリンとエチレンによる成長促進**　植物細胞にジベレリンが作用すると，細胞骨格である微小管が横方向に伸びる。この微小管に沿って細胞壁のセルロース繊維が合成されるため，**セルロース繊維が横方向に合成され配列する。**セルロース繊維は硬く，伸びないが，オーキシンが作用してセルロース繊維間をつなぐ多糖類が減少すると，植物細胞は縦方向に伸びやすくなり，吸水して体積が増加すると，縦方向に成長（伸長成長）する。

　一方，エチレンが作用すると，微小管が縦方向につくられ，細胞壁のセルロース繊維も縦方向に合成され並ぶ。このため，オーキシンが作用すると，細胞は横方向に成長（肥大成長）する。

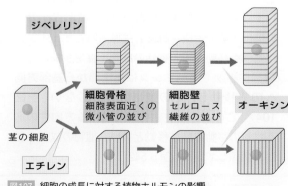

図107　細胞の成長に対する植物ホルモンの影響

ジベレリン⇨セルロース繊維を横方向に合成する ⟶ 伸長成長

↑

オーキシン

↓

エチレン ⇨ セルロース繊維を縦方向に合成する ⟶ 肥大成長

➕発展ゼミ　細胞壁に対するオーキシンの働き

●細胞壁は硬くて伸縮しないセルロース繊維とセルロース繊維をつなぐ多糖類によってできている。オーキシンは次のようなしくみで細胞壁に作用し成長を促進する。

①オーキシンは細胞膜にあるプロトンポンプを活性化し，H^+ が細胞外へ能動的に輸送される。

②H^+ によって細胞壁が酸性に傾き，細胞壁にある酵素が活性化される。

③セルロース繊維間をつなぐ多糖類が分解されてセルロース繊維間のつながりが弱くなり，セルロース繊維の間が伸びやすくなる。

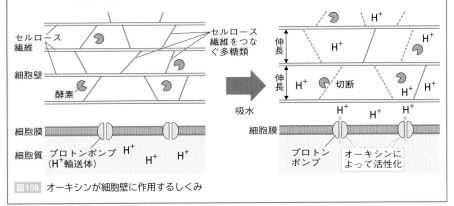

図108　オーキシンが細胞壁に作用するしくみ

⊣ Column ⊢

エチレンによる伸長成長阻害と肥大成長促進

　植物に接触など物理的刺激を与えると，エチレンを発生する。エチレンは植物体の伸長成長を阻害する働きがあるので，伸ばした枝が障害物に接触すると，発生したエチレンによって，伸長成長が止まることになる。

　また，風が強く当たる場所で生育する植物では，風によって枝や葉がこすれると，エチレンが発生して茎が肥大するため，風によって折れたり倒れたりすることを防ぐことができる。

　このように，エチレンによる伸長成長阻害や肥大成長促進は，植物が環境に適応した形をとれるように働いている。

2 | 屈性と傾性

1 屈性と傾性

❶屈性　植物のからだの一部が刺激に対して決まった方向に屈曲する性質を屈性という。走性と同じように，刺激に向かって屈曲する場合を**正の屈性**，刺激とは逆の方向に屈曲する場合を**負の屈性**という。屈性には次のような種類がある。

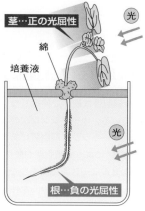

図109　種子植物（双子葉類）に見られる光屈性の例

視点　茎と根では，光に対する屈性が異なる点に注意。

表4　屈性の種類

種類	刺激	正の屈性を示すもの	負の屈性を示すもの
光屈性	光	茎	根
重力屈性	重力	根	茎
水分屈性	水分	根	
化学屈性	化学物質	花粉管	
接触屈性	接触	つる，巻きひげ	

補足　花粉管は胚珠の分泌物へ向かって伸びる。

❷傾性　刺激の方向とは無関係に体の一部が屈曲する性質を傾性という。傾性には表5のような種類があり，以下のようなしくみによって起こる。

表5　傾性の種類

種類	刺激	例
温度傾性	温度	チューリップやクロッカス…温度が上昇すると開花する。
光傾性	光	タンポポやハス…つぼみに光が当たると開花。 ネムノキやダイズ…夜に葉を閉じる。
接触傾性	接触	オジギソウ…触れると葉が閉じてたれ下がる。

①温度傾性によるチューリップの開花

　　温度上昇による花弁の開閉運動は，花弁の外側の細胞と内側の細胞で，成長に適した温度が異なるために生じる。温度が上昇すると，内側の細胞の成長が促進されて花弁が開き，温度が低下すると，外側の細胞の成長が促進されて花弁が閉じる。

花弁の内側が成長

花弁の外側が成長

図110　チューリップの花の開閉

②**接触傾性と膨圧運動**　細胞が吸水して膨圧
（細胞が膨らむ方向に細胞壁にかかる力）が
上昇，または脱水して膨圧が低下すること
によって生じる運動を膨圧運動という。オ
ジギソウでは，接触刺激によって葉柄の基
部にある葉枕という部分の膨圧が低下し，
葉柄が垂れ下がる運動が起きる（接触傾性）。
なお，気孔の開閉（⯈p.554）も膨圧運動で
ある。

補足　オジギソウのほかネムノキ・カタバミなどでは，
接触による刺激がなくても夜になると葉を閉じる。こ
れを**就眠運動**という。就眠運動は，光傾性と温度傾性
による膨圧運動である。

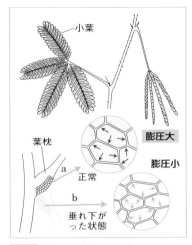

図111　オジギソウの接触傾性

POINT!

屈性…刺激の方向に対して一定の方向に屈曲
傾性…刺激の方向とは無関係に屈曲

2 屈性とオーキシン

❶**オーキシンに対する感受性**　オーキシンは細胞の成長を促進する働きがあるが，
オーキシンの濃度が高すぎると，成長を阻害する。成長に最適な濃度は組織によっ
て異なり，根よりも茎のほうが高い（⯈図112）。このことが同じ刺激に対する茎
と根の屈性の方向の違いに関係してくる。

❷**茎や根の光屈性**　芽の先端で合成されたオーキシンは，光の当たらない側に移
動した後，極性移動によって基部方向に運ばれる。このため，光の当たらない側の
オーキシン濃度が高くなり，茎では成長が促進されるが，根では成長が阻害される。
　このため，茎では正の光屈性，根では負の光屈性が生じる。

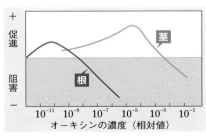

図112　器官のオーキシンに対する感受性

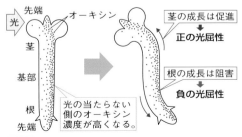

図113　オーキシン濃度による成長調節と光屈性

第7編　生物の環境応答

❸光屈性と光受容体 光屈性において，植物が光の方向を感知するための光受容体としてフォトトロピンという色素タンパク質が働いている。フォトトロピンは青色（波長450 nm付近）の光を吸収すると細胞膜にあるオーキシン排出輸送体（PINタンパク質）の分布を変化させ，これによって光の当たらない側にオーキシンが多く輸送されるようになる。

❹オーキシンの極性移動のしくみ オーキシンの極性移動には，細胞膜に存在するタンパク質であるオーキシン輸送体が働いている。

オーキシン輸送体にはAUXタンパク質（オーキシン取り込み輸送体）とPINタンパク質（オーキシン排出輸送体）の2種類があり，PINタンパク質は茎の基部側の細胞膜に集中して分布している。このため，細胞の周囲から細胞内に入ったオーキシンは，おもに基部側で排出される。

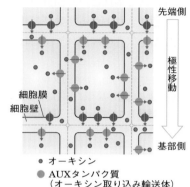

> 先端側
>
> 極性移動
>
> 基部側
>
> 細胞膜
> 細胞壁
>
> ● オーキシン
> ● AUXタンパク質
> 　（オーキシン取り込み輸送体）
> ● PINタンパク質
> 　（オーキシン排出輸送体）
>
> **図114** オーキシンの極性移動のしくみ

補足 オーキシンはAUXタンパク質の働きのほか拡散によっても細胞外から細胞内に流入するが，細胞内から細胞外への排出はPINタンパク質の働きのみによる。

POINT!

オーキシンの極性移動…茎の先端から基部への移動

　AUXタンパク質（オーキシン取り込み輸送体）…細胞の先端・側面。

　PINタンパク質（オーキシン排出輸送体）…細胞の基部側に集中。

❺茎や根の重力屈性 暗所で植物体が横倒しになったとき，オーキシンの濃度は植物体の下側になった部分が高くなる。このため茎では下側の成長が促進されるが，根では下側の成長が阻害される。このため，**茎では負の重力屈性，根では正の重力屈性**を示すことになる。

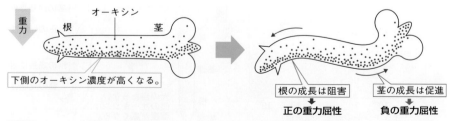

重力
根　オーキシン　茎

下側のオーキシン濃度が高くなる。

根の成長は阻害　茎の成長は促進
正の重力屈性　　**負の重力屈性**

図115 オーキシン濃度による重力屈性

❻ **根における重力感知** 根での重力感知は，根冠にあるコルメラ細胞によって行われている。コルメラ細胞内にある細胞小器官の1つアミロプラスト[1]は，重力によって細胞の下側に集まる。これによってPINタンパク質(オーキシン排出輸送体)の分布が下側に多くなり，茎の先端部から師部を流れてきたオーキシンは根冠から根の下側に輸送される。このオーキシンが皮層(⤵ p.77)や表皮細胞の間で受け渡しされ，横倒しになった植物体の下側のオーキシン濃度が高くなる。

補足 PINタンパク質の分布の変化は，PINタンパク質が細胞膜内を移動するのではなく，上側のPINタンパク質が分解され，細胞内で新たに合成されたPINタンパク質が下側の細胞膜に運ばれることによる。

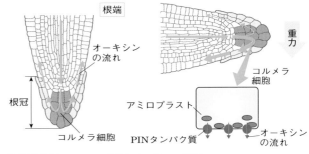

図116 根端のコルメラ細胞とオーキシンの流れ

参考 光屈性の研究と実験

● **ダーウィン父子の実験**──光屈性の研究(材料；クサヨシ・カナリアソウなど)
　進化論で有名なイギリスの**チャールズ ダーウィン**(1809～1882年)とその息子は，植物の光屈性について次のような実験を行った。

実験
❶ 幼葉鞘に横から光を当てる。
❷ 幼葉鞘の先端部を切り取り，横から光を当てる。
❸ 幼葉鞘の先端部に不透明なすずはくのキャップをかぶせ，横から光を当てる。
❹ 幼葉鞘の下のほうを暗くして，先端部にだけ光を当てる。

結果
❶ 正の光屈性を示し，幼葉鞘の先端は光のくる方向に曲がって成長した。
❷ 屈曲も成長もしない。
❸ 成長はするが，屈曲はしない。
❹ 正の光屈性を示し，屈曲して成長した。

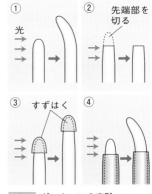

図117 ダーウィンの実験

● **この実験からわかること**
❶ 植物は，幼葉鞘の先端部で光を感じる。
❷ 幼葉鞘の先端部で受け取られた光の刺激による効果は，下のほうへ伝えられ，下部が屈曲・成長する。

★1 アミロプラストは**色素体**の一種で，デンプンを貯蔵する**白色体**。色素体には葉緑体や有色体が含まれ，アミロプラストも光が当たるとクロロフィルを合成して葉緑体に変化する。

●**ボイセン イェンセンの実験**——**植物ホルモンの発見**(材料；マカラスムギ)

　デンマークのボイセン イェンセン(1883～1959年)は，1910年，植物の茎の成長が，幼葉鞘の先端部でつくられる成長促進物質によるものであることを発見した。この物質がのちにオーキシンと名付けられた。

実験 (1913年)	結果
❶ 幼葉鞘の先端近くで，光のくる方向とは反対側に雲母片(液体を通さない)を水平に差し込む。	❶ ほとんど成長せず，屈曲もしなかった。
❷ ❶とは逆に，光のくる方向に雲母片を水平に差し込む。	❷ 光のくる方向に屈曲して成長した。
❸ 幼葉鞘の先端部を切り，間に寒天片(液体を通す)をはさんで，横から光を当てる。	❸ 光のくる方向に屈曲して成長した。

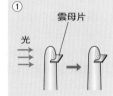
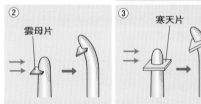
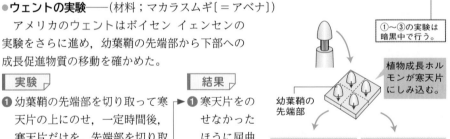

○ **この実験からわかること**

❶ 幼葉鞘の先端部で，**成長を促進する水溶性の物質**がつくられる。

❷ 成長促進物質は，光の当たらない側に横移動したのち，下方へ移動していく。

図118　ボイセン イェンセンの実験

●**ウェントの実験**——(材料；マカラスムギ[＝アベナ])

　アメリカのウェントはボイセン イェンセンの実験をさらに進め，幼葉鞘の先端部から下部への成長促進物質の移動を確かめた。

①～③の実験は暗黒中で行う。

植物成長ホルモンが寒天片にしみ込む。

幼葉鞘の先端部

実験	結果
❶ 幼葉鞘の先端部を切り取って寒天片の上にのせ，一定時間後，寒天片だけを，先端部を切り取ったマカラスムギの幼葉鞘の片側にのせる。	❶ 寒天片をのせなかったほうに屈曲して成長した。
❷ 上と同様にして得た寒天片を，先端部を切り取った幼葉鞘の切断面全体にのせる。	❷ 真上に成長した。
❸ 幼葉鞘の先端部をのせていない寒天片を，先端部を切り取った幼葉鞘の切断面全体にのせる。	❸ 成長もせず屈曲もしなかった。

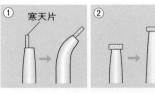
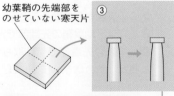

幼葉鞘の先端部をのせていない寒天片

○ **この実験からわかること**

❶ 水溶性の比較的安定な成長促進物質(**植物成長ホルモン**)が幼葉鞘の先端部に実在している。

図119　ウェントの実験(1928年)

❼アベナテスト　　ウェントは，植物成長ホルモンの量と幼葉鞘の屈曲する角度に着目し，**図120**のような実験を行った。彼は，この実験で，光が当たった側の寒天片と光の反対側の寒天片を，それぞれ別のマカラスムギの切断面の上の片側にのせてのせた。すると，マカラスムギの茎は，光の反対側の寒天片をのせたほうが大きく屈曲した。これは，屈曲の度合いが植物ホルモンの量によって変わることを示している。幼葉鞘の屈曲する角

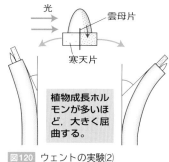

植物成長ホルモンが多いほど，大きく屈曲する。

図120 ウェントの実験(2)

度は，植物ホルモンの量と比例する。そのため，屈曲した角度から植物ホルモンの量（濃度）を定量することができる。このような定量法を，アベナテストという。

❽屈性とオーキシンの働きのまとめ

	茎	根
運搬される向き	光の当たらない側 細胞の下側	光の当たらない側 細胞の下側
高濃度のオーキシンの作用	成長促進	成長阻害
屈性	正の光屈性 負の重力屈性	負の光屈性 正の重力屈性

このSECTIONの **まとめ**　　植物の成長の調節

□ 植物の成長と植物ホルモン ↪ p.537	・オーキシン…**細胞壁をゆるめ，成長を促進。** 　　　　　　　　**頂芽優勢**，落葉・落果の抑制，果実の肥大（子房組織の成長促進） ・ジベレリン…細胞壁を縦に伸びやすくする➡**伸長成長。** ・エチレン…細胞壁を横に伸びやすくする➡**肥大成長。**
□ 屈性と傾性 ↪ p.540	・屈性…植物が，**刺激の方向に対して一定方向に屈曲。** ・傾性…**刺激の方向とは無関係に屈曲。** ・オーキシンによる成長の調節と屈曲 　茎の先端で合成，基部に下降して成長を促進。 　**最も促進する濃度は茎＞根**　濃度によっては抑制にも働く。 　光の反対側に移動➡**光屈性** 　根冠のコルメラ細胞により下側に分配➡**根の重力屈性**

⑤ 器官の形成と花芽形成の調節

1 | 植物体の器官と成長

1 植物の器官

❶植物の器官　植物の体を構成する器官は，大きく根・茎・葉の栄養器官と生殖器官である花や果実などに分けられる（⤴ p.73, 76〜77）。栄養器官の茎とそれにつく葉はまとめてシュートとよばれ，根はまとめて根系とよばれる。

[補足] 芽が成長して枝が伸びるとそれも1つのシュートである。また，芽と葉が出る部分を節といい，シュートは芽と葉と節間の茎を1つのまとまり（ファイトマー）のくり返しとして積み上がって形成されているといえる。

❷分裂組織　植物のからだを構成する組織のうち，盛んに細胞分裂をしている組織を分裂組織という。

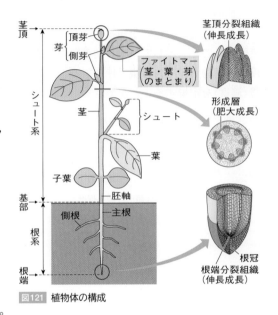

図121 植物体の構成

伸長成長に働く分裂組織には茎の先端の茎頂分裂組織と，根の先端の根端分裂組織がある。茎の先端の分裂組織とまわりの若い葉や茎をまとめて，芽とよぶ。

植物の茎や根が肥大成長するときに細胞分裂を行う組織が形成層である。形成層は多くの種子植物にあるが，単子葉植物のように形成層をもたない植物もある。

 植物の器官…茎・葉・根・花など
分裂組織…頂端分裂組織（茎頂分裂組織と根端分裂組織）・形成層

2 植物の栄養成長と生殖成長

植物が成長するとき，茎頂分裂組織や根端分裂組織，形成層で細胞分裂を行い，根・茎・葉の成長を，栄養成長という。これに対し，栄養成長を続けていた茎頂に花を形成し，やがて種子を形成する成長を生殖成長という。

3 側芽の成長の調節

❶頂芽優勢　植物の茎の先端にある芽を頂芽，その下側にある芽を側芽という。頂芽に近い側芽の成長は抑制されている。これを頂芽優勢という。

❷頂芽優勢とオーキシン　オーキシンは，適当な濃度では成長を促進するが，濃度が高すぎると成長を阻害する（⇨p.541）。頂芽近くの茎が成長する最適濃度と側芽が新たなシュートを形成して成長する最適濃度は異なり，頂芽で生産されたオーキシンは茎を伸長させると同時に，近くにある側芽の成長を抑制する。

側芽が成長する。

頂芽
（頂芽を切る）

頂芽近くの側芽はオーキシンの影響を受け，伸びない。

頂芽から離れた節では側芽が成長する。

図122　頂芽優勢

補足　頂芽を切り取ると，オーキシンによる抑制が解除され側芽は成長するようになる。しかしこの頂芽を切り取った切り口にオーキシンを含む寒天片をのせると，側芽は成長しない。

POINT!　頂芽優勢…頂芽が生産するオーキシンで側芽の成長が阻害される。

── COLUMN ──

ひこばえと胴吹き

　樹木を切り倒した後などに，切り株の根もとから芽が出て成長したものを**ひこばえ**という。樹木が切られる前には，幹の上の葉や芽で生産されていたオーキシンによって側芽の成長は阻害され，休眠している。しかし樹木が切られて，幹の上から運ばれてくるオーキシンがなくなると，側芽が成長を始め，ひこばえが生じる。

　木が倒れた後，ひこばえが若木となり，樹木が更新されることがある。このような樹木の更新を**萌芽更新**とよび，萌芽更新によって成長した木は，1つの根元から2〜数本の木が生えている場合がある。このような現象はコナラやクヌギなど雑木林を構成する樹木によく見られ，炭焼きで定期的に適度な太さの幹を伐採する里山で利用されてきた。

　また老木では，幹の途中から芽が出ることもある。これを**胴吹き**という。これも樹木の物質生産が低下し，オーキシンがうまく合成できなくなったときに起こる。

図123　ひこばえ（上）と萌芽更新（下）

2 | 花芽形成の調節

1 光周性 ①重要

❶光周性　季節によって，日長(1日の昼間の長さ)が変化する。**日長の変化によって，生物がさまざまな反応を見せることを光周性という。**[1]

　季節変化に対して適切に反応するためには，温度変化を感じて反応することも考えられるが，温度変化は，日長に比べて不安定で，暖冬の年や冷夏の年もある。**日長を用いれば，年による変化がなく，季節の変化に確実に対応することができる。**

❷光周性による植物の分類　植物がつくる芽のうち，成長すると葉になる芽を葉芽，成長すると花になる芽を花芽という。花芽形成には，温度や栄養状態，日長に影響を受ける場合があり，日長による影響の受け方で植物は次の3つに分類される。

① 長日植物　連続した暗期が一定の長さ以下になると花芽をつける植物。夜がだんだん短くなる春から初夏にかけて開花する。　例　アブラナ・ホウレンソウ・コムギ

② 短日植物　連続した暗期が一定の長さ以上になると花芽をつける植物。夜がだんだん長くなる夏から秋にかけて開花する。　例　オナモミ・イネ・キク・アサガオ

③ 中性植物　日長とは関係なく花芽をつける植物。夏または春と秋の両方に開花する植物，低緯度地域の植物など。　例　トマト・トウモロコシ・キュウリ・エンドウ

❸限界暗期　長日植物および短日植物が花芽を形成するかしないかを決定する連続した暗期の長さを限界暗期という。図124は光周性が異なる3種の植物において明期・暗期の長さと花芽形成までにかかる日数を調べたものである。そのうち長日植物は限界暗期が約15時間で，それより暗期が長いと花芽を形成しない。一方で図中の短日植物は，限界暗期が約13時間で，それより暗期が短いと花芽を形成しない。

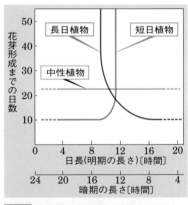

図124　光周性の例(明期・暗期の長さと花芽形成)

❹短日処理と長日処理　人工照明下で明期と暗期の長さを変化させると，光周性のある植物の花芽形成を調節することができる。

① 長日処理　照明を用いて暗期を限界暗期より短くする処理(長日条件をつくる処理)。長日植物では花芽形成を促進し，短日植物では花芽形成を抑制する。

② 短日処理　暗期を限界暗期より長くする処理(短日条件をつくる処理)。長日植物では花芽形成を抑制し，短日植物では花芽形成を促進する。

★1 光周性は，植物だけではなく動物でも見られる。動物が現す光周性としては，繁殖行動や毛の生え替わり，渡りや回遊などがある。

2 光条件と花芽形成を決めるしくみ

❶限界暗期と光中断　人工照明で明期と暗期の長さを調節して花芽形成の有無を調べる図125の実験で，花芽形成の有無を決めるのは1日あたりの日長や暗期の長さではなく，**連続した暗期の長さ**であることがわかる。

　合計の暗期の長さが限界暗期以上であっても，図中③のように暗期の途中に短時間光を照射する処理（光中断という）を行うと長日植物では花芽が形成され，短日植物では花芽を形成しなくなる。一方，④のように連続する明期の長さを②と同様に短くしても植物は長日条件として反応する。

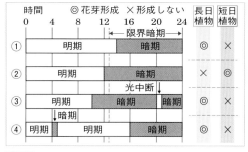

図125　花芽形成と暗期の関係

❷光周性とフィトクロム　植物の光周性は，光受容体としてフィトクロムが働く。フィトクロムは暗期の間にPr型が合成され赤色光を受けるとPfr型に変わる（⇨p.535）。

　光中断を行った直後に遠赤色光を照射すると光中断の効果がなくなる。さらにその直後に赤色光を照射すると，光中断の効果が回復する（⇨図126）。

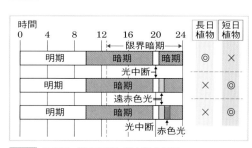

図126　赤色光・遠赤色光と光中断の効果

補足　多くの場合，Pfr型が長日植物では花芽形成を促進し，短日植物では花芽形成の抑制に働いているほか，クリプトクロム（⇨p.532）が花芽形成に関与する植物もある（イネ，シロイヌナズナなど）。

［植物の光周性］
連続した暗期の長さが { 長日植物…**限界暗期以下** / 短日植物…**限界暗期以上** } で花芽を形成。

フィトクロムで光を受容⇨赤色光で暗期中断（光中断）

―/ COLUMN /――

フィトクロム

　花芽を形成するしくみが赤色光と遠赤色光によって逆の影響を受けるのは不思議なことのようにも思われるが，他の植物に覆われて光合成に利用できない遠赤色光の相対量が増したとき成長を止めて生殖に切り替えるのは理にかなっている。このような調節のために利用されていたフィトクロムが進化の過程で光周性にも使われるようになったと考えることができる。

第7編 生物の環境応答

3 花芽形成のしくみ

❶暗期の感知 花芽形成は，連続した暗期の長さによって決まるが，その暗期の長さは葉によって感知される。

❷オナモミの花芽形成を調べる実験とフロリゲン

　植物が葉で日長を感知し，花芽形成の情報がどのように伝わるかは，オナモミを用いた次の実験からわかる。

ⓐオナモミは秋に開花する短日植物で，連続暗期 8 時間以下の長日条件下では花芽を形成しない。

ⓑオナモミを短日処理すると花芽が形成される。

図127 オナモミの花と実

ⓒ葉を刈り取ったオナモミは短日処理をしても花芽形成をしない。

ⓓ葉を数枚残したオナモミで，葉を短日処理すると花芽を形成する。

　➡ⓒ・ⓓより**葉が暗期の長さを感知している**ことがわかる。

ⓔ接ぎ木した 2 本の株のうち片方だけを短日処理すると，両方の株とも花芽を形成した。➡**花芽を形成させる情報は，物質によって伝わった**ことがわかる。

ⓕ短日処理した部分と接ぎ木部分の間の箇所で環状除皮（茎の師部から外側を取り除く）すると，短日処理された株だけが花芽を形成した。➡**花芽を形成させる物質が葉でつくられ，師部を通って移動した**ことがわかる。

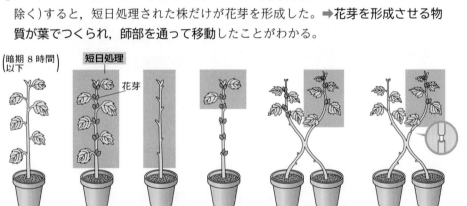

図128 オナモミ（短日植物）の花芽形成物質（花成ホルモン）の移動を調べる実験

❸フロリゲン このように，葉で生産され，師部を通って花芽を形成させると想定される物質はフロリゲン（花成ホルモン）と名付けられた。現在フロリゲンとしていくつかのタンパク質が見つかっており，シロイヌナズナ（長日植物）のFTタンパク質，イネ（短日植物）のHd3aタンパク質が知られている。

❹フロリゲンの働き シロイヌナズナでは，長日条件におかれた葉で*FT*遺伝子が発現し，FTタンパク質が合成される。FTタンパク質は師部を通って茎頂分裂組織

★1 タンパク質であるフロリゲンは植物ホルモンに含まれないが，植物ホルモンとして扱う場合もある。

に運ばれ，細胞内に取り込まれる。FTタンパク質は分裂組織の細胞内にある調節タンパク質と結合してから核内に入り，花芽形成遺伝子を活性化させる（⤴図129）。

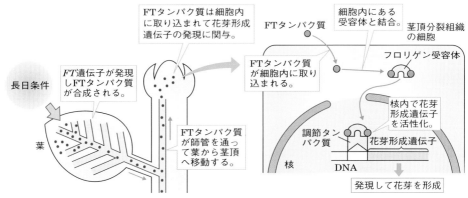

図129 FTタンパク質の働き

4 花芽形成と温度

　花芽形成には，光周性のほかに温度が関係している場合もある。

❶春化　植物が一定期間の低温(冬)を経た後でないと花芽を形成しない場合がある。**一定期間の低温を経験することによって，花芽形成が促進される現象**を春化という。

[補足]　種子が休眠から目覚めて発芽するときにも，春化が必要な植物もある。

❷春化処理　秋に種子をまいて春に収穫するコムギの品種を秋まきコムギという。長日植物である秋まきコムギの種子を春にまくと大きく成長するが，長日条件になっても花芽を形成しない。これは秋まきコムギの花芽形成には春化が必要だからで，春にまいたコムギを，生育初期に人為的に数十日間 1 ～ 10 ℃におくと，花芽を形成する（⤴図130）。このように低温を経験させる処理を春化処理という。

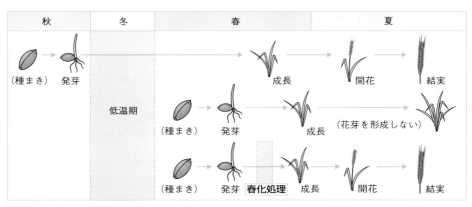

図130 秋まきコムギの春化処理

3 | 花の構造とABCモデル

❶花の構造と分化　被子植物の花を上から見ると，外側から順に，がく・花弁・おしべ・めしべが同心円状に配列している。花が分化するときにはこれら4つの領域が茎頂にある原基（器官が形成されるもとになる組織）で分化し，花が形成される。

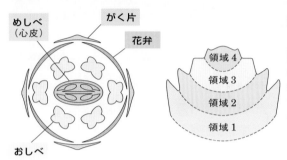

図131　花式図（左）と茎頂原基の縦断面（右）

視点　花式図は花を構成する各器官の数や配置を模式的に表したもの。各器官は，4つの同心円上に配列している（番号は発達の順番と領域を示す）。

❷ABCモデル　花の分化には，A・B・Cの3つのクラス（遺伝子群）に分けられる遺伝子が働いていることがわかった。このしくみはABCモデルとよばれている。

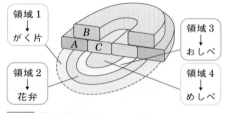

図132　花の器官分化とABCモデル

① **花の形成における遺伝子発現と器官分化**　Aクラス遺伝子は，領域1と領域2で，Bクラス遺伝子は領域2と3で，Cクラス遺伝子は領域3と4で発現する。領域ごとの発現している遺伝子と分化する器官は次のようになっている。

領域1：Aクラス遺伝子のみ　　　　　　➡がく片が分化
領域2：Aクラス遺伝子＋Bクラス遺伝子➡花弁が分化
領域3：Bクラス遺伝子＋Cクラス遺伝子➡おしべが分化
領域4：Cクラス遺伝子のみ　　　　　　➡めしべが分化

② **シロイヌナズナのホメオティック突然変異体**　A・B・C各クラスの調節遺伝子は各領域でそれぞれの器官を分化させる多くの遺伝子を調節する**ホメオティック遺伝子群**（⤴p.450）である。ホメオティック遺伝子に突然変異が生じるとある器官がまるまる別の器官に置き換わって分化する現象が現れる（**ホメオティック突然変異体**）が，シロイヌナズナでは，A・B・C各クラスの調節遺伝子が働かない突然変異で次のような形質の変化が見られた（⤴図133）。[1]

---

[1] シロイヌナズナのホメオティック突然変異体の解析からコーエンらが花の分化にかかわる遺伝子の働きのしくみを見いだしABCモデルとよんだ（1991年）。

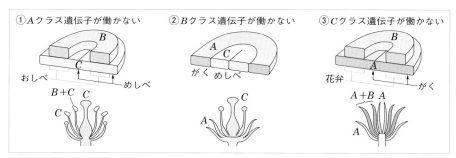

図133 花の器官分化とABCモデルの変異体（ホメオティック突然変異体）

視点　*A*クラス遺伝子と*C*クラス遺伝子は排他的に発現し，この2つのクラスの遺伝子が同時に発現することはないが，一方を欠いた突然変異体ではその部位を埋めるようにもう一方のクラスの遺伝子が発現する。

補足　*C*クラス遺伝子が分裂組織の分裂を止める働きをもつ植物もある。このような植物で*C*クラス遺伝子が働かなくなると，領域3と4，または領域4がくり返し形成され，がく片と花弁または花弁が多重に形成される八重咲きになる。

このSECTIONの まとめ　器官の形成と花芽形成の調節

☐ **植物体の器官と成長**
　p.546

- 植物のからだ $\begin{cases} \text{栄養器官…シュート（葉・茎），根系} \\ \text{生殖器官…花（→果実）} \end{cases}$
- 分裂組織…**茎頂分裂組織・根端分裂組織・形成層**
- **頂芽優勢**…頂芽が生産するオーキシンが側芽の成長を抑制。

☐ **花芽形成の調節**
　p.548

- 光周性…花芽形成の調節には**連続する暗期の長さ**が関係。
  - **長日植物**…**限界暗期より短い連続した暗期**で花芽形成。
  - **短日植物**…**限界暗期より長い連続した暗期**で花芽形成。
  - **中性植物**…日長とは関係なく花芽形成。
- **花芽形成の調節**　葉の細胞の**フィトクロム**によって日長を受容➡葉で**フロリゲン**がつくられ，師管を通って移動，花芽を分化させる。
- **春化**…**一定期間の低温**を経ることで花芽形成が誘導される。

☐ **花の構造とABCモデル**
　p.552

- **ABCモデル**…ホメオティック遺伝子群による花の各器官分化の調節のしくみ。

　　　外側 ←————————→ 内側

発現する遺伝子群	*A*	*A*＋*B*	*B*＋*C*	*C*
器官	がく片	花弁	おしべ	めしべ

SECTION

6 環境の変化に対する応答

1 | 気孔の開閉

1 気孔 ⚠️重要

❶**気孔**　植物の葉の表皮には気孔という小さな開口部があり，植物は気孔を通じて光合成に必要な二酸化炭素の取り込みや水の**蒸散**を行っている。気孔は2個の孔辺細胞に挟まれており，周囲の水分量や二酸化炭素，光などに応じて孔辺細胞が変形することで開閉する。

補足 気孔を通じて水蒸気を排出する働きを蒸散という。蒸散によって葉肉の細胞の浸透圧が上昇し，これにより植物は根から道管を通して水を吸い上げている。また気化熱によって葉の温度を下げる働きもある。

❷**気孔の構造**　孔辺細胞は表皮細胞が特殊化した細胞で，**葉緑体をもち，気孔側の細胞壁が厚くなり，外側は薄くなっている。**

補足 ふつうの表皮細胞には葉緑体がなく，葉緑体をもつのは孔辺細胞だけである。

❸**気孔の開閉のしくみ**　気孔が開くときは，孔辺細胞にカリウムイオンK^+が流入して浸透圧（⇨p.142）が上昇し，孔辺細胞に水が流入して膨圧が高まる。すると，外側の薄い細胞壁がのびて孔辺細胞が湾曲し，気孔が開く。その逆に，気孔が閉じるときには，孔辺細胞からK^+が流出し，浸透圧が低下して水が流出し，膨圧が低下して気孔が閉じる（膨圧運動⇨p.541）。

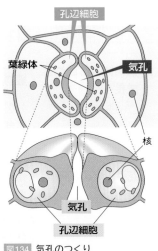

図134 気孔のつくり

2 気孔開閉の調節

❶**光と気孔の開閉**　植物に光が当たると，気孔は開く。このとき働く光受容体は青色光を吸収するフォトトロピンで，**フォトトロピンが青色光を吸収すると，孔辺細胞のK^+の取り込みを促進し，気孔が開く。**

❷**湿度と気孔の開閉**　植物が乾燥状態になると気孔は閉じて，蒸散を防ぐ。このとき，葉ではアブシシン酸が急激に合成されて，アブシシン酸の働きで孔辺細胞からK^+の流出が起こり，気孔が閉じる。

★1 気孔は，葉だけではなく，若い茎やがく片などでも見られるが，一般に葉の裏側で特に多い。

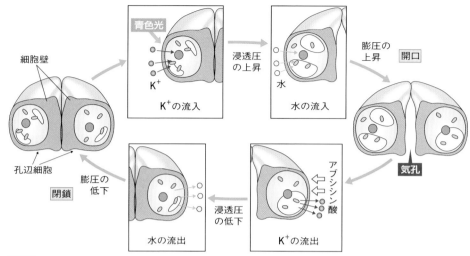

図135　気孔の開閉のしくみ

[気孔の開閉]

青色光（フォトトロピンが関係）…K^+流入⇨膨圧上昇⇨気孔が開く

アブシシン酸…K^+流出⇨膨圧低下⇨気孔が閉じる

参考 浸透圧・膨圧と細胞

●細胞膜には水を通すチャネルがあり，細胞の内外で浸透圧の低い（うすい溶液）側から高い側に水が移動（拡散）する。低張液に入れると細胞内への水の流入が起こり，細胞は膨張する。動物細胞の場合，浸透圧の差がなくなるまで水の流入が続くため，蒸留水に入れると細胞膜が破裂する。

図136　動物細胞（赤血球）と水の出入り

●植物細胞には丈夫な細胞壁があるため，浸透圧が「細胞内 > 細胞外」となったとき植物細胞が吸水しても破裂は起こらない。このとき細胞が膨張して細胞壁を内側から押し広げようとする力を膨圧という。生きている植物は膨圧によってからだを支えており，水分が不足して膨圧が減少すると植物はしおれた状態になる。

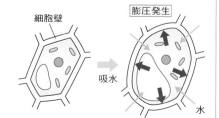

図137　植物細胞に生じる膨圧

3 水の吸水と上昇

　蒸散により葉肉細胞内の水が減少すると，細胞の浸透圧の上昇が起こり，吸水力が上昇して，道管内の水を引き上げる。水分子どうしが引き合う力(**凝集力**)は約200気圧と極めて大きく，水は道管内で根から葉まで植物体のすみずみを途切れずつながっており，最大で100 mを超える樹木の先端にも水を運ぶことができる。

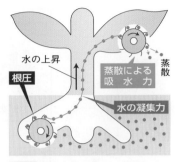

図138　水を上昇させる3つの力

補足 根は外部との浸透圧の差によって吸水しており，この水を取り入れて上に運ぶ力を根圧という。

2 | 果実の成長・成熟と落葉・落果

1 果実の成長・成熟

❶果実の成長に働く植物ホルモン　子房の中に種子が形成されると，胚や胚乳が**オーキシン**を生産するようになり，オーキシンの働きにより**ジベレリン**の生産が促進され，子房壁が成長して果実が肥大する。

　オーキシンはエチレンの生産を抑制することによってジベレリンの生産を増やす。ジベレリンは結実・果実の成長を抑制している遺伝子の働きを阻害する。

補足 イチゴなど花托(⇨p.530)が可食部となる植物も，胚や胚乳が合成するオーキシンの働きで肥大が起こる。

参考 オーキシンとジベレリンの果樹栽培への応用

●トマトやナスなどで，オーキシンで処理をすることによって受粉していなくても結実させ(単為結実という)，果実を肥大させることができる。この場合，受精を伴わず結実させることができるので，種なしトマトができる。

●また，種なしブドウの生産は，受粉をしていないブドウの花をジベレリン溶液に浸すことで，単為結実させて生産している(ジベレリン処理)。

●ジベレリン処理は，ふつう2回行う。1回目は開花前に正常な受精を阻害するため，2回目は開花後に単為結実させるために行う。種なしのブドウはいずれの品種もこの手法で作出されている。

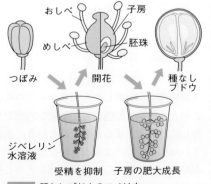

図139　種なしブドウのつくり方

❷果実の成熟とエチレン

果実の成熟には果実自身がつくるエチレンが関与している。エチレンは，細胞壁を分解する酵素などの発現を誘導し，果肉の軟化や糖度の上昇，果皮の色付きなどの変化を導く。**エチレンは気体なので，成熟した果実は他の果実の成熟にも影響を及ぼす。**

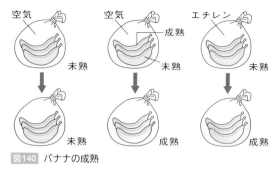

図140 バナナの成熟

視点 熟したバナナまたはエチレンをいっしょに入れると，若いバナナの成熟も早まる。

2 落葉・落果の調節

❶離層の形成と落葉　古くなった葉はクロロフィルなどの分解が起こり**老化**して落葉する。葉を維持するためにもエネルギーが必要であるため，植物は不要となった葉を積極的に落葉する。

葉の老化が進むと，葉柄の基部に離層とよばれる細胞層が発達する。離層では細胞壁が非常に薄くなって細胞の結合が弱まり，葉が脱落する。落葉した後にはコルクの層が形成されていて，病原体の侵入を防ぐ。

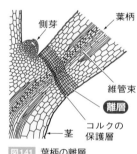

図141 葉柄の離層

熟した果実や受精しなかった花が落果・落花するのも同様のしくみが働いている。

❷離層形成と植物ホルモン　離層の形成には，オーキシンやエチレン，アブシシン酸が関係している。

① エチレンは**離層の形成を促進**し，オーキシンはエチレンの働きを阻害する。葉が老化するとオーキシンの生産量が減少し，エチレンの生産量が増加する。オーキシンの働きよりもエチレンの働きが優位になると，離層が形成される。

② 果実では，**果実が成熟すると多量のエチレンが生産される。**これによって離層が形成され，落果しやすくなる。

③ アブシシン酸は葉の老化を促進し，オーキシンの生産量を減少させるため，アブシシン酸が働くと，エチレンの働きが優位となり，離層が形成される。

オーキシンの働きがエチレンの働きより優位⇨**離層の形成抑制**

エチレンの働きがオーキシンの働きより優位⇨**離層の形成促進**

アブシシン酸…オーキシンの生産を抑制⇨エチレンの働き優位

3 | ストレスに対する応答

1 環境ストレス

❶環境ストレス　環境ストレスは植物の生育に影響を与える障害で，乾燥・低温・高温・塩害・水没などさまざまな要因がある。

❷温度・水分に関するストレスと植物の応答

①**乾燥**　水不足になると，植物は**気孔を閉じて蒸散量を減らし，体内の水分量を維持**しようとする（⇨p.554）。また，水分を吸収するため根の成長が促進される。

②**低温**　低温刺激を受けた植物は，**特定のアミノ酸や糖類などを合成して細胞内の濃度を上げ，凍結しにくくしている**。[★1] さらに植物体の凍結が始まると，細胞外の細胞壁中などにある水が，細胞内よりも先に凍結する。細胞外の氷の成長に伴い細胞内から水が引き出されるため，細胞は脱水状態となり，さらに凍結しにくくなる。

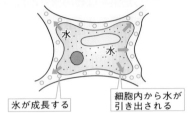

図142　細胞外凍結による脱水

補足 低温ではリン脂質でできている細胞膜の流動性が低下してさまざまな生命活動の障害が生じるため，冬にむかって徐々に低温になっていく際にはリン脂質を構成する脂肪酸の成分を変化させて細胞膜の流動性を保つ適応（**低温馴化**（じゅんか））が起こる。この適応には**アブシシン酸**が働いている。

③**高温**　植物体が高温下におかれると，タンパク質の変性を防ぐ**熱ショックタンパク質**を多量に合成する。熱ショックタンパク質は，熱によって変性して活性が低下したタンパク質をもとに戻す働きがある（⇨p.354）。

2 食害と病原菌に対する防御

❶食害に対する防御　昆虫などによって食害を受けると植物は次のような反応によって，食害が広がることを防いでいる。

①昆虫の**消化酵素の働きを阻害するタンパク質を生産**する。

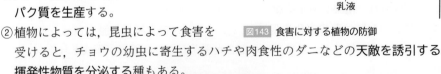

図143　食害に対する植物の防御

②植物によっては，昆虫によって食害を受けると，チョウの幼虫に寄生するハチや肉食性のダニなどの**天敵を誘引する揮発性物質を分泌**する種もある。

③茎や葉が食害されたとき，レタスやタンポポなどは断面から白い乳液を出す。この乳液は粘性が高く，昆虫の動きを阻害したり切断面を覆って細菌などの侵入を防いだりするほか，昆虫類の多くの種に対して毒性をもつものもある。

★1 キャベツなどで，雪の中で越冬させることによって糖分などを増加させて販売されているものもある。

❷**病原体に対する防御**　ウイルスなどの病原体に感染すると，植物が感染細胞や周辺の細胞を速やかに細胞死（アポトーシス）させる。ウイルスは生きている細胞に自らを増幅させて増殖するため，周辺の細胞が細胞死すると感染が広がらない。また，細菌による傷害は，周辺の細胞がエチレンを合成して他の部位の抗菌性物質の合成を誘導し，植物体全体を病原菌から守るように働く。

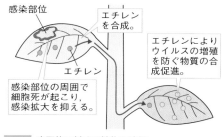

図144　病原体に対する植物の防御

3　植物ホルモンの働きのまとめ

ここまで学習した植物ホルモンのおもな働きをまとめると次のようになる。

植物ホルモン	おもな働き
オーキシン	○細胞の成長　○果実の成長　○落葉・落果の抑制　○側芽・根の成長抑制
ジベレリン	○種子の発芽　○細胞の縦方向の成長　○果実の成長
アブシシン酸	○種子や芽の休眠維持　○気孔を閉じる　○葉の老化促進・落葉
エチレン	○肥大成長促進・伸長成長抑制　○果実の成熟　○落葉・落果促進 ○食害や病原体に対する防御物質の合成促進

このSECTIONの まとめ　　環境の変化に対する応答

☐ **気孔の開閉**
⤷ p.554
- 孔辺細胞の膨圧運動…吸水すると気孔が開く。
- 青色光（フォトトロピンが受容）➡気孔が**開く**。
- アブシシン酸➡気孔が**閉じる**。

☐ **果実の成長・成熟と落葉・落果**
⤷ p.556
- オーキシンとジベレリン…果実の肥大成長を促進。
  種なしブドウ…ジベレリン処理
- エチレン…果実の成熟を促進。
- ⎰ **エチレン**…離層形成を促進　　　　　　　⎱ 落葉
  ⎰ **アブシシン酸**…オーキシン生産抑制➡離層形成 ⎱ 落果
  ⎰ **オーキシン**…離層形成を抑制

☐ **ストレスに対する応答**
⤷ p.558
- **乾燥**…気孔を閉じる。根を伸長させる。
- **低温**…細胞質の濃度を高め凍りにくくする。
- **食害**…消化酵素を阻害する物質や天敵を誘引する物質を分泌。
- **病原体**…アポトーシス。抗菌性物質を合成。

第**7**編　生物の環境応答

重要用語

SECTION 1 植物の生殖と発生

□ **花粉管** かふんかん ☞p.526
めしべの柱頭に受粉した花粉から胚のうに向かって伸びる構造。1個の花粉管核(n)と2個の精細胞(n)が含まれている。

□ **胚のう** はいのう ☞p.527
被子植物の子房内部で、減数分裂してできた胚のう細胞からできる、将来種子の内部になる部分。1個の卵細胞、2個の助細胞、3個の反足細胞、中央細胞の7個の細胞からなり、中央細胞には2個の極核がある。

□ **重複受精** じゅうふくじゅせい ☞p.528
被子植物の受精において、1個の花粉の受粉で、受精卵($2n$)ができる受精と、胚乳核($3n$)ができる受精が同時に起こる受精の様式。

□ **胚** はい ☞p.530
植物の受精卵が発生をして種子の中にできる幼植物。幼根・胚軸・幼芽・子葉からなる。

□ **有胚乳種子** ゆうはいにゅうしゅし ☞p.531
胚乳が発達し、栄養分を胚乳に蓄える種子（カキ・イネ・トウモロコシなど）

□ **無胚乳種子** むはいにゅうしゅし ☞p.531
胚乳が退化し、子葉に栄養分を蓄える種子（ナズナ・マメ類・クリなど）

SECTION 2 植物の生活と環境への応答

□ **光受容体** ひかりじゅようたい ☞p.532
光に対する植物の反応を促す色素タンパク質。フィトクロム・クリプトクロム・フォトトロピンなどがある。

□ **フィトクロム** ☞p.532, 535, 549
光受容体として働くタンパク質。赤色光を吸収するとPfr型（遠赤色光吸収型）になり、遠赤色光を吸収するとPr型（赤色光吸収型）に

なる。光発芽種子や光周性にかかわる。

□ **クリプトクロム** ☞p.532
青色光を吸収する光受容体。伸長成長抑制などに関係する。

□ **フォトトロピン** ☞p.532
青色光を吸収する光受容体。光屈性などや気孔の開口に関係する。

□ **植物ホルモン** しょくぶつ— ☞p.533
植物体の一部で生産され、他の組織や器官に作用する低分子の有機物。

□ **オーキシン** ☞p.533, 537, 539, 541
細胞の成長・果実の成長・落葉落果の抑制・側芽の成長抑制で働く植物ホルモン。光屈性や重力屈性に関係。

□ **ジベレリン** ☞p.533, 534, 538
種子の発芽促進・果実の成長・細胞の伸長成長で働く植物ホルモン。種なしブドウの生産にも使われる。

□ **アブシシン酸** —さん ☞p.533, 534
種子の休眠・落葉落果促進・気孔の閉鎖に働く植物ホルモン。

□ **エチレン** ☞p.533
果実の成熟・細胞の肥大成長・落葉落果促進で働く植物ホルモン。分子式はC_2H_4で、常温で気体。

SECTION 3 種子の休眠と発芽

□ **(種子の)休眠** (しゅしの)きゅうみん ☞p.534
種子が発芽に適した環境になるまで成長を停止した状態、アブシシン酸は休眠を維持する働きをもつ。

□ **光発芽種子** ひかりはつがしゅし ☞p.535
発芽条件として光の照射が必要な種子。レタス・タバコ・シロイヌナズナなど。赤色光によって発芽が促進され、遠赤色光によって発芽が抑制される。光受容体としてフィトクロムが働いている。

□ **暗発芽種子** あんはつがしゅし ☞p.535
光が当たると発芽が抑制される種子。カボチャやネギ、ケイトウなど。

SECTION 4 植物の成長の調節

□ **極性移動** きょくせいいどう ☞p.537
生物体内で物質が特定の方向へのみ移動する現象。オーキシンは茎の先端で合成され基部方向に移動するが、逆方向には移動しない。

□ **屈性** くっせい ☞p.540
刺激に対して植物体の一部が決まった方向に屈曲する現象。光屈性や重力屈性、接触屈性など。

□ **傾性** けいせい ☞p.540
刺激の方向とは無関係に植物体の一部が屈曲する現象。チューリップの開花(温度傾性)やハスの開花(光傾性)など。

SECTION 5 器官の形成と花芽形成の調節

□ **植物の器官** しょくぶつのきかん ☞p.546
栄養器官と生殖器官に分けられ、栄養器官として根・茎・葉が、生殖器官として花や果実などがある。

□ **分裂組織** ぶんれつそしき ☞p.546
盛んに細胞分裂をしている組織。茎頂分裂組織・根端分裂組織・形成層がある。単子葉植物は形成層をもたない。

□ **頂芽優勢** ちょうがゆうせい ☞p.547
頂芽から出るオーキシンによって側芽の成長が抑制される現象。

□ **光周性** こうしゅうせい ☞p.548
日長によって生物がさまざまな影響を受ける性質。植物の花芽形成では、連続した暗期が関係する。

□ **長日植物** ちょうじつしょくぶつ ☞p.548
連続した暗期の長さが限界暗期以下になると花芽を形成する植物。アブラナ・コムギ・ホウレンソウ・シロイヌナズナなど。

□ **短日植物** たんじつしょくぶつ ☞p.548
連続した暗期の長さが限界暗期以上になると花芽を形成する植物。キク・イネ・アサガオ・オナモミなど。

□ **中性植物** ちゅうせいしょくぶつ ☞p.548
暗期の長さに関係なく花芽を形成する植物。トマト・トウモロコシ・エンドウなど。

□ **限界暗期** げんかいあんき ☞p.548
光周性において、花芽が形成される否かを決定する連続した暗期の長さ。

□ **フロリゲン** ☞p.550
日長を感知した葉で生産され、師部を通って移動して花芽形成を促進する物質。タンパク質であるが、花成ホルモンとよばれ、植物ホルモンとして取り扱われる場合もある。

□ **春化** しゅんか ☞p.551
植物が一定期間の低温を経験した後でないと、花芽形成や発芽が起こらない現象。

□ **ABCモデル** エービーシー— ☞p.552
花の分化において、働く遺伝子の組み合わせによってがく・花弁・おしべ・めしべが分化するしくみを説明したモデル。

SECTION 6 環境の変化に対する応答

□ **気孔** きこう ☞p.554
植物の表皮にあるすき間。孔辺細胞の膨圧運動によって開閉し、水蒸気や二酸化炭素など気体の出入りを調節する。青色光で開き、アブシシン酸によって閉じる。

□ **果実の成長と成熟** かじつのせいちょうとせいじゅく ☞p.556　果実はオーキシンやジベレリンによって成長が促進され、エチレンによって成熟が促進される。

□ **離層** りそう ☞p.557
落葉や落果が起こる際に葉柄などで形成される、細胞壁が離れやすくなっている層。エチレンやアブシシン酸によって形成が促進され、オーキシンによって形成が抑制される。

□ **低温ストレス** ていおん— ☞p.558
低温にさらされたとき障害を生じるストレス。植物は細胞内にアミノ酸や糖類を合成して濃度を高め、凍結しにくくしている。

第7編 生物の環境応答

モデル植物・シロイヌナズナ

野草としてのシロイヌナズナ

①アブラナ科に属する**シロイヌナズナ**（*Arabidopsis thaliana*(L.)）は草丈10～30cmの1年草または越年草で，ユーラシア大陸からアフリカ大陸にかけて広く分布する。

②日本ではシロイヌナズナは帰化植物（外来生物）として低地や海岸などで生育しているが，競争力があまり強くないため有害植物とはされていない。春の七草として食用とされるナズナ（アブラナ科）とは異なる種で，一般に食用とはされない。

シロイヌナズナはモデル生物として，さまざまな生物学の研究に利用されている。

図145 シロイヌナズナ

モデル生物としてのシロイヌナズナ

①**モデル生物**とは生物学の研究に広く用いられる生物で，**維持・増殖が容易で世界中で入手でき，1世代の期間が短い**などの実験観察に適した特徴をもっている。遺伝子の働き方など生物の多くのしくみは広い系統で共通であるため，モデル生物の研究結果の多くはほかの生物にも応用できる。代表的なモデル生物には，大腸菌，酵母，ショウジョウバエ，マウスなどがある。

②シロイヌナズナがモデル生物としてもつ利点には次のようなものがある。

・植物体が小さいため，室内で大量に栽培できる。

・被子植物としては世代交代が速く，発芽から種子をつけるまでが約6週間ほどである。

・ゲノムサイズが小さく，目的の遺伝子を見つけ，解析するのが容易である。シロイヌナズナのゲノムは約1.3億塩基対で，イネ（3.9億塩基対）やパンコムギ（154億塩基対）と比較するとはるかに小さい。

・ゲノムの全塩基配列が決定されており，約25000の遺伝子をもつことがわかっている。

・自家不和合性がなく，自家受粉が可能なため，系統を確立・維持しやすい。

・1873年に最初に見つかった突然変異をはじめ突然変異をもつ系統が多く確立されており，また遺伝子の導入も比較的容易である。

③このようにさまざまなモデル生物としての長所があるため，多くの研究者がシロイヌナズナを使って研究を行ってきた。さらに1964年，ドイツで第1回シロイヌナズナ国際研究会議（ICAR）が開かれるなど，広く研究に用いられるようになり，モデル生物として確立された。

④シロイヌナズナで得られた研究成果としては，本文中のABCモデル（⤷p.552）やフロリゲンとして働くFTタンパク質（⤷p.550）の発見などがあるが，ほかにも次のような研究例がある。

春化に働く遺伝子と植物の「記憶」

①　広い地域に分布しているシロイヌナズナのうち，冬期に低温になる地域に分布しているシロイヌナズナの開花条件には，**春化**（⤷p.551）が必要である。

②シロイヌナズナの春化には，*FLC*遺伝子（開花調節遺伝子）が関係している。*FLC*が発現している（ON）と開花は抑制され，*FLC*が発現しなくなる（OFF）と開花ができるようにな

る。一定期間の低温にさらされると、*FLC*の部分のヒストンがメチル化(⤷p.415)されることによって、*FLC*がOFFになる。

③しかし、*FLC*がOFFになる環境は開花に適しているわけではないので、日長や温度などの条件がそろうまで*FLC*をOFFのままにしながら、細胞分裂をして成長する。つまり、遺伝子OFFを維持することで冬を経験したことを「記憶する」ことができるといえる。

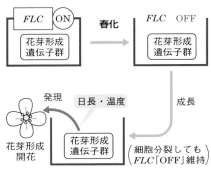

図146 春化にかかわる遺伝子発現の制御

④この現象は、細胞分裂でDNAを複製した後も、遺伝子OFFの状態が保たれていることを示している。つまり、DNAの塩基配列は変化せずに遺伝子の働きが娘細胞に遺伝することになる。このような遺伝子の制御を**エピジェネティック調節**という。さらにこのエピジェネティック調節では、親が低温を経験したことでその子は春化された状態で生まれる(親から子へ遺伝する)可能性がある。この遺伝子のON/OFFがどのように調節されているか、研究が進められている。

その他シロイヌナズナを用いた研究

①**接触刺激で働く遺伝子** アメリカのブラームは、ジベレリンの水溶液をシロイヌナズナにスプレーして、活性化される遺伝子をいくつか発見した。ところがこれらの遺伝子は、ジベレリンではなく水だけをスプレーしても活性化されることがわかり、さらには、接触刺激を与えるだけでも活性化されることがわかった。接触(touch)によって活性化される遺伝子群は*TCH*遺伝子群と名付けられた。

②接触刺激によって活性化される遺伝子は、エチレン合成の遺伝子や、昆虫による食害を防ぐ遺伝子など、シロイヌナズナの遺伝子の2%以上にも及ぶ。受容体として働くタンパク質や、細胞内での刺激の情報伝達経路、活性化される遺伝子の働きの研究が進められている。

③**植物栽培における月の砂の影響** 2022年、NASA(アメリカ航空宇宙局)から資金援助を受けた研究チームが、アポロ11号・12号・17号が持ち帰った月の砂(レゴリス)でシロイヌナズナを栽培したところ、その発育状態は鉱物的に同じ組成の模擬物質より悪かった。

レゴリスは、強い太陽風や宇宙線、気温変化などによって岩石が壊れてできた粒子で、地球上の土壌とは粒子の形状が異なる。レゴリスが植物に与える影響の研究は、将来の月面での農業生産のほか、砂漠など地球上の農業に適さない土壌での農業生産への応用の可能性もある。

図147 模擬物質(左)とレゴリス(右)で栽培されたシロイヌナズナ(16日目)

④ここで紹介された研究のほかにも、**植物発生の形態形成・植物の免疫・光受容タンパク質**(フィトクロムやクリプトクロムも含めて5グループ11種類が報告されている)、**昆虫の食害に対する抵抗性**など、さまざまな研究が進められており、農作物への応用も行われている。さらに、遺伝子の構造や働きについてヒトの遺伝子との共通性があるものもあり、ヒトゲノムへの理解にも役立っている。

さくいん

赤数字は中心的に説明してあるページ，青数字は「重要用語」のページを示す。

□ 写真提供
浅島誠　㈱アフロ　阿部淳一ーピーター　石川冬木　井上勲　海上保安庁　小畑秀一（北里大学）
㈲コーベット・フォトエージェンシー　気象庁　小柴琢己（福岡大学）　木下政人（京都大学）／家戸敬太郎（近畿大学）
小林設郎　志摩マリンランド　田中俊二　出川洋介　東四郎　東山哲也（東京大学）　OPO/OADIS　NASA
JAMSTEC　Science Source／アフロ　Science Photo Library／アフロ　風に吹かれて／PIXTA　風を感じて／PIXTA
けぐり／PIXTA　コモンリスザル／PIXTA　ゴン太／PIXTA　髙橋義雄／PIXTA　タカフミ／PIXTA
林幹根スタジオ／PIXTA　ゆ〜や／PIXTA
JAMSTEC/NHK/Marianas Trench Marine National Monument U.S.Fish and Wildlife Service
National Institute of Allergy and Infectious Diseases/NATIONAL INSTITUTES OF HEALTH/SCIENCE PHOTO LIBRARY
adolfo-atm　Bachrach　Bianca Fioretti　Duncan.Hull　Hakt/PIXTA　IMAGENAVI　Kupal12　manfredrichter
skorchanov　iStock.com/aaprophoto　iStock.com/AngadAchappa　iStock.com/ANA LEBIODIENE
iStock.com/AntonyMoran　iStock.com/Edwin_Butter　iStock.com/Eric Yeamans　iStock.com/FiledIMAGE
iStock.com/Henk Bogaard　iStock.com/huangyifei　iStock.com/KevinDerrick　iStock.com/Martina Birnbaum
iStock.com/Nancy Anderson　iStock.com/Paralaxis　iStock.com/TopMicrobialStock
iStock.com/Volodymyr Kucherenko　iStock.com/xyom　divedog/PIXTA　line/PIXTA　sakuraki / PIXTA
shibanishi / PIXTA　ShiretokoDream/PIXTA　TAKEZO/PIXTA　Viktor Osypenko/PIXTA　yamanobe / PIXTA
PhotoAC　acceptphoto/Shutterstock.com　golfza.357/Shutterstock.com　nnattalli/Shutterstock.com
Randy Bjorklund/Shutterstock.com　YoONSpY/Shutterstock.com
文英堂編集部

［編者紹介］

浅島　誠（あさしま・まこと）

1944年，新潟県生まれ。1972年東京大学理学系大学院博士課程修了。横浜市立大学文理学部助教授・教授を経て，1993年より東京大学教養学部教授・学部長。2007年東京大学副学長・理事。2009年産業技術総合研究幹細胞工学研究センター長。2016年東京理科大学副学長。2021年帝京大学先端総合研究機構副機構長。東京大学名誉教授。横浜市立大学名誉教授。産業技術総合研究所名誉フェロー。理学博士。
専攻は動物発生生理学。特に動物の初期胚での器官形成と形作りの機構の研究。おもな著書に，「発生のしくみが見えてきた」，「動物の発生と分化」，「分子発生生物学」「生物の安定と不安定」などがある。2001年恩賜賞・日本学士院賞，紫綬褒章。2008年文化功労者。

武田洋幸（たけだ・ひろゆき）

1958年，新潟県生まれ。1985年東京大学大学院理学系研究科動物学専門課程博士課程退学後，東京大学理学部助手。理化学研究所研究員，名古屋大学理学部准教授，国立遺伝学研究所教授を経て，2000年より東京大学大学院理学系研究科教授。2020年より東京大学執行役・副学長。2023年より京都産業大学生命科学部教授。東京大学名誉教授。理学博士。
専攻は発生遺伝学。特に小型魚類を用いた動物の器官形成の研究。おもな著書に「動物のからだづくり―形態発生の分子メカニズム」，「発生遺伝学―脊椎動物のからだと器官のなりたち」などがある。2015年比較腫瘍学常陸宮賞。

□ 執筆協力　市石博　岩本伸一　石橋篤　小林設郎　田中俊二　廣瀬敬子　渡邉充司　渡辺伸一
□ 編集協力　冬木裕　南昌宏
□ 本文デザイン　㈱ライラック
□ 図版作成　小倉デザイン事務所　㈲デザインスタジオエキス.　藤立育弘　よしのぶもとこ
□ 写真提供　p.575 に記載

シグマベスト
理解しやすい 生物＋生物基礎

本書の内容を無断で複写（コピー）・複製・転載することを禁じます。また，私的使用であっても，第三者に依頼して電子的に複製すること（スキャンやデジタル化等）は，著作権法上，認められていません。

編　者　浅島誠・武田洋幸
発行者　益井英郎
印刷所　中村印刷株式会社
発行所　株式会社文英堂
　　〒601-8121　京都市南区上鳥羽大物町28
　　〒162-0832　東京都新宿区岩戸町17
　　（代表）03-3269-4231

ヒトゲノ

ゲノムとは，生物1個体の生存に必要な1組の遺伝情報（DNAの塩基配列）で，ヒトのゲノムは22本の常染色体と性染色体1本（X染色体とY染色体のどちらか）の23本に含まれるDNAの全塩基配列である。現在ヒトの遺伝子数は約2万個と推定されている（定期的に推定値は更新される）。各遺伝子がどの染色体のどの位置にあるかを示したものがヒトゲノムマップである。ここでは，高校で学習する内容と関係の深い遺伝子を126個紹介する。

染色体番号

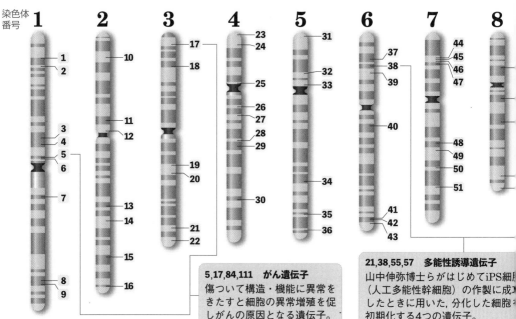

5,17,84,111　がん遺伝子
傷ついて構造・機能に異常をきたすと細胞の異常増殖を促しがんの原因となる遺伝子。

21,38,55,57　多能性誘導遺伝子
山中伸弥博士らがはじめてiPS細胞（人工多能性幹細胞）の作製に成功したときに用いた，分化した細胞を初期化する4つの遺伝子。

遺伝子名・コードするタンパク質

1 Rh式血液型遺伝子	**22** 成長ホルモン放出抑制ホルモン	**43** 若年性パーキンソン病原因遺伝子
2 ATP合成酵素	**23** ハンチントン病原因遺伝子	**44** インターロイキン6
3 アミラーゼ（すい臓）	**24** ドーパミン受容体	**45** 摂食調節ホルモン
4 アミラーゼ（だ液）	**25** GABA受容体	**46** シトクロムC
5 がん遺伝子：*RAS*	**26** 動原体タンパク質	**47** *Hox*遺伝子群A
6 甲状腺刺激ホルモンβ鎖	**27** アルブミン	**48** コラーゲン
7 インターロイキン6受容体	**28** アルコール分解酵素遺伝子群	**49** アセチルコリン分解酵素
8 アルツハイマー病原因遺伝子	**29** 動原体タンパク質	**50** 発話と言語に関わる遺伝子
9 骨格筋アクチン	**30** フィブリノーゲン	**51** 体脂肪率調節タンパク質：レプチン
10 動原体タンパク質	**31** テロメラーゼ	**52** ビタミンC合成酵素（偽遺伝子）
11 細胞傷害性T細胞タンパク質	**32** プロラクチン受容体	**53** 鎮痛ペプチド
12 免疫グロブリンL鎖（κ鎖）	**33** 成長ホルモン受容体	**54** インターロイキン7
13 ナトリウムチャネル	**34** インターロイキン3	**55** 多能性誘導遺伝子：*c-MYC*
14 *Hox*遺伝子群D	**35** 染色体分離タンパク質	**56** シトクロム c-1
15 クリスタリン	**36** ドーパミン受容体	**57** 多能性誘導遺伝子：*KLF4*
16 プロラクチン放出ホルモン	**37** プロラクチン	**58** 嗅覚受容体
17 がん遺伝子：*RAF*	**38** 多能性誘導遺伝子：*OCT3/4*	**59** ATP合成酵素
18 βガラクトシダーゼ	**39** HLA遺伝子群	**60** ABO式血液型遺伝子
19 DNAポリメラーゼ	**40** 輸送タンパク質：ミオシンⅣ	**61** 長寿遺伝子
20 ロドプシン	**41** 活性酸素除去酵素	**62** リパーゼ
21 多能性誘導遺伝子：*SOX2*	**42** 血栓溶解因子	**63** アポトーシス誘導タンパク質：*F*